四川省"十二五"规划教材

概率论与数理统计

（第 5 版）

李裕奇　赵联文　王沁　刘赪　编

U0260087

北京航空航天大学出版社

内 容 简 介

本书内容丰富,概念清晰,浅显易懂,实用性强。全书分为 9 章,分别介绍了概率论的基本概念、随机变量及其分布、多维随机变量及其分布、随机变量的数字特征、大数定律与中心极限定理等概率论基本知识;以及数理统计的基本概念、样本分布、参数估计、假设检验、线性回归与方差分析等数理统计的基本知识。

本书每章节末都配有大量的思考题、基本练习、综合练习与自测题,并附有参考答案,能够帮助读者循序渐进地牢固掌握概率论与数理统计知识。

本书是专门为高等院校学生学习概率论与数理统计课程编写的教材,也可以作为从事概率论与数理统计相关工作的科研与工程技术人员的参考书。

图书在版编目(CIP)数据

概率论与数理统计 / 李裕奇等编. -- 5 版. --北京:
北京航空航天大学出版社,2018.2
ISBN 978 - 7 - 5124 - 2651 - 1

Ⅰ.①概… Ⅱ.①李… Ⅲ.①概率论 – 高等学校 – 教材②数理统计 – 高等学校 – 教材 Ⅳ.①O21

中国版本图书馆 CIP 数据核字(2018)第 029458 号

版权所有,侵权必究。

概率论与数理统计(第 5 版)
李裕奇 赵联文 王 沁 刘 赪 编
责任编辑 尤 力
*
北京航空航天大学出版社出版发行
北京市海淀区学院路 37 号(邮编 100191) http://www.buaapress.com.cn
发行部电话:(010)82317024 传真:(010)82328026
读者信箱:bhpress@263.net 邮购电话:(010)82316936
涿州市新华印刷有限公司印装 各地书店经销
*
开本:710×960 1/16 印张:28.25 字数:557 千字
2018 年 2 月第 5 版 2018 年 2 月第 1 次印刷 印数:3 000 册
ISBN 978 - 7 - 5124 - 2651 - 1 定价:56.00 元

若本书有倒页、脱页、缺页等印装质量问题,请与本社发行部联系调换。联系电话:(010)82317024

第 5 版前言

　　随着大数据时代的来临,信息的提取、数据的分析、未来的预测,都离不开随机数据的处理与分析;不管是在校大学生,现场统计工作人员,还是科研工作人员,概率论与数理统计这门知识都是不可或缺的。编者正是秉着适应社会的必需、读者的必需,倾力打磨了这部教材。本书自 2001 年第 1 版出版以来,反复使用,反复锤炼,不断修改,不断更新,至此第 5 版的出版,历历已 17 载矣,经过老师们和读者群的使用,经过编者的精心编撰,严格斟酌下最终得以完成第 5 版。本书融合了编者多年的教学经验,饱含了编者对《概率论与数理统计》课程的热诚与执着,只为给我们的读者奉献一部由浅入深、易学易懂、实用好用的《概率论与数理统计》教材,以符合时代科学与经济突飞猛进发展的基础理论与实际应用并重的教材。

　　本书第 5 版延续了前 4 版的风格,包含了当前大学《概率论与数理统计》课程的主要教学内容,工科教学大纲、考研数学大纲包括的概率论与数理统计的全部内容。本书内容共分为 9 章,分别介绍了概率论的基本概念、随机变量及其分布、多维随机变量及其分布、随机变量的数字特征、大数定律与中心极限定理等概率论基本知识,以及数理统计的基本概念、样本分布、参数估计、假设检验等数理统计的基本内容,还包含了时下各行业正在广泛应用的线性回归分析与方差分析等应用统计内容。

III

　　本书的特点在于:书中每一个概念点、每一个知识点,都配有简明易懂的解释示例或应用示例,特便于阅读和自学,而且每一小节内容后都配有思考题、基本练习题,每一章内容后都指明本章学习的基本要求,配有综合练习题与自测题,有利于读者仿照、分析、掌握、推广,检验自己的学习成果,把握概率论与数理统计的理论与应用之精髓;本书在编写时,也特意注重按照时代特征,更新了一些比较老旧的概率与统计示例;更加强调了概率与统计的实际应用;增加了离散型随机变量与连续型随机变量之和的分布内容;重新梳理与调整了数理统计的全部内容,使其更加结合当前实际,更有利于学会统计软件的使用,学会统计数据的处理与分析的理论与方法。

　　本书的出版,就像是茫茫书海中绽放的一朵闪烁概率与统计斑斓色彩的细小浪花,希望能为祖国的更加繁荣昌盛贡献我们的一点微薄之力。

　　本书由西南交通大学数学学院统计系李裕奇教授、赵联文教授、王沁副教授、刘赪副教授负责主编,何平教授、郑海涛教授、唐家银副教授、王璐副教授、邓绍高副教授、程世娟副教授、袁代林讲师、王健鹏讲师、杨宝莹副教授等老师也参与了本书的修订工作。本书的顺利出版得到了西南交通大学数学学院与统计系的热情支持、北京航空航天大学出版社的鼎力协助,编者在此表示衷心感谢。

　　书中倘有不足与谬误之处,敬请同行与读者批评指正。

编　者

2018 年 1 月于成都

常 用 符 号

符 号	含 义
e	样本点,基本事件
S	样本空间,必然事件
ϕ	不可能事件
$A,B,C,D,\cdots$	随机事件
$A\cup B$	事件 A 与事件 B 的和事件
$A\cap B$	事件 A 与事件 B 的积事件
$A-B$	事件 A 与事件 B 的差事件
$P(A)$	事件 A 的概率
$P(A\mid B)$	事件 B 发生条件下事件 A 发生的条件概率
$X,Y,Z,\cdots$	随机变量,总体
$x,y,z,\cdots$	随机变量的可能取值,总体的观测值
$P\{X=x_k\}=p_k$	离散型随机变量的概率分布,分布律
$F_X(x)=P\{X\leqslant x\}$	随机变量 X 的分布函数
$f_X(x)$	随机变量 X 的概率密度函数
$(0-1)$分布	参数为 p 的两点分布
$U(n)$	等可能分布,离散型均匀分布
$B(n,p)$	参数为 n,p 的二项分布
$\pi(\lambda)$	参数为 λ 的泊松(Poisson)分布
$Ge(p)$	参数为 p 的几何分布
$U(a,b)$	区间 (a,b) 上的均匀分布
$Z(\alpha)$	参数为 α(均值为 $1/\alpha$)的指数分布
$N(0,1)$	标准正态分布

符　号	含　　义
$\Phi(x)$	标准正态分布的分布函数
z_α	标准正态分布的上 α 分位点
$N(\mu,\sigma^2)$	均值为 μ，方差为 σ^2 的正态分布
$\Gamma(\alpha,\beta)$	参数为 α,β 的伽玛分布
$E(X)$	随机变量 X 的数学期望，概率均值，均值
$D(X)=\mathrm{Var}(X)=\sigma_X^2$	随机变量 X 的方差
$\sigma_X=\sqrt{D(X)}=\sqrt{\mathrm{Var}(X)}$	随机变量 X 的均方差，标准差
$E[g(X)]$	随机变量 X 的函数 $g(X)$ 的数学期望
$\mu_k=E(X^k)$	随机变量 X 的 k 阶原点矩
$\sigma_k=E[(X-E(X))^k]$	随机变量 X 的 k 阶中心矩
$\mathrm{Cov}(X,Y)$	随机变量 X 与 Y 的协方差
ρ_{XY}	随机变量 X 与 Y 的相关系数
$\overline{X}$	随机变量的算术平均，样本均值，总体均值的无偏估计
$\overline{X}^k$	样本 k 阶原点矩
$X_{(k)}$	第 k 个顺序统计量
M_n	样本中位数
D_n	样本极差
$F_n(x)$	经验分布函数
$\widehat{\theta}$	未知参数 θ 的估计
S^2	样本方差，总体方差的无偏估计
S_n^2	样本二阶中心矩，总体方差的矩估计
$\chi^2(n)$	自由度为 n 的 χ^2 分布
$\chi_\alpha^2(n)$	自由度为 n 的 χ^2 分布的上 α 分位点
$t(n)$	自由度为 n 的 t 分布
$t_\alpha(n)$	自由度为 n 的 t 分布的上 α 分位点
$F(n_1,n_2)$	第一自由度为 n_1，第二自由度为 n_2 的 F 分布
$F_\alpha(n_1,n_2)$	自由度为 (n_1,n_2) 的 F 分布的上 α 分位点

目　录

引 言

概率论有着丰富多彩的历史,它的发展进步对推进世界文明作出了重要贡献。

概率论起源于意大利文艺复兴时期,在当时的意大利就已经建立了预防意外的商业保险组织。为使商业保险机构获得最大利润,就必须研究个别意外事件发生的可能性,即研究事件发生的概率,或称机遇律(率),或然率,根据个别意外事件发生的概率去计算保险费与赔偿费的多少。简单地说,若某个工厂投保,可它本身因管理漏洞太多,时时发生火灾,则接受其财产投保显然是不明智的,反之,如该工厂确实防火措施完善,则接受投保很可能稳赚不赔。作为商业保险机构就必须研究这个厂多长时间发生一次火灾,且火灾的损失有多大,投保金额与赔偿金额差距如何。不过当时的研究只求实用,尚未形成严格的数学理论。后来,在著名科学家 Galileo,Pascal,Fermat,Laplace,Bernoulli,Helley 等人的努力下,才基本建立起一个较为严格、完整的概率论体系。这个体系的建立多少带点传奇的色彩,如在 Fermat 与 Pascal 来往的书信中,应 de Mere 爵士要求,解决这样一个赌博问题:连续掷 4 次骰子,至少得到一次 6 点的打赌赢了钱,但在后来连续掷 24 次两颗骰子至少得到一次双 6 点打赌中输了钱,为什么?他们通过概率推算,发现前一种情况出现的可能性大于 50% ,实际上前一种情况发生的概率为 0.518,而后一种情况出现的可能性小于 50% ,实际上后一种情况发生的概率为 0.491。由于科学家们这样的书信来往,逐渐建立了概率论的基本概念,由 Bernoulli 等人发展成概率的数学理论,Laplace 以《概率的分析理论》一书奠定了概率论的数学基础,从此概率投入其广泛应用阶段。Helly 对概率作了保险科学方面的应用,他指出如何利用死亡率来计算人寿保险的保险费;Laplace,Legendre,Gauss 等建立了误差理论,即把概率用于对同一数量作反复测量时的变差问题;Maxwell 利用分子速度的概率分布为基础导出气体运动规律;M. Planck 利用概率论描述量子理论;K. Person 及 R. A. Fisher 将概率用于从有限数据中作出有效推断,使数理统计得到迅速发展。在第二次世界大战中概率曾用于搜索敌潜艇理论,轰炸机防御战斗机理论及新式武器的最优使用,战斗最优策略等军事科学上,其后还用于企业管理、经济管理等管理科学之中。

现在,概率论正以其巨大作用活跃在各个科学学科以及我们的日常工作、生活及游戏之中,例如:产品的使用寿命问题,灯泡等的可靠性能,药品对某种疾病的效力,种子的发芽率,鸡的孵出率,系统的可靠性等等,都需要通过科学试验,利用概率统计知识作出一个合乎科学的判断,以作为产品质量、工作效力等的依据。又如抽彩票、转糖画等游戏,可以通过概率知识计算获得奖品的概率是多少,即最大获奖可能性有多大,平均获奖可能性有多大。再如在桥牌运动中,曾有人如此评价说,不懂概率的人永远不会成为优秀桥牌手。一个好桥牌手不能不懂牌张的分配概率及打牌过程中牌张变化的概率,如桥牌手必须了解除了自己与同伴的花色牌张外分配在敌手的牌张的原始概率:1-1 分布,52% ;2-0 分布,48% ;2-1 分布,78% ;3-0 分布,22% 等等。要想获取最多桥牌赢墩,就应按概率最大的机会打牌。再有如人们必须了解得病率、火灾、水灾、失窃、雷电等情况发生的可能性,尽管这些事件发生的可能性较小,也即事件发生的概率较小,属小概率事件,可人们不得不重视其事件的发生、存在,需了解其出现的规律性。虽然"天有不测风云,人有旦夕祸福",但如果我们了解小概率事件发生的规律性,即能尽可能地预防不利事件发生,促使有利事件发生。

总之,概率论正以其独特作用为时代、社会作出贡献,也日益深入到我们工作、学习、生活之中。我们的时代,也正是以概率论的迅速发展,及其在科学、技术、经济和政策方面的广泛深入应用为标志的,所以概率基础理论知识成为现代科学家与工程师的一门必需的专业训练课程,也是所有有为之士必须掌握的一门基础知识。

第一章　概率论的基本概念

　　什么是概率?概率就是几率、机会率、或然率,就是描述随机事件发生可能性大小的量,是随机事件本身所固有的不随人的主观意愿而改变的一种属性。我们生活中常用的术语,如也许、大概、可能,……,就是对随机事件发生可能性的猜测,因为这些词的量化说明,即是对随机事件发生的可能性大小的一个估算,这个估算值就是随机事件发生的概率。很自然地会把必然发生的事件的概率确定为1,把不可能发生的事件的概率确定为0,而一般随机事件发生的概率是介于0与1之间的一个数。如抛掷一枚质地均匀的硬币一次,可能会出现正面,也可能会出现反面,这种出现是偶然的、不肯定的,但即使没学过概率论的人也可以肯定的是,"出现正面"或"出现反面"的可能性是1/2,或是50%,即随机事件"出现正面"与"出现反面"的概率均是1/2。又如抛掷一枚质地均匀的骰子一次,"出现6点朝上"这个事件可能出现,也可能不出现,即这个事件的出现是具有偶然性的,但可以肯定的是它出现的概率为1/6。这就是随机事件内在的属性及规律。因此,为准确地描述随机事件发生的偶然性与必然性,计算随机事件的概率,就必须给随机事件的概率及概率论下一个严格的定义。为此,我们先了解一下自然界的现象分类。

　　在自然界中的现象,一般可以分为两类:一类我们称之确定性现象,如水在1个标准大气压(0.1MPa)下加热到100℃必然会沸腾,上抛物体必定落向地面,这些现象均是在一定条件下必然发生的现象;另一类现象我们称之不确定现象,即在一定条件下不一定发生的现象。后者又分为两类:一类我们称之个别现象,指原则上不能在不变条件下重复出现的现象,如拿破仑于某年某日死亡,日本天皇某年某日签写无条件投降书等;另一类是在相同条件下可重复出现,但其结果无法事先确知,且在大量重复试验或观察中呈现出某种统计规律性的现象,这才是我们概率论研究的对象 —— 随机现象。概率论就是研究和揭示随机现象统计规律性的一门数学学科。

　　我们身边的随机现象随处可见,如掷一枚硬币,可能出现正面,也可能出现反面,在掷出之前无法确定,但通过多次重复投掷,则可了解到,其出现正面朝上的情况大致为投掷次数的一半。又如射击,可能的结果是中靶与脱靶,在射出之前无法预知哪个结果出现。但经多次射击之后,可大致确定射手的中靶率为多少。又如新生婴儿可能是男或是女;在相同海况与气象条件下,某定点海面的浪高时起时伏,同一门大炮射击同一目标的弹着点的位置等等均为随机现象。概率论的任务,就是通过揭示随机现象的统计规律性,从而对随机现象作出预测及判断,为科学技术、工农业生产服务。

§1.1 随机试验、随机事件及样本空间

一、随机试验

为叙述方便,我们把对自然现象的观察和进行一次科学试验,统称为一个试验。如果这个试验在相同条件下可以重复进行,每次试验的可能结果不止一个,并且能事先明确试验的所有可能结果,且在每次试验之前不能确定哪一个结果会出现,则我们称之为一个随机试验,如下面所举:

E_1:抛一枚均匀硬币一次,观察正面 H,反面 T 出现的情况。

E_2:将一均匀硬币抛 3 次,观察出现正面的次数。

E_3:将一均匀硬币抛掷 3 次,观察正面 H,反面 T 出现的情况。

E_4:抛一颗均匀骰子一次,观察出现的点数。

E_5:记录电话交换台 1 分钟内接到的呼唤次数。

E_6:在一批灯泡中任意取一只,测试其寿命(以 h 记)。

E_7:记录某地一昼夜的最高温度 t_2,最低温度 t_1。

E_8:在线段 $[0,a]$ 上随意投一个点,并记录落点的位置。

4

从上述试验可以看出, 试验的结果可为有限个, 如 E_1、E_2、E_3、E_4; 亦可为可列多个, 如 E_5; 亦可为不可列多个, 如 E_6、E_7、E_8。若记随机试验 E 的所有可能结果组成的集合为 S, 称为 E 的样本空间, 则我们可知上述随机试验的样本空间为:

$S_1 = \{H,T\}$ H— 正面 T— 反面。

$S_2 = \{0,1,2,3\}$ $i = 0,1,2,3$ 为正面出现的次数。

$S_3 = \{HHH,HHT,HTH,THH,HTT,THT,TTH,TTT\}$。

$S_4 = \{1,2,3,4,5,6\}$ $i = 1,2,\cdots,6$ 为骰子出现点数。

$S_5 = \{0,1,2,\cdots\}$ $i = 0,1,2,\cdots,$为呼唤次数。

$S_6 = \{t \mid t \geqslant 0\}$ t 为灯泡寿命。

$S_7 = \{(t_1,t_2) \mid T_1 \leqslant t_1 \leqslant t_2 \leqslant T_2\}$ T_1、T_2 为这一地区最低、最高温度限,t_1、t_2 为可能出现的最低最高温度。

$S_8 = \{x \mid 0 \leqslant x \leqslant a\}$

一般来说,随机试验的条件有的是人为安排的,如上述例子,当这些条件出现时,人们就可观察到一个结果,并能指出它所在的范围,即 S,但有的试验无法人为

安排,如在某固定地区观察从一次三级以上地震到下一次三级地震的时间间隔 t_1,这样的试验无法安排,只能在一定条件下去观察它是否出现。所以我们所说的随机试验有着十分广泛的含义。

二、随机事件

我们称样本空间的元素,即试验 E 的每个可能结果为样本点,记为 e,则样本空间为 $S = \{e\}$,为样本点的集合。我们称 S 的子集为 E 的随机事件,简称事件,且在每次试验中,当且仅当这一事件中的一个样本点出现时,则称这一事件发生。例如 $S = \{e_1, e_2, \cdots, e_{10}\}$,而 $A = \{e_2, e_5, e_8\}$,则在试验中,若 e_2, e_5, e_8 中任一个可能结果发生时即称事件 A 发生。随机事件通常用大写字母 $A, B, C, \cdots$ 等标记。由一个样本点组成的单点集,我们称为基本事件。如在 E_1 中有两个基本事件 $\{H\}$ 和 $\{T\}$;E_4 中有 $\{1\}, \{2\}, \cdots, \{6\}$ 等 6 个基本事件;E_5 中有 $\{0\}, \{1\}, \cdots$ 可列个基本事件;而 E_6 中有不可列个基本事件 $\{t\}, t \geq 0$。而在 E_4 中,包含两个样本点的集合 $\{1, 2\}, \cdots$,$\{5, 6\}$ 是随机事件,含 3 个样本点的集合 $\{1, 2, 3\}, \cdots, \{4, 5, 6\}$ 也是随机事件,$\cdots$,包含 5 个样本点的集合 $\{1, 2, 3, 4, 5\}, \cdots, \{2, 3, 4, 5, 6\}$ 也是随机事件,但注意 $S_4 = \{1, 2, 3, 4, 5, 6\}$ 是必然发生的事件。类似可知,在 E_5 中,包含两个样本点,包含 3 个样本点,以及包含更多个样本点的集合都是随机事件,易见这样的随机事件个数有可列无穷多个;在 E_6 中,包含两个样本点,以及包含更多个样本点的集合,区间(如 $[10, 100]$、$(0, 600)$ 等)都是随机事件,因而在 E_6 中的随机事件个数有不可列无穷多个。

例 1.1.1　在随机试验 E_5 中试写出下列事件包含的样本点:

$A = \{$一分钟内至少接到两次呼唤信号$\}$

$B = \{$一分钟内接到呼唤次数在 6 到 10 次之间$\}$

$C = \{$一分钟内接到呼唤次数不多于 8 次$\}$

$D = \{$一分钟内接到呼唤次数至少为 0 次$\}$

$E = \{$一分钟内接到呼唤次数少于 0 次$\}$

解:令 $e_i = \{$一分钟内恰接到 i 次呼唤信号$\}$　$i = 0, 1, 2, \cdots$ 则 e_i 为试验 E_5 的一个可能结果。为简单记,我们可说 $e_i = \{i\}$,则样本空间

$$S_5 = \{0, 1, 2, \cdots\}$$

故知　$A = \{2, 3, 4, \cdots\}$,　　　　　　　　$B = \{6, 7, 8, 9, 10\}$,

　　　$C = \{0, 1, 2, 3, 4, 5, 6, 7, 8,\}$,　　$D = S$,　$E = \phi$(空集)

易见 S 包含所有的样本点,为 S 本身的子集,在每次试验中它总是发生的,故称为必然事件;而空集 ϕ 中不包含任何样本点,它在每次试验中都不发生,故称

为不可能事件。为讨论方便起见，我们把必然事件与不可能事件均称作随机事件。

三、事件间的关系与事件的运算

如上所述，事件是样本点的集合，因而事件间的关系与运算自然应按集合论中集合之间的关系和集合运算来处理。下面我们如此给出事件间的关系与运算定义。

设试验 E 的样本空间为 $S = \{e\}$，$A, B, C, A_k (k = 1, 2, \cdots)$ 是 S 的子集，即为 E 的随机事件。

1° 若 $A \subset B$（或 $B \supset A$），则称事件 B 包含事件 A，或称 A 包含于事件 B，即指事件 A 发生必导致事件 B 发生。若 $A \subset B$，且 $B \subset A$，即 $A = B$，则称事件 A 与事件 B 相等（或等价），为同一事件。

例如 $A = \{晴天\}$，$B = \{非雨天\}$，显然 A 发生必导致 B 发生，即 $A \subset B$，又若 $C = \{非阴、非雨天\}$，则显然 $A = C$。

2° 事件 $A \cup B = \{e | e \in A \ 或 \ e \in B\}$ 称为事件 A 与事件 B 的和事件，当且仅当 A、B 中至少有一个发生时，事件 $A \cup B$ 发生，$A \cup B$ 亦可记作 $A + B$。

如在 E_4 中，$A = \{2, 3\}$，$B = \{3, 4\}$ 则 $A \cup B = \{2, 3, 4\}$，即当骰子出现 2、3、4 中任一点时 $A \cup B$ 均发生。

6

类似地，称 $\cup_{k=1}^{n} A_k$ 为 n 个事件 $A_1, A_2, \cdots, A_n$ 的和事件，称 $\cup_{k=1}^{\infty} A_k$ 为可列个事件 $A_1, A_2, \cdots$ 的和事件。

例如在 E_5 中，令 $A_k = \{1, 2, \cdots, k\}$　$k = 1, 2, \cdots$

则
$$\cup_{k=1}^{n} A_k = \{1, 2, \cdots, n\}, \quad \cup_{k=1}^{\infty} A_k = \{1, 2, \cdots\}$$

3° 事件 $A \cap B = \{e | e \in A \ 且 \ e \in B\}$ 称为事件 A 与事件 B 的积事件，即当且仅当 A、B 同时发生时，事件 $A \cap B$ 才发生，$A \cap B$ 简记作 AB。

类似地，称 $\cap_{k=1}^{n} A_k$ 为 n 个事件 $A_1, A_2, \cdots, A_n$ 的积事件，称 $\cap_{k=1}^{\infty} A_k$ 为可列个事件 $A_1, A_2, \cdots$ 的积事件。

例如在 E_5 中，令 $A_k = \{k, k+1, \cdots\}$　$k = 1, 2, \cdots$

则
$$\cap_{k=1}^{n} A_k = \{n, n+1, \cdots\} = A_n \quad \cap_{k=1}^{\infty} A_k = \phi$$

4° 事件 $A - B = \{e | e \in A \ 且 \ e \notin B\}$ 称为事件 A 与事件 B 的差事件，当且仅当 A 发生，B 不发生时事件 $A - B$ 发生。

例如在 E_3 中，$A = \{三次出现同一面\}$，$B = \{第一次出现正面\}$

由　　　$A - B = \{HHH, TTT\} - \{HHH, HHT, HTH, HTT\} = \{TTT\}$

5° 若 $A \cap B = \phi$，则称事件 A 与 B 是互不相容的，或称之互斥的，即指事件 A 与事件 B 不能同时发生。如果 $A_1, A_2, \cdots, A_n$ 中任意两事件都是互不相容的，则称 n 个事件 $A_1, A_2, \cdots, A_n$ 两两互不相容。由此定义易知，基本事件是两两互不相容的。

又如在 E_3 中，$A = \{$三次出现同一面$\}$，$C = \{$第一次为正面，第二次为反面$\}$，则 $A = \{HHH, TTT\}$，$C = \{HTH, HTT\}$，$A \cap C = \phi$，即 A 与 C 是互不相容的。

6° 若 $A \cup B = S$，且 $A \cap B = \phi$，则称事件 A 与事件 B 互为逆事件。又称事件 A 与 B 互为对立事件。即指对每次试验而言，事件 A、B 中必有一个发生，且仅有一个发生，A 的对立事件记为 $\overline{A}$。可知，$\overline{A} = S - A$。

例如在 E_2 中，$A = \{$正面出现 0 次和 1 次$\} = \{0, 1\}$。

$B = \{$正面出现 2 次和 3 次$\} = \{2, 3\}$，则 $A \cup B = S_2 = \{0, 1, 2, 3\}$，$A \cap B = \phi$，即 A，B 互为对立事件。

事件间的这些关系容易从维恩(Venn)图(见图 1.1.1)中直观地去理解。如在图中，正方形表示样本空间 S，圆 A 与圆 B 分别表示事件 A 与事件 B。

从上述事件间的关系可见，其与集合论中关系是一致的，为便于学习，列表 1.1.1 如下：

表 1.1.1

记　号	概率论	集合论
S	样本空间，必然事件	全集
ϕ	不可能事件	空集
e	基本事件	点(元素)
A	随机事件	S 的子集
$e \in A$	事件 A 发生	e 为 A 的点
$A \subset B$	事件 A 发生导致 B 发生	A 为 B 的子集
$A = B$	二事件 A、B 为同一事件	二集合 A、B 相等
$A \cup B$	二事件 A、B 至少一个发生	二集合 A、B 的并集
$A \cap B$	二事件 A、B 同时发生	二集合 A、B 的交集
$A - B$	事件 A 发生而 B 不发生	二集合 A、B 的差集
$\overline{A}$	事件 A 的对立事件	A 对 S 的补集
$A \cap B = \phi$	二事件 A、B 互不相容	二集合 A、B 不相交

事件间的运算规律与集合论中运算规律一致，亦具有下述规律：

交换律：$A \cup B = B \cup A$　　　　$A \cap B = B \cap A$

结合律：$A \cup (B \cup C) = (A \cup B) \cup C$

　　　　$A \cap (B \cap C) = (A \cap B) \cap C$

分配律：$A \cup (B \cap C) = (A \cup B) \cap (A \cup C)$

　　　　$A \cap (B \cup C) = (A \cap B) \cup (A \cap C)$

图中包含六个示意图：

第一行：
- $A \subset B$
- $A \cup B$
- $A \cap B$

第二行：
- $A - B$
- $A \cap B = \phi$
- $\overline{A} = S - A$

图 1.1.1

德·摩根律：$\overline{A \cup B} = \overline{A} \cap \overline{B}$ $\overline{A \cap B} = \overline{A} \cup \overline{B}$

例 1.1.2   在观察电路 MPN(见图 1.1.2) 是否为通路的随机试验中，假设电路中的灯泡 Ⅰ、Ⅱ、Ⅲ 有"完好"与"断丝"两种状态，令事件 $A = \{$灯泡 Ⅰ 完好$\}$，$B = \{$灯泡 Ⅱ 完好$\}$，$C = \{$灯泡 Ⅲ 完好$\}$，试用 A、B、C 表示事件 $D = \{MPN$ 通路$\}$，$E = \{PN$ 为通路$\}$ 以及 D 的互斥事件。

8

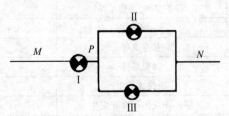

图 1.1.2

解： 从图中易见 D 发生时，即 MPN 通路，当且仅当灯泡 Ⅰ、Ⅱ 完好或灯泡 Ⅰ、Ⅲ 完好，即 AB 或 AC 发生，故

$$D = AB \cup AC$$

当 E 发生时，即 PN 为通路，当且仅当 B 或 C 发生，即灯泡 Ⅱ 或 Ⅲ 完好，故

$$E = B \cup C$$

而显然 $D\overline{A} = \phi$，故 D 与 $\overline{A}$ 互为不相容事件，即 $\{MPN$ 通路$\}$ 与事件 $\{$灯泡 Ⅰ 损坏$\}$ 是互不相容的。

例 1.1.3   设某射手对一目标接连进行 3 次射击，记 $A_i = \{$第 i 次击中目标$\}$，那么 $\overline{A_i} = \{$第 i 次射击未命中目标$\}$ $(i = 1,2,3)$，试用 $A_i(i = 1,2,3)$ 表示事件：

(1) $B_j = \{3$ 次射击中恰好有 j 次击中目标$\}$ $j = 0,1,2,3$

(2)$C_k = \{3$ 次射击中至少有 k 次击中目标$\}$　　$k = 0,1,2,3$

解：(1)$B_0 = \{3$ 次射击中恰好 0 次击中目标$\} = \overline{A}_1\overline{A}_2\overline{A}_3$

$B_1 = A_1\overline{A}_2\overline{A}_3 \cup \overline{A}_1A_2\overline{A}_3 \cup \overline{A}_1\overline{A}_2A_3$

$B_2 = \overline{A}_1A_2A_3 \cup A_1\overline{A}_2A_3 \cup A_1A_2\overline{A}_3$

$B_3 = A_1A_2A_3$

(2)$C_0 = \{3$ 次中至少击中 0 次$\} = \{3$ 次中恰好击中 0 次或 1 次或 2 次或 3 次$\} = $
　　　$B_0 \cup B_1 \cup B_2 \cup B_3 = S$

$C_1 = B_1 \cup B_2 \cup B_3 = A_1 \cup A_2 \cup A_3$

$C_2 = B_2 \cup B_3 = A_1A_2 \cup A_2A_3 \cup A_3A_1$

$C_3 = B_3 = A_1A_2A_3$

思 考 题 1.1

1. 随机试验的特点是什么？是否随机试验的结果都具有同等发生的可能性？

2. 为什么可用集合运算的方法进行事件间的运算？

3. 事件与集合的异同点是什么？事件运算的意义是什么？

4. 试问下列各式是否成立？

(1)$(A - B) \cup B = A$。

(2)$(A \cup B) - C = A \cup (B - C)$。

9

基 本 练 习 1.1

1. 试判断下列试验是否随机试验。

(1) 在恒力作用下一质点作匀加速运动；

(2) 在一定条件下进行射击，观察是否击中靶上红心；

(3) 在 5 个同样的球(标号 1、2、3、4、5) 中，任意取一只，观察所取球的标号；

(4) 在分析天平上称量一小包白糖，并记录称量结果。

2. 试写出下列随机试验的样本空间。

(1) 记录一个小班(30 人) 一次概率考试的平均分数(以百分制记分)；

(2) 同时掷三颗骰子，记录三颗骰子点数之和；

(3) 生产某产品直到有 10 件正品为止，记录生产产品的总件数；

(4) 对某工厂出厂的产品进行检查，合格的记上"正品"，不合格的记上"次品"。如连续查出 2 个次品就停止检查，或检查 4 个产品就停止检查，记录检查的结果；

(5) 在单位圆内任意取一点,记录它的坐标;

(6) 将一尺之棰折成 3 段,观察各段的长度。

3. 设 A、B、C 为 3 事件,试用 A、B、C 的运算关系表示下列各事件。

(1) A 发生,B 与 C 都不发生;

(2) A 与 B 都发生,而 C 不发生;

(3) A、B、C 中至少一个发生;

(4) A、B、C 都发生;

(5) A、B、C 都不发生;

(6) A、B、C 中不多于一个发生;

(7) A、B、C 中不多于两个发生;

(8) A、B、C 中至少有两个发生。

4. 设 $S = \{x \mid 0 \leqslant x \leqslant 2\}$,$A = \left\{x \mid \dfrac{1}{2} < x \leqslant 1\right\}$,$B = \left\{x \mid \dfrac{1}{4} \leqslant x < \dfrac{3}{2}\right\}$,具体写出下列各事件。

(1) $\overline{A}B$; (2) $\overline{A} \cup B$; (3) $\overline{\overline{A}\,\overline{B}}$; (4) AB。

5. 下列各式说明什么包含关系?

(1) $AB = A$;(2) $A \cup B = A$;(3) $A \cup B \cup C = A$。

10

6. 证明:对于任意二事件 A 与 B,关系式(1) $A \subset B$;(2) $\overline{A} \supset \overline{B}$;(3) $A \cup B = B$;(4) $AB = A$;(5) $A\overline{B} = \phi$ 相互等价。

7. 证明下列事件等式成立:

(1) $A \cup B = A\overline{B} \cup B$;

(2) $(A - AB) \cup B = A \cup B = \overline{\overline{A}\,\overline{B}}$。

8. 化简事件算式:$(AB) \cup (A\overline{B}) \cup (\overline{A}B) \cup (\overline{A}\,\overline{B})$。

9. 已知 $(A \cup \overline{B})(\overline{A} \cup B) \cup \overline{(\overline{A} \cup B)} \cup (\overline{A} \cup B) = C$,求 B。

10. 若事件 A,B,C 满足等式,$A \cup C = B \cup C$,试问 $A = B$ 是否成立?

§1.2　事件发生的频率与概率

一、事件 A 发生的频率

对于一个随机事件来说,它在一次试验中可能发生,也可能不发生(除必然事件与不可能事件外)。我们常常想知道这一随机事件在一次试验中发生的可能性究竟有多大。例如某厂每月发生火灾的可能性,某地区每年洪水达到某最高水位的可能性,自然地,根据随机事件的统计规律性,我们可在相同条件下,进行 n 次试验,观察得到随机事件在 n 次试验中发生的次数,用此来刻画此随机事件在一次试验中发生的可能性,此即我们要介绍的事件发生的频率。

定义 1.2.1 设在相同条件下进行了 n 次试验,若事件 A 在这 n 次试验中发生的次数为 n_A,称为事件 A 发生的频数,其比值 n_A/n 称为事件 A 发生的频率,记作 $f_n(A)$

即
$$f_n(A) = n_A/n \qquad (1.2.1)$$

例 1.2.1 将一枚硬币接连掷 n 次,并观察正面(事件 A)出现的次数。表1.2.1 是历史上若干科学家试验结果的记录,其频率按式(1.2.1)计算列入表中。

表 1.2.1 试验结果的记录

试验者	投掷次数 n	正面出现的频数 n_A	正面出现的频率 $f_n(A)$
蒲丰	4040	2048	0.5069
德·摩根	4092	2048	0.5005
费勒	10000	4979	0.4979
皮尔逊	12000	6019	0.5016
皮尔逊	24000	12012	0.5005
罗曼诺夫斯基	80640	39699	0.4923

从表1.2.1可看出,不管什么人去抛硬币,只要抛币的次数逐渐增多,则 $f_n(A)$ 总在 $0.5 = \frac{1}{2}$ 附近摆动,且逐渐稳定在 0.5 处,可见这个数能反映 A 发生的可能性的大小。

容易想到,当事件 A 出现的可能性愈大,频率 $f_n(A)$ 也愈大,反之 $f_n(A)$ 愈大,那么可以设想事件 A 出现的可能性愈大。因此,事件的频率 $f_n(A)$ 反映了事件 A 发生的可能性大小。尽管随着试验次数的变化,频率会有所波动,但实践证明,当试验次数 n 充分大时,随着 n 的增大,事件 A 出现的频率总是围绕某一个常数 $P(A)$ 附近摆动。这种性质我们称为频率的稳定性,而称常数 $P(A)$ 为稳定中心。

我们可用两种方式确定稳定中心的近似值。一种方式是将所得之全部频率值再作算术平均,所得值作为稳定中心近似值;另一方式是将所得频率值从小到大排列,再观察得到其中间值作为稳定中心近似值,如由例1.2.1可得

(1) $P(A) \approx \dfrac{0.5069 + 0.5005 + 0.4979 + 0.5016 + 0.5005 + 0.4923}{6} = 0.5$

(2) $P(A) \approx \dfrac{0.5005 + 0.5005}{2} = 0.5005$

表明此稳定中心值为0.5,即用频率方法可以确定事件"正面出现"的可能性为0.5。

故在实际工作中,探求各种自然的、社会的随机现象的统计规律性的频率分析方法就是,根据资料统计某事件 A 出现的频数,计算其出现的频率,找出频率的稳定中心 $P(A)$。虽然这个稳定中心只是近似值,但对于确定事件 A 出现的可能性大

小,以指导将来的工作已具有明确的实际意义。如在例1.2.1中,$P(A) = 0.5$,这个数反映了硬币的正面与反面出现的可能性相同,因而用掷硬币的方法打赌,对打赌的双方来说,输赢的可能性是均等的。

显见,频率是帮助人们了解随机事件发生的可能性大小的一个简洁方法,诸如成功率即实验成功的次数与总实验的次数之比,失败率即实验失败的次数与总实验的次数之比,上课迟到率即为迟到的次数与总上课的次数之比,应届毕业率即为应届毕业生人数与应届学生的总人数之比,命中率即射击命中的次数与总射击次数之比,新生男婴的出生率即为新生男婴的人数与新生婴儿的总人数之比,等等,对这些事件的频率以及稳定中心的了解,都会在社会的各个行业中产生重要的影响作用。

例1.2.2 为了解历年暑期航班每星期各天出港准点率情况,统计部门对星期一到星期日等 7 天的准点率情况作出数据统计,并计算相应频率如表 1.2.2 所列。

表 1.2.2 暑期航班每星期各天出港准点率统计

星期	星期一	星期二	星期三	星期四	星期五	星期六	星期日
准点率 /%	59.15	57.29	54.25	55.10	53.45	57.32	58.67

从中可看到,星期一的准点率最高,为 59.15%,即 100 次航班约有 59 次准点出港;星期五的准点率最低,为 53.45%。可计算出平均准点率为 56.46%,说明暑期航班出港准点率在 50% ~ 60% 之间,据此可提醒广大"暑期档"出行的旅客朋友,不可对暑期航班准点出港期望值过高。但如果是公务出行,可选择星期一的航班,若是休闲出行,则可选择双休日的航班,这样准点可能性会较大。

从定义 1.2.1 可以得出,频率 $f_n(A)$ 具有以下三条性质:对于任意一个事件 $A \subset S$

1° 非负性:$f_n(A) \geqslant 0$;

2° 规范性:$f_n(S) = 1$;

3° 可加性:若 A,B 互不相容,即 $AB = \phi$,则 $f_n(A \cup B) = f_n(A) + f_n(B)$。

证: 1° 因为 $n_A \geqslant 0$, 故 $\dfrac{n_A}{n} \geqslant 0$,即 $f_n(A) \geqslant 0$;

2° 因为 S 为必然事件,故 $n_s = n$,所以 $f_n(S) = \dfrac{n_s}{n} = \dfrac{n}{n} = 1$;

3° 若 $A \cup B$ 发生,意味着 A、B 中至少有一个发生,因为 A、B 不能同时发生,故 $A \cup B$ 发生的次数应为 A 与 B 各自发生的次数之和,即 $n_A + n_B$,从而有

$$f_n(A \cup B) = \frac{n_{A \cup B}}{n} = \frac{n_A + n_B}{n} = f_n(A) + f_n(B)$$

这个性质对两两互不相容的 m 个事件 $A_k\{k=1,2,\cdots,m\}$ 亦成立,即

$$f_n\{A_1 \cup A_2 \cup \cdots \cup A_m\} = f_n(A_1) + f_n(A_2) + \cdots + f_n(A_m)$$

例 1.2.3 掷一骰子 100 次,其中出现数字 $1,2,\cdots,6$ 的频数如下:

$A_i = \{出现数字\ i\}$	1	2	3	4	5	6
频数 n_i	13	18	19	16	16	18
频率 $f_n(A_i)$	0.13	0.18	0.19	0.16	0.16	0.18

则

$$f_{100}\{出现数字小于 3\} = f_{100}(A_1 \cup A_2) =$$
$$0.13 + 0.18 = 0.31$$

$$f_{100}\{出现数字大于 3\} = f_{100}(A_4 \cup A_5 \cup A_6) =$$
$$0.16 + 0.16 + 0.18 = 0.50$$

$$f_{100}\{出现数字小于 5 且大于等于 2\} = f_{100}(A_2 \cup A_3 \cup A_4) =$$
$$0.18 + 0.19 + 0.16 = 0.53$$

虽然频率计算简单,且用以刻画事件的发生可能性大小是非常直观的,但因其具有随机波动性,故而用频率直接作为事件发生可能性的量度是不合适的,故我们宁愿采用频率稳定中心 $P(A)$ 来作为事件发生可能性大小的量度。事实上,这样的常数 $P(A)$ 是客观存在的,当 n 很大时,就有 $f_n(A) \approx P(A)$,我们称此常数 $P(A)$ 为事件 A 发生的概率,即对于每一个随机事件 A,总有一个稳定值,即 A 的概率 $P(A)$ 与之对应。可以推想,概率 $P(A)$ 也应具有频率的几条性质,故我们给出概率的公理化定义,并用稳定值 $P(A)$ 来描述事件 A 发生的可能性的大小。

二、概率的公理化定义

定义 1.2.2 设 E 为随机试验,S 是它的样本空间,对于 E 的每一事件 A,赋予一实数 $P(A)$,若集函数 $P(\cdot)$ 满足下列条件,则称 $P(A)$ 为事件 A 的概率:

1° 非负性:$\forall A \subset S, P(A) \geqslant 0$;

2° 规范性:$P(S) = 1$;

3° 可列可加性:若 $A_1, A_2, \cdots$ 为两两互不相容事件列,即

$$\forall i \neq j, A_i A_j = \phi,则 \quad P(\cup_{i=1}^{\infty} A_i) = \sum_{i=1}^{\infty} P(A_i) \qquad (1.2.2)$$

由概率的非负性、规范性及可列可加性出发,可以证明概率的一些重要性质:

性质 1 不可能事件发生的概率为零。即

$$P(\phi) = 0$$

证:设 $A_i = \phi(i=1,2,\cdots) \forall i \neq j, A_i A_j = \phi$,故由定义 1.2.2 的 3°

得

$$P(\cup_{i=1}^{\infty} A_i) = \sum_{i=1}^{\infty} P(A_i)$$

而 $A_i = \phi \Rightarrow \cup_{i=1}^{\infty} A_i = \phi$,故有 $P(\phi) = \sum_{i=1}^{\infty} P(\phi)$

所以由概率的非负性知

$$P(\phi) = 0 \tag{1.2.3}$$

性质2　对于有限个互斥事件 $A_1, A_2, \cdots, A_n$ 的和事件发生的概率具有有限可加性。即

$$P(\cup_{i=1}^{n} A_i) = \sum_{i=1}^{n} P(A_i)$$

证: $P(\cup_{i=1}^{n} A_i) = P(A_1 \cup A_2 \cup \cdots \cup A_n \cup \phi \cup \phi \cup \cdots) =$

$$P(A_1) + P(A_2) + \cdots + P(A_n) + P(\phi) + P(\phi) + \cdots =$$

$$\sum_{i=1}^{n} P(A_i)$$

性质3　如果事件 $A \subset B$,则 $P(A) \leqslant P(B)$,且有概率的减法公式:

$$P(B - A) = P(B) - P(A) \tag{1.2.4}$$

证:因为 $A \subset B$,则　　$B = A \cup (B - A), A(B - A) = \phi$

故由性质2得　　$P(B) = P(A) + P(B - A)$

即　　　　　　　$P(B - A) = P(B) - P(A)$

再由概率的非负性知 $P(B - A) \geqslant 0$ 即得 $P(B) \geqslant P(A)$。

性质4　对于任何一个事件 A,都有 $0 \leqslant P(A) \leqslant 1$

证:因 $\forall A \subset S$,故 $0 \leqslant P(A) \leqslant P(S) = 1$

性质5　两对立事件的概率之和等于1。即

$$P(A) + P(\overline{A}) = 1$$

证:因 $A\overline{A} = \phi$ 且 $A \cup \overline{A} = S$

故

$$1 = P(S) = P(A \cup \overline{A}) = P(A) + P(\overline{A})$$

这个性质在使用时,常表述为

$$P(A) = 1 - P(\overline{A}) \text{ 或 } P(\overline{A}) = 1 - P(A) \tag{1.2.5}$$

性质6　对于任意两事件 A、B,都有

$$P(A \cup B) \leqslant P(A) + P(B)$$

且有概率的加法公式

$$P(A \cup B) = P(A) + P(B) - P(AB) \tag{1.2.6}$$

证:因 $A \cup B = A \cup (B - A) = A \cup (B - AB)$ 且 $AB \subset B$

所以

$$P(A \cup B) = P(A) + P(B - AB) = P(A) + P(B) - P(AB)$$

显然 $P(AB) \geqslant 0$,故有 $P(A \cup B) \leqslant P(A) + P(B)$

14

概率的加法公式可以推广到更多事件的情形：

$$P(A \cup B \cup C) = P(A) + P(B) + P(C) - P(AB) - P(BC) -$$
$$P(CA) + P(ABC)$$
$$P(A \cup B \cup C) \leqslant P(A) + P(B) + P(C)$$

一般地，对有限个事件 $A_1, A_2, \cdots, A_n$，有

$$P(\cup_{i=1}^n A_i) = \sum_{i=1}^n P(A_i) - \sum_{1 \leqslant i < j \leqslant n} P(A_i A_j) + \sum_{1 \leqslant i < j < k \leqslant n} P(A_i A_j A_k) + \cdots$$
$$+ (-1)^{n-1} P(A_1 A_2 \cdots A_n)$$
$$P(\cup_{i=1}^n A_i) \leqslant \sum_{i=1}^n P(A_i)$$

例 1.2.4　设事件 A、B 发生的概率分别为 $\frac{1}{3}$，$\frac{1}{2}$，试在下述三种情况下分别求出 $P(\overline{A}B)$ 的值。

(1)A、B 互斥；(2)A 被 B 包含；(3)A、B 之积的概率为 $\frac{1}{8}$

解：(1) 因 $AB = \phi$ 故 $\overline{A} \supset B$，得 $P(\overline{A}B) = P(B) = \frac{1}{2}$

(2)$P(\overline{A}B) = P(B - A) = P(B) - P(A) = \frac{1}{2} - \frac{1}{3} = \frac{1}{6}$

(3) 因 $P(AB) = \frac{1}{8}$

故

$$P(\overline{A}B) = P(B - A) = P(B - AB) =$$
$$P(B) - P(AB) = \frac{1}{2} - \frac{1}{8} = \frac{3}{8}$$

例 1.2.5　设机械系一年级有 100 名学生，他们中政治、高等数学、英语、普通物理等 4 门课程得优等成绩的人数分别为 85、75、70、80。试证：这 4 门课程全优的学生至少有 10 人。

证：设 A、B、C、D 分别依次表示机械系一年级学生政治、高等数学、英语、普通物理考试成绩为优等的事件。

已知　　　$P(A) = \frac{85}{100}, P(B) = \frac{75}{100}, P(C) = \frac{70}{100}, P(D) = \frac{80}{100}$

由概率的加法公式得

$$P(A \cup B) = P(A) + P(B) - P(AB)$$

而　　　　　　　　　　　$P(A \cup B) \leqslant 1$

则　　　　　　　　　　　$P(AB) \geqslant P(A) + P(B) - 1$

同理得　　　　　　　　　$P(CD) \geqslant P(C) + P(D) - 1$

15

$$\therefore \quad P(ABCD) \geqslant P(AB) + P(CD) - 1 \geqslant$$
$$P(A) + P(B) - 1 + P(C) + P(D) - 1 - 1 =$$
$$\frac{85}{100} + \frac{75}{100} + \frac{70}{100} + \frac{80}{100} - 3 = 10\%$$

即 4 门课程考试成绩全优的学生至少有 $100 \times 10\% = 10$ 人。

思 考 题 1. 2

1. 频率的实际意义是什么？频率与概率的关系如何？

2. 如何理解概率的公理化定义？

3. 概率的基本性质有哪些？如何运用？

基 本 练 习 1. 2

16

1. 在相似于大田培育的环境下，对某良种麦种子作发芽试验，分别任意抽取 5 粒、10 粒、50 粒、100 粒、300 粒、600 粒种子进行培育，观察统计其发芽数分别依次为 5、8、44、91、272、542 粒，试由各发芽的频率确定这种小麦的发芽率 —— 发芽的频率，其稳定中心当为何值？

2. 已知 $P(A) = P(B) = \dfrac{1}{4}$，$P(C) = \dfrac{1}{2}$，$P(AB) = \dfrac{1}{8}$，$P(BC) = P(CA) = 0$，试求 A、B、C 中至少有一个发生的概率。

3. 设 $P(A) = a$，$P(B) = b$，$P(A \cup B) = c$，试求 $P(AB)$，$P(A\bar{B})$ 及 $P(\bar{A}\bar{B})$。

4. 已知 $A \supset BC$，证明：$P(A) \geqslant P(B) + P(C) - 1$。

5. 设 A、B 是任意两个不相容事件，试求 $P(A - B)$。

6. 设 A、B 为两事件，$P(A) = 0.5$，$P(A - B) = 0.2$，试求 $P(\overline{AB})$。

7. 某市有 50% 住户订日报，有 65% 住户订晚报，有 85% 的住户至少订这两种报纸中的一种，试问同时订这两种报纸的住户百分比是多少？

8. 设 A、B 为两事件，且 $P(A) = p$，$P(AB) = P(\bar{A}\bar{B})$，试求 $P(B)$。

§1.3 古典概型与几何概型

一、古典概型的概念

容易看出，§1.1 中提到的试验 E_1 和 E_4 具有两个共同的特点.

1° 试验的样本空间中的元素个数只有有限个，不妨设为 n 个，记为

$e_1 , e_2 , \cdots , e_n$;

2° 每个基本事件 $\{e\}$ 出现的可能性相等,即有

$$P(\{e_1\}) = P(\{e_2\}) = \cdots = P(\{e_n\}) \qquad (1.3.1)$$

一般称具有上述两个特点的随机试验为等可能概型。这种数学模型曾经是概率论发展初期的主要研究对象,所以也称为古典概型。在此概型中,由概率的规范性及有限可加性容易得出

$$1 = P(S) = P(\{e_1\}) + P(\{e_2\}) + \cdots + P(\{e_n\})$$

由式(1.3.1)即得

$$P(\{e_1\}) = P(\{e_2\}) = \cdots = P(\{e_n\}) = \frac{P(S)}{n} = \frac{1}{n} \qquad (1.3.2)$$

若对于任意一个随机事件 $A \subset S$,设 $A = \{e_{i_1} , e_{i_2} , \cdots , e_{i_k}\}$ 包含 k 个基本事件,则有

$$P(A) = \sum_{j=1}^{k} P(\{e_{i_j}\}) = \frac{k}{n} = \frac{A \text{ 包含的基本事件数}}{S \text{ 中基本事件的总数}} \qquad (1.3.3)$$

(A 中所含的基本事件数,习惯上常常称为 A 的有利事件数)

式(1.3.3)就是古典概型中事件 A 的概率的计算公式。

例1.3.1 将一枚均匀硬币抛掷三次,观察正面 H 、反面 T 出现的情况。设事件 A_1 为"恰有一次出现正面,"求 $P(A_1)$;设事件 A_2 为"至少有一次出现正面",求 $P(A_2)$ 。

解:(1) 我们先考虑这一试验的样本空间 S :

$$S = \{HHH, HHT, HTH, THH, HTT, THT, TTH, TTT\}$$

而 $A_1 = \{HTT, THT, TTH\}$,易见 S 中包含 $n = 8$ 个基本事件,且由对称性知每个基本事件发生的可能性相同,故此试验为古典概型,且事件 A 包含 $k = 3$ 个基本事件,故由式(1.3.3)得

$$P(A_1) = \frac{3}{8}$$

(2) 由于 $\overline{A_2} = \{TTT\}$ 故 $P(\overline{A_2}) = \frac{1}{8}$

所以

$$P(A_2) = 1 - P(\overline{A_2}) = 1 - \frac{1}{8} = \frac{7}{8}$$

注:若本题考虑 §1.1 中 E_3 的样本空间, $S_3 = \{0, 1, 2, 3\}$,则由于各个基本事件发生的可能性不相同,就不能利用式(1.3.3)来计算 $P(A_1)$ 和 $P(A_2)$ 。对本题来讲,考虑上述样本空间才能顺利计算出概率 $P(\{0\}) = P(\{3\}) = \frac{1}{8}, P(\{1\}) = P(\{2\}) = \frac{3}{8}$ 。

二、古典概型求解举例

古典概型在概率论的发展中占有很重要的地位，一方面，因为它比较简单，许多概念直观又容易理解，另一方面，它又概括了许多实际问题，有着很广泛的应用。对于古典概型的计算问题，就其典型意义大致可分为4种类型：随机取数问题；抽球问题；分房问题；配对问题。

下面分别举例介绍求解方法。

1. 随机取数问题

例1.3.2   书架上有一部五卷册的文集，求各册自左至右或自右至左排成自然顺序的概率。

解：设 A 为"五卷册依次排成自然顺序"的事件，则 A 中所含基本事件为 $\{12345\}$ 与 $\{54321\}$ 两个，而基本事件总数为五本书的排序数 $5! = 120$，故由式（1.3.3）得

$$P(A) = \frac{2}{5!} = \frac{1}{60}$$

例1.3.3   从 $1,2,\cdots,10$ 共10个数字中任取一个，假定每个数字都以 $\frac{1}{10}$ 的概率被取中，取后还原，先后取出7个数字，试求下列各事件 $A_i (i = 1,2,3,4)$ 的概率 $P(A_i)$：

18

（1）A_1 表示"7个数字各不相同"；

（2）A_2 表示"不含10和1"；

（3）A_3 表示"恰好出现两次10"；

（4）A_4 表示"至少出现两次10"。

解：（1）在 $1 \sim 10$ 个数字中还原地取7次，每取7次为一个基本事件，因为每次可有10种选择，故而还原地取7次所成的随机试验的样本空间 S 共有 10^7 个不同的基本事件，而 A_1 包含了 $10 \times 9 \times 8 \times 7 \times 6 \times 5 \times 4$ 个基本事件，即第1次有10种选择，第二次有9种选择，$\cdots$，第7次只有4种选择，

故 $P(A_1) = \dfrac{10 \times 9 \times 8 \times 7 \times 6 \times 5 \times 4}{10^7} = \dfrac{189}{3125} \approx 0.06048$

（2）A_2 发生时，7个数字只能取 $2 \sim 9$ 中任一个数，故 A_2 包含 8^7 个基本事件，

$P(A_2) = \dfrac{8^7}{10^7} = \dfrac{4^7}{5^7} \approx 0.2097$

（3）A_3 发生时，出现10的两次可以是7次中的任意二次，故有 $\dbinom{7}{2} = C_7^2 = \dfrac{7!}{2!5!}$ 种选择，其它5次中，每次只能取 $1 \sim 9$ 中的任何一个，故 A_3 含有 $\dbinom{7}{2}9^5$ 个基本事件，

故
$$P(A_3) = \frac{\binom{7}{2}9^5}{10^7} \approx 0.124$$

（4）一般地，若记为 P_k 为"10 恰好出现 k 次"的概率，如（3）分析可知

$$P_k = \frac{\binom{7}{k}9^{7-k}}{10^7} \quad \left(\text{其中组合数} \binom{7}{k} = C_7^k = \frac{7!}{k!(7-k)!}\right) \quad k = 0,1,2,3,\cdots,7$$

则
$$P(A_4) = \sum_{k=2}^7 P_k = \sum_{k=2}^7 \frac{\binom{7}{k}9^{7-k}}{10^7} = 1 - \frac{9^7 + \binom{7}{1}9^6}{10^7} \approx 0.1497$$

例 1.3.4　在 1 ~ 2000 的整数中随机地取一个数，问取到的整数既不能被 6 整除，又不能被 8 整除的概率是多少？

解：设 A 为事件"取到的数能被 6 整除"，B 为事件"取到的数能被 8 整除"，则所求概率为

$$P(\bar{A}\bar{B}) = 1 - P(\overline{\bar{A}\bar{B}}) = 1 - P(A \cup B) =$$
$$1 - \{P(A) + P(B) - P(AB)\}$$

而 $333 < \dfrac{2000}{6} < 334$，即在 1 ~ 2000 的整数中能整除 6 的个数为 333 个，即 A 所含基本事件个数为 333 个，而样本空间 S 所含基本事件为 2000，故

19

$$P(A) = \frac{333}{2000}$$

同理 $\dfrac{2000}{8} = 250$ 得 $P(B) = \dfrac{250}{2000}$

又由于一个数同时能被 6 和 8 整除，就相当于能被 24 整除，故由

$$83 < \frac{2000}{24} < 84 \quad \text{知} \quad P(AB) = \frac{83}{2000}$$

所以
$$P(\bar{A}\bar{B}) = 1 - \left(\frac{333}{2000} + \frac{250}{2000} - \frac{83}{2000}\right) = \frac{3}{4}$$

例 1.3.5　某接待站在某一周曾接待过 12 次来访，已知所有这 12 次接待都是在周二和周四进行的，问是否可以推断接待时间是有规定的。

解：假设接待站的接待时间没有规定，而来访者在一周的任一天中去接待站是等可能的，均为 $\dfrac{1}{7}$，而来访者每一次去可在一周 7 天中任选一天，共有 7 种选法，则总共有 7^{12} 种选法，而来访者只在周二、周四去接待站，这只有 2^{12} 种选法，故来访者在周二、周四都被接待的概率应为 $\dfrac{2^{12}}{7^{12}} = 0.0000003$，即千万分之三，此概率如此之

小,也就是说在接待时间没有规定的前提下周二和周四都接待来访者几乎是不可能的,然而事实上周二和周四都接待来访者,可见假设接待时间没有规定是不成立的,即接待站接待时间应是有规定的。

本例所用方法称之为实际推断原理,即概率很小的事件在一次试验中实际上是几乎不发生的。若概率很小的事件在一次试验中竟然发生了,因此有理由怀疑假定"概率很小"的正确性。

例1.3.6 从 $0,1,2,\cdots,9$ 共 10 个数字中任意选出 3 个不同数字,试求下列事件的概率:

(1) $A_1 = \{3$ 个数字中不含 0 和 5$\}$;(2) $A_2 = \{3$ 个数字中不含 0 或 5$\}$。

解:所取 3 个数不计序,基本事件总数为

$$n = C_{10}^3$$

(1) 有利于 A 的基本事件数为 $m_1 = C_8^3$,故所求概率为 $P(A_1) = \dfrac{C_8^3}{C_{10}^3} = \dfrac{7}{15}$。

(2) 从所给 10 个数中任取 3 个不含 0 的数字的取法有 C_9^3 种,任取 3 个不含 5 的数字的取法有 C_9^3 种,而这些取法中均包含了既不含 0 又不含 5 的 3 个数字的取法,故而有利于 A_2 的基本事件数为

$$m_2 = C_9^3 + C_9^3 - C_8^3$$

所求概率为 $P(A_2) = \dfrac{2C_9^3 - C_8^3}{C_{10}^3} = \dfrac{14}{15}$。

从上述例子可看到,随机取数模型分为下面两种情况:

(1) 有放回地随机取数:若从 n 个相异的数字中有放回地取出 m 个,则试验的样本空间的基本事件总数可按从 n 个不同数字中取出 m 个的重复排列计算,由乘法原理知为 $n \cdot n \cdot n \cdots n = n^m$。如例 1.3.3、例 1.3.5 中所述。

(2) 无放回地随机取数:若取出的数不还原,则从 n 个不同的数中任取 m 个的试验的样本空间所含基本事件总数要根据取数是计序或不计序,按不重复的排列或组合公式计算,即其基本事件总数为:

(a) 计序时为 $A_n^m = n(n-1)\cdots(n-m+1)$,如例 1.3.2 所述;

(b) 不计序时为 $C_n^m = \dbinom{n}{m} = \dfrac{n!}{m!(n-m)!}$,如例 1.3.6 所述。

2. 抽球问题

例1.3.7 一口袋中装有 4 只白球和 2 只红球,从袋中任取两次,每次随机地取一只,考虑两种取球方式(a) 第一次取一只球,观察其颜色后放回袋中,搅匀后再取一球,这种取球方式叫做放回抽样。(b) 第一次取一球不放回袋中,第二次从剩余的球中再取一球,这种取球方式叫做不放回抽样。试分别就上面两种情况求:

（1）取到的两只球都是白球的概率；

（2）取到的两只球颜色相同的概率；

（3）取到的两只球中至少有一只是白球的概率。

解：（a）放回抽样的情况

以 A、B、C 分别表示事件"取到的两只球都是白球，""取到的两只球都是红球"，"取到的两只球中至少有一只是白球。"易知"取到两只球颜色相同"这一事件即为 $A \cup B$，而 $C = \bar{B}$。

在袋中依次取两只球，每一种取法为一个基本事件，而第一种取法的第一次取球有6只球可供选择，第二次仍有6只球可供选择，根据组合法的乘法原理，这种抽球试验的样本空间 S 共有 6×6 个基本事件，若事件 A 发生，由第一次有4只白球可供抽取，第二次仍有4只白球可供抽取，故 A 含有 4×4 个基本事件，同理 B 中含有 2×2 个基本事件，故

$$P(A) = \frac{4 \times 4}{6 \times 6} = 0.4444$$

$$P(B) = \frac{2 \times 2}{6 \times 6} = 0.1111$$

由于 $AB = \phi$，故

$$P(A \cup B) = P(A) + P(B) = 0.5556$$

$$P(C) = P(\bar{B}) = 1 - P(B) = 1 - 0.1111 = 0.8889$$

21

（b）不放回抽样情况

类似可得：$P(A) = \dfrac{12}{30}$，$P(A \cup B) = \dfrac{14}{30}$，$P(C) = \dfrac{28}{30}$

例1.3.8 箱中盛有 α 个白球及 β 个黑球，从其中任意取 $a + b$ 个，试求所取的球中恰含 $a(\leqslant \alpha)$ 个白球和 $b(\leqslant \beta)$ 个黑球的概率。

解：这里的随机试验 E 为从 $\alpha + \beta$ 球中取出 $a + b$ 个，由每 $a + b$ 个球构成一基本事件，故有 $\dbinom{\alpha + \beta}{a + b}$ 个不同的基本事件，设 A 为"恰好取中 a 个白球及 b 个黑球"，则 A 发生时，从 α 个白球中取 a 个白球共有 $\dbinom{\alpha}{a}$ 种取法，从 β 个黑球中取 b 黑球共有 $\dbinom{\beta}{b}$ 种取法，故由乘法原理知，A 含有 $\dbinom{\alpha}{a}\dbinom{\beta}{b}$ 个基本事件，所以

$$P(A) = \frac{\dbinom{\alpha}{a}\dbinom{\beta}{b}}{\dbinom{\alpha + \beta}{a + b}} \tag{1.3.4}$$

式（1.3.4）即为超几何分布的概率公式。有许多问题和本例具有相同的数学

模型,例如:

(1) 设有 N 件产品,其中有 D 件次品,今从中任取 n 件,问其中恰有 k 件次品的概率是多少?

如上分析可得所求概率
$$p = \frac{\binom{D}{k}\binom{N-D}{n-k}}{\binom{N}{n}}$$

(2) 设有 15 名新生,其中有 3 名优秀生,今从 15 名新生中任取 5 名,问其中恰有 2 名优秀生的概率是多少?

由(1) 公式得所求概率
$$p = \frac{\binom{3}{2}\binom{15-3}{5-2}}{\binom{15}{5}} = \frac{20}{91} = 0.21978$$

可见在各种各样的抽样问题中,将"白球"、"黑球"换成实际问题中的"甲物"和"乙物"或"合格品"和"不合格品",就容易解决所求概率问题。这正是我们说抽球问题具有典型意义的原因。

从上述例子可见,抽球问题按抽球方式不同,可分以下 4 种情况确定基本事件总数:

	抽 球 方 式		不同抽法总数
从 n 个球中抽取 m 个	有放回	计序	n^m
		不计序	C_{n+m-1}^m
	无放回	计序	A_n^m
		不计序	C_n^m

其中 C_{n+m-1}^m 表示从 n 个不同元素中任取 m 个元素进行元素可重复的组合时,其不同的组合方式。

例如有 3 种不同溶液,不使它们混合,倒入 5 个烧杯,共有多少种倒入方法?溶液只有 3 种,烧杯却有 5 个,所以至少一种溶液要重复使用,这是一个从 3 个相异元素里每次取出允许重复的 5 个元素的组合问题,故倒入方法共有 $C_{3+5-1}^5 = 21$ 种不同的倒入方式。

3. 分房问题

例1.3.9 设有 n 个人,每个人都等可能的被分配到 N 个房间中的任意一间中去住 ($n \leqslant N$),且设每个房间可容纳的人数不限,求下列事件的概率:

(1) $A = \{$某指定的 n 房间中各有一个人住$\}$;

(2) $B = \{$恰好有 n 个房间,其中各住一人$\}$;

（3）$C = \{$某指定的一间房中恰有 $m(m < n)$ 人$\}$。

解：基本事件为"每一种住房方式"，由于每个人都可以分配到 N 间房中的任一间，故 n 个人住房的方式共有 N^n 种，且为等可能的，而

（1）A 所含基本事件数为 n 个人的全排列数 $n!$

故
$$P(A) = \frac{n!}{N^n}$$

（2）B 所含基本事件数为：n 个人在 N 个位置上的选排列数 $\binom{N}{n}n!$

故
$$P(B) = \frac{\binom{N}{n}n!}{N^n} = \frac{N!}{N^n(N-n)!} = \frac{N(N-1)\cdots(N-n+1)}{N^n}$$

（3）当 C 事件发生时，指定房间中的 m 个人可自 n 个人中任意选出。故有 $\binom{n}{m}$ 种选法，其余 $n-m$ 个人可任意分配到其余 $N-1$ 个房间里，共有 $(N-1)^{n-m}$ 种分配法，故 C 所含基本事件数为 $\binom{n}{m}(N-1)^{n-m}$，

故
$$P(C) = \frac{\binom{n}{m}(N-1)^{n-m}}{N^n} = \binom{n}{m}\left(\frac{1}{N}\right)^m\left(1 - \frac{1}{N}\right)^{n-m}$$

此即"二项分布"的特殊情况，见后二项分布一节。

例 1.3.10（生日问题）　设某班级有 n 个人$(n \le 365)$，问至少有两个人的生日在同一天的概率是多大？

解：假定一年按 365 天计算，每人的生日在一年 365 天中的任一天是等可能的，都为 $\frac{1}{365}$，若把 365 天当作 365 个"房间"，就可将本例作为上述分房问题解决，此时"n 个人的生日各不相同"就相当于例 1.3.9 中的"恰有 n 间房，其中各住一人。"

令　$A = \{n$ 个人中至少有两个人的生日相同$\}$

　　$B = \{n$ 个人的生日全不相同$\}$

则
$$P(A) = P(\bar{B}) = 1 - P(B)$$

再由例 1.3.9(2) 知　$P(B) = \dfrac{N!}{N^n(N-n)!}$

故
$$P(A) = 1 - \frac{N!}{N^n(N-n)!}$$

经计算可得下述结果：

n	20	23	30	40	50	64	100
$P(A)$	0.411	0.507	0.706	0.891	0.97	0.997	0.9999997

从上表可看出,在仅有64人的班级里,"至少两人的生日在同一天"的概率几乎是1,因此,如作调查的话,几乎总是会出现的,读者不妨试一试。

在现实生活中,有许多情况都与分房问题类似,例如:

(1) 设有 n 个质点,每个质点都是等可能的被分配到 N 个格子里的任一个中($n \leqslant N$),试求至少有两个质点在同一格子里的概率。

(2) 设有 n 位旅客,每位旅客都是等可能的在 N 个车站的任何一个车站下车($n \leqslant N$),试求 n 位旅客恰在指定的 N 个车站下车的概率及至少有两位旅客在同一个车站下车的概率。

类似问题还很多,不胜枚举,读者可依据分房问题模型,加以解决。

4. 配对问题

例1.3.11 设有带号码1,2,3,4的4件物品,任意地放在标有1,2,3,4的空格中,问恰好没有一件物品与所占空格号码相一致的概率是多少?至少有一件物品与它所占的空格号码相一致的概率又为多少?

解:设 $A = \{$ 恰好没有一件物品与所占的空格号码相一致 $\}$,则由排列公式,将4个不同的物品排在4个不同的位置上,排法总数为 $n = 4! = 24$,对于 A 所包含的基本事件个数 k ,可用树枝分权的画法直观得出,如图1.3.1所示。

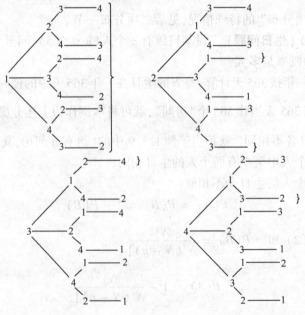

图 1.3.1

删去那些至少有一件物品号码与空格号码一致的 15 种情况,即得 $k = 9$

故
$$P(A) = \frac{9}{24} = \frac{3}{8}$$

设　　$B = \{至少有一件物品与它所占的空格号码相一致\}$

则
$$P(B) = P(\bar{A}) = 1 - P(A) = 1 - \frac{3}{8} = \frac{5}{8}$$

在例 1.3.11 中所提问题可以有各种各样的提法,如某人向 4 个亲友写了 4 份信封和信笺,如果他在把信笺向信封里装的时候是任意的,且每份信笺装进每个信封的可能性都是相等的,试问一封也没有装对的概率是多少?至少有一封对的概率是多少?可见,与例 1.3.11 具有相同的数学模型。本例亦可利用概率加法公式解决:设 $A_i = \{第 i 号物品放在第 i 号空格内\}$ $i = 1,2,3,4$,则

$$P(A_i) = \frac{1}{4}(i = 1,2,3,4), P(A_iA_j) = \frac{1}{4 \times 3}(1 \leqslant i < j \leqslant 4)$$

$$P(A_iA_jA_k) = \frac{1}{4 \times 3 \times 2}(1 \leqslant i < j < k \leqslant 4), P(A_1A_2A_3A_4) = \frac{1}{4!}$$

故 $P(B) = \sum_{i=1}^{4} P(A_i) - \sum_{1 \leqslant i \leqslant j \leqslant 4} P(A_iA_j) + \sum_{1 \leqslant i < j < k \leqslant 4} P(A_iA_jA_k) - P(A_1A_2A_3A_4) =$

$$\binom{4}{1}\frac{1}{4} - \binom{4}{2}\frac{1}{4 \times 3} + \binom{4}{3}\frac{1}{4 \times 3 \times 2} - \binom{4}{4}\frac{1}{4!} = 1 - \frac{1}{2!} + \frac{1}{3!} - \frac{1}{4!} = \frac{15}{24} = \frac{5}{8}$$

读者不妨照此方法试一试解决 n 件物品配对问题。

25

三、几何概型

在古典概型中,由于样本点的个数有限,且发生的可能性相等,所以可以利用古典概型计算公式,成功地解决古典概型类型中事件的概率问题。但是在很多试验中,虽然每个样本点发生的可能性相等,但其基本事件总数不能用一个有限数来描述,例如在线段 $[0,a]$ 上随意投一个点,试问其落在其中某一子区间 $[c,c + l](\subset [0,a])$ 上的概率是多少?显见其落点的可能位置有无穷多个 $\{x \mid 0 \leqslant x \leqslant a\}$,且每一个位置被落到的可能性相等;又如在 $5 \times 10^4 \mathrm{km}$ 的海域里有表面积达 $40 \mathrm{km}^2$ 的大陆架贮藏石油,假如在这海域里随意选定一点钻探,问钻到石油的可能性是多大?再如将一长度为 $l\mathrm{cm}$ 的细棒随意折为 3 段,这 3 段恰能构成三角形的可能性有多大?可见在这 3 个问题中,基本事件总数均是无限多个,故此古典概型的计算方法就不能适用了,这就需要借助下面将要介绍的几何概型来解决问题。

一般说来,若一个试验具有如下特点:

$1°$　每次试验的可能结果有无限多个,且全部可能结果的集合可用一个有度量(如长度、面积、体积等)的几何区域来表示;

$2°$　每次试验中每个可能结果的出现是等可能的。

这样的试验被称为几何概型。在几何概型的意义下求解事件的概率被称为几何概率。在几何概型问题中,试验可看作是在某一可度量(如长度、面积、体积等)的区域 G 内任取一点,试验的可能结果可以是该区域 G 内的任意一点,而且取每一点的可能性是相同的,故此时样本空间即为区域 G 内点的全体,而点落在某子区域 $g \subset G$ 的概率与 g 的几何度量成正比,因而随机事件 $A = \{$取到的点落在某子区域 g 内$\}$ 的概率为

$$P(A) = \frac{g \text{ 的几何度量}}{G \text{ 的几何度量}} \tag{1.3.5}$$

上式即被称为几何概率的计算公式。

例 1.3.12 在线段 $[0,2]$ 上随意投一个点,试求其落在一个子区间 $[0.5, 1.5]$ 上的概率是多少?

解:此试验的样本空间 S 为随机落入区间 $[0,2]$ 的点的全体,即区域 $G = [0,2]$,此时区域 G 的几何度量为区间长度,故区域 G 的几何度量值为 $2 - 0 = 2$,随机事件 $A = \{$取到的点落在子区间$[0.5,1.5]$ 内$\}$ 对应于区间 $g = [0.5,1.5]$,区域 g 的几何度量值为 $1.5 - 0.5 = 1$,于是可得随机事件 A 的概率为

$$P(A) = \frac{g \text{ 的长度}}{G \text{ 的长度}} = \frac{1}{2}$$

26

例 1.3.13(相遇问题) 甲、乙两人相约在中午 12 点到 1 点时段内在预定地点会面,先到者等待 10min(1/6h) 就可离去,试求两人能会面的概率(假设两人在该时段内到达预定地点是等可能的)。

解:设 $A = \{$两人能会面$\}$,且甲、乙两人到达的时间分别为 x,y。则样本空间 S 对应于区域 $G = \{(x,y) \mid 0 \leqslant x \leqslant 1, 0 \leqslant y \leqslant 1\}$,且是一平面区域。当事件 A 发生时,要求两人到达的时间满足条件:$|x - y| \leqslant 1/6$,即 A 对应于平面区域 $g = \{(x,y) \in G : |x - y| \leqslant 1/6\}$,如图 1.3.2 所示,故得随机事件 A 的概率为

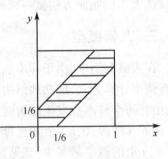

图 1.3.2

$$P(A) = \frac{g \text{ 的面积}}{G \text{ 的面积}} = \frac{1^2 - \frac{1}{2} \times \left(1 - \frac{1}{6}\right)^2 \times 2}{1^2} = 1 - \frac{25}{36} = \frac{11}{36}$$

例 1.3.14(蒲丰投针问题) 这个问题是在 1777 年由法国科学家蒲丰提出的;在平面上画有等距离为 $d(d > 0)$ 的一些平行线,向平面随意投一长为 $l(l < d)$ 的针,试求针与平行线相交(A) 的概率(针落在平面的任一处是等可能的)。

解：由等可能性，只须考虑两线间的情况。用 M 表示针的中点，当针落在平面上时，用 x 表示从 M 到最近的一条平行线的距离，记 φ 为针与最近一条平行线的夹角，于是针的位置由 x 与 φ 完全确定，则与样本空间 S 对应的区域为 $G = \{(x,\varphi) \mid 0 \leqslant x \leqslant \dfrac{d}{2}, 0 \leqslant \varphi \leqslant \pi\}$，是一平面区域，$(x,\varphi)$ 构成平面上一矩形，面积为 $\dfrac{d}{2}\pi$。当事件 A 发生时，针与平行线相交，相应的子区域 g 应满足条件：$x \leqslant \dfrac{l}{2}\sin\varphi$，如图 1.3.3 所示，$g$ 为图中阴影部分，故有

$$P(A) = \frac{G\text{ 的面积}}{g\text{ 的面积}} = \frac{\displaystyle\int_0^\pi \frac{l}{2}\sin\varphi \mathrm{d}\varphi}{\dfrac{a}{2}\pi} = \frac{2l}{a\pi}$$

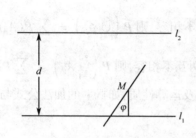
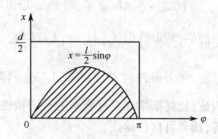

图 1.3.3

例 1.3.15　在线段 $[0,a]$ 上随机地投 3 个点，试求由 0 至 3 点的 3 个线段能构成一个三角形的概率。

解：记 $A = \{3\text{ 线段能构成三角形}\}$，设 3 线段长分别为 x,y,z，则一个试验结果可表示为 (x,y,z)，样本空间 S 对应于区域 $G = \{(x,y,z) \mid 0 \leqslant x \leqslant a, 0 \leqslant y \leqslant a, 0 \leqslant z \leqslant a\}$，是一立体区域，几何度量为区域的体积，此时 G 的体积为 a^3。当事件 A 发生时，即三线段 x,y,z 构成三角形，等价于条件：三线段任意两边之和大于第三边，即事件 A 对应于区域 $g = \{(x,y,z) \mid x+y>z, x+z>y, y+z>x, 0<x,y,z<a\}$，如图 1.3.4 所示，区域 g 表示一个以 O,A,B,C,D 为顶点的六面体，其体积为 $a^3 - 3 \times \dfrac{1}{3} \times \dfrac{1}{2}a^2 \times a = \dfrac{1}{2}a^3$，故有

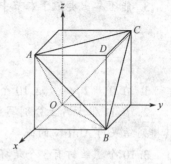

图 1.3.4

$$P(A) = \frac{A\text{ 的体积}}{S\text{ 的体积}} = \frac{\dfrac{1}{2}a^3}{a^3} = \frac{1}{2}$$

从上述例题可以看出,解决这类问题的要点是:首先将样本空间对应于具体的区域,并按一维、二维、三维区域,确定相应的几何度量分别为区间长度、平面区域的面积、立体区域的体积等;其次再根据题设条件确定随机事件对应的区域,并利用几何公式或积分方法计算其几何度量值;最后利用几何概型的计算公式求出 A 的概率。

其实,关于几何概率的问题,亦可用本书第二章和第三章中有关均匀分布的方法进行求解。

容易验证,几何概率与古典概率同样满足概率的公理化定义,即具有以下性质:

1° 非负性:$0 \leqslant P(A) \leqslant 1$;

2° 规范性:$P(S) = 1$;

3° 可加性:若 $AB = \Phi$,则 $P(A \cup B) = P(A) + P(B)$。

一般的,若事件组 $A_1, A_2, \cdots, A_m$ 两两互不相容,则 $P\left(\bigcup_{i=1}^{m} A_i\right) = \sum_{i=1}^{m} P(A_i)$

若事件列 $A_1, A_2, \cdots, A_m, \cdots$ 两两互不相容,则 $P\left(\bigcup_{i=1}^{\infty} A_i\right) = \sum_{i=1}^{\infty} P(A_i)$

因此,几何概率亦具有概率的一切特性及运算性质,如概率的加法公式与减法公式等,读者可自行验证。

28

思考题1.3

1. 是否样本空间 S 与事件 A 所含的基本事件个数有限,就可引用古典概型计算公式(1.3.3) 求 A 的概率?

2. 在古典概型计算中,可否不将样本空间 S 的元素一一列出,只需分别求出 S 与 A 所包含的元素个数,即可引用式(1.3.3) 求出 A 的概率?

3. 能否举出类似于本节中 4 种类型的试验例子?

基本练习1.3

1. 在 $0, 1, 2, \cdots, 9$ 这 10 个数中任取 4 个,能排成 4 位偶数的概率是多少?

2. 在 11 张卡片上分别写上 Probability 中的 11 个字母,从中任意抽取 7 张,求其排列结果为 Ability 的概率。

3. 10 个螺丝钉有 3 个是坏的,随机抽取 4 个,试问:

(1) 恰好有两个是坏的概率是多少?

(2) 4 个全是好的概率是多少?

4. 10 层楼的一部电梯上同载 7 个旅客,且电梯可停于 10 层楼的每一层,试求不发生两位及两位以上的乘客在同一层离开电梯的概率。

5. 某商店有 3 桶油漆,分别为红漆、黑漆和白漆,在搬运中所有的标签脱落,售货员随意将这些漆卖给需要红漆、黑漆和白漆的 3 位顾客,试问至少有一位顾客买到所需颜色油漆的概率。

6. 袋中有 $1,2,\cdots,N$ 号球各一只,采用 (1) 无放回;(2) 有放回两种方式摸球,试求在第 k 次摸球时首次摸到 1 号球的概率。

7. 掷硬币 $2n$ 次,试求出正面次数多于出反面次数的概率。

8. 若一年按 365 天计算,试问 500 人中,至少有一个人的生日在 7 月 1 日的概率是多少?

9. n 个朋友随机地围绕圆桌就坐,试问其中两个人一定要坐在一起(即座位相邻)的概率是多少?

10. 某旅行社 100 人中有 43 人会讲英语,35 人会讲日语,32 人会讲日语和英语,9 人会讲法语、英语和日语,且每人至少会讲英、日、法 3 种语言中一种。试求:

(1) 此人会讲英语和日语,但不会讲法语的概率;

(2) 此人只会讲法语的概率。

11. 某城有 N 部卡车,车牌号从 1 到 N。有一外地人到该城去,把遇到的 n 部车子的牌号抄下(可能重复抄到某些车牌号),试求抄到的最大号码正好是 k 的概率 $(1 \leqslant k \leqslant N)$。

29

12. 设有某产品 40 件,其中有 10 件次品,其余为正品,现从中任取 5 件,试求取出的 5 件产品中至少有 4 件次品的概率。

13. 某专业研究生复试时,共有 3 张考签,3 个考生应试,一个人抽一张看后立刻放回,再让另一个人抽,如此 3 人各抽一次,试求抽签结束后,至少有一张考签没有被抽到的概率。

14. 将 10 根绳的 20 个头任意两两相接,试求事件 $A = \{$恰结成 10 个圈$\}$ 与 $B = \{$恰结成一个圈$\}$ 的概率。

15. 随机地向半圆 $0 < y < \sqrt{2ax - x^2}$(a 为正常数) 内投一点,点落在半圆内任何区域的概率与区域的面积成正比,试求原点和该点的连线与 x 轴的夹角小于 $\dfrac{\pi}{4}$ 的概率。

16. 在 $\triangle ABC$ 内任取一点 P,试证明 $\triangle ABP$ 与 $\triangle ABC$ 的面积之比大于 $\dfrac{n-1}{n}$ 的概率为 $\dfrac{1}{n^2}$。

17. 在一张印有方格的纸上投一枚直径为 1 的硬币,试问方格边长 a 要多大才能使硬币与线不相交的概率小于1%？

§1.4 条件概率

任何事件发生的概率都是有条件的,因为随机试验都是在一定条件下进行的。此处所讲的条件概率是除了随机试验的基本条件之外,再附加一条件,确切地说,就是研究"在某事件 A 已发生的条件下另一事件 B 发生的条件概率",我们记作 $P(B \mid A)$。条件概率是概率论中一个非常重要且实用的概念。

一、条件概率

为明白条件概率的定义,我们先分析下面一个例子。

例 1.4.1 某仓库中有一批产品 200 件,它是由甲、乙两厂共同生产的。其中甲厂的产品中有正品 100 件,次品 20 件,乙厂的产品有正品 65 件,次品 15 件。现从这批产品中任取一件,记 $A = \{$取得的是乙厂产品$\}$,$B = \{$取得的是正品$\}$,试求 $P(A)$,$P(AB)$ 及 $P(B \mid A)$。

解:按题意将产品的分配情况列于表中:

	正 品	次 品	Σ
甲厂	100	20	120
乙厂	65	15	80
Σ	165	35	200

按古典概型计算得

$$P(A) = \frac{80}{200}, \qquad P(B) = \frac{165}{200}, \qquad P(AB) = \frac{65}{200}$$

求 $P(B \mid A)$ 时,应注意当 A 发生时,样本点总数为 80,此时 B 发生,则

$$P(B \mid A) = \frac{65}{80}$$

虽然 $P(B) = \frac{165}{200} \neq P(B \mid A)$,即事件 B 发生的概率与在事件 A 发生条件下 B 再发生的条件概率不一致,但我们看到

$$P(B \mid A) = \frac{65}{80} = \frac{65/200}{80/200} = \frac{P(AB)}{P(A)}$$

上式对一般古典概型问题总是成立的。事实上,若设试验的基本事件总数为 n ,A 所包含的基本事件数为 $m(m > 0)$,AB 所包含的基本事件数为 k ,则有

$$P(B \mid A) = \frac{k}{m} = \frac{k/n}{m/n} = \frac{P(AB)}{P(A)}$$

由此,可以推想,在一般情况下,我们可定义条件概率如下:

定义 1.4.1　设 A、B 为两事件,且 $P(A) > 0$,称

$$P(B \mid A) = \frac{P(AB)}{P(A)} \qquad (1.4.1)$$

为在事件 A 发生条件下事件 B 发生的条件概率。

不难验证条件集函数 $P(\cdot \mid A)$ 具备概率定义的 3 条公理:

1° 　非负性: $\forall B \subset S$,有 $P(B \mid A) \geqslant 0$;

2° 　规范性: $P(S \mid A) = 1$;

3° 　可列可加性:设 $B_1, B_2, \cdots$,是两两不相容的事件列,则有

$$P\left(\bigcup_{i=1}^{\infty} B_i \mid A\right) = \sum_{i=1}^{\infty} P(B_i \mid A)$$

所以 §1.2 中证明的所有概率性质对条件概率亦成立。例如对任意两事件 B_1,B_2,有

$$P(B_1 \cup B_2 \mid A) = P(B_1 \mid A) + P(B_2 \mid A) - P(B_1 B_2 \mid A)$$

例 1.4.2　一盒子装有 5 件产品,其中 3 件一等品,2 件二等品,从中取产品两次,每次取一件,作不放回抽样,设事件 $A = \{$第一次取到一等品$\}$,事件 $B = \{$第二次取到一等品$\}$,试求条件概率 $P(B \mid A)$。

31

解:先将产品编号,1,2,3 号为一等品;4,5 号为二等品,以 (i,j) 表示第一次、第二次分别取到第 i 号、第 j 号产品,则试验 E(取产品两次,记录其号码) 的样本空间为 S,全部基本事件如下,总数为 20。

$$
\begin{array}{llll}
(1,2) & (1,3) & (1,4) & (1,5) \\
(2,1) & (2,3) & (2,4) & (2,5) \\
(3,1) & (3,2) & (3,4) & (3,5) \\
(4,1) & (4,2) & (4,3) & (4,5) \\
(5,1) & (5,2) & (5,3) & (5,4)
\end{array}
$$

事件 A 包含的基本事件为上 3 行,AB 包含的基本事件为左上角的 6 个,则由条件概率公式(1.4.1) 得

$$P(B \mid A) = \frac{P(AB)}{P(A)} = \frac{6/20}{12/20} = \frac{1}{2}$$

若按条件概率的直观意义来求 $P(B \mid A)$,则可认为,当 A 发生之后,试验 E 的所有可能集合就是 A,而其中有 6 个元素属于 B,由古典概型计算公式得:

$$P(B \mid A) = \frac{6}{12} = \frac{1}{2}$$

对于本例,若利用第一次抽取的所有可能结果作成的样本空间,即

$$S = \{1,2,3,4,5\}$$

则作法更为简洁,事实上,在 S 中共有 5 个元素,已知 A 已发生,即知 1,2,3 号产品中已抽走一个,于是第二次抽取的所有可能结果的集合中有 4 只产品,其中只有两只一等品,即得

$$P(B \mid A) = \frac{2}{4} = \frac{1}{2}$$

例 1.4.3　设某种动物活到 20 岁以上的概率为 0.7,活到 25 岁以上的概率为 0.4,求现龄为 20 岁的这种动物能活到 25 岁以上的概率。

解:设这种动物活到 20 岁以上的事件为 A,活到 25 岁以上的事件为 B,则 $P(A) = 0.7$,而 $B \subset A$,故

$$AB = B$$

即

$$P(AB) = P(B) = 0.4$$

故事件 A 发生条件下 B 发生的条件概率

$$P(B \mid A) = \frac{P(AB)}{P(A)} = \frac{0.4}{0.7} = \frac{4}{7} \approx 0.5714$$

条件概率反映了两事件之间的关系,能利用一事件发生的信息来求未知事件发生的概率,它在概率计算中常起到化难为易的作用,这从下面要介绍的与条件概率有关的重要公式中可明显看出。

32

二、乘法定理

由条件概率的定义(1.4.1),立即可得下述定理:

定理 1.4.1(乘法定理)　设 $P(A) > 0$,则有

$$P(AB) = P(A)P(B \mid A) \tag{1.4.2}$$

式(1.4.2)亦称为乘法公式。如在例 1.4.1 中有

$$P(AB) = \frac{65}{200} = \frac{80}{200} \times \frac{65}{80} = P(A)P(B \mid A)$$

式(1.4.2)可推广到多个事件的积事件的情况,例如 A、B、C 为 3 个事件,且 $P(AB) > 0$,则有

$$P(ABC) = P(A)P(B \mid A)P(C \mid AB) \tag{1.4.3}$$

一般地,设有 n 个事件 $A_1, A_2, \cdots, A_n, n \geq 2$,且 $P(A_1 A_2 \cdots A_{n-1}) > 0$,则有

$$P(A_1 A_2 \cdots A_n) = P(A_1)P(A_2 \mid A_1)P(A_3 \mid A_1 A_2) \cdots P(A_n \mid A_1 A_2 \cdots A_{n-1})$$

$$\tag{1.4.4}$$

这是因为,若 $P(A_1 A_2 \cdots A_{n-1}) > 0$ 则 $P(A_1 A_2) > \cdots > P(A_1 A_2 \cdots A_{n-1}) > 0$,由条件概率定义式(1.4.1)即得

$$P(A_1)P(A_2 \mid A_1)P(A_3 \mid A_1 A_2) \cdots P(A_n \mid A_1 A_2 \cdots A_{n-1}) =$$

$$P(A_1) \cdot \frac{P(A_1 A_2)}{P(A_1)} \cdot \frac{P(A_1 A_2 A_3)}{P(A_1 A_2)} \cdots \frac{P(A_1 A_2 \cdots A_{n-1} A_n)}{P(A_1 A_2 \cdots A_{n-1})} =$$

$$P(A_1 A_2 \cdots A_n)$$

例1.4.4（波利亚模型） 设袋中装有 r 只红球，t 只白球，每次从袋中任取一只球，观察其颜色后放回，并再次放入 a 只与所取出的那只球同色的球，若在袋中连续取球 4 次，试求第 1、2 次取到红球且第 3、4 次取到白球的概率。

解: 设 $A_i = \{$第 i 次取到红球$\}$，则 $\overline{A}_i = \{$第 i 次取到白球$\}$ $(i = 1,2,3,4)$，则所求概率为

$$P(A_1 A_2 \overline{A}_3 \overline{A}_4) = P(A_1) P(A_2 \mid A_1) P(\overline{A}_3 \mid A_1 A_2) P(\overline{A}_4 \mid A_1 A_2 \overline{A}_3) =$$

$$\frac{r}{r+t} \cdot \frac{r+a}{r+t+a} \cdot \frac{t}{r+t+2a} \cdot \frac{t+a}{r+t+3a}$$

波利亚的这一模型虽然是用红球、白球描述的，实际上，它是包含了许多重要的随机现象的模型。例如，传染病的传播现象，地震的爆发现象，均可归结为这一类模型。

例1.4.5 设某光学仪器厂制造的透镜，第一次落下时打破的概率为 $1/2$，若第一次落下未打破，第二次落下打破的概率为 $7/10$，若前两次落下未打破，第三次落下打破的概率为 $9/10$，试求透镜落下 3 次未打破的概率。

解: 设 $A_i = \{$透镜第 i 次落下打破$\}$ $(i = 1,2,3)$，$B = \{$透镜落下 3 次未打破$\}$，故 $B = \overline{A}_1 \overline{A}_2 \overline{A}_3$，则

$$P(B) = P(\overline{A}_1 \overline{A}_2 \overline{A}_3) = P(\overline{A}_1) P(\overline{A}_2 \mid \overline{A}_1) P(\overline{A}_3 \mid \overline{A}_1 \overline{A}_2) =$$

$$\left(1 - \frac{1}{2}\right)\left(1 - \frac{7}{10}\right)\left(1 - \frac{9}{10}\right) = \frac{3}{200}$$

亦可先求 $P(\overline{B})$，再由 $P(B) = 1 - P(\overline{B})$ 求得 $P(B)$，而

$$\overline{B} = A_1 \cup \overline{A}_1 A_2 \cup \overline{A}_1 \overline{A}_2 A_3$$

且 $A_1, \overline{A}_1 A_2, \overline{A}_1 \overline{A}_2 A_3$ 为两两不相容事件，故有

$$P(\overline{B}) = P(A_1) + P(\overline{A}_1 A_2) + P(\overline{A}_1 \overline{A}_2 A_3) =$$

$$\frac{1}{2} + P(\overline{A}_1) P(A_2 \mid \overline{A}_1) + P(\overline{A}_1) P(\overline{A}_2 \mid \overline{A}_1) P(A_3 \mid \overline{A}_1 \overline{A}_2) =$$

$$\frac{1}{2} + \frac{1}{2} \times \frac{7}{10} + \frac{1}{2} \times \frac{3}{10} \times \frac{9}{10} = \frac{197}{200}$$

故 $$P(B) = 1 - P(\overline{B}) = 1 - \frac{197}{200} = \frac{3}{200}$$

例1.4.6（抓阄问题） 1995 年全国足球甲 A 联赛的最后一轮，四川全兴队与解放军八一队的比赛在成都市进行，这场比赛是关系到四川全兴队是否降级的命

运之战,肯定会异常精彩,可某班 30 位同学仅购得一张票,大家都想去看,只好采取抓阄的办法抽签决定,每个人都争先恐后地抽取。试问,每人抽得此票的机会是否均等?

解: 设 $A_i = \{$第 i 个人抽得球票$\}$ $(i = 1,2,\cdots,30)$,则

第一个人首先抽得的概率为

$$P(A_1) = \frac{1}{30}$$

第二个人抽得球票的概率为

$$P(A_2) = P(SA_2) = P((A_1 \cup \overline{A_1})A_2) = P(A_1A_2 \cup \overline{A_1}A_2)$$

因为只有一张球票,故 $A_1A_2 = \phi$,即

$$P(A_2) = P(\overline{A_1}A_2) = P(\overline{A_1})P(A_2 \mid \overline{A_1}) = \frac{29}{30} \cdot \frac{1}{29} = \frac{1}{30}$$

同理,第 i 个人要抽得比赛球票,必须与在他抽取之前的 $i - 1$ 个人都没有抽到此票的事件一起出现,即

$$P(A_i) = P(\overline{A_1}\overline{A_2}\cdots\overline{A_{i-1}}A_i) = P(\overline{A_1})P(\overline{A_2} \mid \overline{A_1})\cdots P(A_i \mid \overline{A_1}\overline{A_2}\cdots\overline{A_{i-1}}) =$$

$$\frac{29}{30} \cdot \frac{28}{29} \cdots \frac{1}{30 - (i-1)} = \frac{1}{30} \quad i = 1,2,\cdots,30$$

所以,各人抽得此票的概率都是 $\frac{1}{30}$,即机会均等。

34

读者还可以考虑有两张,3 张以至 k(小于抽取总人数)张票的情形,可以看到,各人抽得的机会也是均等的,这就是为什么常用这种抓阄的办法来解决"僧多粥少"的矛盾的道理。

三、全概率公式

全概率公式是概率论的基本公式之一,它是概率的加法公式和乘法公式的综合运用,使一些难求的概率变得简单易算。为引出全概率公式,先介绍样本空间的划分的概念。

定义1.4.2 设 S 为试验 E 的样本空间,$B_1,B_2,\cdots,B_n$ 为 E 的一组事件,若满足

1° $B_1,B_2,\cdots,B_n$ 两两互不相容,即 $B_iB_j = \phi(i \neq j;i,j = 1,2,\cdots,n)$;

2° $B_1 \cup B_2 \cup \cdots \cup B_n = S$。

则称 $B_1,B_2,\cdots,B_n$ 为样本空间 S 的一个划分(或完备事件组)。

若 $B_1,B_2,\cdots,B_n$ 为样本空间 S 的一个划分,则对每次试验,事件组 $B_1,B_2,\cdots,B_n$ 中必有且仅有一个发生。例如,设试验 E 为"掷一颗骰子观察其点数",它的样本空间为 $S = \{1,2,3,4,5,6\}$ 则 E 的一组事件 $B_1 = \{1,2,3\}$,$B_2 = \{4,5\}$,$B_3 = \{6\}$ 为 S 的一个划分,而事件组 $C_1 = \{1,2,3\}$,$C_2 = \{3,4\}$,$C_3 = \{5,6\}$ 不是 S 的划分。

可见,S 的划分是将 S 分割成若干个互不相容的事件。

定理1.4.2 设试验 E 的样本空间为 S，A 为 E 的事件，$B_1,B_2,\cdots,B_n$ 为 S 的一个划分，且 $P(B_i) > 0(i = 1,2,\cdots,n)$，则

$$P(A) = P(B_1)P(A \mid B_1) + P(B_2)P(A \mid B_2) + \cdots + P(B_n)P(A \mid B_n)$$

$$(1.4.5)$$

证：因为 $A = SA = (B_1 \cup B_2 \cup \cdots \cup B_n)A = B_1A \cup B_2A \cup \cdots \cup B_nA$，由假设 $P(B_i) > 0(i = 1,2,\cdots,n)$，且 $(B_iA)(B_jA) = A(B_iB_j)A = A\phi A = \phi, i \neq j$，故由概率的有限可加性及乘法公式得

$$P(A) = P(B_1A) + P(B_2A) + \cdots + P(B_nA) =$$
$$P(B_1)P(A \mid B_1) + P(B_2)P(A \mid B_2) + \cdots + P(B_n)P(A \mid B_n)$$

式(1.4.5) 称为全概率公式。全概率公式的基本思想是把一个未知的复杂事件分解为若干个已知简单事件求解，而这些简单事件组成一个互不相容事件组，使得某个未知事件 A 与这组互不相容事件中至少一个同时发生，故在应用此公式时，关键是要找到一个合适的 S 的划分。

例1.4.7 设甲袋中有 n 只白球，m 只红球，乙袋中有 N 只白球，M 只红球。现从甲袋任取一只放入乙袋，然后从乙袋取一只，问取到白球的概率是多少？

解：设 $B = \{$从甲袋中取一只白球放入乙袋$\}$，则 $\overline{B} = \{$从甲袋中取一只红球放入乙袋$\}$，且设 $A = \{$从乙袋中取一只白球$\}$，则

$$B \cap \overline{B} = \phi, \quad B \cup \overline{B} = S$$

即 $B,\overline{B}$ 为 S 的一个划分。故

$$P(A) = P(B)P(A \mid B) + P(\overline{B})P(A \mid \overline{B}) =$$
$$\frac{n}{n + m} \cdot \frac{N + 1}{N + M + 1} + \frac{m}{n + m} \cdot \frac{N}{N + M + 1} =$$
$$\frac{(n + m)N + n}{(n + m)(N + M + 1)}$$

例1.4.8 一商店出售的某型号的电子管是甲、乙、丙3家工厂生产的，其中甲厂产品占总数的20%，另两家工厂的产品分别是占50% 与30%。已知甲、乙、丙各厂产品次品率分别为 0.01，0.02，0.03，试求随意取一只电子管出售，这只电子管是次品的概率。

解：设 $A = \{$抽出的电子管为次品$\}$，$B_1 = \{$所取电子管由甲厂生产$\}$，$B_2 = \{$所取电子管由乙厂生产$\}$，$B_3 = \{$所取电子管由丙厂生产$\}$，由题意知 $P(B_1) = 0.20$，$P(B_2) = 0.50$，$P(B_3) = 0.30$，而 $P(A \mid B_1) = 0.01$，$P(A \mid B_2) = 0.02$，$P(A \mid B_3) = 0.03$，显然 B_1,B_2,B_3 为 $S = \{$任抽一电子管为甲、乙、丙厂中某一厂生产的$\}$ 的一个划分，故由全概率公式得

$$P(A) = P(B_1)P(A \mid B_1) + P(B_2)P(A \mid B_2) + P(B_3)P(A \mid B_3) =$$
$$0.2 \times 0.01 + 0.5 \times 0.02 + 0.3 \times 0.03 = 0.021$$

四、贝叶斯(Bayes)公式

在例 1.4.8 中,我们计算了甲、乙、丙 3 家工厂按份额为 20%、50%、30% 提供的产品的次品率 $P(A) = 0.021$。若已检验出全部产品的次品率 $P(A)$,欲知各厂的次品率 $P(B_i \mid A)(i = 1,2,3)$ 是多少,这即全概率公式的逆问题,需要用逆概公式,即贝叶斯公式来解决。

定理 1.4.3 设试验 E 的样本空间为 S,A 为 E 的事件,$B_1,B_2,\cdots,B_n$ 为 S 的一个划分,且 $P(A) > 0, P(B_i) > 0$ $i = 1,2,\cdots,n$,则

$$P(B_i \mid A) = \frac{P(B_i)P(A \mid B_i)}{\sum_{j=1}^{n} P(B_j)P(A \mid B_j)} \qquad i = 1,2,\cdots,n \qquad (1.4.6)$$

式(1.4.6)是 18 世纪英国哲学家 Thomas Bayes 首先总结出来的,所以称为贝叶斯公式。

证:由条件概率的定义及全概率公式即得

$$P(B_i \mid A) = \frac{P(B_iA)}{P(A)} = \frac{P(B_i)P(A \mid B_i)}{\sum_{j=1}^{n} P(B_j)P(A \mid B)} \quad i = 1,2,\cdots,n$$

例如在例 1.4.8 中,

$$P(B_1 \mid A) = \frac{P(B_1)P(A \mid B_1)}{P(A)} = \frac{0.2 \times 0.01}{0.021} = 0.0952$$

$$P(B_2 \mid A) = \frac{P(B_2)P(A \mid B_2)}{P(A)} = \frac{0.5 \times 0.02}{0.021} = 0.4762$$

$$P(B_3 \mid A) = \frac{P(B_3)P(A \mid B_3)}{P(A)} = \frac{0.3 \times 0.03}{0.021} = 0.4286$$

$P(B_i \mid A)$ 表明了次品来自甲、乙、丙 3 厂的可能性,易见,次品来自乙厂与丙厂的可能性较大,而来自甲厂的可能性较小,这是因为甲厂提供的电子管份额较少,且次品率又低所形成的。

可见,全概率公式是利用事件发生的各种原因求该事件发生的概率,而贝叶斯公式就是在此事件已经发生的条件下,反过来分析计算每一种原因使之发生的可能性的大小。

例 1.4.9 对以往的数据分析结果表明,当机器调整得良好时,产品的合格率为 90%,而当机器发生某一故障时,其合格率为 30%,每天早上机器开动时,机器调整良好的概率为 75%,试求某日早上第一件产品是合格品时,机器调整得良好的概率是多少?

解:设 $A = \{$产品是合格品$\}$,$B = \{$机器调整良好$\}$,则 $\bar{B} = \{$机器调整不好$\}$,易见 B、$\bar{B}$ 为 $S = \{$机器调整状况$\}$ 这一必然事件的划分,故所求概率

$$P(B \mid A) = \frac{P(BA)}{P(A)} = \frac{P(B)P(A \mid B)}{P(B)P(A \mid B) + P(\bar{B})P(A \mid \bar{B})}$$

而由题意知 $P(B) = 0.75, P(\bar{B}) = 1 - 0.75 = 0.25, P(A \mid B) = 0.90,$
$P(A \mid \bar{B}) = 0.30$，代入即得

$$P(B \mid A) = \frac{0.75 \times 0.90}{0.75 \times 0.90 + 0.25 \times 0.30} = 0.90$$

此即表明，当机器生产出第一件产品是合格品时，此时机器良好的概率为 0.90。这里注意到 $P(B) = 0.75$ 是由以前的数据分析得到的，我们称之先验概率，而在得信息(即生产出的第一件产品是合格品后) 之后，再重新加以修正的概率 $P(B \mid A) = 0.90$，我们称之后验概率。有了后验概率我们就能对机器的情况作进一步的了解。

例 1.4.10　某公司聘用了 4 位秘书，让他们把公司文件的 40% ,10% ,30% 与 20% 进行归档，设他们工作中出现错误的概率为 0.01,0.04,0.06 和 0.07。现发现有一份文件归错挡，试问错误出自哪位秘书的可能性最大？

解： 设 $B_i = \{$文件由第 i 位秘书归档$\}, i = 1,2,3,4$，显然，B_1, B_2, B_3, B_4 构成一个完备事件组，再设 $A = \{$文件归错档$\}$，则由题设知，$P(B_1) = 0.4, P(B_2) = 0.1, P(B_3) = 0.3, P(B_4) = 0.2, P(A \mid B_1) = 0.01, P(A \mid B_2) = 0.04,$
$P(A \mid B_3) = 0.06, P(A \mid B_4) = 0.07$，故由全概率公式与贝叶斯公式可得

$$P(A) = \sum_{i=1}^{4} P(B_i)P(A \mid B_i) = 0.4 \times 0.01 + 0.1 \times 0.04 + 0.3 \times 0.06 + 0.2 \times 0.07 = 0.04$$

$$P(B_1 \mid A) = \frac{P(B_1)P(A \mid B_1)}{\sum_{i=1}^{4} P(B_i)P(A \mid B_i)} =$$

$$\frac{0.4 \times 0.01}{0.4 \times 0.01 + 0.1 \times 0.04 + 0.3 \times 0.06 + 0.2 \times 0.07} = \frac{0.004}{0.04} = 0.1$$

$$P(B_2 \mid A) = \frac{0.1 \times 0.04}{0.4 \times 0.01 + 0.1 \times 0.04 + 0.3 \times 0.06 + 0.2 \times 0.07} = \frac{0.004}{0.04} = 0.1$$

$$P(B_3 \mid A) = \frac{0.3 \times 0.06}{0.4 \times 0.01 + 0.1 \times 0.04 + 0.3 \times 0.06 + 0.2 \times 0.07} = \frac{0.018}{0.04} = 0.45$$

$$P(B_4 \mid A) = \frac{0.2 \times 0.07}{0.4 \times 0.01 + 0.1 \times 0.04 + 0.3 \times 0.06 + 0.2 \times 0.07} = \frac{0.014}{0.04} = 0.35$$

可见，这份归错文件是由第 3 位秘书归档的概率最大，为 0.45，即错误出自第 3 位秘书的可能性最大。

例 1.4.11 (肺结核确诊率问题）　假定患肺结核的人通过接受胸部透视，被诊断出的概率为 0.95，而未患肺结核的人通过透视，被诊断为有病的概率为

0.002,又设某城市成年居民患肺结核的概率为 0.1% 。若现从该城市居民中随机选出一个人来,通过透视被诊断为有肺结核,求这个人确实患有肺结核的概率是多少?

解:设 $A = \{$通过胸透诊断有肺结核$\}$,$B = \{$确实患肺结核$\}$,则 $\overline{B} = \{$未患肺结核$\}$,故所求概率为

$$P(B \mid A) = \frac{P(B)P(A \mid B)}{P(B)P(A \mid B) + P(\overline{B})P(A \mid \overline{B})}$$

而由题意知 $P(B) = 0.001, P(\overline{B}) = 0.999, P(A \mid B) = 0.95, P(A \mid \overline{B}) = 0.002$,则得

$$P(B \mid A) = \frac{0.001 \times 0.95}{0.001 \times 0.95 + 0.999 \times 0.002} = \frac{0.00095}{0.002948} = 0.32225$$

直观上看,假定随机选出 1000 个成年居民,按题中条件则平均应有一人患肺结核,999 人未患肺结核,而确定患有肺结核的一人被确诊出 0.95 人,而 999 人未患肺结核的人被诊断出 $999 \times 0.002 = 1.998$ 人,故在诊断出有肺结核的 $1.998 + 0.95 = 2.948$ 人中,真正有肺结核的仅有 0.95 人,故所占的比例为 $\frac{0.95}{2.948} = 0.32225$,这正好是贝叶斯公式算出来的结果。所以,这个概率取 0.32225 这样小的值,原因在于未患肺结核的人,通过透视被诊断为有病的人太多。故而医生在诊断时,应注意区分 $P(A \mid B)$ 与 $P(B \mid A)$ 的不同,从而采用多种检测手段,对被检者进行综合诊断,方能得出较为正确的判断。

思 考 题 1.4

1. 是否任何一种试验下的条件概率 $P(B \mid A)$,均可由下式计算:

$$P(B \mid A) = \frac{A \text{发生的条件下} B \text{包含的基本事件数}}{A \text{发生的条件下基本事件的总数}}$$

2. 对任意两个事件,是否恒有 $P(B) \geqslant P(B \mid A)$,试举例说明。

3. 乘法公式的意义是什么?

4. 3 人排队抓阄,其中之一为有物之阄,是否抓中的概率与抓阄的先后次序有关?假定第一人未抓中,是否第二人抓中的概率增大?

5. $P(A \mid C) + P(A \mid \overline{C}) = 1$ 是否一定成立?

6. 全概率公式与贝叶斯公式的意义如何?是否 A 的表达式中有和又有积,则计算 $P(A)$ 时就必定要用全概率公式。

基 本 练 习 1.4

1. 甲、乙两人,每人手中各有 6 张卡片,上面分别写有 1,2,3,4,5,6。现从两人手中各取一张卡片(取得任何一张卡片的可能性相等),

(1) 试求两张卡片的数字之和为 6 的概率。

(2) 如果已知从甲手中取出的卡片上的数字为偶数,问两张卡片上的数字之和为 6 的概率等于多少?

2. 在空战中,甲机先向乙机开火,击落乙机的概率是 0.2,若乙机未被击落,就进行还击,击落甲机的概率是 0.3,若甲机未被击落,则再进攻乙机,击落乙机的概率为 0.4,求在这几个回合中,

(1) 甲机被击落的概率;

(2) 乙机被击落的概率。

3. 设 A、B 是两随机事件,已知 $P(B) = \dfrac{1}{3}$,$P(\bar{A} \mid \bar{B}) = \dfrac{1}{4}$,$P(\bar{A} \mid B) = \dfrac{1}{5}$,试求 $P(A)$。

4. 两台车床加工同样的零件,第一台出现废品的概率为 0.03,第二台出现废品的概率为 0.02。加工出来的零件放在一起,并且已知第一台加工的零件比第二台加工的零件多 1 倍,求任意取出的零件是合格品的概率。

5. 按以往概率考试结果分析,努力学习的学生有 90% 的可能考试及格,不努力学习的学生有 90% 的可能考试不及格。据调查学生中有 90% 的人是努力学习的。问:(1) 考试及格的学生有多大可能是不努力学习的人?(2) 考试不及格的学生有多大可能是努力学习的人?

6. 某人忘记了电话号码的最后一位数字,因而他随意拨号,试求他拨号不超过 3 次而接通所需电话的概率。若已知最后一个数字是奇数,那么此概率又是多少?

7. 已知在 10 只晶体管中有两只次品,在其中取两次,每次任取一只,作不放回抽样,试求下列事件的概率。

(1) 两只都是正品;

(2) 两只都是次品;

(3) 一只是正品,一只是次品;

(4) 第二次取出的是次品。

8. 设一批产品的一、二、三等品各占 60%,30%,10%,现从中任取一件,结果不是三等品,则取得的是一等品的概率是多少?

9. 设 A、B 两厂产品的次品率分别为 1% 与 2%,现从 A、B 两厂产品分别占 60%

与40%的一批产品中任取一件是次品,则此次品是 A 厂生产的概率是多少?

10. 袋中装有50个乒乓球,其中20个黄的,30个白的,现有两人依次随机地从袋中各取一球,取后不放回,试求第二次取得黄球的概率。

11. 设考生的报名表来自3个地区,各有10份、15份、25份,其中女生的分别为3份、7份、5份。随机地从一地区,先后任取两份报名表。试求:

(1) 先取到的一份报名表是女生的概率 p;

(2) 已知后取到的一份报名表是男生的而先取的一份是女生的概率 q。

12. 有3个盒子,在甲盒中装有2个红球,4个白球;乙盒中装有4个红球,2个白球;丙盒中装有3个红球,3个白球。设到3个盒中取球的机会相等。

(1) 今从中任取一球,它是红球的概率为多少?

(2) 若已知取出的球是红球,问它是来自甲盒的概率为多少?

§1.5 事件的独立性

一、两个事件的相互独立性

一般来说,某个事件 B 的条件概率 $P(B \mid A)$ 与无条件概率 $P(B)$ 并无确定的大小关系。例如设试验 E 为"从 $0,1,2,\cdots,9$ 中等可能地任取一个",设取到偶数的事件为 A,取到1或2的事件分别为 B_1 与 B_2,取到数码大于7的事件为 B,则由古典概型计算公式得

$$P(A) = 0.5 \quad P(B_1) = 0.1 \quad P(B_2) = 0.1 \quad P(B) = 0.2$$

而

$$P(B_1 \mid A) = 0 \quad P(B_2 \mid A) = 0.2 \quad P(B \mid A) = 0.2$$

由此可见,它们既可能有 $P(B_1) > P(B_1 \mid A)$ 或 $P(B_2) < P(B_2 \mid A)$,亦可能有 $P(B) = P(B \mid A)$。如果 $P(B) = P(B \mid A)$ 成立,可以表明作为条件的 A 的出现与否已不影响事件 B 出现的概率。这样一来,条件看似"失去作用"。此在概率意义上讲,我们即称两事件 A 与 B 是相互独立的。又由乘法公式知

$$P(AB) = P(A)P(B \mid A) \qquad (P(A) > 0)$$

而当 $P(B) = P(B \mid A)$ 时,上式即为 $P(AB) = P(A)P(B)$,反之,由 $P(AB) = P(A)P(B)$ 容易推得 $P(B) = P(B \mid A)$。因此,我们如下定义两事件 A、B 之间的相互独立性。

定义 1.5.1 设 A、B 是两事件,如果具有等式

$$P(AB) = P(A)P(B) \tag{1.5.1}$$

则称 A、B 为相互独立的事件。

读者不难看出式(1.5.1)对 $P(A) = 0$ 时依然成立,故此式比 $P(B) = P(B \mid A)$ 意义更广泛。且容易证明下述定理:

定理 1.5.1 如果4对事件 A 与 B,$\overline{A}$ 与 B,A 与 $\overline{B}$ 和 $\overline{A}$ 与 $\overline{B}$ 中有一对是相互独

立的事件,则另外各对也是相互独立的事件。

证:不妨设 A、B 为相互独立的事件,去证其他各对亦为相互独立的事件:

先证 $\bar{A}$ 与 B 相互独立,因为

$$P(\bar{A}B) = P((S-A)B) = P(SB - AB) =$$
$$P(B - AB) = P(B) - P(AB) = P(B) - P(A)P(B) =$$
$$(1 - P(A))P(B) = P(\bar{A})P(B)$$

所以 $\bar{A}$ 与 B 相互独立。

故　　$P(\bar{A}\bar{B}) = P(\bar{A}(S-B)) = P(\bar{A} - \bar{A}B) =$
$$P(\bar{A}) - P(\bar{A}B) = P(\bar{A}) - P(\bar{A})P(B) =$$
$$P(\bar{A})(1 - P(B)) = P(\bar{A})P(\bar{B})　　即 \bar{A} 与 \bar{B} 相互独立$$

进而得　　　　$P(A\bar{B}) = P(\bar{\bar{A}}\bar{B}) = P(\bar{\bar{A}})P(\bar{B}) = P(A)P(\bar{B})$

所以 A 与 $\bar{B}$ 亦相互独立。

若由 $\bar{A}$ 与 B 或 A 与 $\bar{B}$ 或 $\bar{A}$ 与 $\bar{B}$ 相互独立出发,亦容易证明余下各对是相互独立的,请读者自证。

例 1.5.1 设 n 件产品中有 $k(<n)$ 件次品,每次任抽一件,试验证放回抽样的两次抽取是独立的,而不放回抽样的两次抽取是不独立的。

证:设第一、二次抽到次品的事件分别为 A、B。则

(1) 放回抽样:因 $P(A) = P(B) = \dfrac{k}{n}$

41

而 $P(AB) = \dfrac{k \cdot k}{n \cdot n} = \dfrac{k}{n} \cdot \dfrac{k}{n} = P(A)P(B)$,故 A、B 相互独立。

(2) 不放回抽样:因 $P(A) = \dfrac{k}{n}$

而　　$P(B) = P(A)P(B \mid A) + P(\bar{A})P(B \mid \bar{A}) =$
$$\dfrac{k}{n} \cdot \dfrac{k-1}{n-1} + \dfrac{n-k}{n} \cdot \dfrac{k}{n-1} = \dfrac{k}{n}$$

而　　$P(AB) = P(A)P(B \mid A) = \dfrac{k(k-1)}{n(n-1)} \neq P(A)P(B) = \dfrac{k^2}{n^2}$

即 A, B 不是相互独立的。

例 1.5.2 设 A, B 为两个相互独立的事件,且 $P(A) = 0.3, P(B) = 0.5$,试求概率 $P(\bar{A}B), P(A\bar{B})$ 与 $P(\bar{A} \mid \bar{B})$。

解:因为 A 与 B 相互独立,故 $\bar{A}$ 与 B, A 与 $\bar{B}, \bar{A}$ 与 $\bar{B}$ 都分别相互独立,故由独立性定义知

$$P(\bar{A}B) = P(\bar{A})P(B) = 0.7 \cdot 0.5 = 0.35, P(A\bar{B}) =$$
$$P(A)P(\bar{B}) = 0.3 \cdot 0.5 = 0.15, P(\bar{A} \mid \bar{B}) = P(\bar{A}) = 0.7$$

由事件的独立性还可证明,若 $P(A) > 0, P(B) > 0,$则 A, B 相互独立,与 A, B 互不相容不能同时成立。即事件的独立性与事件的互不相容性是两个截然不同的概念,读者应仔细区别。

二、多个事件的相互独立性

定义 1.5.2 设 A、B、C 3 事件,如果具有等式

$$\begin{cases} P(AB) = P(A)P(B) \\ P(BC) = P(B)P(C) \\ P(CA) = P(C)P(A) \end{cases} \quad (1.5.2)$$

则称 3 事件 A、B、C 为两两独立的事件。

我们注意到,一般当事件 A、B、C 两两独立时,等式

$$P(ABC) = P(A)P(B)P(C) \quad (1.5.3)$$

不一定成立,例如设试验 E 为"在 4 张标有数字 1,2,3,4 的卡片中等可能的任取一张"。设取到数字 1 或 2 的事件为 A,取到数字 1 或 3 的事件为 B,取到数字 1 或 4 的事件为 C,则易见

$$P(AB) = \frac{1}{4}, \quad P(A) = \frac{1}{2}, \quad P(B) = \frac{1}{2}, \quad P(C) = \frac{1}{2}$$

42

即 $P(AB) = P(A)P(B)$ 成立,且 $P(BC) = \dfrac{1}{4} = \dfrac{1}{2} \times \dfrac{1}{2} = P(B)P(C),$及

$$P(CA) = \frac{1}{4} = \frac{1}{2} \times \frac{1}{2} = P(C)P(A)$$

亦成立,即此 A、B、C 两两独立,但

$$P(ABC) = \frac{1}{4} \neq P(A)P(B)P(C) = \frac{1}{2} \times \frac{1}{2} \times \frac{1}{2} = \frac{1}{8}$$

反之,若 $P(ABC) = P(A)P(B)P(C)$ 成立,并不能确定 A、B、C 为两两独立事件,读者可考查试验 E:"在 8 张标有 3 位有序数组 111、110、110、100、010、001、001、001 的卡片中等可能地任意抽取一张",并设抽到第 i 位上数字为 1 的事件为 $A_i, i = 1, 2, 3,$则易知式(1.5.3) 成立而式(1.5.2) 不成立。

故我们对 3 事件的相互独立性有如下定义:

定义 1.5.3 设 A、B、C 为 3 事件,如果具有等式(1.5.2) 及(1.5.3),则称 A、B、C 为相互独立的事件。

例 1.5.3 某单身小伙子,他梦想的姑娘有一双明亮的大眼睛,有一头飘柔的长发,并有充分的概率知识,假定这 3 种品质是相互独立的,且对应的概率分别为 0.1,0.1 及 0.0001,则他遇到的第一位年轻小姐(或随机地选一位) 显示这 3 种品

质的概率即为

$$P = 0.1 \times 0.1 \times 0.0001 = 0.000001$$

即百万分之一。

一般地,我们容易将 3 事件独立性的概念推广到任意有限多个事件的情形:

定义 1.5.4　设 $A_1, A_2, \cdots, A_n$ 为 n 个事件,如果对于任意 $k(1 < k \leqslant n)$,任意 $1 \leqslant i_1 < i_2 < \cdots < i_k \leqslant n$,具有等式

$$P(A_{i_1} A_{i_2} \cdots A_{i_k}) = P(A_{i_1}) P(A_{i_2}) \cdots P(A_{i_k}) \tag{1.5.4}$$

则称 $A_1, A_2, \cdots, A_n$ 为相互独立的事件。

易见,在式(1.5.4) 中包含了

$$\binom{n}{2} + \binom{n}{3} + \cdots + \binom{n}{n} = (1+1)^n - \binom{n}{1} - \binom{n}{0} = 2^n - n - 1$$

个等式,即按定义 1.5.4 来判断 n 个事件的相互独立性,需验证式(1.5.4) 中的全部 $2^n - n - 1$ 个等式成立,当 n 较大时,其工作是很困难的。故在实际应用中,我们往往是由试验和事件的实际意义来判断事件间的相互独立性,再按定义作计算。当然,这也容易作出错误的判断,请读者在分析实际问题时,予以注意。

例 1.5.4（下赌注问题）　17 世纪末,法国的 De Meré 爵士与人打赌,在"连续掷 4 次一颗骰子至少出现一次 6 点"的情况下他赢了钱,可是"连掷 24 次两颗骰子至少出现一次双 6 点"情况下却输了钱,这是为什么?

43

解:(1) 设试验为"连续掷 4 次一颗骰子,记录每次骰子出现的点数",记第 i 次出现 6 点的事件为 A_i,则第 i 次不出现 6 点的事件为 $\overline{A}_i(i = 1,2,3,4)$,易见 A_1、A_2、A_3、A_4 是相互独立的,且 $P(A_i) = \dfrac{1}{6}$,$P(\overline{A}_i) = \dfrac{5}{6}(i = 1,2,3,4)$,故

$$P\{4 \text{ 次中至少出现一次 6 点}\} = 1 - P\{4 \text{ 次中每次都不出现 6 点}\} =$$
$$1 - P(\overline{A}_1 \overline{A}_2 \overline{A}_3 \overline{A}_4) = 1 - P(\overline{A}_1) P(\overline{A}_2) P(\overline{A}_3) P(\overline{A}_4) =$$
$$1 - \left(\frac{5}{6}\right)^4 \approx 0.5177$$

即此概率大于 0.5,故赢钱的可能性大。

(2) 设试验为"连掷 24 次两颗骰子,记录每次两颗骰子出现的点数",记 A_i 为事件"第 i 次出现双 6 点",则 $\overline{A}_i$ 表示"第 i 次不出现双 6 点"($i = 1,2,\cdots,24$),且此时 $P(A_i) = \dfrac{1}{36}$,$P(\overline{A}_i) = \dfrac{35}{36}(i = 1,2,\cdots,24)$,故

$$P\{24 \text{ 次中至少出现一次双 6 点}\} =$$
$$1 - P\{24 \text{ 次中每次都不出现双 6 点}\} =$$
$$1 - P(\overline{A}_1 \overline{A}_2 \cdots \overline{A}_{24}) =$$

$$1 - \prod_{i=1}^{24} P(\overline{A}_i) =$$
$$1 - \left(\frac{35}{36}\right)^{24} \approx 0.4914$$

即此概率小于 0.5,故赢钱的可能性小。读者容易类似得出抛掷次数为 25 次以上时,则此概率会大于 0.5 的结果,且抛掷次数超过 25 次越多越有利,这是因为

$$\lim_{n \to \infty} \left(1 - \left(\frac{35}{36}\right)^n\right) = 1$$

例 1.5.5 设有电路如图 1.5.1 所示,其中 1,2,3,4 为继电器接点。设各继电器接点闭合与否相互独立,且每一继电器接点闭合的概率均为 p,求 L 至 R 为通路的概率。

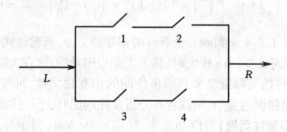

图 1.5.1

解:设事件 $A_i (i = 1,2,3,4)$ 为"第 i 个继电器接点闭合"。于是

$$A = A_1 A_2 \cup A_3 A_4$$

故由概率加法公式及 A_1, A_2, A_3, A_4 的相互独立性知

$$P(A) = P(A_1 A_2) + P(A_3 A_4) -$$
$$P(A_1 A_2 A_3 A_4) =$$
$$P(A_1)P(A_2) + P(A_3)P(A_4) -$$
$$P(A_1)P(A_2)P(A_3)P(A_4) =$$
$$p^2 + p^2 - p^4 = 2p^2 - p^4$$

例 1.5.6 有三门高射炮向同一敌机各发射一发炮弹,每发炮弹击中与否相互独立,设每发炮弹击中敌机的概率均为 0.3,又知若敌机中一弹,其坠落的概率为 0.2,若敌机中两弹,其坠落的概率为 0.6,若敌机中三弹必坠落。

(1) 试求敌机被击落的概率;

(2) 若敌机被击落,试求它是中两弹的概率。

解:设 $A = \{$敌机被击落$\}$,$B_i = \{$有 i 发炮弹击中$\}$,$i = 0,1,2,3$。显然 B_0, B_1, B_2, B_3 为 $S = \{3$ 发炮弹射击敌机时若干发炮弹击中飞机的结果$\}$ 的一个划分,由每发炮弹击中的独立性计算可得

$P(B_0) = P\{三发炮弹均未击中敌机\} = (1 - 0.3)^3 = 0.343$

$P(B_1) = P\{三发炮弹中恰有一发击中敌机\} = 3 \times 0.3 \times (1 - 0.3)^2 = 0.441$

$P(B_2) = P\{三发炮弹中恰有两发击中敌机\} = 3 \times 0.3^2 \times (1 - 0.3) = 0.189$

$P(B_3) = P\{三发炮弹中都击中敌机\} = 0.3^3 = 0.027$

而由题设知 $P(A \mid B_0) = 0, P(A \mid B_1) = 0.2, P(A \mid B_2) = 0.6, P(A \mid B_3) = 1$

(1) 由全概率公式可得

$$P(A) = \sum_{i=0}^{3} P(B_i)P(A \mid B_i) = 0.343 \times 0 + 0.441 \times 0.2 + 0.189 \times 0.6 +$$
$$0.027 \times 1 = 0.2286$$

(2) 由条件概率公式或贝叶斯公式可得

$$P(B_2 \mid A) = \frac{P(B_2 A)}{P(A)} = \frac{P(B_2)P(A \mid B_2)}{\sum\limits_{i=0}^{3} P(B_i)P(A \mid B_i)} = \frac{0.189 \times 0.6}{0.2286} = 0.4961$$

例 1.5.7　要验收一批(100 件)乐器,验收方案如下:自该批乐器中随机地取 3 件测试(设 3 件乐器的测试是相互独立的),如果 3 件中至少有一件在测试中被认为音色不纯,则这批乐器就被拒绝接收。设一件音色不纯的乐器经测试查出其为音色不纯的概率为 0.95,而一件音色纯的乐器经测试被误认为不纯的概率为 0.01,如果已知这 100 件乐器中恰好有 4 件是音色不纯的,试问这批乐器被接受的概率是多少?

解:设"这批乐器被接受"的事件为 A, A 若发生,则任取 3 件,每件经测试都应认为是音色纯的,考虑 100 件中有 4 件音色不纯,故设"随机地取 3 件乐器,其中恰好有 i 件音色不纯"的事件为 B_i,显见 $i = 0, 1, 2, 3$,且 B_0, B_1, B_2, B_3 为 $S = \{$任取 3 件乐器观察测试结果$\}$ 的一个划分,且有:

$$P(B_0) = \frac{\binom{96}{3}}{\binom{100}{3}} = 0.8836 \qquad P(B_1) = \frac{\binom{96}{2}\binom{4}{1}}{\binom{100}{3}} = 0.1128$$

$$P(B_2) = \frac{\binom{96}{1}\binom{4}{2}}{\binom{100}{3}} = 0.0036 \qquad P(B_3) = \frac{\binom{4}{3}}{\binom{100}{3}} \approx 0$$

又由题意知,一件音色不纯的乐器经测试误认为音色纯的概率为 0.05,而一件音色纯的乐器经测试认为音色纯的概率为 0.99,且 3 件乐器的测试是相互独立的,故有

$$P(A \mid B_0) = P(所取 3 件全为音色纯的乐器,而经测试均认为是音色纯的) =$$
$$0.99 \times 0.99 \times 0.99 = 0.99^3 = 0.9703$$

$$P(A \mid B_1) = P(\text{所取 3 件中仅有一件音色不纯,而经测试均认为是音色纯的}) =$$
$$0.99 \times 0.99 \times 0.05 = 0.99^2 \times 0.05 = 0.049$$

类似得 $P(A \mid B_2) = 0.99 \times 0.05^2 = 0.0025$ $P(A \mid B_3) = 0.05^3 = 0.0001$

故由全概率公式得

$$P(A) = \sum_{i=0}^{3} P(B_i)P(A \mid B_i) = 0.8574 + 0.0055 + 0 + 0 \approx 0.8629$$

思 考 题 1.5

1. A 与 B 独立,B 与 C 独立,是否有 C 与 A 独立?分析例子:设样本空间 $S = \{a, b, c, d\}$ 令 $A = \{a, b\}$,$B = \{b, c\}$,$C = \{c, d\}$。

2. 若 $A = \phi$,是否 A 与任何事件都是相互独立且互不相容的?

3. 掷两颗骰子,观察朝上的点数,记 $A = \{$第一颗点数为 4$\}$,$B = \{$两颗点数之和为 7$\}$,因为 $7 = 4 + 3$,可见 A 发生与否(即第一颗骰子出现 4 若不出现 4)必将影响 B 发生的概率,故 A、B 相互不独立,对吗?

4. 设每人血清中含有肝炎病毒的概率为 0.4%,设事件 $A_i = \{$第 i 人的血清中含有肝炎病毒$\}$,那么 100 人的血清混合后的血清中含有肝炎病毒的概率是否为

$$P(A_1 \cup A_2 \cup A_3 \cup \cdots \cup A_{100}) = P(A_1) + P(A_2) + \cdots + P(A_{100}) =$$
$$0.004 \times 100 = 0.4$$

基 本 练 习 1.5

1. 进行摩托车比赛。在地段甲、乙之间设立了 3 个障碍。设骑手在每一个障碍前停车的概率为 0.1。从乙地到终点丙地之间骑手不停车的概率为 0.7,试求在地段甲、丙间骑手不停车的概率。

2. 常言道:"不怕一万,只怕万一"。试用事件的独立性知识证明:若不断重复进行某一试验时,某一小概率事件 A 迟早发生的概率为 1。

3. 用 4 个整流二极管组成如图 1.5.2 所示的系统,设系统各元件能正常工作是相互独立的,每个整流二极管的可靠度(即能保持正常工作的概率)为 0.4,试求该系统的可靠度。

4. 有 3 架飞机,一架长机,两架僚机。一同飞往某目的地进行轰炸,但要达到目的地

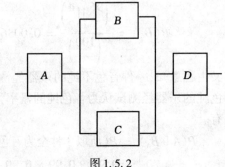

图 1.5.2

一定要有无线电导航,而只有长机有此设备。一旦到达目的地,各机将独立进行轰炸,且每架飞机炸毁目标的概率均为 0.3。在到达目的地之前,必须经过高射炮阵地上空,此时任一架飞机被击落的概率为 0.2,求目标被炸毁的概率(提示:设 $B_0 = \{$无机到达目的地,即长机被击落$\}$), $B_1 = \{$长机独自到达$\}$, $B_2 = \{$长机与任一僚机到达$\}$, $B_3 = \{$长机与二僚机均到达$\}$)。

5. 设 A,B,C 3 事件相互独立,试证明 $A \cup B$, AB, $A - B$ 皆与 C 相互独立。

6. 设事件 A 与 B 相互独立,且已知 $P(A) = 0.4$, $P(A \cup B) = 0.7$,试求概率 $P(\bar{B} \mid A)$。

7. 设有开关电路图如图 1.5.3 所示,其中各开关接通与否是相互独立的,且接通的概率均为 $p(0 < p < 1)$,试分别计算两个电路的两端为通路的概率 R_1 与 R_2。

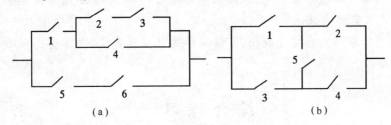
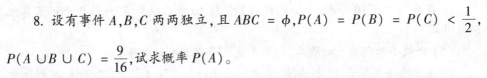

（a）　　　　　　　　　　　　　　　　（b）

图 1.5.3

8. 设有事件 A,B,C 两两独立,且 $ABC = \phi$, $P(A) = P(B) = P(C) < \dfrac{1}{2}$, $P(A \cup B \cup C) = \dfrac{9}{16}$,求概率 $P(A)$。

9. 设两个相互独立的事件 A 和 B 都不发生的概率为 $\dfrac{1}{9}$, A 发生 B 不发生的概率与 B 发生 A 不发生的概率相等,试求事件 A 发生的概率。

10. 将一枚均匀的硬币连掷 3 次,试求至少一次出现正面的概率。

11. 一个学生想借本书,决定到 3 个图书馆去借,每个图书馆有无此书是等可能的,如有,是否借出也是等可能的。设 3 个图书馆有无此书,是否借出是相互独立的。试求此学生借到此书的概率。

12. 一猎人用猎枪向一只野兔射击,第一枪距离野兔 200m 远,如果未击中,他追到离野兔 150m 远处进行第二次射击,如果仍未击中,他追到距离野兔 100m 远处再进行第三次射击,此时击中的概率为 0.5,如果这个猎人射击的击中率与他到野兔的距离平方成反比,求猎人击中野兔的概率。

13. 由以往记录的数据分析,某船只运输某种物品损坏 2%、10%、90% 的概率分别为 0.8、0.15 和 0.05 现从中随机取出 3 件,发现这 3 件全是好的,试分析这批物品的损坏率为多少(这里设物品件数很多,取出一件后不影响取下一件的概率)。

本章基本要求

1. 理解随机事件的概念,了解样本空间的概念,掌握事件之间的关系与运算。

2. 理解事件频率的概念,掌握频率的计算公式。

3. 理解概率的公理化定义,掌握概率的基本性质,掌握古典概型与几何概型计算公式。

4. 理解条件概率的概念,掌握概率的乘法定理,学会运用全概率公式和贝叶斯公式求事件的概率。

5. 理解事件的独立性概念,了解事件的独立性定义,并学会运用事件的独立性解题。

综合练习一

48

1. 在房间里有10个人,分别佩戴从1号到10号的纪念章,任选3个记录其纪念章号码。

(1) 求最小号码为5的概率;(2) 求最大号码为5的概率。

2. 某油漆公司发出17桶油漆,其中白漆10桶,黑漆4桶,红漆3桶,在搬运中所有标签脱落,交货人随意将这些油漆发给顾客,问一个定货4桶白漆、3桶黑漆和2桶红漆的顾客,能按所定颜色如数得到定货的概率是多少?

3. 在1400个产品中有400个次品,1000个正品。现任取200个,(1) 求恰有100个次品的概率;(2) 求至少有两个次品的概率。

4. 从5双不同的鞋子中任取4只,这4只鞋子中至少有两只鞋子配成一双的概率是多少?

5. 50个铆钉随机地取来用在10个部件上,其中有3个铆钉强度太弱。每个部件用了3个铆钉,若将3个强度太弱的铆钉都装在一个部件上,则这个部件强度就太弱。问发生一个部件强度太弱的概率是多少?

6. 盒中放有12个乒乓球,其中9个是新的。第一次比赛时从其中任取3个来用,比赛后仍放回盒中。第二次比赛时再从盒中任取3个,求第二次取出的球都是新球的概率。

7. 昆虫繁殖问题:设昆虫产 k 个卵的概率 $p_k = \dfrac{\lambda^k e^{-\lambda}}{k!}, k = 0,1,2,\cdots$,又设一个

虫卵能孵化成昆虫的概率等于 p。若卵的孵化是相互独立的,问昆虫的下一代有 m 条的概率是多少?

（注:利用 $e^x = \sum\limits_{k=0}^{\infty} \dfrac{x^k}{k!}$ $\quad x \in R$）

8. 某高射炮阵地需配同型号炮若干门,已知每门炮发射一发炮弹击中高空无人驾驶侦察机的概率为 0.1,如需保证该阵地有99%的把握能击中来犯侦察机,问至少需配置多少门炮?

9. 甲、乙两篮球运动员投篮命中率分别为 0.7,0.6,每人投篮 3 次,(1) 求两人进球数目相等的概率;(2) 甲比乙投中次数多的概率。

10. 有甲、乙两种味道和颜色都极为近似的名酒各4杯。如果从中挑4杯,能将甲种酒全部挑出来,算是成功一次。

(1) 某人随机地去猜,问他试验成功一次的概率是多少?

(2) 某人声称他通过品尝能区分两种酒。他连续试验 10 次,成功 3 次,试推断他是猜对的,还是确有区分能力(设各次试验是相互独立的)。

11. 设某自动化机器发生故障的概率为 $\dfrac{1}{5}$。如果一台机器发生了故障只需要一个维修工人去修理,因此,每8台机器配备一个维修工人。试求:

(1) 维修工人无故障可修的概率;

(2) 工人正在维修一台出故障的机器时,另外又有机器出了故障待修的概率。如果认为每4台机器配备一个维修工人,还常有机器出了故障得不到及时维修。那么,4 台机器至少应配备多少维修工人才能得保证机器发生了故障待修的概率小于3%。

12. 在某城市中发行 3 种报纸 A、B、C,经调查表明,订阅 A 报的有45%,订阅 B 报的有35%,订阅 C 报的有30%,同时订阅 A 及 B 报的有10%,同时订阅 A 及 C 报的有8%,同时订阅 B 及 C 报的有5%,同时订阅 A、B、C 报的有3%,试求下列事件的概率:

(1) 只订 A 报的;

(2) 只订 A 报及 B 报的;

(3) 只订一种报纸的;

(4) 正好订两种报纸的;

(5) 至少订阅一种报纸的;

(6) 不订阅任何报纸的;

(7) 至多订阅一种报纸的。

13. 有朋友自远方来访,他乘火车来的概率是 $\dfrac{3}{10}$,乘船、乘汽车或乘飞机来的

概率分别为 $\frac{1}{5}$、$\frac{1}{10}$、$\frac{2}{5}$,如果他乘火车来,迟到的概率是 $\frac{1}{4}$;如果乘船或乘汽车,那么迟到的概率分别为 $\frac{1}{3}$、$\frac{1}{12}$;如果乘飞机便不会迟到(因而,这时迟到的概率为 0)。结果他是迟到了,试问在此条件下,他是乘火车来的概率等于多少?

14. 设某种产品 50 件为一批,如果每批产品中没有次品的概率为 0.35,有 1、2、3、4 件次品的概率为 0.25、0.2、0.18、0.02。今从某批产品中抽取 10 件,检查出一件次品,试求该批产品中次品不超过两件的概率。

自 测 题 一

1. 设 A,B,C 为相互独立的事件,$P(A)=\frac{1}{2}$,$P(B)=\frac{1}{3}$,$P(C)=\frac{1}{4}$。

试求:(1)A,B,C 中至少一个发生的概率;

(2)A,B,C 中至少两个发生的概率。

2. 投掷一颗骰子,问需掷多少次,才能保证不出现 6 点的概率小于 0.3?

3. 在已有两个球的箱子中再放一白球,然后从箱中任意取出一球。问抽得白球的概率是多少(箱中原有什么球是等可能的)?

4. 设 8 支枪中已有 5 支经试射校正,有 3 支未试射校正,一射手用校正过的枪射击时,中靶概率为 0.8,而用未试射校正的枪射击,中靶的概率是 0.3。今从 8 支中任选一支进行射击,结果中靶,求所用是已校正过的枪的概率。

5. 进行 4 次独立试验,在每一次试验中 A 出现的概率为 0.3。如果 A 不出现,则 B 也不出现。如果 A 出现一次,则 B 出现的概率为 0.6。如果 A 出现不少于 2 次,则 B 出现的概率为 1。试求 B 出现的概率。

第二章 随机变量及其分布

为了深入研究和全面掌握随机现象的统计规律,我们将随机试验的结果与实数对应起来,即将随机试验的结果数量化,引入随机变量的概念。随机变量是概率论中最基本的概念之一,用它描述随机现象是近代概率中最重要的方法。它使概率论从事件及其概率的研究扩大到随机变量及其概率分布的研究,这样就可以应用近代数学工具,特别是数学分析、线性代数等,使概率论成为一门真正的数学学科。

§2.1 随机变量及其分布函数

一、随机变量

在介绍随机变量定义之前,我们先观察一些随机试验。

例2.1.1 连续独立地投掷一质地均匀的硬币 n 次,记录正面朝上的次数,则样本空间 $S_1 = \{0, 1, 2, \cdots, n\}$。

例2.1.2 记录每天 8 点半,某公共汽车站候车的人数。则其样本空间 $S_2 = \{0, 1, 2, \cdots\}$。

例2.1.3 记录每年 6 月份成都市的降雨量 $t(\mathrm{mL})$,则其样本空间 $S_3 = \{t : t \geq 0\}$。

例2.1.4 投掷一质地均匀的硬币一次,观察正面(H),反面(T)出现情况,则其样本空间 $S_4 = \{H, T\}$。

从上述所举试验例可看出,尽管其内容是各式各样的,但从数学的观点看,它们都具有共同的本质的东西。即在每一个试验中,都涉及到一个变量。如在例2.1.1 中,这个变量为 $X_1 = k$,当样本点 $e_k = k$ 时;在例2.1.2 中,当 $e_k = k$ 时,则可令变量 $X_2 = k$,在例2.1.3 中当 $e_t = t$ 时,可令变量 $X_3 = t$。即对应每一样本点,都存在一个变量的一个实数值与之对应。在例2.1.4 中虽然样本点不是数字形式的,但我们可令变量为

$$X_4 = X_4(e) = \begin{cases} 0 & \text{当 } e = T \\ 1 & \text{当 } e = H \end{cases}$$

这样,不管样本空间 S 中的样本点是否用实数表示,我们均可定义一个变量,使每一个样本点 e 均对应变量 X 的一个实数值 $X(e)$。这样的变量 $X = X(e)$ 我们即

称之随机变量,对应于样本点 e 的实数值 $X(e)$ 称为随机变量的一个可能取值。定义如下:

定义 2.1.1 设 E 是随机试验,其样本空间 $S = \{e\}$。如果对于每一个 $e \in S$,均有一个实数 $X(e)$ 与之对应,这样一个定义在样本空间 S 上的单值实函数 $X = X(e)$,称为随机变量,它的值域记为 $R_X (\subset (-\infty, +\infty))$。

从上述例子和定义可见,随机变量与普通实函数有本质的区别,这是因为随机变量是依照随机试验的结果而取不同的值,而在试验之前只能知道它取值的范围而不能预知它取什么值。如例 2.1.1 中,投掷 n 次一硬币之前,只能了解到正面出现的次数为 $\{0, 1, 2, \cdots, n\}$ 中任一个数,但不能预知 X_1 取值为多少。此外,因试验的各个结果出现有一定的概率,因而 X 取各个值 $X(e)$ 代表了一个基本事件 e,因而也有一定的概率,例如在例 2.1.4 中,$P\{X_4 = 1\} = P(H) = \dfrac{1}{2}$。

例 2.1.5 某公共汽车站每 $10\mathrm{min}$ 就有一辆公共汽车通过。若一位乘客对于汽车通过该站的时间完全不知道,他在任一时刻到达车站都是等可能的。那么,他的候车时间 X 是一个随机变量,即 X 是定义在样本空间 $S = \{e\} = \{t: 0 \leqslant t \leqslant 10\}$ 上的随机变量,即

$$X = X(e_t) = t, \text{当} e_t = t \in S$$

X 的值域记为 $R_X = [0, 10] \subset (-\infty, +\infty)$。

我们注意到 $\{X > 2\}$,$\{X \leqslant 5\}$ 等均为随机事件。一般地,对于任意一个实数集合 L,若 X 的值属于 L,即 $\{X \in L\}$,表示一随机事件 $\{e \mid X(e) \in L\}$。这样,引入随机变量后,我们就可方便地用随机变量描述事件及其概率:

$$P(\{X \in L\}) = P(\{e \mid X(e) \in L\})$$

如在例 2.1.1 中,由古典概型公式计算得 $P\{X = k\} = \dbinom{n}{k} / 2^n$ $k = 0,$
$1, \cdots, n$,其中 X 为 n 次投掷中正面朝上的次数。

故有 $\quad P\{X \leqslant 1\} = \dbinom{n}{0} / 2^n + \dbinom{n}{1} / 2^n = \dfrac{n+1}{2^n}$

$$P\{2 \leqslant X \leqslant 3\} = \dbinom{n}{2} / 2^n + \dbinom{n}{3} / 2^n = \dfrac{n(n-1)(n+1)}{6 \times 2^n}$$

$$P\{X > n - 1\} = \dbinom{n}{n} / 2^n = \dfrac{1}{2^n}$$

二、分布函数

由上述可见,我们引入随机变量 X 是为更好地研究随机事件的概率,可随机变量的定义域为一般样本空间,这对我们应用数学分析等数学工具有很大困难,故此

我们再引入一个与随机变量紧密相关的函数概念。

定义 2.1.2 设 X 是一个随机变量，x 是任意实数，函数

$$F(x) = P\{X \leqslant x\} \tag{2.1.1}$$

称为 X 的分布函数。

可见分布函数 $F(x)$ 的值域为实数集，而且，定义域亦为实数空间 $(-\infty, +\infty)$，即 $F(x)$ 为一普通实函数，这样，通过它我们就能用数学分析的方法来研究随机变量，使概率论的研究从此迈上了新台阶。

从定义 2.1.2 易看到，对于任意的实数 x_1, x_2，显然有

$$P\{x_1 < X \leqslant x_2\} = P\{X \leqslant x_2\} - P\{X \leqslant x_1\} = F(x_2) - F(x_1) \tag{2.1.2}$$

因此，若已知 X 的分布函数，我们就能知道 X 落在任一区间 $(x_1, x_2]$ 上的概率，在此意义上讲，分布函数完整地描述了随机变量的统计规律性。

例如在例 2.1.5 中，$P\{X \leqslant 1\} = F(1)$，$P\{2 < X \leqslant 5\} = F(5) - F(2)$，若了解了 X 的分布函数 $F(x)$，则候车时间最多为 1min 的概率 $F(1)$ 及候车时间至少为 2min 且不超过 5min 的概率 $F(5) - F(2)$ 即容易得出。

从定义 2.1.2 可得出分布函数 $F(x)$ 具有如下一些基本性质：

1° $F(x)$ 是一个不减函数；

2° $0 \leqslant F(x) \leqslant 1$ 且

$$F(-\infty) = \lim_{x \to -\infty} F(x) = 0 \quad F(+\infty) = \lim_{x \to +\infty} F(x) = 1$$

53

这些性质从几何上可直观说明。即在图 2.1.1 中，若区间端点 x 沿数轴无限向左移动（即 $x \to -\infty$），则"随机点 X 落在点 x 左边"这一事件渐趋于不可能事件，从而其概率逐渐减小，渐趋于 0，即有 $F(-\infty) = 0$；又若将点 x 无限右移（即 $x \to +\infty$），则"随机点 X 落在点 x 左边"这一事件趋于必然事件，从而其概率逐渐增大渐趋于 1，即有 $F(\infty) = 1$；

3° $F(x + 0) = F(x)$，即 $F(x)$ 是右连续的（证略）。

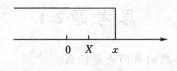

图 2.1.1

例 2.1.6 设袋中有标号为 $-1, 1, 1, 2, 2, 2$ 的 6 个球，从中任取一球，求所取得球的标号数的分布函数。

解： 设 $e_1 = -1, e_2 = 1, e_3 = 1, e_4 = 2, e_5 = 2, e_6 = 2$，则样本空间

$$S = \{e_1, e_2, \cdots, e_6\}$$

令随机变量 $X = X(e_k) = e_k \quad k = 1, 2, \cdots, 6$，显然

$$P\{X = e_k\} = \frac{1}{6} \qquad k = 1,2,\cdots,6, 而 X 的可能取值为 -1,1,2。其概率为$$

$$P\{X = -1\} = \frac{1}{6} \qquad P\{X = 1\} = \frac{2}{6} = \frac{1}{3} \qquad P\{X = 2\} = \frac{3}{6} = \frac{1}{2}$$

其分布函数 $F(x) = P(X \leqslant x)$(见图 2.1.2)

(1) 当 $x < -1$ 时,$\{X \leqslant x\} = \phi$ 故 $F(x) = 0$

(2) 当 $-1 \leqslant x < 1$ 时,$\{X \leqslant x\} = \{X = -1\}$

有 $$F(x) = \frac{1}{6}$$

(3) 当 $1 \leqslant x < 2$ 时,$\{X \leqslant x\} = \{X = -1\} \cup \{X = 1\}$

有 $$F(x) = \frac{1}{6} + \frac{1}{3} = \frac{1}{2}$$

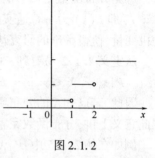

图 2.1.2

(4) 当 $x \geqslant 2$ 时,$\{X \leqslant x\} = \{X = -1\} \cup \{X = 1\} \cup \{X = 2\}$

有 $$F(x) = \frac{1}{6} + \frac{1}{3} + \frac{1}{2} = 1$$

综述得

$$F(x) = \begin{cases} 0 & x < -1 \\ \dfrac{1}{6} & -1 \leqslant x < 1 \\ \dfrac{1}{2} & 1 \leqslant x < 2 \\ 1 & x \geqslant 2 \end{cases}$$

可以证明,若定义在实数空间 R 上的函数 $F(x)$ 满足性质 1°, 2°, 3°,则它必是某随机变量的分布函数,即上述 3 条性质为分布函数的本质属性。

思 考 题 2.1

1. 随机变量与普通函数的异同点是什么?

2. 如何定义随机变量,随机变量取某一特定值或在某一特定集合内取值时表示什么?

3. 如何理解分布函数,为什么说数学分析手段可用于分布函数?

基 本 练 习 2.1

1. 试根据下列试验的样本空间,建立适当的随机变量,并指出随机变量相应

的取值范围:

(1) 射击 3 次,观察 3 次射击中击中的次数;

(2) 不停地向一目标射击,直到击中一次为止,观察总射击次数;

(3) 从一批含正品和次品的产品中,任意取出 5 个产品,观察其中的正品数;

(4) 从一批含有一、二、三、四等品的产品中,任意取出一件,观察产品的等级;

(5) 同时掷两颗骰子,记录两颗骰子点数之和。

2. 如下 4 个函数中,哪个可作为随机变量 X 的分布函数?

$$(1)\, F_1(x) = \begin{cases} 0 & x < -2 \\ \dfrac{1}{2} & -2 \le x < 0 \\ 2 & x \ge 0 \end{cases}$$

$$(2)\, F_2(x) = \begin{cases} 0 & x < 0 \\ \sin x & 0 \le x < \pi \\ 1 & x \ge \pi \end{cases}$$

$$(3)\, F_3(x) = \begin{cases} 0 & x < 0 \\ \sin x & 0 \le x < \dfrac{\pi}{2} \\ 1 & x \ge \dfrac{\pi}{2} \end{cases}$$

$$(4)\, F_4(x) = \begin{cases} 0 & x < 0 \\ x + \dfrac{1}{3} & 0 \le x < \dfrac{1}{2} \\ 1 & x \ge \dfrac{1}{2} \end{cases}$$

55

3. 如下 4 个函数中,哪个不能作为随机变量 X 的分布函数?

$$(1)\, F_1(x) = \begin{cases} 0 & x < 0 \\ \dfrac{1}{3} & 0 \le x < 1 \\ \dfrac{1}{2} & 1 \le x < 2 \\ 1 & x \ge 2 \end{cases}$$

$$(2)\, F_2(x) = \begin{cases} 0 & x < 0 \\ \dfrac{\ln(1 + x)}{1 + x} & x \ge 0 \end{cases}$$

$$(3)\,F_3(x) = \begin{cases} 0 & x < 0 \\ \dfrac{1}{4}x^2 & 0 \leqslant x < 2 \\ 1 & x \geqslant 2 \end{cases}$$

$$(4)\,F_4(x) = \begin{cases} 1 - \mathrm{e}^{-x} & x \geqslant 0 \\ 0 & x < 0 \end{cases}$$

4. 将一个质地均匀的骰子掷一次,用 X 表示骰子朝上的点数,试写出 X 的分布函数。

§2.2 离散型随机变量

一、离散型随机变量及其概率分布

定义 2.2.1 若随机变量 X 的可能取值仅有有限或可列多个,则称此随机变量为离散型随机变量。

例如在例 2.1.1 中,$X_1 = k(k = 0,1,\cdots,n)$,仅取 $n+1$ 个值,例 2.1.4 中 $X_4 = 1$ 或 $X_4 = 0$,即 X_4 仅取两个值,又如在例 2.1.2 中 $X_2 = k(k = 0,1,2,\cdots)$,可取可列多个值,故均为离散型随机变量。一般地,可设离散型随机变量 X 的可能取值为 x_k,即

56

$$X = x_k \qquad k = 1,2,3,\cdots$$

同时我们注意到,随机变量取某一个值具有一定的概率,例如在例 2.1.4 中,$P\{X_4 = 0\} = \dfrac{1}{2}$,$P\{X_4 = 1\} = \dfrac{1}{2}$,在例 1.1 中 X_1 取各值的概率如下表:

X_1	0	1	2	3	$\cdots$	$n-1$	n
$P\{X_1 = k\}$	$\dfrac{1}{2^n}$	$\dfrac{n}{2^n}$	$\dfrac{n(n-1)}{2!2^n}$	$\dfrac{n(n-1)(n-2)}{3!2^n}$	$\cdots$	$\dfrac{n}{2^n}$	$\dfrac{1}{2^n}$

从上表可知,$p_k = P\{X_1 = k\} = \dbinom{n}{k}\dfrac{1}{2^n} \geqslant 0 \quad k = 0,1,2,\cdots,n$

且 $\displaystyle\sum_{k=0}^{n} p_k = \sum_{k=0}^{n} P(X_1 = k) = \sum_{k=0}^{n} \binom{n}{k}\frac{1}{2^n} = \frac{1}{2^n}\left[\binom{n}{0} + \binom{n}{1} + \binom{n}{2} + \cdots + \binom{n}{n} \right] =$

$$\frac{1}{2^n} \times (1+1)^n = \frac{1}{2^n} \times 2^n = 1$$

故一般地,对离散型随机变量有如下定义:

定义 2.2.2 设离散型随机变量 X 的可能取值为 x_k,则称 X 取值为 x_k 的概率,即事件 $\{X = x_k\}$ 的概率

$$P\{X = x_k\} = p_k \qquad k = 1,2,\cdots \tag{2.2.1}$$

为 X 的概率分布,或分布律(列),记为 $X \sim \{p_k\}$。

如上表一样,概率分布亦可以用表格的形式来表示,即

X	x_1	x_2	$\cdots$	x_n	$\cdots$
$p_k = P\{X = x_k\}$	p_1	p_2	$\cdots$	p_n	$\cdots$

由概率的公理化定义,实数 p_k 应满足如下两个条件:

1° $$p_k \geqslant 0 \quad k = 1,2,\cdots \tag{2.2.2}$$

2° $$\sum_{k=1}^{\infty} p_k = 1 \tag{2.2.3}$$

容易知道,要掌握一个离散型随机变量 X 的统计规律,必须且只须知道 X 的可能取值以及取每一个可能值的概率。知道了离散型随机变量的概率分布,它的分布函数亦容易求出,即

$$F(x) = P\{X \leqslant x\} = \sum_{x_k \leqslant x} P\{X = x_k\} = \sum_{x_k \leqslant x} p_k \tag{2.2.4}$$

式(2.2.4)中和式是对所有满足 $x_k \leqslant x$ 的 k 求和的。分布函数 $F(x)$ 在 $x = x_k(k = 1,2,\cdots)$ 处有跳跃,其跳跃值为 $p_k = P\{X = x_k\}$,若 X 的可能取值为 $x_1 \leqslant x_2 \leqslant \cdots \leqslant x_n$ 时,其分布函数 $F(x)$ 由式(2.2.4)给出,将式(2.2.4)写成分段函数的形式就是

57

$$F(x) = \begin{cases} 0 & x < x_1 \\ p_1 & x_1 \leqslant x < x_2 \\ p_1 + p_2 & x_2 \leqslant x < x_3 \\ \cdots & \cdots \\ p_1 + p_2 + \cdots + p_{n-1} & x_{n-1} \leqslant x < x_n \\ p_1 + p_2 + \cdots + p_n = 1 & x \geqslant x_n \end{cases}$$

例 2.2.1　设一汽车在开往目的地的道路上需经过 4 盏信号灯,每盏信号灯以 $\frac{1}{2}$ 的概率允许或禁止汽车通过。以 X 表示汽车首次停下时,它已通过的信号灯的盏数(设各信号灯的工作是相互独立的),求 X 的分布律及分布函数。

解:以 p 表示每盏信号灯禁止汽车通过的概率,则 $1 - p$ 为每盏信号灯允许汽车通过的概率,设 $A_i = \{$在第 i 盏灯前禁止汽车通过$\}(i = 1,2,3,4)$,则由 A_1, A_2, A_3, A_4 的独立性可得

$$P\{X = 0\} = P(A_1) = p$$

$$P\{X = 1\} = P(\overline{A_1}A_2) = P(\overline{A_1})P(A_2) = (1 - p)p$$

$$P\{X = 2\} = P(\overline{A_1}\overline{A_2}A_3) = P(\overline{A_1})P(\overline{A_2})P(A_3) = (1 - p)^2 p$$

$$P\{X = 3\} = P(\overline{A}_1\overline{A}_2\overline{A}_3A_4) = P(\overline{A}_1)P(\overline{A}_2)P(\overline{A}_3)P(A_4) = (1 - p)^3p$$

$$P\{X = 4\} = P(\overline{A}_1\overline{A}_2\overline{A}_3\overline{A}_4) = P(\overline{A}_1)P(\overline{A}_2)P(\overline{A}_3)P(\overline{A}_4) = (1 - p)^4$$

综述为下表:

X	0	1	2	3	4
p_k	p	$(1 - p)p$	$(1 - p)^2p$	$(1 - p)^3p$	$(1 - p)^4$

读者易验证此 $p_k = P\{X = k\} = (1 - p)^kp(k = 0,1,2,3)$,$P\{X = 4\} = (1 - p)^4$ 满足式(2.2.2) 及式(2.2.3)。再以 $p = \dfrac{1}{2}$ 代入即得

X	0	1	2	3	4
p_k	0.5	0.25	0.125	0.0625	0.0625

可在直角坐标系上画出概率分布图如图 2.2.1 所示:

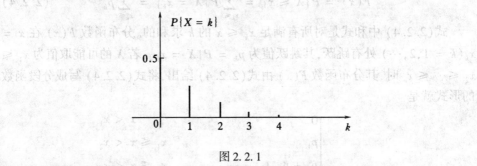

图 2.2.1

其分布函数 $F(x)$ 为

(1) 当 $x < 0$ 时,$F(x) = P\{X \leqslant x\} = P(\phi) = 0$

(2) 当 $0 \leqslant x < 1$ 时,$F(x) = P\{X \leqslant x\} = P(X = 0) = 0.5$

(3) 当 $1 \leqslant x < 2$ 时,$F(x) = P\{X \leqslant x\} = P(X = 0) + P(X = 1) =$
$$0.5 + 0.25 = 0.75$$

(4) 当 $2 \leqslant x < 3$ 时,$F(x) = P\{X \leqslant x\} =$
$$P\{X = 0\} + P\{X = 1\} + P\{X = 2\} = 0.875$$

(5) 当 $3 \leqslant x < 4$ 时,$F(x) = P\{X \leqslant x\} =$
$$P\{X = 0\} + P\{X = 1\} + P\{X = 2\} +$$
$$P\{X = 3\} = 0.9375$$

(6) 当 $x \geqslant 4$ 时,$F(x) = \sum_{k=0}^{4} p_k = 1$

综述为

$$F(x) = \begin{cases} 0 & x < 0 \\ 0.5 & 0 \leqslant x < 1 \\ 0.75 & 1 \leqslant x < 2 \\ 0.875 & 2 \leqslant x < 3 \\ 0.9375 & 3 \leqslant x < 4 \\ 1 & x \geqslant 4 \end{cases}$$

其图形如图 2.2.2 所示。

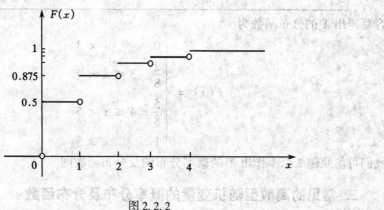

图 2.2.2

例 2.2.2 设有甲、乙两势均力敌的排球队,在每一局比赛中各队取胜的概率都是 $\frac{1}{2}$,求这两个队在一场五局三胜制排球比赛中所打局数的概率分布及分布函数。

解: 设一场排球比赛所打的局数为随机变量 X。按现行排球比赛规则,X 的取值只可能是 3,4 或 5。如果在第 k 局比赛中,甲队、乙队得胜的事件分别为 A_k, B_k,由题意知

$$P(A_k) = P(B_k) = \frac{1}{2} \qquad k = 1,2,3,4,5$$

且各 A_k 与各 B_k 间都是相互独立的。则

$$P\{X = 3\} = P(A_1 A_2 A_3 \cup B_1 B_2 B_3) = P(A_1 A_2 A_3) + P(B_1 B_2 B_3) =$$
$$P(A_1)P(A_2)P(A_3) + P(B_1)P(B_2)P(B_3) =$$
$$\frac{1}{2^3} + \frac{1}{2^3} = \frac{2}{8}$$

$$P\{X = 4\} = P(\overline{A}_1 A_2 A_3 A_4 \cup A_1 \overline{A}_2 A_3 A_4 \cup A_1 A_2 \overline{A}_3 A_4 \cup \overline{B}_1 B_2 B_3 B_4$$
$$\cup B_1 \overline{B}_2 B_3 B_4 \cup B_1 B_2 \overline{B}_3 B_4) =$$

$$6 \cdot \left(\frac{1}{2}\right)^4 = \frac{3}{8}$$

$$P\{X = 5\} = 1 - P\{X = 3\} - P\{X = 4\} = 1 - \frac{2}{8} - \frac{3}{8} = \frac{3}{8}$$

X	3	4	5
p_k	$\frac{2}{8}$	$\frac{3}{8}$	$\frac{3}{8}$

容易得出 X 的分布函数为

$$F(x) = \begin{cases} 0 & x < 3 \\ \dfrac{2}{8} & 3 \leqslant x < 4 \\ \dfrac{5}{8} & 4 \leqslant x < 5 \\ 1 & x \geqslant 5 \end{cases}$$

我们可仿照例 2.2.1 作出 X 的概率分布图及分布函数图。

二、常见的离散型随机变量的概率分布及分布函数

60

下面介绍几种重要的离散型随机变量的分布。

1. 单点分布(退化分布)

设随机变量 X 取一个常数值 C 的概率为 1,即

$$P\{X = C\} = 1$$

则称 X 服从单点分布或退化分布,此分布在排队论中亦称为定长分布。显然,其分布函数为

$$F(x) = \begin{cases} 0 & x < C \\ 1 & x \geqslant C \end{cases}$$

例如自动化传送带上相邻产品到达的时间间隔的分布;某定时公交班车的到达时间间隔的分布就属于这种单点分布。

实际上,此时 X 已不具备随机性,但是为讨论问题方便起见,仍可把它视作在 C 点退化的随机变量。因此单点分布可视作描述确定性现象的概率模型。

2. (0 - 1) 分布(两点分布)

设随机变量 X 只可能取 0 和 1 两个值,它的分布律是

$$P\{X = k\} = p^k (1 - p)^{1-k} \qquad k = 0,1; 0 < p < 1 \qquad (2.2.5)$$

则称 X 服从 (0 - 1) 分布。(0 - 1) 分布的分布律也可写成下列表格形式:

X	0	1
p_k	$1 - p$	p

显见,其分布函数为

$$F(x) = \begin{cases} 0 & x < 0 \\ 1 - p & 0 \leqslant x < 1 \\ 1 & x \geqslant 1 \end{cases} \qquad (2.2.6)$$

对于一个随机试验,如果它的样本空间只包含两个元素,即 $S = \{A, \overline{A}\}$,我们总能在 S 上定义一个服从 $(0 - 1)$ 分布的随机变量:

$$X = X(e) = \begin{cases} 0 & e = \overline{A} \\ 1 & e = A \end{cases} \qquad (2.2.7)$$

来描述这个随机试验的结果。例如,对新生婴儿的性别进行登记,记出现男婴的事件为 A;检查产品的质量是否合格;记出现合格品的事件为 A;某车间的电力消耗是否超过负荷,记超过负荷的事件为 A;以及抛掷一枚质地均匀的硬币一次,记出现正面的事件为 A 等等试验都可用上述 $(0 - 1)$ 分布的随机变量来描述。可见 $(0 - 1)$ 分布是经常遇到的一种分布。

例 2.2.3 设 100 件产品,其中有 95 件合格品,5 件次品。现从中任取一件,设随机变量 X 为

61

$$X = \begin{cases} 0 & \text{取得次品} \\ 1 & \text{取得正品} \end{cases}$$

试求 X 的概率分布及分布函数。

解: 由题意知 $P\{X = 0\} = \dfrac{5}{100} = 0.05, P\{X = 1\} = \dfrac{95}{100} = 0.95$,可见此 X 服从 $(0 - 1)$ 分布,其分布函数为

$$F(x) = \begin{cases} 0 & x < 0 \\ 0.05 & 0 \leqslant x < 1 \\ 1 & x \geqslant 1 \end{cases}$$

我们不难画出 X 的概率分布图与分布函数图。

3. 等可能分布(离散型均匀分布)

如果随机变量 X 可以取 n 个不同的值 $x_1 < x_2 < \cdots < x_n$,且取每个 x_k 值的概率相等,即

$$P\{X = x_k\} = \frac{1}{n} \qquad k = 1, 2, \cdots, n \qquad (2.2.8)$$

则称 X 服从等可能分布或称离散型均匀分布,其分布参数为 n,可记为 $X \sim U(n)$,

其分布函数为

$$F(x) = \begin{cases} 0 & x < x_1 \\ \dfrac{k}{n} & x_k \leq x < x_{k+1} \quad k = 1,2,\cdots,n-1 \\ 1 & x \geq x_n \end{cases}$$

可见，在古典概型中，试验 E 的可能结果是有限多个，设为 $S = \{e_1,e_2,\cdots,e_n\}$。若令随机变量 $X = X(e_k) = k$，且由古典概型的基本事件 $\{e_k\}$ 出现的可能性相同，知 $P(X = k) = P(\{e_k\}) = \dfrac{1}{n}$，即此 X 服从等可能分布 $U(n)$。

其等可能分布的分布函数则为

$$F(x) = \begin{cases} 0 & x < 0 \\ \dfrac{k}{n} & k \leq x < k+1 \quad k = 1,2,\cdots,n-1 \\ 1 & x \geq n \end{cases} \tag{2.2.9}$$

4. 二项分布

如果随机变量 X 取值为 $0,1,2,\cdots,n$ 的概率为

$$P\{X = k\} = \binom{n}{k}p^k(1-p)^{n-k} \qquad k = 0,1,2,\cdots,n \tag{2.2.10}$$

则称 X 服从参数为 n,p 的二项分布，记为 $X \sim B(n,p)$。

二项分布 $B(n,p)$ 是描述 n 重贝努利概型的数学模型，是运用最广泛、研究最多的模型之一，是有关多次独立且重复试验的模型，其具体定义如下：

定义 2.2.3 设试验 E 的可能结果只有两个，即 A 或 $\bar{A}$，且 $P(A) = p$，$P(\bar{A}) = 1 - p = q(0 < p < 1)$，若将此试验 E 独立地重复进行 n 次，则称这一串重复的独立试验为 n 重贝努利（Bernoulli）试验，或称 n 重贝努利概型。

上述定义中所谓的重复的独立试验，是表示在同样条件下，将试验 E 重复试验多次，在每次试验中事件 A 出现的可能性保持不变，即始终有 $P(A) = p$，且各次试验的结果互不影响，即每次试验结果出现的概率都不依赖其它各次试验的结果。例如在同样条件下，重复抛掷一个均匀硬币 n 次。显然，试验中每一次抛掷硬币，其出现"正面"或"反面"的概率始终是 $1/2$，且前后抛掷硬币的结果，均不会影响当前抛掷出"正面"或"反面"的结果，故此为 n 次重复的相互独立的试验。又如在同样条件下，重复抛掷一个均匀骰子 n 次；从一大批灯泡中，任取 n 只灯泡进行寿命试验等均为 n 次重复的相互独立的试验。

若在每次抛掷一个均匀骰子的试验中只关注两个对立事件，如 $A = \{1,2,3\}$ 或 $\bar{A} = \{4,5,6\}$ 之一是否出现时，则重复抛掷一个均匀骰子 n 次的试验即成为 n 重贝努利概型；同样地，若观察每只灯泡寿命时只注意两个对立事件，如 $A = \{$寿命

超过800h} 或 $\overline{A}$ = {寿命未超过800h} 之一是否出现时,则任取 n 只灯泡进行寿命试验亦成为 n 重贝努利概型。

一般地,若用 X 表示在 n 重贝努利概型中事件 A 恰恰出现的次数,则 X 的可能取值为 $0,1,2,\cdots,n$,即 X 为离散型随机变量,其概率分布为二项分布。

为说明简单起见,我们以 $n = 4$ 重贝努利概型情况为例,此时事件 A 出现的可能次数为 0 次,1 次,2 次,3 次及 4 次,事件 A 恰恰出现 k 次的概率为 $P\{X = k\}$ $(0 \leqslant k \leqslant 4)$。记 A_i = {第 i 次试验出现事件 A},则由 $P(A) = p, P(\overline{A}) = 1 - p = q$ 与试验的独立性知:

$$P(A_i) = p, P(\overline{A_i}) = 1 - p = q \qquad i = 1,2,3,4$$
$$P\{X = 0\} = P\{在 4 重贝努利试验中每次 A 都不出现\} =$$
$$P(\overline{A_1}\,\overline{A_2}\,\overline{A_3}\,\overline{A_4}) = P(\overline{A_1})P(\overline{A_2})P(\overline{A_3})P(\overline{A_4}) = (1 - p)^4$$

即有
$$P\{X = 0\} = \binom{4}{0}p^0(1 - p)^{4-0}$$

$$P\{X = 1\} = P\{在 4 重贝努利试验中 A 恰好发生一次\} =$$
$$P\{A_1\,\overline{A_2}\overline{A_3}\overline{A_4} \cup \overline{A_1}A_2\,\overline{A_3}\overline{A_4} \cup \overline{A_1}\,\overline{A_2}A_3\overline{A_4} \cup \overline{A_1}\,\overline{A_2}\overline{A_3}A_4\} =$$
$$P(A_1\,\overline{A_2}\overline{A_3}\overline{A_4}) + P(\overline{A_1}A_2\,\overline{A_3}\overline{A_4}) + P(\overline{A_1}\,\overline{A_2}A_3\overline{A_4}) + P(\overline{A_1}\,\overline{A_2}\overline{A_3}A_4) =$$
$$P(A_1)P(\overline{A_2})P(\overline{A_3})P(\overline{A_4}) + P(\overline{A_1})P(A_2)P(\overline{A_3})P(\overline{A_4}) +$$
$$P(\overline{A_1})P(\overline{A_2})P(A_3)P(\overline{A_4}) + P(\overline{A_1})P(\overline{A_2})P(\overline{A_3})P(A_4) =$$
$$4pq^3$$

即有
$$P\{X = 1\} = \binom{4}{1}p^1(1 - p)^{4-1}$$

类似的,可计算得
$$P\{X = 2\} = \binom{4}{2}p^2(1 - p)^{4-2}, P\{X = 3\} = \binom{4}{3}p^3(1 - p)^{4-3}$$
$$P\{X = 4\} = \binom{4}{4}p^4(1 - p)^{4-4}$$

因此,综述可得 4 重贝努利概型中事件 A 恰恰出现 k 次的概率为
$$P\{X = k\} = \binom{4}{k}p^k(1 - p)^{4-k} \qquad k = 0,1,2,3,4$$

即此 4 重贝努利概型中事件 A 出现的可能次数 X 服从参数为 $4, p$ 的二项分布。

依此类推,可推得 n 重贝努利概型中事件 A 恰恰出现的可能次数 X 服从参数为 n, p 的二项分布 $B(n, p)$,其概率分布为
$$P\{X = k\} = \binom{n}{k}p^k(1 - p)^{n-k} \qquad k = 0,1,\cdots,n$$

其中 $p = P(A)$。由于 $\binom{n}{k}p^k(1 - p)^{n-k}$ 正是 $[p + (1 - p)]^n$ 展开式中的通项公式,故

称此 X 的分布为二项分布。

易见,当 $n=1$ 时,式(2.2.10)即化为式(2.2.5),也就是说,(0-1)分布为二项分布在 $n=1$ 时的特殊情况。

若 $X \sim B(n,p)$,则 X 的分布函数为

$$F(x) = P\{X \leqslant x\} = \sum_{0 \leqslant k \leqslant x} P\{X = k\} = \sum_{0 \leqslant k \leqslant x} \binom{n}{k} p^k (1-p)^{n-k} \quad (2.2.11)$$

例 2.2.4 某织布车间有 30 台自动织布机,由于检修、上纱等各种工艺上的原因,每台布机时常停车。设各台布机的停或开相互独立,且每台布机在任一时刻停车的概率为 1/3,试求在任一指定的时刻里 30 台布机中,

(1) 停车台数的概率分布;

(2) 恰有 10 台布机停开的概率;

(3) 最多有 10 台布机停开的概率。

解: 显然本例为 $n=30$ 重贝努利试验。设 X 为 30 台自动织布机中停车的台数,且由题意知 $p = P\{$每一台布机在某时刻停车$\} = 1/3$,故 X 服从二项分布 $B(30,1/3)$。

(1) X 的概率分布为

$$P\{X = k\} = \binom{30}{k}\left(\frac{1}{3}\right)^k \left(\frac{2}{3}\right)^{30-k} \qquad k = 0,1,2,\cdots,30$$

(2) 取 $k = 10$,即得恰有 10 台布机停开的概率

$$P\{X = 10\} = \binom{30}{10}\left(\frac{1}{3}\right)^{10}\left(\frac{2}{3}\right)^{20} = 0.153015243$$

(3) 最多有 10 台布机停开这一事件,包括了恰有 0 台,恰有 1 台,…,恰有 10 台布机停开等事件,故其概率为该 11 个事件的概率之和,即为

$$P\{X \leqslant 10\} = \sum_{k=0}^{10} \binom{30}{k}\left(\frac{1}{3}\right)^k \left(\frac{2}{3}\right)^{30-k} = 0.584759599$$

例 2.2.5 按规定,某种型号电子元件的使用寿命超过 1500h 的为一级品。已知某一大批产品的一级品率为 0.2,现从中随机地抽查 10 只,设 10 只元件中一级品的只数为 X,试求:

(1)X 的概率分布及分布函数;

(2)$P\{2.5 < X \leqslant 3.8\}$,$P\{X < 7.2\}$ 及 $P\{X > 3.4\}$。

解: 本例为不放回抽样。但由于这些元件的总数很大,且抽查的数量相对于元件的总数来说又很小,因而可以当作放回抽样来处理,这样做会有一些误差,但误差不太大,而计算则简洁得多。故我们将检查一只元件看它是否为一级品作为一次试验,检查 10 只元件相当于做 10 重贝努利试验,而 X 为 10 只元件中一级品的只

数,其可能取值为 $0,1,\cdots,10,X$ 为一随机变量,且有 $X \sim B(10,0.2)$,则由式(2.2.10)得 X 的概率分布为

$$P\{X = k\} = \binom{10}{k}0.2^k0.8^{10-k} \qquad k = 0,1,2,\cdots,10$$

具体数值如下表:

X	0	1	2	3	4	5	6	7	8	$\geqslant 9$
p_k	0.1074	0.2684	0.302	0.2013	0.0881	0.0264	0.0055	0.0008	0.0001	0

其分布函数 $F(x) = \sum\limits_{0 \leqslant k \leqslant x}\binom{10}{k}0.2^k0.8^{10-k}$ 可由书末附表四查得,即

x	$(-\infty,0)$	$[0,1)$	$[1,2)$	$[2,3)$	$[3,4)$	$[4,5)$	$[5,6)$	$[6,7)$	$[7,8)$	$[8,+\infty)$
$F(x)$	0	0.1074	0.3758	0.6778	0.8791	0.9672	0.9936	0.9991	0.9999	1

其概率分布图形如图2.2.3所示。其分布函数图形如图2.2.4所示。

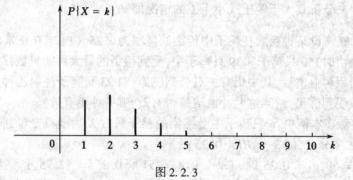

图2.2.3

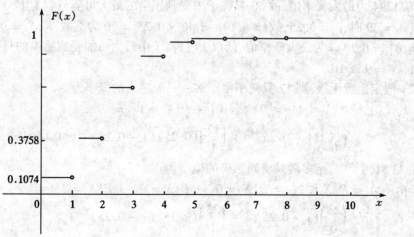

图2.2.4

65

显然有

$$P\{2.5 < X \leqslant 3.8\} = F(3.8) - F(2.5) = 0.8791 - 0.6778 = 0.2013$$

$$P\{X < 7.2\} = F(7.2) = 0.9999$$

$$P\{X > 3.4\} = 1 - P\{X \leqslant 3.4\} = 1 - F(3.4) = 1 - 0.8791 = 0.1209$$

现在,二项分布的精确概率值与其分布函数值可用软件 Excel 查出。若 n 较大时,在实际中通常采用泊松分布函数或正态分布函数作近似计算。

由上例中概率分布的图形中可看出,当 k 增加时,概率 $P\{X = k\}$ 先是随之增加直至达到极大值(上例中 $k_0 = 2$ 时取到极大值),随后单调减少。我们指出,对于固定的 n 及 p,二项分布 $B(n,p)$ 的分布律 $P\{X = k\}$ 在

$$k_0 = \begin{cases} (n+1)p - 1, (n+1)p & \text{若}(n+1)p \text{ 是整数} \\ [(n+1)p] & \text{若}(n+1)p \text{ 不是整数} \end{cases} \quad (2.2.12)$$

处达到极大值。即 $P\{X = k_0\} > P\{X = k\}(k \neq k_0)$。这事实上由 $\dfrac{P\{X = k\}}{P\{X = k-1\}} = 1 + \dfrac{(n+1)p - k}{k(1-p)}$,分析其大于等于或小于 1 的情况即知。

例 2.2.6 设某种疾病在鸭子中传染的概率为 0.25。(1) 求在正常情况下(未注射防疫血清时)50 只鸭子和 39 只鸭子中,受到感染的最大可能只数;(2) 设对 17 只鸭子注射甲种血清后,其中仍有一只受到感染;对 23 只鸭子注射乙种血清后,其中仍有两只受到感染。试问这两种血清是否有效?哪一种更有效?

解: 显然在本例中,n 只鸭子中受感染的鸭子只数 X 为随机变量,服从参数为 $n, 0.25$ 的二项分布,即 $X \sim B(n, 0.25)$

(1) $n = 50, p = 0.25$ 时,$(n+1)p = 51 \times 0.25 = 12.75$ 非整数,$P\{X = 12\} = 0.1294$ 为最大概率值,故 50 只鸭子中受到感染的最大可能只数为 12 只。

当 $n = 39$ 时,$p = 0.25$,故 $(n+1)p = 40 \times 0.25 = 10$ 为整数,$P\{X = 9\} = P\{X = 10\} = 0.1444$ 为最大概率值,所以 39 只鸭子中最大可能受到感染的只数有两个值,$k_0 = 9$ 或 10。

(2) 假定血清无效,则 17 只鸭子中至多一只受感染的概率为

$$F_{17}(1) = P\{X \leqslant 1\} = P\{X = 0\} + P\{X = 1\} =$$

$$\binom{17}{0}(1 - 0.25)^{17} + \binom{17}{1}(0.25)(1 - 0.25)^{16} \approx 0.0501$$

在 23 只鸭子中,至多两只受到感染的概率为

$$F_{23}(2) = P\{X \leqslant 2\} = P\{X = 0\} + P\{X = 1\} + P\{X = 2\} =$$

$$\binom{23}{0}(1 - 0.25)^{23} + \binom{23}{1}(0.25)(1 - 0.25)^{22} +$$

$$\binom{23}{2}(0.25)^2(1 - 0.25)^{21} \approx 0.0492$$

由于假定血清无效,而得出相应事件出现的概率亦很小,即相应事件经常发生的可能性亦小,所以,可以初步判断两种血清都是有效的。且由于 $F_{23}(2) \leqslant F_{17}(1)$,我们还可认为乙种血清的效果稍好一些。

5. 泊松分布

如果随机变量 X 的可能取值为 $0,1,2,\cdots$,取各值的概率为

$$P\{X = k\} = \frac{\lambda^k \mathrm{e}^{-\lambda}}{k!} \qquad k = 0,1,2,\cdots \qquad (2.2.13)$$

其中 $\lambda > 0$ 为常数, 则称 X 服从参数为 λ 的泊松分布, 记为 $X \sim \pi(\lambda)$ (或 $X \sim P(\lambda)$)。

易知 $P\{X = k\} \geqslant 0 (k = 0,1,2,\cdots)$,且有

$$\sum_{k=0}^{\infty} P\{X = k\} = \sum_{k=0}^{\infty} \frac{\lambda^k \mathrm{e}^{-\lambda}}{k!} = \mathrm{e}^{-\lambda} \sum_{k=0}^{\infty} \frac{\lambda^k}{k!} = \mathrm{e}^{-\lambda} \cdot \mathrm{e}^{\lambda} = 1$$

即此 $P\{X = k\}$ 满足式(2.2.2) 及式(2.2.3)。

泊松分布由法国数学家泊松在 1838 年发表,也是概率论中的一种重要的离散型分布,具有泊松分布的随机变量在实际应用中是很多的。例如,在一个时间间隔内某电话交换台收到的电话呼唤次数,某地区在一天内邮递遗失的信件数,某一医院在一天内的急诊病人数,某一地区一个时间间隔内发生交通事故的次数,某段时间间隔内进入某商场的人数,在一个时间间隔内某种放射性物质发出的,经过计数器的 α 粒子数等都服从泊松分布,由此可看出,泊松分布是常用来描述大量随机试验中稀有事件出现次数,或是描述一定时间(或空间) 内随机事件发生次数的概率模型。

泊松分布函数 $F(x)$ 为

$$F(x) = P\{X \leqslant x\} = \sum_{0 \leqslant k \leqslant x} P\{X = k\} = \sum_{0 \leqslant k \leqslant x} \frac{\lambda^k \mathrm{e}^{-\lambda}}{k!} \qquad (2.2.14)$$

当 λ 固定时,其数值可查阅书末附表《泊松分布表》,或可利用 Excel 查阅。

泊松分布的一个重要应用是用作二项分布的近似计算,见下述定理:

定理 2.2.1 (泊松逼近定理)　设 $\lambda > 0$ 是一常数,n 是任意正整数,设 $np_n = \lambda$,则对于任一固定的非负整数 k,有

$$\lim_{n \to \infty} \binom{n}{k} p_n^k (1 - p_n)^{n-k} = \frac{\lambda^k \mathrm{e}^{-\lambda}}{k!}$$

证:由 $p_n = \dfrac{\lambda}{n}$ 有

$$\binom{n}{k} p_n^k (1 - p_n)^{n-k} = \frac{n(n-1)\cdots(n-k+1)}{k!} \left(\frac{\lambda}{n}\right)^k \left(1 - \frac{\lambda}{n}\right)^{n-k} =$$

$$\frac{\lambda^k}{k!}\left[1 \cdot \left(1 - \frac{1}{n}\right)\left(1 - \frac{2}{n}\right)\cdots\left(1 - \frac{k-1}{n}\right)\right]\left(1 - \frac{\lambda}{n}\right)^n \left(1 - \frac{\lambda}{n}\right)^{-k}$$

对于任意固定的 k,当 $n \to \infty$ 时,有

$$\left[1 \cdot \left(1 - \frac{1}{n} \right) \left(1 - \frac{2}{n} \right) \cdots \left(1 - \frac{k-1}{n} \right) \right] \to 1$$

$$\left(1 - \frac{\lambda}{n} \right)^n = \left[\left(1 - \frac{\lambda}{n} \right)^{-\frac{n}{\lambda}} \right]^{-\lambda} \to \mathrm{e}^{-\lambda}, \quad \left(1 - \frac{\lambda}{n} \right)^{-k} \to 1$$

故有
$$\lim_{n \to \infty} \binom{n}{k} p_n^k (1 - p_n)^{n-k} = \frac{\lambda^k \mathrm{e}^{-\lambda}}{k!}$$

显然,定理的条件 $np_n = \lambda$(常数)意味着当 n 很大时,p_n 必定很小,因此,上述定理表明,若 $X \sim B(n,p)$,而 n 很大,p 很小时,近似有

$$P\{X = k\} = \binom{n}{k} p^k (1 - p)^{n-k} \approx \frac{\lambda^k \mathrm{e}^{-\lambda}}{k!} \tag{2.2.15}$$

此处 $\lambda = np$。从下表可直观看出式(2.2.15)的近似程度。

k	$P\{X = k\} = \binom{n}{k} p^k (1-p)^{n-k}$				$P(X = k) = \frac{\lambda^k \mathrm{e}^{-\lambda}}{k!}$
	$n = 10$ $p = 0.1$	$n = 20$ $p = 0.05$	$n = 40$ $p = 0.025$	$n = 100$ $p = 0.01$	$\lambda = np = 1$
0	0.349	0.358	0.369	0.366	0.368
1	0.385	0.377	0.372	0.370	0.368
2	0.194	0.189	0.186	0.185	0.184
3	0.057	0.060	0.060	0.061	0.061
4	0.011	0.013	0.014	0.015	0.015
大于4	0.004	0.003	0.005	0.003	0.004

在实际计算中,当 $n \geqslant 20$,$p \leqslant 0.05$ 时,用 $\frac{\lambda^k \mathrm{e}^{-\lambda}}{k!}$($\lambda = np$)作为 $\binom{n}{k} p^k (1 - p)^{n-k}$ 的近似效果颇佳。而当 $n \geqslant 100$,$np \leqslant 10$ 时效果更好。

例2.2.7 设某时段内通过一路口的汽车车辆数服从泊松分布,且知该时段内没有汽车通过的概率为 0.05,试问此时段内至少有两辆汽车通过的概率是多少?

解:由题意知,该时段内通过路口的汽车车辆数 $X \sim \pi(\lambda)$,即其概率分布为

$$P\{X = k\} = \frac{\lambda^k \mathrm{e}^{-\lambda}}{k!} \quad k = 0,1,2,\cdots$$

其中 λ 未知,但有条件 $P\{X = 0\} = \mathrm{e}^{-\lambda} = 0.05$,故得 $\lambda \approx 3$,于是所求概率为

$$P\{X \geqslant 2\} = \sum_{k=2}^{+\infty} \frac{3^k \mathrm{e}^{-3}}{k!} = 1 - P\{X = 0\} - P\{X = 1\} = 1 - \mathrm{e}^{-3} - 3\mathrm{e}^{-3} =$$

$$1 - 4\mathrm{e}^{-3} \approx 0.8009$$

例2.2.8 设有 80 台同类型设备,各台工作是相互独立的,发生故障的概率都是 0.01,且一台设备的故障能由一个人处理。考虑两种配备维修工人的方法,其一是由 4 人维护,每人负责 20 台;其二是由 3 人共同维护 80 台,试比较这两种方法

在设备发生故障时不能及时维修的概率的大小。

解：（1）按第一种方法，记 X 为"第一人维护的 20 台中同一时刻发生故障的台数"，以 $A_i(i = 1,2,3,4)$ 表示事件"第 i 人维护的 20 台中发生故障不能及时维修"，则知 80 台中发生故障而不能及时维修的概率为

$$P(A_1 \cup A_2 \cup A_3 \cup A_4) \geqslant P(A_1) = P(X \geqslant 2)$$

而依题意 $X \sim B(20,0.01)$，此处 $\lambda = np = 0.2$，故有

$$P\{X \geqslant 2\} = \sum_{k=2}^{20} \binom{20}{k}(0.01)^k (0.99)^{20-k} =$$

$$1 - \binom{20}{0}(0.99)^{20} - \binom{20}{1}(0.01)(0.99)^{19} \approx$$

$$1 - \frac{0.2^0}{0!}e^{-0.2} - \frac{0.2^1}{1!}e^{-0.2} = 1 - 1.2e^{-0.2} = 0.0175231$$

故

$$P(A_1 \cup A_2 \cup A_3 \cup A_4) \geqslant 0.0175231$$

（2）按第二种方法，以 Y 记"80 台中同一时刻发生故障的台数"，此时有 $Y \sim B(80,0.01)$，$\lambda = np = 0.8$，故 80 台中发生故障而不能及时维修的概率为

$$P\{Y \geqslant 4\} = \sum_{k=4}^{80} \binom{80}{k}(0.01)^k (0.99)^{80-k} = 1 - \sum_{k=0}^{3} P(Y = k) \approx$$

$$1 - \sum_{k=0}^{3} \frac{0.8^k e^{-0.8}}{k!} = \sum_{k=4}^{\infty} \frac{0.8^k e^{-0.8}}{k!}$$

查泊松分布表得 　　$P\{Y \geqslant 4\} \approx 0.00908$

容易看出，在后一种情况中尽管任务重了（平均每人维护约 27 台），但工作效率不仅没有降低，反而提高了。这个例子表明概率方法可用于国民经济的某些问题的探讨之中，以求达到更有效地使用人力、物力资源的目的。

例 2.2.9（寿命保险问题）　设在保险公司里有 2500 个同一年龄和同社会阶层的人参加了人寿保险。在一年里每个人死亡的概率为 0.002，每个参加保险的人在每年 1 月 1 日付 12 元保险费，而在死亡时其家属可到保险公司领取赔付费 2000元。试问：（1）"一年内保险公司亏本"（记为 A）的概率是多少？（2）"一年内保险公司获利不少于 10000,20000 元"（分别记为 B_1,B_2）的概率是多少？

解：（1）每年保险公司收入为 $2500 \times 12 = 30000$（元），设 X 为 2500 人在一年中的死亡人数，则保险公司应赔付 $2000X$ 元，若 A 发生，则有

$$2000X > 30000$$

得

$$X > 15（人）$$

即若一年中死亡人数超过 15 人，则公司亏本（此处不计 3 万元所得利息）。而 $X \sim B(2500,0.002)$，故

$$P(A) = P\{保险公司亏本\} = P\{X > 15\} =$$

$$\sum_{k=16}^{2500}\binom{2500}{k}(0.002)^k(0.998)^{2500-k} =$$

$$1 - \sum_{k=0}^{15}\binom{2500}{k}(0.002)^k(0.998)^{2500-k} \approx$$

$$1 - \sum_{k=0}^{15}\frac{5^k e^{-5}}{k!} = \sum_{k=16}^{\infty}\frac{5^k e^{-5}}{k!} = 0.000069$$

(2) B_1 发生意味着 $30000 - 2000X \geqslant 10000$,即 $X \leqslant 10$,故

$$P(B_1) = P\{获利不少于 10000 元\} =$$

$$P(一年中死亡人数不超过 10 人) =$$

$$P\{X \leqslant 10\} = \sum_{k=0}^{10}\binom{2500}{k}(0.002)^k(0.998)^{2500-k} \approx \sum_{k=0}^{10}\frac{5^k e^{-5}}{k!} =$$

$$1 - \sum_{k=11}^{\infty}\frac{5^k e^{-5}}{k!} = 1 - 0.013695 = 0.986305$$

即保险公司获利不少于 10000 元的概率在 98% 以上。

同理,B_2 发生意味着 $30000 - 2000X \geqslant 20000$,即 $X \leqslant 5$,故

$$P(B_2) = P\{X \leqslant 5\} = \sum_{k=0}^{5}\binom{2500}{k}(0.002)^k(0.998)^{2500-k} \approx$$

$$\sum_{k=0}^{5}\frac{5^k e^{-5}}{k!} = 1 - \sum_{k=6}^{\infty}\frac{5^k e^{-5}}{k!} = 1 - 0.384039 = 0.615961$$

即保险公司获利不少于 20000 元的概率约为 0.62。

6. 几何分布

如果随机变量 X 可能取值为 $1,2,\cdots$ 的概率为

$$P\{X = k\} = pq^{k-1} \quad k = 1,2,\cdots, \quad 0 < p < 1, q = 1 - p \tag{2.2.16}$$

则称 X 服从参数为 p 的几何分布,记为 $X \sim \mathrm{Ge}(p)$。

显然,$p_k = P\{X = k\} = pq^{k-1} \geqslant 0$,且

$$\sum_{k=1}^{\infty}p_k = \sum_{k=1}^{\infty}pq^{k-1} = p\sum_{k=1}^{\infty}q^{k-1} = p \times \frac{1}{1 - q} = 1$$

X 的分布函数可表示为

$$F(x) = \sum_{k \leqslant x}pq^{k-1} \tag{2.2.17}$$

几何分布是下列模型的数学描述:

若进行一系列重复的独立试验,每次试验中某事件 A 发生的概率为 p,即 $p = P(A)$,令 X 表示事件 A 首次发生时试验的总次数,则此 X 服从参数为 p 的几何分布。若记 $A_i = \{第 i 次试验出现事件 A\}$,则由 $P(A) = p, P(\overline{A}) = 1 - p = q$ 与试验的独立性知

$$P(A_i) = p, P(\overline{A_i}) = 1 - p = q \quad i = 1,2,\cdots$$

于是得 $\quad P\{X = 1\} = P(A_1) = p = (1 - p)^{1-1}p$

$$P\{X = 2\} = P(\overline{A}_1 A_2) = P(\overline{A}_1)P(A_2) = (1 - p)^{2-1}p$$

$$P\{X = 3\} = P(\overline{A}_1 \overline{A}_2 A_3) = P(\overline{A}_1)P(\overline{A}_2)P(A_3) =$$
$$(1 - p)(1 - p)p = (1 - p)^{3-1}p$$

$$\cdots$$

$$P\{X = k\} = P(\overline{A}_1 \cdots \overline{A}_{n-1} A_n) = P(A_1) \cdots P(\overline{A}_{n-1})P(A_n) =$$
$$(1 - p) \cdots (1 - p)p = (1 - p)^{k-1}p$$

例 2.2.10 某射手连续向一目标射击,每次射中的概率为 0.8。若用 X 表示其首次射中时的总射击次数,试求:

(1) X 的概率分布与分布函数;

(2) $P\{2 \leq X \leq 5\}$。

解: 显然事件 $A = \{射中目标\}$,则 $p = P(A) = 0.8$,X 服从几何分布 Geo(0.8)。

(1) 其概率分布为 $\quad p_k = P\{X = k\} = 0.8 \times 0.2^{k-1} \qquad k = 1, 2, \cdots$

其分布函数为 $\quad F(x) = \sum_{k \leq x} 0.8 \times 0.2^{k-1} = 0.8 \sum_{k \leq x} 0.2^{k-1}$

(2) $P\{2 \leq X \leq 5\} = \sum_{k=2}^{5} 0.8 \times 0.2^{k-1} = 0.8 \sum_{k=2}^{5} 0.2^{k-1} = 0.19968$

例 2.2.11 一批产品共有 100 个,其中有 25 个次品,现有放回的从这批产品中每次抽取一个,用 X 表示首次取到次品时的总抽取次数,试求:

(1) X 的概率分布与分布函数;

(2) $P\{X \leq 5\}$。

解: 由题意知,每次取到次品的概率为 $p = 25/100 = 0.25$。由于抽取是有放回的,即各次抽取是相互独立的,故 X 服从参数为 0.25 的几何分布 Geo(0.25)。

(1) 其概率分布为 $\quad p_k = P\{X = k\} = 0.25 \times 0.75^{k-1} \qquad k = 1, 2, \cdots$

其分布函数为 $\quad F(x) = \sum_{k \leq x} 0.25 \times 0.75^{k-1} = 0.25 \sum_{k \leq x} 0.75^{k-1}$

(2) $P\{X \leq 5\} = \sum_{k=1}^{5} 0.25 \times 0.75^{k-1} = 0.25 \sum_{k=1}^{5} 0.75^{k-1} = 0.762695313$

7. 帕斯卡分布(负二项分布)

如果随机变量 X 的概率分布为

$$P\{X = k\} = \binom{k - 1}{r - 1} p^r q^{k-r}$$

$$k = r, r + 1, r + 2, \cdots, r \geq 1, 0 < p < 1, q = 1 - p \qquad (2.2.18)$$

则称 X 服从参数为 p, r 的帕斯卡分布或负二项分布。

显然 $p_k = P\{X = k\} = \binom{k - 1}{r - 1} p^r q^{k-r} \geq 0$,且由高等数学中麦克劳林级数知识

可得:

$$\sum_{k=r}^{\infty} p_k = \sum_{k=r}^{\infty} \binom{k-1}{r-1} p^r q^{k-r} = p^r \sum_{m=0}^{\infty} \binom{m+r-1}{r-1} q^m = p^r (1-q)^{-r} = 1$$

X 的分布函数可表示为

$$F(x) = \sum_{r \leqslant k \leqslant x} \binom{k-1}{r-1} p^r q^{k-r} \qquad (2.2.19)$$

特别地,当 $r = 1$ 时,帕斯卡分布即为几何分布。

帕斯卡分布的实际背景是:

若进行一系列重复的独立试验,每次试验中某事件 A 发生的概率为 p,即 $p = P(A)$。令 X 表示在事件 A 恰发生 r 次时试验的总次数,则此 X 服从参数为 p, r 的帕斯卡分布。若记 $A_i = \{$第 i 次试验出现事件 $A\}$,则由 $P(A) = p, P(\overline{A}) = 1 - p = q$ 与试验的独立性知

$$P(A_i) = p, P(\overline{A}_i) = 1 - p = q \quad i = 1, 2, \cdots$$

当 $X = r$ 时,表示前 r 次试验中事件 A 都发生,其概率为

$$P\{X = r\} = P(A_1 A_2 \cdots A_r) = p^r = (1-p)^{r-r} p^r$$

当 $X = r + 1$ 时,表示第 $r + 1$ 次事件 A 发生,且前 r 次试验中事件 A 仅发生了 $r - 1$ 次,其概率为

$$P\{X = r+1\} = P(\overline{A}_1 A_2 \cdots A_{r+1}) + P(A_1 \overline{A}_2 \cdots A_{r+1}) + \cdots + P(A_1 A_2 \cdots \overline{A}_r A_{r+1}) =$$

$$\binom{r}{r-1} (1-p)^{r+1-r} p^r$$

当 $X = r + 2$ 时,表示第 $r + 2$ 次事件 A 发生,且前 $r + 1$ 次试验中事件 A 恰发生了 $r - 1$ 次,由事件的独立性与二项概率可知 $X = r + 2$ 的概率为

$$P\{X = r+2\} = \binom{r+1}{r-1} (1-p)^2 p^r = \binom{r+1}{r-1} (1-p)^{r+2-r} p^r$$

...

故当 $X = k$ 时,表示第 k 次事件 A 发生,目前 $k - 1$ 次试验中事件 A 恰发生了 $r - 1$ 次,由事件的独立性与二项分布可知 $X = k (k \geqslant r)$ 的概率为

$$P\{X = k\} = \binom{k-1}{r-1} (1-p)^{k-r} p^r \qquad k = r, r+1, \cdots$$

例 2.2.12 某射手连续向一目标射击,每次射中的概率为 0.8,若用 X 表示第 3 次射中时的总射击次数,试求:

(1) X 的概率分布与分布函数;

(2) $P\{4 \leqslant X \leqslant 6\}$。

解:显然事件 $A = \{$射中目标$\}$,则 $p = P(A) = 0.8, X$ 服从参数为 0.8 的帕斯卡分布。

72

（1）其概率分布为　　$p_k = P\{X = k\} = \dbinom{k-1}{2} 0.8^3 \times 0.2^{k-3}$　　$k = 3,4,\cdots$

其分布函数为　　$F(x) = \sum_{3 \leqslant k \leqslant x} \dbinom{k-1}{2} 0.8^3 \times 0.2^{k-3} =$

$$0.8^3 \sum_{3 \leqslant k \leqslant x} \dbinom{k-1}{2} 0.2^{k-3}$$

（2）$P\{4 \leqslant X \leqslant 6\} = \sum_{k=4}^{6} \dbinom{k-1}{2} 0.8^3 \times 0.2^{k-3} = 0.8^3 \times \left[\dbinom{3}{2} \times 0.2 + \right.$

$\left. \dbinom{4}{2} \times 0.2^2 + \dbinom{5}{2} \times 0.2^3 \right] = 0.47104$

例 2.2.13　　一批产品共有 100 个,其中有 25 个次品,现有放回的从这批产品中每次抽取一个,用 X 表示取到第 4 个次品时的总抽取次数,试求:

（1）X 的概率分布与分布函数;

（2）$P\{X \leqslant 6\}$。

解: 由题意知,每次取到次品的概率为 $p = 25/100 = 0.25$。由于抽取是有放回的,即各次抽取是相互独立的,故 X 服从参数为 0.25 的帕斯卡分布。

（1）其概率分布为　　$p_k = P\{X = k\} = \dbinom{k-1}{4-1} 0.25^4 \times 0.75^{k-4}$　　$k = 4,5,\cdots$

其分布函数为　　　　$F(x) = \sum_{4 \leqslant k \leqslant x} \dbinom{k-1}{4-1} 0.25^4 \times 0.75^{k-4} =$

$$0.25^4 \sum_{4 \leqslant k \leqslant x} \dbinom{k-1}{3} 0.75^{k-4}$$

（2）$P\{X \leqslant 6\} = \sum_{k=4}^{6} \dbinom{k-1}{3} 0.25^4 \times 0.75^{k-4} = 0.25^4 \sum_{k=4}^{6} \dbinom{k-1}{3} 0.75^{k-4} =$

$0.25^4 \times \left[\dbinom{3}{3} \times 0.75^0 + \dbinom{4}{3} \times 0.75^1 + \dbinom{5}{3} \times 0.75^2 \right] =$

0.037595

8. 超几何分布

如果随机变量 X 的概率分布为

$$P\{X = k\} = \frac{\dbinom{M}{k} \dbinom{N-M}{n-k}}{\dbinom{N}{n}} \quad k = 0,1,2\cdots,r,r = \min\{n,M\} \quad (2.2.20)$$

则称 X 服从参数为 n,M,N 的超几何分布。

显然,$p_k = P\{X = k\} \geqslant 0$,为验证 $\sum_{k=0}^{r} p_k = 1$,不妨设 $n \leqslant M$,考虑恒等式

$$(1 + x)^N = (1 + x)^M (1 + x)^{N-M}$$

两端分别按二项式展开成 x 的多项式函数,则左端 x^n 项的系数为 $\binom{N}{n}$,而右端为两因式之积。若第一个因式中取 x^k 项,则第二个因式中应取 x^{n-k} 项,其乘积才能为 x^n,此时其系数为所有对应项的系数乘积之和 $\sum\limits_{k=0}^{n} \binom{M}{k}\binom{N-M}{n-k}$,比较两端 x^n 项的系数即得证,$\sum\limits_{k=0}^{r} p_k = 1$。

X 的分布函数可表示为

$$F(x) = \sum_{k \leqslant x} \frac{\binom{M}{k}\binom{N-M}{n-k}}{\binom{N}{n}} \tag{2.2.21}$$

超几何分布实际上是第一章介绍的不放回抽样模型的数学描述:

设一袋中共有 N 个产品,其中有 M 个次品,现从中任取 n 个产品,令 X 为 n 个产品中次品的个数,则此 X 服从参数为 n, M, N 的超几何分布。

例 2.2.14 在一批 20 件的产品中,有 3 件次品。现从中任取 5 件,若用 X 表示所取 5 件产品中次品的件数,试求 X 的概率分布与分布函数。

74

解:由题意知,X 服从参数为 $5, 3, 20$ 的超几何分布,其概率分布为

$$P\{X = k\} = \frac{\binom{3}{k}\binom{17}{5-k}}{\binom{20}{5}} \quad k = 0, 1, 2, 3$$

即

X	0	1	2	3
p_k	0.399123	0.460526	0.131579	0.008772

其分布函数为

$$F(x) = \begin{cases} 0 & x < 0 \\ 0.399123 & 0 \leqslant x < 1 \\ 0.859649 & 1 \leqslant x < 2 \\ 0.991228 & 2 \leqslant x < 3 \\ 1 & x \geqslant 3 \end{cases}$$

对于超几何分布而言,当 M, N 较大时,$p_k = P\{X = k\}$ 不易计算。实际上,按照下述定理,可以借助二项分布作近似计算:

定理 2.2.2 设 $p(0 < p < 1)$ 为一常数,当 $N \to \infty$ 时,$\lim \dfrac{M}{N} = p$,则对固定

的非负整数 $n(n \leqslant M)$，任一固定的非负整数 $k = 0,1,2,\cdots,n$ 有

$$\lim_{N \to \infty} \frac{\binom{M}{k}\binom{N-M}{n-k}}{\binom{N}{n}} = \binom{n}{k}p^k(1-p)^{n-k} \tag{2.2.22}$$

证：　因为 $\binom{N}{n} = \frac{N!}{n!(N-n)!} = \frac{1}{n!}N(N-1)(N-2)\cdots(N-n+1) =$

$$\frac{N^n}{n!}\left(1 - \frac{1}{N}\right)\left(1 - \frac{2}{N}\right)\cdots\left(1 - \frac{n-1}{N}\right)$$

$$\binom{M}{k} = \frac{M!}{k!(M-k)!} = \frac{1}{k!}M(M-1)(M-2)\cdots(M-k+1) =$$

$$\frac{M^k}{k!}\left(1 - \frac{1}{M}\right)\left(1 - \frac{2}{M}\right)\cdots\left(1 - \frac{k-1}{M}\right)$$

$$\binom{N-M}{n-k} = \frac{(N-M)!}{(n-k)!(N-M-n+k)!} =$$

$$\frac{1}{(n-k)!}(N-M)(N-M-1)\cdots(N-M-n+k+1) =$$

$$\frac{(N-M)^{n-k}}{(n-k)!}\left(1 - \frac{1}{N-M}\right)\left(1 - \frac{2}{N-M}\right)\cdots\left(1 - \frac{n-k-1}{N-M}\right)$$

故对于固定的 n 与 k，当 $N \to \infty$ 时，有

$$\left(1 - \frac{1}{N}\right)\left(1 - \frac{2}{N}\right)\cdots\left(1 - \frac{n-1}{N}\right) \to 1, \left(1 - \frac{1}{M}\right)\left(1 - \frac{2}{M}\right)\cdots\left(1 - \frac{k-1}{M}\right) \to 1$$

及

$$\left(1 - \frac{1}{N-M}\right)\left(1 - \frac{2}{N-M}\right)\cdots\left(1 - \frac{n-k-1}{N-M}\right) \to 1$$

再由 $\lim \frac{M}{N} = p$ 得

$$P\{X = k\} = \frac{\binom{M}{k}\binom{N-M}{n-k}}{\binom{N}{n}} \to \frac{n!}{k!(n-k)!}p^k(1-p)^{n-k} = \binom{n}{k}p^k(1-p)^{n-k}$$

根据上述定理，在 N 很大，而 n 较小时，可以用二项分布代替超几何分布作近似计算。例如在抽取灯泡做寿命试验的这类破坏性抽样检验中，由于其属于不放回抽样，故应按照超几何分布计算；但在 N 很大，而 n 较小时，我们可将此抽样视作放回抽样，即可利用二项分布作近似计算。

例 2.2.15　有一批晶体管共 1000 只，其中含有 10 只次品，现利用这批晶体管安装仪器电路板，每台仪器需用 20 只。假设仪器安装了多于一只次品晶体管，即被认为不合格，试利用超几何分布与二项分布分别计算仪器安装后不合格的概率。

解：从 1000 只晶体管随机抽取 20 只用于安装，属于不放回抽样。设 X 为取出

的 20 只中次品晶体管的个数,则 X 服从参数为 20,10,1000 的超几何分布,故其概率分布为

$$P\{X = k\} = \frac{\binom{10}{k}\binom{9990}{20-k}}{\binom{10000}{20}} \quad k = 0,1,2,3,\cdots,10$$

计算得

X	0	1	2	3	4	$\geqslant 5$
p_k	0.816318	0.168140	0.014790	0.000730	0.000022	0

则仪器安装后不合格的概率为

$$P\{X > 2\} = 1 - P\{X \leqslant 1\} = 1 - \frac{\binom{990}{20}}{\binom{1000}{20}} - \frac{\binom{10}{1}\binom{990}{19}}{\binom{1000}{20}} =$$

$$1 - 0.984458 = 0.015542$$

若利用二项分布 $B(20,0.01)$ 计算,则其概率分布为

$$P\{X = k\} = \binom{20}{k}0.01^k 0.99^{20-k} \quad k = 0,1,2,\cdots,20$$

76

即

X	0	1	2	3	4	$\geqslant 5$
p_k	0.817907	0.165234	0.015856	0.000961	0.000041	0

此时有概率近似值

$$P\{X > 2\} = 1 - P\{X \leqslant 1\} = 1 - \binom{20}{0}0.01^0 0.99^{20} - \binom{20}{1}0.01^1 0.99^{19} =$$

$$1 - 0.817907 - 0.165234 = 1 - 0.983141 = 0.016859$$

思 考 题 2.2

1. 离散型随机变量 X 的分布律 $P(X = x_k)(k = 1,2,\cdots)$,必须满足两个什么条件?如何表示分布律?

2. 如何求离散型随机变量 X 的分布函数 $F(x)$,如何计算概率 $P\{a < X \leqslant b\}$ 及 $P\{X \leqslant c\}$,$P\{X \geqslant t\}$?

3. 有哪些常见的离散型随机变量的分布类型,实际意义如何?

4. 泊松分布既然在适当条件下,可由二项分布取极限得到,是否二项分布所具有的某些性质(如分布图形的上升下降性及最大值等等),泊松分布也同样具有?

基本练习2.2

1. 设盒中有5个球,其中2个白球,3个红球,现从中随机取3球,设 X 为抽得白球数,试求 X 的概率分布及分布函数。

2. 设某射手每次击中目标的概率为0.8,现连续地向一目标射击,直到击中为止,设 X 为射击次数,则 X 的可能取值为 $1,2,\cdots$,试求:(1) X 的概率分布与分布函数;(2) 概率 $P\{2 < X \leq 4\}$ 及 $P\{X > 3\}$。

3. 假设一批稻种内混有5‰的草籽。试求在1000粒稻种恰有3粒草籽的概率及至少有3粒草籽的概率。

4. 设某机场每天有200架飞机在此降落,任一飞机在某一时刻降落的概率设为0.02。且设各飞机降落是相互独立的。试问该机场需配备多少条跑道,才能保证某一时刻飞机需立即降落而没有空闲跑道的概率小于0.01(每条跑道只能允许一架飞机降落)?

5. 设随机变量 X 的分布函数为

$$F(x) = \begin{cases} 0 & x < -1 \\ 0.4 & -1 \leq x < 1 \\ 0.8 & 1 \leq x < 3 \\ 1 & x \geq 3 \end{cases}$$

试求 X 的概率分布。

6. 掷两颗骰子,所得点数之和记为 X,试求 X 的概率分布及分布函数。

7. 用随机变量描述将一枚硬币连抛3次,正面出现次数的结果,并写出这个随机变量的分布律和分布函数。

8. 某设备由3个独立工作的元件构成,该设备在一次试验中每个元件发生故障的概率为0.1。试求该设备在一次试验中发生故障的元件数的分布律及分布函数。

9. 将一枚硬币接连抛5次。假设5次中至少有一次国徽不出现,试求国徽出现的次数与不出现次数之比 Y 的概率分布。

(提示:先求5次中国徽出现次数的概率分布,再求5次中到有一次国徽不出现的概率,后求在5次中至少有一次国徽不出现的条件下国徽出现次数的概率分布。)

10. 已知患色盲者占0.25%,试求:

(1) 为发现一例患色盲者至少要检查25人的概率;

(2) 为使发现色盲者的概率不小于0.9,至少要对多少人的辨色力进行检查?

11. 设某种型号的电阻 1000 只中，有次品 20 只。现从这些产品中任取 6 只，试求：

(1)6 只产品中次品的概率分布与分布函数；

(2)6 只产品中至少有 2 只次品的概率；

(3)借助二项分布近似计算"6 只产品中至少有 3 只次品的概率"。

12. 某数学家有两盒火柴，每盒中各有 5 根火柴，每次使用火柴时他在两盒中任取一盒，并从中任取一根。若用 X 表示他首次摸到空盒时，另一盒中剩余的火柴根数，试求 X 的概率分布，及剩余不到 2 根的概率。

13. 一个平面上的质点从原点出发作随机游动，若每秒走一步，步长为一个单位，向右走的概率为 p，向上走的概率为 $1 - p = q(0 < p < 1)$。若用 X 表示质点游动 8s 时向右走的步数，试求：

(1)X 的概率分布与分布函数；

(2)质点 8s 走到点 A(5,3) 的概率；

(3)已知质点 8s 走到点 A(5,3)，试求它前 5 步均向右走，后 3 步均向上走到点 A(5,3) 的概率。

14. 某小组有 10 台各为 7.5kW 的机床，如果每台机床使用情况是相互独立的，且每台机床平均每小时开动 12min，试问全部机床用电超过 48kW 的可能性有多大？

78

15. 利用一批同类型的仪器作试验，每相隔 5s 顺次接通一个，每个仪器在接通后 16s 开始工作，当对任一仪器获得满意结果时立即结束试验。如果对每个仪器获得满意结果的概率为 p，不获得满意结果的概率为 $1 - p = q(0 < p < 1)$，试求获得满意结果而要接通仪器的个数的概率分布，与至少要接通 6 个仪器才获得满意结果的概率。

§2.3　连续型随机变量

我们知道，离散型随机变量只可能取有限个或可列多个值，若随机变量可以连续取属于某区间的任一个值，则这种随机变量我们称之非离散型随机变量，其中一类常见的重要的随机变量，即本节要介绍的连续型随机变量。

一、连续型随机变量及其概率密度函数

定义 2.3.1　如果对于随机变量 X 的分布函数 $F(x)$，存在非负函数 $f(x)$，使对于任意实数 x 均有

$$F(x) = \int_{-\infty}^{x} f(t)\,\mathrm{d}t \qquad (2.3.1)$$

则称 X 为连续型随机变量,其中函数 $f(x)$ 称为 X 的概率密度函数,简称概率密度[①]。

从积分定义知,连续型随机变量的分布函数是连续函数。且从式(2.3.1)易知概率密度 $f(x)$ 具有以下性质:

1° $f(x) \geqslant 0$;

2° $\int_{-\infty}^{+\infty} f(x)\mathrm{d}x = 1$;

3° $P\{x_1 < X \leqslant x_2\} = F(x_2) - F(x_1) = \int_{x_1}^{x_2} f(x)\mathrm{d}x$ $\qquad (x_1 \leqslant x_2)$;

$$(2.3.2)$$

4° 若 $f(x)$ 在点 x 处连续,则有 $F'(x) = f(x)$。

不难证明,满足上面性质 1°、2° 两条件的任何一个函数 $f(x)$ 必为某一连续型随机变量的密度函数。因此,这两条反映了密度函数的本质,是概率密度的两条最基本的性质。

1° 表明 $f(x)$ 是非负的,密度曲线位于 x 轴的上方;2° 意味着介于曲线 $y = f(x)$ 与 Ox 轴间的面积等于 1(见图 2.3.1(a))。由 3° 知 X 落在区间 $(x_1, x_2]$ 的概率 $P\{x_1 < X \leqslant x_2\}$ 等于区间 $(x_1, x_2]$ 上,曲线 $y = f(x)$ 之下曲边梯形的面积(见图 2.3.1(b))。

79

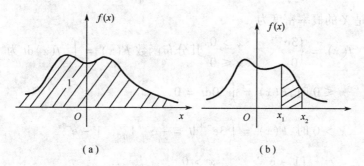

(a) (b)

图 2.3.1

由 4° 可知

$$f(x) = \lim_{\Delta x \to 0^+} \frac{F(x + \Delta x) - F(x)}{\Delta x} = \lim_{\Delta x \to 0^+} \frac{P\{x < X \leqslant x + \Delta x\}}{\Delta x} \quad (2.3.3)$$

若把概率理解为长为 Δx 的某物体的质量,则 $f(x)$ 正好就是物体的线密度,这就是称它为"密度"的缘由。从式(2.3.3)知道,若不计高阶无穷小,则

---

① 由积分定义知,改变概率密度 $f(x)$ 在个别点的函数值不影响分布函数 $F(x)$ 的取值,从而概率密度并非惟一的,故在实际应用时只须适当选择一个即可。

$$P\{x < X \le x + \Delta x\} \approx f(x)\Delta x \tag{2.3.4}$$

此式表示 X 落在小区间 $(x, x + \Delta x]$ 上的概率近似地等于 $f(x)\Delta x$。

从定义 2.3.1 可知，分布函数 $F(x)$ 实质上表示为 $f(x)$ 的一个原函数，则已知 $f(x)$，由式 (2.3.1) 可得 $F(x)$，反之，若已知 $F(x)$ 为某连续型随机变量 X 的分布函数，则由 4° 知，当 $F(x)$ 在 x 点的导数存在时，有

$$F'(x) = f(x)$$

对于 $F'(x)$ 不存在的点 x，可定义 $f(x) = 0$（或任一非负值），即若令

$$f(x) = \begin{cases} F'(x) & F'(x) \text{ 存在时} \\ 0 & F'(x) \text{ 不存在时} \end{cases}$$

则 $f(x)$ 为 X 的概率密度。这样分布函数 $F(x)$ 与概率密度 $f(x)$ 可以相互确定，因此，我们不仅可以通过分布函数 $F(x)$ 来了解连续型随机变量，也可以通过概率密度函数 $f(x)$ 来了解连续型随机变量。

例 2.3.1 设随机变量 X 具有概率密度

$$f(x) = \begin{cases} ke^{-3x} & x > 0 \\ 0 & x \le 0 \end{cases}$$

试确定常数 k，并求 X 的分布函数及 $P\{X > 0.1\}$。

解：由性质 2° $\int_{-\infty}^{+\infty} f(x)\mathrm{d}x = 1$，即有 $1 = \int_{0}^{+\infty} ke^{-3x}\mathrm{d}x = -\frac{k}{3}e^{-3x}\big|_{0}^{+\infty} = \frac{k}{3}$ 故 $k = 3$，于是 X 的概率密度为

$$f(x) = \begin{cases} 3e^{-3x} & x > 0 \\ 0 & x \le 0 \end{cases} \text{，其分布函数 } F(x) = \int_{-\infty}^{x} f(x)\mathrm{d}t \text{ 为}$$

当 $x \le 0$ 时，$F(x) = \int_{-\infty}^{x} 0\mathrm{d}t = 0$

当 $x > 0$ 时，$F(x) = \int_{0}^{x} 3e^{-3t}\mathrm{d}t = -e^{-3t}\big|_{0}^{x} = 1 - e^{-3x}$

综述为 $F(x) = \begin{cases} 1 - e^{-3x} & x > 0 \\ 0 & x \le 0 \end{cases}$

故概率 $P\{X > 0.1\} = 1 - P\{X \le 0.1\} = 1 - F(0.1) =$
$$1 - (1 - e^{-0.3}) = e^{-0.3} = 0.7408$$

例 2.3.2 设随机变量 X 的密度为

$$f(x) = \begin{cases} x & 0 \le x < 1 \\ 2 - x & 1 \le x < 2 \\ 0 & \text{其它} \end{cases} \quad \text{求分布函数 } F(x) \text{ 及 } P\left(\frac{1}{2} < X \le \frac{3}{2}\right)。$$

解：当 $x < 0$ 时，$F(x) = \int_{-\infty}^{x} 0\mathrm{d}t = 0$

当 $0 \leqslant x < 1$ 时, $F(x) = \int_{-\infty}^{0} 0 \mathrm{d}t + \int_{0}^{x} t \mathrm{d}t = \dfrac{x^2}{2}$

当 $1 \leqslant x < 2$ 时, $F(x) = \int_{-\infty}^{0} 0 \mathrm{d}t + \int_{0}^{1} t \mathrm{d}t + \int_{1}^{x} (2 - t) \mathrm{d}t = -\dfrac{x^2}{2} + 2x - 1$

当 $x \geqslant 2$ 时, $F(x) = \int_{-\infty}^{0} 0 \mathrm{d}t + \int_{0}^{1} t \mathrm{d}t + \int_{1}^{2} (2 - t) \mathrm{d}t + \int_{2}^{x} 0 \mathrm{d}t = 1$

所以得

$$F(x) = \begin{cases} 0 & x < 0 \\ \dfrac{1}{2}x^2 & 0 \leqslant x < 1 \\ -\dfrac{1}{2}x^2 + 2x - 1 & 1 \leqslant x < 2 \\ 1 & x \geqslant 2 \end{cases}$$

故 $P\left\{ \dfrac{1}{2} < X \leqslant \dfrac{3}{2} \right\} = F\left(\dfrac{3}{2} \right) - F\left(\dfrac{1}{2} \right) = \left(-\dfrac{1}{2}\left(\dfrac{3}{2} \right)^2 + 2 \times \dfrac{3}{2} - 1 \right) -$

$$\dfrac{1}{2}\left(\dfrac{1}{2} \right)^2 = \dfrac{3}{4}$$

例 2.3.3 设随机变量 X 的分布函数为

$$F(x) = \begin{cases} 0 & x \leqslant -a \\ \dfrac{1}{2} + \dfrac{1}{\pi}\arcsin \dfrac{x}{a} & -a < x < a \quad (a > 0) \\ 1 & x \geqslant a \end{cases}$$

试求 X 的概率密度 $f(x)$。

解: 由 $f(x) = F'(x)$ 得

$$f(x) = \begin{cases} \dfrac{1}{\pi \sqrt{a^2 - x^2}} & |x| < a \\ 0 & |x| \geqslant a \end{cases}$$

特别需要指出的是,对于连续型随机变量 X 来说,它取任一指定实数值 a 的概率均为 0,即 $P\{X = a\} = 0$。事实上,设 X 的分布函数为 $F(x)$, $\Delta x > 0$,则由 $\{X = a\} \subset \{a - \Delta x < X \leqslant a\}$ 得

$$0 \leqslant P\{X = a\} \leqslant P\{a - \Delta x < X \leqslant a\} = F(a) - F(a - \Delta x)$$

在上述不等式中令 $\Delta x \to 0$,并注意到 X 为连续型随机变量,则其分布函数 $F(x)$ 为连续函数,故 $F(a) - F(a - \Delta x) \xrightarrow{\Delta x \to 0} 0$,即得 $P\{X = a\} = 0$。如此,对连续型随机变量 X 来说, X 取任一固定值 a 的概率为 0,故此,下列概率均相等:

$$P\{a < X < b\} = P\{a \leqslant X < b\} = P\{a < X \leqslant b\} = P\{a \leqslant X \leqslant b\}$$

在这里,事件$\{X = a\}$并非不可能事件,但有$P\{X = a\} = 0$,这就是说,若$A = \phi$,则$P(A) = 0$;反之,若$P(A) = 0$,则A不一定为ϕ。

二、几个常见的连续型随机变量的分布

1. 均匀分布

若随机变量X具有概率密度

$$f(x) = \begin{cases} \dfrac{1}{b - a} & a < x < b \\ 0 & \text{其它} \end{cases} \tag{2.3.5}$$

则称X服从(a,b)上的均匀分布,记作$X \sim U(a,b)$。当参数$a = 0, b = 1$时,$U(0,1)$称为标准均匀分布(图2.3.2)。

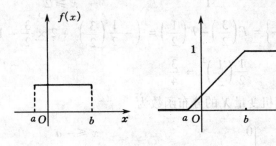

图2.3.2

82

容易得到X的分布函数为

$$F(x) = \begin{cases} 0 & x < a \\ \dfrac{x - a}{b - a} & a \leqslant x < b \\ 1 & x \geqslant b \end{cases} \tag{2.3.6}$$

我们注意到,对于(a,b)内任一小区间$(c, c + l) \subset (a,b)$,X落入其中的概率为

$$P\{c < X \leqslant c + l\} = \int_c^{c+l} f(x)\,\mathrm{d}x = \int_c^{c+l} \frac{1}{b - a}\,\mathrm{d}x = \frac{l}{b - a}$$

上式表明均匀分布的概率意义:随机变量取值于(a,b)中任一小区间的概率与该小区间的长度l成正比,而与小区间的具体位置c无关,因此均匀分布常用作随机投点的数学模型。

例2.3.4 某公共汽车站每隔10min有一辆公共汽车通过,现有一乘客随机到站候车。设X表示乘客的候车时间,问该乘客候车时间小于5min的概率。

解:乘客到站相当于在$(0,10)$内随机投点,可见$X \sim U(0,10)$,即

$$f(x) = \begin{cases} \dfrac{1}{10} & 0 < x < 10 \\[2mm] 0 & \text{其它} \end{cases}$$

故
$$P\{0 \leqslant X < 5\} = \int_0^5 \frac{1}{10}\mathrm{d}x = 0.5$$

2. 指数分布

若随机变量 X 具有概率密度

$$f(x) = \begin{cases} \alpha\mathrm{e}^{-\alpha x} & x > 0 \\ 0 & x \leqslant 0 \end{cases} \tag{2.3.7}$$

其中参数 $\alpha > 0$,则称随机变量 X 服从参数为 α 的指数分布,记为 $X \sim Z(\alpha)$。

显见,其分布函数为

$$F(x) = \begin{cases} 1 - \mathrm{e}^{-\alpha x} & x > 0 \\ 0 & x \leqslant 0 \end{cases} \tag{2.3.8}$$

指数分布是一种常见的分布,它在可靠性理论中起着重要的作用。在实际中,诸如保险丝、宝石轴承和玻璃、陶瓷制品等元件的寿命就是服从指数分布的连续型随机变量,其中分布参数 α 称为这类元件的瞬时损坏率。另外,如动物的寿命,电子元件的寿命,汽车行驶的里程数,电话中的通话时间,随机系统中的服务时间等都是服从指数分布的随机变量。

指数分布 $Z(\alpha)$ 的图形如图 2.3.3 所示。

83

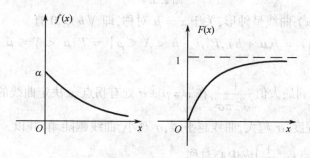

图 2.3.3

例 2.3.5 设 $X \sim Z(1)$,求方程 $4x^2 + 4Xx + X + 2 = 0$ 无实根的概率。

解: 方程无实根的充要条件为判别式

$$\Delta = (4X)^2 - 4 \times 4(X + 2) < 0$$

即得　　　　$-1 < X < 2$,因 $X \sim Z(1)$ 故

$$F(x) = \begin{cases} 1 - \mathrm{e}^{-x} & x > 0 \\ 0 & x \leqslant 0 \end{cases}$$

则　　$P\{-1 < X < 2\} = F(2) - F(-1) = 1 - \mathrm{e}^{-2} - 0 = 0.8647$

3. 正态分布

若随机变量 X 具有概率密度

$$f(x) = \frac{1}{\sqrt{2\pi}\sigma}e^{-\frac{(x-\mu)^2}{2\sigma^2}} \qquad -\infty < x < +\infty \qquad (2.3.9)$$

则称 X 服从参数为 μ 和 $\sigma^2(\sigma > 0)$ 的正态分布,记作 $X \sim N(\mu, \sigma^2)$,此时称 X 为正态变量。

显然 X 的分布函数为

$$F(x) = \int_{-\infty}^{x} \frac{1}{\sqrt{2\pi}\sigma}e^{-\frac{(t-\mu)^2}{2\sigma^2}}\mathrm{d}t \qquad -\infty < x < +\infty \qquad (2.3.10)$$

正态变量 X 的概率密度 $f(x)$ 与分布函数 $F(x)$ 的图形如图 2.3.4 所示。

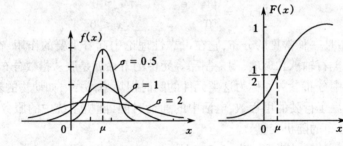

图 2.3.4

易见,此 $f(x)$ 曲线呈钟形,关于 $x = \mu$ 对称,即 $\forall h > 0$ 有

$$f(\mu - h) = f(\mu + h), P\{\mu - h < X \leqslant \mu\} = P\{\mu < X \leqslant \mu + h\}$$
$$(2.3.11)$$

且在 $x = \mu$ 处达到最大值 $\dfrac{1}{\sqrt{2\pi}\sigma}$,在 $x = \mu \pm \sigma$ 处有拐点。μ 决定曲线的位置,σ 决定曲线中峰陡峭程度。σ 越大,曲线越平缓,σ 越小,曲线越陡峭。并以 x 轴为渐近线。$F(x)$ 曲线关于点 $\left(\mu, \dfrac{1}{2}\right)$ 成中心对称。

特别当 $\mu = 0, \sigma = 1$ 时,$X \sim N(0, 1)$,称 X 服从标准正态分布,称 X 为标准正态变量。它的概率密度和分布函数分别记为

$$\varphi(x) = \frac{1}{\sqrt{2\pi}}e^{-\frac{x^2}{2}} \qquad -\infty < x < +\infty \qquad (2.3.12)$$

$$\Phi(x) = \frac{1}{\sqrt{2\pi}}\int_{-\infty}^{x} e^{-\frac{t^2}{2}}\mathrm{d}t \qquad -\infty < x < +\infty \qquad (2.3.13)$$

由式(2.3.11)知

$$\Phi(-x) = 1 - \Phi(x) \qquad (2.3.14)$$

由于 $\Phi(x)$ 的值不能由积分直接求得,通常是利用数值计算方法求得 $\Phi(x)$ 的值,并编制成标准正态分布值表。本书末附有标准正态分布表,以供数值计算时查用。例如,$\Phi(0) = 0.5$,$\Phi(1.53) = 0.9370$,$\Phi(-1) = 1 - \Phi(1) = 1 - 0.8413 = 0.1587$。

若 X 服从 $N(\mu,\sigma^2)$ 时,我们可通过一个线性变换将它化成标准正态分布,以便利用标准正态分布函数查表计算。这个性质由下述定理给出:

定理 2.3.1　若 $X \sim N(\mu,\sigma^2)$,其分布函数为 $F(x)$,则标准化变量

$$Z = \frac{X - \mu}{\sigma} \sim N(0,1) \tag{2.3.15}$$

且

$$F(x) = \Phi\left(\frac{x - \mu}{\sigma}\right) \tag{2.3.16}$$

证: 因 $P\{Z \leqslant x\} = P\left\{\dfrac{X - \mu}{\sigma} \leqslant x\right\} = P\{X \leqslant \mu + \sigma x\} =$

$$\frac{1}{\sqrt{2\pi}\sigma}\int_{-\infty}^{\mu+\sigma x} e^{-\frac{(t-\mu)^2}{2\sigma^2}} dt$$

令 $\dfrac{t - \mu}{\sigma} = u$ 得

$$P\{Z \leqslant x\} = \frac{1}{\sqrt{2\pi}}\int_{-\infty}^{x} e^{-\frac{u^2}{2}} du = \Phi(x)$$

所以

$$Z = \frac{X - \mu}{\sigma} \sim N(0,1)$$

故

$$F(x) = P\{X \leqslant x\} = P\left\{\frac{X - \mu}{\sigma} \leqslant \frac{x - \mu}{\sigma}\right\} = \Phi\left(\frac{x - \mu}{\sigma}\right)$$

由式(2.3.16)容易得出,若 $X \sim N(\mu,\sigma^2)$,则对任意实数 a,b

$$P\{a < X \leqslant b\} = F(b) - F(a) = \Phi\left(\frac{b - \mu}{\sigma}\right) - \Phi\left(\frac{a - \mu}{\sigma}\right) \tag{2.3.17}$$

例如,$X \sim N(1,4)$,查标准正态分布表得

$$P\{-0.5 < X < 1.5\} = \Phi\left(\frac{1.5 - 1}{2}\right) - \Phi\left(\frac{-0.5 - 1}{2}\right) =$$

$$\Phi(0.25) - \Phi(-0.75) =$$

$$0.5987 - (1 - 0.7734) = 0.3721$$

例 2.3.6　将一温度调节器放置在贮存着某种液体的容器内。调节器整定在 $d°\text{C}$,液体的温度 X(以 $°\text{C}$)记是一个随机变量,且 $X \sim N(d,0.5^2)$。

(1)若 $d = 90$,求 X 小于 89 的概率。(2)若要求保持液体的温度至少为 80 的概率不低于 0.99,问 d 至少为多少?

85

解:(1) 因 $X \sim N(90, 0.5^2)$,$F(x)$ 为其分布函数,则

$$P\{X < 89\} = F(89) = \Phi\left(\frac{89-90}{0.5}\right) = \Phi(-2) = 1 - \Phi(2) =$$

$$1 - 0.9772 = 0.0228$$

(2) 由题意 $X \sim N(d, 0.5^2)$,则

$$0.99 \leq P\{X > 80\} = 1 - F(80) = 1 - \Phi\left(\frac{80-d}{0.5}\right)$$

故

$$\Phi\left(\frac{d-80}{0.5}\right) = 1 - \Phi\left(\frac{80-d}{0.5}\right) \geq 0.99$$

查表得 $\quad \dfrac{d-80}{0.5} \geq 2.33 \quad$ 故需 $d > 81.165$

为今后数理统计的需要,我们引入上 α 分位点的概念。

定义 2.3.2 设随机变量 X 的分布函数为 $F(x)$,对于任一正数 $\alpha(0 < \alpha < 1)$,若 X 大于等于某实数 z_α 的概率为 α,即

$$1 - F(z_\alpha) = P\{X \geq z_\alpha\} = \alpha \qquad 0 < \alpha < 1 \qquad (2.3.18)$$

则称此实数 z_α 为分布 $F(x)$ 的上 α 分位点。

例如,$X \sim N(0,1)$,$\forall \alpha(0 < \alpha < 1)$ 必存在一个 z_α,使满足 $1 - \Phi(z_\alpha) = P\{X \geq z_\alpha\} = \alpha$,此 z_α 即为分布 $N(0,1)$ 的上 α 分位点。由标准正态分布表查此可知

86

$$z_{0.05} = 1.645, z_{0.005} = 2.575, z_{0.001} = 3.10$$

标准正态分布的分位点 z_α,如图 2.3.5 所示。

因为德国数学家高斯率先将正态分布应用于天文学研究,故正态分布又称为高斯分布。正态变量在实践中有着广泛的应用。例如,随机误差、某地区男性成年人的身高、海洋波浪的高度、电子管或半导体器件中的热噪声电流或电压、飞机材料的疲劳应力等均为正态变量。正态分布在理论与实践上起重要作用的原因,还在于大多随机变量的极限分布均为正态分布,如我们熟知的二项分布与泊松分布,当试

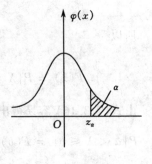

图 2.3.5

验次数无限增大时(二项分布情况),或平均出现次数 λ 无限增大时(泊松分布情况),它们都是趋于正态分布的,这就为近似计算二项分布或泊松分布提供了一种好途径,这将在第五章里进一步说明。

思考题 2.3

1. 连续型随机变量的特点及密度函数、分布函数的特征是什么?

2. 是否存在既非离散型,又非连续型的随机变量,试分析随机变量 X,其分布

函数为

$$F(x) = \begin{cases} 0 & x \leqslant 0 \\ \dfrac{x+1}{2} & 0 < x \leqslant 1 \\ 1 & x > 1 \end{cases}$$

3. 连续型随机变量的密度必是连续函数吗?试举例说明。

4. 没有标准正态分布表也可以计算其概率吗?是否只要求出 $\dfrac{1}{\sqrt{2\pi}}e^{-\frac{x^2}{2}}$ 的原函

数 $F(x)$,就可计算

$$P\{a < X < b\} = \int_a^b \frac{1}{\sqrt{2\pi}}e^{-\frac{x^2}{2}}dx = F(b) - F(a)$$

基本练习 2.3

1. 设有随机变量 X 的概率密度为

$$(1) f(x) = ae^{-\lambda|x|} \quad (\lambda > 0) \qquad (2) f(x) = \begin{cases} bx & 0 < x < 1 \\ 1/x^2 & 1 \leqslant x < 2 \\ 0 & 其它 \end{cases}$$

试确定常数 a,b ,并求其分布函数 $F(x)$ 。

2. 设有随机变量 $X \sim U(0,10)$,试求方程 $x^2 - Xx + 1 = 0$ 有实根的概率。

3. 设某灯泡厂生产的灯泡寿命 X (以 h 记) 服从指数分布,其概率密度为

$$f(x) = \begin{cases} \dfrac{1}{1200}e^{x/a} & x > 0 \\ 0 & x \leqslant 0 \end{cases}$$

试确定常数 a ,并求其分布函数。若灯泡寿命超过 1000h 为一级品,试问任取一灯泡测试,其为一级品的概率是多少?

4. 已知随机变量 $X \sim N(1,0.9^2)$,试求:

(1) $P\{2.539 < X < 3.259\}$, $P\{X < -0.9^2\}$ 及 $P\{X > 2.8\}$;

(2) $P\{1 - 0.9k < X < 1 + 0.9k\}$, $P\{\mu - k\sigma < X < \mu + k\sigma\}$ $(k = 1,2,3)$ 。

5. 某人从南郊前往北郊火车站乘火车,有两条路可走。第一条路穿过市中区,路程较短,但交通拥挤,所需时间(以 min 计) 服从正态分布 $N(35,(\sqrt{80})^2)$;第二条路沿环城公路走,路程较长,但意外阻塞较少,所需时间服从正态分布 $N(40, (\sqrt{20})^2)$ 。(1) 假如有 50min 时间可用,应走哪一条路线?(2) 若只有 40min 时间可用,又应走哪条路线?

6. 设我国某城市男子的身高(以 cm 记) 服从 $N(168,6^2)$ 的正态分布,试求:

87

(1) 该市男子身高在170cm以上的概率;(2) 为使99%以上的男子上公共汽车不致在车门上沿碰头,当地的公共汽车门框至少应设计多少厘米的高度?

7. 在下列函数中,哪个可以作为连续型随机变量的概率密度:

$$(1)f_1(x) = \begin{cases} \sin x & \pi \leqslant x \leqslant \dfrac{3}{2}\pi \\ 0 & \text{其它} \end{cases}$$

$$(2)f_2(x) = \begin{cases} -\sin x & \pi \leqslant x \leqslant \dfrac{3}{2}\pi \\ 0 & \text{其它} \end{cases}$$

$$(3)f_3(x) = \begin{cases} \cos x & \pi \leqslant x \leqslant \dfrac{3}{2}\pi \\ 0 & \text{其它} \end{cases}$$

$$(4)f_4(x) = \begin{cases} 1-\cos x & \pi \leqslant x \leqslant \dfrac{3}{2}\pi \\ 0 & \text{其它} \end{cases}$$

8. 在数值计算中,由于四舍五入引起的误差X服从均匀分布,如果小数点后面第五位按四舍五入处理,试求:

(1)X的概率密度与分布函数;

(2) 误差在$0.00003 \sim 0.00006$之间的概率。

88

9. 设随机变量X在$[2,5]$上服从均匀分布,现对X进行3次独立观测,试求至少2次观测值大于3的概率。

10. 设某种型号的电灯泡使用时间(单位:h)为一随机变量X,其概率密度为

$$f(x) = \begin{cases} \dfrac{1}{5000}e^{-\frac{x}{5000}} & x > 0 \\ 0 & x \leqslant 0 \end{cases}$$

试求3个这种型号的电灯泡使用了1000h后至少有2个仍可继续使用的概率。

11. 对某地抽样的结果表明,考生的外语成绩X(按百分判计)近似服从正态分布,平均72分,且96分以上的考生占2.28%,试求考生的外语成绩在60分~84分之间的概率。

12. 某种电子元件在电源电压不超过200V,200V~240V及超过240V的3种情况下,损坏率依次为0.1,0.001及0.2,设电源电压$X \sim N(220,25^2)$,试求:

(1) 此种电子元件的损坏率;

(2) 此种电子元件损坏时,电源电压在200V~240V的概率。

13. 设测量误差$X \sim N(0,10^2)$,试求100次独立重复测量中至少有3次测量误差的绝对值大于19.6的概率,并用泊松分布求其近似值(精确到0.01)。

14. 某单位招聘2500人,按考试成绩从高分到低分依次录用,共有10000人报

名,假设报名者的成绩 $X \sim N(\mu, \sigma^2)$,已知 90 分以上有 359 人,60 分以下有 1151 人,试问被录用者中最低分为多少?

15. 一大型设备在任何长为 t 的时间内,发生故障的次数 $N(t)$ 服从参数为 λt 的泊松分布,试求:

(1) 相继两次故障之间的时间间隔 T 的概率密度;

(2) 在设备已无故障工作 8h 的情况下,再无故障运行 8h 的概率。

§2.4　随机变量的函数的分布

在实际问题中,我们不仅考虑随机变量 X 的分布情况,也常常要考虑随机变量的函数 $Y = g(X)$,例如在无线电接收中,某时刻接到的信号是一个随机变量 X,若使这个信号通过平方检波器,输出信号则为 $Y = X^2$。又如我们测量一球体的直径 X,X 为一随机变量,需了解球体的体积 $Y = \frac{1}{6}\pi X^3$。可见随机变量的函数 $Y = g(X)$,随 X 的变化随机取值,从直观上讲,随机变量的连续函数一般也是随机变量。如果已知随机变量 X 的分布,能否由此得到其函数 $Y = g(X)$ 的分布,即为本节讨论的内容。

89

一、离散型随机变量的函数的分布

离散型随机变量的函数 $Y = g(X)$ 仍是离散型随机变量。计算离散型随机变量的函数的分布律,首先要找出它的一切可能值,然后计算它取各个值的概率。

情形 1:若已知离散型随机变量 X 的分布律为

$$P\{X = x_k\} = p_k \qquad k = 1, 2, \cdots$$

对于所有的 k, $g(x_k) = y_k$ 全不相同时,$Y = g(X)$ 的分布律即为

$$P\{Y = y_k\} = P\{Y = g(x_k)\} = P\{X = x_k\} = p_k \qquad k = 1, 2, \cdots$$

例 2.4.1　已知随机变量 X 的分布律为

X	-2	-1	0	1	2
p_k	0.1	0.2	0.4	0.2	0.1

试求 $Y = 2X + 1$ 的概率分布。

解:Y 的所有可能取值为 $-3, -1, 1, 3, 5$,可见 5 个值全不相同,

即　　$P\{Y = y_k\} = P\{X = x_k\} \qquad x_k = -2, -1, 0, 1, 2$

故得 Y 的概率分布为

Y	-3	-1	1	3	5
p_k	0.1	0.2	0.4	0.2	0.1

情形 2:若知某个 $i \neq j$,而有 $g(x_i) = g(x_j) = y_k$ 时,则由概率可加性得

$$P\{Y = y_k\} = P\{X = x_i, x_j\} = P\{X = x_i\} + P\{X = x_j\} = p_i + p_j$$

一般可表示为

$$P\{Y = y_k\} = \sum_{g(x_i) = y_k} P\{X = x_i\} = \sum_{g(x_i) = y_k} p_i \tag{2.4.1}$$

上式右端是对所有使 $g(x_i) = y_k$ 的 x_i 求和。

例 2.4.2 X 的分布律如例 2.4.1,试求 $Y = 3X^2 - 1$ 的概率分布。

解:先求出 $Y = 3X^2 - 1$ 的所有可能取值为 $-1, 2, 11$,再求 Y 取这三个值的概率,即由式(2.4.1)得

$$P\{Y = -1\} = P\{X = 0\} = 0.4$$
$$P\{Y = 2\} = P\{X = -1\} + P\{X = 1\} = 0.2 + 0.2 = 0.4$$
$$P\{Y = 11\} = P\{X = -2\} + P\{X = 2\} = 0.1 + 0.1 = 0.2$$

即 Y 的概率分布为

Y	-1	2	11
p_k	0.4	0.4	0.2

二、连续型随机变量的函数的分布

如果 X 是连续型随机变量,函数 $g(x)$ 是连续函数,这时 $Y = g(X)$ 也是一个连续型随机变量。我们也只讨论这种最常见,也是最重要的随机变量。

例 2.4.3 设随机变量 X 具有概率密度

$$f_X(x) = \begin{cases} \dfrac{x}{8} & 0 < x < 4 \\ 0 & \text{其它} \end{cases}$$

试求随机变量 $Y = 2X + 8$ 的概率密度。

解:先求 $Y = 2X + 8$ 的分布函数 $F_Y(y)$

$$F_Y(y) = P\{Y \leqslant y\} = P\{2X + 8 \leqslant y\} =$$

$$P\left\{X \leqslant \frac{y-8}{2}\right\} = \int_{-\infty}^{\frac{y-8}{2}} f_X(x) \, \mathrm{d}x$$

对 $F_Y(y)$ 求导即得 $Y = 2X + 8$ 的概率密度为

$$f_Y(y) = f_X\left(\frac{y-8}{2}\right)\left(\frac{y-8}{2}\right)' = \begin{cases} \dfrac{1}{8}\left(\dfrac{y-8}{2}\right) \cdot \dfrac{1}{2} & 0 < \dfrac{y-8}{2} < 4 \\ 0 & \text{其它} \end{cases} =$$

$$\begin{cases} \dfrac{y-8}{32} & 8 < y < 16 \\ 0 & \text{其它} \end{cases}$$

由上例可见,已知连续型随机变量 X 的概率密度,求 $Y = g(X)$ 的概率密度步骤为:

(1) 先设法利用 X 的分布函数求出 Y 的分布函数 $F_Y(y)$;

(2) 再求 $F_Y(y)$ 对变量 y 的导数得 Y 的概率密度 $f_Y(y)$;

(3) 最后按 $Y = g(X)$ 的定义域所决定的值域,确定出能使 $f_X(x) > 0$ 的 y 值,即得随机变量 Y 的可能取值(上例中为 $8 < y < 16$)。

故一般地,按上述步骤我们可以证明下面的定理:

定理 2.4.1 设连续型随机变量 X 的概率密度为 $f_X(x)$,当 $a < x < b$ 时,$f_X(x) > 0$;$y = g(x)$ 处处可导,且恒有 $g'(x) > 0$(或 $g'(x) < 0$),则随机变量 X 的函数 $Y = g(X)$ 的概率密度为

$$f_Y(y) = \begin{cases} f_X(h(y)) \mid h'(y) \mid & c < y < d \\ 0 & \text{其它} \end{cases} \qquad (2.4.2)$$

其中 $x = h(y)$ 为 $y = g(x)$ 的反函数,$c = \min\{g(a), g(b)\}$,$d = \max\{g(a), g(b)\}$。

证:设 $g'(x) > 0$,即 $g(x)$ 严格单调增加,且处处可导,故反函数 $x = h(y)$ 存在且可导,严格单调增加,而 $c < g(x) < d$。此时 $c = g(a)$,$d = g(b)$,故

当 $y \leqslant c$ 时 $\qquad F_Y(y) = P(Y \leqslant y) = 0$

当 $y \geqslant d$ 时 $\qquad F_Y(y) = P(Y \leqslant y) = P(Y \leqslant d) = 1$

当 $c < y < d$ 时 $\qquad F_Y(y) = P(Y \leqslant y) = P(g(X) \leqslant y) = P(X \leqslant h(y)) =$
$$\int_{-\infty}^{h(y)} f_X(x)\,\mathrm{d}x$$

于是对 $F_Y(y)$ 求导即得 Y 的概率密度为

$$f_Y(y) = \begin{cases} f_X(h(y)) h'(y) & c < y < d \\ 0 & \text{其它} \end{cases} \qquad (2.4.3)$$

对于 $g'(x) < 0$ 的情况可以类似证明,可得

$$f_Y(y) = \begin{cases} f_X(h(y))[-h'(y)] & c < y < d \\ 0 & \text{其它} \end{cases} \qquad (2.4.4)$$

合并式(2.4.3)及(2.4.4)即得式(2.4.2)。

例 2.4.4 设随机变量 X 在区间 $\left(-\dfrac{\pi}{2}, \dfrac{\pi}{2}\right)$ 上服从均匀分布,试求随机变量 $Y = A\sin X$ 的概率密度,其中 A 是一个已知的正常数。

解:因为随机变量 X 的函数 $Y = A\sin X$,实函数 $y = g(x) = A\sin x$ 在区间 $\left(-\dfrac{\pi}{2}, \dfrac{\pi}{2}\right)$ 上的导数恒有 $y' = g'(x) = A\cos x > 0$,且有反函数及其导数:

$$x = h(y) = \arcsin\frac{y}{A}, x' = h'(y) = \frac{1}{\sqrt{A^2 - y^2}}, \text{且} g\left(-\frac{\pi}{2}\right) = -A, g\left(\frac{\pi}{2}\right) = A$$

91

又由题意, X 的概率密度为

$$f_X(x) = \begin{cases} \dfrac{1}{\pi} & -\dfrac{\pi}{2} < x < \dfrac{\pi}{2} \\ 0 & \text{其它} \end{cases}$$

故由 (2.4.2) 式即得 $Y = A\sin X$ 的概率密度为

$$f_Y(y) = \begin{cases} f_X(h(y)) \mid h'(y) \mid = \dfrac{1}{\pi} \dfrac{1}{\sqrt{A^2 - y^2}} & -A < y < A \\ 0 & \text{其它} \end{cases}$$

例 2.4.5 如果随机变量 X 服从正态分布 $N(\mu, \sigma^2)$,令 $Y = e^X$,或 $X = \ln Y$,则称随机变量 Y 服从对数正态分布。试求对数正态分布的概率密度。

解: 因为 $X = \ln Y \sim N(\mu, \sigma^2)$,有 $Y = e^X$,即函数 $y = g(x) = e^x > 0 (-\infty < x + \infty)$,其导数 $y' = e^x > 0$,故而反函数 $x = h(y) = \ln y$ 的导数 $x' = h'(y) = \dfrac{1}{y} > 0 (y > 0)$,又 X 的概率密度为

$$f_X(x) = \dfrac{1}{\sqrt{2\pi}\sigma} e^{-\frac{(x-\mu)^2}{2\sigma^2}} \qquad -\infty < x < +\infty$$

由式 (2.4.2) 得 $Y = e^X$ 的概率密度为

$$f_Y(y) = \begin{cases} f_X(h(y)) \mid h'(y) \mid = \dfrac{1}{\sqrt{2\pi}\sigma} e^{-\frac{(\ln y - \mu)^2}{2\sigma^2}} \times \dfrac{1}{y} = \dfrac{1}{\sqrt{2\pi}\sigma y} e^{-\frac{(\ln y - \mu)^2}{2\sigma^2}} & y > 0 \\ 0 & y \le 0 \end{cases}$$

在经济学中,对数正态分布常用以描述产品价格的分布,在金融学中,常用其来描述金融资产价格的分布。

例 2.4.6 设随机变量 $X \sim N(\mu, \sigma^2)$,试证明 X 的线性函数 $Y = aX + b$ ($a \neq 0$) 也服从正态分布。

证: $X \sim N(\mu, \sigma^2)$,其密度为

$$f_X(x) = \dfrac{1}{\sqrt{2\pi}\sigma} e^{-\frac{(x-\mu)^2}{2\sigma^2}} \qquad -\infty < x < +\infty$$

现在实函数 $y = g(x) = ax + b$,

则 $g'(x) = a \neq 0$ $g(-\infty) = -\infty$ 或 $+\infty, g(+\infty) = +\infty$ 或 $-\infty$,

且 $x = h(y) = \dfrac{y-b}{a}$,且 $h'(y) = \dfrac{1}{a}$

故由式 (2.4.2) 得 $Y = aX + b$ 的概率密度为

$$f_Y(y) = \dfrac{1}{\mid a \mid} \cdot f_X\left(\dfrac{y-b}{a}\right) = \dfrac{1}{\mid a \mid} \dfrac{1}{\sqrt{2\pi}\sigma} e^{-\frac{\left(\frac{y-b}{a}-\mu\right)^2}{2\sigma^2}} =$$

$$\frac{1}{\sqrt{2\pi}(|a|\sigma)}e^{-\frac{[y-(b+a\mu)]^2}{2(a\sigma)^2}} \quad -\infty < y < +\infty$$

则有 $\qquad\qquad Y = aX + b \sim N(a\mu + b, (a\sigma)^2)$

特别地,在上例中取 $a = \dfrac{1}{\sigma}, b = -\dfrac{\mu}{\sigma}$,即得

$$Y = \frac{X - \mu}{\sigma} \sim N(0,1)$$

此即定理 2.3.1 的结果。

例 2.4.7 设随机变量 $X \sim N(36, 2^2)$,令随机变量 $Y = 3X - 8$,试求概率 $P\{97 < Y < 103\}$。

解:因为随机变量 $X \sim N(36, 2^2)$,则由例 2.4.6 知,

$$Y = 3X - 8 \sim N(3 \times 36 - 8, (3 \times 2)^2) = N(100, 6^2)$$

故有

$$P\{97 < Y < 103\} = \Phi\left(\frac{103 - 100}{6}\right) - \Phi\left(\frac{97 - 100}{6}\right) = 2\Phi(0.5) - 1 =$$
$$2 \times 0.6915 - 1 = 0.3830$$

例 2.4.8 设随机变量 X 具有概率密度 $f_X(x)$,$-\infty < x < +\infty$,求 $Y = X^2$ 的概率密度。

解:由于 $y = x^2, y' = 2x$ 在 $(-\infty, +\infty)$ 并非恒大于 0 或恒小于 0,故直接求其分布函数 $F_Y(y)$ 如下:

当 $y \leq 0$ 时 $\quad F_Y(y) = P\{Y \leq y\} = P\{X^2 \leq y\} = 0 \quad$(因 $X^2 \geq 0$)

当 $y > 0$ 时 $\quad F_Y(y) = P\{X^2 \leq y\} = P\{-\sqrt{y} \leq X \leq \sqrt{y}\} =$

$$\int_{-\sqrt{y}}^{\sqrt{y}} f_X(x)\,\mathrm{d}x$$

于是通过对 y 求导得 Y 的概率密度为

$$f_Y(y) = \begin{cases} \dfrac{1}{2\sqrt{y}}[f_X(\sqrt{y}) + f_X(-\sqrt{y})] & y > 0 \\ 0 & y \leq 0 \end{cases}$$

例如,设 $X \sim N(0,1)$ 其概率密度为

$$\varphi(x) = \frac{1}{\sqrt{2\pi}}e^{-\frac{x^2}{2}} \quad -\infty < x < +\infty$$

则 $Y = X^2$ 的概率密度为

$$f_Y(y) = \begin{cases} \dfrac{1}{\sqrt{2\pi}}y^{-\frac{1}{2}}e^{-\frac{y}{2}} & y > 0 \\ 0 & y \leq 0 \end{cases}$$

93

此时称 Y 服从自由度为 1 的 χ^2 分布。

对于本例,读者可通过分段应用定理 2.4.1,亦能得到上述相同的结果。

思考题 2.4

1. 已知某随机变量 X 的分布函数 $F(x)$,如何求 $Y = g(X)$ 的分布函数?

2. 在定理 4.1 中,为什么要求 $g(x)$ 满足 $g'(x) > 0$(或 $g'(x) < 0$)条件?

3. 连续型随机变量 X 的函数必定是连续型随机变量吗?考察例子:

$$X \sim U(0,1),而 Y = g(X),g(x) = \begin{cases} x & 0 < x < 1 \\ 1 & 1 \leqslant x < 2 \\ 0 & 其它 \end{cases}$$

4. 若已知 X 具有概率密度 $f_X(x)$,则 $Y = aX + b$ 的概率密度为何?$(a \neq 0)$,特别地,当 $X \sim U(0,1)$ 时,Y 服从均匀分布吗?当 $X \sim Z(\alpha)$ 时,Y 服从指数分布吗?

基本练习 2.4

94

1. 设随机变量 X 具有分布律

X	$-\dfrac{\pi}{2}$	0	$\dfrac{\pi}{2}$
p_k	0.2	0.3	0.5

试求:(1) $Y = \dfrac{2}{3}X$;

(2) $Z = \cos X$ 的分布律及分布函数,并描出分布函数图形。

2. 设随机变量 X 具有概率密度

$$f_X(x) = \begin{cases} 2e^{-2x} & x > 0 \\ 0 & x \leqslant 0 \end{cases}$$

试求:(1) $Y = \dfrac{1}{X}$;

(2) $Z = e^{-X}$ 的概率密度及分布函数,且求 $P\left\{-\dfrac{1}{2} < Z < \dfrac{1}{2}\right\}$。

3. 设连续型随机变量 X 的概率密度为

$$f(x) = \begin{cases} 2 & 0 < x < \dfrac{1}{2} \\ 0 & 其它 \end{cases}$$

试求 $Y = 4X^2 - 1$ 的概率密度。

4. 已知随机变量 X 的概率密度为

$$f(x) = \frac{2}{\pi} \frac{1}{e^x + e^{-x}} \qquad -\infty < x < +\infty$$

试求随机变量 $Y = g(X)$ 的概率分布，其中函数

$$g(x) = \begin{cases} -1 & x < 0 \\ 1 & x \geqslant 0 \end{cases}$$

5. 设随机变量 X 的概率密度为

$$f(x) = \begin{cases} \dfrac{2}{\pi(1 + x^2)} & x > 0 \\ 0 & x \leqslant 0 \end{cases}$$

试求：$(1) Y_1 = 2X^3$ 的概率密度；

$(2) Y_2 = \log_{\frac{1}{2}} X$ 的概率密度。

6. 设点随机地落在以原点为中心，半径为 R 的圆周上，并且对弧长是均匀分布。试求落点的横坐标 X 的概率密度。

7. 在 $\triangle ABC$ 中，任取一点 P，P 到 AB 的距离为 X，试求 X 的分布函数及概率密度。

8. 设随机变量 X 的概率密度为

$$f(x) = \begin{cases} A\cos x & |x| \leqslant \dfrac{\pi}{2} \\ 0 & \text{其它} \end{cases}$$

试求：(1) 常数 A；

$(2) Y = \sin X$ 的概率密度；

$(3) P(|\sin X| < \dfrac{1}{2})$。

95

本章基本要求

1. 理解随机变量的概念，离散型随机变量、概率分布及性质，连续型随机变量及概率密度的概念及性质。

2. 理解分布函数的概念及性质，已知随机变量的概率分布及密度时，会求其分布函数，及利用概率分布、密度或分布函数计算有关事件的概率。

3. 掌握二项分布、泊松分布及正态分布，了解均匀分布与指数分布。

4. 会求简单随机变量的函数的概率分布或密度。

综合练习二

1. 袋中装有5只球,编号为1,2,3,4,5。在袋中同时取3只,以 X 表示取出的3只球中的最大号码,试写出随机变量 X 的分布律及分布函数,并画出分布律及分布函数的图形。

2. 设在15个同类型的零件中有2个是次品,在其中取3次,每次任取一个,作不放回抽样,以 X 表示取出次品的只数。(1) 求 X 的分布律;(2) 画出分布律的图形。

3. 某人向同一目标独立重复射击,每次射击命中目标的概率为 $p(0 < p < 1)$,试求(1) 此人第 n 次射击恰好第2次命中目标的概率;(2) 此人第4次射击恰好第2次命中目标的概率;(3) 此人第2次命中目标时的射击次数至少为4次的概率。

4. 一幢大楼装有5个同类型的供水设备。经调查表明在任一时刻,每个设备被使用的概率为0.1,问在同一时刻

(1) 恰有两个设备被使用的概率是多少?

(2) 至少有3个设备被使用的概率是多少?

(3) 至多有3个设备被使用的概率是多少?

(4) 至多有一个设备被使用的概率是多少?

5. 设事件 A 在每一次试验中发生的概率为0.3,当 A 发生不少于3次时,指示灯发出信号。(1) 进行了5次独立试验,求指示灯发出信号的概率;(2) 进行了7次独立试验,求指示灯发出信号的概率。

6. 尽管在几何教科书中已经讲过用圆规和直尺三等分一个任意角是不可能的。但每年总有一些"发明者"撰写关于用圆规和直尺将角三等分的文章。设某地区每年撰写此类文章的篇数 X 服从泊松分布 $\pi(6)$,试求明年没有此类文章及至多有两篇此类文章的概率。

7. 一电话交换台每分钟收到呼唤的次数服从泊松分布 $\pi(4)$,试求:(1) 每分钟恰有8次呼唤的概率;(2) 每分钟的呼唤次数大于10的概率。

8. 为了保证设备正常工作,需配备适量的维修工人(工人配备多了就浪费,配备少了又要影响生产),现有同类型设备250台,各台工作是相互独立的,发生故障的概率都是0.01。在通常情况下一台设备的故障可由一个人来处理(我们也只考虑这种情况),问至少需配备多少工人,才能保证当设备发生故障但不能及时维修的概率小于0.01?

9. 某厂生产的每台仪器,可直接出厂的占70%,需调试的占30%,调试后出厂的占80%,不能出厂的不合格品占20%。若新生产 $n(\geqslant 2)$ 台仪器(设每台仪器的

生产过程相互独立),试求:

(1) 全部能出厂的概率 α;

(2) 其中恰好有两台不能出厂的概率 β;

(3) 其中至少有两台不能出厂的概率 γ。

10. 假设每一台飞机发动机在飞行中出故障的概率为 $1 - p(0 < p < 1)$,且各发动机在飞行中出故障的概率相互独立,如果至少 50% 的发动机能正常运行,飞机就可以成功地飞行。试问对于多大的概率 p 而言,4 发动机比 2 发动机飞机更为可取?

11. 某商店有4名售货员,据经验每名售货员平均在一小时内只用台秤15min,若要求当售货员需用台秤而无台秤可用的概率小于6% 时,该店需配备几台台秤才合理?

12. 设一批产品的次品率为 p,每次任取两个检查,直到抽得两个全为次品为止,试求检查次数的概率分布及至多检查5次的概率。

13. 从 10 个数字 $0,1,2,\cdots,9$ 中进行有放回随机抽样,令 X 表示直到出现 0 或 5 前的抽样次数(亦称等待时间),试求 X 的概率分布及至少抽取 5 次的概率。

14. 一批产品共 N 个,其中 M 个次品,试求:

(1) 任意取出的 n 个产品中次品数的分布;

(2) 设 $N = 100, M = 10, n = 5$,写出取出次品数的概率分布表;

(3) 写出(2) 中取出次品数的分布函数。

15. 设随机变量 X 的分布函数为

$$F_X(x) = \begin{cases} 0 & x < 1 \\ \ln x & 1 \leq x < e \\ 1 & x \geq e \end{cases}$$

试求:(1) $P\{X < 2\}$, $P\{0 < X \leq 3\}$, $P\{2 < X < 2.5\}$;

(2) 概率密度 $f_X(x)$。

16. 设随机变量 X 的概率密度为

(1)
$$f(x) = \begin{cases} \dfrac{2}{\pi} \sqrt{1 - x^2} & -1 \leq x \leq 1 \\ 0 & \text{其它} \end{cases}$$

(2)
$$f(x) = \begin{cases} x^2 & 0 \leq x \leq 1 \\ 2(1 - x)^2 & 1 \leq x < 2 \\ 0 & \text{其它} \end{cases}$$

试求 X 的分布函数 $F(x)$,并画出(2) 中的 $f(x)$ 及 $F(x)$ 的图形。

17. 某种型号的电子管的寿命 X(以 h 计) 具有以下概率密度

$$f(x) = \begin{cases} \dfrac{1000}{x^2} & x > 1000 \\ 0 & \text{其它} \end{cases}$$

现有一大批此种管子(设各电子管损坏与否相互独立),从中任取5只,问其中至少有两只寿命大于1500h的概率是多少?

18. 设顾客在某银行的窗口等待服务的时间 X(以 min 记) 服从指数分布 $Z\left(\dfrac{1}{5}\right)$。某顾客在窗口等待服务,若超过10min,他就离开。他一个月要到银行5次,以 Y 表示一个月内他未等到服务而离开窗口的次数。写出 Y 的分布律,并求 $P\{Y \geqslant 1\}$。

19. 某地区18岁的女青年的血压(收缩压,以 mmHg 计) 服从 $N(110,12^2)$。在该地区任选一18岁的女青年,测量她的血压。(1) 求 $P\{X \leqslant 105\}$,$P\{100 < X < 120\}$;(2) 确定最小的 x,使 $P\{X > x\} \leqslant 0.05$。

20. 一工厂生产的电子管的寿命 X(以 h 计) 服从 $N(160,\sigma^2)$,若要求,
$$P\{120 < X \leqslant 200\} \geqslant 0.80$$
允许 σ 最大为多少?

21. 设随机变量 X 的分布律为

X	-2	-1	0	1	3
p_k	0.2	0.25	0.2	0.3	0.05

试求:(1) $Y = X^2$;(2) $Z = e^{2X+1}$ 的分布律及分布函数。

22. 设随机变量 $X \sim U(0,1)$,试求(1) $Y = e^X$;(2) $Z = -2\ln X$ 的概率密度及分布函数。

23. 设 $X \sim N(0,1)$,试求:(1) $Y = e^X$;(2) $Y = 2X^2 + 1$;(3) $Y = |X|$ 的概率密度。

24. 设随机变量 X 的概率密度为
$$f(x) = \begin{cases} \dfrac{2x}{\pi^2} & 0 < x < \pi \\ 0 & \text{其它} \end{cases}$$
试求 $Y = \sin X$ 的概率密度。

25. 设电流 I 是一个随机变量,它均匀分布在9A ~ 11A之间。若此电流通过2Ω的电阻,在其上消耗的功率 $W = 2I^2$。求 W 的概率密度。

自 测 题 二

1. 两名同一水平的棋手下棋。假定一方获胜的概率均为 $\frac{1}{2}$，问其中一名棋手在 4 局中获胜两局，或在 6 局中获胜 3 局(假定无和局) 的概率是多少?

2. 某教科书出版了 2000 册，因装订等原因造成错误的册数的概率为 0.001，试求在这 2000 册书中恰有 5 册错误的概率。

3. 设随机变量 X 的分布律为

X	1	4	9	16	25
p_k	$\frac{1}{15}$	$\frac{4}{15}$	$\frac{2}{5}$	$\frac{1}{5}$	$\frac{1}{15}$

试求 $Y = 2\sqrt{X} + X + 1$ 的分布律及分布函数。

4. 设某物体的温度 $T(F)$ 是一随机变量，且有 $T \sim N(53,2^2)$，试求：$Q = \frac{9}{5}(T - 32)$(℃) 的概率密度，及概率 $P\{36 < Q < 38\}$。

5. 设计算机在进行加法运算时，每个加数按四舍五入取整数，试计算它们 5 个中至少有 3 个加数的取整误差绝对值不超过 0.3 的概率。

6. 由某机器生产的螺栓的长度(单位:cm) 服从参数为 $\mu = 10.5, \sigma = 0.06$ 的正态分布。规定长度在范围 10.5 ± 0.12 内为合格品。

(1) 试求一个螺栓为不合格品的概率;

(2) 若从这机器生产的螺栓中任取 10 个，其中至多有一个不合格品的概率为多少?

第三章 多维随机变量及其分布

在前一章里,我们讨论了一个随机变量及其概率的分布情况,可以说那是一维随机变量。即试验的结果 $S = \{e\}$ 仅用一个随机变量 $X = X(e)$ 来描述。而在许多实际问题中,试验的结果仅用一维随机变量去描述是不够的,例如观察一发炮弹的弹着点,在平面坐标系里必须用两个随机变量 $X(e)$,$Y(e)$ 才能描述弹着点的位置,又如飞机在空中的位置,在三维直角坐标系里应用3个随机变量 $X(e)$,$Y(e)$,$Z(e)$ 方能准确描述。对于一个气象现象来说,常常需要通过气温、气压、湿度、雨量与风向、风速等多个随机变量去描述,这些随机变量之间一般还存在着某种联系,因此,我们需要探讨多个相互联系的随机变量构成的一个整体,即多维随机变量及其分布规律。

本章将着重讨论二维随机变量情况,至于多于二维的随机变量情况,可对照二维情况,作平行推广分析即可加以理解。

§3.1 二维随机变量

一、二维随机变量及分布函数

假定试验为对某一地区3岁儿童进行抽查,观察每个儿童的身高 H 和体重 W。此处,样本空间 $S = \{e\} = \{$某地区的全部3岁儿童的身高与体重的观察结果$\}$,而 $H = H(e)$,$W = W(e)$ 为定义在 S 上的两个随机变量,则联合变量 $(H(e),W(e))$ 描述了儿童的身高与体重的基本情况,我们称此联合变量为二维随机变量。一般地,有如下定义:

定义 3.1.1 设 E 为一个随机试验,它的样本空间为 $S = \{e\}$,并设 $X = X(e)$ 和 $Y = Y(e)$ 是定义在 S 上的随机变量,由它们两个构成的联合变量 (X,Y),称为二维随机变量或二维随机向量。

与一维随机变量一样,如果二维随机变量是 (X,Y) 在平面上的一个点集 $D \subset R^2$ 上取值,而随机变量 X,Y 的每一个取值都是由 E 的试验结果 e 来确定的,则集合 $\{e| (X,Y) = (X(e),Y(e)) \in D\} \triangleq \{(X,Y) \in D\}$ 就是 $S = \{e\}$ 的一个子集,即为 E 的随机事件。进而,我们将对事件 $\{(X,Y) \in D\}$ 作出有关事件的运算,探求它的统计规律,计算它出现的概率等。如我们了解某地区 3 岁儿童的身高

$H(e) \in (90,110)$（单位:cm）及体重 $W(e) \in (15,20)$（单位:kg）的概率 $P\{(H(e),W(e)) \in (90,110) \times (15,20)\}$ 为多少,这就便于研究3岁儿童的发育情况。为此,如一维情况一样,我们先建立二维分布函数:

定义3.1.2 设(X,Y)是定义在样本空间$S = \{e\}$上的二维随机变量,对于任意实数x,y,二元函数

$$F(x,y) = P\{(X \leq x) \cap (Y \leq y)\} \triangleq P\{X \leq x, Y \leq y\} \qquad (3.1.1)$$

称为二维随机变量(X,Y)的分布函数,或称为随机变量X和Y的联合分布函数。

如果将二维随机变量(X,Y)看成是平面上随机点的坐标,则分布函数$F(x,y)$在(x,y)处的函数值就是随机点(X,Y)落在如图3.1.1所示的,以点(x,y)为顶点而位于该点左下方的阴影部分的无穷矩形域内的概率。

按上述解释,如图3.1.2所示,容易得出随机点落在矩形域$\{x_1 \leq X \leq x_2;$ $y_1 \leq Y \leq y_2\}$内的概率为

$$P\{x_1 < X \leq x_2, y_1 < Y \leq y_2\} =$$
$$P\{X \leq x_2, Y \leq y_2\} - P\{X \leq x_1, Y \leq y_2\} -$$
$$[P\{X \leq x_2, Y \leq y_1\} - P\{X \leq x_1, Y \leq y_1\}] =$$
$$F(x_2,y_2) - F(x_1,y_2) - F(x_2,y_1) + F(x_1,y_1) \geq 0 \qquad (3.1.2)$$

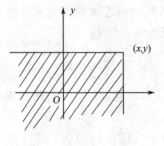

图 3.1.1

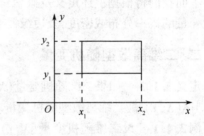

图 3.1.2

二维随机变量的分布函数$F(x,y)$亦有类似于一维随机变量的分布函数的性质如下:

1° $F(x,y)$是变量x和y的不减函数。

事实上,若y固定,$x_2 > x_1$时,由式(3.1.2)得$F(x_2,y) - F(x_1,y) = P\{x_1 < X \leq x_2, Y \leq y\} \geq 0$,即$F(x,y)$为$x$的不减函数;若$x$固定时,类似得知$F(x,y)$为$y$的不减函数。

2° $0 \leq F(x,y) \leq 1$,且对任意固定的y,$F(-\infty,y) = 0$;对于固定的x,有 $F(x,-\infty) = 0$;且$F(-\infty,-\infty) = 0$;$F(+\infty,+\infty) = 1$。

上述性质可从几何上直观加以说明。如在图3.1.1中,将无穷矩形的右边边界向左无限移动(即$x \to -\infty$),则"随机点(X,Y)落在这个矩形内"这一事件趋于不可能事件,其概率趋于0,即有$F(-\infty,y) = 0$;又如当$x \to +\infty$,$y \to +\infty$时,图

3.1.1 中无穷矩形扩展到全平面,故随机点(X,Y)落在其中这一事件趋于必然事件,其概率趋于 1,即 $F(+\infty,+\infty)=1$。

　　3° 　　$F(x,y)=F(x+0,y)$ 　　　　即 $F(x,y)$ 关于 x 右连续;

　　　　　　$F(x,y)=F(x,y+0)$ 　　　　即 $F(x,y)$ 关于 y 右连续。

　　4° 　　对于任意的 $x_1<x_2,y_1<y_2$,下述不等式成立

$$F(x_2,y_2)-F(x_2,y_1)-F(x_1,y_2)+F(x_1,y_1)\geqslant 0$$

这一性质由式(3.1.2)及概率的非负性得出。

　　我们注意到二维随机变量(X,Y)作为一个整体,具有分布函数 $F(x,y)$,而 X, Y 都是随机变量,分别也有分布函数,我们将它们分别记为 $F_X(x)$,$F_Y(y)$,并依次称它们为二维随机变量(X,Y)关于 X 和关于 Y 的边缘分布函数。事实上,若已知 (X,Y) 的分布函数 $F(x,y)$,容易由 $F(x,y)$ 得出 X,Y 的边缘分布函数 $F_X(x)$, $F_Y(y)$,即

$$F_X(x)=P\{X\leqslant x\}=P\{X\leqslant x,Y<+\infty\}=F(x,+\infty) \tag{3.1.3}$$

$$F_Y(y)=P\{Y\leqslant y\}=P\{X<+\infty,Y\leqslant y\}=F(+\infty,y) \tag{3.1.4}$$

　　也就是说,只要在函数 $F(x,y)$ 中令 $y\to+\infty$,就能得到 $F_X(x)=F(x,+\infty)$, 令 $x\to+\infty$,就可得到 $F_Y(y)=F(+\infty,y)$。

　　下面我们将根据上述定义及概念,分别就离散型与连续型随机变量探讨二维随机变量的概率分布或密度,及边缘概率分布或边缘密度。

二、二维离散型随机变量

　　定义 3.1.3 　　如果二维随机变量(X,Y)的所有可能取的值是有限对或可列多对,则称(X,Y)是二维离散型随机变量。

　　例 3.1.1 　　设二维随机变量(X,Y)仅取$(0,0),(0,1),(1,0)$和$(1,1)$,且知 (X,Y) 分别取各对值的概率为

$$P\{X=0,Y=0\}=1-p \qquad P\{X=1,Y=1\}=p$$
$$P\{X=0,Y=1\}=0 \qquad P\{X=1,Y=0\}=0$$

其中 $0<p<1$。可见,此(X,Y)为离散型随机变量,且注意到此(X,Y)取每一对值具有一定的概率,如一维随机变量情况一样,我们称之分布律或概率分布。

　　一般地,对离散型随机变量(X,Y)的概率分布有如下定义:

　　定义 3.1.4 　　设二维离散型随机变量(X,Y)所有可能取的值为(x_i,y_j)(i, $j=1,2,\cdots$),其概率记为 $P\{X=x_i,Y=y_j\}=p_{ij}(i,j=1,2\cdots)$,则由概率的定义有

　　1° 　$p_{ij}\geqslant 0$;

　　2° 　$\displaystyle\sum_{i=1}^{\infty}\sum_{j=1}^{\infty}p_{ij}=1$。

我们称此 $P\{X = x_i, Y = y_j\} = p_{ij}(i, j = 1, 2, \cdots)$ 为二维离散型随机变量(X, Y) 的概率分布或分布律,或称为随机变量 X 和 Y 的联合分布律或联合概率分布。

此分布律亦可直观地用表格表示为

X $\diagdown$ Y	y_1	y_2	$\cdots$	y_j	$\cdots$	$p_{i\cdot} = \sum\limits_{j=1}^{\infty} p_{ij}$
x_1	p_{11}	p_{12}	$\cdots$	p_{1j}	$\cdots$	$p_{1\cdot}$
x_2	p_{21}	p_{22}	$\cdots$	p_{2j}	$\cdots$	$p_{2\cdot}$
$\vdots$	$\vdots$	$\vdots$	$\cdots$	$\vdots$	$\cdots$	$\vdots$
x_i	p_{i1}	p_{i2}	$\cdots$	p_{ij}	$\cdots$	$p_{i\cdot}$
$\vdots$	$\vdots$	$\vdots$	$\cdots$	$\vdots$	$\cdots$	$\vdots$
$p_{\cdot j} = \sum\limits_{i=1}^{\infty} p_{ij}$	$p_{\cdot 1}$	$p_{\cdot 2}$	$\cdots$	$p_{\cdot j}$	$\cdots$	1

容易得出(X, Y) 的分布函数为

$$F(x, y) = P\{X \leqslant x, Y \leqslant y\} =$$

$$\sum_{x_i \leqslant x} \sum_{y_j \leqslant y} P\{X = x_i, Y = y_j\} = \sum_{x_i \leqslant x} \sum_{y_j \leqslant y} p_{ij} \tag{3.1.5}$$

且(X, Y) 的关于 X 的边缘分布函数为

$$F_X(x) = F(x, +\infty) = \sum_{x_i \leqslant x} \sum_{j=1}^{\infty} p_{ij} = \sum_{x_i \leqslant x} \left(\sum_{j=1}^{\infty} p_{ij} \right)$$

由一维随机变量分布函数定义知,X 的分布律为

$$P\{X = x_i\} = \sum_{j=1}^{\infty} p_{ij} \triangleq p_{i\cdot} \qquad i = 1, 2, \cdots \tag{3.1.6}$$

同理,Y 的分布律为

$$P\{Y = y_j\} = \sum_{i=1}^{\infty} p_{ij} \triangleq p_{\cdot j} \qquad j = 1, 2, \cdots \tag{3.1.7}$$

即两个随机变量的分布律可以从 X 和 Y 的联合分布表中,分别按各行和各列相加求和得到,并可列在联合分布表的边缘上,见上表右边和底边所列,故称这两个分布律为二维离散型随机变量(X, Y) 关于 X 和 Y 的边缘分布律或边缘概率分布,并分别记为 $p_{i\cdot}$ 与 $p_{\cdot j}(i, j = 1, 2, \cdots)$。

如在例3.1.1中,(X, Y) 的分布律列表为

X $\diagdown$ Y	0	1
0	$1 - p$	0
1	0	p

X,Y 的边缘概率分布分别为

X	0	1
$p_{i\cdot}$	$1-p$	p

Y	0	1
$p_{\cdot j}$	$1-p$	p

具有上述分布律的 (X,Y), 我们称其服从二维两点分布, 记作 $(X,Y) \sim (0\text{-}1)^2$ 分布。

例 3.1.2 设随机变量 X 在 $1,2,3,4$ 这 4 个整数中等可能地取值, 另一个随机变量 Y 在 $1 \sim X$ 中等可能地取一整数值。试求 (X,Y) 的分布律及 X,Y 的边缘分布律。

解: 因 X 在 $1,2,3,4$ 这 4 个整数中等可能地取值, 即得 X 的边缘分布律为

$$P\{X=i\} = \frac{1}{4} \qquad i = 1,2,3,4$$

又由乘法公式容易求得 (X,Y) 的分布律为

$$P\{X=i, Y=j\} = P\{X=i\}P\{Y=j \mid X=i\} = \frac{1}{4} \times \frac{1}{i} \quad (i=1,2,3,4, j \leqslant i),$$

于是 (X,Y) 的分布律及边缘分布律为

X \ Y	1	2	3	4	$P(X=i)$
1	$\frac{1}{4}$	0	0	0	$\frac{1}{4}$
2	$\frac{1}{8}$	$\frac{1}{8}$	0	0	$\frac{1}{4}$
3	$\frac{1}{12}$	$\frac{1}{12}$	$\frac{1}{12}$	0	$\frac{1}{4}$
4	$\frac{1}{16}$	$\frac{1}{16}$	$\frac{1}{16}$	$\frac{1}{16}$	$\frac{1}{4}$
$P\{Y=j\}$	$\frac{25}{48}$	$\frac{13}{48}$	$\frac{7}{48}$	$\frac{3}{48}$	1

(X,Y) 的分布律亦可直观地在三维直角坐标系中表示出来, 如例 3.1.2 图示为图 3.1.3。

三、二维连续型随机变量

定义 3.1.5 如果二维随机变量 (X,Y) 的分布函数为 $F(x,y)$, 存在一个非负可积的二元函数 $f(x,y)$, 使它对于任意实数 x,y, 都有

$$F(x,y) = \int_{-\infty}^{x} \int_{-\infty}^{y} f(s,t)\,\mathrm{d}s\mathrm{d}t \tag{3.1.8}$$

则称 (X,Y) 是二维连续型随机变量, 函数 $f(x,y)$ 称为二维随机变量 (X,Y) 的概率

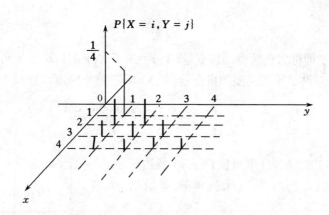

图 3.1.3

密度,或称为随机变量 X 和 Y 的联合概率密度。

由此定义,不难理解概率密度 $f(x,y)$ 具有如下性质:

1° $\quad f(x,y) \geqslant 0$

2° $\quad \displaystyle\int_{-\infty}^{+\infty} \int_{-\infty}^{+\infty} f(x,y)\mathrm{d}x\mathrm{d}y = 1$

3° $\quad$ 若 $f(x,y)$ 在点 (x,y) 连续,则有

$$\frac{\partial^2 F(x,y)}{\partial x \partial y} = f(x,y)$$

105

4° $\quad$ 随机点 (X,Y) 落在平面区域 D 上的概率为

$$P\{(X,Y) \in D\} = \iint_D f(x,y)\mathrm{d}x\mathrm{d}y \qquad (3.1.9)$$

由性质 1° 与二重积分的几何意义可知,$z = f(x,y)$ 表示空间上一个曲面,在 xOy 面上方;由性质 2° 知,介于曲面 $z = f(x,y)$ 和 xOy 平面之间的空间区域的体积值为 1;由性质 3° 知,随机点 (X,Y) 落在某小区域 $(x,x+\Delta x) \times (y,y+\Delta y)$ 内的概率近似等于 $f(x,y)\Delta x \Delta y$,即

$$P\{x < X < x+\Delta x, y < Y < y+\Delta y\} \approx f(x,y)\Delta x \Delta y$$

由性质 4° 知,$P\{(X,Y) \in D\}$ 的值等于以 D 为底,以曲面 $z = f(x,y)$ 为顶的曲顶柱体体积值。

不难从上定义推出连续型随机变量 (X,Y) 关于 X 的边缘分布函数为

$$F_X(x) = F(x,+\infty) = \int_{-\infty}^{x} \int_{-\infty}^{+\infty} f(x,y)\mathrm{d}x\mathrm{d}y = \int_{-\infty}^{x} \left[\int_{-\infty}^{+\infty} f(x,y)\mathrm{d}y\right]\mathrm{d}x$$

从而可知 X 为一连续型变量,其概率密度为

$$f_X(x) = \int_{-\infty}^{+\infty} f(x,y)\mathrm{d}y \qquad (3.1.10)$$

同理可知 Y 亦为一连续型随机变量,其概率密度为

$$f_Y(y) = \int_{-\infty}^{+\infty} f(x,y)\,dx \qquad (3.1.11)$$

此 $f_X(x), f_Y(y)$ 即称为连续型随机变量 (X,Y) 关于 X,Y 的边缘概率密度。

例 3.1.3 设二维连续型随机变量 (X,Y) 具有概率密度函数

$$f(x,y) = \begin{cases} 1 & 0 < x < 1, 0 < y < 1 \\ 0 & \text{其它} \end{cases}$$

试求 X 和 Y 的联合分布函数 $F(x,y)$ 及边缘分布函数 $F_X(x), F_Y(y)$，边缘概率密度函数 $f_X(x), f_X(y)$。

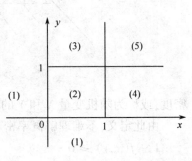

解:先求 X 和 Y 的联合分布函数 $F(x,y)$：

首先按 (X,Y) 取值的边界 $x=0, x=1, y=0, y=1$ 划分成如图 3.1.4 所示的 5 个区域，由定

义 $F(x,y) = P\{X \le x, Y \le y\} = \int_{-\infty}^{x}\int_{-\infty}^{y} f(s,t)\,ds\,dt$

图 3.1.4

(1) 当 $x < 0$ 或 $y < 0$ 时，$F(x,y) = \int_{-\infty}^{x}\int_{-\infty}^{y} f(s,t)\,ds\,dt = \int_{-\infty}^{x}\int_{-\infty}^{y} 0\,ds\,dt = 0$

(2) 当 $0 \le x < 1, 0 \le y < 1$ 时，$F(x,y) = \int_{-\infty}^{x}\int_{-\infty}^{y} f(s,t)\,ds\,dt$

$$= \int_{0}^{x}\int_{0}^{y} 1\,ds\,dt = xy$$

(3) 当 $0 \le x < 1, y \ge 1$ 时，$F(x,y) = \int_{-\infty}^{x}\int_{-\infty}^{y} f(s,t)\,ds\,dt$

$$= \int_{0}^{x}\int_{0}^{1} 1\,ds\,dt = x$$

(4) 当 $x \ge 1, 0 \le y < 1$ 时，$F(x,y) = \int_{-\infty}^{x}\int_{-\infty}^{y} f(s,t)\,ds\,dt$

$$= \int_{0}^{1}\int_{0}^{y} 1\,ds\,dt = y$$

(5) 当 $x \ge 1, y \ge 1$ 时，$F(x,y) = \int_{-\infty}^{x}\int_{-\infty}^{y} f(s,t)\,ds\,dt = \int_{0}^{1}\int_{0}^{1} 1\,ds\,dt = 1$

综上所述为

$$F(x,y) = \begin{cases} 0 & x < 0 \text{ 或 } y < 0 \\ xy & 0 \leqslant x < 1, 0 \leqslant y < 1 \\ x & 0 \leqslant x < 1, y \geqslant 1 \\ y & x \geqslant 1, 0 \leqslant y < 1 \\ 1 & x \geqslant 1, y \geqslant 1 \end{cases}$$

再求 X 和 Y 的边缘概率密度函数 $f_X(x), f_X(y)$ 与其边缘分布函数 $F_X(x), F_Y(y)$：

因为 $f_X(x) = \int_{-\infty}^{+\infty} f(x,y)\mathrm{d}y$，而当 $x \leqslant 0$，或 $x \geqslant 1$ 时，$f(x,y) = 0$，故得 $f_X(x) = 0$；而当 $0 < x < 1$ 时，$f_X(x) = \int_{-\infty}^{+\infty} f(x,y)\mathrm{d}y = \int_0^1 1\mathrm{d}y = 1$，即得 X 的边缘概率密度函数 $f_X(x)$ 为

$$f_X(x) = \begin{cases} 1 & 0 < x < 1 \\ 0 & \text{其它} \end{cases}$$

由此可得 X 的边缘分布函数 $F_X(x)$ 为

$$F_X(x) = \begin{cases} 0 & x < 0 \\ x & 0 \leqslant x < 1 \\ 1 & x \geqslant 1 \end{cases}$$

107

同理可得 Y 的边缘概率密度函数 $f_Y(y)$ 与其边缘分布函数 $F_Y(y)$ 为

$$f_Y(y) = \begin{cases} 1 & 0 < y < 1 \\ 0 & \text{其它} \end{cases}, \quad F_Y(y) = \begin{cases} 0 & y < 0 \\ y & 0 \leqslant y < 1 \\ 1 & y \geqslant 1 \end{cases}$$

一般地，若 (X,Y) 具有概率密度

$$f(x,y) = \begin{cases} \dfrac{1}{A} & (x,y) \in D \\ 0 & \text{其它} \end{cases}$$

其中 A 为平面区域 D 的面积值，则称此二维连续型随机变量 (X,Y) 在区域 D 内服从二维均匀分布。如例 3.1.3 中，(X,Y) 就在区域 $D = \{(x,y) \mid 0 < x < 1, 0 < y < 1\}$ 内服从均匀分布。

例 3.1.4 设连续型二维随机变量 (X,Y) 具有概率密度

$$f(x,y) = \begin{cases} 2\mathrm{e}^{-(2x+y)} & x > 0, y > 0 \\ 0 & \text{其它} \end{cases}$$

试求：(1) 分布函数 $F(x,y)$；

$(2)P\{Y \leqslant X\}$；

$(3)f_X(x)$ 与 $f_Y(y)$。

解：

(1) 当 $x \leqslant 0$ 或 $y \leqslant 0$ 时，$f(x,y) = 0$，故有 $F(x,y) = \int_{-\infty}^{x} \int_{-\infty}^{y} 0 \mathrm{d}x \mathrm{d}y = 0$

当 $x > 0$ 且 $y > 0$ 时，$f(x,y) = 2\mathrm{e}^{-(2x+y)}$，故有 $F(x,y) = \int_{0}^{x} \int_{0}^{y} 2\mathrm{e}^{-(2x+y)} \mathrm{d}x \mathrm{d}y =$

$\int_{0}^{x} 2\mathrm{e}^{-2x} \mathrm{d}x \int_{0}^{y} \mathrm{e}^{-y} \mathrm{d}y = (1 - \mathrm{e}^{-2x})(1 - \mathrm{e}^{-y})$

所以得 (X,Y) 的分布函数为：$F(x,y) = \begin{cases} (1 - \mathrm{e}^{-2x})(1 - \mathrm{e}^{-y}) & x > 0, y > 0 \\ 0 & \text{其它} \end{cases}$

(2) 将 (X,Y) 看作平面上随机点的坐标，则有

$$\{Y \leqslant X\} = \{(X,Y) \in D\}$$

其中 $\quad D = \{(x,y) \mid -\infty < y \leqslant x, -\infty < x < +\infty\} =$

$$\{(x,y) \mid y \leqslant x < +\infty, -\infty < y < +\infty\}$$

如图 3.1.5 所示。

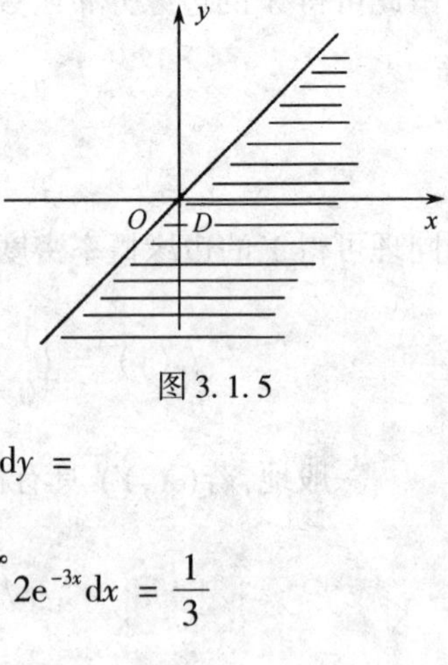

$\quad P\{Y \leqslant X\} = P\{(X,Y) \in D\} =$

$\iint\limits_{D} f(x,y) \mathrm{d}x \mathrm{d}y =$

$\int_{0}^{+\infty} \left[\int_{y}^{+\infty} 2\mathrm{e}^{-(2x+y)} \mathrm{d}x\right] \mathrm{d}y =$

$\int_{0}^{+\infty} \left[\int_{0}^{x} 2\mathrm{e}^{-(2x+y)} \mathrm{d}y\right] \mathrm{d}x = \int_{0}^{+\infty} 2\mathrm{e}^{-2x} \mathrm{d}x \int_{0}^{x} \mathrm{e}^{-y} \mathrm{d}y =$

$\int_{0}^{+\infty} 2\mathrm{e}^{-2x}(1 - \mathrm{e}^{-x}) \mathrm{d}x = \int_{0}^{+\infty} 2\mathrm{e}^{-2x} \mathrm{d}x - \int_{0}^{+\infty} 2\mathrm{e}^{-3x} \mathrm{d}x = \dfrac{1}{3}$

图 3.1.5

$(3) f_X(x) = \int_{-\infty}^{+\infty} f(x,y) \mathrm{d}y =$

$$\begin{cases} \int_{0}^{+\infty} 2\mathrm{e}^{-(2x+y)} \mathrm{d}y = 2\mathrm{e}^{-2x} & x > 0 \\ 0 & x \leqslant 0 \end{cases}$$

$$f_Y(y) = \int_{-\infty}^{+\infty} f(x,y) \mathrm{d}x = \begin{cases} \int_{0}^{+\infty} 2\mathrm{e}^{-(2x+y)} \mathrm{d}x = \mathrm{e}^{-y} & y > 0 \\ 0 & y \leqslant 0 \end{cases}$$

例 3.1.5　设二维随机变量 (X,Y) 的概率密度为

$$f(x,y) = \frac{1}{2\pi\sigma_1\sigma_2\sqrt{1-\rho^2}}\exp\left\{\frac{-1}{2(1-\rho^2)}\right.$$

$$\left.\left[\frac{(x-\mu_1)^2}{\sigma_1^2} - 2\rho\frac{(x-\mu_1)(y-\mu_2)}{\sigma_1\sigma_2} + \frac{(y-\mu_2)^2}{\sigma_2^2}\right]\right\}$$

$$-\infty < x < +\infty, -\infty < y < +\infty$$

其中 $\mu_1,\mu_2,\sigma_1^2,\sigma_2^2,\rho$ 均为常数,且 $\sigma_1 > 0,\sigma_2 > 0,-1 < \rho < 1$。我们称 (X,Y) 服从参数为 $\mu_1,\mu_2,\sigma_1^2,\sigma_2^2,\rho$ 的二维正态分布。记为 $(X,Y) \sim N(\mu_1,\mu_2,\sigma_1^2,\sigma_2^2,\rho)$,此时 (X,Y) 称为二维正态随机变量。

试求二维正态随机变量的边缘概率密度。

解: $f_X(x) = \displaystyle\int_{-\infty}^{+\infty} f(x,y)\,\mathrm{d}y$

由于

$$\frac{(y-\mu_2)^2}{\sigma_2^2} - 2\rho\frac{(x-\mu_1)(y-\mu_2)}{\sigma_1\sigma_2} = \left[\frac{y-\mu_2}{\sigma_2} - \rho\frac{x-\mu_1}{\sigma_1}\right]^2 - \rho^2\frac{(x-\mu_1)^2}{\sigma_1^2}$$

于是　　　　$f_X(x) = \dfrac{1}{2\pi\sigma_1\sigma_2\sqrt{1-\rho^2}}\mathrm{e}^{-\frac{(x-\mu_1)^2}{2\sigma_1^2}}\displaystyle\int_{-\infty}^{+\infty}\mathrm{e}^{-\frac{1}{2(1-\rho^2)}\left[\frac{y-\mu_2}{\sigma_2}-\rho\frac{x-\mu_1}{\sigma_1}\right]^2}\mathrm{d}y$

109

再令　　　　　　　　$t = \dfrac{1}{\sqrt{1-\rho^2}}\left(\dfrac{y-\mu_2}{\sigma_2} - \rho\dfrac{x-\mu_1}{\sigma_1}\right)$,则有

$$f_X(x) = \frac{1}{\sqrt{2\pi}\sigma_1}\mathrm{e}^{-\frac{(x-\mu_1)^2}{2\sigma_2^2}}\int_{-\infty}^{+\infty}\frac{1}{\sqrt{2\pi}}\mathrm{e}^{-\frac{t^2}{2}}\mathrm{d}t = \frac{1}{\sqrt{2\pi}\sigma_1}\mathrm{e}^{-\frac{(x-\mu_1)^2}{2\sigma_1^2}} \quad -\infty < x < +\infty$$

同理可得

$$f_Y(y) = \frac{1}{\sqrt{2\pi}\sigma_2}\mathrm{e}^{-\frac{(y-\mu_2)^2}{2\sigma_2^2}} \quad -\infty < y < +\infty$$

可见,二维正态分布的两个边缘分布均为一维正态分布,且都不依赖于参数 ρ,即对于二维正态分布 $N(\mu_1,\mu_2,\sigma_1^2,\sigma_2^2,\rho)$,其边缘分布为 $N(\mu_1,\sigma_1^2)$ 与 $N(\mu_2,\sigma_2^2)$,均为一维正态分布。这一事实表明,X,Y 的联合分布可以确定 X,Y 的边缘分布,反过来,由 X 和 Y 的边缘分布,一般不能确定 X 和 Y 的联合分布。

思 考 题 3.1

1. 设 (X,Y) 的分布函数为 $F(x,y)$,如何用 $F(x,y)$ 表示下列概率:
$P\{X \leqslant x\}$,$P\{Y \geqslant y\}$,$P\{X \geqslant a, Y < b\}$ 及 $P\{a < X < b, Y < y\}$

2. 二元函数

$$F(x,y) = \begin{cases} 0 & x + y \leqslant 0 \\ 1 & x + y > 0 \end{cases}$$

是否满足分布函数的 4 条性质?

3. 能否从 X, Y 的边缘分布推知 X 和 Y 的联合分布?试分析二维正态分布与其边缘分布情况。

4. 二维随机变量 (X,Y) 与一维随机变量的异同何在。

基 本 练 习 3.1

1. 设袋中有 5 只红球和 3 只黑球,随机取两次,一次抽取一只,设

$$X = \begin{cases} 0 & \text{第一次取黑球} \\ 1 & \text{第一次取红球} \end{cases} \qquad Y = \begin{cases} 0 & \text{第二次取黑球} \\ 1 & \text{第二次取红球} \end{cases}$$

试按(1)有放回的抽取,(2)不放回的抽取两种方式求 (X,Y) 的分布律及边缘分布律。

2. 设二维连续型随机变量 (X,Y) 的概率密度为

110

$$(1) f(x,y) = \begin{cases} x + y & 0 < x < 1, 0 < y < 1 \\ 0 & \text{其它} \end{cases}$$

$$(2) f(x,y) = \begin{cases} 2 & (x,y) \in D \\ 0 & \text{其它} \end{cases}$$

其中 D 为直线 $x = 0$, $y = 0$ 及 $x + y = 1$ 所围成的封闭区域;

$$(3) f(x,y) = \begin{cases} 4xy & 0 < x < 1, 0 < y < 1 \\ 0 & \text{其它} \end{cases}$$

求 (X,Y) 的分布函数及 X, Y 的边缘概率密度。

3. 设连续型二维随机变量 (X,Y) 的概率密度为

$$f(x,y) = \begin{cases} C(1 - x)y & 0 \leqslant x \leqslant 1, 0 \leqslant y \leqslant x \\ 0 & \text{其它} \end{cases}$$

试求:(1) 常数 C;

(2) (X,Y) 的边缘概率密度;

(3) $P\left\{ \dfrac{1}{4} < X < \dfrac{1}{2}, Y < \dfrac{1}{2} \right\}$。

4. 设 (X,Y) 的分布函数为

$$F(x,y) = \frac{1}{\pi^2}\left(\frac{\pi}{2} + \arctan \frac{x}{2} \right)\left(\frac{\pi}{2} + \arctan \frac{y}{3} \right)$$

试求:(1) (X,Y) 的概率密度及 X, Y 的边缘密度;

（2）$P\{0 \leqslant X < 2, Y < 3\}$。

5. 设(X, Y) 的概率密度为

$$f(x, y) = \begin{cases} Ce^{-(3x+4y)} & x > 0, y > 0 \\ 0 & \text{其它} \end{cases}$$

试求：（1）常数C；

（2）(X, Y) 的分布函数及X, Y 的边缘分布；

（3）计算$P\{0 < X \leqslant 1, 0 < Y \leqslant 2\}$。

6. 设二维正态随机变量(X, Y) 的概率密度为

$$f(x, y) = \frac{1}{2\pi} e^{-\frac{x^2+y^2}{2}} \quad -\infty < x < +\infty, \ -\infty < y < +\infty$$

试求X, Y 的边缘分布和$P\{X \leqslant Y\}$ 的值。

7. 二元函数

$$F(x, y) = \begin{cases} 0 & x + y < 0 \\ 1 & x + y \geqslant 0 \end{cases}$$

是否可成为某一个二维随机变量的联合分布函数,为什么?

8. 一口袋中有四个球,它的依次标有数字$1, 2, 3, 2$。从这袋中任取一球后,不放回袋中,以X, Y 分别记第一、二次取得的球上标有的数字,试求(X, Y) 的概率分布及边缘分布律。

9. 抛骰子2 次,得偶数点$(2, 4$ 或$6)$ 的次数记为X,得3 点或6 点的次数为Y,试求(X, Y) 的概率分布与边缘分布。

111

10. 设X 与Y 都是整值随机变量,(X, Y) 的分布列为

$$P(X = n, Y = m) = \begin{cases} \dfrac{\lambda^n p^m (1-p)^{n-m}}{m!(n-m)!} e^{-\lambda} & m \leqslant n \\ 0 & m > n \end{cases} \quad \lambda > 0, 0 < p < 1$$

试求X 与Y 的边缘分布律。

11. 一批产品中有一等品30% ,二等品50% ,三等品20% ,从这批产品中有放回地每次取一件,共抽取5 次,X, Y 分别表示取出的5 件产品中一等品、二等品的件数,试求(X, Y) 的分布律及X 与Y 的边缘分布律。

12. 给定非负函数$g(x)$,它满足$\int_0^{+\infty} g(x)\mathrm{d}x = 1$,又设

$$f(x, y) = \begin{cases} \dfrac{2g(\sqrt{x^2+y^2})}{\pi\sqrt{x^2+y^2}} & 0 \leqslant x, y < +\infty \\ 0 & \text{其它} \end{cases}$$

试问$f(x, y)$ 是否为某二维连续型随机变量(X, Y) 的概率密度。

13. 设二维随机变量(X, Y) 的概率密度为

$$f(x,y) = \begin{cases} C(R - \sqrt{x^2 + y^2}) & x^2 + y^2 \leqslant R^2 \\ 0 & \text{其它} \end{cases}$$

试求:(1) 常数 C;

(2) 当 $R = 2$ 时,(X,Y) 落在圆心在原点,半径 $r = 1$ 的圆域内的概率。

14. 设二维随机变量(X,Y) 的概率密度为

$$f(x,y) = \begin{cases} Cxe^{-x(y+1)} & x > 0, y > 0 \\ 0 & \text{其它} \end{cases}$$

试求:(1) 常数 C;

(2) 关于 X,Y 的边缘概率密度。

15. 设二维随机变量(X,Y) 服从正态分布 $N(\mu_1,\mu_2,\sigma_1^2,\sigma_2^2,\rho)$,其概率密度为

$$f(x,y) = \frac{1}{2\pi\sqrt{3}}\exp\left\{-\frac{1}{6}(4x^2 + 2xy + y^2 - 8x - 2y + 4)\right\}$$

试确定常数 $\mu_1,\mu_2,\sigma_1^2,\sigma_2^2$ 与 ρ。

16. 分别写出下列 3 个二维正态随机变量的联合概率密度与边缘概率密度:

$(1)(X,Y) \sim N\left(3,0,1,1,\frac{1}{2}\right)$;

112

$(2)(X,Y) \sim N\left(1,1,\frac{1}{4},\frac{1}{4},\frac{1}{2}\right)$;

$(3)(X,Y) \sim N\left(1,2,1,\frac{1}{4},0\right)$。

§3.2 条 件 分 布

由条件概率 $$P(B \mid A) = \frac{P(AB)}{P(A)}$$

很自然地引出条件概率分布的概念。

一、条件分布律

定义 3.2.1 设(X,Y) 是离散型随机变量,可能取值为$(x_i,y_j)(i,j = 1,2,\cdots)$,其分布律及边缘分布律分别为 $P\{X = x_i,Y = y_j\} = p_{ij}$,$P\{X = x_i\} = p_i.$,$P\{Y = y_j\} = p_{.j}$,若对固定的 $i,P\{X = x_i\} > 0$,则称

$$P\{Y = y_j \mid X = x_i\} = \frac{P\{X = x_i,Y = y_j\}}{P\{X = x_i\}} = \frac{p_{ij}}{p_{i.}} \triangleq p_{j|i} \qquad j = 1,2,\cdots$$

$$(3.2.1)$$

为在 $X = x_i$ 条件下 Y 的条件分布律。

根据条件概率的性质,易知条件分布律也具有分布律的两条基本性质:

1° $P\{Y = y_j \mid X = x_i\} \geqslant 0$;

2° $\displaystyle\sum_{j=1}^{\infty} P\{Y = y_j \mid X = x_i\} = 1$。

同样,对于固定的 j,若 $P\{Y = y_j\} > 0$,则称

$$P\{X = x_i \mid Y = y_j\} = \frac{P\{X = x_i, Y = y_j\}}{P\{Y = y_j\}} = \frac{p_{ij}}{p_{\cdot j}} \triangleq p_{i|j} \qquad i = 1,2,3,\cdots$$

$$(3.2.2)$$

为在 $Y = y_j$ 条件下 X 的条件分布律。

例 3.2.1 一射手进行射击,击中目标的概率为 $p(0 < p < 1)$,射击到击中两次目标为止。设以 X 表示首次击中目标所进行的射击次数,以 Y 表示总共进行的射击次数。试求 X 和 Y 的联合分布律及条件分布律。

解: 因为 X 的可能取值为 $1,2,\cdots,Y$ 的可能取值为 $2,3,\cdots$,且各次射击是相互独立的,设 $Y = n$ 表示第 n 次击中目标,且前 $n-1$ 次仅有一次击中目标,故不管 $m(m < n)$ 为多少,(X,Y) 的概率分布为

$$P\{X = m, Y = n\} = p^2(1-p)^{n-2} \qquad n = 2,3,\cdots; m = 1,2,\cdots,n-1$$

故 X 的边缘分布律为

$$P\{X = m\} = \sum_{n=m+1}^{\infty} P\{X = m, Y = n\} = \sum_{n=m+1}^{\infty} p^2(1-p)^{n-2} =$$

$$p^2 \sum_{n=m+1}^{\infty} (1-p)^{n-2} = p^2 \frac{(1-p)^{m-1}}{1-(1-p)} =$$

$$p(1-p)^{m-1} \qquad m = 1,2,\cdots$$

Y 的边缘分布律为

$$P\{Y = n\} = \sum_{m=1}^{n-1} P\{X = m, Y = n\} = \sum_{m=1}^{n-1} p^2(1-p)^{n-2} =$$

$$(n-1)p^2(1-p)^{n-2} \qquad n = 2,3,\cdots$$

再由式(3.2.1)、式(3.2.2)可得所求条件分布律如下:

当 $Y = n, n = 2,3,\cdots$ 时,X 的条件分布律为

$$P\{X = m \mid Y = n\} = \frac{p^2(1-p)^{n-2}}{(n-1)p^2(1-p)^{n-2}} = \frac{1}{n-1} \qquad m = 1,2,\cdots,n-1$$

即在给定 $Y = n$ 的条件下,X 的条件分布为等可能分布。

当 $X = m, m = 1,2,\cdots$ 时,Y 的条件分布律为

$$P\{Y = n \mid X = m\} = \frac{p^2(1-p)^{n-2}}{p(1-p)^{m-1}} = p(1-p)^{n-m-1} \qquad n = m+1, m+2,\cdots$$

例如, $\qquad P\{X = m \mid Y = 3\} = \dfrac{1}{2} \qquad m = 1,2$

$$P\{Y = n \mid X = 3\} = p(1-p)^{n-4} \qquad n = 4,5,\cdots$$

例 3.2.2 设某地区一天出生的婴儿数为 X,其中男婴的个数为 Y。如果 X 和 Y 的联合分布律为

$$P\{X = i, Y = j\} = p_{ij} = \frac{e^{-14}(7.14)^j(6.86)^{i-j}}{j!(i-j)!} \quad \begin{matrix} j = 0,1,2,\cdots,i \\ i = j,j+1,\cdots \end{matrix}$$

试求 (X,Y) 的条件分布律。

解: 由题设知

$$p_{i\cdot} = P\{X = i\} = \sum_{j=0}^{i} P\{X = i, Y = j\} = \sum_{j=0}^{i} \frac{e^{-14}(7.14)^j(6.86)^{i-j}}{j!(i-j)!} =$$

$$\frac{e^{-14}}{i!} \sum_{j=0}^{i} \binom{i}{j}(7.14)^j(6.86)^{i-j} =$$

$$\frac{e^{-14}}{i!}(7.14 + 6.86)^i = \frac{14^i}{i!}e^{-14} \qquad i = 0,1,2,\cdots$$

即 X 服从参数为 14 的泊松分布 $\pi(14)$

$$p_{\cdot j} = P\{Y = j\} = \sum_{i=j}^{\infty} p_{ij} = \sum_{i=j}^{\infty} \frac{e^{-14}(7.14)^j(6.86)^{i-j}}{j!(i-j)!} =$$

$$\frac{e^{-14}}{j!}(7.14)^j \sum_{i=j}^{\infty} \frac{(6.86)^{i-j}}{(i-j)!} = \frac{(7.14)^j}{j!}e^{-14} \cdot e^{6.86} =$$

114

$$\frac{(7.14)^j}{j!}e^{-7.14} \qquad j = 0,1,2,\cdots$$

即 Y 服从参数为 7.14 的泊松分布 $\pi(7.14)$。

固定 j 即得

$$P\{X = i \mid Y = j\} = \frac{p_{ij}}{p_{\cdot j}} = \frac{(6.86)^{i-j}}{(i-j)!}e^{-6.86} \qquad i = j,j+1,\cdots$$

可见,只当 $Y = 0$,才有 $i = 0,1,2,\cdots$,即 X 在 $Y = 0$ 的条件下的条件分布服从参数为 6.86 的泊松分布。即

$$\{X \mid Y = 0\} \sim \pi(6.86)$$

这就是该地区一天只出生女婴的概率分布。

再固定 i 得

$$P\{Y = j \mid X = i\} = \frac{p_{ij}}{p_{i\cdot}} = \binom{i}{j}\left(\frac{7.14}{14}\right)^j\left(\frac{6.86}{14}\right)^{i-j} =$$

$$\binom{i}{j}(0.51)^j(0.49)^{i-j} \qquad j = 0,1,\cdots,i$$

即

$$\{Y \mid X = i\} \sim B(i,0.51) \qquad i = 1,2,\cdots$$

这就是说,在该地区一天出生 i 个婴儿的条件下,其中的男婴数 Y 总是服从参数 $n = i, p = 0.51$ 的二项分布。例如,Y 在 $X = 1$ 条件下的条件分布为 $B(1,0.51)$,

即为$(0-1)$分布：

$Y \mid X = 1$	0	1
p_k	0.49	0.51

二、条件分布函数与条件概率密度

一般地，若(X,Y)为二维离散型随机变量，其分布律为

$$P\{X = x_i, Y = y_j\} = p_{ij} \qquad i,j = 1,2,\cdots$$

若$P\{X = x_i\} > 0, P\{Y = y_j\} > 0$，则相应的条件分布律为

$$P\{Y = y_j \mid X = x_i\} = p_{j\mid i} \qquad j = 1,2,\cdots$$

$$P\{X = x_i \mid Y = y_j\} = p_{i\mid j} \qquad i = 1,2,\cdots$$

由离散型分布函数定义可得条件分布函数为

$$F_{Y\mid X}(y \mid x_i) = P\{Y \leqslant y \mid X = x_i\} = \sum_{y_j \leqslant y} p_{j\mid i}$$

$$F_{X\mid Y}(x \mid y_j) = P\{X \leqslant x \mid Y = y_j\} = \sum_{x_i \leqslant x} p_{i\mid j}$$

而对于一般连续型随机变量(X,Y)，因X、Y取固定值x,y的概率$P\{X = x\} = 0$，$P\{Y = y\} = 0$，故$P(Y < y \mid X = x)$无意义。所以我们考虑在x的邻域，用极限方法来处理条件分布函数与条件概率密度问题。

定义 3.2.2　给定y，设对于任意固定的正数$\varepsilon, P\{y - \varepsilon < Y \leqslant y + \varepsilon\} > 0$，且若对于任意实数$x$，极限

$$\lim_{\varepsilon \to 0^+} P\{X \leqslant x \mid y - \varepsilon < Y \leqslant y + \varepsilon\} = \lim_{\varepsilon \to 0^+} \frac{P\{X \leqslant x, y - \varepsilon < Y \leqslant y + \varepsilon\}}{P\{y - \varepsilon < Y \leqslant y + \varepsilon\}}$$

存在，则称此极限为在条件$Y = y$下X的条件分布函数，记为$P\{X \leqslant x \mid Y = y\}$，或记为$F_{X\mid Y}(x \mid y)$。

设(X,Y)的分布函数为$F(x,y)$，概率密度为$f(x,y)$，若在点(x,y)处$f(x,y)$连续，边缘概率密度$f_Y(y)$连续，且$f_Y(y) > 0$，则有

$$F_{X\mid Y}(x \mid y) = \lim_{\varepsilon \to 0^+} \frac{P\{X \leqslant x, y - \varepsilon < Y \leqslant y + \varepsilon\}}{P\{y - \varepsilon < Y \leqslant y + \varepsilon\}} =$$

$$\lim_{\varepsilon \to 0^+} \frac{F(x, y + \varepsilon) - F(x, y - \varepsilon)}{F_Y(y + \varepsilon) - F_Y(y - \varepsilon)} =$$

$$\frac{\lim_{\varepsilon \to 0^+} \{[F(x, y + \varepsilon) - F(x, y - \varepsilon)]/2\varepsilon\}}{\lim_{\varepsilon \to 0^+} \{[F_Y(y + \varepsilon) - F_Y(y - \varepsilon)]/2\varepsilon\}} =$$

115

$$\frac{\dfrac{\partial F(x,y)}{\partial y}}{\dfrac{\mathrm{d}}{\mathrm{d}y}(F_Y(y))} = \frac{\displaystyle\int_{-\infty}^{x} f(u,y)\,\mathrm{d}u}{f_Y(y)}$$

即
$$F_{X|Y}(x\mid y) = \int_{-\infty}^{x} \frac{f(u,y)}{f_Y(y)}\mathrm{d}u \tag{3.2.3}$$

若记 $f_{X|Y}(x\mid y)$ 为在条件 $Y = y$ 下 X 的条件概率密度,则由式(3.2.3) 知

$$f_{X|Y}(x\mid y) = \frac{f(x,y)}{f_Y(y)} \tag{3.2.4}$$

类似地可得在条件 $X = x$ 下 Y 的条件分布函数与条件概率密度如下:

$$F_{Y|X}(y\mid x) = \int_{-\infty}^{y} \frac{f(x,v)}{f_X(x)}\mathrm{d}v \tag{3.2.5}$$

$$f_{Y|X}(y\mid x) = \frac{f(x,y)}{f_X(x)} \tag{3.2.6}$$

例 3.2.3 设 (X,Y) 在圆域 $X^2 + Y^2 \leqslant 1$ 上服从均匀分布,求条件概率密度 $f_{X|Y}(x\mid y)$。

解: 由题意知

116

$$f(x,y) = \begin{cases} \dfrac{1}{\pi} & x^2 + y^2 \leqslant 1 \\ 0 & \text{其它} \end{cases}$$

其边缘概率密度

$$f_Y(y) = \int_{-\infty}^{+\infty} f(x,y)\,\mathrm{d}x =$$

$$\begin{cases} \displaystyle\int_{-\sqrt{1-y^2}}^{\sqrt{1-y^2}} \frac{1}{\pi}\mathrm{d}x = \frac{2}{\pi}\sqrt{1-y^2} & -1 < y < 1 \\ 0 & \text{其它} \end{cases}$$

故当 $-1 < y < +1$ 时,有

$$f_{X|Y}(x\mid y) = \begin{cases} \dfrac{1/\pi}{(2/\pi)\sqrt{1-y^2}} = \dfrac{1}{2\sqrt{1-y^2}} & -\sqrt{1-y^2} < x < \sqrt{1-y^2} \\ 0 & \text{其它} \end{cases}$$

特别地,当 $y = 0$ 时

$$f_{X|Y}(x\mid y) = \begin{cases} \dfrac{1}{2} & -1 < x < 1 \\ 0 & \text{其它} \end{cases}$$

即 $\{X\mid Y = 0\} \sim U(-1.1)$,

当 $y = \dfrac{1}{2}$ 时

$$f_{X|Y}(x \mid y) = \begin{cases} \dfrac{1}{\sqrt{3}} & -\dfrac{\sqrt{3}}{2} < x < \dfrac{\sqrt{3}}{2} \\ 0 & 其它 \end{cases}$$

即 $\{X \mid Y = 0.5\} \sim U\left(-\dfrac{\sqrt{3}}{2}, \dfrac{\sqrt{3}}{2}\right)$。

例 3.2.4　设数 X 在区间 $(0,1)$ 上随机地取值,当观察到 $X = x(0 < x < 1)$ 时,数 Y 在区间 $(x,1)$ 上随机地取值,求 Y 的概率密度 $f_Y(y)$。

解:由题意知 $X \sim U(0,1)$,即

$$f_X(x) = \begin{cases} 1 & 0 < x < 1 \\ 0 & 其它 \end{cases}$$

而对于给定的值 $x(0 < x < 1)$,在 $X = x$ 的条件下,Y 的条件概率密度

$$f_{Y|X}(y \mid x) = \begin{cases} \dfrac{1}{1-x} & x < y < 1 \\ 0 & 其它 \end{cases}$$

故由式(3.2.6)得

$$f(x,y) = f_X(x)f_{Y|X}(y \mid x) = \begin{cases} \dfrac{1}{1-x} & 0 < x < y < 1 \\ 0 & 其它 \end{cases}$$

117

于是得 Y 的边缘密度

$$f_Y(y) = \int_{-\infty}^{+\infty} f(x,y)\,\mathrm{d}x =$$

$$\begin{cases} \displaystyle\int_0^y \dfrac{1}{1-x}\mathrm{d}x = -\ln(1-x)\Big|_0^y = -\ln(1-y) & 0 < y < 1 \\ 0 & 其它 \end{cases}$$

思 考 题 3.2

1. 二维正态随机变量 (X,Y) 的条件分布是否仍为正态分布?
2. 条件分布的意义是什么,它与无条件分布的差别是什么?
3. 二维均匀分布的条件分布是否仍为均匀分布,为什么?

基 本 练 习 3.2

1. 设离散型随机变量 X 和 Y 的联合分布律为

X＼Y	0	1	2
0	$\dfrac{1}{4}$	$\dfrac{1}{6}$	$\dfrac{1}{8}$
1	$\dfrac{1}{4}$	$\dfrac{1}{8}$	$\dfrac{1}{12}$

试求 X 在 $Y = 0,1,2$ 及 Y 在 $X = 0,1$ 各个条件下的条件分布律。

2. 设二维连续型随机变量 (X,Y) 的概率密度为

$$f(x,y) = \begin{cases} 1 & |y| < x, 0 < x < 1 \\ 0 & \text{其它} \end{cases}$$

试求条件概率密度 $f_{X|Y}(x \mid y)$ 和 $f_{Y|X}(y \mid x)$ 及 $P\left\{Y > \dfrac{1}{2} \Big| X > \dfrac{1}{2}\right\}$。

3. 设二维连续型随机变量 (X,Y) 的概率密度函数为

$$f(x,y) = \begin{cases} Ae^{-(2x+3y)} & x > 0, y > 0 \\ 0 & \text{其它} \end{cases}$$

试确定常数 A，且求条件概率密度 $f_{X|Y}(x \mid y)$ 和 $f_{Y|X}(y \mid x)$。

4. 已知 $(X,Y) \sim N(0,0,1,1,\rho)$，试求 X 和 Y 的条件分布。

118

5. 设二维随机变量 (X,Y) 关于 Y 的边缘概率密度及 X 在 $Y = y$ 条件下的条件概率密度分别为

$$f_Y(y) = \begin{cases} 5y^4 & 0 < y < 1 \\ 0 & \text{其它} \end{cases}$$

$$f_{X|Y}(x \mid y) = \begin{cases} \dfrac{3x^2}{y^3} & 0 < x < y \\ 0 & \text{其它} \end{cases}$$

试求：$(1)\, f_{Y|X}(y \mid x)$；

$(2)\, P\left\{X > \dfrac{1}{2}\right\}$。

6. 设二维随机变量 (X,Y) 的概率密度为

$$f(x,y) = \begin{cases} 24(1-x)y & 0 < x < 1, 0 < y < x \\ 0 & \text{其它} \end{cases}$$

试求条件概率密度 $f_{X|Y}(x \mid y)$ 及 $f_{Y|X}(y \mid x)$。

7. 设随机变量 X 与 Y 的联合概率密度为

$$f(x,y) = \begin{cases} \dfrac{1}{y}e^{-y-\frac{x}{y}} & x > 0, y > 0 \\ 0 & \text{其它} \end{cases}$$

试求条件概率密度 $f_{X|Y}(x \mid y)$。

8. 设随机变量 X 服从 $N(m, T^2)$,在 $X = x$ 条件下随机变量 Y 的条件分布为 $N(x, \sigma^2)$。试求 Y 的概率密度。

§3.3 相互独立的随机变量

随机变量的独立性是概率论中又一个重要的概念。粗略的讲,若两个随机变量各自取值的概率互不影响时,我们称这两个变量是相互独立的。这个概念是由事件的独立性引伸而来。

定义 3.3.1 设 $F(x, y)$ 及 $F_X(x)$,$F_Y(y)$ 分别是二维随机变量 (X, Y) 的分布函数及边缘分布函数,若对于所有 x, y 有

$$P\{X \leqslant x, Y \leqslant y\} = P\{X \leqslant x\}P\{Y \leqslant y\} \tag{3.3.1}$$

即

$$F(x, y) = F_X(x)F_Y(y) \tag{3.3.2}$$

则称随机变量 X 和 Y 是相互独立的。

一、离散型随机变量情况

从式 (3.3.2) 容易证明,若 X, Y 是相互独立的离散型随机变量,具有以下充要条件:

定理 3.3.1 离散型随机变量 X 和 Y 相互独立的充要条件是它们的联合分布律等于两个边缘分布律的乘积,即

$$P\{X = x_i, Y = y_j\} = P\{X = x_i\}P\{Y = y_j\}$$

即

$$p_{ij} = p_{i\cdot} \cdot p_{\cdot j} \tag{3.3.3}$$

例 3.3.1 设离散型随机变量 X 与 Y 的联合分布律为

X \ Y	0	1
0	$\frac{1}{4}$	$\frac{1}{4}$
1	$\frac{1}{4}$	$\frac{1}{4}$

试问 X 与 Y 是否相互独立?

解:由 X 与 Y 的联合分布律可得 X 与 Y 的边缘分布律为

X	0	1
$p_{i\cdot}$	$\frac{1}{2}$	$\frac{1}{2}$

Y	0	1
$p_{\cdot j}$	$\frac{1}{2}$	$\frac{1}{2}$

易验证,对于所有的 $i = 1, 2, j = 1, 2$,均有 $p_{ij} = p_{i\cdot}p_{\cdot j}$,其中 $p_{1\cdot} = p_{2\cdot} = $

$p_{.1} = p_{.2} = \dfrac{1}{2}, p_{ij} = \dfrac{1}{4}, i = 1,2, j = 1,2$,故知此例中两随机变量 X 与 Y 是相互独立的。实际上,本例可作为一次抛两个均匀硬币的试验模型,可设随机变量 X 与 Y 分别为

$$X = \begin{cases} 0 & \text{甲币出现反面} \\ 1 & \text{甲币出现正面} \end{cases} \qquad Y = \begin{cases} 0 & \text{乙币出现反面} \\ 1 & \text{乙币出现正面} \end{cases}$$

则甲币出现正面与否是与乙币是否出现正面无关的,此即为相互独立的意义。

例 3.3.2　设二维随机变量 (X,Y) 服从二维两点分布,即其分布律为

X \ Y	0	1
0	$1-p$	0
1	0	p

$$0 < p < 1$$

试问 X 与 Y 是否相互独立?

解: 由 (X,Y) 的分布律易得 (X,Y) 的边缘分布律为

X	0	1
$p_{i.}$	$1-p$	p

Y	0	1
$p_{.j}$	$1-p$	p

即 $p_{1.} = 1 - p = p_{.1}, p_{2.} = p = p_{.2}$

而 $p_{11} = 1 - p \neq p_{1.} \cdot p_{.1} = (1-p)^2$

故由独立性定义知,随机变量 X 与 Y 不是相互独立的。

从上述两例可见,若欲判断两离散型随机变量是相互独立的,则需对所有的 i, j 验证等式

$$p_{ij} = p_{i.} \cdot p_{.j}$$

均成立;若欲判断两随机变量不是相互独立的,则只需寻出一对 i, j,确定有

$$p_{ij} \neq p_{i.} \cdot p_{.j}$$

则可断言两随机变量不是相互独立的。

例 3.3.3　设离散型随机变量 X 和 Y 的联合分布律为

X \ Y	1	2	3
1	$\dfrac{1}{6}$	$\dfrac{1}{9}$	$\dfrac{1}{18}$
2	$\dfrac{1}{3}$	α	β

试问 α, β 为什么数值时, X 和 Y 才是相互独立的?

解: 由 X, Y 的联合分布律可求得 X, Y 的边缘分布律如下:

X	1	2
$p_i.$	$\frac{1}{3}$	$\frac{1}{3} + \alpha + \beta$

Y	1	2	3
$p_{\cdot j}$	$\frac{1}{2}$	$\frac{1}{9} + \alpha$	$\frac{1}{18} + \beta$

要使 X 和 Y 相互独立，必须有

$$p_{ij} = p_i. \cdot p_{\cdot j} \quad i = 1,2; j = 1,2,3$$

已有
$$p_{11} = \frac{1}{6} = \frac{1}{3} \cdot \frac{1}{2} = p_1. \cdot p_{\cdot 1}$$

又应有
$$p_{12} = \frac{1}{9} = \frac{1}{3}\left(\frac{1}{9} + \alpha\right) = p_1.p_{\cdot 2} \Rightarrow \alpha = \frac{2}{9}$$

所以 X 的边缘分布律应为

X	1	2
$p_i.$	$\frac{1}{3}$	$\frac{1}{3} + \frac{2}{9} + \beta$

故由 $1 = p_1. + p_2. = \frac{1}{3} + \left(\frac{1}{3} + \frac{2}{9} + \beta\right) \Rightarrow \beta = \frac{1}{9}$

再验证所有的 $p_i. \cdot p_{\cdot j} = p_{ij}(i = 1,2; j = 1,2,3)$ 均成立，因此，取 $\alpha = \frac{2}{9}$，

$\beta = \frac{1}{9}$ 时，X 与 Y 就相互独立。

121

二、连续型随机变量情况

若 X 和 Y 为连续型随机变量，由式(3.3.2)可证明：

定理 3.3.2　　连续型随机变量 X 和 Y 相互独立的充要条件是它们的联合概率密度 $f(x,y)$ 等于边缘概率密度 $f_X(x)$ 和 $f_Y(y)$ 的乘积，即

$$f(x,y) = f_X(x)f_Y(y) \tag{3.3.4}$$

我们知道，二维正态随机变量 (X,Y) 的概率密度为

$$f(x,y) = \frac{1}{2\pi\sigma_1\sigma_2 \sqrt{1 - \rho^2}} e^{-\frac{1}{2(1-\rho^2)}\left[\frac{(x-\mu_1)^2}{\sigma_1^2} - 2\rho\frac{(x-\mu_1)(y-\mu_2)}{\sigma_1\sigma_2} + \frac{(y-\mu_2)^2}{\sigma_2^2}\right]}$$

$$-\infty < x < +\infty$$

$$-\infty < y < +\infty$$

其边缘概率密度分别为

$$f_X(x) = \frac{1}{\sqrt{2\pi}\sigma_1} e^{\frac{(x-\mu_1)^2}{2\sigma_1^2}} \quad -\infty < x < +\infty$$

$$f_Y(y) = \frac{1}{\sqrt{2\pi}\sigma_2} e^{-\frac{(y-\mu_2)^2}{2\sigma_2^2}} \quad -\infty < y < +\infty$$

可见,当参数 $\rho = 0$ 时有

$$f(x,y) = \frac{1}{2\pi\sigma_1\sigma_2}e^{-\frac{1}{2}\left[\frac{(x-\mu_1)^2}{\sigma_1^2}+\frac{(y-\mu_2)^2}{\sigma_2^2}\right]} =$$

$$\frac{1}{\sqrt{2\pi}\sigma_1}e^{-\frac{(x-\mu_1)^2}{2\sigma_1^2}} \cdot \frac{1}{\sqrt{2\pi}\sigma_2}e^{-\frac{(y-\mu_2)^2}{2\sigma_2^2}} = f_X(x)f_Y(y)$$

即 X 与 Y 相互独立。反之,若 X 与 Y 相互独立,有 $f(x,y) = f_X(x)f_Y(y)$,则 $\rho = 0$,即二维正态随机变量 (X,Y) 的两个变量相互独立的充要条件是 $\rho = 0$。

例 3.3.4 设连续型随机变量 X 和 Y 相互独立且同分布。它们都在区间 $(0,1)$ 上服从均匀分布,试求二次方程 $t^2 + Xt + Y = 0$ 有实根的概率。

解: 由题意

$$f_X(x) = \begin{cases} 1 & 0 < x < 1 \\ 0 & \text{其它} \end{cases}, \quad f_Y(y) = \begin{cases} 1 & 0 < y < 1 \\ 0 & \text{其它} \end{cases}$$

又 X 和 Y 相互独立,则其联合概率密度为

$$f(x,y) = f_X(x)f_Y(y) = \begin{cases} 1 & 0 < x < 1, 0 < y < 1 \\ 0 & \text{其它} \end{cases}$$

欲使方程 $t^2 + Xt + Y = 0$ 有实根,则其根的判别式

$$\Delta = X^2 - 4Y \geqslant 0$$

解得 $Y \leqslant \dfrac{X^2}{4}$,即随机点 (X,Y) 应落入如图 3.3.1 所示的阴影区域 D 上,则所求的概率为

$$P\left\{Y \leqslant \frac{X^2}{4}\right\} = \iint_D f(x,y)\,\mathrm{d}x\mathrm{d}y$$

$$D = \left\{(x,y) \mid 0 \leqslant x \leqslant 1, 0 < y < \frac{x^2}{4}\right\}$$

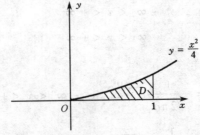

图 3.3.1

故所求概率为

$$P\left\{Y \leqslant \frac{X^2}{4}\right\} = \int_0^1 \left[\int_0^{\frac{x^2}{4}} 1 \mathrm{d}y\right] \mathrm{d}x = \int_0^1 \frac{x^2}{4} \mathrm{d}x = \frac{1}{12}$$

例3.3.5 设二维随机变量(X,Y)的概率密度为

$$f(x,y) = \begin{cases} 6xy^2 & 0 < x < 1, 0 < y < 1 \\ 0 & 其它 \end{cases}$$

试问随机变量X与Y是否独立？

解： 因为

$$f_X(x) = \int_{-\infty}^{+\infty} f(x,y)\mathrm{d}y =$$

$$\begin{cases} \int_0^1 6xy^2 \mathrm{d}y = 2x & 0 < x < 1 \\ \\ 0 & 其它 \end{cases}$$

$$f_Y(y) = \int_{-\infty}^{+\infty} f(x,y)\mathrm{d}x =$$

$$\begin{cases} \int_0^1 6xy^2 \mathrm{d}x = 3y^2 & 0 < y < 1 \\ \\ 0 & 其它 \end{cases}$$

易见$f(x,y) = f_X(x)f_Y(y)$，即X与Y相互独立。

例3.3.6 设(X,Y)的概率密度函数为

$$f(x,y) = \begin{cases} \dfrac{15}{2}x^2 & 0 < x < 1, x^2 < y < 1 \\ \\ 0 & 其它 \end{cases}$$

试判断X与Y是否相互独立。

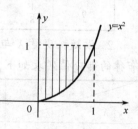

解： 参见图3.3.2，因为

图3.3.2

$$f_X(x) = \int_{-\infty}^{+\infty} f(x,y)\mathrm{d}y = \begin{cases} \int_{x^2}^1 \dfrac{15}{2}x^2 \mathrm{d}y = \dfrac{15}{2}x^2(1-x^2) & 0 < x < 1 \\ \\ 0 & 其它 \end{cases}$$

$$f_Y(y) = \int_{-\infty}^{+\infty} f(x,y)\mathrm{d}x = \begin{cases} \int_0^{\sqrt{y}} \dfrac{15}{2}x^2 \mathrm{d}x = \dfrac{5}{2}y^{\frac{3}{2}} & 0 < y < 1 \\ \\ 0 & 其它 \end{cases}$$

123

易见 $f(x,y) \neq f_X(x)f_Y(y)$，所以 X 与 Y 非独立。

思 考 题 3.3

1. 若 (X,Y) 的概率密度 $f(x,y)$ 可分解为 $h(x)g(y)$ 形式，是否 X 与 Y 必定相互独立?

2. 若 X 与 Y 的分布类型相同，它们是否独立。参见例子 $X \sim N(0,1)$，$Y \sim N(0,1)$，它们是否必定相互独立?

3. 事件的独立性与随机变量的相互独立性有何区别?

4. 若随机变量 X 以概率 1 取常数 C，则它与任何随机变量独立，对吗?

基 本 练 习 3.3

1. 设离散型随机变量 (X,Y) 具有下述分布律，X 与 Y 是否独立?

(1)

X \ Y	-1	0	1
1	$\frac{1}{4}$	$\frac{1}{6}$	$\frac{1}{12}$
4	$\frac{1}{8}$	$\frac{1}{12}$	$\frac{1}{24}$
9	$\frac{1}{8}$	$\frac{1}{12}$	$\frac{1}{24}$

(2)

X \ Y	1	0	1
-1	$\frac{1}{2}$	0	$\frac{1}{6}$
-2	0	$\frac{1}{3}$	0

2. 设随机变量 X 与 Y，相互独立且 X 与 Y 的联合分布律及关于 X,Y 的边缘分布律的部分值列表如下，试填出表中未知数值:

X \ Y	y_1	y_2	y_3	$P(X = x_i)$
x_1		$\frac{1}{8}$		
x_2	$\frac{1}{8}$			
$P(Y = y_j)$	$\frac{1}{6}$			1

3. 设随机变量 X 与 Y 的边缘分布律为

X	-1	0	1
p_i	$\frac{1}{4}$	$\frac{1}{2}$	$\frac{1}{4}$

Y	0	1
p_j	$\frac{1}{2}$	$\frac{1}{2}$

且有 $P(XY = 0) = 1$,试求:

(1)X 与 Y 的联合分布律;

(2)X 与 Y 是否相互独立,为什么?

4. 设连续型随机变量(X,Y) 具有下述概率密度,X 与 Y 是否独立?

$$(1)f(x,y) = \begin{cases} \dfrac{xe^{-x}}{(1 + y)^2} & x > 0,y > 0 \\ 0 & 其它 \end{cases}$$

$$(2)f(x,y) = \begin{cases} \dfrac{3}{2} & -(x - 1)^2 < y < (x - 1)^2,0 < x < 1 \\ 0 & 其它 \end{cases}$$

5. 设连续型随机变量 X 与 Y 相互独立,且均服从 $N(0,1)$,试求概率 $P\{X^2 + Y^2 \leqslant 1\}$(采用极坐标换元积分法)。

6. 某公司经理到达办公室的时间均匀分布在8:00 ~ 12:00,他的秘书到达办公室的时间均匀分布在7:00 ~ 9:00,设他们两人到达的时间是相互独立的,求他们到达办公室的时间相差不超过 $5\min\left(\dfrac{1}{12}\text{h}\right)$ 的概率。

7. 设 X 与 Y 是两个相互独立的随机变量,X 在区间$(0,1)$ 上服从均匀分布,Y 服从参数为1/2的指数分布。设有 a 的二次方程为 $a^2 + 2aX + Y = 0$,试求此方程有实根的概率。

125

8. 甲、乙两艘轮船驶向一个不能同时停泊两艘轮船的码头停泊,它们在一昼夜内到达的时刻是等可能的。如果甲船的停泊时间是1h,乙船的停泊时间是2h,试求它们中任一艘船都不需要等待码头空出的概率。

§3.4 两个随机变量的函数的分布

若随机变量(X,Y) 的分布已知,则我们可求其函数 $Z = g(X,Y)$ 的分布,但由于各种函数情况复杂,对于离散型随机变量的函数的分布易于求出,但对于连续型随机变量的函数的分布,难于找到一般的求法,故此处我们仅讨论几个最简单,具体实用的函数情况。

一、两个离散型随机变量的函数的分布

1. $Z = g(X,Y)$ 的概率分布的一般求法

设(X,Y) 为离散型随机变量,其概率分布为

$$P\{X = x_i,Y = y_j\} = p_{ij} \quad i,j = 1,2,\cdots$$

则 $Z = g(X,Y)$ 的概率分布的一般求法是:先确定函数 $Z = g(X,Y)$ 的全部可

能取值 $z = g(x_i, y_j)\ (i, j = 1, 2, \cdots)$;再确定相应概率

$$P\{Z = g(x_i, y_j)\} = P\{X = x_i, Y = y_j\} = p_{ij}$$

然后将 $z = g(x_i, y_j)\ (i, j = 1, 2, \cdots)$ 中相同的值合并,相应的概率相加,并将 z 值按从小到大的顺序重新排列,且与其概率对应,即可写出 $Z = g(X, Y)$ 的概率分布。

例 3.4.1 设随机变量 (X, Y) 的分布律为

X\Y	0	1	2
0	0.24	0.18	0.11
1	0.15	0.20	0.12

试求:(1) $Z_1 = X + Y$ 的概率分布;(2) $Z_2 = XY$ 的概率分布;(3) $Z_3 = \max(X, Y)$ 的概率分布。

解:(1) 因为 $Z_1 = X + Y$ 的全部可能取值及其对应的 (X, Y) 值与相应概率为:

$Z_1(X,Y)$	0(0,0)	1(0,1)	2(0,2)	1(1,0)	2(1,1)	3(1,2)
p_k	0.24	0.18	0.11	0.15	0.20	0.12

可见:
$$P\{Z_1 = 0\} = P\{X = 0, Y = 0\} = 0.24$$
$$P\{Z_1 = 1\} = P\{X = 0, Y = 1\} + P\{X = 1, Y = 0\} = 0.18 + 0.15 = 0.33$$
$$P\{Z_1 = 2\} = P\{X = 0, Y = 2\} + P\{X = 1, Y = 1\} = 0.11 + 0.20 = 0.31$$
$$P\{Z_1 = 3\} = P\{X = 1, Y = 2\} = 0.12$$

所以得 $Z_1 = X + Y$ 的概率分布为

Z_1	0	1	2	3
p_k	0.24	0.33	0.31	0.12

(2) 同(1)计算可得 $Z_2 = XY$ 的概率分布为

Z_2	0	1	2
p_k	0.24 + 0.18 + 0.11 + 0.15 = 0.69	0.20	0.12

(3) $Z_3 = \max(X, Y)$ 的可能取值为 0, 1, 2,

可见:
$$P\{Z_3 = 0\} = P\{X = 0, Y = 0\} = 0.24$$
$$P\{Z_3 = 1\} = P\{X = 0, Y = 1\} + P\{X = 1, Y = 0\} + P\{X = 1, Y = 1\}$$
$$= 0.18 + 0.15 + 0.20 = 0.53$$
$$P\{Z_3 = 2\} = P\{X = 0, Y = 2\} + P\{X = 1, Y = 2\} = 0.11 + 0.12 = 0.23$$

所以得 $Z_3 = \max(X, Y)$ 的概率分布为

Z_3	0	1	2
p_k	0.24	0.53	0.23

2. 两个离散型随机变量和的概率分布公式

设 (X, Y) 为离散型随机变量,其概率分布为

$$P\{X = x_i, Y = y_j\} = p_{ij} \quad i, j = 1, 2, \cdots$$

则 $Z = X + Y$ 的概率分布为：

$$P\{Z = z_k\} = \sum_i P\{X = x_i, Y = z_k - x_i\} \quad k = 1, 2, \cdots \tag{3.4.1}$$

或

$$P\{Z = z_k\} = \sum_i P\{Y = y_j, X = z_k - y_j\} \quad k = 1, 2, \cdots \tag{3.4.2}$$

其中 i, j, k 均为自然数，$\sum\limits_i$ 与 $\sum\limits_j$ 是对所有满足等式 $z_k = x_i + y_j$ 的有序自然数对 (i, j) 求和。

特别地，当 X 与 Y 相互独立时，上述公式为

$$P\{Z = z_k\} = \sum_i P\{X = x_i\} P\{Y = z_k - x_i\} \quad k = 1, 2, \cdots \tag{3.4.3}$$

$$P\{Z = z_k\} = \sum_j P\{Y = y_j\} P\{X = z_k - y_j\} \quad k = 1, 2, \cdots \tag{3.4.4}$$

此时若 X 与 Y 的取值均为 $0, 1, 2, \cdots$，则 $Z = X + Y$ 的取值亦为 $0, 1, 2, \cdots$，其概率分布公式为

$$P\{Z = k\} = \sum_{i=0}^{k} P\{X = i\} P\{Y = k - i\} = \sum_{j=0}^{k} P\{Y = j\} P\{X = k - j\}$$

$$\tag{3.4.5}$$

例 3.4.2　设 X, Y 是两个相互独立同 $(0-1)$ 分布的随机变量，参数为 p，试证 $Z = X + Y$ 服从二项分布 $B(2, p)$。

证：由题意 X 与 Y 相互独立，且

$$P\{X = 0\} = 1 - p \quad P\{X = 1\} = p$$
$$P\{Y = 0\} = 1 - p \quad P\{Y = 1\} = p$$

故

$$P\{Z = k\} = \sum_{i=0}^{k} P\{X = i\} P\{Y = k - i\} \quad k = 0, 1, 2$$

即

$$P\{Z = 0\} = P\{X = 0\} P\{Y = 0\} = (1 - p)(1 - p) =$$
$$(1 - p)^2 = \binom{2}{0} p^0 (1 - p)^2$$

$$P\{Z = 1\} = \sum_{i=0}^{1} P\{X = i\} P\{Y = 1 - i\} =$$
$$P\{X = 0\} P\{Y = 1\} + P\{X = 1\} P\{Y = 0\} =$$
$$2(1 - p)p = \binom{2}{1} p^1 (1 - p)^{2-1}$$

$$P\{Z = 2\} = \sum_{i=0}^{2} P\{X = i\} P\{Y = 2 - i\} =$$
$$P\{X = 0\} P\{Y = 2\} + P\{X = 1\} P\{Y = 1\} +$$

$$P\{X = 2\}P\{Y = 0\} = p^2 = \binom{2}{2}p^2(1 - p)^{2-2}$$

即

$$P\{Z = k\} = \binom{2}{k}p^k(1 - p)^{2-k} \quad k = 0,1,2$$

也就是说

$$Z \sim B(2,p)$$

例 3.4.3   设 X,Y 是两个相互独立的随机变量,且 $X \sim \pi(\lambda_1)$, $Y \sim \pi(\lambda_2)$,试证 $Z = X + Y$ 服从泊松分布 $\pi(\lambda_1 + \lambda_2)$ 。

证:由题意 X 与 Y 相互独立,且

$$P\{X = i\} = \frac{\lambda_1^i \mathrm{e}^{-\lambda_1}}{i!} \quad i = 0,1,2,\cdots, P\{Y = j\} = \frac{\lambda_2^j \mathrm{e}^{-\lambda_2}}{j!} \quad j = 0,1,2,\cdots$$

故

$$P\{Z = k\} = \sum_{i=0}^{k} P\{X = i\}P\{Y = k - i\} =$$

$$\sum_{i=0}^{k} \frac{\lambda_1^i \mathrm{e}^{-\lambda_1}}{i!} \cdot \frac{\lambda_2^{k-i} \mathrm{e}^{-\lambda_2}}{(k - i)!} = \frac{\mathrm{e}^{-(\lambda_1 + \lambda_2)}}{k!} \sum_{i=0}^{k} \frac{k!}{i!(k - i)!}\lambda_1^i \lambda_2^{k-i} =$$

$$\frac{\mathrm{e}^{-(\lambda_1 + \lambda_2)}}{k!}(\lambda_1 + \lambda_2)^k \quad k = 0,1,2,\cdots$$

这表明 $Z = X + Y$ 服从泊松分布 $\pi(\lambda_1 + \lambda_2)$ 。

二、两个连续型随机变量的函数的分布

1. 随机变量和的分布

若 (X,Y) 的概率密度为 $f(x,y)$,则 $Z = X + Y$ 的分布函数为

$$F_Z(z) = P\{Z \leqslant z\} = \iint_D f(x,y)\,\mathrm{d}x\mathrm{d}y$$

这里积分区域 $D = \{(x,y) \mid x + y \leqslant z\}$ 是直线 $x + y = z$ 的左下方的半平面,如图 3.4.1 所示。

化成累次积分得

$$F_Z(z) = \int_{-\infty}^{+\infty} \left[\int_{-\infty}^{z-y} f(x,y)\,\mathrm{d}x\right]\mathrm{d}y$$

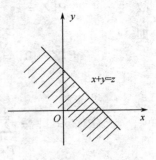

图 3.4.1

固定 z 和 y ,对积分 $\int_{-\infty}^{z-y} f(x,y)\,\mathrm{d}x$ 作变量代换,

令 $x = u - y$,则

当 $x: -\infty \rightarrow z - y$ 有 $u: -\infty \rightarrow z$

且 $\mathrm{d}x = \mathrm{d}u$

故

$$\int_{-\infty}^{z-y} f(x,y)\,\mathrm{d}x = \int_{-\infty}^{z} f(u - y,y)\,\mathrm{d}u$$

于是 $\qquad F_Z(z) = \displaystyle\int_{-\infty}^{+\infty}\int_{-\infty}^{z} f(u-y,y)\,\mathrm{d}u\mathrm{d}y = \int_{-\infty}^{z}\left[\int_{-\infty}^{+\infty} f(u-y,y)\,\mathrm{d}y\right]\mathrm{d}u$

由概率密度的定义,或对 z 求导即得 Z 的概率密度为

$$f_Z(z) = \int_{-\infty}^{+\infty} f(z-y,y)\,\mathrm{d}y \qquad\qquad (3.4.6)$$

由 X,Y 的对称性, $f_Z(z)$ 又可写成

$$f_Z(z) = \int_{-\infty}^{+\infty} f(x,z-x)\,\mathrm{d}x \qquad\qquad (3.4.7)$$

如此,若已知 (X,Y) 的概率密度 $f(x,y)$,则随机变量 X 与 Y 的和 $Z = X + Y$ 的概率密度即可由式(3.4.6) 或式(3.4.7) 求出。特别地,当 X 与 Y 相互独立时,设 X,Y 的边缘概率密度为 $f_X(x)$, $f_Y(y)$,则由独立性定义

$$f(x,y) = f_X(x)f_Y(y)$$

$$f_Z(z) = \int_{-\infty}^{+\infty} f_X(z-y)f_Y(y)\,\mathrm{d}y \qquad\qquad (3.4.8)$$

$$f_Z(z) = \int_{-\infty}^{+\infty} f_X(x)f_Y(z-x)\,\mathrm{d}x \qquad\qquad (3.4.9)$$

式(3.4.8) 与式(3.4.9) 称为卷积分式,记为 $f_X * f_Y$,即

$$f_X * f_Y = \int_{-\infty}^{+\infty} f_X(z-y)f_Y(y)\,\mathrm{d}y = \int_{-\infty}^{+\infty} f_X(x)f_Y(z-x)\,\mathrm{d}x$$

例3.4.4 设 X 和 Y 是两个相互独立的随机变量,它们都服从 $N(0,1)$ 分布,试求 $Z = X + Y$ 的概率密度。

解:由式(3.4.9) 知

$$f_Z(z) = \int_{-\infty}^{+\infty} f_X(x)f_Y(z-x)\,\mathrm{d}x = \frac{1}{2\pi}\int_{-\infty}^{+\infty} \mathrm{e}^{-\frac{x^2}{2}}\cdot\mathrm{e}^{-\frac{(z-x)^2}{2}}\,\mathrm{d}x = \frac{1}{2\pi}\mathrm{e}^{-\frac{z^2}{4}}\int_{-\infty}^{+\infty} \mathrm{e}^{-\left(x-\frac{z}{2}\right)^2}\,\mathrm{d}x$$

令 $$\frac{t}{\sqrt{2}} = x - \frac{z}{2}$$

$$\int_{-\infty}^{+\infty} \mathrm{e}^{-\left(x-\frac{z}{2}\right)^2}\,\mathrm{d}x = \int_{-\infty}^{+\infty} \mathrm{e}^{-\frac{t^2}{2}}\frac{\mathrm{d}t}{\sqrt{2}} = \sqrt{\pi}\left[\int_{-\infty}^{+\infty} \frac{1}{\sqrt{2\pi}}\mathrm{e}^{-\frac{t^2}{2}}\,\mathrm{d}t\right] = \sqrt{\pi}$$

所以 $\qquad f_Z(z) = \dfrac{1}{2\sqrt{\pi}}\mathrm{e}^{-\frac{z^2}{4}} = \dfrac{1}{\sqrt{2\pi}\sqrt{2}}\mathrm{e}^{-\frac{z^2}{2(\sqrt{2})^2}} \qquad -\infty < z < +\infty$

即 $\qquad\qquad\qquad Z = X + Y \sim N(0,2)$ 分布

一般地,若 X 与 Y 相互独立,且 $X \sim N(\mu_1,\sigma_1^2)$, $Y \sim N(\mu_2,\sigma_2^2)$,由式(3.4.9) 易计算得知 $Z = X + Y \sim N(\mu_1+\mu_2,\sigma_1^2+\sigma_2^2)$ 分布。

例3.4.5 设随机变量 X 与 Y 相互独立,且 $X \sim N(\mu,\sigma^2)$ 分布, $Y \sim U(-a,a)$ 分布,试求 $Z = X + Y$ 的概率密度。

解:由题意知 X 与 Y 相互独立且其边缘密度分别为

$$f_X(x) = \frac{1}{\sqrt{2\pi}\sigma} e^{-\frac{(x-\mu)^2}{2\sigma^2}} \quad -\infty < x < +\infty$$

$$f_Y(y) = \begin{cases} \dfrac{1}{2a} & -a < y < a \\ 0 & \text{其它} \end{cases}$$

其式(3.4.8)得 $Z = X + Y$ 的概率密度为

$$f_Z(z) = \int_{-\infty}^{+\infty} f_X(z-y)f_Y(y)\mathrm{d}y = \int_{-a}^{a} \frac{1}{\sqrt{2\pi}\sigma} e^{-\frac{(z-y-\mu)^2}{2\sigma^2}} \cdot \frac{1}{2a}\mathrm{d}y = \frac{1}{2a\sqrt{2\pi}} \int_{-a}^{a} e^{-\frac{(z-y-\mu)^2}{2\sigma^2}}\mathrm{d}y$$

令

$$\frac{z-y-\mu}{\sigma} = t$$

即得

$$f_Z(z) = \frac{-1}{2a\sqrt{2\pi}} \int_{\frac{z+y-\mu}{\sigma}}^{\frac{z-a-\mu}{\sigma}} e^{-\frac{t^2}{2}}\mathrm{d}t = \frac{1}{2a}\left[\Phi\left(\frac{z+a-\mu}{\sigma}\right) - \Phi\left(\frac{z-a-\mu}{\sigma}\right) \right]$$

特别地,当 $X \sim N(0,1)$,$Y \sim U(-1,1)$ 时,$Z = X + Y$ 的概率密度为

$$f_Z(z) = \frac{1}{2}\left[\Phi(z+1) - \Phi(z-1) \right] \quad -\infty < z < +\infty$$

例 3.4.6 设随机变量 X 与 Y 相互独立,分别服从参数 $\alpha_1,\beta;\alpha_2,\beta$ 的 Γ 分布 $\Gamma(\alpha_1,\beta)$ 及 $\Gamma(\alpha_2,\beta)$,即 X,Y 的概率密度分别为

$$f_X(x) = \begin{cases} \dfrac{\beta}{\Gamma(\alpha_1)}(\beta x)^{\alpha_1-1}e^{-\beta x} & x > 0 \\ 0 & x \leqslant 0 \end{cases} \qquad \alpha_1 > 0,\beta > 0$$

$$f_Y(y) = \begin{cases} \dfrac{\beta}{\Gamma(\alpha_2)}(\beta y)^{\alpha_2-1}e^{-\beta y} & y > 0 \\ 0 & y \leqslant 0 \end{cases} \qquad \alpha_2 > 0,\beta > 0$$

试证明 $Z = X + Y$ 服从参数为 $\alpha_1 + \alpha_2,\beta$ 的 Γ 分布 $\Gamma(\alpha_1 + \alpha_2,\beta)$。

证: 由式(3.4.9)可知,$Z = X + Y$ 的概率密度为

$$f_Z(z) = \int_{-\infty}^{+\infty} f_X(x)f_Y(z-x)\mathrm{d}x$$

注意 X 的概率密度 $f_X(x)$ 满足:当 $x \leqslant 0$ 时,$f_X(x) = 0$,当 $x > 0$ 时,$f_X(x) > 0$,故上述积分式中可看出:只当 $x > 0$,且 $z - x > 0$ 及 $z > 0$ 时,即 $0 < x < z$,及 $z > 0$ 时,才有 $f_X(x)f_Y(z-x) > 0$。所以需按 z 的取值分段讨论:

(1) 当 $z \leqslant 0$ 时,$f_X(x)f_Y(z-x) = 0$,从而得 $f_Z(z) = 0$;

(2) 当 $z > 0$ 时,在 $0 < x < z$ 时,才有 $f_X(x)f_Y(z-x) > 0$,从而得

$$f_Z(z) = \int_0^z \frac{\beta}{\Gamma(\alpha_1)}(\beta x)^{\alpha_1-1}e^{-\beta x}\frac{\beta}{\Gamma(\alpha_2)}[\beta(z-x)]^{\alpha_2-1}e^{-\beta(z-x)}\mathrm{d}x \overset{\text{令}x=zt}{=\!=\!=}$$

$$\frac{\beta}{\Gamma(\alpha_1)\Gamma(\alpha_2)}(\beta z)^{\alpha_1+\alpha_2-1}e^{-\beta z}\int_0^1 t^{\alpha_1-1}(1-t)^{\alpha_2-1}\mathrm{d}t$$

注意 B 函数为

$$B(\alpha_1, \alpha_2) = \int_0^1 t^{\alpha_2-1}(1-t)^{\alpha_1-1}dt = \frac{\Gamma(\alpha_1)\Gamma(\alpha_2)}{\Gamma(\alpha_1+\alpha_2)} \tag{3.4.10}$$

其中 Γ 函数

$$\Gamma(\alpha) = \int_0^{+\infty} x^{\alpha-1}e^{-x}dx \quad \alpha > -1$$

故有

$$f_Z(z) = \frac{\beta}{\Gamma(\alpha_1+\alpha_2)}(\beta z)^{\alpha_1+\alpha_2-1}e^{-\beta z}$$

可见 $Z = X + Y \sim \Gamma(\alpha_1+\alpha_2, \beta)$ 分布。

例3.4.7　在一简单电路中,两电阻 R_1 和 R_1 串联,设 R_1, R_2 相互独立,它们的概率密度为

$$f(x) = \begin{cases} \dfrac{10-x}{50} & 0 \le x \le 10 \\ 0 & \text{其它} \end{cases}$$

试求总电阻 $R = R_1 + R_2$ 的概率密度。

解:由式(3.4.9), $R = R_1 + R_2$ 的概率密度为

$$f_R(z) = \int_{-\infty}^{+\infty} f(x)f(z-x)dx$$

注意只当 $0 < x < 10$ 时, X 的概率密度 $f(x) > 0$;只当 $0 < y < 10$ 时, Y 的概率密度 $f(y) > 0$;故从上述积分式中可看出:只当 $0 < x < 10$,且 $0 < z - x < 10$,及 $z > 0$ 时,即当 $0 < x < 10$,且 $z - 10 < x < z$,及 $z > 0$ 时,才有 $f(x)f(z-x) > 0$。所以还需按 z 的取值分段讨论:

(1) 当 $z \le 0$ 时, $f_X(x)f_Y(z-x) = 0$,从而得 $f_Z(z) = 0$;

(2) 当 $0 < z < 10$ 时,只当 $0 < x < z$ 时有 $f_X(x)f_Y(z-x) > 0$,故此时

$$f_Z(z) = \int_0^z \frac{10-x}{50}\frac{10-(z-x)}{50}dx = \frac{1}{15000}(600z - 60z^2 + z^3);$$

(3) 当 $10 < z < 20$ 时,只当 $z - 10 < x < 10$ 时有 $f_X(x)f_Y(z-x) > 0$,故此时

$$f_Z(z) = \int_{z-10}^{10} \frac{10-x}{50}\frac{10-(z-x)}{50}dx = \frac{1}{15000}(20-z)^3;$$

(4) 当 $z \ge 20$ 时, $f_X(x)f_Y(z-x) = 0$,从而得 $f_Z(z) = 0$。

故得 $R = R_1 + R_2$ 的概率密度为

$$f_R(z) = \begin{cases} \dfrac{1}{15000}(600z - 60z^2 + z^3) & 0 \le z \le 10 \\ \dfrac{1}{15000}(20-z)^3 & 10 \le z \le 20 \\ 0 & \text{其它} \end{cases}$$

实际上,$f_Z(z)$ 的表达式也可由图 3.4.2 按 z 的取值得出积分上、下限进行计算得出。

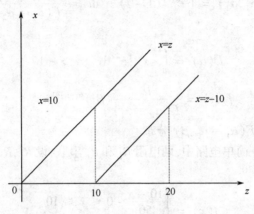

图 3.4.2

*2. 随机变量的商的分布

若已知 (X,Y) 的概率密度为 $f(x,y)$,则 $Z = \dfrac{X}{Y}$ 的分布函数为

$$F_Z(z) = P\{Z \leqslant z\} = P\left\{\frac{X}{Y} \leqslant z\right\} = \iint\limits_{D_1} f(x,y)\,\mathrm{d}x\mathrm{d}y + \iint\limits_{D_2} f(x,y)\,\mathrm{d}x\mathrm{d}y$$

其中积分区域

$$D_1 = \{(x,y) \mid 0 < y < +\infty, -\infty < x < yz\}$$

$$D_2 = \{(x,y) \mid -\infty < y < 0, yz < x < +\infty\}$$

如图 3.4.3 所示。而

$$\iint\limits_{D_1} f(x,y)\,\mathrm{d}x\mathrm{d}y = \int_0^{+\infty}\left[\int_{-\infty}^{yx} f(x,y)\,\mathrm{d}x\right]\mathrm{d}y$$

固定 x,y,对积分 $\int_{-\infty}^{yz} f(x,y)\,\mathrm{d}x$ 作变量变换,

令 $u = x/y\,(y > 0)$,则 $x = yu$

当 $\qquad x: -\infty \to yz$ 有 $u: -\infty \to z$

且 $\mathrm{d}x = y\mathrm{d}u$,得

$$\int_{-\infty}^{yz} f(x,y)\,\mathrm{d}x = \int_{-\infty}^{z} yf(yu,y)\,\mathrm{d}u$$

故有 $\qquad \displaystyle\iint\limits_{D_1} f(x,y)\,\mathrm{d}x\mathrm{d}y = \int_0^{+\infty}\int_{-\infty}^{z} yf(yu,y)\,\mathrm{d}u\mathrm{d}y =$

$$\int_{-\infty}^{z}\left[\int_0^{+\infty} yf(yu,y)\,\mathrm{d}y\right]\mathrm{d}u$$

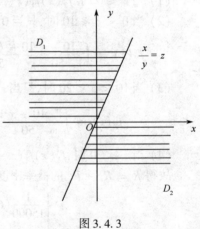

图 3.4.3

类似可得

$$\iint\limits_{D_1} f(x,y)\,\mathrm{d}x\mathrm{d}y = \int_{-\infty}^{0}\int_{yz}^{+\infty} f(x,y)\,\mathrm{d}x\mathrm{d}y \xlongequal{u=x/y(y<0)} \int_{-\infty}^{0}\int_{z}^{+\infty} yf(yu,y)\,\mathrm{d}u\mathrm{d}y =$$

$$\iint\limits_{D_1} f(x,y)\,\mathrm{d}x\mathrm{d}y = -\int_{-\infty}^{z}\left[\int_{-\infty}^{0} yf(yu,y)\,\mathrm{d}y\right]\mathrm{d}u$$

所以

$$F_Z(z) = \iint\limits_{D_1} f(x,y)\,\mathrm{d}x\mathrm{d}y + \iint\limits_{D_2} f(x,y)\,\mathrm{d}x\mathrm{d}y =$$

$$\int_{-\infty}^{z}\left[\int_{0}^{+\infty} yf(yu,y)\,\mathrm{d}y - \int_{-\infty}^{0} yf(yu,y)\,\mathrm{d}y\right]\mathrm{d}u =$$

$$\int_{-\infty}^{z}\left[\int_{-\infty}^{+\infty} \mid y\mid f(yu,y)\,\mathrm{d}u\right]\mathrm{d}u$$

即

$$f_Z(z) = \int_{-\infty}^{+\infty} \mid y\mid f(yz,y)$$

特别,当 X,Y 为相互独立的随机变量时,上式化为

$$f_Z(z) = \int_{-\infty}^{+\infty} \mid y\mid f_X(yz)f_Y(y)\,\mathrm{d}y \qquad (3.4.11)$$

例3.4.8 设 X,Y 分别表示两只不同型号的灯泡的寿命,X,Y 相互独立,它们的概率密度依次为

$$f(x) = \begin{cases} e^{-x} & x > 0 \\ 0 & 其它 \end{cases} \qquad g(y) = \begin{cases} 2e^{-2y} & y > 0 \\ 0 & 其它 \end{cases}$$

试求 $Z = \dfrac{X}{Y}$ 的概率密度。

解: 由式(3.4.11),$Z = \dfrac{X}{Y}$ 的概率密度为

$$f_Z(z) = \int_{-\infty}^{+\infty} \mid y\mid f(yz)g(y)\,\mathrm{d}y =$$

$$\int_{0}^{+\infty} ye^{-yz}\cdot 2e^{-2y}\,\mathrm{d}y = \frac{2}{(2+z)^2} \qquad 当 z > 0 时,$$

且 $f_Z(z) = 0$,当 $z \leqslant 0$ 时,

即

$$f_Z(z) = \begin{cases} \dfrac{2}{(2+z)^2} & z > 0 \\ 0 & z \leqslant 0 \end{cases}$$

例3.4.9 设 X 和 Y 是两个相互独立的标准正态随机变量,求 $Z = \dfrac{X}{Y}$ 的概率密度。

解: 由式(3.4.11) 得,$Z = \dfrac{X}{Y}$ 的概率密度为

$$f_Z(z) = \int_{-\infty}^{+\infty} |y| \varphi(yz) \varphi(y) \mathrm{d}y = \int_{-\infty}^{+\infty} |y| \frac{1}{\sqrt{2\pi}} e^{-\frac{(yz)^2}{e}} \frac{1}{\sqrt{2\pi}} e^{-\frac{y^2}{2}} \mathrm{d}y =$$

$$\frac{2}{2\pi} \int_0^{+\infty} y e^{-\frac{y^2(1+z^2)}{2}} \mathrm{d}y = \frac{1}{\pi} \cdot \frac{-1}{1+z^2} e^{-\frac{y^2(1+z^2)}{2}} \Big|_0^{+\infty} =$$

$$\frac{1}{\pi(1+z^2)} \quad -\infty < z < +\infty$$

这是服从柯西(Cauchy)分布的随机变量的概率密度,即 $Z \sim C(1,0)$。一般地,若 X 的概率密度为

$$f(x) = \frac{1}{\pi} \cdot \frac{\lambda}{\lambda^2 + (x-\mu)^2} \quad -\infty < x < +\infty, \lambda > 0 \qquad (3.4.12)$$

则称 X 服从柯西分布,记作 $X \sim C(\lambda,\mu)$。

3. 随机变量的极值的分布

设 X,Y 是两个相互独立的随机变量,称 $M = \max(X,Y)$ 为最大值变量,$N = \min(X,Y)$ 为最小值变量,统称为极值变量。若已知 X,Y 的分布函数为 $F_X(x)$,$F_Y(y)$,则容易求得 M 与 N 的分布函数。

由于事件"$M = \max(X,Y)$ 不大于 z"等价于事件"X 和 Y 都不大于 z",故

$$P\{M \leq z\} = P\{X \leq z, Y \leq z\}$$

而 X,Y 相互独立,故 $M = \max(X,Y)$ 的分布函数为

$$F_{\max}(z) = P\{M \leq z\} = P\{X \leq z\}P\{Y \leq z\} = F_X(z)F_Y(z) \qquad (3.4.13)$$

类似地,$N = \min(X,Y)$ 的分布函数为

$$F_{\min}(z) = P\{N \leq z\} = 1 - P\{N > z\} =$$

$$1 - P\{X > z, Y > z\} = 1 - P\{X > z\}P\{Y > z\}$$

即

$$F_{\min}(z) = 1 - [1 - F_X(z)][1 - F_Y(z)] \qquad (3.4.14)$$

例 3.4.10 设系统 L 由两个相互独立的子系统 L_1,L_2 联接而成,联接的方式分别为(1)串联,(2)并联,(3)备用(当系统 L_1 损坏时,系统 L_2 开始工作),如图 3.4.4 所示。设 L_1,L_2 的寿命分别为 X,Y,已知它们的概率密度分别为

$$f_X(x) = \begin{cases} \alpha e^{-\alpha x} & x > 0, \alpha > 0 \\ 0 & x \leq 0 \end{cases}, \quad f_Y(y) = \begin{cases} \beta e^{-\beta y} & y > 0, \beta > 0, \beta \neq \alpha \\ 0 & y \leq 0 \end{cases}$$

试分别就以上 3 种联接方式写出 L 的寿命 Z 的概率密度。

解:(1)串联情况时,当 L_1,L_2 中有一个损坏,则系统 L 停止工作,故此时 L 的寿命应为

$$Z = \min(X,Y)$$

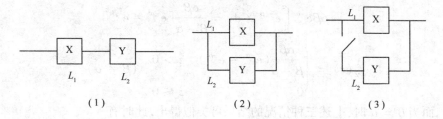

（1）　　　　　（2）　　　　　（3）

图 3.4.4

而由题意容易得出 X, Y 的分布函数分别为

$$F_X(x) = \begin{cases} 1 - e^{-\alpha x} & x > 0 \\ 0 & x \leqslant 0 \end{cases}$$

$$F_Y(y) = \begin{cases} 1 - e^{-\beta y} & y > 0 \\ 0 & y \leqslant 0 \end{cases}$$

再由式(3.4.14)可得 $Z = \min(X, Y)$ 的分布函数为

$$F_{\min}(z) = 1 - [1 - F_X(z)][1 - F_Y(z)] = \begin{cases} 1 - e^{-(\alpha + \beta)z} & z > 0 \\ 0 & z < 0 \end{cases}$$

其概率密度为

$$f_{\min}(z) = \begin{cases} (\alpha + \beta) e^{-(\alpha + \beta)z} & z > 0 \\ 0 & z \leqslant 0 \end{cases}$$

135

（2）并联的情况时，当且仅当 L_1, L_2 都损坏时，系统 L 才停止工作，故此时 L 的寿命应为

$$Z = \max(X, Y)$$

由式(3.4.13)即得 $Z = \max(X, Y)$ 的分布函数为

$$F_{\max}(z) = F_X(z) F_Y(z) = \begin{cases} (1 - e^{-\alpha z})(1 - e^{-\beta z}) & z > 0 \\ 0 & z \leqslant 0 \end{cases}$$

于是其概率密度为

$$f_{\max}(z) = \begin{cases} \alpha e^{-\alpha z} + \beta e^{-\beta z} - (\alpha + \beta) e^{-(\alpha + \beta)z} & z > 0 \\ 0 & z \leqslant 0 \end{cases}$$

（3）备用的情况时，当 L_1 损坏时 L_2 才开始工作，因此整个系统 L 的寿命 Z 是 L_1, L_2 两者寿命之和，即

$$Z = X + Y$$

显然，当 $z < 0$ 时，$F_Z(z) = P\{X + Y < 0\} = 0$ 得 $f_Z(z) = 0$；

当 $z > 0$ 时，由式(3.4.8)可得 $Z = X + Y$ 的概率密度为

$$f_Z(z) = \int_{-\infty}^{+\infty} f_X(z - y) f_Y(y) \, \mathrm{d}y = \int_0^z \alpha e^{-\alpha(z-y)} \beta e^{-\beta y} \, \mathrm{d}y =$$

$$\alpha\beta e^{-\alpha z}\int_0^z e^{-(\beta-\alpha)y}\mathrm{d}y = \frac{\alpha\beta}{\beta-\alpha}\left[e^{-\alpha z}-e^{-\beta z}\right]$$

故

$$f_Z(z) = \begin{cases} \dfrac{\alpha\beta}{\beta-\alpha}(e^{-\alpha z}-e^{-\beta z}) & z>0 \\ 0 & z\leqslant 0 \end{cases} \quad (\beta\neq\alpha)$$

而当 $\beta=\alpha$ 时,上述三种情况的结果可类似得出。此时有

$$f_X(z)=f_Y(z)=\begin{cases}\alpha e^{-\alpha z} & z>0 \\ 0 & z\leqslant 0\end{cases} \quad \alpha>0, F_X(z)=F_Y(z)=\begin{cases}1-e^{-\alpha z} & z>0 \\ 0 & z\leqslant 0\end{cases}$$

(1) $F_{\min}(z) = 1-\left[1-F_X(z)\right]^2 = \begin{cases}1-e^{-2\alpha z} & z>0 \\ 0 & z\leqslant 0\end{cases}$

$\quad f_{\min}(z) = 2\left[1-F_X(z)\right]f_X(z) = \begin{cases}2\alpha e^{-2\alpha z} & z>0 \\ 0 & z\leqslant 0\end{cases}$

(2) $F_{\max}(z) = \left[F_X(z)\right]^2 = \begin{cases}(1-e^{-\alpha z})^2 & z>0 \\ 0 & z\leqslant 0\end{cases}$

$\quad f_{\max}(z) = 2F_X(z)f_X(z) = \begin{cases}2\alpha(1-e^{-\alpha z})e^{-\alpha z} & z>0 \\ 0 & z\leqslant 0\end{cases}$

(3) 当 $z>0$ 时,

$$f_Z(z) = \int_{-\infty}^{+\infty} f_X(z-y)f_Y(y)\mathrm{d}y = \int_0^z \alpha e^{-\alpha(z-y)}\alpha e^{-\alpha y}\mathrm{d}y = \alpha^2 z e^{-\alpha z}$$

当 $z\leqslant 0$ 时, $f_Z(z)=0$

以上我们仅讨论了一些简单的函数的分布情况,实际中遇到的函数是复杂的、多种多样的,但一般的求函数分布的方法均为:对离散型随机变量,从分布律着手分析,先确定随机变量函数的可能取值,再确定相应取值的概率,整理即得所求分布律;对连续型随机变量,则从其分布函数着手分析。下面给出一个应用方面的例子,说明这个分析方法。

例 3.4.11 设向坐标原点 O 射击的弹着点 (X,Y) 服从二维正态分布 $N(0,0,\sigma^2,\sigma^2,0)$,求弹着点与射击目标 O 的偏差距离 Z 的概率密度。

解:因为 $(X,Y)\sim N(0,0,\sigma^2,\sigma^2,0)$,故其概率密度为

$$f(x,y) = \frac{1}{2\pi\sigma^2}e^{-\frac{x^2+y^2}{2\sigma^2}} \quad -\infty<x<\infty, -\infty<y<\infty$$

而 $Z=\sqrt{X^2+Y^2}\geqslant 0$,故有

当 $z\leqslant 0$ 时, $F_Z(z)=P\{Z<z\}=0$,即有 $f_Z(z)=0$

当 $z>0$ 时, $F_Z(z)=P\{Z<z\}=P\{\sqrt{X^2+Y^2}\leqslant z\}=\iint\limits_{\sqrt{x^2+y^2}\leqslant z}\frac{1}{2\pi\sigma^2}e^{-\frac{x^2+y^2}{2\sigma^2}}\mathrm{d}x\mathrm{d}y$

积分区域 $D=\{(X,Y)\mid\sqrt{X^2+Y^2}\leqslant z\}$ 是以原点 O 为中心,z 为半径的圆域,

用极坐标变量变换可得

$$F_Z(z) = \int_0^{2\pi} d\theta \int_0^z \frac{1}{2\pi\sigma^2} e^{-\frac{r^2}{2\sigma^2}} r dr = 1 - e^{-\frac{z^2}{2\sigma^2}}$$

即 Z 的分布函数为

$$F_Z(z) = \begin{cases} 1 - e^{-\frac{z^2}{2\sigma^2}} & z > 0 \\ 0 & z \leqslant 0 \end{cases}$$

其概率密度为

$$f_Z(z) = \begin{cases} \frac{z}{\sigma^2} e^{-\frac{z^2}{2\sigma^2}} & z > 0 \\ 0 & z \leqslant 0 \end{cases}$$

这里 $\sigma > 0$,称此 Z 为服从参数为 σ 的瑞利(Rayleigh)分布,记为 $R(\sigma)$,即射击的偏差距离服从瑞利分布。

三、离散型随机变量与连续型随机变量之和的分布

前面介绍了两个离散型随机变量之和的分布函数及其相应的概率分布,两个连续型随机变量之和的分布函数及其相应的概率密度情况,下面给出离散型随机变量 X 与连续型随机变量 Y 之和 $Z = X + Y$ 的分布函数的示例。

例 3.4.12 设随机变量 X 与 Y 相互独立,且 X 的概率分布为 $P\{X = 0\} = 0.3, P\{X = 1\} = 0.7, Y$ 服从标准正态分布 $N(0,1)$,试求 $Z = X + Y$ 的分布函数与概率密度。

解:由题设 X 与 Y 的相互独立性,全概率公式可知,$Z = X + Y$ 的分布函数为
$$F_Z(z) = P\{Z \leqslant z\} = P\{X + Y \leqslant z\} =$$
$$P\{X = 0\}P\{X + Y \leqslant z | X = 0\} + P\{X = 1\}P\{X + Y \leqslant z | X = 1\} =$$
$$0.3P\{Y \leqslant z\} + 0.7P\{Y \leqslant z - 1\}$$
而 $Y \sim N(0,1)$,故得 $Z = X + Y$ 的分布函数为
$$F_Z(z) = 0.3P\{Y \leqslant z\} + 0.7P\{Y \leqslant z - 1\} = 0.3\Phi(z) + 0.7\Phi(z - 1)$$
$Z = X + Y$ 的概率密度为

$$f_Z(z) = F'_Z(z) = 0.3\varphi(z) + 0.7\varphi(z - 1) = \frac{0.3}{\sqrt{2\pi}} e^{-\frac{z^2}{2}} + \frac{0.7}{\sqrt{2\pi}} e^{-\frac{(z-1)^2}{2}}$$

例 3.4.13 设随机变量 X 与 Y 相互独立,离散型随机变量 X 的概率分布为 $P\{X = i\} = 1/3(i = -1,0,1)$,连续型随机变量 Y 的概率密度为

$$f_Y(y) = \begin{cases} 1 & 0 < y < 1 \\ 0 & \text{其它} \end{cases}, \text{记 } Z = X + Y,$$

(1)试求条件概率 $P\{Z \leqslant \frac{1}{2} | X = 0\}$;

(2) 试求 Z 的概率密度 $f_Z(z)$。

解:(1) 由题设随机变量 X 与 Y 的相互独立性与条件概率公式可得

$$P\left\{Z \leqslant \frac{1}{2} \mid X = 0\right\} = \frac{P\left\{X + Y \leqslant \frac{1}{2}, X = 0\right\}}{P\{X = 0\}} = \frac{P\left\{Y \leqslant \frac{1}{2}\right\} P\{X = 0\}}{P\{X = 0\}}$$

$$= P\left\{Y \leqslant \frac{1}{2}\right\} = \int_0^{1/2} 1 \mathrm{d}y = \frac{1}{2}$$

(2) 利用全概率公式得 Z 的分布函数为

$$\begin{aligned}
F_Z(z) &= P\{Z = X + Y \leqslant z\} = P\{X = -1\} P\{X + Y \leqslant z \mid X = -1\} \\
&\quad + P\{X = 0\} P\{X + Y \leqslant z \mid X = 0\} + P\{X = 1\} P\{X + Y \leqslant z \mid X = 1\} \\
&= P\{X = -1\} P\{Y \leqslant z + 1 \mid X = -1\} + P\{X = 0\} P\{Y \leqslant z \mid X = 0\} \\
&\quad + P\{X = 1\} P\{Y \leqslant z - 1 \mid X = 1\} \\
&= \frac{1}{3} [P\{Y \leqslant z + 1\} + P\{Y \leqslant z\} + P\{Y \leqslant z - 1\}] \\
&= \frac{1}{3} [F_Y(z + 1) + F_Y(z) + F_Y(z - 1)]
\end{aligned}$$

再由题设知:Y 的分布函数为

$$F_Y(y) = \begin{cases} 0 & y \leqslant 0 \\ y & 0 < y < 1 \\ 1 & y \geqslant 1 \end{cases}$$

故当 $z < -1$ 时,$F_Z(z) = \dfrac{1}{3} [F_Y(z + 1) + F_Y(z) + F_Y(z - 1)] = 0$

当 $-1 \leqslant z < 0$ 时,$F_Z(z) = \dfrac{1}{3} [F_Y(z + 1) + F_Y(z) + F_Y(z - 1)]$

$$= \frac{1}{3} [z + 1 + 0 + 0] = \frac{1}{3}(z + 1)$$

当 $0 \leqslant z < 1$ 时,$F_Z(z) = \dfrac{1}{3} [F_Y(z + 1) + F_Y(z) + F_Y(z - 1)]$

$$= \frac{1}{3} [1 + z + 0] = \frac{1}{3}(z + 1)$$

当 $1 \leqslant z < 2$ 时,$F_Z(z) = \dfrac{1}{3} [F_Y(z + 1) + F_Y(z) + F_Y(z - 1)]$

$$= \frac{1}{3} [1 + 1 + z - 1] = \frac{1}{3}(z + 1)$$

故当 $z \geqslant 2$ 时,$F_Z(z) = \dfrac{1}{3} [F_Y(z + 1) + F_Y(z) + F_Y(z - 1)] = \dfrac{1}{3} [1 + 1 + 1]$

$$= 1$$

综述为

$$F_Z(z) = \begin{cases} 0 & z < -1 \\ \dfrac{1}{3}(z+1) & -1 < z < 2 \\ 1 & z \geqslant 2 \end{cases}$$

所以得 Z 的概率密度为

$$f_Z(z) = \begin{cases} \dfrac{1}{3} & -1 < z < 2 \\ 0 & \text{其它} \end{cases}$$

注意上述示例解题过程中全概率公式的重要作用。

思 考 题 3.4

1. 已知随机变量 (X,Y) 的联合密度 $f(x,y)$，则随机变量 $Z = X + Y$ 的概率密度是否为

$$f_Z(z) = \int_{-\infty}^{+\infty} f_X(x) f_Y(z - x) \, \mathrm{d}x$$

2. 若随机变量 X 和 Y 独立且同分布函数 $F(x)$，则极值变量的分布函数是否为
$$F_{\max}(z) = [F(z)]^2$$
$$F_{\min}(z) = 1 - [1 - F(z)]^2$$

3. 若已知 X 与 Y 为相互独立的随机变量，其概率密度为 $f_X(x), f_Y(y)$，能否求出 $Z = X - Y$ 的概率密度？

4. 若已知 X 与 Y 为相互独立的随机变量，其概率密度为 $f_X(x), f_Y(y)$，能否求出 $Z = XY$ 的概率密度？

基 本 练 习 3.4

1. 设随机变量 X 与 Y 相互独立，且都在区间 $(0,1)$ 上服从均匀分布，试求：
$(1) Z = X + Y; (2) Z = \max(X,Y); (3) Z = \min(X,Y)$ 的概率密度。

2. 设 X 与 Y 是两个相互独立的随机变量，均服从泊松分布，其分布律为

$$P\{X = i\} = \frac{\lambda_1^i \mathrm{e}^{-\lambda_1}}{i!} \qquad i = 0,1,2,\cdots$$

$$P\{Y = j\} = \frac{\lambda_2^i \mathrm{e}^{-\lambda_2}}{j!} \qquad j = 0,1,2,\cdots$$

试求 $Z = X + Y$ 的分布律。

3. 设连续型二维随机变量 (X,Y) 的概率密度为

$$f(x,y) = \begin{cases} 3x & 0 < x < 1, 0 < y < x \\ 0 & \text{其它} \end{cases}$$

试求 $Z = X + Y$ 的概率密度。

4. 设 X 和 Y 是两个相互独立的连续型随机变量。已知 X 服从均匀分布 $U(0,1)$，Y 服从指数分布 $Z(3)$，试求：$(1)Z = X + Y$；$(2)M = \max(X,Y)$；$(3)N = \min(X,Y)$ 的概率密度。

5. 设二维随机变量 (X,Y) 的概率密度为

$$f(x,y) = \begin{cases} 2e^{-(x+2y)} & x > 0, y > 0 \\ 0 & \text{其它} \end{cases}$$

试求 $Z = X + 2Y$ 的概率密度。

6. 设随机变量 X 与 Y 的联合分布律为

X \ Y	-1	0	1
1	0.07	0.28	0.15
2	0.09	0.22	0.19

试求：$Z_1 = X + Y, Z_2 = X - Y, Z_3 = XY, Z_4 = \dfrac{Y}{X}, Z_5 = X^Y$ 的分布律，且问 Z_1 与 Z_2 是否相互独立？

7. 设随机变量 $U_i(i = 1,2,3)$ 相互独立且服从参数为 p 的 $(0-1)$ 分布。令

$$X = \begin{cases} 1 & \text{若 } U_1 + U_2 \text{ 为奇数} \\ 0 & \text{若 } U_1 + U_2 \text{ 为偶数} \end{cases}, \quad Y = \begin{cases} 1 & \text{若 } U_2 + U_3 \text{ 为奇数} \\ 0 & \text{若 } U_2 + U_3 \text{ 为偶数} \end{cases}$$

试求 X 和 Y 的联合分布律。

8. 设二维随机变量 (X,Y) 的概率密度为

$$f(x,y) = \begin{cases} e^{-(x+y)} & x > 0, y > 0 \\ 0 & \text{其它} \end{cases}$$

试求随机变量 $Z = X - Y$ 的分布函数与概率密度。

9. 设二维随机变量 (X,Y) 服从二维均匀分布，其概率密度为

$$f(x,y) = \begin{cases} \dfrac{1}{4} & 0 \leqslant x \leqslant 2, 0 \leqslant y \leqslant 2 \\ 0 & \text{其它} \end{cases}$$

试求 $Z = X - Y$ 的概率密度。

10. 设随机变量 X 与 Y 相互独立，其概率密度分别为

$$f_X(x) = \begin{cases} 1 & 0 \leqslant x \leqslant 1 \\ 0 & \text{其它} \end{cases}, \quad f_Y(y) = \begin{cases} 2y & 0 < y < 1 \\ 0 & \text{其它} \end{cases}$$

试求 $Z = X + Y, M = \max(X,Y), N = \min(X,Y)$ 的概率密度。

§3.5　$n(\geqslant 2)$ 维随机变量概念

前面所述内容均为二维随机变量的基本概念及性质,容易看出,我们不难将这些概念推广到三维以上的随机变量中,它们依然具有与二维随机变量极为类似的概念和性质。读者可以逐一将一般 n 维随机变量与二维随机变量的概念对照理解。这不仅能加深对二维随机变量情况的认识,更能学习到从低维变量拓广到高维变量的分析方法。

一、$n(\geqslant 2)$ 维随机变量及分布函数

首先,依照二维随机变量定义,我们对 n 维随机变量有如下定义:

定义 3.5.1　设 E 是一个随机试验,其样本空间为 $S = \{e\}$,设 $X_i = X_i(e)$, $(i = 1,2,\cdots,n)$ 是定义在 S 上的 n 个随机变量,由它们构成的一个向量

$$(X_1, X_2, \cdots, X_n) = (X_1(e), X_2(e), \cdots, X_n(e)) \quad e \in S \quad (3.5.1)$$

称为 n 维随机向量或 n 维随机变量。

例 3.5.1　设某人掷 n 枚同样的硬币一次,观察其正面(H)反面(T)出现情况。可见,每枚硬币出现的结果只有两个,H 和 T,即样本空间 S 均为 $S = \{H,T\}$,若设随机变量

$$X_i = \begin{cases} 1 & \text{第 } i \text{ 枚硬币出现 } H \text{ 面} \\ 0 & \text{第 } i \text{ 枚硬币出现 } T \text{ 面} \end{cases} \quad i = 1,2,\cdots,n$$

则 n 维随机向量

$$(X_1, X_2, \cdots, X_n) = (X_1(e), X_2(e), \cdots, X_n(e)) \qquad X_i = \begin{cases} 1 & e = H \\ 0 & e = T \end{cases}$$

描述了某人掷 n 枚同样的硬币一次的全部可能结果。

同样地,我们也借助"分布函数"来研究 n 维随机变量。

定义 3.5.2　设 $(X_1, X_2, \cdots, X_n)$ 是 n 维随机变量,对于任意实数 $x_1, x_2, \cdots, x_n$, n 元函数

$$F(x_1, x_2, \cdots, x_n) = P\{X_1 \leqslant x_1, X_2 \leqslant x_2, \cdots, X_n \leqslant x_n\} \quad (3.5.2)$$

称为 n 维随机变量 $(X_1, X_2, \cdots, X_n)$ 的分布函数,或称为随机变量 $X_1, X_2, \cdots, X_n$ 的联合分布函数。

$(X_1, X_2, \cdots, X_n)$ 的分布律与概率密度可类似定义如下:

定义 3.5.3　若存在非负函数 $f(x_1, x_2, \cdots, x_n)$,使对于任意实数 $x_1, x_2, \cdots, x_n$,有

$$F(x_1, x_2, \cdots, x_n) = \int_{-\infty}^{x_n} \int_{-\infty}^{x_{n-1}} \cdots \int_{-\infty}^{x_1} f(x_1, x_2, \cdots, x_n) \, dx_1 dx_2 \cdots dx_n \quad (3.5.3)$$

141

则称 $f(x_1, x_2, \cdots, x_n)$ 为 n 维连续型随机变量 $(X_1, X_2, \cdots, X_n)$ 的概率密度函数。

定义 3.5.4　设 X_i 可能取值为 $x_{ij_i}(i = 1, 2, \cdots, n, j_i = 1, 2, \cdots)$,则记

$$P\{X_1 = x_{1j_1}, X_2 = x_{2j_2}, \cdots, X_n = x_{nj_n}\} = p_{j_1 j_2 \cdots j_n} \tag{3.5.4}$$

由概率定义知有

$$p_{j_1 j_2 \cdots j_n} \geqslant 0 \qquad \sum_{j_1 = 1}^{\infty} \sum_{j_2 = 1}^{\infty} \cdots \sum_{j_n = 1}^{\infty} p_{j_1 j_2 \cdots j_n} = 1$$

故称式(3.5.4)为 n 维离散型随机变量 $(X_1, X_2, \cdots, X_n)$ 的概率分布或分布律,或随机变量 $X_1, X_2, \cdots, X_n$ 的联合分布律。

如例 3.5.1 中,$(X_1, X_2, \cdots, X_n)$ 的分布律为

$$P\{X_1 = x_{1j_1}, X_2 = x_{2j_2}, \cdots, X_n = x_{nj_n}\} = \left(\frac{1}{2}\right)^n$$

其中

$$x_{ij_i} = \begin{cases} 1 & e = H \\ 0 & e = H \end{cases}$$

并知

$$P\{X_i = 1\} = P\{X_i = 0\} = \frac{1}{2} \qquad i = 1, 2, \cdots, n$$

对于 n 维空间中任一区域 D,$\{(X_1, X_2, \cdots, X_n) \in D\}$ 为一随机事件,若 $(X_1, X_2, \cdots, X_n)$ 具有概率密度 $f(x_1, x_2, \cdots, x_n)$,则概率

$$P\{(X_1, X_2, \cdots, X_n) \in D\} = \iint_D \cdots \int f(x_1, x_2, \cdots, x_n) \mathrm{d}x_1 \mathrm{d}x_2 \cdots \mathrm{d}x_n \tag{3.5.5}$$

例 3.5.2　设 $(X_1, X_2, \cdots, X_n)$ 具有概率密度

$$f(x_1, x_2, \cdots, x_n) = \begin{cases} \mathrm{e}^{-(x_1 + x_2 + \cdots + x_n)} & x_i > 0, i = 1, 2, \cdots, n \\ 0 & \text{其它} \end{cases}$$

试求 $P\{(X_1, X_2, \cdots, X_n) \in D\}$,$D = \{(x_1, x_2, \cdots, x_n) \mid 0 < x_i < 1, i = 1, 2, \cdots, n\}$。

解:所求

$$P\{(X_1, X_2, \cdots, X_n) \in D\} = \iint_D \cdots \int f(x_1, x_2, \cdots, x_n) \mathrm{d}x_1 \mathrm{d}x_2 \cdots \mathrm{d}x_n =$$

$$\int_0^1 \int_0^1 \cdots \int_0^1 \mathrm{e}^{-(x_1 + x_2 + \cdots + x_n)} \mathrm{d}x_1 \mathrm{d}_2 \cdots \mathrm{d}x_n =$$

$$\int_0^1 \mathrm{e}^{-x_1} \mathrm{d}x_1 \int_0^1 \mathrm{e}^{-x_2} \mathrm{d}x_2 \cdots \int_0^1 \mathrm{e}^{-x_n} \mathrm{d}x_n = (1 - \mathrm{e}^{-1})^n$$

常见的多维均匀分布即为:若 $(X_1, X_2, \cdots, X_n)$ 具有概率密度

$$f(x_1, x_2, \cdots, x_n) = \begin{cases} \dfrac{1}{A} & (x_1, x_2, \cdots, x_n) \in D \\ 0 & \text{其它} \end{cases} \tag{3.5.6}$$

其中,A 为 n 维区域 $D(\subset R^n)$ 的"体积",则称随机变量 $(X_1, X_2, \cdots, X_n)$ 服从区域 D 上的均匀分布。

特别地,若 $D = \{(x_1, x_2, \cdots, x_n) \mid a_i < x_i < b_i, i = 1, 2, \cdots, n\}$,则

$$f(x_1, x_2, \cdots, x_n) = \begin{cases} \dfrac{1}{\prod\limits_{i=1}^{n} (b_i - a_i)} & a_i < x_i < b_i \quad i = 1, 2, \cdots, n \\ \\ 0 & \text{其它} \end{cases}$$

例如,$D = \{(x_1, x_2, \cdots, x_n) \mid 0 < x_i < 1, i = 1, 2, \cdots, n\}$,则

$$f(x_1, x_2, \cdots, x_n) = \begin{cases} 1 & 0 < x_i < 1, i = 1, 2, \cdots, n \\ 0 & \text{其它} \end{cases}$$

若 $(X_1, X_2, \cdots, X_n)$ 的分布函数 $F(x_1, x_2, \cdots, x_n)$ 已知,则类似可求得 $(X_1, X_2, \cdots, X_n)$ 的 $k(1 \leqslant k < n)$ 维边缘分布函数,不过此时边缘分布函数的个数有 $\binom{n}{1} + \binom{n}{2} + \cdots + \binom{n}{n-1} = 2^n - 2$ 个。例如 $(X_1, X_2, \cdots, X_n)$ 关于 X_1,关于 (X_1, X_2) 的边缘分布函数为

$$F_{X_1}(x_1) = F(x_1, +\infty, \cdots, -\infty)$$
$$F_{X_1 X_2}(x_1, x_2) = F(x_1, x_2, +\infty, \cdots, +\infty)$$

又若 $f(x_1, x_2, \cdots, x_n)$ 为 $(X_1, X_2, \cdots, X_n)$ 的概率密度,则 $(X_1, X_2, \cdots, X_n)$ 关于 X_1,关于 (X_1, X_2) 的边缘概率密度为

143

$$f_{X_1}(x_1) = \int_{-\infty}^{+\infty} \int_{-\infty}^{+\infty} \cdots \int_{-\infty}^{+\infty} f(x_1, x_2, \cdots, x_n) \, dx_2 dx_3 \cdots dx_n$$

$$f_{X_1 X_2}(x_1, x_2) = \int_{-\infty}^{+\infty} \int_{-\infty}^{+\infty} \cdots \int_{-\infty}^{+\infty} f(x_1, x_2, \cdots, x_n) \, dx_3 dx_4 \cdots dx_n$$

二、n 个随机变量的相互独立性

定义 3.5.5 若对于所有实数 $x_1, x_2, \cdots, x_n$ 有

$$F(x_1, x_2, \cdots, x_n) = F_{X_1}(x_1) F_{X_2}(x_2) \cdots F_{X_n}(x_n) \tag{3.5.7}$$

则称 n 个随机变量 $X_1, X_2, \cdots, X_n$ 是相互独立的。

显然,若 $(X_1, X_2, \cdots, X_n)$ 为连续型随机变量,其概率密度为 $f(x_1, x_2, \cdots, x_n)$,单个变量的边缘概率密度为 $f_{X_1}(x_1), f_{X_2}(x_2), \cdots, f_{X_n}(x_n)$,则式 (3.5.7) 意味着成立

$$f(x_1, x_2, \cdots, x_n) = f_{X_1}(x_1) f_{X_2}(x_2) \cdots f_{X_n}(x_n) \tag{3.5.8}$$

我们亦可将单个随机变量的独立性,扩展为多个随机变量之间的独立性,即

定义 3.5.6 若对所有的实数 $x_1, x_2, \cdots, x_m, y_1, y_2, \cdots, y_n$,随机变量 $(X_1, X_2, \cdots, X_m, Y_1, Y_2, \cdots, Y_n)$ 的分布函数 $F(x_1, x_2, \cdots, x_m, y_1, y_2, \cdots, y_n)$ 与关于 $(X_1, X_2, \cdots, X_m)$ 及 $(Y_1, Y_2, \cdots, Y_n)$ 的边缘分布函数 $F_1(x_1, x_2, \cdots, x_m)$,$F_2(y_1, y_2, \cdots, y_n)$ 满足下述等式:

$$F(x_1, x_2, \cdots, x_m, y_1, y_2, \cdots, y_n) =$$
$$F_1(x_1, x_2, \cdots, x_m) F_2(y_1, y_2, \cdots, y_n) \qquad (3.5.9)$$

则称随机变量 $(X_1, X_2, \cdots, X_m)$ 与 $(Y_1, Y_2, \cdots, Y_n)$ 是相互独立的。

于是我们可以证明下述说明随机变量的函数间的相互独立性的定理，这个定理在数理统计中起着非常重要的作用。

定理 3.5.1 设 $(X_1, X_2, \cdots, X_m)$ 和 $(Y_1, Y_2, \cdots, Y_n)$ 相互独立，则 $X_i (i = 1, 2, \cdots, m)$ 与 $Y_j (j = 1, 2, \cdots, n)$ 相互独立。又若 h, g 是连续函数，则 $h(X_1, X_2, \cdots, X_m)$ 与 $g(Y_1, Y_2, \cdots, Y_n)$ 相互独立。

例如 $(X_1, X_2, \cdots, X_m)$ 与 $(Y_1, Y_2, \cdots, Y_n)$ 相互独立，则 $\overline{X} = \dfrac{1}{m} \sum\limits_{i=1}^{m} X_i$ 与 $\overline{Y} = \dfrac{1}{n} \sum\limits_{i=1}^{n} Y_i$ 是相互独立的；$S_X^2 = \dfrac{1}{m-1} \sum\limits_{i=1}^{m} (X_i - \overline{X})^2$ 与 $S_Y^2 = \dfrac{1}{n-1} \sum\limits_{i=1}^{n} (Y_i - \overline{Y})^2$ 亦是相互独立的。

例 3.5.3 设 $X_1, X_2, \cdots, X_n$ 独立且同分布 $N(\mu, \sigma^2)$，试求 $(X_1, X_2, \cdots, X_n)$ 的概率密度及分布函数 $F(x_1, x_2, \cdots, x_n)$。

解：因为 $X_i \sim N(\mu, \sigma^2) \quad i = 1, 2, \cdots, n$

由式 (3.5.8) 知 $(X_1, X_2, \cdots, X_n)$ 的概率密度为

$$f(x_1, x_2, \cdots, x_n) = f(x_1) f(x_2) \cdots f(x_n) =$$

$$\frac{1}{\sqrt{2\pi}\sigma} e^{-\frac{(x_1-\mu)^2}{2\sigma^2}} \cdot \frac{1}{\sqrt{2\pi}\sigma} e^{-\frac{(x_2-\mu)^2}{2\sigma^2}} \cdots \frac{1}{\sqrt{2\pi}\sigma} e^{-\frac{(x_n-\mu)^2}{2\sigma^2}} =$$

$$\frac{1}{(2\pi)^{n/2}\sigma^n} \exp\left\{ -\frac{1}{2\sigma^2} \sum_{i=1}^{n} (x_i - \mu)^2 \right\} \quad -\infty < x_i < +\infty \quad i = 1, 2, \cdots, n$$

因为 $X_i \sim N(\mu, \sigma^2)$，故由式 (3.5.7) 知

$$F(x_1, x_2, \cdots, x_n) = F(x_1) F(x_2) \cdots F(x_n) =$$

$$\int_{-\infty}^{x_1} \frac{1}{\sqrt{2\pi}\sigma} e^{-\frac{(x_1-\mu)^2}{2\sigma^2}} dx_1 \int_{-\infty}^{x_2} \frac{1}{\sqrt{2\pi}\sigma} e^{-\frac{(x_2-\mu)^2}{2\sigma^2}} dx_2 \cdots \int_{-\infty}^{x_n} \frac{1}{\sqrt{2\pi}\sigma} e^{-\frac{(x_n-\mu)^2}{2\sigma^2}} dx_n =$$

$$\Phi\left(\frac{x_1 - \mu}{\sigma}\right) \Phi\left(\frac{x_2 - \mu}{\sigma}\right) \cdots \Phi\left(\frac{x_n - \mu}{\sigma}\right) = \prod_{i=1}^{n} \Phi\left(\frac{x_i - \mu}{\sigma}\right)$$

例 3.5.4 已知 (X, Y, Z) 的概率密度为

$$f(x, y, z) = \begin{cases} 6e^{-(x+2y+3z)} & x > 0, y > 0, z > 0 \\ 0 & \text{其它} \end{cases}$$

试分别求出关于 X, Y, Z 的单个变量的边缘概率密度及关于 (X, Y) 的边缘概率密度，并问 X, Y, Z 是否相互独立？

解：当 $x \leqslant 0$ 时，$f(x, y, z) = 0 \Rightarrow f_X(x) = \int_{-\infty}^{+\infty} \int_{-\infty}^{+\infty} f(x, y, z) dy dz = 0$

当 $x > 0$ 时

$$f_X(x) = \int_0^{+\infty} \int_0^{+\infty} 6e^{-(x+2y+3z)} dy dz =$$

$$e^{-x} \int_0^{+\infty} 2e^{-2y} dy \int_0^{+\infty} 3e^{-3z} dz = e^{-x}$$

即

$$f_X(x) = \begin{cases} e^{-x} & x > 0 \\ 0 & x \leqslant 0 \end{cases}$$

同理可得

$$f_Y(y) = \begin{cases} 2e^{-2y} & y > 0 \\ 0 & y \leqslant 0 \end{cases}, \quad f_Z(z) = \begin{cases} 3e^{-3z} & z > 0 \\ 0 & z \leqslant 0 \end{cases}$$

易见 $f_X(x)f_Y(y)f_Z(z) = f(x,y,z)$，即 X,Y,Z 相互独立。

又 $x \leqslant 0$ 或 $y \leqslant 0$ 时，$f(x,y,z) = 0 \Rightarrow f_{XY}(x,y) = \int_{-\infty}^{+\infty} f(x,y,z) dz = 0$

当 $x > 0$ 及 $y > 0$ 时

$$f_{XY}(x,y) = \int_0^{+\infty} 6e^{-(x+2y+3x)} dz = 2e^{-(x+2y)} \int_0^{+\infty} 3e^{-3z} dz = 2e^{-(x+2y)}$$

即 (X,Y) 的边缘概率密度为

$$f_{XY}(x,y) = \begin{cases} 2e^{-(x+2y)} & x > 0, y > 0 \\ 0 & 其它 \end{cases}$$

三、n 维随机变量的函数的分布

设 $(X_1, X_2, \cdots, X_n)$ 为 n 维随机变量，其概率密度为 $f(x_1, x_2, \cdots, x_n)$，$g(x_1, x_2, \cdots, x_n)$ 为 n 元连续函数，则对任意实数 $z \in R$，$Z = g(X_1, X_2, \cdots, X_n)$ 的分布函数为

$$F_Z(z) = P\{g(X_1, X_2, \cdots, X_n) \leqslant z\} =$$

$$\iint_{D_Z} \cdots \int f(x_1, x_2, \cdots, x_n) dx_1 dx_2 \cdots dx_n \qquad (3.5.10)$$

其中 $D_Z = \{(x_1, x_2, \cdots, x_n) \mid g(x_1, x_2, \cdots, x_n) \leqslant z\}$，即式(3.5.10)把寻求 $g(X_1, X_2, \cdots, X_n)$ 的分布函数的问题，归结为一个 n 重积分的问题。

我们可以类似地讨论简单函数，如 $X_1 + X_2 + \cdots + X_n$ 与 $M = \max\{X_1, X_2, \cdots, X_n\}$，$N = \min(X_1, X_2, \cdots, X_n)$ 的分布函数。可得如下一些结果：

1° n 个独立正态随机变量之和仍为正态随机变量；

设 $X_i \sim N(\mu_i, \sigma_i^2)(i = 1, 2, \cdots, n)$，相互独立，则

$$X_1 + X_2 + \cdots + X_n \sim N\left(\sum_{i=1}^n \mu_i, \sum_{i=1}^n \sigma_i^2\right) \qquad (3.5.11)$$

特别当 $n = 2$ 时，即 $X_1 + X_2 \sim N(\mu_1 + \mu_2, \sigma_1^2 + \sigma_2^2)$

2° n 个独立的服从 Γ 分布的随机变量之和仍为服从 Γ 分布的随机变量;
设 $X_i \sim \Gamma(\alpha_i, \beta)(i = 1, 2, \cdots, n)$,相互独立,则

$$\sum_{i=1}^{n} X_i \sim \Gamma\left(\sum_{i=1}^{n} \alpha_i, \beta\right) \qquad (3.5.12)$$

上述两结果可依据 $n = 2$ 时结果,利用数学归纳法证明,读者可自行完成。

3° n 个相互独立的随机变量的最大值 $M = \max(X_1, X_2, \cdots, X_n)$ 的分布函数为

$$F_{\max}(z) = F_{X_1}(z) F_{X_2}(z) \cdots F_{X_n}(z) = \prod_{i=1}^{n} F_{X_i}(z) \qquad (3.5.13)$$

其中 $F_{X_1}(z), F_{X_2}(z), \cdots, F_{X_n}(z)$ 分别为 $X_1, X_2, \cdots, X_n$ 的边缘分布函数。

特别地,若 $X_1, X_2, \cdots, X_n$ 独立且同分布函数 $F(x)$,则式(3.5.13)化为

$$F_{\max}(z) = [F(z)]^n \qquad (3.5.14)$$

4° n 个相互独立的随机变量的最小值 $N = \min(X_1, X_2, \cdots, X_n)$ 的分布函数为

$$F_{\min}(z) = 1 - (1 - F_{X_1}(z))(1 - F_{X_2}(z)) \cdots (1 - F_{X_n}(z)) \qquad (3.5.15)$$

特别地,若 $X_1, X_2, \cdots, X_n$ 独立且同分布函数 $F(x)$,则式(3.5.15)化为

$$F_{\min}(z) = 1 - [1 - F(z)]^n \qquad (3.5.16)$$

上述两结果可仿照两个变量情况进行推导,请读者自行完成。

例 3.5.5　设某种商品一周的需要量 T 是一个随机变量,其概率密度为

$$f(t) = \begin{cases} te^{-t} & t > 0 \\ 0 & 其它 \end{cases}$$

设各周的需要量是相互独立的,试求两周及三周的需要量的概率密度。

解:设第 i 周的需要量为 $T_i(i = 1, 2, 3)$,则两周的需要量为 $T_1 + T_2$,其概率密度为

$$f_2(t) = \int_{-\infty}^{+\infty} f(x) f(t - x) dx =$$

$$\int_0^t x e^{-x} (t - x) e^{-(t-x)} dx =$$

$$e^{-t} \int_0^t x(t - x) dx = \frac{t^3}{3!} e^{-t} \quad (t > 0)$$

若 $t \leq 0$,则 $f_2(t) = 0$。即 $T_1 + T_2$ 的概率密度为

$$f_2(t) = \begin{cases} \dfrac{t^3}{3!} e^{-t} & t > 0 \\ 0 & t \leq 0 \end{cases}$$

类似地,三周的需要量 $T_1 + T_2 + T_3$ 的概率密度为

$$f_3(t) = \int_{-\infty}^{+\infty} f_2(x) f(t-x) \, \mathrm{d}x =$$

$$\int_0^t \frac{x^3}{3!} \mathrm{e}^{-x}(t-x)\mathrm{e}^{-(t-x)} \, \mathrm{d}x =$$

$$\frac{1}{3!}\mathrm{e}^{-t}\int_0^t x^3(t-x)\,\mathrm{d}x = \frac{t^5}{5!}\mathrm{e}^{-t} \quad (t>0)$$

当 $t \leqslant 0$ 时,显然,$f_3(t) = 0$。故三周需要量的概率密度为

$$f_3(t) = \begin{cases} \dfrac{t^5}{5!}\mathrm{e}^{-t} & t>0 \\ 0 & t \leqslant 0 \end{cases}$$

自然可以推想 n 周需要量 $T_1 + T_2 + \cdots + T_n$ 的概率密度为

$$f_n(t) = \begin{cases} \dfrac{t^{2n-1}}{(2n-1)!}\mathrm{e}^{-t} & t>0 \\ 0 & t \leqslant 0 \end{cases}$$

请问读者知道 n 周需要量 $\sum_{i=1}^n T_i$ 具有什么样的分布类型吗?

例 3.5.6　设 $X_1, X_2, \cdots, X_n$ 为相互独立的随机变量,X_i 服从指数分布 $Z(\alpha)$ $(i=1,2,\cdots,n)$,试求 $M = \max(X_1, X_2, \cdots, X_n)$ 及 $N = \min(X_1, X_2, \cdots, X_n)$ 的分布函数及概率密度。

147

解:因为 X_i 具有概率密度

$$f(x) = \begin{cases} \alpha\mathrm{e}^{-\alpha x} & x>0 \\ 0 & x \leqslant 0 \end{cases}$$

则其分布函数为

$$F(x) = \begin{cases} 1-\mathrm{e}^{-\alpha x} & x>0 \\ 0 & x \leqslant 0 \end{cases}$$

故由式(3.5.14)得 $M = \max(X_1, X_2, \cdots, X_n)$ 的分布函数为

$$F_{\max}(z) = \begin{cases} [1-\mathrm{e}^{-\alpha z}]^n & z>0 \\ 0 & z \leqslant 0 \end{cases}$$

其概率密度为

$$f_{\max}(z) = \begin{cases} n\alpha[1-\mathrm{e}^{-\alpha z}]^{n-1}\mathrm{e}^{-\alpha z} & z>0 \\ 0 & z \leqslant 0 \end{cases}$$

又由式(3.5.16)得 $N = \min(X_1, X_2, \cdots, X_n)$ 的分布函数为

$$F_{\min}(z) = \begin{cases} 1-\mathrm{e}^{-n\alpha z} & z>0 \\ 0 & z \leqslant 0 \end{cases}$$

故其概率密度为

$$f_{\min}(z) = \begin{cases} n\alpha e^{-n\alpha z} & z > 0 \\ 0 & z \leqslant 0 \end{cases}$$

思考题 3.5

1. $n(\geqslant 3)$ 维随机变量与二维随机变量有何异同?n 维随机变量的概率密度具有哪些性质?

2. 若随机变量 $X_1, X_2, \cdots, X_n$ 独立且服从同一分布,则它们的和 $\sum\limits_{i=1}^{n} X_i$ 必定服从同一分布吗?

3. 若随机变量 $X_1, X_2, \cdots, X_n$ 独立且服从同一指数分布 $Z(\alpha)$,则其最小值变量 $N = \min(X_1, X_2, \cdots, X_n)$ 亦服从指数分布 $Z(n\alpha)$,试问 X_i 服从其它分布时,有无类似结果?

4. 随机变量 $(X_1, X_2, \cdots, X_n)$ 服从某一分布时,其边缘分布是否都服从同一类型分布?

基本练习 3.5

1. 设连续型三维随机变量 (X, Y, Z) 的概率密度为

$$f(x,y,z) = \begin{cases} (x+y)e^{-z} & 0 < x < 1, 0 < y < 1, z > 0 \\ 0 & \text{其它} \end{cases}$$

试求其全部边缘分布,X, Y, Z 是否独立?

2. 设独立同分布的 n 个随机变量 $X_1, X_2, \cdots, X_n$ 都在区间 $(0, \alpha)$ $(\alpha > 0)$ 上服从均匀分布。试分别求出 $M = \max(X_1, X_2, \cdots, X_n)$ 和 $N = \min(X_1, X_2, \cdots, X_n)$ 的概率密度。

3. 设某种电子元件的使用寿命(以 h 计)近似地服从 $N(160, 400)$ 的正态分布,试求有没有可能从中任取 4 个元件的寿命都不小于 180h?

4. 对某种电子装置的输出独立地测量五次,得到的一组观测值 $x_1, x_2, \cdots, x_5$,可以看作是 5 个独立同分布的随机变量 $X_1, X_2, \cdots, X_5$ 的一组可能取值。已知各 X_i 都服从参数为 2 的瑞利分布 $R(2)$,即其概率密度为

$$f(x) = \begin{cases} \dfrac{x}{4}e^{-x^2/8} & x > 0 \\ 0 & \text{其它} \end{cases}$$

令 $X = \max\{X_1, X_2, X_3, X_4, X_5\}$,求 $P\{X > 4\}$。

本章基本要求

1. 了解多维随机变量的概念,二维随机变量的分布函数,概率分布、概率密度的概念及性质,并会计算有关事件的概率。

2. 了解二维随机变量的边缘分布及条件分布。

3. 了解随机变量的独立性概念。

4. 会求两个独立随机变量的函数(和,最大值,最小值) 的分布。

综　合　练　习　三

1. 将一硬币抛掷 3 次,以 X 表示 3 次中出现正面的次数,以 Y 表示 3 次中出现正面次数与出现反面次数之差的绝对值。试写出 X 和 Y 的联合分布律,它们是否相互独立?

2. 一整数 n 等可能地在 $1,2,3,\cdots,10$ 这 10 个值中取一个值。设 $d = d(n)$ 是能整除 n 的正整数的个数,$F = F(n)$ 是能整除 n 的素数的个数(注意:1 不是素数),试写出 d 和 F 的联合分布律。

3. 设随机变量 (X,Y) 的概率密度为

$$f(x,y) = \begin{cases} k(6 - x - y) & 0 < x < 2, 2 < y < 4 \\ 0 & \text{其它} \end{cases}$$

149

试求:(1) 常数 k;

(2) $P\{X < 1, Y < 3\}$ 及 $P\{X < 1.5\}$;

(3) $P\{X + Y \leqslant 4\}$。

4. 设二维随机变量 (X,Y) 的概率密度为

$$f(x,y) = \begin{cases} \mathrm{e}^{-y} & 0 < x < y \\ 0 & \text{其它} \end{cases}$$

求边缘概率密度并求条件概率密度 $f_{X|Y}(x \mid y)$ 及 $P\{X > 2 \mid Y < 4\}$。

5. 设二维随机变量 (X,Y) 的概率密度为

$$f(x,y) = \begin{cases} Cx^2 y & 0 < y < x < 1 \\ 0 & \text{其它} \end{cases}$$

试求:(1) 常数 C;

(2) 边缘概率密度;

(3) 条件概率密度 $f_{X|Y}(x \mid y)$。

6. 将某一医药公司 8 月份和 9 月份收到的青霉素针剂的订货单数分别记为 X

和 Y,据以往积累的资料知 X 和 Y 的联合分布律为

X＼Y	51	52	53	54	55
51	0.06	0.05	0.05	0.01	0.01
52	0.07	0.05	0.01	0.01	0.01
53	0.05	0.10	0.10	0.05	0.05
54	0.05	0.02	0.01	0.01	0.03
55	0.05	0.06	0.05	0.01	0.03

试求:(1) 边缘分布律;

(2)8 月份的订单数为 51 时,9 月份订单数的条件分布律。

7. 设随机变量(X,Y) 具有概率密度

$$f(x,y) = \begin{cases} \dfrac{1}{2 \times 2^{\frac{n}{2}} \Gamma\left(\dfrac{n}{2}\right)} x^{\frac{n}{2}-1} \mathrm{e}^{-\frac{1}{2}(x+y)} & x > 0, y > 0 \\ 0 & \text{其它} \end{cases}$$

问 X,Y 是否相互独立?

150

8. 设 X 和 Y 分别表示两个不同电子器件的寿命(以 h 计),并设 X 和 Y 相互独立,且服从同一分布,其概率密度为

$$f(x) = \begin{cases} \dfrac{1000}{x^2} & x > 1000 \\ 0 & \text{其它} \end{cases}$$

试求:(1)$Z = X/Y$ 的概率密度;

(2)$M = \max(X,Y)$ 和 $N = \min(X,Y)$ 的概率密度。

9. 设二维随机变量(X,Y) 的密度函数为

$$f(x,y) = \begin{cases} x^2 + \dfrac{xy}{3} & 0 < x < 1, 0 < x < 2 \\ 0 & \text{其它} \end{cases}$$

试求:(1)(X,Y) 的边缘概率密度;

(2)X,Y 的条件概率密度;

(3)$P\{X + Y > 1\}$ 及 $P\left\{Y < \dfrac{1}{2} \middle| X < \dfrac{1}{2}\right\}$。

10. 设随机变量 X_1 与 X_2 相互独立,且都服从泊松分布,其概率分布分别为

$$P\{X_1 = k\} = \frac{\lambda_1^k \mathrm{e}^{-\lambda_1}}{k!} \qquad k = 0,1,2,\cdots$$

$$P\{X_2 = l\} = \frac{\lambda_2^l \mathrm{e}^{-\lambda_2}}{l!} \qquad l = 0,1,2,\cdots$$

则 $X_1 + X_2$ 服从参数为 $\lambda_1 + \lambda_2$ 的泊松分布 $\pi(\lambda_1 + \lambda_2)$。若 X_i 相互独立,服从泊松分布 $\pi(\lambda_i)$,$i = 1,2,\cdots,n$,试问 $\sum\limits_{i=1}^{n} X_i$ 是否服从 $\pi(\lambda_1 + \lambda_2 + \cdots + \lambda_n)$ 分布?

11. 设随机变量 X_1 和 X_2 相互独立,且均服从 χ^2 分布,即分别具有概率密度为

$$f_{X_1}(x) = \begin{cases} \dfrac{1}{2^{\frac{n_1}{2}} \Gamma\left(\dfrac{n_1}{2}\right)} x^{\frac{n_1}{2}-1} \mathrm{e}^{-\frac{x}{2}} & x > 0 \\ 0 & x \leqslant 0 \end{cases} \qquad (\text{记 } X_1 \sim \chi^2(n_1))(n_1 \geqslant 1)$$

$$f_{X_2}(y) = \begin{cases} \dfrac{1}{2^{\frac{n_2}{2}} \Gamma\left(\dfrac{n_2}{2}\right)} y^{\frac{n_2}{2}-1} \mathrm{e}^{-\frac{y}{2}} & y > 0 \\ 0 & y \leqslant 0 \end{cases} \qquad (\text{记 } X_2 \sim \chi^2(n_2))(n_2 \geqslant 1)$$

试求 $X_1 + X_2$ 的概率密度;又若 X_i 相互独立,服从 $\chi^2(n_i)$ 分布,$(n_i > 1)(i = 1, 2,\cdots,k)$,试问 $\sum\limits_{i=1}^{k} X_i$ 是否服从 $\chi^2(n_1 + n_2 + \cdots + n_k)$ 分布?

(注意 $\chi^2(n)$ 分布即为 $\alpha = \dfrac{n}{2}$,$\beta = 2$ 的 $\Gamma\left(\dfrac{n}{2},2\right)$ 分布)

12. 在某一分钟内的任一时刻,信号进入收音机是等可能的。若收到两个相互独立的这种信号的时间间隔 Z 小于 $0.5\mathrm{s}\left(\dfrac{1}{120}\mathrm{min}\right)$,则信号将产生互相干扰,求两信号互相干扰的概率,并求 Z 的概率密度。

13. 设随机变量 X 与 Y 相互独立,且概率密度分别为

$$f_X(x) = \frac{1}{\sqrt{2\pi}} \mathrm{e}^{-\frac{x^2}{2}}, \ -\infty < x < +\infty \qquad f_Y(y) = \begin{cases} y\mathrm{e}^{-\frac{y^2}{2}} & y > 0 \\ 0 & y \leqslant 0 \end{cases}$$

试求:(1) $M = \max(X,Y)$ 及 $N = \min(X,Y)$ 的概率密度;

(2) $P\{|M| < 1\}$ 及 $P\{|N| < 1\}$。

14. 若随机变量 $X_1, X_2, \cdots, X_n$ 相互独立,且服从正态分布 $N(\mu,\sigma^2)$。

试求:(1) $M = \max(X_1, X_2, \cdots, X_n)$ 及 $N = \min(X_1, X_2, \cdots, X_n)$ 的概率密度;

(2) 若 $X_i \sim N(0,1)$ 分布$(i = 1,2,\cdots,n)$ 且相互独立,$X_1^2 + X_2^2 + \cdots + X_n^2$ 服从何种分布?

(注意:先求 X_1^2 的概率分布)

自测题三

1. 设二维随机变量(X, Y)的分布律为

X \\ Y	3	10	12
4	0.17	0.13	0.25
5	0.10	0.30	0.05

试求:(1) 关于X, Y的边缘分布律,它们是否相互独立?

(2)$Z = X + Y$的分布律。

2. 设二维连续型随机变量(X, Y)的分布函数为

$$F(x, y) = \begin{cases} 0 & x < 0 \text{ 或 } y < 0 \\ \sin x \sin y & 0 \leqslant x < \dfrac{\pi}{2}, 0 \leqslant y < \dfrac{\pi}{2} \\ \sin x & 0 \leqslant x < \dfrac{\pi}{2}, y \geqslant \dfrac{\pi}{2} \\ \sin y & x \geqslant \dfrac{\pi}{2}, 0 \leqslant y < \dfrac{\pi}{2} \\ 1 & x \geqslant \dfrac{\pi}{2}, y \geqslant \dfrac{\pi}{2} \end{cases}$$

试求:(1) 随机点(X, Y)落在长方形区域$\left\{ 0 < x < \dfrac{\pi}{4}, \dfrac{\pi}{6} < y < \dfrac{\pi}{3} \right\}$的概率;

(2)X, Y的边缘概率密度及条件概率密度,X, Y相互独立吗?

3. 随机变量(X, Y)具有概率密度

$$f(x, y) = \frac{1}{\pi} e^{-\frac{1}{2}(x^2 - 2xy + 5y^2)} \qquad -\infty < x < +\infty, -\infty < y < +\infty$$

试求X, Y的边缘概率密度。

4. 随机变量X与Y相互独立,且分别具有概率密度

$$f_X(x) = \begin{cases} e^{-x} & x > 0 \\ 0 & x \leqslant 0 \end{cases} \qquad f_Y(y) = \begin{cases} \dfrac{1}{2} & 0 < y < 2 \\ 0 & \text{其它} \end{cases}$$

试求:(1)$Z = X + Y$的概率密度;

(2)$M = \max(X, Y)$及$N = \min(X, Y)$的概率密度。

5. 设随机变量$X_1, X_2, \cdots, X_5$相互独立,且均服从参数为$\lambda = 1, \mu = 0$的柯西分布$C(1, 0)$,即其概率密度为

$$f(x) = \frac{1}{\pi(1 + x^2)} \qquad -\infty < x < +\infty$$

试求:(1)$M = \max\{X_1, X_2, \cdots, X_5\}$及$N = \min(X_1, X_2, \cdots, X_5)$的概率密度;

(2)$P\{1 < M \leqslant 4\}$及$P\{N > 2\}$。

第四章　随机变量的数字特征

　　前面我们讨论了随机变量的概率分布情况,我们看到,若了解了随机变量的分布函数或分布律、概率密度,就能完整地描述以随机变量表达的随机现象的统计规律。但是,在实际问题中,要确切地找出一个随机变量的概率分布是不容易的;另一方面,在某些实际问题中,并不需要全面考察随机变量的变化情况,而只需要知道随机变量的某些特征,而不必求出其分布函数。例如,在气象分析中常考查某一时段的气温、雨量、湿度、日照等气象要素的平均值,极端值和较差值,以判定气象情况,不必掌握每个气象变量的分布函数情况。又如在评定某一地区粮食产量的水平时,在许多场合只要了解该地区的平均亩产量即可,再如在检查一批棉花质量时,只注意纤维的平均长度及纤维长度与平均长度的偏离程度,平均长度较大,偏离程度较小,质量就较好。从这些例子来看,与随机变量有关的某些数值,如平均值、偏差值等,虽然不能完整地描述随机变量,但能描述随机变量在某些方面的重要特征。这种能用数值表示随机变量某一方面的特征性质的量就称为随机变量的数字特征。而且这种数字特征又常常与随机变量的分布参数有着密切关系,所以,在已知随机变量服从某类型概率分布时,又可以由数字特征确定它的具体分布,因此,研究随机变量的数字特征,无论在理论上和实际应用上都具有重要的意义。

153

　　本章主要讨论随机变量的常用数字特征:数学期望、方差、协方差及相关系数。

§4.1　数　学　期　望

　　粗略地讲,数学期望就是随机变量取值的平均值。因此,数学期望又叫做均值,表示随机变量取值的中常状态。

一、数学期望的概念

　　我们先看一个例子。假定某射击运动员进行打靶练习,他每枪射中的环数是一个随机变量 X,设 X 的分布律为

X	7	8	9	10
p_k	0.1	0.3	0.2	0.4

为了考核他的射击水平,让他进行了 n 次射击试验,以 n_k 表示射中 k 环的次数,

$k = 7,8,9,10$,则平均每枪射中的环数为

$$\frac{1}{n}(7n_7 + 8n_8 + 9n_9 + 10n_{10}) = 7 \cdot \frac{n_7}{n} + 8 \cdot \frac{n_8}{n} + 9 \cdot \frac{n_9}{n} + 10 \cdot \frac{n_{10}}{n}$$

我们将在第五章里了解到,当 n 很大时,n 次射击试验中,击中 k 次的频率 $\frac{n_k}{n}$ 接近于事件 $\{X = k\}$ 的概率 p_k,故当 n 很大时,平均每枪射中的环数应接近于稳定值:

$$7 \times 0.1 + 8 \times 0.3 + 9 \times 0.2 + 10 \times 0.4 = 8.9$$

这个值 8.9 就称为 X 的数学期望,它是随机变量的所有可能取值的以概率为权的加权平均值,它较之分布律更能明确地表现这个射击运动员的射击水平。

一般地,我们有如下定义:

定义 4.1.1 设离散型随机变量 X 的分布律为

$$P\{X = x_k\} = p_k \quad k = 1,2,\cdots$$

若级数 $\sum\limits_{k=1}^{\infty} x_k p_k$ 绝对收敛,则称级数 $\sum\limits_{k=1}^{\infty} x_k p_k$ 的值为离散型随机变量 X 的数学期望,记为 $E(X)$,即

$$E(X) = \sum_{k=1}^{\infty} x_k p_k \tag{4.1.1}$$

数学期望可简称为期望或均值。

154　　　**例 4.1.1** 甲、乙两运动员进行打靶,击中环数分别记为 X_1, X_2,它们的分布律为

X_1	7	8	9	10
p_k	0.2	0.3	0.4	0.1

X_2	7	8	9	10
p_k	0.3	0.5	0.1	0.1

试评定他们的成绩好坏。

解: 我们计算两者的数学期望可知

$$E(X_1) = 7 \times 0.2 + 8 \times 0.3 + 9 \times 0.4 + 10 \times 0.1 = 8.4$$
$$E(X_2) = 7 \times 0.3 + 8 \times 0.5 + 9 \times 0.1 + 10 \times 0.1 = 8.0$$

即甲的成绩略好于乙的成绩。

例 4.1.2 按规定,某车站每天 8:00～9:00,9:00～10:00 都恰有一辆客车到站,但到站的时刻是随机的,且两者到站的时间相互独立。其规律为

到站时刻	8:10 9:10	8:30 9:30	8:50 9:50
概率	$\frac{1}{6}$	$\frac{3}{6}$	$\frac{2}{6}$

(1) 一旅客 8:00 到车站,求他候车时间的数学期望;

(2) 一旅客 8:20 到站,求他候车时间的数学期望。

解:设旅客的候车时间为 X(以 min 计)

(1)X 的分布律为

X	10	30	50
p_k	$\dfrac{1}{6}$	$\dfrac{3}{6}$	$\dfrac{2}{6}$

故候车时间的数学期望为

$$E(X) = 10 \times \frac{1}{6} + 30 \times \frac{3}{6} + 50 \times \frac{2}{6} = 33.33$$

(2)X 的分布律为

X	10	30	50	70	90
p_k	$\dfrac{3}{6}$	$\dfrac{2}{6}$	$\dfrac{1}{6} \times \dfrac{1}{6}$	$\dfrac{1}{6} \times \dfrac{3}{6}$	$\dfrac{1}{6} \times \dfrac{2}{6}$

在上表中 $P\{X = 50\}$ = $P\{$第一班车 8∶10 到站,第二班车 9∶10 到站$\}$ =

$$P\{\text{第一班车 8∶10 到站}\}P\{\text{第二班车 9∶10 到站}\} = $$

$$\frac{1}{6} \times \frac{1}{6}$$

$P\{X = 70\}$,$P\{X = 90\}$ 类似求出。故候车时间的数学期望为

$$E(X) = 10 \times \frac{3}{6} + 30 \times \frac{2}{6} + 50 \times \frac{1}{36} + 70 \times \frac{3}{36} + 90 \times \frac{2}{36} = 27.22$$

155

例 4.1.3　在一个人数很多的团体中普查某种疾病,为此要抽验 N 个人的血。可以用两种方法进行:(1) 将每个人的血都分别去验,这就需验 N 次;(2) 按 k 个人一组进行分组,把从 k 个人抽来的血混合在一起进行检验,如果这混合血液呈阴性反应,就说明 k 个人的血都呈阴性反应,这样,这 k 个人的血就只需验一次。若呈阳性,则再对这 k 个人的血液分别进行化验。这样,k 个人的血总共要化验 $k + 1$ 次。假设每个人化验呈阳性的概率为 p,且这些人的试验反应是相互独立的。试说明当 p 很小时,选取适当的 k,按第二种方法可以减少化验的次数。并说明 k 取什么值时最适宜。

解:由题意知,每个人的血呈阴性反应的概率为 $q = 1 - p$。故 k 人的混合血呈阴性反应的概率为 q^k,k 个人的混合血呈阳性反应的概率为 $1 - q^k$。

设以 k 人为一组时,组内每人化验的次数为 X,则 X 是一个随机变量,其分布律为

X	$\dfrac{1}{k}$	$\dfrac{k+1}{k}$
p_k	q^k	$1 - q^k$

则 X 的数学期望为

$$E(X) = \frac{1}{k}q^k + \frac{k+1}{k}(1 - q^k) = 1 - q^k + \frac{1}{k}$$

由此可知,N个人平均需化验次数为$N\left(1 - q^k + \dfrac{1}{k}\right)$,若欲化验次数小于$N$,则只须

$$L = 1 - q^k + \frac{1}{k} < 1$$

故可选适当的k值,在q固定条件下,使L达到最小,此k即为所求。例如$p = 0.1$,则$q = 0.9$,当$k = 4$时,$L = 1 - q^k + \dfrac{1}{k}$取得最小值。此时得到最好的分组方法。若$N = 1000$,此时以$k = 4$分组,则按第二方案平均化验次数仅为

$$1000\left(1 - 0.9^4 + \frac{1}{4}\right) = 594$$

这样平均来说,可以减少40%的工作量。

类似地,可定义连续型随机变量的数学期望。

定义4.1.2 设连续型随机变量X的概率密度为$f(x)$,若积分

$$\int_{-\infty}^{+\infty} xf(x)\,\mathrm{d}x$$

绝对收敛,则称积分$\displaystyle\int_{-\infty}^{+\infty} xf(x)\,\mathrm{d}x$的值为随机变量$X$的数学期望,记为$E(X)$,即

$$E(X) = \int_{-\infty}^{+\infty} xf(x)\,\mathrm{d}x \tag{4.1.2}$$

数学期望可简称期望或均值。

从力学角度看,设在Ox轴上分布着质量,其线密度为$f(x)$,因$\displaystyle\int_{-\infty}^{+\infty} f(x)\,\mathrm{d}x = 1$,故有

$$E(X) = \int_{-\infty}^{+\infty} xf(x)\,\mathrm{d}x = \frac{\displaystyle\int_{-\infty}^{+\infty} xf(x)\,\mathrm{d}x}{\displaystyle\int_{-\infty}^{+\infty} f(x)\,\mathrm{d}x}$$

即数学期望式(4.1.2)表示质量中心的坐标。

例4.1.4 设连续型随机变量X具有概率密度

$$(1)\,f(x) = \begin{cases} 2x & 0 < x < 1 \\ 0 & \text{其它} \end{cases} ; \quad (2)\,f(x) = \begin{cases} 1 - x & 0 < x < 1 \\ \dfrac{1}{x^3} & x \geq 1 \\ 0 & \text{其它} \end{cases}$$

试求X的数学期望。

解:(1) 由式(4.1.2)

$$E(X) = \int_{-\infty}^{+\infty} xf(x)\,\mathrm{d}x = \int_0^1 x \cdot 2x\,\mathrm{d}x = \frac{2}{3}$$

$(2) E(X) = \int_{-\infty}^{+\infty} xf(x)\,\mathrm{d}x = \int_0^1 x(1-x)\,\mathrm{d}x + \int_1^{+\infty} x\,\frac{1}{x^3}\mathrm{d}x = \frac{1}{6} + 1 = \frac{7}{6}$

例 4.1.5　设随机变量 X 具有概率密度为

$$f(x) = \begin{cases} x\mathrm{e}^{-\frac{x^2}{2}} & x > 0 \\ 0 & x \leq 0 \end{cases}$$

试求 X 的数学期望。

解：$E(X) = \int_{-\infty}^{+\infty} xf(x)\,\mathrm{d}x = \int_0^{+\infty} x^2 \mathrm{e}^{-\frac{x^2}{2}}\mathrm{d}x = -x\mathrm{e}^{-\frac{x^2}{2}}\Big|_0^{+\infty} + \int_0^{+\infty} \mathrm{e}^{-\frac{x^2}{2}}\mathrm{d}x =$

$\sqrt{2\pi}\Big[\frac{1}{\sqrt{2\pi}}\int_0^{+\infty} \mathrm{e}^{-\frac{x^2}{2}}\mathrm{d}x\Big] = \sqrt{2\pi} \cdot \frac{1}{2} = \sqrt{\frac{\pi}{2}}$

例 4.1.6　有 5 个相互独立工作的电子装置,它们有寿命 $X_k(k = 1,2,3,4,5)$ 服从同一指数分布 $Z\left(\frac{1}{\theta}\right)$,其概率密度为

$$f(x) = \begin{cases} \dfrac{1}{\theta}\mathrm{e}^{-\frac{x}{\theta}} & x > 0, \theta > 0 \\ 0 & x \leq 0 \end{cases}$$

(1) 若将 5 个电子装置串联工作组成整机,求整机寿命 N 的数学期望;

(2) 若将 5 个电子装置并联工作组成整机,求整机寿命 M 的数学期望。

解：由题设,$X_k(k = 1,2,3,4,5)$ 的分布函数为

$$F(x) = \begin{cases} 1 - \mathrm{e}^{-\frac{x}{\theta}} & x > 0, \theta > 0 \\ 0 & x \leq 0 \end{cases}$$

(1) 由第三章式(3.5.16)知,$N = \min(X_1, X_2, X_3, X_4, X_5)$ 的分布函数为

$$F_{\min}(x) = 1 - [1 - F(x)]^5 = \begin{cases} 1 - \mathrm{e}^{-\frac{5x}{\theta}} & x > 0, \theta > 0 \\ 0 & x \leq 0 \end{cases}$$

故其概率密度为

$$f_{\min}(x) = \begin{cases} \dfrac{5}{\theta}\mathrm{e}^{-\frac{5x}{\theta}} & x > 0 \\ 0 & x \leq 0 \end{cases}$$

于是 N 的数学期望是

$$E(N) = \int_{-\infty}^{+\infty} xf_{\min}(x)\,\mathrm{d}x = \int_0^{+\infty} x \cdot \frac{5}{\theta}\mathrm{e}^{-\frac{5x}{\theta}}\mathrm{d}x = \frac{\theta}{5}$$

(2) 由第三章式(3.5.14)知,$M = \max(X_1, X_2, \cdots, X_5)$ 的分布函数为

$$F_{\max}(x) = [F(x)]^5 = \begin{cases} [1 - \mathrm{e}^{-\frac{x}{\theta}}]^5 & x > 0 \\ 0 & x \leq 0 \end{cases}$$

因而 M 的概率密度为

$$f_{\max}(x) = \begin{cases} \dfrac{5}{\theta}\left[1 - e^{-\frac{x}{\theta}}\right]^4 e^{-\frac{x}{\theta}} & x > 0 \\ 0 & x \leqslant 0 \end{cases}$$

故 M 的数学期望为

$$E(M) = \int_{-\infty}^{+\infty} x f_{\max}(x)\,\mathrm{d}x = \int_0^{+\infty} x \cdot \frac{5}{\theta}\left[1 - e^{-\frac{x}{\theta}}\right]^4 e^{-\frac{x}{\theta}}\mathrm{d}x = \frac{137}{60}\theta$$

我们看到, $\dfrac{E(M)}{E(N)} = \dfrac{\dfrac{137\theta}{60}}{\dfrac{\theta}{5}} \approx 11.4$

这就是说,5 个电子装置并联联接工作的平均寿命是串联联接工作平均寿命的 11.4 倍。

二、随机变量的函数的数学期望

在实际问题中,我们常常面临求随机变量的函数的期望问题。例如飞机机翼受到压力 $W = kv^2$(v 是风速,$k > 0$ 是常数)的作用,需求随机变量 v 的函数 W 的数学期望。当然我们可以先求出随机变量的函数 W 的概率密度,再由期望的定义求 W 的期望,这样进行计算较繁。下面的定理告诉我们,只要直接利用随机变量的概率分布或概率密度,即可求其函数的期望。

158

定理 4.1.1 设 Y 是随机变量 X 的函数:$Y = g(X)$(g 是连续函数)。

(1)X 是离散型随机变量,它的分布律为 $p_k = P\{X = x_k\}$($k = 1,2,\cdots$),若 $\displaystyle\sum_{k=1}^{\infty} g(x_k)p_k$ 绝对收敛,则有

$$E(Y) = E[g(X)] = \sum_{k=1}^{\infty} g(x_k)p_k \tag{4.1.3}$$

(2)X 是连续型随机变量,它的概率密度为 $f(x)$,若 $\displaystyle\int_{-\infty}^{+\infty} g(x)f(x)\,\mathrm{d}x$ 绝对收敛,则有

$$E(Y) = E[g(X)] = \int_{-\infty}^{+\infty} g(x)f(x)\,\mathrm{d}x \tag{4.1.4}$$

此处我们仅就 $y = g(x)$ 是严格单调可导函数及 $Y = g(X)$ 为连续型随机变量的情形给以证明。

由第二章定理 2.4.1 知 $Y = g(X)$ 的概率密度为

$$f_Y(y) = \begin{cases} f_X(h(y))\,|\,h'(y)\,| & c < y < d \\ 0 & \text{其它} \end{cases}$$

其中 $x = h(y)$ 为 $y = g(x)$ 的反函数,单调可导,

$$c = \min\{g(a), g(b)\}, d = \max\{g(a), g(b)\}$$

故
$$E(Y) = \int_{-\infty}^{+\infty} y f_Y(y) \mathrm{d}y = \int_c^d y \cdot f_X(h(y)) \mid h'(y) \mid \mathrm{d}y$$

当 $h'(y) > 0$ 时

$$E(Y) = \int_c^d y f_X(h(y)) h'(y) \mathrm{d}y \xrightarrow{\text{令}h(y)=x} \int_{-\infty}^{+\infty} g(x) f(x) \mathrm{d}x$$

当 $h'(y) < 0$ 时

$$E(Y) = -\int_c^d y f_X(h(y)) h'(y) \mathrm{d}y \xrightarrow{\text{令}h(y)=x}$$

$$-\int_{+\infty}^{-\infty} g(x) f(x) \mathrm{d}x = \int_{-\infty}^{+\infty} g(x) f(x) \mathrm{d}x$$

综合上两式,即得式(4.1.4)。至于式(4.1.4)的一般性证明超出了本书范围,故此处不再详述。

例 4.1.7　设 X 的分布律为

X	-2	-1	0	1
p_k	$\frac{1}{4}$	$\frac{1}{8}$	$\frac{1}{2}$	$\frac{1}{8}$

试求 $Y = X^2 - 1$ 的数学期望。

解:由式(4.1.3)

$$E(X^2 - 1) = [(-2)^2 - 1] \times \frac{1}{4} + [(-1)^2 - 1] \times \frac{1}{8} +$$

$$[0^2 - 1] \times \frac{1}{2} + [1^2 - 1] \times \frac{1}{8} = \frac{1}{4}$$

读者亦可先求 $Y = X^2 - 1$ 的分布律,再求 Y 的期望 $E(Y)$。

例 4.1.8　设风速 v 在 $(0, a)$ 上服从均匀分布,即具有概率密度

$$f(v) = \begin{cases} \dfrac{1}{a} & 0 < v < a \\ 0 & \text{其它} \end{cases}$$

又设飞机机翼所受的正压力 W 是 v 的函数: $W = kv^2$($k > 0$ 常数),求 W 的数学期望。

解:由式(4.1.4)得

$$E(W) = \int_{-\infty}^{+\infty} kv^2 f(v) \mathrm{d}v = \int_0^a kv^2 \frac{1}{a} \mathrm{d}v = \frac{1}{3} ka^2$$

例 4.1.9　市场上对某种商品的需求量 X 服从均匀分布 $U(2000, 4000)$,每售出 1 吨可得 3 万元,若售不出而囤积在仓库中则每吨需保养费 1 万元,试问需组织多少货源,才能使平均收益最大?

解:设 a = 货源量,Y = 收益,由题意,需求量 X 的概率密度为

$$f_X(x) = \begin{cases} \dfrac{1}{2000} & 2000 < x < 4000 \\ 0 & 其它 \end{cases}$$

而收益 Y 是需求量 X 的函数:

$$Y = g(X) = \begin{cases} 3a & X \geqslant a \\ 3X - (a - X) = 4X - a & X < a \end{cases}$$

所以得平均收益为

$$
\begin{aligned}
E(Y) &= \int_{-\infty}^{+\infty} f_X(x) g(x) \mathrm{d}x \\
&= \int_{2000}^{a} (4x - a) \frac{1}{2000} \mathrm{d}x + \int_{a}^{4000} 3a \frac{1}{2000} \mathrm{d}x \\
&= \frac{1}{1000}(-a^2 + 7000a - 4 \times 10^6)
\end{aligned}
$$

而 $[E(Y)]'_a = -2a + 7000 = 0$,得 $a = 3500$,且 $[E(Y)]''_a = -2 < 0$ 即当 $a = 3500$ 吨时所获平均收益 $E(Y)$ 达到最大。

定理 4.1.1 可以推广到多维随机变量的函数中去,例如 $Z = g(X, Y)$ 是随机变量 X, Y 的函数(g 为连续函数),则 Z 是随机变量,当 X, Y 为离散型随机变量时,其联合分布为 $P\{X = x_i, Y = y_j\} = p_{ij}(i, j = 1, 2, \cdots)$,则

160

$$E(Z) = E[g(X, Y)] = \sum_{i=1}^{\infty} \sum_{j=1}^{\infty} g(x_i, y_i) p_{ij} \qquad (4.1.5)$$

若 X, Y 为连续型随机变量,其联合概率密度为 $f(x, y)$,则

$$E(Z) = E[g(X, Y)] = \int_{-\infty}^{+\infty} \int_{-\infty}^{+\infty} g(x, y) f(x, y) \mathrm{d}x \mathrm{d}y \qquad (4.1.6)$$

当然,我们亦要求上述的级数和积分是绝对收敛的才有数学期望。

例 4.1.10 设二维随机变量 (X, Y) 的概率密度为

$$f(x, y) = \begin{cases} x + y & 0 \leqslant x \leqslant 1, 0 \leqslant y \leqslant 1 \\ 0 & 其它 \end{cases}$$

试求 $Z = XY$ 的数学期望。

解: 由式(4.1.6)得

$$E(XY) = \int_{-\infty}^{+\infty} \int_{-\infty}^{+\infty} xy f(x, y) \mathrm{d}x \mathrm{d}y = \int_{0}^{1} \int_{0}^{1} xy(x + y) \mathrm{d}x \mathrm{d}y = \frac{1}{3}$$

例 4.1.11 设点 (X, Y) 在正方形 $D = \{(x, y) \; 0 \leqslant x \leqslant 1, 0 \leqslant y \leqslant 1\}$ 上随机取值,试求 $E(X^2 + Y^2)$。

解: 依题意,(X, Y) 服从 D 上均匀分布,D 的面积为 1,其联合概率密度为

$$f(x, y) = \begin{cases} 1 & 0 \leqslant x \leqslant 1, 0 \leqslant y \leqslant 1 \\ 0 & 其它 \end{cases}$$

所以
$$E(X^2 + Y^2) = \int_{-\infty}^{+\infty} \int_{-\infty}^{+\infty} (x^2 + y^2) f(x,y) \mathrm{d}x\mathrm{d}y =$$
$$\int_0^1 \int_0^1 (x^2 + y^2) \mathrm{d}x\mathrm{d}y = \frac{2}{3}$$

三、数学期望的简单性质

我们假设下列性质中所遇到的随机变量的期望均存在,则有以下性质:

1°　(线性法则) 设 X 为随机变量,其期望为 $E(X)$,对任意常数 a、b 有
$$E(aX + b) = aE(X) + b \tag{4.1.7}$$
特别当 $a = 0$ 时,$E(b) = b$,即常数的期望仍等于该常数。
$$b = 0 \text{ 时},\text{有 } E(aX) = aE(X)$$
证明留给读者(分离散型和连续型两种情况证明)。

2°　(加法法则) 设 X,Y 为随机变量,则有
$$E(X + Y) = E(X) + E(Y) \tag{4.1.8}$$
证:若 X,Y 为连续型随机变量,其联合概率密度为 $f(x,y)$,则
$$E(X,Y) = \int_{-\infty}^{+\infty} \int_{-\infty}^{+\infty} (x + y) f(x,y) \mathrm{d}x\mathrm{d}y =$$
$$\int_{-\infty}^{+\infty} \int_{-\infty}^{+\infty} x f(x,y) \mathrm{d}x\mathrm{d}y + \int_{-\infty}^{+\infty} \int_{-\infty}^{+\infty} y f(x,y) \mathrm{d}x\mathrm{d}y =$$
$$E(X) + E(Y)$$

若 (X,Y) 为离散型随机变量,请读者自证。此条性质可推广到任意有限个随机变量之和的情况,即
$$E(X_1 + X_2 + \cdots + X_n) = E(X_1) + E(X_2) + \cdots + E(X_n) \tag{4.1.9}$$

例 4.1.12　一民航送客车载有 20 位旅客自机场开出,旅客有 10 个车站可以下车。如到达一个车站没有旅客下车就不停车。以 X 表示停车次数,求 $E(X)$(设每位旅客在各个车站下车是等可能的,并设各旅客是否下车相互独立)。

解: 引入随机变量
$$X_i = \begin{cases} 0 & \text{第 } i \text{ 站无人下车} \\ 1 & \text{第 } i \text{ 站有人下车} \end{cases} \quad i = 1,2,\cdots,10$$
易见
$$X = X_1 + X_2 + \cdots + X_{10}$$

又由题意,任一旅客在第 i 站不下车的概率为 $\frac{9}{10}$,因此 20 位旅客都不在第 i 站下车的概率为 $\left(\frac{9}{10}\right)^{20}$,至少有一位旅客在第 i 站下车的概率为 $1 - \left(\frac{9}{10}\right)^{20}$,也就是
$$P\{X_i = 0\} = \left(\frac{9}{10}\right)^{20} \quad P\{X_i = 1\} = 1 - \left(\frac{9}{10}\right)^{20} \quad i = 1,2,\cdots,10$$

故 $$E(X_i) = 1 - \left(\frac{9}{10}\right)^{20} \quad i = 1,2,\cdots,10$$

进而 $$E(X) = E(X_1 + X_2 + \cdots + X_{10}) = E(X_1) + E(X_2) + \cdots + E(X_{10}) =$$
$$10\left(1 - \left(\frac{9}{10}\right)^{20}\right) = 8.784 \quad 即平均停车约为9次。$$

注意本题方法是将 X 分解成若干随机变量之和,然后再利用随机变量和的数学期望等于随机变量数学期望之和来求数学期望的,这种处理方法具有一定的普遍意义。

合并上述两性质,可推广到任意有限多个随机变量的线性组合情况,即设 X_1, $X_2,\cdots,X_n$ 为 n 个随机变量,$a_1,a_2,\cdots,a_n$ 为常数,则

$$E\left(\sum_{i=1}^{n} a_i X_i\right) = \sum_{i=1}^{n} a_i E(X_i) \tag{4.1.10}$$

3° (乘法法则) 设 X,Y 为两个相互独立的随机变量,则

$$E(XY) = E(X)E(Y) \tag{4.1.11}$$

证:只证连续型变量情形。设 X,Y 的联合密度为 $f(x,y)$,因 X,Y 独立,则有 $f(x,y) = f_X(x) \cdot f_Y(y)$。故

$$E(XY) = \int_{-\infty}^{+\infty}\int_{-\infty}^{+\infty} xyf(x,y)\,\mathrm{d}x\mathrm{d}y =$$
$$\left[\int_{-\infty}^{+\infty} xf_X(x)\,\mathrm{d}x\right]\left[\int_{-\infty}^{+\infty} yf_Y(y)\,\mathrm{d}y\right] = E(X)E(Y)$$

例 4.1.13 设一电路中电流 I 和电阻 R 是两个相互独立的随机变量,其概率密度分别为

$$g(i) = \begin{cases} 2i & 0 \leqslant i \leqslant 1 \\ 0 & 其它 \end{cases}, h(r) = \begin{cases} \dfrac{r^2}{9} & 0 \leqslant r \leqslant 3 \\ 0 & 其它 \end{cases}$$

试求电压 $V = IR$ 的均值。

解: $E(V) = E(IR) = E(I)E(R) = \left[\int_{-\infty}^{+\infty} ig(i)\,\mathrm{d}i\right]\left[\int_{-\infty}^{+\infty} rh(r)\,\mathrm{d}r\right] =$
$$\left[\int_0^1 2i^2\,\mathrm{d}i\right]\left[\int_0^3 \frac{r^3}{9}\,\mathrm{d}r\right] = \frac{3}{2}$$

同样地,这个性质亦可推广到任意有限个相互独立的随机变量之积的情况,即:若 $X_1,X_2,\cdots,X_n$ 为相互独立的随机变量,则有

$$E(X_1 X_2 \cdots X_n) = E(X_1)E(X_2)\cdots E(X_n) \tag{4.1.12}$$

4° (柯西—许瓦兹不等式)

设 X 与 Y 是两个随机变量,则

$$|E(XY)|^2 \leqslant E(X^2)E(Y^2) \tag{4.1.13}$$

证:对任意实数 t,定义函数

$$u(t) = E(tX - Y)^2 = t^2 E(X^2) - 2tE(XY) + E(Y^2)$$

显然,对一切 t,$u(t) \geq 0$,因此 t 的二次方程

$$t^2 E(X^2) - 2tE(XY) + E(Y^2) = 0$$

或者没有实根、或者有一重根,所以判别式

$$[E(XY)]^2 - E(X^2)E(Y^2) \leq 0$$

移项即得式(4.1.13)。

思考题 4.1

1. 是否随机变量的数学期望必存在,试举例说明。参见例子: X 的概率密度为

$$f(x) = \frac{1}{\pi(1 + x^2)} \quad -\infty < x < +\infty$$

2. 在数学期望定义中为什么要求级数 $\sum\limits_{k=1}^{\infty} x_k p_k$ 或积分 $\int_{-\infty}^{+\infty} xf(x)\mathrm{d}x$ 绝对收敛?

3. 设 X,Y 为随机变量,下式是否成立?

(1) $E(X - Y) = E(X) - E(Y)$;

(2) $E(XY) = [E(X)][E(Y)] + E\{[X - E(X)][Y - E(Y)]\}$。

4. 如果 $E(XY) = E(X)E(Y)$,是否 X 与 Y 一定相互独立?

5. $E(X^2)$ 和 $[E(X)]^2$ 是否一定不相等,试举例说明。

基本练习 4.1

1. 设 X 具有概率密度 $f(x) = \begin{cases} \dfrac{e^x}{2} & x \leq 0 \\[2mm] \dfrac{e^{-x}}{2} & x > 0 \end{cases}$,求 $|X|$ 的数学期望。

2. 甲乙两种车床生产同一种零件,一天中次品数的概率分布为

甲	0	1	2	3
p_k	0.4	0.3	0.2	0.1

乙	0	1	2	3
p_k	0.3	0.5	0.2	0

如果两种车床的产量相同,问哪台车床的性能好?

3. 设 X,Y 为相互独立的随机变量,其概率密度分别为

$$f_X(x) = \begin{cases} \dfrac{3}{2} - x & 0 < x < 1 \\[2mm] 0 & 其它 \end{cases} \qquad f_Y(y) = \begin{cases} 2y & 0 < y < 1 \\ 0 & 其它 \end{cases}$$

试求:(1)$E(2X + 3YE(X))$;

(2)$E(4XY)$。

4. 设离散型随机变量 X 服从几何分布,即分布律为

$$P\{X = k\} = pq^k \quad k = 0,1,2,\cdots,0 < p < 1,q = 1 - p$$

试求 $E(X)$ 及 $E(X^2)$。

5. 设随机变量 X 具有概率密度

$$f(x) = \begin{cases} 2(x - 1) & 1 < x < 2 \\ 0 & 其它 \end{cases}$$

试求 $Y = e^X$ 及 $Z = \dfrac{1}{X}$ 的数学期望。

6. 设10只同种电器元件中有两只废品,装配仪器时,从这批元件中任取一只,若是废品,则扔掉重新任取一只,若仍是废品,则再扔掉还取一只。试求:在取到正品之前已取出的废品数 X 的概率分布与数学期望。

7. 设随机变量 X 服从参数为2的泊松分布,且 $Z = 3X - 2$,试求 $E(3Z + 2)$。

8. 设随机变量 X 服从参数为1的指数分布,试求 $X + e^{-2X}$ 的数学期望。

9. 某设备由三大部件构成,设备运转时,各部件需调整的概率为 $0.1,0.2$,0.3,若各部件的状态相互独立,试求同时需要调整的部件数 X 的数学期望。

10. 设随机变量 X 与 Y 同分布,均具有概率密度

$$f(x) = \begin{cases} \dfrac{3}{8}x^2 & 0 < x < 2 \\ 0 & 其它 \end{cases}$$

令 $A = \{X > a\}$,$B = \{Y > a\}$,已知 A 与 B 相互独立,且 $P(A \cup B) = \dfrac{3}{4}$,

试求:(1)a 的值;

(2)$\dfrac{1}{X^2}$ 的数学期望。

11. 将 n 个球放入 M 个盒子中,设每个球落入各个盒子是等可能的,试求有球的盒子数 X 的数学期望。

12. 游客乘电梯从底层到电视塔顶层观光,电梯于每个整点的第 $5\text{min},25\text{min}$ 和 55min,从底层起行,假设一游客是在早八点的第 X 分钟到达底层楼梯处,且 X 在 $[0,60]$ 上服从均匀分布,试求游客等候时间 Y 的数学期望。

13. 对球的直径作近似测量,设其值均匀分布于区间 $[a,b]$ 内,试求球的体积的期望值。

14. 由自动线加工的某种零件的内径 $X(\text{mm})$ 服从正态分布 $N(\mu,1)$,内径小于10或大于12的为不合格品,其余为合格品,销售每件合格品获利,销售每件不合格品亏损,设销售利润 $L(元)$ 与销售零件的内径 X 的关系为

$$L = \begin{cases} -1 & X < 10 \\ 20 & 10 \leq X \leq 12 \\ -5 & X > 12 \end{cases}$$

试问平均内径 μ 取何值时,销售一个零件的平均利润最大?

15. 设一部机器在一天内发生故障的概率为 0.2,机器发生故障时,全天停止工作,一周 5 个工作日,若无故障,可获利 10 万元,若发生一次故障,仍可获利 5 万元,若发生两次故障,获利为零。若至少发生 3 次故障,要亏损 2 万元,试求一周内的利润的数学期望。

16. 从学校乘汽车到火车站的途中有 3 个交通岗,设在各交通岗遇到红灯的事件是相互独立的,其概率均为 $\dfrac{2}{5}$,用 X 表示途中遇到红灯的次数,试求 X 的分布律,分布函数和数学期望。

17. 设某一商品经销某种商品的每周需要量 X 服从区间 $[10,30]$ 上的均匀分布,而进货量为区间 $[10,30]$ 中的某一整数,商品每售一单位商品可获利 500 元,若供大于求,则削价处理,每处理一单位商店亏损 100 元,若供不应求,则从外部调剂供应,此时每售一单位商品获利 300 元。试求此商店经销这种商品的每周进货量最少为多少,可使获利的数学期望不少于 9280 元。

§4.2　方　差

随机变量的数学期望体现了随机变量取值平均的大小,它是随机变量的重要数学特征,但仅知道期望是不够的,在很多情况下,还应了解随机变量的取值如何在期望周围的变化。如对一批统计数字,只知道它们的平均数是不够的,还欲了解这些数字偏离平均值的程度如何,这就是下面要讨论的方差问题。

一、方差的概念

先看这样一个例子,设有甲、乙两个女声小合唱队,都由 5 名队员组成,她们的身高数据(单位:cm) 如下:

甲队:　　160　　　162　　　159　　　160　　　159

乙队:　　180　　　160　　　150　　　150　　　160

不难算出甲、乙两队的平均身高均为 160cm,但乙队身高波动大,甲队身高波动小。单从身高来看,甲队比较整齐,演出效果会好些。可见在实际中,数据偏离均值的程度是反映客观现象的一个重要指标。因此,研究随机变量与其平均值的偏离程度是十分必要的。为具体用数值来描述这种偏离程度,在上例中,我们用数量

$$D_{甲} = \frac{1}{5}\big[(160 - 160)^2 + (162 - 160)^2 + (159 - 160)^2 +$$

$$(160 - 160)^2 + (159 - 160)^2] = 1.2$$

$$D_乙 = \frac{1}{5}[(180 - 160)^2 + (160 - 160)^2 + (150 - 160)^2 +$$

$$(150 - 160)^2 + (160 - 160)^2] = 120$$

来刻划身高数据偏离均值160cm的程度,即身高的波动程度。易见,$D_乙 > D_甲$,表示乙队数据偏离平均值的程度大。故由此对随机变量偏离期望值的程度采用如下定义:

定义4.2.1 设 X 是一个随机变量,若 $E\{[X - E(X)]^2\}$ 存在,则称 $E\{[X - E(X)]^2\}$ 为 X 的方差,记为 $D(X)$ 或 $\mathrm{Var}(X)$,即

$$D(X) = \mathrm{Var}(X) = E\{[X - E(X)]^2\} \tag{4.2.1}$$

显然 $D(X) \geqslant 0$,故在应用中引入与随机变量 X 具有相同量纲的量 $\sqrt{D(X)}$,记为 $\sigma(X)$,称为标准差或均方差。

由方差的定义可知,随机变量 X 的方差实际上就是 X 的函数 $Y = g(X) = (X - E(X))^2$ 的数学期望,由故式(4.1.3)知,X 为离散型随机变量,其分布律为 $p_k = P\{X = x_k\}(k = 1,2,\cdots)$,则其方差为

$$D(X) = \sum_{k=1}^{\infty}[x_k - E(X)]^2 p_k \tag{4.2.2}$$

166

又由式(4.1.4)知,若 X 为连续型随机变量,其概率密度为 $f(x)$,则 X 的方差为

$$D(X) = \int_{-\infty}^{+\infty}[x - E(X)]^2 f(x)\,\mathrm{d}x \tag{4.2.3}$$

具体计算方差时,我们应用下述计算公式:

$$D(X) = E(X^2) - [E(X)]^2 \tag{4.2.4}$$

这是因为 $\quad D(X) = E\{[X - E(X)]^2\} = E\{X^2 - 2XE(X) + [E(X)]^2\} =$

$$E(X^2) - 2E(X)E(X) + [E(X)]^2 =$$

$$E(X^2) - [E(X)]^2$$

例4.2.1 设甲、乙两射手在同样条件下进行射击,其命中率如下表

环数 X	10	9	8	7	6	5	4
p_k	0.5	0.2	0.1	0.1	0.05	0.05	0

环数 Y	10	9	8	7	6	5	4
p_k	0.1	0.1	0.1	0.1	0.2	0.2	0.2

试求 $E(X),E(Y)$ 及 $D(X),D(Y)$。

解: $E(X) = 10 \times 0.5 + 9 \times 0.2 + 8 \times 0.1 + 7 \times 0.1 + 6 \times 0.05 +$

$$5 \times 0.05 = 8.85$$

$$E(Y) = 10 \times 0.1 + 9 \times 0.1 + 8 \times 0.1 + 7 \times 0.1 + 6 \times 0.2 +$$

$$5 \times 0.2 + 4 \times 0.2 = 6.4$$

$$E(X^2) = 10^2 \times 0.5 + 9^2 \times 0.2 + 8^2 \times 0.1 + 7^2 \times 0.1 +$$

$$6^2 \times 0.05 + 5^2 \times 0.05 = 80.55$$

$$E(Y^2) = 10^2 \times 0.1 + 9^2 \times 0.1 + 8^2 \times 0.1 + 7^2 \times 0.1 + 6^2 \times 0.2 +$$

$$5^2 \times 0.2 + 4^2 \times 0.2 = 44.8$$

故　　　　$D(X) = E(X^2) - [E(X)]^2 = 80.55 - 8.85^2 = 2.2275$

$$D(Y) = E(Y^2) - [E(Y)]^2 = 44.8 - 6.4^2 = 3.84$$

可见 $E(X) > E(Y)$ 且 $D(X) < D(Y)$，故说明甲的成绩优于乙的成绩，且成绩比乙更稳定。

例 4.2.2　设连续型随机变量 X 的概率密度为

$$(1) f(x) = \begin{cases} 1 + x & -1 \leqslant x < 0 \\ 1 - x & 0 \leqslant x < 1 \\ 0 & \text{其它} \end{cases}; \quad (2) f(x) = \begin{cases} 6x(1-x) & 0 < x < 1 \\ 0 & \text{其它} \end{cases}$$

试求 $E(X)$ 及 $D(X)$。

解:(1)　　　$E(X) = \int_{-1}^{0} x(1+x)\mathrm{d}x + \int_{0}^{1} x(1-x)\mathrm{d}x = 0$

$$E(X^2) = \int_{-1}^{0} x^2(1+x)\mathrm{d}x + \int_{0}^{1} x^2(1-x)\mathrm{d}x = \frac{1}{6}$$

故　　　　$D(X) = E(X^2) - [E(X)]^2 = \frac{1}{6} - 0 = \frac{1}{6}$

$(2) E(X) = \int_{0}^{1} x \cdot 6x(1-x)\mathrm{d}x = 6\left[\int_{0}^{1} x^2\mathrm{d}x - \int_{0}^{1} x^3\mathrm{d}x\right] = \frac{1}{2}$

$$E(X^2) = \int_{0}^{1} x^2 \cdot 6x(1-x)\mathrm{d}x = 6\left[\int_{0}^{1} x^3\mathrm{d}x - \int_{0}^{1} x^4\mathrm{d}x\right] = \frac{3}{10}$$

$$D(X) = E(X^2) - [E(X)]^2 = \frac{3}{10} - \frac{1}{4} = \frac{1}{20}$$

例 4.2.3　设连续型随机变量 X 的分布函数为

$$F(x) = \begin{cases} 0 & x < -1 \\ \dfrac{1}{2} + \dfrac{1}{\pi}\arcsin x & -1 \leqslant x < 1 \\ 1 & x \geqslant 1 \end{cases}$$

试求 $E(X)$ 及 $D(X)$。

解:因为

$$f(x) = F'(x) = \begin{cases} \dfrac{1}{\pi\ \sqrt{1-x^2}} & -1 < x < 1 \\ 0 & \text{其它} \end{cases}$$

故　　$E(X) = \int_{-\infty}^{+\infty} xf(x)\mathrm{d}x = \int_{-1}^{1} x \cdot \dfrac{\mathrm{d}x}{\pi\ \sqrt{1-x^2}} = 0$

167

$$E(X^2) = \int_{-1}^{1} x^2 \frac{\mathrm{d}x}{\pi \sqrt{1-x^2}} = 2\int_{0}^{1} \frac{x^2}{\pi \sqrt{1-x^2}}\mathrm{d}x \xlongequal{x=\sin\theta}$$

$$\frac{2}{\pi}\int_{0}^{\frac{\pi}{2}} \sin^2\theta\mathrm{d}\theta = \frac{2}{\pi}\int_{0}^{\frac{\pi}{2}} \frac{1}{2}(1-\cos2\theta)\mathrm{d}\theta = \frac{1}{2}$$

所以
$$D(X) = E(X^2) - [E(X)]^2 = \frac{1}{2}$$

二、方差的简单性质

若假设以下所遇到的随机变量的方差均存在,则有性质:

1° 设 X 为随机变量,对于任意的常数 a,b

$$D(aX+b) = a^2 D(X) \tag{4.2.5}$$

这是因为
$$\begin{aligned} D(aX+b) &= E\{[aX+b-E(aX+b)]^2\} = \\ &E\{a^2[X-E(X)]^2\} = a^2 E\{[X-E(X)]^2\} = \\ &a^2 D(X) \end{aligned}$$

特别地当 $a=0$ 时,$D(b)=0$,即常数的方差为 0。

当 $a=-1,b=0$ 时,$D(-X)=D(X)$,即 X 与 $-X$ 的方差相同。

读者容易验证标准化变量 $X^* = \dfrac{X-E(X)}{\sqrt{D(X)}}$ 的期望为 0,方差为 1。

168

2° 设 X,Y 为两个相互独立的随机变量,则有

$$D(X+Y) = D(X) + D(Y) \tag{4.2.6}$$

证:
$$\begin{aligned} D(X+Y) &= E\{[X+Y-E(X+Y)]^2\} = \\ &E\{[(X-E(X))+(Y-E(Y))]^2\} = \\ &E\{[X-E(X)]^2\} + E\{[Y-E(Y)]^2\} + 2E\{[X-E(X)][Y-E(Y)]\} \end{aligned}$$

由于 X,Y 独立,$X-E(X)$ 与 $Y-E(Y)$ 也相互独立,故由期望性质 3° 知

$$E\{[X-E(X)][Y-E(Y)]\} = E[X-E(X)]E[Y-E(Y)] = 0$$

由此可知式(4.2.6)成立。

这两性质可以推广到任意有限个相互独立的随机变量之和的情况,即,若 X_1,$X_2,\cdots,X_n$ 是相互独立的随机变量,$a_1,a_2,\cdots,a_n$ 为任意常数,则

$$\begin{aligned} D(a_1 X_1 + a_2 X_2 + \cdots + a_n X_n) = \\ a_1^2 D(X_1) + a_2^2 D(X_2) + \cdots + a_n^2 D(X_n) \end{aligned} \tag{4.2.7}$$

3°(契比雪夫不等式) 设 X 为一随机变量,其均值 $E(X)=\mu$,方差 $D(X)=\sigma^2$,则对任意正数 $\varepsilon > 0$,有

$$P\{|X-\mu| \geq \varepsilon\} \leq \frac{\sigma^2}{\varepsilon^2} \tag{4.2.8}$$

证:只证连续型随机变量情形。设 X 的概率密度为 $f(x)$,则有

$$P\{|X - \mu| \geq \varepsilon\} = \int_{|x-\mu| \geq \varepsilon} f(x)\,\mathrm{d}x \leq \int_{|x-\mu| \geq \varepsilon} \frac{(x-\mu)^2}{\varepsilon^2} f(x)\,\mathrm{d}x \leq$$

$$\frac{1}{\varepsilon^2} \int_{-\infty}^{+\infty} (x - E(X))^2 f(x)\,\mathrm{d}x = \frac{\sigma^2}{\varepsilon^2}$$

式(4.2.8)亦可写成如下形式:

$$P\{|X - \mu| < \varepsilon\} > 1 - \frac{\sigma^2}{\varepsilon^2} \qquad\qquad (4.2.9)$$

这个不等式给出了在随机变量 X 的分布未知的情况下,事件$\{|X - \mu| < \varepsilon\}$ 的概率的一种估计方法,例如在式(4.2.9)中取 $\varepsilon = k\sigma > 0$,则得

$$P\{|X - \mu| < k\sigma\} > 1 - \frac{1}{k^2}$$

特别地取 $k = 3,4$ 即得

$$P\{|x - \mu| < 3\sigma\} > 0.8889$$

$$P\{|X - \mu| < 4\sigma\} > 0.9375$$

不等式(4.2.9)进一步阐明了方差的意义,$D(X)$ 越小,则 X 的取值与其期望的偏差 $X - E(X)$ 超过一定界限的概率也越小,说明 X 取值越集中在 $E(X)$ 附近。

4° $D(X) = 0$ 的充要条件是 X 以概率 1 取常数 $\mu = E(X)$,即

$$P\{X = \mu\} = 1$$

169

证:显然若 $P\{X = \mu\} = 1$,即 $E(X) = \mu \Rightarrow D(X) = 0$

反之若 $D(X) = \sigma^2 = 0$,则由 3° 知

$$\forall n \quad P\left\{|X - \mu| \geq \frac{1}{n}\right\} \leq \frac{\sigma^2}{\left(\frac{1}{n}\right)^2} = 0$$

而

$$\{X \neq \mu\} = \bigcup_{n=1}^{\infty} \left\{|X - \mu| \geq \frac{1}{n}\right\}$$

故

$$P\{X \neq \mu\} = P\left\{\bigcup_{n=1}^{\infty} |X - \mu| \geq \frac{1}{n}\right\} \leq \sum_{n=1}^{\infty} P\left\{|X - \mu| \geq \frac{1}{n}\right\} = 0$$

从而

$$P\{X \neq \mu\} = 0 \Rightarrow P\{X = \mu\} = 1$$

例 4.2.4　设 $X_1, X_2, \cdots, X_n$ 相互独立,且服从同一 $(0-1)$ 分布,其分布律为

$$P\{X_i = 0\} = 1 - p \quad P\{X_i = 1\} = p \quad i = 1,2,\cdots,n$$

证明 $X = X_1 + X_2 + \cdots + X_n$ 服从参数为 n,p 的二项分布,并求 $E(X)$ 和 $D(X)$。

解:易见 X 的所有可能取值为 $0,1,2,\cdots,n$。由独立性知 X 以特定的方式(例如前 k 个取 1,后 $n-k$ 个取 0) 取 $k(0 \leq k \leq n)$ 的概率为

$$p^k(1-p)^{n-k}$$

而 X 取 k 的两两互不相容的方式共有 $\binom{n}{k}$ 种,故知

$$P\{X = k\} = \binom{n}{k}p^k(1-p)^{n-k} \quad k = 0,1,2,\cdots,n$$

即 X 服从参数为 n,p 的二项分布。

又由题设知 X_i 的分布律为

X	0	1
p_k	$1-p$	p

故得
$$E(X_i) = 0 \times (1-p) + 1 \times p = p, E(X_i^2) = p$$
$$D(X_i) = E(X_i^2) - [E(X_i)]^2 = p(1-p)$$

故由式(4.1.9) 知
$$E(X) = E\left(\sum_{i=1}^n X_i\right) = \sum_{i=1}^n E(X_i) = np$$

又由于 $X_1 + X_2 + \cdots + X_n$ 相互独立，由式(4.2.7) 可得
$$E(X) = D\left(\sum_{i=1}^n X_i\right) = \sum_{i=1}^n D(X_i) = np(1-p)$$

即
$$E(X) = np, D(X) = np(1-p)$$

例 4.2.5 设 (X,Y) 具有概率密度

170

$$f(x,y) = \begin{cases} 2xye^{-x^2-y} & x > 0, y > 0 \\ 0 & \text{其它} \end{cases}$$

试求：(1) X,Y 的边缘概率密度，X,Y 是否独立？

(2) $E(2X \pm 3Y), D(2X \pm 3Y)$。

解：(1) 由定义

$$f_X(x) = \int_{-\infty}^{+\infty} f(x,y)\mathrm{d}y = \begin{cases} \int_0^{+\infty} 2xye^{-x^2-y}\mathrm{d}y = 2xe^{-x^2} & x > 0 \\ 0 & x \leqslant 0 \end{cases}$$

同理
$$f_Y(y) = \begin{cases} ye^{-y} & y > 0 \\ 0 & x \leqslant 0 \end{cases}$$

即有 $f(x,y) = f_X(x) \cdot f_Y(y)$，则 X,Y 相互独立。

(2) 因为

$$E(X) = \int_{-\infty}^{+\infty} xf_X(x)\mathrm{d}x = \int_0^{+\infty} x \cdot 2xe^{-x^2}\mathrm{d}x = -xe^{-x^2}\Big|_0^{+\infty} + \int_0^{+\infty} e^{-x^2}\mathrm{d}x$$

$$\xrightarrow{x = \frac{t}{\sqrt{2}}} \int_0^{+\infty} e^{-\frac{t^2}{2}}\frac{\mathrm{d}t}{\sqrt{2}} = \frac{\sqrt{\pi}}{2}$$

$$E(X^2) = \int_0^{+\infty} x^2 \cdot 2xe^{-x^2}\mathrm{d}x = -x^2e^{-x^2}\Big|_0^{+\infty} + 2\int_0^{+\infty} xe^{-x^2}\mathrm{d}x = 1$$

故
$$D(X) = E(X^2) - [E(X)]^2 = 1 - \frac{\pi}{4}$$

类似得　$E(Y) = \int_0^{+\infty} y^2 e^{-y} dy = -y^2 e^{-y} \Big|_0^{+\infty} + 2\int_0^{+\infty} y e^{-y} dy = 2 \times 1 = 2$

$$E(Y^2) = \int_0^{+\infty} y^3 e^{-y} dy = -y^3 e^{-y} \Big|_0^{+\infty} + 3\int_0^{+\infty} y^2 e^{-y} dy = 3 \times 2 = 6$$

故
$$D(Y) = E(Y^2) - [E(Y)]^2 = 6 - 4 = 2$$

所以　$E(2X \pm 3Y) = 2E(X) \pm 3E(Y) = 2 \times \frac{\sqrt{\pi}}{2} \pm 3 \times 2 = \sqrt{\pi} \pm 6$

$$D(2X \pm 3Y) = 4D(X) + 9D(Y) = 4\left(1 - \frac{\pi}{4}\right) + 18 = 22 - \pi$$

三、几种重要随机变量的数学期望及方差

1. 二项分布 $B(n,p)$

设 X 服从参数为 n,p 的二项分布,其分布律为:
$$P\{X = k\} = \binom{n}{k} p^k (1-p)^{n-k} \quad k = 0,1,2,\cdots,n; 0 < p < 1$$

在例4.2.4 中已得:$E(X) = np, D(X) = np(1-p)$。

2. 泊松分布 $\pi(\lambda)$

设 X 服从参数为 λ 的泊松分布,其分布律为:
$$P\{X = k\} = \frac{\lambda^k e^{-\lambda}}{k!} \quad k = 0,1,2,\cdots; \lambda > 0$$

其数学期望为
$$E(X) = \sum_{k=0}^{\infty} k \cdot \frac{\lambda^k e^{-\lambda}}{k!} = \lambda e^{-\lambda} \sum_{k=1}^{\infty} \frac{\lambda^{k-1}}{(k-1)!} = \lambda e^{\lambda} \cdot e^{-\lambda} = \lambda$$

而　$E(X^2) = E(X(X-1) + X) = E[X(X-1)] + E(X) =$

$$\sum_{k=0}^{\infty} k(k-1) \frac{\lambda^k e^{-\lambda}}{k!} + \lambda = \lambda^2 e^{-\lambda} \sum_{k=2}^{\infty} \frac{\lambda^{k-2}}{(k-2)!} + \lambda =$$

$$\lambda^2 e^{-\lambda} \cdot e^{\lambda} + \lambda = \lambda^2 + \lambda$$

故方差　$D(X) = E(X^2) - [E(X)]^2 = \lambda^2 + \lambda - \lambda^2 = \lambda$

可见,服从泊松分布 $\pi(\lambda)$ 的随机变量,其数学期望与方差均等于参数 λ,故只要知道数学期望或方差,就能完全确定此随机变量的分布了。

3. 几何分布 $Ge(p)$

设 X 服从参数为 p 的几何分布,其分布律为
$$P\{X = k\} = pq^{k-1} \quad k = 1,2,\cdots, \quad 0 < p < 1, q = 1 - p$$

其数学期望为

171

$$E(X) = \sum_{k=1}^{\infty} k \cdot pq^{k-1} = p \sum_{k=1}^{\infty} kq^{k-1} = \frac{p}{(1-q)^2} = \frac{1}{p}$$

$$E(X(X-1)) = \sum_{k=1}^{\infty} k(k-1) \cdot pq^{k-1} = pq \sum_{k=2}^{\infty} k(k-1)q^{k-2} = \frac{2pq}{(1-q)^3} = \frac{2q}{p^2}$$

上述中和式 $\sum_{k=1}^{\infty} kq^{k-1}$, $\sum_{k=2}^{\infty} k(k-1)q^{k-2}$ 可利用下述一般求和式中令 $x = q$ 而得,即当 $|x| < 1$ 时,

$$\sum_{k=1}^{\infty} kx^{k-1} = \frac{d}{dx}\left(\sum_{k=1}^{\infty} x^k\right) = \frac{d}{dx}\left(\frac{1}{1-x} - 1\right) = \frac{1}{(1-x)^2}$$

$$\sum_{k=2}^{\infty} k(k-1)x^{k-2} = \frac{d^2}{dx^2}\left(\sum_{k=2}^{\infty} x^k\right) = \frac{d^2}{dx^2}\left(\frac{1}{1-x} - 1 - x\right) = \frac{2}{(1-x)^3}$$

于是
$$E(X^2) = E[X(X-1)] + E(X) = \frac{2q}{p^2} + \frac{1}{p}$$

$$D(X) = E(X^2) - [E(X)]^2 = \frac{2q}{p^2} + \frac{1}{p} - \frac{1}{p^2} = \frac{1-p}{p^2} = \frac{q}{p^2}$$

4. 均匀分布 $U(a,b)$

设 X 在区间 (a,b) 上服从均匀分布,其概率密度为

$$f(x) = \begin{cases} \dfrac{1}{b-a} & a < x < b \\ 0 & \text{其它} \end{cases}$$

则 X 的数学期望为

$$E(X) = \int_a^b x \cdot \frac{1}{b-a} dx = \frac{a+b}{2}$$

即数学期望位于区间的中点,方差为

$$D(X) = E(X^2) - [E(X)]^2 = \int_a^b x^2 \frac{1}{b-a} dx - \left(\frac{a+b}{2}\right)^2 = \frac{(b-a)^2}{12}$$

5. 指数分布 $Z(\alpha)$

设 X 服从参数为 α 的指数分布,其概率密度为

$$f(x) = \begin{cases} \alpha e^{-\alpha x} & x > 0, \alpha > 0 \\ 0 & x \le 0 \end{cases}$$

X 的数学期望为

$$E(X) = \int_{-\infty}^{+\infty} x \cdot \alpha e^{-\alpha x} dx = -x e^{-\alpha x} \Big|_0^{+\infty} + \int_0^{+\infty} e^{-\alpha x} dx = \frac{1}{\alpha} \int_0^{+\infty} \alpha e^{-\alpha x} dx = \frac{1}{\alpha}$$

$$E(X^2) = \int_{-\infty}^{+\infty} x^2 \cdot \alpha e^{-\alpha x} dx = -x^2 e^{-\alpha x} \Big|_0^{+\infty} + 2 \int_0^{+\infty} x e^{-\alpha x} dx = \frac{2}{\alpha} \int_0^{+\infty} x \cdot \alpha e^{-\alpha x} dx = \frac{2}{\alpha^2}$$

故 X 的方差为

$$D(X) = E(X^2) - [E(X)]^2 = \frac{2}{\alpha^2} - \frac{1}{\alpha^2} = \frac{1}{\alpha^2}$$

6. 正态分布 $N(\mu, \sigma^2)$

设 X 服从参数为 μ, σ^2 的正态分布, 其概率密度为

$$f(x) = \frac{1}{\sqrt{2\pi}\sigma} e^{-\frac{(x-\mu)^2}{2\sigma^2}} \quad \sigma > 0, \ -\infty < x < +\infty$$

X 的数学期望为

$$E(X) = \int_{-\infty}^{+\infty} x \cdot \frac{1}{\sqrt{2\pi}\sigma} e^{-\frac{(x-\mu)^2}{2\sigma^2}} dx$$

令 $\dfrac{x-\mu}{\sigma} = t$, 且注意可积函数 $te^{-\frac{t^2}{2}}$ 为奇函数, 故 $\displaystyle\int_{-\infty}^{+\infty} te^{-\frac{t^2}{2}} dt = 0$, 因此得

$$E(X) = \frac{1}{\sqrt{2\pi}} \int_{-\infty}^{+\infty} (\sigma t + \mu) e^{-\frac{t^2}{2}} dt = \frac{\mu}{\sqrt{2\pi}} \int_{-\infty}^{+\infty} e^{-\frac{t^2}{2}} dt = \mu$$

而 X 的方差为

$$D(X) = \int_{-\infty}^{+\infty} (x-\mu)^2 f(x) dx = \frac{1}{\sqrt{2\pi}\sigma} \int_{-\infty}^{+\infty} (x-\mu)^2 e^{-\frac{(x-\mu)^2}{2\sigma^2}} dx$$

令 $\dfrac{(x-\mu)}{\sigma} = t$, 得

173

$$D(X) = \frac{\sigma^2}{\sqrt{2\pi}} \int_{-\infty}^{+\infty} t^2 e^{-\frac{t^2}{2}} dt = \frac{\sigma^2}{\sqrt{2\pi}} \left\{ - te^{-\frac{t^2}{2}} \Big|_{-\infty}^{+\infty} + \int_{-\infty}^{+\infty} e^{-\frac{t^2}{2}} dt \right\} = \sigma^2$$

可见, 正态随机变量的概率密度中的两个参数 μ 和 σ 分别就是该随机变量的数学期望和均方差。因而正态随机变量的分布完全可由它的数学期望和方差所确定。

由第三章例 3.4.4 和式 (3.5.11) 可知, 若 $X_1, X_2, \cdots, X_n$ 相互独立, 且 $X_i \sim N(\mu_i, \sigma_i^2)(1 \leqslant i \leqslant n)$, 则对于不全为零的常数 $l_1, l_2, \cdots, l_n$, 它们的线性组合:

$$\sum_{i=1}^{n} l_i X_i = l_1 X_1 + l_2 X_2 + \cdots + l_n X_n$$

仍然服从正态分布, 于是由期望与方差的性质可得

$$\sum_{i=1}^{n} l_i X_i = l_1 X_1 + l_2 X_2 + \cdots + l_n X_n \sim N\left(\sum_{i=1}^{n} l_i \mu_i, \sum_{i=1}^{n} l_i^2 \sigma_i^2 \right) \quad (4.2.10)$$

这是一个非常有用的结果, 在数理统计中起到非常重要的作用。

例 4.2.6 设活塞的直径 (以 cm 计) $X \sim N(22.40, 0.03^2)$, 汽缸的直径 $Y \sim N(22.50, 0.04^2)$, 且 X 与 Y 相互独立。任取一只活塞, 任取一只汽缸, 试求活塞能装入汽缸的概率。

解: 依题意需求概率: $P\{X < Y\} = P\{X - Y < 0\}$,
由 $X \sim N(22.40, 0.03^2)$, $Y \sim N(22.50, 0.04^2)$ 与式 (4.2.9), 可得

$$X - Y \sim N(22.4 - 22.5, 0.03^2 + 0.04^2) = N(-0.1, 0.0025)$$

所以 $P\{X < Y\} = P\{X - Y < 0\} = \Phi\left(\dfrac{0 - (-0.1)}{\sqrt{0.0025}}\right) = \Phi(2) = 0.9772$

在书末附表中我们列出了许多常用的随机变量的数学期望和方差，以供读者查阅。

思 考 题 4.2

1. 如何计算随机变量的方差，方差的实际意义是什么？常见分布的期望及方差是多少？

2. 若随机变量 X, Y 相互独立，是否有 $D(X - Y) = D(X) - D(Y)$？

3. 若随机变量 X, Y 相互独立，是否有 $D(XY) = D(X)D(Y)$？

4. 如果随机变量 X, Y 的方差 $D(X), D(Y)$ 存在，是否 X 与 Y 相互独立的充要条件为

$$D(X + Y) = D(X) + D(Y)$$

考查例子，(X, Y) 具有概率密度

174

$$f(x, y) = \begin{cases} \dfrac{1}{\pi} & x^2 + y^2 \leqslant 1 \\ 0 & \text{其它} \end{cases}$$

基 本 练 习 4.2

1. 求下列随机变量的期望及方差

(1) X 具有分布函数

$$F(x) = \begin{cases} 0 & x \leqslant 1 \\ 1 - \dfrac{1}{x^3} & x > 1 \end{cases}$$

(2) X 具有概率密度

$$f(x) = \begin{cases} \dfrac{1}{2}\cos x & |x| \leqslant \dfrac{\pi}{2} \\ 0 & \text{其它} \end{cases}$$

2. 设随机变量 X 的分布律为

$$P\{X = k\} = p(1 - p)^{k-1} \quad k = 1, 2, \cdots; 0 < p < 1$$

试求 $D(X)$。

3. 每一毫升正常男性成人血液中，白细胞数平均是7300，均方差为700，试利用契比雪夫不等式估计每毫升含白细胞数在 5200 ～ 9400 之间的概率 p，若现知 X 近似服从正态分布 $N(7300, 700^2)$ 则上述概率 p 又为多少？试加以说明。

4. 设随机变量 X 与 Y 相互独立,且分别具有下列概率密度:

$$f_X(x) = \frac{1}{\sqrt{2\pi}}e^{-\frac{(x-7)^2}{2\pi}} \qquad -\infty < x < +\infty$$

$$f_Y(y) = \frac{1}{2\sqrt{\pi}}e^{-\frac{(y-6)^2}{4}} \qquad -\infty < y < +\infty$$

试求:(1) $E(5X + 3Y^2 E(Y))$;

(2) $E(2X^2 - 3XY)$;

(3) $D[2X(E(X))^2 - 7Y]$。

5. 设随机变量 X 的概率密度函数为

$$f(x) = \frac{1}{\sqrt{\pi}}e^{-x^2+2x-1} \qquad -\infty < x < +\infty$$

试求 X 的期望及均方差。

6. 设随机变量 X_1, X_2, X_3 相互独立,且 X_1 服从区间 $(0,6)$ 上均匀分布,X_2 服从正态分布 $N(0,2^2)$,X_3 服从参数为 3 的泊松分布,试求 $Y = X_1 - 2X_2 + 3X_3$ 的方差。

7. 设随机变量 X 与 Y 相互独立,均服从均值为 0,方差为 $\frac{1}{2}$ 的正态分布,试求 $|X - Y|$ 的方差。

8. 设随机变量 X 的数学期望 $E(X)$ 为一非负值,且 $E\left(\frac{X^2}{2} - 1\right) = 2$, $D\left(\frac{X}{2} - 1\right) = \frac{1}{2}$,试求 $E(X)$ 的值。

9. 设随机变量 X 与 Y 相互独立,其概率密度分别为

$$f_X(x) = \begin{cases} 2x & 0 < x < 1 \\ 0 & \text{其它} \end{cases}$$

$$f_Y(y) = \begin{cases} e^{-(y-5)} & y > 5 \\ 0 & \text{其它} \end{cases}$$

试求 $Z = XY$ 的数学期望与方差。

10. 设随机变量 X 与 Y 相互独立,且 $X \sim N(1,(\sqrt{2})^2)$,$Y \sim N(0,1)$,试求随机变量 $Z = 2X - Y + 3$ 的概率密度。

§4.3 协方差与相关系数

对于随机变量 (X, Y),我们除了讨论其分量的数学期望和方差之外,还要讨论其分量之间的相互关系,此处讨论的协方差与相关系数就是反映分量之间关系的数字特征。

一、协方差与相关系数

我们知道,若 X 与 Y 相互独立,则 $X - E(X)$ 与 $Y - E(Y)$ 亦相互独立,故

$$E[X - E(X)][Y - E(Y)] = E[X - E(X)]E[Y - E(Y)] = 0$$

若 $E[X - E(X)][Y - E(Y)] \neq 0$,则 X, Y 之间存在一定关系,即 X, Y 不是相互独立的。故我们有如下定义

定义 4.3.1 设 (X, Y) 为二维随机变量,量 $E[X - E(X)][Y - E(Y)]$ 称为 X 与 Y 的协方差,记为 $\mathrm{Cov}(X, Y)$,即

$$\mathrm{Cov}(X, Y) = E[X - E(X)][Y - E(Y)] \tag{4.3.1}$$

而量

$$\rho_{XY} = \frac{\mathrm{Cov}(X, Y)}{\sqrt{D(X)}\ \sqrt{D(Y)}} \tag{4.3.2}$$

称为随机变量 X 与 Y 的相关系数。ρ_{XY} 是一个无量纲的量。

特别地,当 $Y = X$ 时,$\mathrm{Cov}(X, X) = D(X)$,此时 $\rho_{XX} = 1$。

由方差定义和上述定义可知:

$$D(X + Y) = E[X + Y - E(X + Y)]^2 = E[(X - E(X)) + (Y - E(Y))]^2 =$$
$$E[X - E(X)]^2 + E[Y - E(Y)]^2 - 2E[X - E(X)][Y - E(Y)] =$$
$$D(X) + D(Y) + 2\mathrm{Cov}(X, Y)$$

176

$$\mathrm{Cov}(X, Y) = E[X - E(X)][Y - E(Y)] =$$
$$E(XY) - E(Y)E(X) - E(X)E(Y) + E(X)E(Y) =$$
$$E(XY) - E(X)E(Y)$$

即下式成立:

$$D(X + Y) = D(X) + D(Y) + 2\mathrm{Cov}(X, Y) \tag{4.3.3}$$

$$\mathrm{Cov}(X, Y) = E(XY) - E(X)E(Y) \tag{4.3.4}$$

例 4.3.1 设随机变量 (X, Y) 具有概率密度

$$f(x, y) = \begin{cases} \dfrac{1}{4} & 0 \leqslant x \leqslant 2, 0 \leqslant y \leqslant 2 \\ 0 & \text{其它} \end{cases}$$

试求 $\mathrm{Cov}(X, Y)$ 及 ρ_{XY}。

解:

因为 $f_X(x) = \begin{cases} \displaystyle\int_0^2 \dfrac{1}{4}\mathrm{d}y = \dfrac{1}{2} & 0 \leqslant x \leqslant 2 \\ 0 & \text{其它} \end{cases}$, $f_Y(x) = \begin{cases} \displaystyle\int_0^2 \dfrac{1}{4}\mathrm{d}y = \dfrac{1}{2} & 0 \leqslant y \leqslant 2 \\ 0 & \text{其它} \end{cases}$

故 $f(x, y) = f_X(x)f_Y(y)$,即 X, Y 独立,$E(XY) = E(X)E(Y)$

于是

$$\mathrm{Cov}(X, Y) = 0 \Rightarrow \rho_{XY} = 0$$

例4.3.2 设随机变量(X,Y)的密度函数为

$$f(x,y) = \begin{cases} x+y & 0 < x < 1, 0 < y < 1 \\ 0 & \text{其它} \end{cases}$$

试求$\mathrm{Cov}(X,Y)$及ρ_{XY}。

解：因为$f_X(x) = \begin{cases} \displaystyle\int_0^1 (x+y)\mathrm{d}y = x + \frac{1}{2} & 0 < x < 1 \\ 0 & \text{其它} \end{cases}$

$$f_Y(y) = \begin{cases} \displaystyle\int_0^1 (x+y)\mathrm{d}x = y + \frac{1}{2} & 0 < y < 1 \\ 0 & \text{其它} \end{cases}$$

故

$$E(X) = \int_0^1 x\left(x + \frac{1}{2}\right)\mathrm{d}x = \frac{7}{12} \quad E(Y) = \frac{7}{12}$$

$$E(XY) = \int_0^1\int_0^1 xy(x+y)\mathrm{d}x\mathrm{d}y = \frac{1}{3}$$

所以

$$\mathrm{Cov}(X,Y) = E(XY) - E(X)E(Y) = \frac{1}{3} - \frac{7}{12} \times \frac{7}{12} = -\frac{1}{144}$$

又

$$E(X^2) = \int_0^1 x^2\left(x + \frac{1}{2}\right)\mathrm{d}x = \frac{5}{12}$$

177

$$D(X) = E(X^2) - [(E(X)]^2 = \frac{5}{12} - \left(\frac{7}{12}\right)^2 = \frac{11}{144}, \text{同理 } D(Y) = \frac{11}{144}$$

所以

$$\rho_{XY} = \frac{\mathrm{Cov}(X,Y)}{\sqrt{D(X)}\sqrt{D(Y)}} = \frac{-\dfrac{1}{144}}{\sqrt{\dfrac{11}{144}}\sqrt{\dfrac{11}{144}}} = -\frac{1}{11}$$

设X,Y为随机变量，a,b为任意常数，则协方差$\mathrm{Cov}(X,Y)$具有以下基本性质：

1° $\mathrm{Cov}(X,Y) = \mathrm{Cov}(Y,X)$；

2° $\mathrm{Cov}(X+a,Y+b) = \mathrm{Cov}(X,Y)$；

3° $\mathrm{Cov}(aX,bY) = ab\,\mathrm{Cov}(X,Y)$；

4° $\mathrm{Cov}(X_1 + X_2, Y) = \mathrm{Cov}(X_1, Y) + \mathrm{Cov}(X_2, Y)$；

以上性质请读者自行证明。

5° $|\mathrm{Cov}(X,Y)| \leqslant \sqrt{D(X)}\sqrt{D(Y)}$。 $\qquad\qquad$ (4.3.5)

事实上，由柯西 — 许瓦兹不等式式(4.1.13)知

$$|E(XY)| \leqslant \sqrt{E(X^2)}\sqrt{E(Y^2)}$$

以$X - E(X), Y - E(Y)$代替上式中X,Y即得式(4.3.5)。

二、相关系数的性质,不相关性

相关系数 ρ_{XY} 有如下两条重要性质:

$1°$ $|\rho_{XY}| \le 1$;

事实上,由式(4.3.5)可得

$$|\rho_{XY}| = \left| \frac{\text{Cov}(X,Y)}{\sqrt{D(X)}\ \sqrt{D(Y)}} \right| \le \frac{\sqrt{D(X)}\ \sqrt{D(Y)}}{\sqrt{D(X)}\ \sqrt{D(Y)}} = 1$$

且可证明 $|\rho_{XY}| = 1$ 的充要条件是,存在常数 a,b,使

$$P\{Y = aX + b\} = 1$$

显然因为 $Y = aX + b$,故有 $D(Y) = D(aX + b) = a^2 D(X)$,

$$\text{Cov}(X,Y) = \text{Cov}(X,aX + b) = a\text{Cov}(X,X) = aD(X),$$

$$\rho_{XY} = \frac{\text{Cov}(X,Y)}{\sqrt{D(X)}\ \sqrt{D(Y)}} = \frac{aD(X)}{\sqrt{D(X)}\ \sqrt{a^2 D(X)}} = \frac{a}{|a|} = \pm 1$$

故其充分性得证;

其必要性是因为:

$$D\left(\frac{X}{\sqrt{D(X)}} \pm \frac{Y}{\sqrt{D(Y)}} \right) =$$

$$D\left(\frac{X}{\sqrt{D(X)}} \right) + D\left(\frac{Y}{\sqrt{D(Y)}} \right) \pm 2\text{Cov}\left(\frac{X}{\sqrt{D(X)}}, \frac{Y}{\sqrt{D(Y)}} \right) =$$

$$1 + 1 \pm \frac{2}{\sqrt{D(X)}\ \sqrt{D(Y)}} \text{Cov}(X,Y) = 2(1 \pm \rho_{XY})$$

显然若 $\rho_{XY} = 1$,则 $D\left(\frac{X}{\sqrt{D(X)}} - \frac{Y}{\sqrt{D(Y)}} \right) = 0$,由方差性质 $4°$ 即得:

$$P\left(\frac{X}{\sqrt{D(X)}} - \frac{Y}{\sqrt{D(Y)}} = c \right) = 1$$

或 $P\{Y = aX + b\} = 1$,其中 $a = \sqrt{\dfrac{D(Y)}{D(X)}}, b = -c\ \sqrt{D(Y)}$。

类似的,显然若 $\rho_{XY} = -1$,则 $D\left(\frac{X}{\sqrt{D(X)}} + \frac{Y}{\sqrt{D(Y)}} \right) = 0$,由方差性质 $4°$ 即得:

$$P\left(\frac{X}{\sqrt{D(X)}} + \frac{Y}{\sqrt{D(Y)}} = c \right) = 1$$

或 $P\{Y = aX + b\} = 1$,其中 $a = -\sqrt{\dfrac{D(Y)}{D(X)}}, b = c\ \sqrt{D(Y)}$。

于是 ρ_{XY} 是一个可以用来表征 X,Y 间线性关系紧密程度的量,当 $|\rho_{XY}|$ 较大时,我们通常说 X,Y 线性相关的程度较好,当 $|\rho_{XY}|$ 较小时,我们说 X,Y 相关的程度较差。$\rho_{XY} > 0$ 时,称 X 与 Y 正相关,$\rho_{XY} < 0$ 时,称 X 与 Y 负相关。

2° 若 X,Y 相互独立,且 $D(X),D(Y)$ 存在,则

$$\mathrm{Cov}(X,Y) = \rho_{XY} = 0$$

定义 4.3.2 如果随机变量 X 与 Y 的相关系数 $\rho_{XY} = 0$,则称 X 与 Y 不相关。

可见性质 2° 说明,X,Y 相互独立,则推出 X,Y 不相关。反之,一般来说,由 X 与 Y 的不相关性推不出 X 与 Y 的独立性。

例 4.3.3 设 X 的分布律为

X	-1	0	1
p_k	$\dfrac{1}{3}$	$\dfrac{1}{3}$	$\dfrac{1}{3}$

令 $Y = X^2$,显然 X 与 Y 不独立,但 X 与 Y 是不相关的,这是因为

$$E(XY) = E(X^3) = E(X) = 0$$

再由

$$E(X)E(Y) = 0 \Rightarrow \mathrm{Cov}(X,Y) = 0 \Rightarrow \rho_{XY} = 0$$

相关系数 ρ_{XY} 刻画了 X 与 Y 之间的线性关系,因此也常称其为"线性相关系数"。若 $\rho_{XY} = 0$,只说明 X 与 Y 之间没有线性关系,但 X 与 Y 之间可能有其它函数关系,如上例中的平方关系或对数关系等。

不过,从下面的例子可以看到,当 (X,Y) 服从二维正态分布时,X 与 Y 不相关与 X 和 Y 相互独立是等价的。

例 4.3.4 设 $(X,Y) \sim N(\mu_1,\mu_2,\sigma_1^2,\sigma_2^2,\rho)$,其概率密度为

$$f(x,y) = \frac{1}{2\pi\sigma_1\sigma_2\sqrt{1-\rho^2}}\exp\left\{\frac{-1}{2(1-\rho^2)}\left[\frac{(x-\mu_1)^2}{\sigma_1^2} - \right.\right.$$
$$\left.\left. 2\rho\frac{(x-\mu_1)(y-\mu_2)}{\sigma_1\sigma_2} + \frac{(y-\mu_2)^2}{\sigma_2^2}\right]\right\}$$

则 X 和 Y 的协方差为

$$\mathrm{Cov}(X,Y) = \frac{1}{2\pi\sigma_1\sigma_2\sqrt{1-\rho^2}}\int_{-\infty}^{+\infty}\int_{-\infty}^{+\infty}(x-\mu_1)(y-\mu_2)\times$$

$$\exp\left\{\frac{-1}{2(1-\rho^2)}\left[\frac{(x-\mu_1)^2}{\sigma_1^2} - 2\rho\frac{(x-\mu_1)(y-\mu_2)}{\sigma_1\sigma_2} + \frac{(y-\mu_2)^2}{\sigma_2^2}\right]\right\}\mathrm{d}x\mathrm{d}y$$

其中由边缘分布知,$\mu_1 = E(X),\mu_2 = E(Y),\sigma_1^2 = D(X),\sigma_2^2 = D(Y)$

现令 $t = \frac{1}{\sqrt{1-\rho^2}}\left(\frac{y-\mu_2}{\sigma_2} - \rho\frac{x-\mu_1}{\sigma_1}\right),u = \frac{x-\mu_1}{\sigma_1}$,则有

$$\text{Cov}(X,Y) = \frac{1}{2\pi}\int_{-\infty}^{+\infty}\int_{-\infty}^{+\infty}(\sigma_1\sigma_2\sqrt{1-\rho^2}tu + \rho\sigma_1\sigma_2u^2)e^{-\frac{u^2}{2}-\frac{t^2}{2}}\mathrm{d}t\mathrm{d}u =$$

$$\frac{\sigma_1\sigma_2\sqrt{1-\rho^2}}{2\pi}\left(\int_{-\infty}^{+\infty}ue^{-\frac{u^2}{2}}\mathrm{d}u\right)\left(\int_{-\infty}^{+\infty}te^{-\frac{t^2}{2}}\mathrm{d}t\right)+$$

$$\frac{\rho\sigma_1\sigma_2}{2\pi}\left(\int_{-\infty}^{+\infty}u^2e^{-\frac{u^2}{2}}\mathrm{d}u\right)\left(\int_{-\infty}^{+\infty}e^{-\frac{t^2}{2}}\mathrm{d}t\right)=$$

$$\frac{\rho\sigma_1\sigma_2}{2\pi}\cdot\sqrt{2\pi}\cdot\sqrt{2\pi} = \rho\sigma_1\sigma_2$$

故
$$\rho_{XY} = \frac{\text{Cov}(X,Y)}{\sqrt{D(X)}\sqrt{D(Y)}} = \rho$$

即二维正态随机变量(X,Y)的概率密度的参数ρ就是X,Y的相关系数,因而二维正态随机变量的分布完全可由X,Y个别的期望和方差以及它们的相关系数所确定。

我们已知,若$(X,Y) \sim N(\mu_1,\mu_2,\sigma_1^2,\sigma_2^2,\rho)$,则$X$与$Y$独立等价于$\rho = 0$,而此处$\rho = \rho_{XY}$,故知对二维正态随机变量$(X,Y)$来说,$X$与$Y$不相关与$X$与$Y$相互独立是等价的。

从X,Y的期望、方差、协方差、相关系数的定义可知,下述四命题是相互等价的,假设期望、方差、协方差、相关系数均存在:

(1) $\text{Cov}(X,Y) = 0$;

(2) $\rho_{XY} = 0$;

(3) $E(XY) = E(X)E(Y)$;

(4) $D(X+Y) = D(X) + D(Y)$。

思考题4.3

1. 协方差与相关系数说明二维随机变量的什么特征,如何计算?

2. 设随机变量X,Y的协方差存在,则X,Y独立的充分条件是
$$\text{Cov}(X,Y) = 0$$
对吗?参阅例子:(X,Y)具有概率密度

$$f(x,y) = \begin{cases} \dfrac{1}{\pi} & x^2+y^2 \leqslant 1 \\ 0 & \text{其它} \end{cases}$$

3. 设X与$Y_i(i = 1,2,\cdots,n)$不相关,是否对任意$a_i(i = 1,2,\cdots,n)$,X与$Y = \sum_{i=1}^{n}a_iY_i$不相关?

4. 若 X 与 Y 相互独立且同 $N(\mu,\sigma^2)$ 分布,则 $aX + bY$ 与 $aX - bY$ 的相关系数是否为 1?

基本练习 4.3

1. 已知 X 和 Y 的联合概率密度为

$$f(x,y) = \begin{cases} \dfrac{1}{8}(x + y) & 0 \leqslant x \leqslant 2, 0 \leqslant y \leqslant 2 \\ 0 & 其它 \end{cases}$$

试求 X、Y 的协方差及相关系数。

2. 设二维随机变量 (X,Y) 的概率密度为

$$f(x,y) = \begin{cases} \dfrac{1}{4} & |x| < y, 0 < y < 2 \\ 0 & 其它 \end{cases}$$

试验证:X 与 Y 不相关,但它们不独立。

3. 证明:若 $Y = aX + b (a \neq 0)$ 则

$$\rho_{XY} = \begin{cases} 1 & a > 0 \\ -1 & a < 0 \end{cases}$$

4. 设 X、Y 为随机变量,已知 $D(X) = 9, D(Y) = 4, \rho_{XY} = -\dfrac{1}{6}$,试求:
$(1) D(X + Y)$;$(2) D(X - 3Y + 4)$。

5. 设二维随机变量 (X,Y) 的概率分布为

X \ Y	1	2	3	4	5
1	$\dfrac{1}{12}$	$\dfrac{1}{24}$	0	$\dfrac{1}{24}$	$\dfrac{1}{30}$
2	$\dfrac{1}{24}$	$\dfrac{1}{24}$	$\dfrac{1}{24}$	$\dfrac{1}{24}$	$\dfrac{1}{30}$
3	$\dfrac{1}{12}$	$\dfrac{1}{24}$	$\dfrac{1}{24}$	0	$\dfrac{1}{30}$
4	$\dfrac{1}{12}$	0	$\dfrac{1}{24}$	$\dfrac{1}{24}$	$\dfrac{1}{30}$
5	$\dfrac{1}{24}$	$\dfrac{1}{24}$	$\dfrac{1}{24}$	$\dfrac{1}{24}$	$\dfrac{1}{30}$

试求 $E(X), E(Y), D(X), D(Y)$ 及 ρ_{XY}。

6. 设二维随机变量 (X,Y) 的概率密度为

$$f(x,y) = \begin{cases} \dfrac{1}{2}\sin(x + y) & 0 \leqslant x \leqslant \dfrac{\pi}{2}, 0 \leqslant y \leqslant \dfrac{\pi}{2} \\ 0 & 其它 \end{cases}$$

试求协方差 $\text{Cov}(X,Y)$ 与相关系数 ρ_{XY}。

7. 对二维随机变量 (X,Y)，设 X 服从区间 $(-1,1)$ 上均匀分布，$Y = X^2$，试问 X 与 Y 是否相关，为什么？

8. 已知随机变量 X 与 Y 的联合分布为二维正态分布，其边缘分布分别为正态分布 $N(1,3^2)$，$N(0,4^2)$，它们的相关系数 $\rho_{XY} = -\dfrac{1}{2}$，设 $Z = \dfrac{X}{3} + \dfrac{Y}{2}$。试求：

(1) Z 的数学期望和方差；

(2) X 与 Z 的相关系数 ρ_{XZ}；

(3) X 与 Z 是否相互独立？为什么？

9. 设随机变量 X 与 Y 在圆域 $D = \{(x,y) \mid x^2 + y^2 \leqslant r^2\}$ 上服从联合均匀分布。试求：

(1) X 与 Y 的相关系数；

(2) X 与 Y 是否独立，为什么？

10. 设随机变量 X 具有概率密度

$$f(x) = \frac{1}{2}e^{-|x|} \qquad -\infty < x < +\infty$$

试求：(1) $E(X)$ 与 $D(X)$；

(2) X 与 $|X|$ 的协方差，且判定 X 与 $|X|$ 是否不相关；

(3) 判定 X 与 $|X|$ 是否相互独立。

11. 设随机变量 (X,Y) 服从矩形域 $D = \{(x,y) \mid 0 \leqslant x \leqslant 2, 0 \leqslant y \leqslant 1\}$ 上的均匀分布，且设随机变量

$$U = \begin{cases} 0 & X \leqslant Y \\ 1 & X > Y \end{cases}, \quad V = \begin{cases} 0 & X \leqslant 2Y \\ 1 & X > 2Y \end{cases}$$

试求 U 和 V 的联合分布律及相关系数。

§4.4　矩及协方差矩阵

本节介绍随机变量的另外几个数字特征。

一、矩的概念

定义 4.4.1　设 X 和 Y 是随机变量，k,l 为任一正整数：

(1) 若 $E(X^k)$ 存在，则称 $\mu_k = E(X^k)$ 为 X 的 k 阶原点矩，简称 k 阶矩；

(2) 若 $E[X - E(X)]^k$ 存在，则称 $\sigma_k = E[X - E(X)]^k$ 为 X 的 k 阶中心矩；

(3) 若 $E(X^k Y^l)$ 存在，则称 $\mu_{kl} = E(X^k Y^l)$ 为 X 和 Y 的 $k + l$ 阶混合原点矩；

(4) 若 $E\{[X - E(X)]^k [Y - E(Y)]^l\}$ 存在，则称 $\sigma_{kl} = E\{[X - E(X)]^k$

$[Y - E(Y)]^l\}$ 为 X 和 Y 的 $k + l$ 阶混合中心矩。

显然,X 的一阶原点矩 $E(X)$ 就是 X 的数学期望,X 的一阶中心矩 $E[X - E(X)]$ 为 X 的偏差的数学期望,其恒等于 0,即

$$E[X - E(X)] \equiv E(X) - E(X) \equiv 0$$

而 X 的二阶中心矩 $E\{[X - E(X)]^2\}$ 就是 X 的方差。X 和 Y 的二阶混合中心矩就是 X 和 Y 的协方差 $\mathrm{Cov}(X, Y)$。

例 4.4.1 设正态随机变量 $X \sim N(\mu, \sigma^2)$,试求 X 的三阶、四阶中心矩。

解:因为 $X \sim N(\mu, \sigma^2)$,即 $E(X) = \mu$,$D(X) = \sigma^2$,则 X 的三阶中心矩为

$$E\{[X - E(X)]^3\} = E\{(X - \mu)^3\} = \int_{-\infty}^{+\infty} (x - \mu)^3 \frac{1}{\sqrt{2\pi}\sigma} e^{-\frac{(x-\mu)^2}{2\sigma^2}} \mathrm{d}x$$

令 $t = \dfrac{x - \mu}{\sigma}$ 代入,得

$$E\{[X - E(X)]^3\} = \int_{-\infty}^{+\infty} \sigma^3 t^3 \frac{1}{\sqrt{2\pi}\sigma} e^{-\frac{t^2}{2}} \sigma \mathrm{d}t = 0$$

实际上,可以看出,X 的 $2n + 1$ 阶中心矩均为 0($n = 0, 1, 2$)。而 X 的四阶矩为

$$E\{[X - E(X)]^4\} = E\{(X - \mu)^4\} = \int_{-\infty}^{+\infty} (x - \mu)^4 \frac{1}{\sqrt{2\pi}\sigma} e^{-\frac{(x-\mu)^2}{2\sigma^2}} \mathrm{d}x$$

令 $t = \dfrac{x - \mu}{\sigma}$ 代入即得

183

$$E\{[X - E(X)]^4\} = \int_{-\infty}^{+\infty} \sigma^4 t^4 \frac{1}{\sqrt{2\pi}\sigma} e^{-\frac{t^2}{2}} \sigma \mathrm{d}t =$$

$$\sigma^4 \left[-\frac{t^3}{\sqrt{2\pi}} e^{-\frac{t^2}{2}} \Big|_{-\infty}^{+\infty} + 3\int_{-\infty}^{+\infty} t^2 \frac{1}{\sqrt{2\pi}} e^{-\frac{t^2}{2}} \mathrm{d}t \right] = 3\sigma^4$$

利用随机变量的三阶矩与四阶矩可定义进一步描述分布形状的数字特征:峰度与偏度。

函数
$$\mu(X) = \frac{E\{[X - E(X)]^4\}}{D^2(X)} - 3$$

通常称为随机变量 X 的分布曲线的峰度系数,简称峰度。峰度系数是描述分布形状的陡峭性特征。从上例可见,正态分布的峰度系数为 0,峰度实际上是把正态分布的陡峭性作为判别其它分布的陡峭形状特征的标准。对于任意的随机变量 X,当 $\mu(X) = 0$ 时,称为零峰度,说明标准化后的分布形状的平坦程度与标准正态分布相当;当 $\mu(X) > 0$ 时,称为高峰度,说明标准化后的分布形状比标准正态分布更陡峭;当 $\mu(X) < 0$ 时,称为低峰度,说明标准化后的分布形状比标准正态分布更平坦。

函数
$$\beta(X) = \frac{E\{[X - E(X)]^3\}}{[D(X)]^{3/2}}$$

通常称为随机变量 X 的分布曲线的偏度系数,简称偏度。当 $\beta(X) > 0$ 时,分布为正偏或右偏;当 $\beta(X) < 0$ 时,分布为负偏或左偏;当 $\beta(X) = 0$ 时,分布关于其均值 $E(X) = \mu$ 为对称的。从上例可见,正态分布关于 $E(X) = \mu$ 是对称的,所以正态分布的偏度系数为0。

二、协方差矩阵, n 维正态随机变量

我们注意到二维随机变量 (X_1, X_2) 有 4 个二阶中心矩(设它们都存在),分别可记为

$$C_{11} = E\{[X_1 - E(X_1)]^2\}, C_{12} = E\{[X_1 - E(X_1)][X_2 - E(X_2)]\},$$
$$C_{21} = E\{[X_2 - E(X_2)][X_1 - E(X_1)]\}, C_{22} = E\{[X_2 - E(X_2)]^2\}$$

若将它们排成矩阵的形式:

$$\begin{pmatrix} C_{11} & C_{12} \\ C_{21} & C_{22} \end{pmatrix}$$

这个矩阵称为随机变量 (X_1, X_2) 的协方差矩阵。

例 4.4.2 随机变量 $(X, Y) \sim N(\mu_1, \mu_2, \sigma_1^2, \sigma_2^2, \rho)$,试求 (X, Y) 的协方差矩阵。

解:因为 $(X, Y) \sim N(\mu_1, \mu_2, \sigma_1^2, \sigma_2^2, \rho)$,则有

$$C_{11} = \sigma_1^2, C_{22} = \sigma_2^2, C_{12} = C_{21} = \text{Cov}(X, Y) = \rho\sigma_1\sigma_2$$

故 (X, Y) 的协方差矩阵为

$$\begin{pmatrix} \sigma_1^2 & \rho\sigma_1\sigma_2 \\ \rho\sigma_1\sigma_2 & \sigma_2^2 \end{pmatrix}$$

定义 4.4.2 设 n 维随机变量 $(X_1, X_2, \cdots, X_n)$ 的二阶混合中心矩

$$C_{ij} = \text{Cov}(X_i, X_j) = E\{[X_i - E(X_i)][X_j - E(X_j)]\} \quad i, j = 1, 2, \cdots, n$$

$$(4.4.1)$$

都存在,则称矩阵

$$C = \begin{pmatrix} C_{11} & C_{12} & \cdots & C_{1n} \\ C_{21} & C_{22} & \cdots & C_{2n} \\ \vdots & \vdots & \cdots & \vdots \\ C_{n1} & C_{n2} & \cdots & C_{nn} \end{pmatrix} \qquad (4.4.2)$$

为 n 维随机变量 $(X_1, X_2, \cdots, X_n)$ 的协方差矩阵。由于 $C_{ij} = C_{ji}(i, j = 1, 2, \cdots, n)$ 因而矩阵 C 为一对称矩阵。

一般来说,若 n 维随机变量的分布是未知的,或者过于复杂,以致数学上处理极为困难,因此在应用中协方差矩阵就显得极其重要。

从例 4.4.2 中我们看到,二维正态随机变量 (X_1, X_2) 的协方差矩阵为

$$C = \begin{pmatrix} C_{11} & C_{12} \\ C_{21} & C_{22} \end{pmatrix} = \begin{pmatrix} \sigma_1^2 & \rho\sigma_1\sigma_2 \\ \rho\sigma_1\sigma_2 & \sigma_2^2 \end{pmatrix}$$

它的行列式　$|C| = \sigma_1^2\sigma_2^2(1 - \rho^2)$, C 的逆矩阵为

$$C^{-1} = \frac{1}{|C|} \begin{pmatrix} \sigma_2^2 & -\rho\sigma_1\sigma_2 \\ -\rho\sigma_1\sigma_2 & \sigma_1^2 \end{pmatrix}$$

若令 $x = \begin{pmatrix} x_1 \\ x_2 \end{pmatrix}$, $\mu = \begin{pmatrix} \mu_1 \\ \mu_2 \end{pmatrix}$,则经过计算可知

$$(x - \mu)'C^{-1}(x - \mu) = \frac{1}{|C|}(x_1 - \mu_1, x_2 - \mu_2) \begin{pmatrix} \sigma_2^2 & -\rho\sigma_1\sigma_2 \\ -\rho\sigma_1\sigma_2 & \sigma_1^2 \end{pmatrix} \begin{pmatrix} x_1 - \mu_1 \\ x_2 - \mu_2 \end{pmatrix} =$$

$$\frac{1}{1 - \rho^2} \Big[\frac{(x_1 - \mu_1)^2}{\sigma_1^2} -$$

$$2\rho \frac{(x_1 - \mu_1)(x_2 - \mu_2)}{\sigma_1\sigma_2} + \frac{(x_2 - \mu_2)^2}{\sigma_2^2} \Big]$$

其中 $(x - \mu)'$ 为 $x - \mu$ 的转置矩阵。

则 (X_1, X_2) 的概率密度可写成

$$f(x_1, x_2) = \frac{1}{(2\pi)^{2/2}|C|^{1/2}} \exp\Big\{ -\frac{1}{2}(x - \mu)'C^{-1}(x - \mu) \Big\}$$

上式容易推广到 n 维正态随机变量 $(X_1, X_2, \cdots, X_n)$ 的情况。令

$$x = \begin{bmatrix} x_1 \\ x_2 \\ \vdots \\ x_n \end{bmatrix} \quad \mu = \begin{bmatrix} \mu_1 \\ \mu_2 \\ \vdots \\ \mu_n \end{bmatrix} = \begin{bmatrix} E(X_1) \\ E(X_2) \\ \vdots \\ E(X_n) \end{bmatrix} \quad C \text{ 为式}(4.4.2) \text{ 定义}$$

则 n 维正态随机变量 $(X_1, X_2, \cdots, X_n)$ 的概率密度定义为

$$f(x_1, x_2, \cdots, x_n) = \frac{1}{(2\pi)^{n/2}|C|^{1/2}} \exp\Big\{ -\frac{1}{2}(x - \mu)'C^{-1}(x - \mu) \Big\}$$

n 维正态变量具有以下 4 条重要性质:

1° $\quad n$ 维正态变量 $(X_1, X_2, \cdots, X_n)$ 的每一个分量 $X_i, i = 1, 2, \cdots, n$ 都是正态变量;反之,若 $X_1, X_2, \cdots, X_n$ 是相互独立的正态变量,则 $(X_1, X_2, \cdots, X_n)$ 是 n 维正态变量;

2° $\quad n$ 维随机变量 $(X_1, X_2, \cdots, X_n)$ 服从 n 维正态分布的充要条件是 $X_1, X_2, \cdots, X_n$ 的 任意的线性组合

$$l_1X_1 + l_2X_2 + \cdots + l_nX_n$$

服从一维正态分布;

3° 若$(X_1,X_2,\cdots,X_n)$服从n维正态分布,设$Y_1,Y_2,\cdots,Y_k$是$X_j(j=1,2,\cdots,n)$的线性函数,则$(Y_1,Y_2,\cdots,Y_k)$也服从多维正态分布。

这一性质称为正态变量的线性变换不变性;

4° 设$(X_1,X_2,\cdots,X_n)$服从n维正态分布,则"$X_1,X_2,\cdots,X_n$相互独立"与"$X_1,X_2,\cdots,X_n$两两不相关"是等价的。

例 4.4.3 设X与Y是两个相互独立的随机变量,均服从正态分布$N(\mu,\sigma^2)$,试证明$X+Y$与$X-Y$相互独立。

证: 对于任意常数l_1与l_2,$X+Y$与$X-Y$的线性组合

$$l_1(X+Y)+l_2(X-Y)=(l_1+l_2)X+(l_1-l_2)Y$$

实为独立正态变量X与Y的线性组合,因而亦服从一维正态分布。于是由上述性质2°得知$(X+Y,X-Y)$服从二维正态分布。又$X+Y$与$X-Y$的协方差

$$\text{Cov}(X+Y,X-Y)=\text{Cov}(X,X)-\text{Cov}(X,Y)+\text{Cov}(Y,X)-\text{Cov}(Y,Y)=$$
$$\sigma^2-\sigma^2=0$$

即$X+Y$与$X-Y$互不相关,故由上述性质4°得证,$X+Y$与$X-Y$相互独立。

n维正态分布在随机过程与数理统计中有许多重要应用。

186

思考题 4.4

1. 是否随机变量X的$2n+1$阶中心矩均为$0(n=0,1,2,\cdots)$?

2. 如果$X_1,X_2,\cdots,X_n$为随机变量,$D(X_i)(i=1,2,\cdots,n)$存在,方差$D\left(\sum_{i=1}^{n}X_i\right)$存在吗?等于什么?

3. 如果$X_1,X_2,\cdots,X_n$为两两独立的随机变量,它们的协方差矩阵是何形状?

基 本 练 习 4.4

1. 设随机变量(X,Y)服从二维$(0-1)$分布,即其分布律为

X \ Y	0	1	
0	$1-p$	0	$0<p<1$
1	0	p	

试求X,Y的协方差矩阵。

2. 设随机变量(X,Y)服从二维均匀分布,其概率密度为

$$f(x,y) = \begin{cases} \dfrac{1}{(b-a)(d-c)} & a < x < b, c < y < d \\ 0 & \text{其它} \end{cases}$$

试求 X, Y 的协方差矩阵。

3. 设 (X, Y) 服从二维正态分布，且其协方差阵为

$$C = \begin{pmatrix} 4 & 1 \\ 1 & 9 \end{pmatrix}$$

试求 X 与 Y 的相关关系。

4. 设随机变量 (X, Y) 具有概率密度

$$f(x,y) = \begin{cases} 2e^{-(x+2y)} & x > 0, y > 0 \\ 0 & \text{其它} \end{cases}$$

试求 $E(X^k)$, $E(X^k Y^l)$ (k, l 为正整数) 及 $E[X - E(X)]^3$。

5. 设二维离散型随机变量 (X, Y) 的分布律为

X \ Y	-1	1
-1	$\dfrac{1}{6}$	$\dfrac{1}{4}$
1	$\dfrac{1}{4}$	$\dfrac{1}{3}$

试求 $E(X^3 + Y^3)$。

6. 已知三维随机变量 (X, Y, Z) 的协方差矩阵为

$$C = \begin{pmatrix} 9 & 1 & -2 \\ 1 & 20 & 3 \\ -2 & 3 & 12 \end{pmatrix}$$

令 $\xi = 2X + 3Y + Z$

$\eta = X - 2Y + 5Z$

$\zeta = Y - Z$

试求 (ξ, η, ζ) 的协方差阵。

7. 设 X, Y 为两个随机变量，已知 $D(X) = 1, D(Y) = 4, \mathrm{Cov}(X, Y) = 1$，记 $\xi = X - 2Y, \eta = 2X - Y$，试求 ξ 与 η 的相关系数。

本章基本要求

1. 理解数学期望与方差的概念，掌握它们的性质和计算。

2. 会计算随机变量函数的数学期望，了解契比雪夫不等式。

3. 掌握二项分布，泊松分布，均匀分布和正态分布的数学期望及方差，了

解指数分布的期望和方差。

4. 了解矩的概念,相关系数的概念,及它们的性质和计算。

综 合 练 习 四

1. (1) 在下列句子中随机地取一单词,以 X 表示取到的单词所包含的字母个数,写出 X 的分布律,并求 $E(X)$ 及 $D(X)$。

"THE GIRL PUT ON HER BEAUTIFUL RED HAT"

(2) 在上述句子中的30个字母中随机地取一个字母,以 Y 表示取到的字母所在单词所包含的字母数,写出 Y 的分布律,并求 $E(Y)$ 及 $D(Y)$。

2. 某产品的次品率为0.1,检验员每天检验4次,每次随机地取10件产品进行检验,如发现其中的次品数多于1,就去调整设备,以 X 表示一天中调整设备的次数,求 $E(X)$ 与 $D(X)$。

3. 有3只球,4只盒子,盒子的编号为1,2,3,4。将球逐个独立地、随机地放入4只盒子中,以 X 表示其中至少有一只球的盒子的最小号码,(例如 $X = 3$ 表示第1号,第2号盒子是空的,第3号盒子至少有一只球),试求 $E(X)$ 与 $D(X)$。

188

4. 设在某一规定的时间间隔里,某电气设备用于最大负荷的时间 X(以 min 计) 是一个随机变量,其概率密度为

$$f(x) = \begin{cases} \dfrac{x}{1500^2} & 0 \leq x \leq 1500 \\ -\dfrac{(x - 3000)}{1500^2} & 1500 < x < 3000 \\ 0 & \text{其它} \end{cases}$$

试求 $E(X)$。

5. 设随机变量 X 的分布律为

X	-2	0	2
p_k	0.4	0.3	0.2

试求 $E(X), E(X^2), D(X), E(X^3 - 1)$。

6. 设随机变量 X 的概率密度为

$$f(x) = \begin{cases} x\mathrm{e}^{-x} & x > 0 \\ 0 & x \leq 0 \end{cases}$$

试求:(1) $Y = 2X$;

(2) $Y = \mathrm{e}^{-2X}$ 的数学期望。

7. 设 (X, Y) 的分布律为

	Y	1	2	3
X				
-1		0.2	0.1	0
0		0.1	0	0.3
1		0.1	0.1	0.1

试求:(1) $E(X)$,$E(Y)$,$D(X)$,$D(Y)$,$\mathrm{Cov}(X,Y)$,ρ_{XY};

(2) 设 $Z = \dfrac{X}{Y}$,求 $E(Z)$ 及峰态系数 $\mu(Z)$;

(3) 设 $Z = (X-Y)^2$,求 $E(Z)$ 及峰态系数 $\mu(Z)$。

8. 设 (X,Y) 的概率密度为

$$f(x,y) = \begin{cases} 12y^2 & 0 \leqslant y \leqslant x \leqslant 1 \\ 0 & 其它 \end{cases}$$

试求 $E(2X+3Y)$,$E(XY)$,$E(X^2+Y^2)$,$D(X)$ 及 $D(Y)$,$\mathrm{Cov}(X,Y)$ 及 ρ_{XY}。

9. 一工厂生产的某种设备的寿命 X(以年计) 服从指数分布 $Z\left(\dfrac{1}{4}\right)$,即其概率

密度为

$$f(x) = \begin{cases} \dfrac{1}{4}e^{-\frac{x}{4}} & x > 0 \\ 0 & x \leqslant 0 \end{cases}$$

工厂规定,出售的设备若在售出一年之内损坏可予以调换,若工厂售出一台设备赢利 100 元,调换一台设备厂方需花费 300 元,试求厂方出售一台设备净赢利的数学期望。

10. 将 n 只球(1 ~ n 号) 随机地放进 n 只盒子(1 ~ n 号) 中去,一只盒子装一只球,若一只球装入与球同号的盒子中,称为一个配对,记 X 为总的配对数,求 $E(X)$ 与 $D(X)$。

11. 若有 n 把看上去样子相同的钥匙,其中只有一把能打开门上的锁,用它们去试开门上的锁。设取到每只钥匙是等可能的,若每把钥匙试开一次后除去,试用下面两种方法,求试开次数 X 的数学期望。(1) 写出 X 的分布律;(2) 不写出 X 的分布律。

12. 设 X 是随机变量,C 为常数,证明 $D(X) < E[(X-C)^2]$,对于任意的 $C \neq E(X)$。(此式表明 $D(X)$ 为 $E[(X-C)^2]$ 的最小值。)

13. 设 A 和 B 是试验 E 的两个事件,且 $P(A) > 0$,$P(B) > 0$,并定义随机变量 X,Y 如下:

$$X = \begin{cases} 1 & 若 A 发生 \\ 0 & 若 A 不发生 \end{cases}, Y = \begin{cases} 1 & 若 B 发生 \\ 0 & 若 B 不发生 \end{cases}$$

证明:若 $\rho_{XY} = 0$,则 X,Y 必定相互独立。

14. 已知三个随机变量 X,Y,Z 中,$E(X) = E(Y) = 1$,$E(Z) = -1$,$D(X) = D(Y) = D(Z) = 1$,$\rho_{XY} = 0$,$\rho_{XZ} = \dfrac{1}{2}$,$\rho_{YZ} = \dfrac{-1}{2}$,试求 $E(X+Y+Z)$,$D(X+Y+Z)$。

15. 卡车装运水泥,设每袋水泥的重量 X(以 kg 计)服从 $N(50,2.5^2)$,问最多装多少袋水泥使总重量超过 2000 的概率不大于 0.05。

16. 已知二维正态随机变量 (X,Y) 的协方差矩阵为

$$C = \begin{pmatrix} 196 & -91 \\ a & 169 \end{pmatrix}$$

且 $E(X) = 26$,$E(Y) = -12$,试确定 a,ρ 并求 X,Y 的联合概度密度。

17. 设 $(X_1,X_2) \sim N(0,0,\sigma_1^2,\sigma_2^2,\rho)$ $(\sigma_1^2 \neq \sigma_2^2)$,令

$$Y_1 = X_1\cos\alpha + X_2\sin\alpha, \quad Y_2 = -X_1\sin\alpha + X_2\cos\alpha$$

证明:若 $\tan 2\alpha = \dfrac{2\rho\sigma_1\sigma_2}{\sigma_1^2 - \sigma_2^2}$,则 Y_1 与 Y_2 相互独立。

自测题四

1. 设随机变量 X 和 Y 的联合分布律为

$$P\{X=1,Y=10\} = P\{X=2,Y=5\} = 0.5$$

求 $E(X),E(Y),D(X),D(Y),\mathrm{Cov}(X,Y)$ 及 ρ_{XY}。

2. 设 X 具有概率密度

$$f(x) = \begin{cases} x & 0 \leqslant x < 1 \\ 2-x & 1 \leqslant x < 2 \\ 0 & \text{其它} \end{cases}$$

试求 $E(X),D(X)$ 及 $P\left\{|X - E(X)| \leqslant \dfrac{D(X)}{2}\right\}$。

3. 设 (X,Y) 具有概率密度

$$f(x,y) = \begin{cases} \dfrac{3}{2}(x^2+y^2) & 0 < x < 1, 0 < y < 1 \\ 0 & \text{其它} \end{cases}$$

试求 $D(X+Y)$。

4. 已知 X,Y 的相关系数为 ρ,求 $X_1 = aX+b$,$Y_1 = cX+d$ 的相关系数,其中 a、b、c、d 为常数。

第五章 大数定律及中心极限定理

本章主要介绍两类极限定理:一类是研究概率接近于 0 或 1 的随机现象的统计规律,即大数定律,另一类是研究由许多彼此不相干的随机因素共同作用,而各个随机因素对其影响又很小的随机现象的统计规律,这就是中心极限定理。这两类极限定理在概率论的研究中占有重要地位。自 18 世纪初叶瑞士数学家雅·贝努利第一个关于大数定律的研究以来,已有许多数学工作者相继地研究了概率论中的极限问题,得出许多重要的极限定理,这里只介绍一些基本内容。

§5.1 大数定律(LLN)

在第一章我们已提到过事件发生的频率具有渐近稳定性,即随着试验次数的增加,事件发生的频率逐渐稳定于某个常数。在实践中人们还认识到大量测量值的算术平均值也具有稳定性。对这种稳定性我们有如下定义:

定义 5.1.1 设 $X_1, X_2, \cdots, X_n \cdots$,是随机变量序列,$E(X_k)$ 存在($k = 1, 2, \cdots$)令 $\overline{X}_n = \dfrac{1}{n} \sum\limits_{k=1}^{n} X_k$,若对于任意给定正数 $\varepsilon > 0$,有

$$\lim_{n \to \infty} P\{ | \overline{X}_n - E(\overline{X}_n) | \geqslant \varepsilon \} = 0 \qquad (5.1.1)$$

或

$$\lim_{n \to \infty} P\{ | \overline{X}_n - E(\overline{X}_n) | < \varepsilon \} = 1 \qquad (5.1.2)$$

则称 $\{X_n\}$ 服从大数定律或称大数法成立。

可见,大数定律的意义在于指明了平均结果 $\overline{X}_n = \dfrac{1}{n} \sum\limits_{k=1}^{n} X_k$ 的渐趋稳定性,说明单个随机现象的行为(如某 X_k 的变化)对大量随机现象共同产生的总平均效果 $E(\overline{X}_n)$ 几乎不发生影响,即尽管某个随机现象的具体表现不可避免地引起随机偏差,然而在大量随机现象共同作用时,这些随机偏差相互抵消,补偿与拉平,致使总平均结果趋于稳定。例如在分析天平上称量一质量为 μ 的物品,以 $X_1, X_2, \cdots, X_n$ 表示 n 次重复测量结果,经验告知,当 n 充分大时,其平均值 $\overline{X} = \dfrac{1}{n} \sum\limits_{k=1}^{n} X_i$ 对 μ 的偏差是很小的。且一般 n 愈大,这种偏差愈小。

定理 5.1.1(贝努利定理) 设 n_A 是 n 次独立重复试验中事件 A 发生的次数,p 是事件 A 在每次试验中发生的概率,则对于任意正数 $\varepsilon > 0$,有

$$\lim_{n \to \infty} P\left\{ \left| \frac{n_A}{n} - p \right| < \varepsilon \right\} = 1 \tag{5.1.3}$$

或

$$\lim_{n \to \infty} P\left\{ \left| \frac{n_A}{n} - p \right| \geqslant \varepsilon \right\} = 0 \tag{5.1.4}$$

证:引入随机变量

$$X_k = \begin{cases} 0 & \text{若在第 } k \text{ 次试验中 } A \text{ 不发生} \\ 1 & \text{若在第 } k \text{ 次试验中 } A \text{ 发生} \end{cases} \quad k = 1, 2, \cdots$$

显然

$$n_A = X_1 + X_2 + \cdots + X_n = \sum_{k=1}^{n} X_k = n\overline{X}_n$$

由于 X_k 只依赖于第 k 次试验,而各次试验是相互独立的,于是 $X_1, X_2, \cdots, X_n$ 是相互独立的;又由于 $X \sim (0-1)$ 分布,故有

$$E(X_k) = p \qquad D(X_k) = p(1-p) \qquad k = 1, 2, \cdots, n$$

则 $\overline{X}_n = \dfrac{1}{n} \displaystyle\sum_{k=1}^{n} X_k$ 的数学期望及方差为

$$E(\overline{X}_n) = E\left(\frac{1}{n} \sum_{k=1}^{n} X_k \right) = \frac{1}{n} \sum_{k=1}^{n} E(X_k) = \frac{1}{n} np = p$$

$$D(\overline{X}_n) = D\left(\frac{1}{n} \sum_{k=1}^{n} X_k \right) = \frac{1}{n^2} \sum_{k=1}^{n} D(X_k) = \frac{1}{n^2} np(1-p) = \frac{p(1-p)}{n}$$

而由契比雪夫不等式知,对任意给定正数 $\varepsilon > 0$,有

$$P\{ | \overline{X}_n - E(\overline{X}_n) | \geqslant \varepsilon \} \leqslant \frac{D(\overline{X}_n)}{\varepsilon^2} = \frac{p(1-p)}{\varepsilon^2 n}$$

在上式中令 $n \to \infty$,即得

$$\lim_{n \to \infty} P\{ | \overline{X}_n - E(\overline{X}_n) | \geqslant \varepsilon \} = \lim_{n \to \infty} P\left\{ \left| \frac{n_A}{n} - p \right| \geqslant \varepsilon \right\} = 0$$

贝努利定理表明了事件发生的频率 $\dfrac{n_A}{n}$,当 n 无限增大时,几乎是等于事件发生的概率 p,可见,这个定理以严格的数学形式表述了频率的稳定性。这就是说,当 n 很大时,事件发生的频率与概率有较大偏差的可能性很小。由实际推断原理,在实际应用中,当试验次数很大时,便可以用事件发生的频率来代替事件的概率。

从定理的证明,我们看到,具有 $(0-1)$ 分布的独立变量列服从大数定律,若去掉条件中同 $(0-1)$ 分布,仅代之以相同的期望与方差,则依然有大数定律成立。

定理 5.1.2(契比雪夫特殊情况) 设 $X_1, X_2, \cdots, X_n, \cdots$ 相互独立(即对于任意的 $n \geqslant 1, X_1, X_2, \cdots, X_n$ 是相互独立的),且具有相同的数学期望和方差:$E(X_k) = \mu, D(X_k) = \sigma^2 (k = 1, 2, \cdots)$,则对任意正数 $\varepsilon > 0$,有

$$\lim_{n\to\infty}P\{|\overline{X}_n - \mu| < \varepsilon\} = 1 \qquad (5.1.5)$$

证：因 $X_1, X_2, \cdots, X_n$ 相互独立，故 $\overline{X}_n = \dfrac{1}{n}\sum_{k=1}^{n}X_k$ 的期望及方差为

$$E(\overline{X}_n) = E\left(\frac{1}{n}\sum_{k=1}^{n}X_k\right) = \frac{1}{n}\sum_{k=1}^{n}E(X_k) = \frac{1}{n}\cdot n\cdot\mu = \mu$$

$$D(\overline{X}_n) = D\left(\frac{1}{n}\sum_{k=1}^{n}X_k\right) = \frac{1}{n^2}\sum_{k=1}^{n}D(X_k) = \frac{1}{n^2}\cdot n\cdot\sigma^2 = \frac{\sigma^2}{n}$$

故由契比雪夫不等式知，对于任意给定的正数 $\varepsilon > 0$，有

$$P\{|\overline{X}_n - \mu| \geqslant \varepsilon\} = P\{|\overline{X}_n - E(\overline{X}_n)| \geqslant \varepsilon\} \leqslant \frac{D(\overline{X}_n)}{\varepsilon^2} = \frac{\sigma^2}{\varepsilon^2 n}$$

当 $n\to\infty$ 时，即得

$$\lim_{n\to\infty}P\{|\overline{X}_n - \mu| \geqslant \varepsilon\} = 0, \text{即}\lim_{n\to\infty}P\{|\overline{X}_n - \mu| < \varepsilon\} = 1$$

此定理表明，当 n 很大时，随机变量 $X_1, X_2, \cdots, X_n$ 的平均值 $\overline{X}_n = \dfrac{1}{n}\sum_{k=1}^{n}X_k$ 接近于数学期望 $E(X_1) = E(X_2) = \cdots = E(X_k) = \mu$，这种接近是在概率意义下接近。粗略地说，在定理条件下，n 个随机变量的算术平均，当 n 无限增加时将几乎变为一个常数。

193

若式 $(5.1.5)$ 成立，我们称 $\overline{X}_n$ 依概率收敛于 μ，记为 $\overline{X}_n \overset{P}{\to} \mu$。一般地，我们有如下定义：

定义 5.1.2　设 $Y_1, Y_2, \cdots, Y_n, \cdots$ 是一个随机变量序列，a 是一个常数，若对于任意正数 $\varepsilon > 0$，有

$$\lim_{n\to\infty}P\{|Y_n - a| < \varepsilon\} = 1 \qquad (5.1.6)$$

则称序列 $Y_1, Y_2, \cdots, Y_n, \cdots$ 依概率收敛于 a，记为

$$Y_n \overset{P}{\to} a$$

一般地，若 Y 为一随机变量，$Y_1, Y_2, \cdots, Y_n, \cdots$ 为随机变量序列，若对于任意正数 $\varepsilon > 0$，有

$$\lim_{n\to\infty}P\{|Y_n - Y| < \varepsilon\} = 1$$

则称序列 $Y_1, Y_2, \cdots, Y_n, \cdots$ 依概率收敛于 Y，记为：$Y_n \overset{P}{\to} Y$，特别地，当 $Y = a$ 时，即为定义 5.1.2。

可以证明依概率收敛有如下性质：设 $X_n \overset{P}{\to} a$，$Y_n \overset{P}{\to} b$，且 $g(x, y)$ 在点 (a, b) 连续，则有

$$g(X_n, Y_n) \overset{P}{\to} g(a, b)$$

定理 5.1.2 中要求随机变量序列 $X_1, X_2, \cdots, X_n, \cdots$ 的方差存在，但在这些变量

服从相同分布的场合，并不需要这一要求。

定理 5.1.3（辛钦定理） 设随机变量序列 $X_1, X_2, \cdots, X_n, \cdots$ 相互独立，服从同一分布、且具有数学期望 $E(X_k) = \mu(k = 1, 2, \cdots)$，则对于任意正数 ε 有

$$\lim_{n \to \infty} P\{|\bar{X}_n - \mu| < \varepsilon\} = 1, \text{即} \bar{X}_n \xrightarrow{P} \mu$$

证略。

例 5.1.1 设随机变量序列 $X_1, X_2, \cdots, X_n, \cdots$ 相互独立，且均服从 (a, b) 区间上的均匀分布，试问平均值 $\bar{X}_n = \dfrac{1}{n} \sum_{k=1}^{n} X_k$ 依概率收敛于何值？

解：因为 $X_k \sim U(a, b)(k = 1, 2, \cdots, n)$，故

$$E(X_k) = \frac{a+b}{2} \qquad E(\bar{X}_n) = \frac{a+b}{2}$$

故由辛钦大数定理知

$$\bar{X}_n \xrightarrow{P} \frac{a+b}{2}$$

即 $\bar{X}_n = \dfrac{1}{n} \sum_{k=1}^{n} X_k$ 依概率收敛于区间 (a, b) 的中点 $\dfrac{a+b}{2}$。

例 5.1.2 设随机变量序列 $X_1, X_2, \cdots, X_n, \cdots$ 相互独立，且均服从泊松分布 $\pi(\lambda)$，试问当 n 很大时，可用何值估计 λ？

解：因为 $X_k \sim \pi(\lambda)$，故 $E(X_k) = \lambda(k = 1, 2, \cdots)$，由辛钦大数定理知

$$\bar{X}_n = \frac{1}{n} \sum_{k=1}^{n} X_k \xrightarrow{P} \lambda$$

即当 n 很大时可用 $\bar{X}_n$ 代替 λ，具体的，若有 $X_1, X_2, \cdots, X_n$ 的一组观察值 $x_1, x_2, \cdots, x_n$，则 $\lambda \approx \bar{x} = \dfrac{1}{n} \sum_{k=1}^{n} x_k$。

思 考 题 5.1

1. 是否当试验次数 n 无限增加时，事件 A 发生的频率 $\dfrac{n_A}{n}$ 的极限就是概率，即有

$$\lim_{n \to \infty} \frac{n_A}{n} = P(A)$$

2. 大数定理是否就是依概率收敛的定理？

3. 贝努利大数定理告诉我们，当 $n \to \infty$ 时，频率 $\dfrac{n_A}{n}$ 依概率收敛于 p，即有

$$\lim_{n \to \infty} P\left\{\left|\frac{n_A}{n} - p\right| < \varepsilon\right\} = 1$$

对于很大的 n 和指定的 $\varepsilon > 0$,我们是否可以用它计算概率

$$P\left\{\left|\frac{n_A}{n} - p\right| < \varepsilon\right\}?$$

基 本 练 习 5.1

1. 设随机变量序列 $X_1, X_2, \cdots, X_n, \cdots$ 相互独立,其均值 $E(X_k)$ 一致有界,即存在常数 A、B,使 $E(X_k) < A, D(X_k) < B(k = 1, 2, \cdots)$,试证 $X_1, X_2, \cdots, X_n, \cdots$ 服从大数定律(此即契比雪夫大数定理)。

2. 设 $X_1, X_2, \cdots, X_n, \cdots$ 为相互独立的随机变量,且 $P\{X_k = 1\} = p_k, P\{X_k = 0\} = q_k, p_k + q_k = 1(k = 1, 2, \cdots)$,试证 $X_1, X_2, \cdots$ 服从大数定律。

3. 设 $X_1, X_2, \cdots$ 为独立且同分布随机变量序列,$P\left\{X_k = \frac{2^i}{i^2}\right\} = \frac{1}{2^i}(i = 1, 2, \cdots)$,试证 $X_1, X_2, \cdots$ 服从大数定律。

4. 设 $X_1, X_2, \cdots$ 为独立同分布随机变量序列,$E(X_k) = a, D(X_k) = \sigma^2$,令 $Y_n = \frac{2}{n(n + 1)} \sum_{k=1}^{n} k X_k$,试证 $Y_1, Y_2, \cdots, Y_n, \cdots$ 依概率收敛于 a。

5. 设 $X_1, X_2, \cdots$ 为相互独立的随机变量序列,$P(X_n = \pm\sqrt{n}) = \frac{1}{n}, P\{X_n = 0\} = 1 - \frac{2}{n}(n = 2, 3, \cdots)$,试证 $X_1, X_2, \cdots$ 服从大数定律。

195

§5.2 中心极限定理(CLT)

现在我们进一步研究随机变量平均结果 $\overline{X}_n$ 的分布情况。我们知道,对于有限个独立同正态分布 $N(\mu, \sigma^2)$ 的随机变量 $X_1, X_2, \cdots, X_n$,其平均值 $\overline{X}_n = \frac{1}{n} \sum_{k=1}^{n} X_k$ 是服从均值为 μ,方差为 $\frac{\sigma^2}{n}$ 的正态分布,即

$$\overline{X}_n \sim N\left(\mu, \frac{\sigma^2}{n}\right), \text{即} \frac{n\overline{X}_n - n\mu}{\sqrt{n}\sigma} = \frac{\overline{X}_n - \mu}{\frac{\sigma}{\sqrt{n}}} \sim N(0, 1) \qquad (5.2.1)$$

是否对其它类型的随机变量列 $X_1, X_2, \cdots$,式(5.2.1)亦可近似成立?若近似成立,需要什么条件?这样的问题被称为中心极限问题。

定义 5.2.1 凡是在一定条件下,断定随机变量列 $X_1, X_2, \cdots$ 的部分和 $Y_n =$

$\sum\limits_{k=1}^{n} X_k$ 的极限分布为正态分布的定理,均称为中心极限定理。

即中心极限定理应当说明,在何种条件下,下式成立:对任意的 x,有

$$\lim_{n\to\infty} P\left\{ \frac{Y_n - E(Y_n)}{\sqrt{D(Y_n)}} \leq x \right\} = \int_{-\infty}^{x} \frac{1}{\sqrt{2\pi}} e^{-\frac{t^2}{2}} dt = \Phi(x) \qquad (5.2.2)$$

首先,由隶莫佛在研究贝努利试验时发现了历史上第一个中心极限定理:

定理 5.2.1(隶莫佛——拉普拉斯定理) 设随机变量列 $Y_n(n=1,2,\cdots)$ 服从参数为 n,p 的二项分布 $B(n,p)(0 < p < 1)$,则对于任意的 x,恒有

$$\lim_{n\to\infty} P\left\{ \frac{Y_n - np}{\sqrt{np(1-p)}} \leq x \right\} = \Phi(x) \qquad (5.2.3)$$

证略。

其中 Y_n 可看成 n 个相互独立,服从同一 $(0-1)$ 分布的诸变量 $X_1,X_2,\cdots,X_n$ 之和,即 $Y_n = \sum\limits_{k=1}^{n} X_k$,其中 X_k 的分布律为

$$P\{X_k = i\} = p^i(1-p)^{1-i} \quad i = 0,1; k = 1,2,\cdots,n$$

又由于 $E(X_k) = p, D(X_k) = p(1-p)$,即知

$$E(Y_n) = E\left(\sum_{k=1}^{n} X_k\right) = \sum_{k=1}^{n} E(X_k) = np$$

196

$$D(Y_n) = D\left(\sum_{k=1}^{n} X_k\right) = \sum_{k=1}^{n} D(X_k) = np(1-p)$$

即

$$\lim_{n\to\infty} P\left\{ \frac{Y_n - E(Y_n)}{\sqrt{D(Y_n)}} \leq x \right\} = \lim_{n\to\infty} P\left\{ \frac{Y_n - np}{\sqrt{np(1-p)}} \leq x \right\} = \Phi(x)$$

由式 (5.2.3) 可知,当 n 很大时,对任意的 x,概率

$$P\left\{ \frac{Y_n - np}{\sqrt{np(1-p)}} \leq x \right\} \approx \Phi(x) \qquad (5.2.4)$$

故可知,当 n 很大时,对任意的 a,b,概率

$$P\{a < Y_n \leq b\} = P\left\{ \frac{a - np}{\sqrt{np(1-p)}} < \frac{Y_n - np}{\sqrt{np(1-p)}} \leq \frac{b - np}{\sqrt{np(1-p)}} \right\} \approx$$

$$\Phi\left(\frac{b - np}{\sqrt{np(1-p)}}\right) - \Phi\left(\frac{a - np}{\sqrt{np(1-p)}}\right) \qquad (5.2.5)$$

利用式 (5.2.5),我们就可利用标准正态分布表来解决较难计算的二项分布的概率计算问题。

例 5.2.1 掷硬币 900 次,试求:

(1) 至少出现正面 480 次的概率;

(2) 出现正面在 420 次到 479 次之间的概率。

解：这是 900 次贝努利试验，令

$$X_k = \begin{cases} 1 & \text{第 } k \text{ 次出现正面} \\ 0 & \text{第 } k \text{ 次出现反面} \end{cases} \quad k = 1,2,\cdots,900$$

则 $E(X_k) = \dfrac{1}{2}, D(X_k) = \dfrac{1}{2} \cdot \dfrac{1}{2} = \dfrac{1}{4}$，900 次掷硬币中出现正面总数 $Y_{900} = \sum\limits_{k=1}^{900} X_k$，

故由式(5.2.5)得

(1) $P\{Y_{900} \geqslant 480\} = 1 - P\{Y_{900} < 480\} =$

$$1 - P\left\{ \frac{Y_{900} - 900 \times \dfrac{1}{2}}{\sqrt{900 \times \dfrac{1}{4}}} < \frac{480 - 900 \times \dfrac{1}{2}}{\sqrt{900 \times \dfrac{1}{4}}} \right\} \approx$$

$$1 - \Phi(2) = 0.227$$

(2) $P\{420 \leqslant Y_{900} < 480\} \approx \Phi\left(\dfrac{480 - 450}{\sqrt{225}}\right) - \Phi\left(\dfrac{420 - 450}{\sqrt{225}}\right) =$

$$2\Phi(2) - 1 = 0.9544$$

例 5.2.2　一船舶在某海区航行，已知每遭受一次波浪的冲击，纵摇角大于 3°

的概率 $p = \dfrac{1}{3}$，若船舶遭受了 90000 次波浪冲击，问其中有 29500 ~ 30500 次纵摇

角度大于 3° 的概率是多少？

197

解：我们将船舶每遭受一次波浪冲击看作是一次试验，并假定各次试验是独立

的，在 90000 次波浪冲击中纵摇角度大于 3° 的次数记为 X，则 X 是一个随机变量，

且有 $X \sim B(90000, 1/3)$，其分布律为

$$P\{X = k\} = \binom{90000}{k}\left(\frac{1}{3}\right)^k \left(\frac{2}{3}\right)^{90000-k} \quad k = 0,1,2,\cdots,90000$$

所求概率为

$$P\{29500 < X \leqslant 30500\} = \sum_{k=29500}^{30500} \binom{90000}{k}\left(\frac{1}{3}\right)^k \left(\frac{2}{3}\right)^{90000-k} =$$

$$P\left\{ \frac{29500 - 90000 \times \dfrac{1}{3}}{\sqrt{90000 \times \dfrac{1}{3} \times \dfrac{2}{3}}} < \frac{X - 90000 \times \dfrac{1}{3}}{\sqrt{90000 \times \dfrac{1}{3} \times \dfrac{2}{3}}} \leqslant \frac{30500 - 90000 \times \dfrac{1}{3}}{\sqrt{90000 \times \dfrac{1}{3} \times \dfrac{2}{3}}} \right\} \approx$$

$$\Phi\left(\frac{30500 - 30000}{\sqrt{20000}}\right) - \Phi\left(\frac{29500 - 30000}{\sqrt{20000}}\right) =$$

$$\Phi\left(\frac{5}{\sqrt{2}}\right) - \Phi\left(-\frac{5}{\sqrt{2}}\right) = 2\Phi\left(\frac{5\sqrt{2}}{2}\right) - 1 = 0.9996$$

实际上，只要随机变量列 $X_1, X_2, \cdots, X_n, \cdots$ 相互独立且服从同一分布(不必只

为(0—1)分布),亦可证明中心极限定理成立,即

定理5.2.2(独立同分布中心极限定理) 设$X_1,X_2,\cdots,X_n,\cdots$相互独立,且服从同一分布,具有数学期望及方差:$E(X_k) = \mu,D(X_k) = \sigma^2 \neq 0(k = 1,2,\cdots)$则随机变量$Y_n = \sum\limits_{k=1}^{n} X_k$近似服从正态分布$N(n\mu,n\sigma^2)$,即对于任意的$x$,有

$$\lim_{n \to \infty} P\left\{\frac{Y_n - n\mu}{\sqrt{n}\sigma} \leqslant x\right\} = \Phi(x) \tag{5.2.6}$$

证略。

可见,定理5.2.1即为定理5.2.2的特殊情况。

此定理表明,在实际中的许多随机变量,它们是由大量的相互独立且同分布的随机因素的综合影响所形成的,而其中每一个别因素在总的影响中所起的作用都是微小的,这种随机变量近似地服从中心极限定理。

例5.2.3 一加法器同时收到20个噪声电压$V_k(k = 1,2,\cdots,20)$,设它们是相互独立的随机变量,且都在区间$(0,10)$上服从均匀分布,记$V = \sum\limits_{k=1}^{20} V_k$,求$P\{V > 105\}$的近似值。

解:易知$E(V_k) = 5,D(V_k) = \dfrac{100}{12}$ $k = 1,2,\cdots,20$

由定理5.2.2知,随机变量

$$\frac{\sum\limits_{k=1}^{20} V_k - 20 \times 5}{\sqrt{20}\ \sqrt{100/12}} = \frac{V - 100}{\sqrt{2000/12}}$$

近似服从标准正态分布$N(0,1)$,故

$$P\{V > 105\} = 1 - P\{V < 105\} = 1 - P\left\{\frac{V - 100}{\sqrt{2000/12}} < \frac{105 - 100}{\sqrt{2000/12}}\right\} \approx$$

$$1 - \Phi\left(\frac{5}{\sqrt{2000/12}}\right) = 1 - \Phi(0.387) = 0.3493$$

例5.2.4 一部件包括10个部分,每部分的长度是一个随机变量,它们相互独立,且服从同一分布,其数学期望为2mm,均方差为0.05mm。规定总长度为$(20 \pm 0.1)\text{mm}$时产品合格,试求产品合格的概率。

解:由题意,设每部分的长度为$X_k,k = 1,2,\cdots,10$,它们相互独立,且服从同一分布,且$E(X_k) = 2,D(X_k) = 0.05^2$,故由定理5.2.2知,总长度$Y_{10} = \sum\limits_{k=1}^{10} X_k$在$(20 - 0.1,20 + 0.1)$内的概率,即产品合格的概率为

$$P\{20 - 0.1 < Y_{10} < 20 + 0.1\} =$$

$$P\left\{\frac{-0.1}{\sqrt{10}\times 0.05} < \frac{Y_{10}-20}{\sqrt{10}\times 0.05} < \frac{0.1}{\sqrt{10}\times 0.05}\right\} \approx$$

$$\Phi\left(\frac{0.1}{\sqrt{10}\times 0.05}\right) - \Phi\left(\frac{-0.1}{\sqrt{10}\times 0.05}\right) = 2\Phi\left(\frac{0.1}{\sqrt{10}\times 0.05}\right) - 1 =$$

$$2\Phi(0.63) - 1 = 0.4714$$

更一般地,有以下中心极限定理。

定理5.2.3(李雅普诺夫定理) 设随机变量 $X_1, X_2, \cdots, X_n$ 相互独立,它们具有数学期望和方差:

$$E(X_k) = \mu_k, D(X_k) = \sigma_k^2 \neq 0 \quad k = 1, 2, \cdots$$

记 $B_n^2 = \sum_{k=1}^n \sigma_k^2$,若存在正数 δ,使得当 $n \to \infty$ 时,

$$\frac{1}{B_n^{2+\delta}} \sum_{k=1}^n E\{|X_k - \mu_k|^{2+\delta}\} \to 0 \tag{5.2.7}$$

则随机变量 $Y_n = \sum_{k=1}^n X_k$ 近似服从正态分布 $N\left(\sum_{k=1}^n \mu_k, B_n^2\right)$,即对于任意的 x,有

$$\lim_{n \to \infty} P\left\{\frac{Y_n - \sum_{k=1}^n \mu_k}{B_n} \leqslant x\right\} = \Phi(x) \tag{5.2.8}$$

证略。

199

此定理即表明,无论各个随机变量 $X_k(k = 1, 2, \cdots)$ 服从什么分布,只要服从定理5.2.3条件,那么它们的和 $\sum_{k=1}^n X_k$,当 n 很大时,就近似地服从正态分布。在实际问题中,许多所考虑的随机变量通常可以表示成很多个独立均匀小随机变量之和。例如,在任一指定时刻,一个城市的耗电量是大量用户耗电量的总和,一个物理实验的测量误差是由许多观察不到的,可加的微小误差所合成的,它们往往近似地服从正态分布。可见这个定理揭示了正态分布的普遍性和重要性,是应用正态分布来解决各种实际问题的理论基础,因此,从这方面讲,中心极限定理的理论及实际意义已超出了概率论的范围。

在 §5.1 中我们看到,独立且同一分布的随机变量列 $X_1, X_2, \cdots, X_n, \cdots$ 服从大数定律,若其期望为 $E(X_k) = \mu$,方差 $D(X_k) = \sigma^2 > 0$,则对于任意给定的正数 ε,有

$$\lim_{n \to \infty} P\left\{\left|\frac{1}{n}Y_n - \mu\right| < \varepsilon\right\} = 1$$

其中 $Y_n = \sum_{k=1}^n X_k$。即此大数定理只说明了 $\frac{1}{n}Y_n$ 依概率收敛于 μ,而不能说明概率

$P\{|\frac{1}{n}Y_n - \mu| < \varepsilon\}$ 的近似值为多少? 而中心极限定理却能给出这一回答。即此时

$$P\left\{\left|\frac{1}{n}Y_n - \mu\right| < \varepsilon\right\} = P\left\{\left|\frac{Y_n - n\mu}{\sqrt{n}\sigma}\right| < \frac{\varepsilon\sqrt{n}}{\sigma}\right\} =$$

$$P\left\{-\frac{\varepsilon\sqrt{n}}{\sigma} < \frac{Y_n - n\mu}{\sqrt{n}\sigma} < \frac{\varepsilon\sqrt{n}}{\sigma}\right\} \approx$$

$$\Phi\left(\frac{\varepsilon\sqrt{n}}{\sigma}\right) - \Phi\left(-\frac{\varepsilon\sqrt{n}}{\sigma}\right) = 2\Phi\left(\frac{\varepsilon\sqrt{n}}{\sigma}\right) - 1$$

因此，在一般情况下，大数定理只给出了定性的说明，而中心极限定理不仅给出定性，亦给出了定量的说明，即中心极限定理显得比大数定理更为精确地刻画了独立同分布随机变量的平均值 $\frac{1}{n}\sum_{k=1}^{n}X_k$ 的极限分布情况。

思考题 5.2

1. 是否可认为二项分布收敛于正态分布，即其极限分布为正态分布? 可否用正态分布作为二项分布的近似计算，这种近似是否比泊松近似计算要好?

2. 能否举例说明哪些随机现象的概率问题可利用正态分布近似解决?

3. 设随机变量 $X_1, X_2, \cdots, X_n$ 相互独立且同一分布，其部分和 $Y_n = \sum_{k=1}^{n}X_k$ 的值落入区间 (a, b) 的概率有多大 (a, b 为常数)?

200

4. 用 n 次试验中事件 A 发生的频率 $\frac{n_A}{n}$ 代替事件 A 发生的概率，其偏差小于 ε 的概率是多少? 例如，皮尔逊掷硬币12000次，出现正面6019次，则正面出现的频率与其概率的偏差小于 $\varepsilon = 0.01$ 的概率是多少?

基 本 练 习 5.2

1. 对一枚匀称的硬币，至少要掷多少次才能使正面出现的频率在 $0.4 \sim 0.6$ 之间的概率不小于 0.9? 试按下列两种办法确定: (1) 用契比雪夫不等式确定; (2) 用中心极限定理确定。

2. 一计算机系统有120个终端，每个终端平均只有5%的时间在使用，如果各个终端的使用与否相互独立，求在任一时刻有10个以上的终端在使用的概率。

3. 某仪器上的一个易损元件坏了。现买回80个这种元件，更换一个后，余作备用。以便再损坏时，能立即更换。已知买回的这批元件中每一个的使用寿命(以 h

计) 都服从 $Z(0.2)$ 的指数分布。求这批元件使用的总时数能超过 $500h$ 的概率。

4. 计算器在进行加法时,将每个加数舍入最靠近它的整数。设所有舍入误差是独立的,且在 $(-0.5,0.5)$ 上服从均匀分布。(1) 若将 1500 个数相加,问误差总和的绝对值超过 15 的概率是多少?(2) 最多可有几个数相加,使得误差总和的绝对值小于 10 的概率不小于 0.90?

5. 某单位设置一电话总机,其有 200 架电话分机,设每个电话分机是否使用外线通话是相互独立的,设每时刻每个分机有 5% 的概率要用外线通话。问总机需要多少外线才能以不低于 90% 的概率保证每个分机要使用外线时可供使用?

6. 某保险公司经多年的资料统计表明,在索赔户中被盗赔户占 20%,在随意抽查的 100 家索赔户中被盗的索赔户数为随机变量 X。

(1) 试写出 X 的概率分布;

(2) 利用棣莫佛——拉普拉斯定理,求被盗的索赔户数不少于 14 户且不多于 30 户的概率的近似值。

7. 设 $X_1, X_2, \cdots, X_n$ 独立且同分布,且 $EX_i^k = a_k (k = 1,2,3,4)(i = 1,2,\cdots)$,试证:当 n 充分大时,$Y_n = \dfrac{1}{n} \sum_{i=1}^{n} X_i^2$ 近似服从正态分布,指出其分布参数。

8. 将重为 a 的物品,在天平上重复称量 n 次,若各次称量的结果 $X_1, X_2, \cdots, X_n$ 相互独立,且 $X_i \sim N(a,0.2^2)(i = 1,2,\cdots,n)$,则 n 的最小值不小于多少时有 $P\{|\overline{X} - a| < 0.1\} \geqslant 0.95$。

201

9. 一学校有 100 名住校生,每人都以 80% 的概率去图书馆自习,试问图书馆至少应设多少个座位,才能以 99% 的概率保证去上自习的同学都有座位。

10. 现有一批种子,其中良种占 $\dfrac{1}{6}$。今取 6000 粒,问能以 0.99 的概率保证在这 6000 粒种子中良种所占的比例与 $\dfrac{1}{6}$ 的差不超过多少?相应的良种粒数在哪个范围内?

11. 设 $X_1, X_2, \cdots, X_n, \cdots$ 为一列相互独立的随机变量,对每个 $n \geqslant 1$,X_n 服从区间 $(-n,n)$ 上的均匀分布,试证对于任意的实数 x

$$\lim_{n \to \infty} P\left\{ \sum_{k=1}^{n} X_k \leqslant \frac{x}{6} \sqrt{2n(n+1)(2n+1)} \right\} = \frac{1}{\sqrt{2\pi}} \int_{-\infty}^{x} e^{-\frac{t^2}{2}} dt$$

本章基本要求

1. 了解契比雪夫定理和贝努利定理。

2. 了解独立同分布的中心极限定理和棣莫佛——拉普拉斯定理,并会利用正态分布表作简单计算。

综合练习五

1. 有一批建筑房屋用的木柱,其中80%的长度不小于3m,现从这批木柱中随机取出100根,问其中至少有30根短于3m的概率是多少?

2. 设各零件的重量都是随机变量,它们相互独立,且服从相同的分布,其数学期望为0.5kg,均方差为0.1kg,问5000个零件的总重量超过2510kg的概率是多少?

3. 据以往经验,某种电器元件的寿命服从均值为100h的指数分布。现随机地取16只,设它们的寿命是相互独立的。求这16个元件的寿命的总和大于1920h的概率。

4. 大学英语四级考试,设有85道多种选择题,每题四个选择答案,只有一个正确,若需通过考试,必须答对51题以上,试问某学生靠运气能通过四级考试的概率有多大?

5. 某药厂断言,该厂生产的某种药品对于医治一种疑难的血液病的治愈率为0.8,医院检验员任意抽查了100个服用此药品的病人,如果其中多于75人治愈,就接受这一断言,否则就拒绝这一断言。(1)若实际上此药品对这种疾病的治愈率为0.8,问接受这一断言的概率是多少?(2)若实际上此药品对这种疾病的治愈率为0.7,问接受这一断言的概率是多少?

6. 设随机变量序列 $X_1, X_2, \cdots, X_n, \cdots$ 相互独立,且 $E(X_k)$ 存在,$D(X_k) < +\infty (k = 1, 2, \cdots)$,若 $\lim_{n \to \infty} \frac{1}{n^2} D\left(\sum_{k=1}^{n} X_k\right) = 0$(称为马尔可夫条件),试证 $X_1, X_2, \cdots, X_n, \cdots$ 服从大数定律。

* 7. 设某考试有试题99个,按从易到难的顺序排列。并假设某学生答对第一题的概率为0.99,答对第2题的概率为0.98,一般地他答错第 i 题的概率为 $\frac{i}{100}$ $(i = 1, 2, \cdots, 99)$,如果他答对各题是相互独立的,并设至少答对60题才算通过考试,试求该学生通过考试的概率(利用李雅普诺夫极限定理)。

自测题五

1. 求在10000个随机数中,数字7出现不多于968次的概率。

2. 设随机变量 $X_1, X_2, \cdots, X_{48}$ 独立且同分布 $U(0,1)$,试求 $\sum_{k=1}^{48} X_k$ 不大于20的

概率。

3. 某厂生产的电子元件不合格率为 1%，试问：在 100 只装的一盒中，至少要装几只才能使用户买到的一盒里有 100 只合格的概率不小于 95%？

4. 设每次对敌阵地炮击的命中数的数学期望为 0.4，方差为 2.25，求在 1000 次炮击中有 380 颗到 420 颗炮弹击中的概率的近似值。

第六章 数理统计的基本概念

在前面五章里我们介绍了概率论的基本内容,后面的四章中我们将叙述数理统计的基本内容。数理统计是随机数学的一个应用性极强的分支,它是利用概率论理论来对随机试验数据进行科学的处理与分析,从而得出关于研究对象的统计规律性的种种合理的统计判断的一门应用科学。数理统计的内容十分丰富,包括抽样分布、抽样调查、实验设计、统计估计、统计假设检验、线性回归分析与方差分析等统计理论与方法。随着计算机技术的迅猛发展,统计软件的大力开发,数理统计知识的应用越来越广泛,现已成为自然科学与社会科学的各个学科必不可少的数学工具。本章将介绍数理统计的基本概念,包括总体、样本、统计量、抽样分布、直方图、经验分布函数、三大统计分布等知识。

§6.1 总体与样本

一、总体与个体

在数理统计中,我们把所研究对象的全部元素组成的集合称为总体(或称母体),组成总体的每一个元素称为个体(或称样品)。例如要考察某地区全体居民的情况,则该地区的全体居民构成一个总体,每位居民为一个个体;又如考察一批灯泡的质量情况,这一批灯泡构成一个总体,其中每一个灯泡为一个个体。但在实际问题中,我们关心的只是总体的某项数量指标,如考察某地区全体居民的身高情况,一批灯泡的使用寿命情况等,因此,以后我们就把总体和数量指标等同起来,视某地区全体居民的身高为一个总体,每位居民的身高为一个个体;一批灯泡的使用寿命为一个总体,每一个灯泡的使用寿命为一个个体。由于总体的数量指标是随所考察的个体不同而取不同数值的量,且每个个体所取的值是不完全相同的,事先是无法准确确定的,因此总体的数量指标是一个随机变量,个体的数量指标也是随机变量,我们通常用大写英文字母 X 表示总体,而用 $X_1, X_2, \cdots$ 表示各个个体。

如果总体包含多项研究的数量指标时,则对应分为各个单项指标进行研究,而视每个单项指标为一个总体。例如考察某地区全体居民的身高或体重情况时,则视某地区全体居民的身高为一个总体 X,视体重为另一个总体 Y。

　　总体中所包含的个体总数称为总体容量。包含有限个个体的总体称为有限总体,包含无限个个体的总体称为无限总体。如果一个有限总体所包含的个体很多,在实际中常当作无限总体来处理,如一大批某种产品,一大袋粮食种子等均可视为无限总体。

二、样本

　　数量指标的分布称为总体的分布。为了能了解总体的分布特征情况,实际中是从总体里抽出若干个个体,对这若干个个体进行观测,从而依据个体观测数据去推断总体的分布特征。例如要了解一批电视机的使用寿命,可以从这批电视机中随机地抽出 n 台电视机,观察这 n 台电视机的使用寿命,获得 n 个观察值 x_1, $x_2, \cdots, x_n$,然后根据这组观察值对整批电视机的寿命(即总体 X)作出估计和判断。

　　从总体中抽出若干个体进行观测的方式称为抽样。抽样分为完全抽样与随机抽样,完全抽样即是抽出总体的全部个体进行观测;随机抽样即是从总体中随机抽出部分个体进行观测。由于对个体的观测需要付出一定的人力、财力和物力,所以在实际上,由于观测资源的缺少,或是观测的难度,或是观测本身具有破坏性(如观测灯泡的使用寿命的长短)等原因,不能进行完全抽样,只能进行随机抽样。而另一方面,从观测结果而言,完全抽样的观测分析不一定优于随机抽样的观测分析。因此实际中常常采用随机抽样方式。

　　一般地,从一个总体 X 中随机抽出的 n 个个体 $X_1, X_2, \cdots, X_n$ 组成的集合称为总体 X 的一个样本(或称子样),样本中包含个体的个数 n 称为样本的容量。对样本的一次观察所得的观测值 $x_1, x_2, \cdots, x_n$,我们称为样本观测值,简称样本值。

　　为了更有效地利用样本来反映总体的分布特性,我们要求从总体中抽出的样本,必须满足下述两个条件:

　　(1)独立性:$X_1, X_2, \cdots, X_n$ 是相互独立的随机变量,即每个个体的观测结果互相不受影响;

　　(2)代表性:$X_1, X_2, \cdots, X_n$ 能代表总体的分布特征,即是指 $X_1, X_2, \cdots, X_n$ 中每一个 X_i 都与总体 X 具有相同分布。

　　定义 6.1.1　(简单随机样本)设 $X_1, X_2, \cdots, X_n$ 是来自总体 X 的容量为 n 的样本,如果 $X_1, X_2, \cdots, X_n$ 相互独立,且每一个 X_i 都是与总体 X 具有相同分布的随机变量,则称 $X_1, X_2, \cdots, X_n$ 为总体 X 的简单随机样本,简称为样本或者子样。

　　在本书以后的章节中,我们所提到的样本 $X_1, X_2, \cdots, X_n$,如无特别声明的话,都是指简单随机样本。

　　由定义 6.1.1 与第三章随机变量的独立性知识可知,若总体的分布函数为 $F(x)$,则样本 $X_1, X_2, \cdots, X_n$ 的联合分布函数 $F(x_1, x_2, \cdots, x_n)$ 由 $F(x)$ 完全决定,其表达式为

$$F(x_1, x_2, \cdots, x_n) = P\{X_1 \leqslant x_1, X_2 \leqslant x_2, \cdots, X_n \leqslant x_n\} =$$

$$P\{X_1 \leqslant x_1\} P\{X_2 \leqslant x_2\} \cdots P\{X_n \leqslant x_n\} =$$

$$F(x_1) F(x_2) \cdots F(x_n) = \prod_{i=1}^{n} F(x_i) \qquad (6.1.1)$$

特别地,如果总体 X 是连续型随机变量,其概率密度函数设为 $f(x)$,则样本 $X_1, X_2, \cdots, X_n$ 的联合概率密度函数为

$$f(x_1, x_2, \cdots, x_n) = f(x_1) f(x_2) \cdots f(x_n) = \prod_{i=1}^{n} f(x_i) \qquad (6.1.2)$$

如果总体 X 是离散型随机变量,其概率分布设为 $P\{X = x\} = p_x$,则样本 $X_1, X_2, \cdots, X_n$ 的联合概率分布为

$$P\{X_1 = x_1, X_2 = x_2, \cdots, X_n = x_n\} = \prod_{i=1}^{n} P\{X_i = x_i\} = \prod_{i=1}^{n} p_{x_i} \qquad (6.1.3)$$

例 6.1.1 设总体 X 服从参数为 α 的指数分布 $Z(\alpha)$,从中取出一个容量为 n 的样本,试求样本 $X_1, X_2, \cdots, X_n$ 的联合概率密度函数 $f(x_1, x_2, \cdots, x_n)$ 与联合分布函数 $F(x_1, x_2, \cdots, x_n)$。

206

解:总体 X 服从参数为 α 的指数分布 $Z(\alpha)$,则其概率密度与分布函数分别为

$$f(x) = \begin{cases} \alpha e^{-\alpha x} & x > 0 \\ 0 & x \leqslant 0 \end{cases} (\alpha > 0), \quad F(x) = \begin{cases} 1 - e^{-\alpha x} & x > 0 \\ 0 & x \leqslant 0 \end{cases}$$

于是个体 $X_i (1 \leqslant i \leqslant n)$ 的概率密度与分布函数分别为

$$f(x_i) = \begin{cases} \alpha e^{-\alpha x_i} & x_i > 0 \\ 0 & x_i \leqslant 0 \end{cases} (\alpha > 0), \quad F(x_i) = \begin{cases} 1 - e^{-\alpha x_i} & x_i > 0 \\ 0 & x_i \leqslant 0 \end{cases}$$

由式(6.1.2)可得样本 $X_1, X_2, \cdots, X_n$ 的联合概率密度函数为

$$f(x_1, x_2, \cdots, x_n) = \prod_{i=1}^{n} f(x_i) =$$

$$\begin{cases} \prod_{i=1}^{n} \alpha e^{-\alpha x_i} = \alpha^n e^{-\alpha \sum_{i=1}^{n} x_i} & x_1 > 0, x_2 > 0, \cdots, x_n > 0 \\ 0 & \text{其它} \end{cases}$$

样本 $X_1, X_2, \cdots, X_n$ 的联合分布函数 $F(x_1, x_2, \cdots, x_n)$ 为

$$F(x_1, x_2, \cdots, x_n) = \prod_{i=1}^{n} F(x_i) =$$

$$\begin{cases} \prod_{i=1}^{n}(1-e^{-\alpha x_i}) & x_1 > 0, x_2 > 0, \cdots, x_n > 0 \\ 0 & 其它 \end{cases}$$

例 6.1.2　设总体 X 服从两点分布((0-1)分布),从中取出一个容量为 n 的样本,试求样本 $X_1, X_2, \cdots, X_n$ 的联合概率分布。

解:设总体 X 服从两点分布((0-1)分布),则其概率分布为

$$P\{X=x\} = p^x(1-p)^{1-x} \quad x = 0,1$$

于是个体 $X_i(1 \le i \le n)$ 的概率分布为

$$P\{X=x_i\} = p^{x_i}(1-p)^{1-x_i} \quad x_i = 0,1$$

由式(6.1.3)可得样本 $X_1, X_2, \cdots, X_n$ 的联合概率分布为

$$P\{X_1=x_1, X_2=x_2, \cdots, X_n=x_n\} =$$

$$\prod_{i=1}^{n} P\{X_i=x_i\} = \prod_{i=1}^{n} p^{x_i}(1-p)^{1-x_i} =$$

$$p^{\sum_{i=1}^{n} x_i}(1-p)^{n-\sum_{i=1}^{n} x_i} \quad x_i = 0,1 \quad i = 1,2,\cdots,n$$

207

三、统计量

我们用样本 $X_1, X_2, \cdots, X_n$ 获得的信息来对总体 X 作出估计与推断时,需按不同的要求确定样本的各种相应的函数。

设 $X_1, X_2, \cdots, X_n$ 是来自总体 X 的样本,若 g 是 n 元连续函数,则称函数

$$g(X_1, X_2, \cdots, X_n)$$

为样本的函数,特别地,我们对不包含任何未知参数的样本的函数作出以下定义。

定义 6.1.2　设 $X_1, X_2, \cdots, X_n$ 为总体 X 的样本,若样本的函数 $g(X_1, X_2, \cdots, X_n)$ 中不包含任何未知参数,则 $g(X_1, X_2, \cdots, X_n)$ 称为统计量。

因为 $X_1, X_2, \cdots, X_n$ 都是随机变量,而统计量 $g(X_1, X_2, \cdots, X_n)$ 是 $X_1, X_2, \cdots, X_n$ 的函数,故也是一个随机变量。若 $(x_1, x_2, \cdots, x_n)$ 为样本的一次观察值,则 $g(x_1, x_2, \cdots, x_n)$ 是统计量 $g(X_1, X_2, \cdots, X_n)$ 的观察值,称为统计值。

例如在函数 $\sum_{i=1}^{n}(X_i-\mu)^2$ 中,若参数 μ 已知,则该函数是统计量;若参数 μ 未知时,则它只是样本 $X_1, X_2, \cdots, X_n$ 的函数,而不是统计量。

下面列出一些统计中常用的统计量:

1. 顺序统计量

设 $X_1, X_2, \cdots, X_n$ 为总体 X 的样本,把它们按从小到大的顺序排列为

$$X_{(1)} \leq X_{(2)} \leq \cdots \leq X_{(n)} \tag{6.1.4}$$

则称 $X_{(1)}, X_{(2)}, \cdots, X_{(n)}$ 为原样本 $X_1, X_2, \cdots, X_n$ 的顺序统计量。其中 $X_{(k)}$ $(1 \leq k \leq n)$ 称为第 k 个顺序统计量,这意味着在 $X_1, X_2, \cdots, X_n$ 中恰有 k 个不超过它,恰有 $n-k$ 个大于它。

易见,$X_{(1)} = \min\{X_1, X_2, \cdots, X_n\}$,$X_{(n)} = \max\{X_1, X_2, \cdots, X_n\}$。此即第三章中的极小值与极大值随机变量,其分布函数由式(3.5.16)与式(3.5.14)给出。

若样本值为 $x_1, x_2, \cdots, x_n$,则按其从小到大的顺序排列后得到顺序统计值:

$$x_{(1)} \leq x_{(2)} \leq \cdots \leq x_{(n)}$$

样本极小值为 $x_{(1)} = \min\{x_1, x_2, \cdots, x_n\}$,样本极大值为 $x_{(n)} = \max\{x_1, x_2, \cdots, x_n\}$。

例 6.1.3 设 $X_1, X_2, \cdots, X_5$ 为 X 的容量为 5 的样本,今对这个样本作了 3 次观测,得其值如下表所列,试求顺序统计值。

观测次数 ＼ x_k	x_1	x_2	x_3	x_4	x_5
1	3	1	10	5	6
2	2	6	7	2	8
3	8	3	9	10	5

解:将每一次观测所得数据按从小到大的顺序排列得顺序统计值如下表:

观测次数 ＼ x_k	$x_{(1)}$	$x_{(2)}$	$x_{(3)}$	$x_{(4)}$	$x_{(5)}$
1	1	3	5	6	10
2	2	2	6	7	8
3	3	5	8	9	10

2. 样本中位数

设 $X_{(1)}, X_{(2)}, \cdots, X_{(n)}$ 是原样本 $X_1, X_2, \cdots, X_n$ 的顺序统计量,则称统计量

$$M_n = \begin{cases} X_{\left(\frac{n+1}{2}\right)} & n \text{ 为奇数} \\ \frac{1}{2}\left[X_{\left(\frac{n}{2}\right)} + X_{\left(\frac{n}{2}+1\right)}\right] & n \text{ 为偶数} \end{cases} \tag{6.1.5}$$

为样本的中位数。即 $X_1, X_2, \cdots, X_n$ 中恰有一半不超过 M_n。这是描述总体中心位置的统计量。

3. 样本极差

设 $X_{(1)}, X_{(2)}, \cdots, X_{(n)}$ 是原样本 $X_1, X_2, \cdots, X_n$ 的顺序统计量,则称统计量

$$D_n = X_{(n)} - X_{(1)} \qquad\qquad (6.1.6)$$

为样本的极差。它是样本中最大值与最小值之差,反映了样本观察值的波动幅度。

例6.1.4 某工厂制作一种线圈,为了控制生产过程保持稳定,从产品中任取 10 件,测定其电阻抗值 X(单位:Ω)所得数据如下:

$$15.3, 13.0, 16.7, 14.2, 14.5, 14.5, 15.9, 15.0, 15.1, 16.4$$

试求:(1)样本中位数 M_n;

(2)若取第 11 件数据为 15.2,此时 M_n 又为何值;

(3)样本极差。

解:先将所得数据从小到大顺序排列为

$$13.0, 14.2, 14.5, 14.5, 15.0, 15.1, 15.3, 15.9, 16.4, 16.7$$

(1)当 $n = 10$ 为偶数时,中位数

$$M_{10} = \frac{1}{2}\big[X_{(5)} + X_{(6)}\big] = \frac{1}{2}(15.0 + 15.1) = 15.05$$

(2)当 $X_{11} = 15.2$ 时,$n = 11$ 为奇数,故数据重新排列为

$$13.0, 14.2, 14.5, 14.5, 15.0, 15.1, 15.2, 15.3, 15.9, 16.4, 16.7$$

此时得样本中位数

$$M_{11} = X_{\left(\frac{11+1}{2}\right)} = X_{(6)} = 15.1$$

(3)$D_n = 16.7 - 13.0 = 3.7$

4. 样本众数(mod)

数据中最常出现的值,即样本中出现可能性最大的值,称为众数。

例6.1.5 现有一数据集合:$\{2,3,3,3,3,4,4,5,6,6,6,6,6,7,7,8\}$,其中每一个值出现的次数如下:

数值	2	3	4	5	6	7	8
出现次数	1	4	2	1	5	2	1

解:从表中可见,数字 6 出现的次数最多,即数字 6 出现可能性最大,故众数为 6。

注意:众数可能不唯一。

5. 样本均值

设 $X_1, X_2, \cdots, X_n$ 为总体 X 的样本,统计量

$$\overline{X} = \frac{1}{n}\sum_{i=1}^{n}X_i \tag{6.1.7}$$

称为样本均值。它描述总体的平均可能取值。其统计值为

$$\overline{x} = \frac{1}{n}\sum_{i=1}^{n}x_i$$

即为样本值 $x_1, x_2, \cdots, x_n$ 的算术平均值。

6. 样本方差

设 $X_1, X_2, \cdots, X_n$ 为总体 X 的样本,统计量

$$S^2 = \frac{1}{n-1}\sum_{i=1}^{n}(X_i - \overline{X})^2 \tag{6.1.8}$$

称为样本方差,其统计值为

$$s^2 = \frac{1}{n-1}\sum_{i=1}^{n}(x_i - \overline{x})^2$$

$S = \sqrt{S^2}$ 称为样本标准差。

7. 样本变异系数

设 $X_1, X_2, \cdots, X_n$ 为总体 X 的样本,统计量

$$C_r = \frac{S}{\overline{X}} \tag{6.1.9}$$

称为样本变异系数,其统计值为

$$c_r = \frac{s}{\overline{x}}$$

8. 样本矩

设 $X_1, X_2, \cdots, X_n$ 为总体 X 的样本,统计量

$$\overline{X^k} = \frac{1}{n}\sum_{i=1}^{n}X_i^k \quad (k = 1, 2, \cdots) \tag{6.1.10}$$

称为样本 k 阶原点矩;

$$S_n^k = \frac{1}{n}\sum_{i=1}^{n}(X_i - \overline{X})^k \quad (k = 1, 2, \cdots) \tag{6.1.11}$$

称为样本 k 阶中心矩。它们相应的统计值分别为

$$\overline{x^k} = \frac{1}{n}\sum_{i=1}^{n}x_i^k \quad k = 1, 2, \cdots$$

$$s_n^k = \frac{1}{n} \sum_{i=1}^{n} (x_i - \overline{x})^k \qquad k = 1, 2, \cdots$$

其中样本一阶原点矩：$\overline{X} = \frac{1}{n} \sum_{i=1}^{n} X_i$ 即为样本均值；

样本二阶中心矩：
$$S_n^2 = \frac{1}{n} \sum_{i=1}^{n} (X_i - \overline{X})^2 \tag{6.1.12}$$

显见,样本二阶中心矩与样本方差的关系为

$$S_n^2 = \frac{n-1}{n} S^2$$

9. 标准误差(标准误)

设 $X_1, X_2, \cdots, X_n$ 为总体 X 的样本,统计量

$$W_n = \frac{S}{\sqrt{n}} \tag{6.1.13}$$

称为样本标准误差,或标准误,其统计值为

$$w_n = \frac{s}{\sqrt{n}}$$

10. 样本偏度系数

设 $X_1, X_2, \cdots, X_n$ 为总体 X 的样本,统计量

$$\frac{n}{(n-1)(n-2)} \sum_{i=1}^{n} \left(\frac{X_i - \overline{X}}{S} \right)^3 \tag{6.1.14}$$

称为样本偏度系数,其统计值为

$$\frac{n}{(n-1)(n-2)} \sum_{i=1}^{n} \left(\frac{x_i - \overline{x}}{s} \right)^3$$

其中,S 是样本标准差。

11. 样本峰度系数

设 $X_1, X_2, \cdots, X_n$ 为总体 X 的样本,统计量

$$\left\{ \frac{n(n+1)}{(n-1)(n-2)(n-3)} \sum_{i=1}^{n} \left(\frac{X_i - \overline{X}}{S} \right)^4 \right\} - \frac{3(n-1)^2}{(n-2)(n-3)} \tag{6.1.15}$$

称为样本峰度系数,其统计值为

$$\left\{ \frac{n(n+1)}{(n-1)(n-2)(n-3)} \sum_{i=1}^{n} \left(\frac{x_i - \overline{x}}{s} \right)^4 \right\} - \frac{3(n-1)^2}{(n-2)(n-3)}$$

其中,S 是样本标准差。

样本偏度系数与样本峰度系数是反映总体分布形态的特征的统计量。

若已知样本值 $x_1, x_2, \cdots, x_n$，则在软件 Excel 中，利用描述统计函数容易计算出上述诸多统计量的统计值。

12. 样本协方差

设 $(X_1, Y_1), (X_2, Y_2), \cdots, (X_n, Y_n)$ 是来自二维总体 (X, Y) 的样本，统计量

$$S_{XY}^2 = \frac{1}{n-1} \sum_{i=1}^{n} (X_i - \bar{X})(Y_i - \bar{Y}) \tag{6.1.16}$$

称为样本协方差，其统计值为

$$s_{XY}^2 = \frac{1}{n-1} \sum_{i=1}^{n} (x_i - \bar{x})(y_i - \bar{y})$$

13. 样本相关系数

设 $(X_1, Y_1), (X_2, Y_2), \cdots, (X_n, Y_n)$ 是来自二维总体 (X, Y) 的样本，统计量

$$\widehat{\rho}_{XY} = \frac{S_{XY}^2}{S_X S_Y} \tag{6.1.17}$$

称为样本相关系数，其中 S_X 与 S_Y 分别为总体 X 与 Y 的样本标准差，即

$$S_X = \sqrt{\frac{1}{n-1} \sum_{i=1}^{n} (X_i - \bar{X})^2}, \quad S_Y = \sqrt{\frac{1}{n-1} \sum_{i=1}^{n} (Y_i - \bar{Y})^2}$$

样本相关系数的统计值为

$$\widehat{\rho}_{XY} = \frac{s_{XY}^2}{s_X s_Y}$$

样本协方差与样本相关系数是描述两个总体之间相关关系的重要统计量。

例 6.1.6 取某型号火箭 8 枚进行射程试验，测得数据(单位:km)如下:

$$54 \quad 52 \quad 49 \quad 57 \quad 43 \quad 47 \quad 50 \quad 51$$

试计算样本平均数、样本中位数、样本极差、样本方差、样本标准差与标准误差。

解:(1) 样本平均数

$$\bar{x} = \frac{1}{8} [54 + 52 + 49 + 57 + 43 + 47 + 50 + 51] = 50.375$$

(2) 将 8 个数据按从小到大排列为

$$43 \quad 47 \quad 49 \quad 50 \quad 51 \quad 52 \quad 54 \quad 57$$

样本中位数 $\quad m_8 = \frac{1}{2} [x_{(4)} + x_{(5)}] = \frac{1}{2} [50 + 51] = 50.5$

(3) 样本极差 $\qquad\qquad D_8 = 57 - 43 = 14$

(4) 样本方差列表计算：

x_i	$\overline{x}$	$x_i - \overline{x}$	$(x_i - \overline{x})^2$
54	50.375	3.625	13.14063
52	50.375	1.625	2.640625
49	50.375	-1.375	1.890625
57	50.375	6.625	43.89063
43	50.375	-7.375	54.39063
47	50.375	-3.375	11.39063
50	50.375	-0.375	0.140625
51	50.375	0.625	0.390625
Σ	403	0	127.875

故样本方差

$$s^2 = \frac{127.875}{7} = 18.26786$$

样本标准差

$$s = \sqrt{s^2} = \sqrt{18.26786} = 4.274$$

标准误差

$$w_8 = \frac{s}{\sqrt{n}} = \frac{\sqrt{18.26786}}{\sqrt{8}} = 1.511$$

若利用 Excel 的功能进行计算,其步骤为：

(1) 先将此 8 个数据按列(或按行)输入 Excel 的表格中；

(2) 再选择工具栏上"工具"—"数据分析"—单击鼠标左键；

213

(3) 再选择"描述统计",根据对话框的提示操作可得结果：

平均	50.375
标准误差	1.511119
中位数	50.5
标准差	4.274091
方差	18.26786
峰度	0.440271
偏度	-0.2422
区域(极差)	14

例 6.1.7　某厂某种悬式绝缘子机电的破坏负荷数值分组列表如下：

分组数	1	2	3	4	5	6	7	8	9
组限	5.5~6	6~6.5	6.5~7	7~7.5	7.5~8	8~8.5	8.5~9	9~9.5	9.5~10
频数 n_i	4	3	15	42	49	78	50	31	5

若各组以该组中位数(组中值)作为此样本的数值,近似计算样本均值和样本方差。

解:本题是利用分组数据计算样本均值和样本方差,故首先计算各组的组中值,得如下分布表:

分组数	1	2	3	4	5	6	7	8	9
组中值	5.75	6.25	6.75	7.25	7.75	8.25	8.75	9.25	9.75
频数 n_i	4	3	15	42	49	78	50	31	5

容易计算得样本容量为

$$n = \sum_{i=1}^{9} n_i = 4 + 3 + 15 + 42 + 49 + 78 + 50 + 31 + 5 = 277$$

样本均值和样本方差的近似值为

$$\bar{x} = \frac{1}{n}\sum_{i=1}^{9} n_i x_i = \frac{1}{277}(4 \times 5.75 + 3 \times 6.25 + 15 \times 6.75 + \cdots + 5 \times 9.75) = 8.1$$

$$s^2 = \frac{1}{n-1}\sum_{i=1}^{9} n_i(x_i - \bar{x})^2 = \frac{1}{276}[4 \times (5.75 - 8.1)^2 +$$

$$3 \times (6.5 - 8.1)^2 + \cdots + 5 \times (9.75 - 8.1)^2 = 0.63$$

思考题 6.1

1. 什么是总体与个体,为什么把总体与个体看成随机变量?

2. 为什么样本的联合分布是由总体的分布决定的?

3. 常见的统计量有那些,如何根据样本值计算统计值?

4. 样本方差 S^2 与样本二阶中心矩 S_n^2 间的相同之处与差别是什么?

5. 如何利用计算器或 Excel 计算常见统计量的统计值?

基本练习 6.1

1. 为了解某专业本科毕业生的就业情况,我们调查了某地区 50 名 2008 年毕业的该专业本科毕业生的实习期满后的月薪情况,试问:

(1)什么是总体与个体? (2)什么是样本? (3)样本容量是多少?

2. 设总体 $X \sim N(\mu, \sigma^2)$, $X_1, X_2, \cdots, X_n$ 是来自总体 X 的一个容量为 n 的样本,试写出 $X_1, X_2, \cdots, X_n$ 的联合概率密度函数。

3. 设总体 $X \sim U(a, b)$, $X_1, X_2, \cdots, X_n$ 是来自总体 X 的一个容量为 n 的样本,试写出 $X_1, X_2, \cdots, X_n$ 的联合概率密度函数。

4. 在总体 $X \sim N(12, 2^2)$ 中随机抽取一个容量为 5 的样本 $X_1, X_2, \cdots, X_5$,其顺序统计量为 $X_{(1)}, X_{(2)}, \cdots, X_{(5)}$,试求

(1) $P\{X_{(5)} < 15\}$; (2) $P\{X_{(1)} < 10\}$。

5. 为调查土壤中的营养成分,随机采取土壤样品8个,测得其重量(单位:g)分别为:

230　243　185　240　228　196　246　200

(1)试写出总体,样本,样本值,样本容量;(2)试求样本均值,样本方差与均方差;(3)样本极差,中位数与变异系数。

6. 在某大学抽样调查100名男学生的身高,测得数据如下:

身高/cm	150～160	160～170	170～180	180～190
人数	8	44	36	12

试求样本均值 $\bar{x}$ 与样本方差 s^2。

§6.2　经验分布函数和直方图

一、经验分布函数

在数理统计中,常将总体的分布称为理论分布,总体的分布函数称为理论分布函数。利用样本与样本值,我们可以作出理论分布函数 $F(x)$ 相应的统计量与观测值。

定义 6.2.1　设 $x_1, x_2, \cdots, x_n$ 是来自总体 X 的容量为 n 的样本观测值,将它们按从小到大的顺序重新排列,记为 $x_{(1)} \leq x_{(2)} \leq \cdots \leq x_{(n)}$,对于任意的实数 $x \in R$,定义如下函数:

$$F_n(x) = \begin{cases} 0 & x < x_{(1)} \\ k/n & x_{(k)} \leq x < x_{(k+1)} \quad k = 1, 2, \cdots, n-1 \\ 1 & x \geq x_{(n)} \quad (-\infty < x < +\infty) \end{cases} \quad (6.2.1)$$

则 $F_n(x)$ 是一不减函数,满足右连续性,且有

$$0 \leq F_n(x) \leq 1, F_n(-\infty) = 0, F_n(+\infty) = 1$$

故 $F_n(x)$ 是一个分布函数,我们称之为经验分布函数(或样本分布函数)。

经验分布函数 $F_n(x)$ 是一个分段函数,其图形见图 6.2.1:

例 6.2.1　从一批标准重量为 500g 的罐头中,随机抽取 8 听,测得误差(单位:g)如下:

$$8, -4, 6, -7, -2, 1, 0, 1$$

试求经验分布函数,并作出图形。

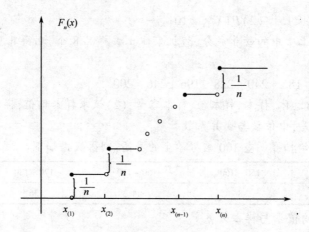

图 6.2.1

解:将样本值按大小顺序排列为

$$-7 < -4 < -2 < 0 < 1 = 1 < 6 < 8$$

得其经验分布函数为

$$F_8(x) = \begin{cases} 0 & x < -7 \\ 1/8 & -7 \leqslant x < -4 \\ 2/8 & -4 \leqslant x < -2 \\ 3/8 & -2 \leqslant x < 0 \\ 4/8 & 0 \leqslant x < 1 \\ 6/8 & 1 \leqslant x < 6 \\ 7/8 & 6 \leqslant x < 8 \\ 1 & x \geqslant 8 \end{cases}$$

其图形如图 6.2.2 所示。

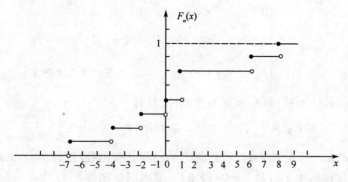

图 6.2.2

由定义知,若用样本 $X_1, X_2, \cdots, X_n$ 代替式(6.2.1)中样本值 $x_1, x_2, \cdots, x_n$,则对于 x 的每一数值,经验分布函数 $F_n(x)$ 实际上是样本中事件 $\{X_i \leqslant x\}$ 出现的个数与 n 之比值,当 n 固定时,它是样本 $X_1, X_2, \cdots, X_n$ 的函数,是一个统计量,即为一个随机变量,其可能取值为 $0, \frac{1}{n}, \cdots, \frac{n-1}{n}, 1$。由于 $X_1, X_2, \cdots, X_n$ 相互独立且有相同的分布函数 $F(x)$,故 $F_n(x)$ 可视为事件 $\{X \leqslant x\}$ 的出现的频率,因而事件 $\{F_n(x) = k/n\}$ 发生,等价于 n 重贝努利概型中事件 $\{X \leqslant x\}$ 发生 k 次,而事件 $\{X > x\}$ 发生 $n-k$ 次,所以其概率由二项分布得:

$$P\{F_n(x) = k/n\} = C_n^k \{F(x)\}^k \{1 - F(x)\}^{n-k}$$

其中 $F(x) = P\{X \leqslant x\}$ 是总体 X 的分布函数,正是事件 $\{X \leqslant x\}$ 出现的概率。

由贝努利大数定律可知,$F_n(x)$ 依概率收敛到 $F(x)$。即对于任意的正数 ε,有

$$\lim_{n \to \infty} P\{|F_n(x) - F(x)| < \varepsilon\} = 1$$

因此当 n 足够大时,频率值 $F_n(x)$ 可以作为未知总体分布函数 $F(x)$ 的一个近似值。

格列文科(W. Glivenko)在 1933 年证明了比上式更深刻的结果是:

定理 6.2.1 设 $X_1, X_2, \cdots, X_n$ 是来自总体分布函数 $F(x)$ 的样本,$F_n(x)$ 是其经验分布函数,当 $n \to \infty$ 时,则有

$$P\{\lim_{n \to \infty} \sup_{-\infty < x < +\infty} |F_n(x) - F(x)| = 0\} = 1$$

这个定理是数理统计中可以依据样本的性质来推断总体特征的理论基础。

217

二、概率密度函数的近似估计——直方图

设实际数据 $x_1, x_2, \cdots, x_n$ 是从总体 X 中抽得的容量为 n 的样本 $X_1, X_2, \cdots, X_n$ 的样本值,通过样本值可以作出频率直方图(简称直方图)来研究连续型总体 X,对 X 的分布类型作出初步判断。作直方图的一般步骤如下:

(1) 先确定数据 $x_1, x_2, \cdots, x_n$ 中最小值 $x_{(1)}$ 与最大值 $x_{(n)}$;

(2) 选择一个略小于或等于最小值 $x_{(1)}$ 的数 a,及一个略大于或等于最大值 $x_{(n)}$ 的数 b,再选取分点

$$a = t_0 < t_1 < \cdots < t_{i-1} < t_i < \cdots < t_m = b$$

把区间 (a, b) 分为 m 个子区间:

$$(a, t_1], (t_1, t_2], \cdots, (t_{i-1}, t_i], \cdots, (t_{m-1}, b)$$

第 i 个子区间 $(t_{i-1}, t_i]$ 的长度为 $\Delta t_i = t_i - t_{i-1}$　$i = 1, 2, \cdots, m$。各子区间的长度可以不相等。若取长度相等的子区间时,则有 $\Delta t_i = (b-a)/m$　$i = 1, 2, \cdots, m$;

(3) 数出样本值 $x_1, x_2, \cdots, x_n$ 落在每个子区间 $(t_{i-1}, t_i]$ 中的个数 v_i(称为频数),计算频率 $f_i = \dfrac{v_i}{n}$　$(i = 1, 2, \cdots, m)$;

(4) 在坐标平面上,自左至右在各个小区间 $(t_{i-1}, t_i]$ $(i = 1, 2, \cdots, m)$ 上画竖直

的长方形。即以 x 轴上小区间 $(t_{i-1}, t_i]$ 的一段为底,以 $y_i = \dfrac{f_i}{t_i - t_{i-1}} \ (i = 1, 2, \cdots, m)$ 为高画出第 i 个长方形,这样画出的所有小长方形构成的整体图形即为直方图,如图 6.2.3 所示,大致经过每个竖直长方形上边的光滑曲线,就是概率密度函数 $f(x)$ 的近似曲线。

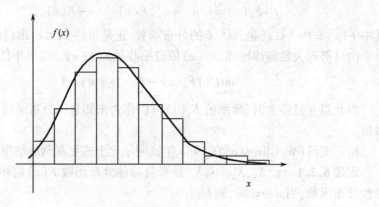

图 6.2.3

注意:在绘制直方图时,应根据样本容量的大小确定分组数,若样本容量小,则分组数少;若样本容量大,则分组数相对多些,一般来说,分组数 m 取 $8 \sim 15$,不宜过大或过小。

从上面步骤(4)可知,设总体 X 的概率密度函数为 $f(x)$,则事件 $\{t_{i-1} < X \leqslant t_i\}$ 出现的概率为

$$P\{t_{i-1} < X \leqslant t_i\} = \int_{t_{i-1}}^{t_i} f(x)\,\mathrm{d}x \approx f(x)(t_i - t_{i-1}) \quad (t_{i-1} < x < t_i)$$

而当样本容量 n 足够大时,事件 $\{t_{i-1} < X \leqslant t_i\}$ 出现的频率近似等于事件 $\{t_{i-1} < X \leqslant t_i\}$ 出现的概率,故有

$$P\{t_{i-1} < X \leqslant t_i\} \approx y_i \Delta t_i = \frac{f_i}{\Delta t_i} \Delta t_i = f_i = \frac{v_i}{n}$$

比较上面两式,自然有

$$\hat{f}(x) \approx \frac{v_i}{n(t_i - t_{i-1})} = \frac{f_i}{t_i - t_{i-1}} = y_i \qquad t_{i-1} < x < t_i \qquad i = 1, 2, \cdots, m$$

其中 $\hat{f}(x)$ 表示 $f(x)$ 的估计值。由此可见,直方图是概率密度函数 $f(x)$ 的近似估计。

一般在画直方图前,为了方便起见,先把数据填入如下设计的表格中,再据此表中数据画出频率直方图(或频数直方图),以及描出总体概率密度函数 $f(x)$ 的近似曲线。

组数	区间$(t_{i-1},t_i]$	频数v_i	频率f_i	$y_i=\dfrac{f_i}{t_i-t_{i-1}}$	累积频率

其中$f_i=\dfrac{v_i}{n}$，表中最后一项累积频率是为了画出经验分布函数$F_n(x)$的图形而设计的。为了使数据不要重复落在两个区间中，划分小区间时按半开区间$(t_{i-1},t_i]$设计。

例6.2.2　从某学校学生升学考试试卷中随机抽取150份数学试卷,记录成绩如下:

83 90 70 64 56 92 68 78 80 70 88 64 92 79 77
71 76 98 52 65 91 71 63 85 85 75 50 75 81 88
70 63 61 72 78 81 72 86 65 87 85 65 80 82 84
72 67 80 73 84 50 85 84 48 85 58 60 85 87 99
60 75 94 76 64 71 95 58 65 60 69 92 62 73 70
43 76 70 82 65 93 64 70 58 80 80 81 66 62 88
75 81 82 76 75 86 85 88 90 66 84 65 92
79 60 91 62 93 64 57 68 74 86 74 76 95 79 101
55 81 98 96 70 73 86 82 77 65 94 75 66 75 65
76 90 104 58 54 95 76 86 83 72 80 76 78 75 89

依据这些资料分别作数学成绩的频数直方图,频率分布直方图和累积频率直方图。

解:在此例中,选取数$a=40,b=105$,分组数为$m=13$,组距$\Delta t_i=5$,列表如下:

组数	区间$(t_{i-1},t_i]$	频数v_i	频率f_i	$y_i=\dfrac{f_i}{t_i-t_{i-1}}$	累积频率
1	40~45	1	$\dfrac{1}{150}$	$\dfrac{1}{750}$	$\dfrac{1}{150}$
2	45~50	3	$\dfrac{3}{150}$	$\dfrac{3}{750}$	$\dfrac{4}{150}$
3	50~55	3	$\dfrac{3}{150}$	$\dfrac{3}{750}$	$\dfrac{7}{150}$
4	55~60	11	$\dfrac{11}{150}$	$\dfrac{11}{750}$	$\dfrac{18}{150}$
5	60~65	19	$\dfrac{19}{150}$	$\dfrac{19}{750}$	$\dfrac{37}{150}$
6	65~70	16	$\dfrac{16}{150}$	$\dfrac{16}{750}$	$\dfrac{53}{150}$
7	70~75	20	$\dfrac{20}{150}$	$\dfrac{20}{750}$	$\dfrac{73}{150}$
8	75~80	22	$\dfrac{22}{150}$	$\dfrac{22}{750}$	$\dfrac{95}{150}$
9	80~85	22	$\dfrac{22}{150}$	$\dfrac{22}{750}$	$\dfrac{117}{150}$

（续）

组数	区间(t_{i-1},t_i]	频数 v_i	频率 f_i	$y_i = \dfrac{f_i}{t_i - t_{i-1}}$	累积频率
10	85 ~ 90	14	$\dfrac{14}{150}$	$\dfrac{14}{750}$	$\dfrac{131}{150}$
11	90 ~ 95	13	$\dfrac{13}{150}$	$\dfrac{13}{750}$	$\dfrac{144}{150}$
12	95 ~ 100	4	$\dfrac{4}{150}$	$\dfrac{4}{750}$	$\dfrac{148}{150}$
13	100 ~ 105	2	$\dfrac{2}{150}$	$\dfrac{2}{750}$	$\dfrac{150}{150}$

可依据列表做出图形。图 6.2.4 为频数直方图,图 6.2.5 为频率直方图,累积频率直方图留给学生完成(上述直方图利用 Excel 画出)。

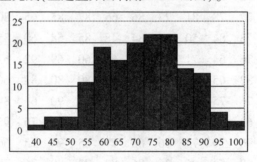

图 6.2.4　频数直方图

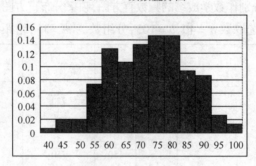

图 6.2.5　频率直方图

思 考 题 6.2

1. 什么是经验分布函数? 经验分布函数有哪些重要性质?

2. 当 n 足够大时,如何利用经验分布函数求总体分布函数的近似值?

3. 如何作出直方图? 频率直方图的意义是什么?

基 本 练 习 6.2

1. 从一个总体中抽取容量为 10 的一个样本,具体观察值为:

$$-1.8 \quad -2.2 \quad 2.8 \quad 1.5 \quad -2.1 \quad 2.1 \quad 1.8 \quad 0.9 \quad 2.4 \quad 1.1$$

试求(1)顺序统计值与经验分布函数;(2)概率 $P\{-2<X\leqslant1.5\}$ 的近似值。

2. 设一个容量为 50 的样本观察值为:

x_i	1	4	6
频数 n_i	10	15	25

试求样本均值 $\bar{x}$ 与经验分布函数 $F_{50}(x)$。

3. 某食品厂为增强质量管理,对某日生产的罐头抽查 100 个样品,它们的净重数据(单位:g)如下:

340	339	341	337	343	340	338	347	343	339
337	339	342	338	343	341	339	351	346	340
336	339	338	337	343	341	342	348	344	340
337	341	343	338	343	341	339	352	346	339
336	339	342	337	343	341	338	349	345	340
338	339	342	337	343	339	338	350	345	340
336	339	342	338	343	341	339	351	345	340
335	340	341	337	343	341	338	348	344	339
336	339	342	337	343	341	338	348	344	340
336	339	342	337	343	341	336	350	345	335

(1)试求罐头净重 X 的经验分布函数;(2)试画出直方图(取间距为 3),它近似服从什么分布?

4. 某射手进行 20 次重复独立射击,其成绩如下:

环数 x_i	4	5	6	7	8	9	10
频数 n_i	2	0	4	9	0	3	2

试写出射击成绩 X 的经验分布函数 $F_{20}(x)$,并计算 $F(6.5)$ 的近似值。

§6.3　常用统计量的分布

利用样本推断总体的特征,需要根据总体的特征构造出相应的统计量,而且更重要的是要知道此统计量的分布,才能对总体的特征作出科学的估计与检验。一般称统计量的分布为抽样分布。下面介绍统计中常用的样本均值的分布和三大统计分布。

一、样本均值的分布

1. 样本均值 $\overline{X}$ 与样本方差 S^2 的数字特征

定理 6.3.1　设 $X_1, X_2, \cdots, X_n$ 是来自总体 X 的样本,无论总体 X 服从何种分布,若总体 X 的期望与方差都存在,分别记为 $E(X) = \mu, D(X) = \sigma^2$,则对样本均值 $\overline{X}$ 与样本方差 S^2,总有

$$E(\overline{X}) = \mu, D(\overline{X}) = \sigma^2/n, E(S^2) = \sigma^2 \tag{6.3.1}$$

事实上,因为 $X_1, X_2, \cdots, X_n$ 是来自总体 X 的样本,所以 $X_1, X_2, \cdots, X_n$ 相互独立且与 X 分布相同,故有

$$E(X_i) = \mu, D(X_i) = \sigma^2, E(X_i^2) = \sigma^2 + \mu^2 \qquad i = 1, 2, \cdots, n$$

则

$$E(\overline{X}) = E\left(\frac{1}{n}\sum_{i=1}^{n} X_i\right) = \frac{1}{n}\sum_{i=1}^{n} E(X_i) = \mu$$

$$D(\overline{X}) = D\left(\frac{1}{n}\sum_{i=1}^{n} X_i\right) = \frac{1}{n^2}\sum_{i=1}^{n} D(X_i) = \frac{\sigma^2}{n}$$

于是

$$E(\overline{X}^2) = D(\overline{X}) + [E(\overline{X})]^2 = \frac{\sigma^2}{n} + \mu^2$$

这表明,$\overline{X}$ 与 X 有相同的数学期望,但 $\overline{X}$ 的方差却只是 X 的方差的 $\frac{1}{n}$,因而 $\overline{X}$ 比 X 更集中于数学期望。同时也表明,$\overline{X}$ 的分布与 n 有关。且

$$E(S^2) = E\left[\frac{1}{n-1}\sum_{i=1}^{n}(X_i - \overline{X})^2\right] = \frac{1}{n-1}E\left[\sum_{i=1}^{n} X_i^2 - 2\overline{X}\sum_{i=1}^{n} X_i + n\overline{X}^2\right] =$$

$$\frac{1}{n-1}E\left[\sum_{i=1}^{n} X_i^2 - n\overline{X}^2\right] = \frac{1}{n-1}\left[E\left(\sum_{i=1}^{n} X_i^2\right) - nE(\overline{X}^2)\right] =$$

$$\frac{1}{n-1}\left[\sum_{i=1}^{n} E(X_i^2) - nE(\overline{X}^2)\right] = \frac{1}{n-1}\left[\sum_{i=1}^{n}(\sigma^2 + \mu^2) - n\left(\frac{\sigma^2}{n} + \mu^2\right)\right] =$$

$$\frac{1}{n-1}\left[n(\sigma^2 + \mu^2) - n\left(\frac{\sigma^2}{n} + \mu^2\right)\right] = \sigma^2$$

这表明,S^2 的期望与 X 的方差相同。

下面以总体 X 服从正态分布和非正态分布两种情况来考虑 $\overline{X}$ 的分布。

2. 单个正态总体下的样本均值 $\overline{X}$ 的分布

定理 6.3.2 设 $X_1, X_2, \cdots, X_n$ 是来自正态总体 $X \sim N(\mu, \sigma^2)$ 的样本,则样本均值 $\overline{X} = \dfrac{1}{n} \sum\limits_{i=1}^{n} X_i$ 服从正态分布 $N\left(\mu, \dfrac{\sigma^2}{n}\right)$,即

$$\overline{X} \sim N\left(\mu, \frac{\sigma^2}{n}\right), \quad \frac{\overline{X} - \mu}{\sigma/\sqrt{n}} \sim N(0,1) \tag{6.3.2}$$

事实上,因为 $X_1, X_2, \cdots, X_n$ 相互独立,且 $X_i \sim N(\mu, \sigma^2)$ $\quad i = 1, 2, \cdots, n$ 则 $X_1, X_2, \cdots, X_n$ 的线性组合 $\overline{X}$ 也服从正态分布,且由式(6.3.1)知

$$E(\overline{X}) = \mu, \quad D(\overline{X}) = \sigma^2/n$$

所以 $\overline{X} = \dfrac{1}{n} \sum\limits_{i=1}^{n} X_i \sim N\left(\mu, \dfrac{\sigma^2}{n}\right)$,于是标准化即得

$$\frac{\overline{X} - \mu}{\sigma/\sqrt{n}} \sim N(0,1)$$

易见,利用式(6.3.2)可知,对于任意实数 $a < b$,事件 $\{a < \overline{X} < b\}$ 的概率可由下式计算:

$$P\{a < \overline{X} < b\} = P\left\{\frac{a - \mu}{\sigma/\sqrt{n}} < \frac{\overline{X} - \mu}{\sigma/\sqrt{n}} < \frac{b - \mu}{\sigma/\sqrt{n}}\right\} =$$

$$\Phi\left(\frac{b - \mu}{\sigma/\sqrt{n}}\right) - \Phi\left(\frac{a - \mu}{\sigma/\sqrt{n}}\right) \tag{6.3.3}$$

例 6.3.1 从正态总体 $X \sim N(3.4, 6^2)$ 中抽取容量为 n 的样本,如果要求其样本均值位于区间 $(1.4, 5.4)$ 内的概率不小于 0.95,试问样本容量至少应取多大?

解: 因为总体 $X \sim N(3.4, 6^2)$,故样本均值 $\overline{X} \sim N(3.4, 6^2/n)$

所以由题意得

$$0.95 \leqslant P\{1.4 < \overline{X} < 5.4\} = \Phi\left(\frac{5.4 - 3.4}{6/\sqrt{n}}\right) - \Phi\left(\frac{1.4 - 3.4}{6/\sqrt{n}}\right) =$$

$$\Phi\left(\frac{1}{3/\sqrt{n}}\right) - \Phi\left(\frac{-1}{3/\sqrt{n}}\right) = 2\Phi\left(\frac{\sqrt{n}}{3}\right) - 1$$

于是 $2\Phi\left(\dfrac{\sqrt{n}}{3}\right) - 1 \geqslant 0.95$,得 $\Phi\left(\dfrac{\sqrt{n}}{3}\right) \geqslant 0.975$

查标准正态分布表得 $\dfrac{\sqrt{n}}{3} \geqslant 1.96$,即 $n \geqslant (3 \times 1.96)^2 = 34.5744$

可见,样本容量 n 至少应取 35。

3. 两个正态总体下的样本均值和差的分布

定理 6.3.3 设 $X_1, X_2, \cdots, X_{n_1}$ 和 $Y_1, Y_2, \cdots, Y_{n_2}$ 分别是来自总体 $X \sim N(\mu_1, \sigma_1^2)$ 和 $Y \sim N(\mu_2, \sigma_2^2)$ 的样本，且它们相互独立，$\overline{X} = \dfrac{1}{n_1} \sum\limits_{i=1}^{n_1} X_i$，$\overline{Y} = \dfrac{1}{n_2} \sum\limits_{i=1}^{n_2} Y_i$ 分别是两样本的样本均值，则有

$$\overline{X} \pm \overline{Y} \sim N\left(\mu_1 \pm \mu_2, \frac{\sigma_1^2}{n_1} + \frac{\sigma_2^2}{n_2}\right) \tag{6.3.4}$$

即

$$\frac{\overline{X} \pm \overline{Y} - (\mu_1 \pm \mu_2)}{\sqrt{\dfrac{\sigma_1^2}{n_1} + \dfrac{\sigma_2^2}{n_2}}} \sim N(0,1) \tag{6.3.5}$$

证明： 因为 $\overline{X} = \dfrac{1}{n_1} \sum\limits_{i=1}^{n_1} X_i \sim N\left(\mu_1, \dfrac{\sigma_1^2}{n_1}\right)$，$\overline{Y} = \dfrac{1}{n_2} \sum\limits_{i=1}^{n_2} Y_i \sim N\left(\mu_2, \dfrac{\sigma_2^2}{n_2}\right)$

且 $\overline{X}$ 与 $\overline{Y}$ 相互独立，故有 $\overline{X} \pm \overline{Y}$ 亦服从正态分布，且其均值与方差分别为

$$E(\overline{X} \pm \overline{Y}) = E(\overline{X}) \pm E(\overline{Y}) = \mu_1 \pm \mu_2$$

$$D(\overline{X} \pm \overline{Y}) = D(\overline{X}) + D(\overline{Y}) = \frac{\sigma_1^2}{n_1} + \frac{\sigma_2^2}{n_2}$$

224

所以有 $\overline{X} \pm \overline{Y} \sim N\left(\mu_1 \pm \mu_2, \dfrac{\sigma_1^2}{n_1} + \dfrac{\sigma_2^2}{n_2}\right)$，标准化即得式（6.3.5）。

例 6.3.2 某厂要检验保温瓶的保温性能，在保温瓶中灌满沸水，24 小时后测定其保温温度为 $T(\text{℃})$。已知 $T \sim N(62, 5^2)$，若独立进行两次抽样测试，第一次抽取 20 只，第二次抽取 12 只，试问这两个样本均值差的绝对值大于 1℃ 的概率是多少？

解： 由题意：$T \sim N(62, 5^2)$，设 $\overline{T}_1$ 是容量为 20 的样本的均值，$\overline{T}_2$ 是容量为 12 的样本的均值，则根据式（6.3.4）得

$$\overline{T}_1 - \overline{T}_2 \sim N\left(62 - 62, \frac{5^2}{20} + \frac{5^2}{12}\right) = N\left(0, \frac{10}{3}\right)$$

所求概率为

$$P\{|\overline{T}_1 - \overline{T}_2| > 1\} = 1 - P\{|\overline{T}_1 - \overline{T}_2| \leq 1\} = 1 - P\left\{\left|\frac{\overline{T}_1 - \overline{T}_2}{\sqrt{10/3}}\right| \leq \frac{1}{\sqrt{10/3}}\right\} =$$

$$1 - \left\{\Phi\left(\sqrt{\frac{3}{10}}\right) - \Phi\left(-\sqrt{\frac{3}{10}}\right)\right\} = 2\left\{1 - \Phi\left(\sqrt{\frac{3}{10}}\right)\right\} =$$

$$2\{1 - \Phi(0.55)\} = 2(1 - 0.7088) = 0.5824$$

一般地,求出统计量的精确分布,对于观察次数较小的统计研究(即所谓小样本问题)非常有用。但是,有时要确定一个统计量的精确分布是非常困难的,此时,只好去求当样本容量 $n \to \infty$ 时统计量的极限分布,它只能用于观察次数较大时的研究(即所谓大样本问题)情况。对 $\overline{X}$ 的分布来说,若总体 X 服从正态分布时,可以得到 $\overline{X}$ 的精确分布(6.3.2);但如果总体 $\overline{X}$ 服从其它非正态分布时,$\overline{X}$ 的精确分布一般很难求出,所以只得去探求 $\overline{X}$ 的极限分布了。

4. 非正态总体下的样本均值 $\overline{X}$ 的渐近分布

定理6.3.4　设某一总体 X 具有分布 $F(x)$,$E(X) = \mu$,$D(X) = \sigma^2$,$X_1, X_2, \cdots,$ X_n 是来自总体 X 的一个样本,则有

$$\lim_{n \to \infty} P\left\{ \frac{\sum_{i=1}^{n} X_i - n\mu}{\sqrt{n}\sigma} \leq x \right\} = \frac{1}{\sqrt{2\pi}} \int_{-\infty}^{x} e^{-\frac{t^2}{2}} dt = \Phi(x)$$

亦即　　　　$$\lim_{n \to \infty} P\left\{ \frac{\overline{X} - \mu}{\sigma/\sqrt{n}} \leq x \right\} = \frac{1}{\sqrt{2\pi}} \int_{-\infty}^{x} e^{-\frac{t^2}{2}} dt = \Phi(x)$$

以上结果根据中心极限定理立得。这表明,不论总体 X 的分布是什么,只要存在非零且有限的方差,则 $\overline{X}$ 的分布渐近于正态分布 $N\left(\mu, \dfrac{\sigma^2}{n}\right)$,因此对于任意实
225
数 $a < b$,当 n 足够大时,事件 $\{a < \overline{X} < b\}$ 的近似概率为

$$P\{a < \overline{X} < b\} \approx \Phi\left(\frac{b - \mu}{\sigma/\sqrt{n}}\right) - \Phi\left(\frac{a - \mu}{\sigma/\sqrt{n}}\right) \tag{6.3.6}$$

例6.3.3　若总体 X 的期望 $E(X) = \mu$,方差 $D(X) = 3^2$,从总体中 X 中抽取一容量为 32 的样本,样本均值为 $\overline{X}$,试求概率 $P\{|\overline{X} - \mu| < 1\}$ 的近似值。

解:因为 $E(X) = \mu$,方差 $D(X) = 3^2$,样本容量 $n = 32$,故 $\overline{X}$ 近似服从正态分布

$$N\left(\mu, \frac{3^2}{32}\right)$$

所以由式(6.3.6)可得

$$P\{-1 < \overline{X} - \mu < 1\} \approx \Phi\left(\frac{1}{3/\sqrt{32}}\right) - \Phi\left(\frac{-1}{3/\sqrt{32}}\right) =$$

$$2\Phi\left(\frac{\sqrt{32}}{3}\right) - 1 = 2\Phi(1.89) - 1 = 2 \times 0.9706 - 1 = 0.9412$$

下面介绍几个有关正态总体的统计量的分布,因为正态总体是最常见的总体,所以它们显得特别重要。

二、χ^2 分布

1.χ^2 分布的定义

定义 6.3.1 设 $X_1,X_2,\cdots,X_n$ 是相互独立,且服从标准正态分布 $N(0,1)$ 的随机变量,则称随机变量

$$\chi^2 = \sum_{i=1}^{n} X_i^2 = X_1^2 + X_2^2 + \cdots + X_n^2 \tag{6.3.7}$$

服从自由度为 n 的 χ^2 分布,记为 $\chi^2 \sim \chi^2(n)$。

式(6.3.7)表明 n 个相互独立的标准正态随机变量的平方和服从 $\chi^2(n)$ 分布。此处自由度表示式(6.3.7)中独立的正态随机变量的个数。

$\chi^2(n)$ 分布的概率密度函数是

$$f_n(x) = \begin{cases} \dfrac{1}{2^{n/2}\Gamma(n/2)}x^{n/2-1}\mathrm{e}^{-x/2} & x>0 \\ 0 & x\leqslant 0 \end{cases} \tag{6.3.8}$$

其中 $\Gamma(n/2)$ 为 Γ 函数,是一个含参数 $n/2$ 的积分,即

$$\Gamma(n/2) = \int_0^{+\infty} x^{n/2-1}\mathrm{e}^{-x}\mathrm{d}x$$

226

$\chi^2(n)$ 分布密度曲线形状与 n 有关,在图 6.3.1 中给出了当 $n=1,4,10,20$ 时,χ^2 分布的密度函数曲线,可见,当 n 增大时,曲线形状接近于正态分布。

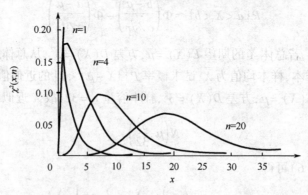

图 6.3.1

2.χ^2 分布具有下述性质

(1) χ^2 分布的期望与方差

若 $\chi^2 \sim \chi^2(n)$,则

$$E[\chi^2(n)] = n \qquad D[\chi^2(n)] = 2n \tag{6.3.9}$$

事实上,$X_i \sim N(0,1)$,故 $E[X_i]=0$,$D[X_i]=1$,$E[X_i^2]=1$

则
$$E[\chi^2(n)] = E\Big[\sum_{i=1}^{n} X_i^2\Big] = \sum_{i=1}^{n} E[X_i^2] = n$$

$$D[\chi^2(n)] = \sum_{i=1}^{n} D(X_i^2) = \sum_{i=1}^{n} \big[E(X_i^4) - (E(X_i^2))^2\big] = \sum_{i=1}^{n} (3-1) = 2n$$

其中
$$E[X_i^4] = \int_{-\infty}^{+\infty} x^4 \cdot \frac{1}{\sqrt{2\pi}} e^{-\frac{x^2}{2}} dx =$$

$$\frac{-1}{\sqrt{2\pi}} x^3 e^{-\frac{x^2}{2}} \Big|_{-\infty}^{+\infty} + 3\int_{-\infty}^{+\infty} x^2 \frac{1}{\sqrt{2\pi}} e^{-\frac{x^2}{2}} dx = 3E(X^2) = 3$$

(2) 可加性

若 $\chi_1^2 \sim \chi^2(n_1)$,$\chi_2^2 \sim \chi^2(n_2)$,且它们相互独立,则有

$$\chi_1^2 + \chi_2^2 \sim \chi^2(n_1+n_2)$$

实际上 $\chi^2(n)$ 即为 $\Gamma(n/2, 1/2)$ 分布,由 Γ 分布的可加性(参见 §3.4 节例 3.4.6)即得 $\chi^2(n)$ 的可加性。

3. χ^2 分布的上 α 分位点

对于给定的正数 α,$0 < \alpha < 1$,称满足条件

$$P\{\chi^2(n) > \chi_\alpha^2(n)\} = \int_{\chi_n^2(n)}^{+\infty} f_n(y) dy = \alpha \qquad (6.3.10)$$

227

的点 $\chi_\alpha^2(n)$ 为 $\chi^2(n)$ 分布的上 α 分位点,如图 6.3.2 所示。对于不同的 α 及 n,上 α 分位点 $\chi_\alpha^2(n)$ 的值已制成表格,可以查阅书后的 χ^2 分布表。

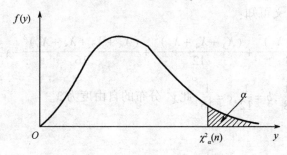

图 6.3.2

例如,对于 $\alpha = 0.05$,$n = 26$,查得 $\chi_{0.05}^2 = 38.885$,即

$$P\{\chi^2(26) > 38.885\} = \int_{38.885}^{+\infty} f_{26}(y) dy = 0.05$$

但该表只列到 $n = 45$ 为止,对于 $n > 45$ 时 χ^2 分布的上 α 分位点的近似值为

$$\chi_\alpha^2(n) \approx \frac{1}{2}(z_\alpha + \sqrt{2n-1})^2 \qquad (6.3.11)$$

其中 z_α 是标准正态分布 $N(0,1)$ 的上 α 分位点。事实上,费舍尔(R. A. Fisher)证明了,当 n 很大时,$\sqrt{2\chi^2(n)}$ 近似服从正态分布 $N(\sqrt{2n-1}, 1)$,从而 $\sqrt{2\chi^2(n)} - \sqrt{2n-1}$ 近似服从 $N(0,1)$ 分布,故可求得 $\chi_\alpha^2(n) = \frac{1}{2}(z_\alpha + \sqrt{2n-1})^2$。例如从更详细表格可查得(可利用 Excel) $x_{0.05}^2(50) \approx 67.5, \chi_{0.05}^2(75) \approx 96.21, \chi_{0.05}^2(100) \approx 124.33$,而近似计算得 $x_{0.05}^2(50) \approx 67.22, \chi_{0.05}^2(75) \approx 95.93, \chi_{0.05}^2(100) \approx 124.06$ 两者相差不大。

例 6.3.4 设 $X_1, X_2, \cdots, X_9$ 是来自正态总体 $N(0,2^2)$ 的样本,试求系数 a, b, c,使

$$X = a(X_1 + X_2)^2 + b(X_3 + X_4 + X_5)^2 + c(X_6 + X_7 + X_8 + X_9)^2$$

服从 χ^2 分布,并确定其自由度。

解: 因为 $X_i \sim N(0,2^2) \; i = 1, 2, \cdots, 9$,且相互独立,故由概率论可知:

$$X_1 + X_2 \sim N(0, 2^2 + 2^2) = N(0,8)$$

$$X_3 + X_4 + X_5 \sim N(0, 2^2 + 2^2 + 2^2) = N(0,12)$$

$$X_6 + X_7 + X_8 + X_9 \sim N(0, 2^2 + 2^2 + 2^2 + 2^2) = N(0,16)$$

且有 $\dfrac{X_1 + X_2}{\sqrt{8}} \sim N(0,1), \dfrac{X_3 + X_4 + X_5}{\sqrt{12}} \sim N(0,1), \dfrac{X_6 + X_7 + X_8 + X_9}{\sqrt{16}} \sim N(0,1)$,

再由 χ^2 分布的定义可知:

$$\frac{(X_1 + X_2)^2}{8} + \frac{(X_3 + X_4 + X_5)^2}{12} + \frac{(X_6 + X_7 + X_8 + X_9)^2}{16} \sim \chi^2(3)$$

即当取系数 $a = \dfrac{1}{8}, b = \dfrac{1}{12}, c = \dfrac{1}{16}$,此 χ^2 分布的自由度为 3。

三、t 分布

1. t 分布的定义

定义 6.3.2 设 $X \sim N(0,1), Y \sim \chi^2(n)$,且 X 与 Y 相互独立,则称随机变量

$$T = \frac{X}{\sqrt{Y/n}} \qquad (6.3.12)$$

服从自由度为 n 的 t 分布,记为 $T \sim t(n)$。

$t(n)$分布又称为学生(Student)分布,其概率密度是

$$f_{t(n)}(x) = \frac{\Gamma\left(\dfrac{n+1}{2}\right)}{\sqrt{n\pi}\,\Gamma\left(\dfrac{n}{2}\right)}\left(1+\frac{x^2}{n}\right)^{-\frac{n+1}{2}} \quad (-\infty < x + \infty) \tag{6.3.13}$$

图 6.3.3 给出了当 $n = 1,5,10,+\infty$ 时,$t(n)$分布的密度函数图像。

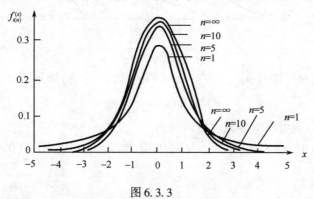

图 6.3.3

利用 Γ 函数的性质与高等数学中关于 e 的重要极限可得

$$\lim_{n\to\infty} f_{t(n)}(x) = \frac{1}{\sqrt{2\pi}}e^{-\frac{x^2}{2}} \quad -\infty < x < +\infty$$

故当 n 很大时,t 分布近似于标准正态分布 $N(0,1)$,但对于小的 n,t 分布与 $N(0,1)$相差很大,可参见书后的标准正态分布表与 t 分布表。

2. t 分布的性质

(1) t 分布关于 y 轴对称:$f_{t(n)}(-x) = f_{t(n)}(x)$

即其密度函数 $f_{t(n)}(x)$ 是偶函数,其分布函数满足

$$F_{t(n)}(-x) = 1 - F_{t(n)}(x)$$

(2) t 分布的期望与方差

对于自由度为 n 的 t 分布有

$$E[t(n)] = 0; \quad D[t(n)] = \frac{n}{n-2} \tag{6.3.14}$$

3. t 分布的上 α 分位点

对于给定的正数 α,$0 < \alpha < 1$,称满足条件

$$P\{t(n) > t_\alpha(n)\} = \int_{t_\alpha(n)}^{+\infty} f_{t(n)}(x)\,dx = \alpha \tag{6.3.15}$$

的点 $t_\alpha(n)$ 为 $t(n)$ 分布的上 α 分位点,如图 6.3.4 所示。

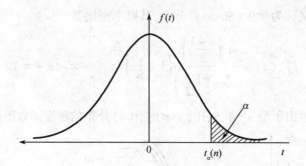

图 6.3.4

根据 t 分布的对称性有:$t_{1-\alpha}(n) = -t_\alpha(n)$。又因 $t_{\alpha/2}(n)$ 满足

$$P\{|t(n)| > t_{\alpha/2}(n)\} = \alpha \tag{6.3.16}$$

故 $t_{\alpha/2}(n)$ 的值也可由双侧临界值表查出。

当 $n \leq 45$ 时,查 t 分布表得 $t_\alpha(n)$ 的值,当 $n > 45$ 时,用 $N(0,1)$ 分布近似计算有

$$t_\alpha(n) \approx z_\alpha \tag{6.3.17}$$

例如 $t_{0.05}(15) = 1.753, t_{0.95}(15) = -t_{0.05}(15) = -1.753, t_{0.05/2}(15) = 2.131,$ $t_{0.01}(48) \approx z_{0.01} = 2.33, t_{0.99}(48) = -t_{0.01}(48) \approx -2.33$。

例 6.3.5 设总体 X 服从标准正态分布 $N(0,1)$,样本 $X_1, X_2, \cdots, X_5$ 来自总体 X,试求常数 c,使统计量

$$\frac{c(X_1 + X_2)}{\sqrt{X_3^2 + X_4^2 + X_5^2}}$$

服从 t 分布,并确定其自由度。

解:因为 $X_i \sim N(0,1) i = 1, 2, \cdots, 5$,且相互独立,故由概率论可知:

$$X_1 + X_2 \sim N(0, 1+1) = N(0,2),故 \frac{X_1 + X_2}{\sqrt{2}} \sim N(0,1)$$

又 $X_3^2 + X_4^2 + X_5^2 \sim \chi^2(3)$,故由 t 分布的定义可知:统计量

$$\frac{X_1 + X_2}{\sqrt{2}} \Big/ \sqrt{\frac{X_3^2 + X_4^2 + X_5^2}{3}} \sim t(3)$$

故取常数 $c = \sqrt{3/2}$,此 t 分布的自由度为 3。

四、F 分布

1. F 分布的定义

定义 6.3.3 设 U 和 V 是相互独立的随机变量,$U \sim \chi^2(n_1), V \sim \chi^2(n_2)$,则称

随机变量

$$F = \frac{U/n_1}{V/n_2} \tag{6.3.18}$$

服从自由度为 (n_1, n_2) 的 F 分布,记为 $F \sim F(n_1, n_2)$。称 n_1 为 F 分布的第一自由度, n_2 为 F 分布的第二自由度。

$F(n_1, n_2)$ 分布的概率密度为

$$f_F(x) = \begin{cases} \dfrac{\Gamma\left(\dfrac{n_1 + n_2}{2}\right)}{\Gamma\left(\dfrac{n_1}{2}\right)\Gamma\left(\dfrac{n_2}{2}\right)} \left(\dfrac{n_1}{n_2}\right) \left(\dfrac{n_1}{n_2}x\right)^{\frac{n_1}{2}-1} \left(1 + \dfrac{n_1}{n_2}x\right)^{-\frac{n_1+n_2}{2}} & x > 0 \\ 0 & x \leqslant 0 \end{cases} \tag{6.3.19}$$

F 分布的概率密度图形如图 6.3.5 所示。

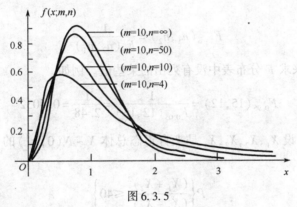

图 6.3.5

2. F 分布的性质

(1) 若 $F \sim F(n_1, n_2)$,则 $\dfrac{1}{F} \sim F(n_2, n_1)$

这由定义 6.3.3 可知。

(2) F 分布的期望与方差为

$$E[F(n_1, n_2)] = \frac{n_2}{n_2 - 2} \quad (n_2 > 2) \tag{6.3.20}$$

$$D[F(n_1, n_2)] = \frac{n_2^2(2n_1 + 2n_2 - 4)}{n_1(n_2 - 2)^2(n_2 - 4)} \quad (n_2 > 4) \tag{6.3.21}$$

3. F 分布的上 α 分位点

对于给定的正数 $\alpha, 0 < \alpha < 1$,称满足条件

$$P\{F(n_1, n_2) > F_\alpha(n_1, n_2)\} = \int_{F_\alpha(n_1, n_2)}^{+\infty} f_F(x)\,\mathrm{d}x = \alpha \tag{6.3.22}$$

的点 $F_\alpha(n_1, n_2)$ 为 $F(n_1, n_2)$ 分布的上 α 分位点,如图 6.3.6 所示。

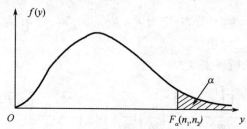

图 6.3.6

对于 F 分布的上 α 分位点,可查 F 分布表。如 $F \sim F(24, 30)$,$\alpha = 0.05$,可查得 $F_{0.05}(24, 30) = 1.89$。由 F 分布的性质容易得出其上 α 分位点的一个重要性质:

$$F_{1-\alpha}(n_1, n_2) = \frac{1}{F_\alpha(n_2, n_1)} \tag{6.3.23}$$

上式常用来求 F 分布表中没有列出的某些值。例如

$$F_{0.95}(15, 12) = \frac{1}{F_{0.05}(12, 15)} = \frac{1}{2.48} = 0.4032$$

例 6.3.6 设 X_1, X_2, X_3, X_4 是来自正态总体 $X \sim N(0, \sigma^2)$ 的一个样本,试求概率

$$P\left\{\frac{(X_1 + X_2)^2}{(X_3 - X_4)^2} \leqslant 40\right\}$$

解: 因为 X_1, X_2, X_3, X_4 相互独立,且 $X_i \sim N(0, \sigma^2)$,$i = 1, 2, 3, 4$

$$X_1 + X_2 \sim N(0, 2\sigma^2),\ X_3 - X_4 \sim N(0, 2\sigma^2)$$

$$\frac{X_1 + X_2}{\sqrt{2}\sigma} \sim N(0, 1),\ \frac{X_3 - X_4}{\sqrt{2}\sigma} \sim N(0, 1)$$

故 $\left(\dfrac{X_1 + X_2}{\sqrt{2}\sigma}\right)^2 \sim \chi^2(1)$,$\left(\dfrac{X_3 - X_4}{\sqrt{2}\sigma}\right)^2 \sim \chi^2(1)$,且因其相互独立性,由 F 分布的定义可

知:$F = \dfrac{(X_1 + X_2)^2}{(X_3 - X_4)^2} \sim F(1, 1)$,所以概率

$$P\left\{\frac{(X_1 + X_2)^2}{(X_3 - X_4)^2} \leqslant 40\right\} = 1 - P\left\{\frac{(X_1 + X_2)^2}{(X_3 - X_4)^2} > 40\right\}$$

$$= 1 - P\{F(1, 1) > 40\} = 1 - 0.10 = 0.9$$

注意: 其中 $P\{F(1, 1) > 40\} = 0.0998 \approx 0.1$ 的值可由 Excel 中利用 FDIST 函数查出。

五、正态总体的样本均值与样本方差的分布

1. 单个正态总体的样本均值与样本方差的分布

若 $X_1, X_2, \cdots, X_n$ 相互独立,且服从同一正态分布 $N(\mu, \sigma^2)$,则可以得到关于样本均值 $\overline{X}$ 与样本方差 S^2 的以下结果。

定理 6.3.5　设 $X_1, X_2, \cdots, X_n$ 是来自正态总体 $N(\mu, \sigma^2)$ 的样本,则有

1° $$\frac{\overline{X} - \mu}{\sigma/\sqrt{n}} \sim N(0, 1) \tag{6.3.24}$$

2° $$\frac{(n-1)S^2}{\sigma^2} \sim \chi^2(n-1) \tag{6.3.25}$$

3° $\overline{X}$ 和 S^2 相互独立

4° $$\frac{\overline{X} - \mu}{S/\sqrt{n}} \sim t(n-1) \tag{6.3.26}$$

5° $$\frac{1}{\sigma^2} \sum_{i=1}^{n} (X_i - \mu)^2 \sim \chi^2(n) \tag{6.3.27}$$

证明: 1° 即式 (6.3.2)。

2° 与 3° 证略。

4° 因为 $\dfrac{\overline{X} - \mu}{\sigma/\sqrt{n}} \sim N(0, 1)$,且 2° 结果, $\dfrac{(n-1)S^2}{\sigma^2} \sim \chi^2(n-1)$,自由度为 $n-1$,及 3° 结果知,此两统计量相互独立,再由 t 分布定义可得

$$t = \frac{\dfrac{\overline{X} - \mu}{\sigma/\sqrt{n}}}{\sqrt{\dfrac{(n-1)S^2}{\sigma^2(n-1)}}} = \frac{\overline{X} - \mu}{S/\sqrt{n}} \sim t(n-1)$$

5° 因为 $\dfrac{X_i - \mu}{\sigma} \sim N(0, 1)\ (i = 1, 2, \cdots, n)$,且相互独立,故由 χ^2 分布定义可得

$$\sum_{i=1}^{n} \left(\frac{X_i - \mu}{\sigma} \right)^2 = \frac{1}{\sigma^2} \sum_{i=1}^{n} (X_i - \mu)^2 \sim \chi^2(n)$$

2. 两个正态总体的样本均值差与方差比的分布

对于两个正态总体,亦有类似情况。

定理 6.3.6　设 $X_1, X_2, \cdots, X_{n_1}$ 和 $Y_1, Y_2, \cdots, Y_{n_2}$ 分别是取自总体 $X \sim N(\mu_1, \sigma_1^2)$ 和 $Y \sim N(\mu_2, \sigma_2^2)$ 的样本,且它们相互独立, $\overline{X} = \dfrac{1}{n_1} \sum_{i=1}^{n_1} X_i, \overline{Y} = \dfrac{1}{n_2} \sum_{i=1}^{n_2} Y_i$ 分别是两样

本的样本均值, $S_1^2 = \dfrac{1}{n_1 - 1} \sum\limits_{i=1}^{n_1} (X_i - \overline{X})^2$, $S_2^2 = \dfrac{1}{n_2 - 1} \sum\limits_{i=1}^{n_2} (Y_i - \overline{Y})^2$ 分别是两样本的样本方差,则有

$1°$
$$\frac{\overline{X} - \overline{Y} - (\mu_1 - \mu_2)}{\sqrt{\dfrac{\sigma_1^2}{n_2} + \dfrac{\sigma_2^2}{n_2}}} \sim N(0,1) \tag{6.3.28}$$

$2°$ 当 $\sigma_1^2 = \sigma_2^2 = \sigma^2$ 时

$$T = \frac{(\overline{X} - \overline{Y}) - (\mu_1 - \mu_2)}{S_W \sqrt{\dfrac{1}{n_1} + \dfrac{1}{n_2}}} \sim t(n_1 + n_2 - 2) \tag{6.3.29}$$

其中联合方差 $S_W^2 = \dfrac{(n_1 - 1)S_1^2 + (n_2 - 1)S_2^2}{n_1 + n_2 - 2}$, $S_W = \sqrt{S_W^2}$

$3°$
$$F = \frac{S_1^2 / \sigma_1^2}{S_2^2 / \sigma_2^2} \sim F(n_1 - 1, n_2 - 1) \tag{6.3.30}$$

$4°$
$$\frac{n_2 \sigma_2^2 \sum\limits_{i=1}^{n_1} (X_i - \mu_1)^2}{n_1 \sigma_1^2 \sum\limits_{i=1}^{n_2} (Y_i - \mu_2)^2} \sim F(n_1, n_2) \tag{6.3.31}$$

证明: $1°$ 由式(6.3.5)可得。

$2°$ 当 $\sigma_1^2 = \sigma_2^2 = \sigma^2$ 时,根据定理6.3.5的 $2°$ 结果,得

$$\frac{(n_1 - 1)S_1^2}{\sigma^2} \sim \chi^2(n_1 - 1), \quad \frac{(n_2 - 1)S_2^2}{\sigma^2} \sim \chi^2(n_2 - 1)$$

它们相互独立,且由 χ^2 分布的可加性得

$$\frac{(n_1 - 1)S_1^2}{\sigma^2} + \frac{(n_2 - 1)S_2^2}{\sigma^2} \sim \chi^2(n_1 + n_2 - 2)$$

再由式(6.3.28)得,当 $\sigma_1^2 = \sigma_2^2 = \sigma^2$ 时,统计量

$$\frac{\overline{X} - \overline{Y} - (\mu_1 - \mu_2)}{\sqrt{\dfrac{\sigma^2}{n_1} + \dfrac{\sigma^2}{n_2}}} \sim N(0,1)$$

且两统计量相互独立,故按 t 分布定义即得

$$T = \frac{\dfrac{(\overline{X} - \overline{Y}) - (\mu_1 - \mu_2)}{\sqrt{\dfrac{\sigma^2}{n_1} + \dfrac{\sigma^2}{n_2}}}}{\sqrt{\dfrac{(n_1 - 1)S_1^2 + (n_2 - 1)S_2^2}{\sigma^2(n_1 + n_2 - 2)}}} = \frac{(\overline{X} - \overline{Y}) - (\mu_1 - \mu_2)}{S_W\sqrt{\dfrac{1}{n_1} + \dfrac{1}{n_2}}} \sim t(n_1 + n_2 - 2)$$

3° 因为 $\dfrac{(n_1 - 1)S_1^2}{\sigma_1^2} \sim \chi^2(n_1 - 1)$，$\dfrac{(n_2 - 1)S_2^2}{\sigma_2^2} \sim \chi^2(n_2 - 1)$，它们相互独立，

故由 F 分布的定义可得

$$F = \frac{\dfrac{(n_1 - 1)S_1^2}{\sigma_1^2(n_1 - 1)}}{\dfrac{(n_2 - 1)S_2^2}{\sigma_2^2(n_2 - 1)}} = \frac{S_1^2/\sigma_1^2}{S_2^2/\sigma_2^2} \sim F(n_1 - 1, n_2 - 1)$$

4° 由定理 6.3.5 的 5° 结果知

$$\frac{1}{\sigma_1^2}\sum_{i=1}^{n_1}(X_i - \mu_1)^2 \sim \chi^2(n_1), \quad \frac{1}{\sigma_2^2}\sum_{i=1}^{n_2}(Y_i - \mu_2)^2 \sim \chi^2(n_2)$$

且两统计量是相互独立的，故由 F 分布的定义可得

$$F = \frac{\dfrac{\sum_{i=1}^{n_1}(X_i - \mu_1)^2}{n_1\sigma_1^2}}{\dfrac{\sum_{i=1}^{n_2}(Y_i - \mu_2)^2}{n_2\sigma_2^2}} = \frac{n_2\sigma_2^2\sum_{i=1}^{n_1}(X_i - \mu_1)^2}{n_1\sigma_1^2\sum_{i=1}^{n_2}(Y_i - \mu_2)^2} \sim F(n_1, n_2)$$

例 6.3.7 设样本 $X_1, X_2, \cdots, X_{2n}(n \geqslant 2)$ 来自正态总体 $X \sim N(\mu, \sigma^2)$，其样本的均值 $\overline{X} = \dfrac{1}{2n}\sum_{i=1}^{2n}X_i$，试求统计量 $Y = \sum_{i=1}^{n}(X_i + X_{n+i} - 2\overline{X})^2$ 的数学期望 $E(Y)$。

解：记 $Y_i = X_i + X_{n+i} \quad i = 1, 2, \cdots, n$，则由题设知，$Y_1, Y_2, \cdots, Y_n$ 相互独立且服从正态分布，故有 $E(Y_i) = E(X_i + X_{n+i}) = E(X_i) + E(X_{n+i}) = 2\mu \quad i = 1, 2, \cdots, n$

$$D(Y_i) = D(X_i + X_{n+i}) = D(X_i) + D(X_{n+i}) = 2\sigma^2 \quad i = 1, 2, \cdots, n$$

所以有 $\qquad Y_i = X_i + X_{n+i} \sim N(2\mu, 2\sigma^2) \quad i = 1, 2, \cdots, n$

而均值 $\overline{Y} = \dfrac{1}{n}\sum_{i=1}^{n}Y_i = \dfrac{1}{n}\sum_{i=1}^{n}(X_i + X_{n+i}) = \dfrac{1}{n}\sum_{i=1}^{n}X_i + \dfrac{1}{n}\sum_{i=1}^{n}X_{n+i} = 2\overline{X}$

此处可将 $Y_1, Y_2, \cdots, Y_n$ 看成来自总体 $Y \sim N(2\mu, 2\sigma^2)$ 的一个容量为 n 的样本，于是

由定理6.3.1的2°,即得 $\dfrac{\sum\limits_{i=1}^{n}(Y_i-\overline{Y})^2}{2\sigma^2}=\dfrac{(n-1)S_Y^2}{2\sigma^2}\sim\chi^2(n-1)$

再由χ^2的期望得知 $E\left(\dfrac{\sum\limits_{i=1}^{n}(Y_i-\overline{Y})^2}{2\sigma^2}\right)=E\left(\dfrac{(n-1)S_Y^2}{2\sigma^2}\right)=n-1$

所以 $E(Y)=E\left(\sum\limits_{i=1}^{n}(X_i+X_{n+i}-2\overline{X})^2\right)=E\left(\sum\limits_{i=1}^{n}(Y_i-\overline{Y})^2\right)=2(n-1)\sigma^2$

例6.3.8 设样本 $X_1,X_2,\cdots,X_{25}$ 来自正态总体 $X\sim N(20,3^2)$,试计算概率:

$$P\left\{\sum_{i=1}^{16}X_i-\sum_{i=17}^{25}X_i\le 182\right\}$$

解: 令 $Y_1=\sum\limits_{i=1}^{16}X_i,Y_2=\sum\limits_{i=17}^{25}X_i$,因为 $X_1,X_2,\cdots,X_{25}$ 相互独立且同正态分布 $N(20,3^2)$, $Y_1\sim N(16\times 20,16\times 3^2)=N(320,12^2)$, $Y_2\sim N(9\times 20,9\times 3^2)=N(180,9^2)$,且它们相互独立,故 $Y_1-Y_2\sim N(320-180,12^2+9^2)=N(140,15^2)$,所以

$$P\left\{\sum_{i=1}^{16}X_i-\sum_{i=17}^{25}X_i\le 182\right\}=P\{Y_1-Y_2\le 182\}=\Phi\left(\frac{182-140}{15}\right)=$$

$$\Phi(2.8)=0.9974$$

思考题6.3

1. 如何利用样本构造统计量服从三大统计分布:χ^2分布,t分布与F分布?

2. 若总体服从正态分布,则其样本均值亦服从正态分布;若总体服从其它分布,能否说明其样本均值近似服从正态分布,如何利用这一特性进行近似计算?

3. t分布与F分布的上α分位点与其上$1-\alpha$分位点有何关联,为什么?

4. 若随机变量X服从$t(n)$分布,那么X^{-2}服从何种分布,为什么?

基本练习6.3

1. 设总体X的概率密度为 $f(x;\theta)=\begin{cases}(\theta+1)x^\theta & 0<x<1 \\ 0 & 其它\end{cases}$ ($\theta>-1$),$X_1,$ $X_2,\cdots,X_n$是来自该总体的简单随机样本,试求$E(\overline{X}),D(\overline{X})$。

2. 设某厂加工的齿轮轴的直径X服从正态分布$N(20,0.05^2)$,现从这种齿轮轴中任取36个检验,试问样本均值$\overline{X}$落在区间$(19.98,20.02)$的概率是多少?

3. 已知某种纱的单纱强力服从正态分布 $N(240,20^2)$，(1) 现从这种纱中随机抽取容量为 100 的一个样本，试问样本均值与总体均值之差的绝对值大于 5 的概率是多少？(2) 若独立进行两次抽样，容量分别是 36 与 64，试问这两个样本均值的差的绝对值大于 10 的概率是多少？

4. 某工厂生产的灯泡的使用寿命 $X \sim N(2250,250^2)$，现进行质量检查，方法如下：任意挑选若干个灯泡，如果这些灯泡的平均寿命超过 2200 小时，就认为该厂生产的灯泡质量合格，若要使检查能通过的概率超过 0.997，问至少要检查多少个灯泡。

5. 设总体 $X \sim N(1,2^2)$，$X_1,X_2,\cdots,X_{25}$ 是来自 X 的简单随机样本，$\overline{X} = \frac{1}{25}\sum_{i=1}^{25} X_i$。若 $Y = a\overline{X} + b\,(a>0)$ 服从标准正态分布，试求（1）a、b 的值；（2）$P\{-0.5 < Y < 0.5\}$。

6. 设总体 $X \sim N(0,1)$，$X_1,X_2,\cdots,X_6$ 是来自 X 的简单随机样本。若

$$Y = (X_1 + X_2 + X_3)^2 + (X_4 + X_5 + X_6)^2$$

试确定常数 C，使得 CY 服从 χ^2 分布。

7. 在总体 $N(\mu,\sigma^2)$ 中抽取一个容量为 16 的样本，分别对下列两种情况求样本均值与总体平均的差的绝对值小于 2 的概率：（1）已知 $\sigma^2 = 25$；（2）σ^2 未知，但已知样本方差 $s^2 = 20.8$。

8. 设总体 X 服从正态分布 $N(\mu,\sigma^2)$，σ^2 已知，从该总体中随机抽取一个容量为 $n=40$ 的样本 $X_1,X_2,\cdots,X_{40}$，试求 $P\left\{0.5\sigma^2 < \frac{1}{n}\sum_{i=1}^{n}(X_i - \overline{X})^2 < 1.453\sigma^2\right\}$。

9. 设 $X_1,X_2,\cdots,X_{n_1},X_{n_1+1},\cdots,X_{n_2}$ 为来自正态总体 $N(0,\sigma^2)$ 的容量为 $n_1 + n_2$ 的样本，试求下列统计量的分布：

$$(1)\,Y = \frac{\sqrt{n_2}\sum_{i=1}^{n_1} X_i}{\sqrt{n_1}\sqrt{\sum_{j=n_1+1}^{n_1+n_2} X_j^2}};\quad (2)\,Z = \frac{n_2\sum_{i=1}^{n_1} X_i^2}{n_1\sum_{j=n_1+1}^{n_1+n_2} X_j^2}$$

本章基本要求

1. 理解总体，个体，样本和统计量的概念，掌握样本均值，样本方差，样本极差，样本变异系数，协方差，相关系数等常见统计量的计算方法。

2. 理解样本分布函数的实际意义，会计算经验分布函数，会画直方图。

3. 了解 χ^2 分布，t 分布，F 分布的定义与性质，并会查表计算。

4. 了解正态总体的某些常用统计量的分布。

综合练习六

1. 设有一个容量为 $n = 50$ 的样本，其样本观察值分别取值为 18.4,18.9, 19.3,19.6,每个值出现的次数(频数),列表如下：

数值	18.4	18.9	19.3	19.6
出现次数	5	10	20	15

试求(1)样本均值与样本方差;(2)样本中位数与众数;(3)经验分布函数。

2. 为研究加工某种零件的工时定额,随机观察了 12 人次的加工工时,测得加工时间数据如下(单位:min)：

9.0   7.8   8.2   10.5   7.5   8.8   10.0   9.4   8.5   9.5   8.4   9.8

(1)试写出总体,样本,样本值,样本容量;(2)试求样本均值,样本方差与均方差;(3)顺序统计值,样本极差,中位数与变异系数。

3. 从某公司员工中随机抽出 10 位,统计得每人平均月收入数据如下(单位:元)：

3050   2760   4580   3050   5120   6200   6850   7360   4580   4580

试求(1)样本均值与样本标准差;(2)顺序统计值与经验分布函数;(3)近似计算 $P\{4000 < X \leqslant 6000\}$。

4. 设总体 X 服从泊松分布 $\pi(\lambda)$, $X_1, X_2, \cdots, X_n$ 是来自该总体 X 的一个容量为 n 的样本,(1)试求 $X_1, X_2, \cdots, X_n$ 的联合概率分布;(2)试求 $E(\overline{X})$ 与 $D(\overline{X})$。

5. 设总体 X 具有概率密度函数：

$$f(x) = \begin{cases} 6x(1-x) & 0 < x < 1 \\ 0 & \text{其它} \end{cases}$$

$X_1, X_2, \cdots, X_n$ 是来自该总体 X 的一个容量为 n 的样本,

(1)试求 $X_1, X_2, \cdots, X_n$ 的联合概率密度函数;(2)试求 $E(\overline{X})$ 与 $D(\overline{X})$。

6. 设总体 $X \sim N(80, 20^2)$,现从该总体中随机抽出一个容量为 $n = 100$ 的样本,试问其样本均值与总体均值之差的绝对值大于 3 的概率是多少?

7. 设 $X_1, X_2, \cdots, X_{10}$ 是来自正态总体 $X \sim N(0, 0.3^2)$ 的一个容量为 $n = 10$ 的样本,试计算概率 $P\{\sum_{i=1}^{10} X_i^2 > 1.44\}$。

8. 设总体 $X \sim N(40, 5^2)$,(1)从该总体中抽取容量 $n = 64$ 的样本,试求 $P\{|\overline{X} - 40| < 1\}$;(2)试问应取 n 为多少时,才能使 $P\{|\overline{X} - 40| < 1\} = 0.95$?

9. 设两正态总体 $X \sim N(\mu_1, \sigma_1^2)$ 与 $Y \sim N(\mu_2, \sigma_2^2)$ 相互独立,现从中随机各抽出一个样本容量分别为 n_1 与 n_2 的样本,其样本方差分别为 S_1^2 与 S_2^2,试求统计量 $Y = \dfrac{(n_1 - 1)S_1^2 + (n_2 - 1)S_2^2}{n_1 + n_2 - 2}$ 的数学期望和方差。

10. 设 $X_1, X_2, \cdots, X_n$ 是来自正态总体 $X \sim N(\mu, \sigma^2)$ 的一个容量为 n 的样本,其样本方差为 S^2,试求满足概率 $P\left\{\dfrac{S^2}{\sigma^2} \leqslant 1.5\right\} \geqslant 0.95$ 的样本容量 n 的最小值。

11. 设总体 X 在区间 $(\theta - 0.5, \theta + 0.5)$ 上服从均匀分布,$X_1, X_2, \cdots, X_n$ 是来自总体 X 的一个容量为 n 的样本,试求 $(1) X_{(1)}$ 的概率密度与数学期望;$(2) X_{(n)}$ 的概率密度与数学期望。

12. 设 $X_1, X_2, \cdots, X_n$ 是来自正态总体 $X \sim N(\mu, \sigma^2)$ 的一个容量为 n 的样本,其样本均值为 $\overline{X}$,样本方差为 S^2,又若有 $X_{n+1} \sim N(\mu, \sigma^2)$,且与 $X_1, X_2, \cdots, X_n$ 相互独立,试求统计量 $\dfrac{X_{n+1} - \overline{X}}{S}\sqrt{\dfrac{n}{n+1}}$ 的抽样分布。

13. 设 $X_1, X_2, \cdots, X_m$ 是从正态总体 $X \sim N(\mu_1, \sigma^2)$ 中抽出的一个样本容量为 m 的样本,$Y_1, Y_2, \cdots, Y_n$ 是从正态总体 $Y \sim N(\mu_2, \sigma^2)$ 中抽出的一个样本容量为 n 的样本,且 X 与 Y 相互独立,其样本均值分别为 $\overline{X}$ 与 $\overline{Y}$,其样本方差分别为 S_1^2 与 S_2^2,α 与 β 是两个固定的实数,试求统计量

$$\frac{\alpha(\overline{X} - \mu_1) + \beta(\overline{Y} - \mu_2)}{\sqrt{\dfrac{(m-1)S_1^2 + (n-1)S_2^2}{m + n - 2}\left(\dfrac{\alpha^2}{m} + \dfrac{\beta^2}{n}\right)}}$$

的抽样分布。

14. 设 $X_1, X_2, \cdots, X_n$ 是从正态总体 $X \sim N(\mu_1, \sigma^2)$ 中抽出的一个样本容量为 n 的样本,$Y_1, Y_2, \cdots, Y_n$ 是从正态总体 $Y \sim N(\mu_2, \sigma^2)$ 中抽出的一个样本容量为 n 的样本,且 X 与 Y 相互独立,其样本均值分别为 $\overline{X}$ 与 $\overline{Y}$,其样本方差分别为 S_1^2 与 S_2^2,试求下列统计量的分布:

$(1) \dfrac{(n-1)(S_1^2 + S_2^2)}{\sigma^2}$; $(2) \dfrac{n[(\overline{X} - \overline{Y}) - (\mu_1 - \mu_2)]^2}{S_1^2 + S_2^2}$

15. 设总体 $X \sim N(0, \sigma^2)$,X_1, X_2 是来自该总体 X 的一个样本,令统计量 $Y = \dfrac{(X_1 + X_2)^2}{(X_1 - X_2)^2}$,试求 $(1) Y$ 的概率密度;$(2) P\{Y \leqslant 40\}$。

16. 设总体 X 的分布函数为 $F(x)$,若 X 的期望 $E(X) = \mu$,方差 $D(X) = \sigma^2$ 存在,$X_1, X_2, \cdots, X_n$ 是来自该总体的一个容量为 n 的样本,其样本均值为 $\overline{X}$,试证明:对于任意的 $i \neq j (i, j = 1, 2, \cdots, n)$,统计量 $X_i - \overline{X}$ 与 $X_j - \overline{X}$ 的相关系数为 $\rho = \dfrac{1}{n-1}$。

自 测 题 六

1. 从灯泡厂某日生产的一批灯泡中任取 8 个进行寿命试验,测得灯泡寿命(单位:h)如下:

1050　1100　1080　1120　1300　1250　1050　1100

试求:(1)该日生产的灯泡寿命的样本均值,样本方差与均方差;

(2)极差,中位数与变异系数;

(3)经验分布函数与概率 $P\{1090 < X \leqslant 1200\}$ 的近似值。

2. 设一盒中有 3 件产品,其中 1 件次品,2 件正品。每次从盒中任取一件,记正品的件数为随机变量 X,有放回地抽取 10 次,得容量为 10 的样本 $X_1, X_2, \cdots, X_{10}$。试求:

(1)样本均值的数学期望;(2)样本均值的方差;(3) $\sum\limits_{i=1}^{10} X_i$ 的概率分布。

3. 设总体 $X \sim N(10, 2^2)$,现从中随机抽取一个容量为 25 的样本。(1)试求样本均值 $\overline{X}$ 的概率密度函数;(2)试求概率 $P\{9 < X < 11\}$;(3)试求概率 $P\{9 < \overline{X} < 11\}$。

240

4. 设 $X_1, X_2, \cdots, X_{20}$ 是来自总体 $X \sim \chi^2(20)$ 的一个容量为 $n=20$ 的样本,其样本均值为 $\overline{X}$,其样本方差为 S^2,试求(1) $E(\overline{X}), D(\overline{X}), E(S^2)$;(2) $P\{X \leqslant 34.17\}$。

5. 设 $X_1, X_2, \cdots, X_{13}$ 是来自总体 $X \sim N(\mu, \sigma^2)$ 的一个容量为 $n=13$ 的样本,其

样本均值为 $\overline{X}$,试求概率 $P\left\{\dfrac{\left(\sum\limits_{i=1}^{13} (X_i - \mu)\right)^2}{\sum\limits_{i=1}^{13} (X_i - \overline{X})^2} > 3.445\right\}$。

第七章　参数估计

参数估计是统计推断的一个重要内容。一般来说,对于所要研究的总体 X 的分布,当它的分布类型为已知时,只要再确定分布函数中所含的未知参数值,这样总体 X 的分布函数就能完全确定。在数理统计中,参数估计的目的就是解决在总体的分布类型已知时,未知参数的估计问题,这包括本节介绍的点估计、区间估计,以及估计量的评选标准等内容。

§7.1　点 估 计

设总体的分布类型已知,但分布中有一个或多个参数未知。这时,根据来自总体的样本 $X_1,X_2,\cdots,X_n$,构造相应的统计量,再把样本观测值代入统计量得到统计值,作为未知参数的估计值。这就是所谓的点估计方法。

定义 7.1.1　设总体 X 的分布函数为 $F(x;\theta)$,其中 θ 为未知参数。X_1, $X_2,\cdots,X_n$ 是来自总体 X 的样本,$x_1,x_2,\cdots,x_n$ 是其一个样本值,若由 $X_1,X_2,\cdots,X_n$ 构造一个适当的统计量 $\hat{\theta}(X_1,X_2,\cdots,X_n)$,用其统计值 $\hat{\theta}(x_1,x_2,\cdots,x_n)$ 作为 θ 的估计值,则称 $\hat{\theta}(X_1,X_2,\cdots,X_n)$ 为 θ 的点估计量,$\hat{\theta}(x_1,x_2,\cdots,x_n)$ 为 θ 的点估计值。

在不致混淆情况下,统称 θ 的点估计量和点估计值为点估计,并都记为 $\hat{\theta}$。

注意:点估计量为样本的函数,是随机变量,因此对于不同的样本值,θ 的点估计值一般不是相同的。

如果总体 X 的分布函数 $F(x;\theta_1,\theta_2,\cdots,\theta_r)$ 中含有 r 个不同的未知参数时,需要由样本 $X_1,X_2,\cdots,X_n$ 构建 r 个不同的统计量来作为这些未知参数的点估计。

点估计方法是很多的,此处仅介绍两种常用的方法:矩估计法和极大似然估计法。

一、矩估计法

从第五章辛钦大数定理知道,若总体 X 的数学期望 $E(X)$ 有限,则样本的均值 $\overline{X}$ 依概率收敛于 $E(X)$。即当样本容量足够大时,均值 $\overline{X}$ 近似等于数学期望 $E(X)$。一般地,若总体 X 的 $k(\geqslant 1)$ 阶原点矩 $E(X^k)$ 有限,则可证明样本的 k 阶原点矩 $\overline{X^k}$ 依概率收敛于 $E(X^k)$,即当样本容量足够大时,样本的 k 阶原点矩 $\overline{X^k}$ 近似等

于总体 X 的 k 阶原点矩 $E(X^k)$。因此我们可以利用样本的 k 阶原点矩作为总体的 k 阶原点矩的点估计。这就是矩估计法的基本思想。

定义 7.1.2(矩估计) 设总体 X 的分布函数 $F(x;\theta_1,\theta_2,\cdots,\theta_r)$ 中有 r 个未知参数 $\theta_1,\theta_2,\cdots,\theta_r$,假定总体 X 的 k 阶原点矩 $E(X^k)(1 \leq k \leq r)$ 都存在,一般来说,它们都是 $\theta_1,\theta_2,\cdots,\theta_r$ 的函数,记为

$$\mu_k = \mu_k(\theta_1,\theta_2,\cdots,\theta_r) = E(X^k) \qquad k = 1,2,\cdots,r$$

设 $X_1,X_2,\cdots,X_n$ 是来自总体 X 的样本,则其样本 k 阶原点矩为

$$\overline{X^k} = \frac{1}{n}\sum_{i=1}^{n} X_i^k \qquad k = 1,2,\cdots,r \qquad (7.1.1)$$

令样本 k 阶原点矩 $\overline{X^k}$ 与总体 k 阶原点矩 $E(X^k)(1 \leq k \leq r)$ 相等,即得 r 个等式:

$$\begin{cases} E(X) \triangleq \dfrac{1}{n}\sum_{i=1}^{n} X_i = \overline{X} \\[2mm] E(X^2) \triangleq \dfrac{1}{n}\sum_{i=1}^{n} X_i^2 = \overline{X^2} \\[1mm] \vdots \\[1mm] E(X^r) \triangleq \dfrac{1}{n}\sum_{i=1}^{n} X_i^r = \overline{X^r} \end{cases} \qquad (7.1.2)$$

对方程组求解可得 $\quad \hat{\theta}_k = \hat{\theta}_k(X_1,X_2,\cdots,X_n) \qquad k = 1,2,\cdots,r$

称 $\hat{\theta}_1,\hat{\theta}_2,\cdots,\hat{\theta}_r$ 为参数 $\theta_1,\theta_2,\cdots,\theta_r$ 的矩估计量。对于样本值 $x_1,x_2,\cdots,x_n$,则称 $\hat{\theta}_k = \hat{\theta}_k(x_1,x_2,\cdots,x_n) \quad (k = 1,2,\cdots,r)$ 为未知参数 θ_k 的矩估计值。

这种求未知参数点估计的方法叫做矩估计法。

例 7.1.1 设 $X_1,X_2,\cdots,X_n$ 是来自总体 X 的样本,试求总体 X 的数学期望 $E(X)$ 与方差 $D(X)$ 的矩估计。

解:由式(7.1.1)与式(7.1.2),取 $k = 1$ 时,即得 $E(X)$ 的矩估计为

$$E(\hat{X}) = \overline{X} = \frac{1}{n}\sum_{i=1}^{n} X_i \qquad (7.1.3)$$

又因为 $D(X) = E(X^2) - [E(X)]^2$,故由式(7.1.1)与式(7.1.2),分别用样本均值 $\overline{X}$ 与样本二阶原点矩 $\overline{X^2}$ 代替总体均值 $E(X)$ 与总体二阶原点矩 $E(X^2)$,即得方差 $D(X)$ 的估计为

$$\hat{D(X)} = \overline{X^2} - \overline{X}^2 = \frac{1}{n}\sum_{i=1}^{n} X_i^2 - \left[\frac{1}{n}\sum_{i=1}^{n} X_i\right]^2 =$$

$$\frac{1}{n}\sum_{i=1}^{n}(X_i-\overline{X})^2=S_n^2 \tag{7.1.4}$$

此例表明,不论总体 X 服从何种分布,样本均值 $\overline{X}$ 总是总体数学期望 $E(X)$ 的矩估计;样本二阶中心矩 S_n^2 亦总是总体方差 $D(X)$ 的矩估计。

更一般地,若总体 X 的 k 阶中心矩 $\sigma_k=E[X-E(X)]^k$ 存在时,则样本的 k 阶中心矩 $S_n^k=\frac{1}{n}\sum_{i=1}^{n}(X_i-\overline{X})^k$ 是总体 X 的 k 阶中心矩的矩估计。

这是因为,总体中心矩是总体原点矩的函数,即若总体 X 的 k 阶中心矩 $\sigma_k=E[X-E(X)]^k$ 存在,则由二项式公式可得

$$\sigma_k=E[X-E(X)]^k=E\left[\sum_{j=0}^{k}C_k^jX^j[-E(X)]^{k-j}\right]=\sum_{j=0}^{k}C_k^jE(X^j)[-E(X)]^{k-j}$$

再由式(7.1.1)与式(7.1.2),用样本 j 阶原点矩 $\overline{X^j}(1\leqslant j\leqslant k)$ 代替上式中总体 j 阶原点矩 $E(X^j)$,即得

$$\widehat{\sigma}_k=\sum_{j=0}^{k}C_k^j\overline{X^j}(-\overline{X})^{k-j}=\sum_{j=0}^{k}C_k^j\left(\frac{1}{n}\sum_{i=1}^{n}X_i^j\right)(-\overline{X})^{k-j}=$$

$$\frac{1}{n}\sum_{i=1}^{n}\left[\sum_{j=0}^{k}C_k^jX_i^j(-\overline{X})^{k-j}\right]=\frac{1}{n}\sum_{i=1}^{n}(X_i-\overline{X})^k=S_n^k \tag{7.1.5}$$

由此推广,样本数字特征可作为对应的总体数字特征的矩估计。例如样本中位数、变异系数、偏度与峰度可作为总体中位数、变异系数、偏度与峰度的矩估计等。

对于二维总体 (X,Y),样本的协方差可作为总体的协方差的矩估计,样本的相关系数可作为总体的相关系数的矩估计:

$$\mathrm{Cov}(\widehat{X},Y)=S_{XY}^2=\frac{1}{n-1}\sum_{i=1}^{n}(X_i-\overline{X})(Y_i-\overline{Y}) \tag{7.1.6}$$

$$\widehat{\rho}_{XY}=\frac{S_{XY}^2}{S_XS_Y}=\frac{\sum_{i=1}^{n}(X_i-\overline{X})(Y_i-\overline{Y})}{\sqrt{\sum_{i=1}^{n}(X_i-\overline{X})^2}\sqrt{\sum_{i=1}^{n}(Y_i-\overline{Y})^2}} \tag{7.1.7}$$

更一般地,若 $\widehat{\theta}$ 是 θ 的矩估计量,设 $g(\theta)$ 为 θ 的连续函数,则也称 $g(\widehat{\theta})$ 为 $g(\theta)$ 的矩估计量。例如,S_n^2 为总体方差的矩估计量,则 $S_n=\sqrt{S_n^2}$ 为总体标准差的矩估计量。

由例7.1.1,易得下列常用分布参数的矩估计量。

例7.1.2 设 $X_1,X_2,\cdots,X_n$ 为来自总体 X 的样本,试求总体服从下列常用分

243

布时,其未知参数的矩估计量。

(1) X 服从参数为 p 的 $(0-1)$ 分布;

(2) X 服从参数为 N,p 的二项分布 $B(N,p)$;

(3) X 服从参数为 λ 的泊松分布 $\pi(\lambda)$;

(4) X 服从参数为 α 的指数分布 $Z(\alpha)$;

(5) X 服从参数为 a,b 的均匀分布 $U(a,b)$;

(6) X 服从参数为 μ,σ^2 的正态分布 $N(\mu,\sigma^2)$。

解:(1) $X \sim (0-1)$ 分布,其概率分布为

$$P\{X=0;p\}=1-p,P\{X=1;p\}=p$$

则 $E(X)=p$,令 $E(X)=\overline{X}$,即得未知参数 p 的矩估计量为

$$\widehat{p}=\overline{X}$$

(2) $X \sim B(N,p)$,其概率分布为

$$P\{X=k;N,p\}=\sum_{k=1}^{N} C_N^k p^k (1-p)^{N-k} \qquad k=0,1,2,\cdots,N$$

则 $E(X)=Np,D(X)=Np(1-p)$,代入样本均值与样本方差,即得含两个未知

244

参数 N 和 p 的方程组:

$$\begin{cases} Np=\overline{X} \\ Np(1-p)=S_n^2 \end{cases}$$

解之即得 N 和 p 的矩估计量为

$$\begin{cases} \widehat{N}=\dfrac{\overline{X}}{\widehat{p}} \\ \widehat{p}=1-\dfrac{S_n^2}{\overline{X}} \end{cases}$$

(3) $X \sim \pi(\lambda)$,其概率分布为

$$P\{X=k;\lambda\}=\frac{\lambda^k e^{-\lambda}}{k!} \qquad k=0,1,2,\cdots$$

则 $E(X)=\lambda,D(X)=\lambda$,令 $E(X)=\overline{X},D(X)=S_n^2$,即得未知参数 λ 的矩估计量为 $\quad \widehat{\lambda}_1=\overline{X}$ 或 $\widehat{\lambda}_2=S_n^2$

这是 λ 的两个不同的矩估计量。由此可见矩估计量并不是唯一的。

(4) $X \sim Z(\alpha)$,其概率密度为

$$f(x;\alpha)=\begin{cases} \alpha e^{-\alpha x} & x>0 \\ 0 & x \leqslant 0 \end{cases}$$

则 $E(X) = \dfrac{1}{\alpha}$,令 $E(X) = \overline{X}$,即得未知参数 α 的矩估计量为

$$\hat{\alpha} = \dfrac{1}{\overline{X}}$$

(5) $X \sim U(a,b)$,其概率密度为

$$f(x;a,b) = \begin{cases} \dfrac{1}{b-a} & a < x < b \\ 0 & \text{其它} \end{cases}$$

则 $E(X) = \dfrac{a+b}{2}, D(X) = \dfrac{(b-a)^2}{12}$ 代入样本均值与样本方差,即得含两个未知参数 a 和 b 的方程组:

$$\begin{cases} \dfrac{a+b}{2} = \overline{X} \\ \dfrac{(b-a)^2}{12} = S_n^2 \end{cases} \Rightarrow \begin{cases} b + a = 2\overline{X} \\ b - a = 2\sqrt{3}S_n \end{cases}$$

解之即得 a 和 b 的矩估计量为

245

$$\hat{a} = \overline{X} - \sqrt{3}S_n, \quad \hat{b} = \overline{X} + \sqrt{3}S_n$$

(6) $X \sim N(\mu,\sigma^2)$,其概率密度为

$$f(x;\mu,\sigma^2) = \dfrac{1}{\sqrt{2\pi}} e^{-\frac{(x-\mu)^2}{2\sigma^2}} \quad -\infty < x < +\infty$$

因为 $E(X) = \mu, D(X) = \sigma^2$,故得到正态分布参数的矩估计量为

$$\hat{\mu} = \overline{X}, \hat{\sigma^2} = S_n^2, \hat{\sigma} = S_n$$

例 7.1.3 设总体 X 的分布函数为

$$F(x;\beta) = \begin{cases} 1 - \dfrac{1}{x^\beta} & x > 1 \\ 0 & x \leqslant 1 \end{cases}$$

其中未知参数 $\beta > 1, X_1, X_2, \cdots, X_n$ 为来自总体 X 的样本,试求 β 的矩估计量。
若观察得到总体 X 的一个样本值:

1.56　1.92　1.85　1.67　2.01　1.34　2.34　1.95　1.12　1.24

试求 β 的矩估计值。

解:X 的概率密度为

$$f(x;\beta) = \begin{cases} \dfrac{\beta}{x^{\beta+1}} & x > 1 \\[2mm] 0 & x \leqslant 1 \end{cases}$$

$$E(X) = \int_{1}^{+\infty} x\, \frac{\beta}{x^{\beta+1}}\mathrm{d}x = \int_{1}^{+\infty} \frac{\beta}{x^{\beta}}\mathrm{d}x = \frac{\beta}{\beta-1}$$

令 $E(X) = \overline{X}$，得方程 $\dfrac{\beta}{\beta-1} = \overline{X}$，解之可得 β 的矩估计量为

$$\widehat{\beta} = \frac{\overline{X}}{\overline{X}-1}$$

再由样本值计算得样本均值为 $\overline{x} = 1.7$，故得 β 的矩估计值为

$$\widehat{\beta} = \frac{\overline{x}}{\overline{x}-1} = \frac{1.7}{1.7-1} = 2.43$$

例 7.1.4 设总体 X 的概率密度为

$$f(x;\theta) = \frac{1}{2\theta}\mathrm{e}^{\frac{-|x|}{\theta}} \quad -\infty < x < +\infty, \theta > 0$$

246

$X_1, X_2, \cdots, X_n$ 是来自 X 的样本，试求参数 θ 的矩估计量。

解： 由于 $f(x;\theta)$ 只含有一个未知参数 θ，一般只需要求出 $E(X)$，便能得到 θ 的矩估计量，但是本题却有

$$E(X) = \int_{-\infty}^{+\infty} x \cdot \frac{1}{2\theta}\mathrm{e}^{-\frac{|x|}{\theta}}\mathrm{d}x = 0$$

即 $E(X)$ 不含有参数 θ，不可能由此解出 θ。为此，再进一步求出

$$E(X^2) = \int_{-\infty}^{+\infty} x^2 \cdot \frac{1}{2\theta}\mathrm{e}^{-|x|/\theta}\mathrm{d}x = 2\theta^2$$

于是解得 $\theta = \sqrt{\dfrac{1}{2}E(X^2)}$，代入样本二阶原点矩 $\overline{X^2}$，即得 θ 的矩估计量为

$$\widehat{\theta} = \sqrt{\frac{1}{2}\overline{X^2}} = \sqrt{\frac{1}{2n}\sum_{i=1}^{n}X_i^2}$$

本题也可考虑 $|X|$ 的数学期望，即由

$$E(|X|) = \int_{-\infty}^{+\infty} |x| \cdot \frac{1}{2\theta}\mathrm{e}^{-|x|/\theta}\mathrm{d}x = \int_{0}^{+\infty} x\, \frac{1}{\theta}\mathrm{e}^{-x/\theta}\mathrm{d}x = \theta$$

可得 θ 的另一个矩估计量为

$$\widehat{\theta}_0 = \frac{1}{n}\sum_{i=1}^{n}|X_i|$$

矩估计法直观简便,只需要求总体原点矩存在即可。但其缺陷是,若总体原点矩不存在(如柯西分布),则矩估计无法进行。且由上例得知,未知参数的矩估计并不唯一,估计效果不够理想。

二、极大似然估计法

极大似然估计法最早是由高斯在 1821 年提出的,后来费舍尔在 1922 年再次提出,并证明了它的一些相关性质,因而使极大似然估计法在数理统计中得到非常广泛的运用。

1. 极大似然估计的基本思想

为说明极大似然估计的基本思想,我们分离散型总体和连续型总体两种情况讨论。

(1)总体 X 为离散型总体

设 X 的概率分布为

$$P\{X = x;\theta\} = p(x;\theta) \qquad \theta \in \Theta$$

其中 θ 为未知参数,或为未知参数向量 $\theta = (\theta_1, \theta_2, \cdots, \theta_r)$。$\Theta$ 是 θ 的取值范围,称为参数空间。设 $X_1, X_2, \cdots, X_n$ 是来自总体 X 的样本,$x_1, x_2, \cdots, x_n$ 为其一个样本值,则样本的联合概率分布为

$$P\{X_1 = x_1, X_2 = x_2, \cdots, X_n = x_n;\theta\} = \prod_{i=1}^{n} p(x_i;\theta) \quad \theta \in \Theta$$

上式可视为未知参数 θ 与样本值 $(x_1, x_2, \cdots, x_n)$ 的函数,即当 θ 固定时,上式表示样本 $(X_1, X_2, \cdots, X_n)$ 取值为样本值 $(x_1, x_2, \cdots, x_n)$ 的概率;而当样本值 $(x_1, x_2, \cdots, x_n)$ 给定时,上式表示为 θ 的函数,我们称之为似然函数,记为 $L(\theta)$:

$$L(\theta) = L(x_1, x_2, \cdots, x_n;\theta) = \prod_{i=1}^{n} p(x_i;\theta) \quad \theta \in \Theta \qquad (7.1.8)$$

可见,似然函数 $L(\theta)$ 值的大小表示样本 $(X_1, X_2, \cdots, X_n)$ 取值为样本值 $(x_1, x_2, \cdots, x_n)$ 的可能性的大小。极大似然估计的原理是,若实际中一次观测,样本值 $(x_1, x_2, \cdots, x_n)$ 就出现,则有理由认为它实际出现的可能性是最大的,即此时似然函数 $L(\theta)$ 应该是最大,因而在 Θ 中选择数值 $\hat{\theta}$ 使似然函数 $L(\theta)$ 达到最大是十分合理的。这个 $\hat{\theta}$ 就是 θ 的极大似然估计值。

例如我们要了解某人的的射击等级(未知参数 θ),假定按平均环数划分等级为

等级数 θ	1	2	3	4	5
平均环数	9 环以上	7 环~8 环	5 环~6 环	3 环~4 环	2 环以下

让他试射 5 枪,若得平均环数为 9.6,按极大似然估计原理,则可认为他的射击等级是一等最为可能,即用 $\hat{\theta}=1$ 作为射击等级 θ 的估计是合理的,而认为他的射击等级低于一等的估计理由不够充分,即进行一次观测,低等级的人的射出平均环数为 9 环以上的可能性是非常小的,而一等射手射出平均环数为 9 环以上的可能性是最大的,所以此时 $\hat{\theta}=1$ 应是该人的射击等级 θ 的极大似然估计值。

（2）总体 X 为连续型总体

设 X 的概率密度为

$$f(x;\theta) \quad \theta\in\Theta$$

其中 θ 为未知参数,或为未知参数向量 $\theta=(\theta_1,\theta_2,\cdots,\theta_r)$。$\Theta$ 是参数空间。设 X_1, $X_2,\cdots,X_n$ 是来自总体 X 的样本,$x_1,x_2,\cdots,x_n$ 为其一个样本值,则随机点 X_i 落在 x_i 长度为 Δx_i 的邻域 $(x_i,x_i+\Delta x_i)$ 内的概率近似为

$$P\{x_i<X_i<x_i+\Delta x_i\}\approx f(x_i)\Delta x_i \quad i=1,2,\cdots,n$$

故随机点 $(X_1,X_2,\cdots,X_n)$ 落在给定点 $(x_1,x_2,\cdots,x_n)$ 的边长分别为 $\Delta x_1,\Delta x_2,\cdots$, Δx_n 的 n 维矩形邻域内的概率近似为

$$P\{x_1<X_1<x_1+\Delta x_1,\cdots,x_n<X_n<x_n+\Delta x_n\}\approx\prod_{i=1}^{n}f(x_i;\theta)\Delta x_i \quad \theta\in\Theta$$

248

当 θ 固定时,上式表示样本 $(X_1,X_2,\cdots,X_n)$ 落入样本值 $(x_1,x_2,\cdots,x_n)$ 的 n 维矩形邻域内的可能性的大小;而当样本值 $(x_1,x_2,\cdots,x_n)$ 给定时,上式表示为 θ 的函数,与离散型总体情况一样,在样本值 $(x_1,x_2,\cdots,x_n)$ 给定时,我们在 Θ 中选择数值 $\hat{\theta}$ 使上式达到最大值,但其中乘积因子 $\prod_{i=1}^{n}\Delta x_i$ 与 θ 无关,故只需考虑取 $\hat{\theta}$ 使函数

$$L(\theta)=L(x_1,x_2,\cdots,x_n;\theta)=\prod_{i=1}^{n}f(x_i;\theta) \quad \theta\in\Theta \tag{7.1.9}$$

达到最大值即可。此处亦称 $L(\theta)$ 为样本的似然函数,$\hat{\theta}$ 就是 θ 的极大似然估计值。

根据上述讨论,我们有定义如下。

定义 7.1.3(极大似然估计) 设总体 X 的分布函数 $F(x;\theta)$ 的类型已知, $L(\theta)$ 为似然函数,θ 为未知参数,Θ 为参数空间,$x_1,x_2,\cdots,x_n$ 为 X 的一个样本值。若存在 $\hat{\theta}\in\Theta$,使得下式成立:

$$L(\hat{\theta})=L(x_1,x_2,\cdots,x_n;\hat{\theta})=\max_{\theta\in\Theta}L(x_1,x_2,\cdots,x_n;\theta) \tag{7.1.10}$$

则称 $\hat{\theta}=\hat{\theta}(x_1,x_2,\cdots,x_n)$ 是 θ 的一个极大似然估计值,而 $\hat{\theta}=\hat{\theta}(X_1,X_2,\cdots,X_n)$ 为 θ 的一个极大似然估计量。

其中,当总体 X 为离散型时,似然函数 $L(\theta)$ 形如式(7.1.8);当总体 X 为连续型时,似然函数 $L(\theta)$ 形如式(7.1.9)。

由定义 7.1.3 可知,确定极大似然估计的问题实际上可以归结为微分学中的求极大值问题。

一般地,当概率分布函数 $p(x;\theta)$ 与概率密度函数 $f(x;\theta)$ 对 θ 可微时,通常利用求导数方法可求得 θ 的极大似然估计。

2. 利用求导数方法求得 θ 的极大似然估计

按照微分学中的求极大值问题的方法,求 θ 的极大似然估计的步骤为

(1) 由总体的概率分布或密度,及样本值,建立似然函数 $L(\theta)$

总体 X 为离散型: $L(\theta) = \prod_{i=1}^{n} p(x_i;\theta)$　$\theta \in \Theta$

总体 X 为连续型: $L(\theta) = \prod_{i=1}^{n} f(x_i;\theta)$　$\theta \in \Theta$

(2) 取对数

总体 X 为离散型: $\ln[L(\theta)] = \sum_{i=1}^{n} \ln[p(x_i;\theta)]$

总体 X 为连续型: $\ln[L(\theta)] = \sum_{i=1}^{n} \ln[f(x_i;\theta)]$

由于对数函数 $\ln x$ 是 x 的单调上升函数,故 $\ln L$ 与 L 有相同的极大值点,而 $\ln L$ 比 L 容易计算。

(3) 对 θ 求导数,令其为零

$$\frac{\mathrm{d}\ln L(\theta)}{\mathrm{d}\theta} = 0$$

上式称为对数似然方程 $\left(\dfrac{\mathrm{d}L(\theta)}{\mathrm{d}\theta} = 0 \text{ 称为似然方程}\right)$。

(4) 从对数似然方程(或似然方程)解出的 $\hat{\theta} = \hat{\theta}(x_1, x_2, \cdots, x_n)$ 即为 θ 的极大似然估计值,而相应的统计量 $\hat{\theta} = \hat{\theta}(X_1, X_2, \cdots, X_n)$ 为 θ 的极大似然估计量。

例 7.1.5　设总体 X 服从 $(0-1)$ 分布,$X_1, X_2, \cdots, X_n$ 是来自总体 X 的样本,试求未知参数 p 的极大似然估计量。

解: 因为 $(0-1)$ 分布总体的概率分布为

$$P\{X=x;p\} = p^x(1-p)^{1-x}\quad x=0,1\quad 0<p<1$$

设 $x_1, x_2, \cdots, x_n$ 为 X 的一个样本值,按照上述求极大似然估计方法步骤为

(1) 建立似然函数 $L(p)$

$$L(p) = L(x_1, x_2, \cdots, x_n;p) = \prod_{i=1}^{n} p^{x_i}(1-p)^{1-x_i} =$$

$$p^{\sum_{i=1}^{n} x_i}(1-p)^{n-\sum_{i=1}^{n} x_i} \qquad x_i = 0,1; i = 1,2,\cdots,n$$

(2) 取对数

$$\ln L(p) = \Big(\sum_{i=1}^{n} x_i\Big)\ln p + \Big(n - \sum_{i=1}^{n} x_i\Big)\ln(1-p)$$

(3) 对 p 求导数得对数似然方程

$$\frac{\mathrm{d}\ln L(p)}{\mathrm{d}p} = \frac{\sum_{i=1}^{n} x_i}{p} - \frac{\Big(n - \sum_{i=1}^{n} x_i\Big)}{1-p} = 0$$

(4) 求解对数似然方程,得 p 的极大似然估计值

$$\hat{p} = \frac{1}{n}\sum_{i=1}^{n} x_i = \bar{x}$$

从而得 p 的极大似然估计量 $\hat{p} = \bar{X}$。

例7.1.6　设总体 X 服从泊松分布 $\pi(\lambda)$,$X_1,X_2,\cdots,X_n$ 是来自总体 X 的样本,试求未知参数 λ 的极大似然估计量。

250

解:因为总体 X 服从参数为 λ 的泊松分布 $\pi(\lambda)$,其概率分布为

$$p(x,\lambda) = \frac{\lambda^x}{x!}e^{-\lambda} \qquad x = 0,1,2,\cdots \quad \lambda > 0$$

设 $x_1,x_2,\cdots,x_n$ 为 X 的一个样本值, 则有

(1) 建立似然函数 $L(\lambda)$

$$L(\lambda) = L(x_1,x_2,\cdots,x_n;\lambda) = \prod_{i=1}^{n} \frac{\lambda^{x_i}}{x_i!}e^{-\lambda} =$$

$$\lambda^{\sum_{i=1}^{n} x_i}e^{-n\lambda}\Big/\prod_{i=1}^{n} x_i! \qquad x_i = 0,1,2,\cdots \quad i = 1,2,\cdots,n$$

(2) 取对数

$$\ln[L(\lambda)] = \sum_{i=1}^{n} x_i\ln\lambda - n\lambda - \ln\Big[\prod_{i=1}^{n} x_i!\Big]$$

(3) 对 λ 求导数得对数似然方程

$$\frac{\mathrm{d}\ln[L(\lambda)]}{\mathrm{d}\lambda} = \frac{\sum_{i=1}^{n} x_i}{\lambda} - n = 0$$

(4) 求解对数似然方程,得 λ 的极大似然估计值为

$$\hat{\lambda} = \frac{1}{n}\sum_{i=1}^{n} x_i = \bar{x}$$

从而得 λ 的极大似然估计量为 $\hat{\lambda} = \bar{X}$。

例 7.1.7　设总体 X 服从指数分布 $Z(\alpha)$，$X_1, X_2, \cdots, X_n$ 是来自总体 X 的样本，试求未知参数 α 的极大似然估计量。

解：因为总体 X 服从参数为 α 的指数分布，其密度函数为

$$f(x;\alpha) = \begin{cases} \alpha e^{-\alpha x} & x > 0 \\ 0 & x \leq 0 \end{cases} \quad \alpha > 0$$

设 $x_1, x_2, \cdots, x_n$ 为 X 的一个样本值，则有

（1）建立似然函数 $L(\alpha)$

$$L(\alpha) = L(x_1, x_2, \cdots, x_n; \alpha) = \prod_{i=1}^{n} \alpha e^{-\alpha x_i} =$$

$$\alpha^n e^{-\alpha \sum_{i=1}^{n} x_i} \quad x_1, x_2, \cdots, x_n > 0 \quad i = 1, 2, \cdots, n$$

（2）取对数

$$\ln L(\alpha) = n\ln\alpha - \alpha \sum_{i=1}^{n} x_i$$

（3）对 α 求导数得对数似然方程

$$\frac{\mathrm{d}\ln L(\alpha)}{\mathrm{d}\alpha} = \frac{n}{\alpha} - \sum_{i=1}^{n} x_i = 0$$

（4）求解对数似然方程，得 α 的极大似然估计值为

$$\hat{\alpha} = \frac{n}{\sum_{i=1}^{n} x_i} = \frac{1}{\bar{x}}$$

从而得 α 的极大似然估计量 $\hat{\alpha} = 1/\bar{X}$。

例 7.1.8　试求例 7.1.3 中未知参数 β 的极大似然估计值与极大似然估计量。

解：由总体 X 的分布函数得其概率密度为

$$f(x;\beta) = \begin{cases} \dfrac{\beta}{x^{\beta+1}} & x > 1 \\ 0 & x \leq 1 \end{cases} \quad \beta > 1$$

设 $x_1, x_2, \cdots, x_n$ 为 X 的一个样本值，则有

（1）建立似然函数 $L(\beta)$

$$L(\beta) = L(x_1, x_2, \cdots, x_n; \beta) = \prod_{i=1}^{n} \frac{\beta}{x^{\beta+1}} =$$

$$\frac{\beta^n}{\left[\prod_{i=1}^{n} x_i\right]^{\beta+1}} \qquad x_1, x_2, \cdots, x_n > 1 \quad i = 1, 2, \cdots, n$$

(2) 取对数

$$\ln L(\beta) = n\ln\beta - (\beta + 1)\ln\left(\prod_{i=1}^{n} x_i\right)$$

(3) 对 β 求导数得对数似然方程

$$\frac{\mathrm{d}\ln L(\beta)}{\mathrm{d}\beta} = \frac{n}{\beta} - \sum_{i=1}^{n} \ln x_i = 0$$

(4) 求解对数似然方程, 得 β 的极大似然估计值与为

$$\hat{\beta} = \frac{n}{\sum_{i=1}^{n} \ln x_i}$$

从而得 β 的极大似然估计量为 $\hat{\beta} = \dfrac{n}{\sum_{i=1}^{n} \ln X_i}$。

由样本值计算得 $\sum_{i=1}^{10} \ln x_i = 5.06$, 于是得 β 的一个极大似然估计值 $\hat{\beta} = 1.98$。

3. 利用求导数方法求多个未知参数 $\theta_1, \theta_2, \cdots, \theta_r$ 的极大似然估计

极大似然估计法也适用于总体分布中含多个未知参数 $\theta_1, \theta_2, \cdots, \theta_r$ 的情况: 求 $\theta_j(1 \leqslant j \leqslant r)$ 的极大似然估计步骤如下:

(1) 建立含多个未知参数 $\theta_1, \theta_2, \cdots, \theta_r$ 的似然函数 $L(\theta)$

总体 X 为离散型: $L(\theta) = \prod_{i=1}^{n} p(x_i; \theta) \quad \theta = (\theta_1, \theta_2, \cdots, \theta_r) \in \Theta$

总体 X 为连续型: $L(\theta) = \prod_{i=1}^{n} f(x_i; \theta) \quad \theta = (\theta_1, \theta_2, \cdots, \theta_r) \in \Theta$

(2) 取对数

总体 X 为离散型: $\ln L(\theta) = \sum_{i=1}^{n} \ln p(x_i; \theta)$

总体 X 为连续型: $\ln L(\theta) = \sum_{i=1}^{n} \ln f(x_i; \theta)$

（3）对每个 θ_j 求偏导,并令其为零,得对数似然方程组

$$\frac{\partial \ln L(\theta)}{\partial \theta_j} \overset{\text{令}}{=} 0 \quad j = 1, 2, \cdots, r$$

$$\left(\frac{\partial L(\theta)}{\partial \theta_j} = 0 (1 \leqslant j \leqslant r) \text{ 称为似然方程组} \right)$$

（4）从对数似然方程组中解出的 $\hat{\theta}_j = \hat{\theta}_j(x_1, x_2, \cdots, x_n)$,即为 θ_j 的极大似然估计值,而相应的统计量 $\hat{\theta}_j = \hat{\theta}_j(X_1, X_2, \cdots, X_n)$ 为 $\hat{\theta}_j(j = 1, 2, \cdots, r)$ 的极大似然估计量。

例 7.1.9 设总体 X 服从正态分布 $N(\mu, \sigma^2)$,$X_1, X_2, \cdots, X_n$ 是来自总体 X 的样本,试求未知参数 μ 及 σ^2 的极大似然估计量。

解: 因为总体 X 服从正态分布 $N(\mu, \sigma^2)$,含有两个未知参数 μ 及 σ^2,其密度函数为

$$f(x; \mu, \sigma^2) = \frac{1}{\sqrt{2\pi}\sigma} e^{-\frac{(x-\mu)^2}{2\sigma^2}} \quad -\infty < \mu < +\infty, \sigma > 0$$

设 $x_1, x_2, \cdots, x_n$ 为 X 的一个样本值,则有

（1）建立似然函数 $L(\mu, \sigma^2)$

$$L(\mu, \sigma^2) = L(x_1, x_2, \cdots, x_n; \mu, \sigma^2) = \prod_{i=1}^{n} \frac{1}{\sqrt{2\pi}\sigma} e^{-\frac{(x_i-\mu)^2}{2\sigma^2}} =$$

$$(2\pi)^{-\frac{n}{2}} (\sigma^2)^{-\frac{n}{2}} \exp \left\{ -\frac{1}{2\sigma^2} \sum_{i=1}^{n} (x_i - \mu)^2 \right\}$$

（2）取对数

$$\ln L(\mu, \sigma^2) = -\frac{n}{2} \ln(2\pi) - \frac{n}{2} \ln(\sigma^2) - \frac{1}{2\sigma^2} \sum_{i=1}^{n} (x_i - \mu)^2$$

（3）对 μ, σ^2 求偏导数得对数似然方程组

$$\begin{cases} \dfrac{\partial \ln L(\mu, \sigma^2)}{\partial \mu} = \dfrac{1}{\sigma^2} \sum_{i=1}^{n} (x_i - \mu) = 0 \\[3mm] \dfrac{\partial \ln L(\mu, \sigma^2)}{\partial \sigma^2} = -\dfrac{n}{2\sigma^2} + \dfrac{1}{2\sigma^4} \sum_{i=1}^{n} (x_i - \mu)^2 = 0 \end{cases}$$

（4）求解上述对数似然方程,得 μ, σ^2 的极大似然估计值为

$$\begin{cases} \widehat{\mu} = \dfrac{1}{n}\sum_{i=1}^{n} x_i = \overline{x} \\[3mm] \widehat{\sigma^2} = \dfrac{1}{n}\sum_{i=1}^{n} (x_i - \overline{x})^2 = s_n^2 \end{cases}$$

从而得 μ, σ^2 的极大似然估计量为

$$\begin{cases} \widehat{\mu} = \dfrac{1}{n}\sum_{i=1}^{n} X_i = \overline{X} \\[3mm] \widehat{\sigma^2} = \dfrac{1}{n}\sum_{i=1}^{n} (X_i - \overline{X})^2 = S_n^2 \end{cases}$$

它们与相应的矩估计量相同。

注意: 在实际中对似然方程或对数似然方程组而言,除了一些简单情况外,往往没有有限函数形式的解,此时可利用数值方法求似然方程或对数似然方程组的近似解。

4. 利用顺序统计量求未知参数的极大似然估计

若用求导数方法失效时,则直接通过确定似然函数的最大值点,得出 θ 的极大似然估计。

254

例 7.1.10 设总体 X 服从区间 (a, b) 上的均匀分布,$X_1, X_2, \cdots, X_n$ 是来自总体 X 的样本,试求未知参数 a 和 b 的极大似然估计量。

解: 因为 X 的密度函数为

$$f(x; a, b) = \begin{cases} \dfrac{1}{b - a} & a \leqslant x \leqslant b \quad -\infty < a < b < +\infty \\[3mm] 0 & \text{其它} \end{cases}$$

设 $x_1, x_2, \cdots, x_n$ 是总体 X 的一个样本值,则其似然函数为

$$L(a, b) = L(x_1, x_2, \cdots, x_n; a, b) = \prod_{i=1}^{n} f(x_i; a, b) =$$

$$\begin{cases} \dfrac{1}{(b - a)^n} & a \leqslant x_i \leqslant b \quad i = 1, 2, \cdots, n \\[3mm] 0 & \text{其它} \end{cases}$$

由上式可见,$L(a, b)$ 没有驻点,因此不能通过解似然方程组求得极大似然估计量。但是可以经过分析直接确定似然函数的最大值,从而得到 a 及 b 的极大似然估计。

记样本值 $x_1, x_2, \cdots, x_n$ 中最小值与最大值为

$$x_{(1)} = \min\{x_1, x_2, \cdots, x_n\}, x_{(n)} = \max\{x_1, x_2, \cdots, x_n\}$$

注意：当 $a \leqslant x_i \leqslant b, i = 1, 2, \cdots, n$，等价于 $a \leqslant x_{(1)}, x_{(n)} \leqslant b$，故似然函数为

$$L(a, b) = \frac{1}{(b-a)^n} \quad a \leqslant x_{(1)}, b \geqslant x_{(n)}$$

于是对于满足条件 $a \leqslant x_{(1)}, b \geqslant x_{(n)}$ 的任意 a, b 有

$$0 < L(a, b) = \frac{1}{(b-a)^n} \leqslant \frac{1}{(x_{(n)} - x_{(1)})^n}$$

可见似然函数 $L(a, b)$ 当 $a = x_{(1)}, b = x_{(n)}$ 时取得最大值 $(x_{(n)} - x_{(1)})^{-n}$，因此未知参数 a 和 b 的极大似然估计值分别为

$$\hat{a} = x_{(1)}, \hat{b} = x_{(n)}$$

所以未知参数 a 和 b 的极大似然估计量分别为

$$\hat{a} = X_{(1)}, \hat{b} = X_{(n)}$$

可见均匀分布的未知参数 a 和 b 的极大似然估计量与相应的矩估计量不相同。

5. 极大似然估计的不变性

定理7.1.1 设 θ 是总体 X 的分布的未知参数，$u = u(\theta)$ ($\theta \in \Theta$) 是 θ 的函数，具有单值反函数 $\theta = \theta^{-1}(u)$，且设 $\hat{\theta}$ 是 θ 的极大似然估计，则 $\hat{u} = u(\hat{\theta})$ 是 $u = u(\theta)$ 的极大似然估计。

255

这个性质称为极大似然估计的不变性，它使一些复杂结构的参数的极大似然估计的获取变得容易了。例如，因为样本二阶中心矩 S_n^2 是总体方差 σ^2 的极大似然估计量，而函数 $u = \sqrt{\sigma^2} = \sigma$，有单值反函数 $\sigma = u$，故由定理可得标准差 σ 的极大似然估计量为

$$\hat{\sigma} = \sqrt{\hat{\sigma^2}} = \sqrt{\frac{1}{n} \sum_{i=1}^{n} (X_i - \bar{X})^2} = S_n$$

当总体分布中含有多个未知参数时，也具有上述性质。

思 考 题 7.1

1. 什么是点估计与点估计方法，点估计量与点估计值有何不同？

2. 总体均值与方差的矩估计量是什么，如何利用此估计量求分布参数的矩估计量？

3. 如何求未知参数及参数的函数的矩估计？

4. 如何求未知参数的极大似然估计？

基本练习7.1

1. 从一批铆钉中随机抽取 8 只,测得它们的头部直径(单位:mm)数据如下:
13.30　13.38　13.40　13.43　13.32　13.48　13.54　13.31
试求总体均值,总体方差与标准差的矩估计值。

2. 设总体 X 的概率分布为:

$$P\{X=k\}=\frac{1}{\theta}\quad k=1,2,\cdots,\theta$$

试求参数 θ 的矩估计量。

3. 设总体 X 的概率分布为:

X	0	1	2	3
p_k	θ^2	$2\theta(1-\theta)$	θ^2	$1-2\theta$

其中 $\theta(0<\theta<1/2)$ 是未知参数。已知取得了样本值 $x_1=3,x_2=1,x_3=3,x_4=0,x_5=3,x_6=1,x_7=2,x_8=3$。试求参数 θ 的矩估计值和极大似然估计值。

4. 设总体 X 的概率密度为:

$$f(x;a)=\begin{cases}\dfrac{6x}{a^3}(a-x) & 0<x<a\\ 0 & 其它\end{cases}$$

$X_1,X_2\cdots,X_n$ 是一个样本,试求(1)参数 a 的矩估计量 $\hat{a}$;(2) $\hat{a}$ 的方差 $D(\hat{a})$。

5. 设总体 X 服从参数为 λ 的泊松分布,$X_1,X_2,\cdots,X_n$ 是来自 X 的一个样本,试求(1) λ 的矩估计量与极大似然估计量;(2) $P\{X=0\}$ 的矩估计量与极大似然估计量。

6. 设 $X_1,X_2,\cdots,X_n$ 是来自总体 X 的一个样本,X 的概率密度为:

$$f(x)=\begin{cases}\dfrac{1}{2\theta} & -\theta<x<\theta\\ 0 & 其它\end{cases}$$

其中 $\theta(\theta>0)$ 为未知参数。试求(1)参数 θ 的矩估计量;(2)参数 θ 的极大似然估计量。

7. 设 $X_1,X_2,\cdots,X_n$ 为来自总体 X 的一个样本,X 的概率密度为:

$$f(x;\theta) = \begin{cases} \theta, & 0 < x < 1 \\ 1 - \theta, & 1 \leqslant x < 2 \\ 0, & 其它 \end{cases}$$

其中 θ 是未知参数 $(0 < \theta < 1)$，记 k 为样本值 $x_1, x_2, \cdots, x_n$ 中小于 1 的个数，试求：

(1) θ 的矩估计量；(2) θ 的极大似然估计量。

8. 设总体 X 服从正态分布 $N(\mu, \sigma^2)$，$X_1, X_2, \cdots, X_n$ 是来自 X 的一个样本，试求使得 $P\{X \geqslant \theta\} = 0.05$ 的参数 θ 的极大似然估计量。

9. 设总体 X 服从 $\Gamma(k, \beta)$ 分布，其概率密度为：

$$f(x) = \begin{cases} \dfrac{\beta^k}{(k-1)!} x^{k-1} \mathrm{e}^{-\beta x} & x > 0 \\ 0 & x \leqslant 0 \end{cases}$$

其中 k 为正整数，试求 β 的极大似然估计量。

10. 设总体 X 服从 Pareto 分布，其分布函数为：

$$F(x;\theta_1,\theta_2) = \begin{cases} 1 - \left(\dfrac{\theta_1}{x}\right)^{\theta_2} & x > \theta_1 \\ 0 & 其它 \end{cases}$$

其中参数 $\theta_1 > 0, \theta_2 > 0$，若 $X_1, X_2, \cdots, X_n$ 是来自 X 的一个样本，试求参数 θ_1 与 θ_2 的极大似然估计量。

257

§7.2 估计量的评选标准

参数的点估计方法只是构造统计量作为未知参数的估计方法，可以看到，对同一个未知参数，用不同的估计法可能得到不同的估计量；即使是使用同一方法也可以得到不同形式的估计量。那么对于同一个未知参数的多个估计量，哪一个更好一些呢？这就需要给出判断估计量优劣的标准，下面给出常用的无偏性、有效性与一致性等三种基本的评选标准。

一、无偏性

因为估计量 $\hat{\theta} = \hat{\theta}(X_1, X_2, \cdots, X_n)$ 是样本的函数，故它是一个随机变量，对于不同的样本值它有不同的估计值。虽然用这些估计值去估计未知参数 θ 时，一般都会有偏差，但我们总是希望 $\hat{\theta}$ 的取值只在参数 θ 附近摆动，即当我们大量重复使用这个估计量 $\hat{\theta}$ 时，希望这些估计值的平均值 $E(\hat{\theta})$ 与参数 θ 的差非常小，当其差为零时,即为无偏性的概念。

定义 7.2.1(无偏估计量) 设 $\hat{\theta} = \hat{\theta}(X_1, X_2, \cdots, X_n)$ 是未知参数 θ 的一个估计量,若 $E(\hat{\theta})$ 存在,且对于任意的 $\theta \in \Theta$,有

$$E(\hat{\theta}) = \theta \tag{7.2.1}$$

则称 $\hat{\theta} = \hat{\theta}(X_1, X_2, \cdots, X_n)$ 为 θ 的无偏估计量。

通常,将估计值的均值 $E(\hat{\theta})$ 与参数 θ 的差 $E(\hat{\theta}) - \theta = b_n$ 称为估计的系统误差(或偏差)。若 $b_n = 0$,即表示无系统误差,即 $\hat{\theta}$ 为 θ 的无偏估计量;若 $b_n \neq 0$,则称 $\hat{\theta}$ 为 θ 的有偏估计量。

若有 $\lim\limits_{n \to \infty} b_n = 0$,则称 $\hat{\theta}$ 为 θ 的渐近无偏估计量。

例 7.2.1 设 $X_1, X_2, \cdots, X_n$ 是来自总体 X 的样本,若总体 X 的 $k(\geqslant 1)$ 阶原点矩 $\mu_k = E(X^k)$ 存在,试证明无论总体 X 服从什么分布,样本原点矩 $\overline{X^k}$ 是相应总体原点矩 $\mu_k = E(X^k)$ 的无偏估计量,即

$$E\left(\frac{1}{n}\sum_{i=1}^{n} X_i^k\right) = E(X^k) \quad k = 1, 2, \cdots$$

证:因为 $X_1, X_2, \cdots, X_n$ 与 X 同分布,故有

$$E(X_i^k) = E(X^k) = \mu_k \quad i = 1, 2, \cdots, n$$

所以 $\qquad E(\overline{X^k}) = E\left(\frac{1}{n}\sum_{i=1}^{n} X_i^k\right) = \frac{1}{n}\sum_{i=1}^{n} E(X_i^k) = E(X^k)$

特别地,当 $k = 1$ 时,即得到样本均值 $\overline{X}$ 为总体均值 $E(X)$ 的无偏估计量,即 $E(\overline{X}) = E(X)$。

例 7.2.2 设 $X_1, X_2, \cdots, X_n$ 是来自总体 X 的样本,若总体 X 的方差 $D(X) = \sigma^2$ 是有限的,试证明样本方差 S^2 是 σ^2 的无偏估计量,样本二阶中心矩 S_n^2 是 σ^2 的有偏估计量,但它是 σ^2 的渐近无偏估计量。

证:由式(6.3.1)得 $E(S^2) = \sigma^2$,即样本方差 S^2 是 σ^2 的无偏估计量;

因为 $S_n^2 = \frac{1}{n}\sum_{i=1}^{n}(X_i - \overline{X})^2 = \frac{n-1}{n} \frac{1}{n-1}\sum_{i=1}^{n}(X_i - \overline{X})^2 = \frac{n-1}{n}S^2$

故 $E(S_n^2) = E\left(\frac{n-1}{n}S^2\right) = \frac{n-1}{n}E(S^2) = \frac{n-1}{n}\sigma^2 \neq \sigma^2$,即样本二阶中心矩 S_n^2 是 σ^2 的有偏估计量;

但由于 $\lim\limits_{n \to \infty} E(S_n^2) = \lim\limits_{n \to \infty}\left[\frac{n-1}{n}\sigma^2\right] = \sigma^2$,故样本二阶中心矩 S_n^2 是 σ^2 的渐近无

偏估计量。

由此可见,不论总体 X 服从什么分布,只要 $E(X) = \mu$ 存在,$D(X) = \sigma^2$ 是有限的,那么

$$\overline{X} = \frac{1}{n}\sum_{i=1}^{n}X_i, \qquad S^2 = \frac{1}{n-1}\sum_{i=1}^{n}(X_i - \overline{X})^2$$

分别为 μ 及 σ^2 的无偏估计量。

例7.2.3 设 $X_1, X_2, \cdots, X_n$ 是来自总体 X 的样本,总体均值 $E(X) = \mu$ 存在,总体方差 $D(X) = \sigma^2 \neq 0$,试证明 $\overline{X}^2$ 不是 μ^2 的无偏估计。

证: 因为 $\quad E(\overline{X}^2) = D(\overline{X}) + (E(\overline{X}))^2 = \frac{1}{n}D(X) + \mu^2 = \frac{\sigma^2}{n} + \mu^2$

即 $E(\overline{X}^2) \neq \mu^2$,所以 $\overline{X}^2$ 不是 μ^2 的无偏估计,而是 μ^2 的有偏估计。

从上例可见,无偏估计没有传递性,即当 $E(\overline{X}) = \mu$ 时,却有 $E(\overline{X}^2) \neq \mu^2$,这说明虽然 $\overline{X}$ 为 μ 的无偏估计,而 $\overline{X}$ 的函数 $\overline{X}^2$ 不一定是 μ 的相应函数 μ^2 的无偏估计。一般来说,$E(\hat{\theta}) = \theta$ 时,不一定有 $E[g(\hat{\theta})] = g(\theta)$,其中 $g(\theta)$ 为 θ 的实值函数。也就是说,当 $\hat{\theta}$ 为 θ 的无偏估计量时,$\hat{\theta}$ 的函数 $g(\hat{\theta})$ 不一定是 θ 的函数 $g(\theta)$ 的无偏估计量。

例7.2.4 设 $X_1, X_2, \cdots, X_n$ 是来自总体 X 的样本,总体 X 服从指数分布 $Z\left(\frac{1}{\theta}\right)$,其概率密度为

259

$$f(x;\theta) = \begin{cases} \dfrac{1}{\theta}e^{-\frac{x}{\theta}} & x > 0 \\[2mm] 0 & x \leqslant 0 \end{cases} \qquad \theta > 0$$

试证明 $\overline{X}$ 与 $nZ = n[\min\{X_1, X_2, \cdots, X_n\}]$ 都是未知参数 θ 的无偏估计量。

证: 因为总体均值为

$$E(X) = \int_0^{+\infty} x\frac{1}{\theta}e^{-\frac{x}{\theta}}dx = -xe^{-\frac{x}{\theta}}\Big|_0^{+\infty} + \theta\int_0^{+\infty}\frac{1}{\theta}e^{-\frac{x}{\theta}}dx = \theta$$

而 $E(\overline{X}) = E(X) = \theta$,所以 $\overline{X}$ 是未知参数 θ 的无偏估计量。

由 §3.5 节例3.5.6 得知,$Z = \min\{X_1, X_2, \cdots, X_n\}$ 的概率密度为

$$f_{\min}(x) = \begin{cases} \dfrac{n}{\theta}e^{-\frac{nx}{\theta}} & x > 0 \\[2mm] 0 & x \leqslant 0 \end{cases}$$

即 Z 服从参数为 $\frac{n}{\theta}$ 的指数分布 $Z\left(\frac{n}{\theta}\right)$,其数学期望为

$$E(Z) = \int_0^{+\infty} x \frac{n}{\theta} e^{-\frac{nx}{\theta}} dx = -x e^{-\frac{nx}{\theta}} \Big|_0^{+\infty} + \frac{\theta}{n} \int_0^{+\infty} \frac{n}{\theta} e^{-\frac{nx}{\theta}} dx = \frac{\theta}{n}$$

因而有 $E(nZ) = \theta$，即 nZ 也是未知参数 θ 的无偏估计量。

由此可见，一个未知参数可以有多个不同的无偏估计量。事实上，在本例中，$X_1, X_2, \cdots, X_n$ 中每一个都可以作为 θ 的无偏估计量。因此我们还需要其它的评选标准来评判无偏估计量的优劣。

二、有效性

估计量的无偏性只是反映了估计量所取的数值在未知参数真值的周围波动，而没有反映出估计值的波动大小程度。而方差是反映这种波动程度的一种很好的度量。如果样本容量 n 相同时，估计量的方差大说明估计量取值较为疏散，而方差小说明估计量取值较为集中，所以，一个好的无偏估计量，方差应该尽可能小。

定义 7.2.2(有效性) 设 $\hat{\theta}_1 = \hat{\theta}_1(X_1, X_2, \cdots, X_n)$ 与 $\hat{\theta}_2 = \hat{\theta}_2(X_1, X_2, \cdots, X_n)$ 都是 θ 的无偏估计量，若对于任意的 $\theta \in \Theta$，有

$$D(\hat{\theta}_1) < D(\hat{\theta}_2) \tag{7.2.2}$$

则称 $\hat{\theta}_1$ 比 $\hat{\theta}_2$ 有效。

例 7.2.5 设 X_1, X_2, X_3 是来自总体 X 的样本，总体 X 的均值 $\mu = E(X)$ 存在，方差 $\sigma^2 = D(X)$ 有限，选取 μ 的三个估计量如下：

$$\hat{\mu}_1 = \frac{1}{2}(X_1 + X_2)$$

$$\hat{\mu}_2 = \frac{1}{3}(X_1 + X_2 + X_3)$$

$$\hat{\mu}_3 = \frac{1}{2}X_1 + \frac{1}{3}X_2 + \frac{1}{6}X_3$$

试说明 $\hat{\mu}_1, \hat{\mu}_2, \hat{\mu}_3$ 都是无偏估计量，并比较它们哪一个更有效。

解：因为 $E(X_i) = E(X) = \mu, D(X_i) = D(X) = \sigma^2 \quad i = 1,2,3$，则有

$$E(\hat{\mu}_1) = E\left[\frac{1}{2}(X_1 + X_2)\right] = \frac{1}{2}[E(X_1) + E(X_2)] = \mu$$

$$E(\hat{\mu}_2) = E\left[\frac{1}{3}(X_1 + X_2 + X_3)\right] = \frac{1}{3}[E(X_1) + E(X_2) + E(X_3)] = \mu$$

$$E(\hat{\mu}_3) = E\left(\frac{1}{2}X_1 + \frac{1}{3}X_2 + \frac{1}{6}X_3\right) = \frac{1}{2}E(X_1) + \frac{1}{3}E(X_2) + \frac{1}{6}E(X_3) = \mu$$

即 $\hat{\mu}_1, \hat{\mu}_2, \hat{\mu}_3$ 都是 μ 的无偏估计量。

而 $D(\widehat{\mu_1}) = D\left[\dfrac{1}{2}(X_1 + X_2)\right] = \dfrac{1}{2^2}[D(X_1) + D(X_2)] = \dfrac{1}{2}\sigma^2$

$$D(\widehat{\mu_2}) = D\left[\dfrac{1}{3}(X_1 + X_2 + X_3)\right] = \dfrac{1}{3^2}[D(X_1) + D(X_2) + D(X_3)] = \dfrac{1}{3}\sigma^2$$

$$D(\widehat{\mu_3}) = D\left(\dfrac{1}{2}X_1 + \dfrac{1}{3}X_2 + \dfrac{1}{6}X_3\right) = \dfrac{1}{2^2}D(X_1) + \dfrac{1}{3^2}D(X_2) + \dfrac{1}{6^2}D(X_3) = \dfrac{7}{18}\sigma^2$$

可见 $D(\widehat{\mu_2}) < D(\widehat{\mu_3}) < D(\widehat{\mu_1})$，即 $\widehat{\mu_2}$ 更有效。

一般地，设 $X_1, X_2, \cdots, X_n$ 是来自总体的样本，总体 X 的均值 $\mu = E(X)$ 存在，方差 $\sigma^2 = D(X)$ 有限，可以证明：对于任意非负常数 $c_1, c_2, \cdots, c_n$，若 $c_1 + c_2 + \cdots + c_n = 1$，则

（1）$c_1 X_1 + c_2 X_2 + \cdots + c_n X_n$ 是 μ 的无偏估计量；

（2）$D(\overline{X}) = D\left(\dfrac{1}{n}\displaystyle\sum_{i=1}^{n} X_i\right) \leqslant D\left(\displaystyle\sum_{i=1}^{n} c_i X_i\right)$

这说明，对于满足条件 $\displaystyle\sum_{i=1}^{n} c_i = 1$ 的任一组非负常数 $c_1, c_2, \cdots, c_n$，样本 $X_1,$ $X_2, \cdots, X_n$ 的线性函数 $\displaystyle\sum_{i=1}^{n} c_i X_i$ 均是总体均值 μ 的无偏估计量，且在这些线性函数 $\displaystyle\sum_{i=1}^{n} c_i X_i$ 中，样本均值 $\overline{X}$ 的方差最小，即样本均值 $\overline{X}$ 更有效。

261

例 7.2.6 设 $X_1, X_2, \cdots, X_n$ 是来自总体 X 的样本，总体 X 服从均匀分布 $U(0, \theta)$，其概率密度为

$$f(x; \theta) = \begin{cases} \dfrac{1}{\theta} & 0 \leqslant x \leqslant \theta \quad 0 < \theta < +\infty \\ 0 & \text{其它} \end{cases}$$

试说明 θ 的估计量 $\widehat{\theta_1} = 2\overline{X}, \widehat{\theta_2} = \dfrac{n+1}{n}X_{(n)}$ 都是 θ 的无偏估计量，并比较 $\widehat{\theta_1}$ 和 $\widehat{\theta_2}$ 哪一个更有效？

解： 因为总体 X 服从均匀分布 $U(0, \theta)$，则其均值与方差为

$$E(X) = \dfrac{\theta}{2}, \qquad D(X) = \dfrac{\theta^2}{12}$$

故 $E(\overline{X}) = E(X) = \dfrac{\theta}{2}$，得 $E(2\overline{X}) = \theta$，即 $\widehat{\theta_1} = 2\overline{X}$ 是 θ 的无偏估计量。而 $\widehat{\theta_1} = 2\overline{X}$ 的方差为

$$D(\widehat{\theta_1}) = D(2\overline{X}) = 4D(\overline{X}) = \dfrac{4}{n}D(X) = \dfrac{4}{n} \cdot \dfrac{\theta^2}{12} = \dfrac{\theta^2}{3n}$$

又由 §3.5 节的式(3.5.14)知,$X_{(n)} = \max\{X_1, X_2, \cdots, X_n\}$ 的分布函数为

$$F_{X_{(n)}}(x) = [F(x)]^n$$

其中总体 X 的分布函数为

$$F(x) = \begin{cases} 0 & x < 0 \\ x/\theta & 0 \leqslant x < \theta \\ 1 & x \geqslant \theta \end{cases}$$

故得 $X_{(n)}$ 的概率密度函数为

$$f_{X_{(n)}}(x) = n[F(x)]^{n-1}f(x) = \begin{cases} n\left(\dfrac{x}{\theta}\right)^{n-1}\dfrac{1}{\theta} = \dfrac{nx^{n-1}}{\theta^n} & 0 < x < \theta \\ 0 & \text{其它} \end{cases}$$

所以 $X_{(n)}$ 的数学期望为

$$E(X_{(n)}) = \int_0^\theta x\,\frac{nx^{n-1}}{\theta^n}\mathrm{d}x = \frac{n}{\theta^n}\int_0^\theta x^n\mathrm{d}x = \frac{n\theta}{n+1}$$

262

于是 $E(\widehat{\theta}_2) = E\left(\dfrac{n+1}{n}X_{(n)}\right) = \theta$,即 $\widehat{\theta}_2 = \dfrac{n+1}{n}X_{(n)}$ 也是 θ 的无偏估计量。

而 $\widehat{\theta}_2 = \dfrac{n+1}{n}X_{(n)}$ 的方差

$$D(\widehat{\theta}_2) = D\left(\frac{n+1}{n}X_{(n)}\right) = \frac{(n+1)^2}{n^2}D(X_{(n)}) = \frac{(n+1)^2}{n^2}\left[E(X_{(n)}^2) - (E(X_{(n)}))^2\right]$$

且

$$E(X_{(n)}^2) = \int_{-\infty}^{+\infty} x^2 f_{X_{(n)}}(x)\mathrm{d}x = \int_0^\theta x^2\frac{nx^{n-1}}{\theta^n}\mathrm{d}x = \frac{n}{n+2}\theta^2$$

于是得

$$D(\widehat{\theta}_2) = \frac{(n+1)^2}{n^2} = \left[\frac{n}{(n+2)}\theta^2 - \frac{n^2\theta^2}{(n+1)^2}\right] = \frac{\theta^2}{n(n+2)}$$

由此得出,当 $n \geqslant 2$ 时,$D(\widehat{\theta}_2) < D(\widehat{\theta}_1)$,即 θ 的无偏估计量 $\widehat{\theta}_2$ 比 $\widehat{\theta}_1$ 更有效。

三、一致性(相合性)

在无偏估计和有效估计中,未知参数 θ 的估计量 $\widehat{\theta} = \widehat{\theta}(X_1, X_2, \cdots, X_n)$ 是样本 $X_1, X_2, \cdots, X_n$ 的函数,是与固定的样本容量 n 有关的,所以可记作:

$$\widehat{\theta}_n = \widehat{\theta}_n(X_1, X_2, \cdots, X_n) \tag{7.2.3}$$

若 $\widehat{\theta}_n$ 是 θ 的一个好的估计量,自然希望当 n 足够大时,$\widehat{\theta}_n$ 仍稳定在 θ 的附近。这便产生了一致性或相合性的概念:

定义 7.2.3(一致性)　设 $\hat{\theta}_n = \hat{\theta}_n(X_1, X_2, \cdots, X_n)$ 是未知参数 θ 的估计量,若对于任意的 $\theta \in \Theta$,当 $n \to \infty$ 时,$\hat{\theta}_n$ 依概率收敛于 θ,则称 $\hat{\theta}_n$ 为 θ 的一致估计量,或称相合估计量。即对于任意的 $\varepsilon > 0$,有

$$\lim_{n \to \infty} P(|\hat{\theta}_n - \theta| \geq \varepsilon) = 0 \tag{7.2.4}$$

记为 $\hat{\theta}_n \xrightarrow{P} \theta$。

例 7.2.7　设 $X_1, X_2, \cdots, X_n$ 是来自总体 X 的简单随机样本,且 $E(X) = \mu$ 存在,$D(X) = \sigma^2$ 有限,试证明样本二阶中心矩 $S_n^2 = \dfrac{1}{n} \sum_{i=1}^{n} (X_i - \bar{X})^2$ 与样本方差 $S^2 = \dfrac{1}{n-1} \sum_{i=1}^{n} (X_i - \bar{X})^2$ 都是 σ^2 的一致估计量。

证: 因为 $X_1, X_2, \cdots, X_n$ 相互独立且与总体 X 同分布,即有

$$E(X_i) = E(X) = \mu, E(X_i^2) = E(X^2) \quad i = 1, 2, \cdots, n$$

由 §5.1 节中定理 5.1.3(辛钦大数定律)可知,样本均值 $\bar{X}$ 依概率收敛于 $E(X)$,样本二阶原点矩 $\overline{X^2}$ 依概率收敛于 $E(X^2)$,即有

$$\bar{X} = \frac{1}{n} \sum_{i=1}^{n} X_i \xrightarrow{P} E(X), \overline{X^2} = \frac{1}{n} \sum_{i=1}^{n} X_i^2 \xrightarrow{P} E(X^2)$$

263

而样本二阶中心矩 $S_n^2 = \dfrac{1}{n} \sum_{i=1}^{n} (X_i - \bar{X})^2 = \dfrac{1}{n} \sum_{i=1}^{n} X_i^2 - \bar{X}^2 = \overline{X^2} - \bar{X}^2$

因此有

$$S_n^2 = \overline{X^2} - \bar{X}^2 \xrightarrow{P} E(X^2) - [E(X)]^2 = D(X) = \sigma^2$$

即样本二阶中心矩 S_n^2 依概率收敛于 σ^2,故 S_n^2 是 σ^2 的一致估计量。

又因为 $\qquad S^2 = \dfrac{1}{n-1} \sum_{i=1}^{n} (X_i - \bar{X})^2 = \dfrac{n}{n-1} S_n^2 \xrightarrow{P} \sigma^2$

即样本方差 S^2 依概率收敛于 σ^2,说明 S^2 与 S_n^2 均为 σ^2 的一致估计量。

一般地,可由辛钦大数定律证明:样本 $k(\geq 1)$ 阶原点矩 $\overline{X^k}$ 是总体 k 阶原点矩 $\mu_k = E(X^k)$ 的一致估计量;进而若 g 为连续函数,则未知参数 $\theta = g(\mu_1, \mu_2, \cdots, \mu_k)$ 的矩估计量

$$\hat{\theta} = g(\hat{\mu}_1, \hat{\mu}_2, \cdots, \hat{\mu}_k) = g(\bar{X}_1, \overline{X^2}, \cdots, \overline{X^k})$$

是其一致估计量。

一致性是判断估计量好坏的一个重要标准,也是对估计量的一个基本要求,若估计量不具有一致性,那么随着样本容量 n 的增大,它会明显偏离被估计的未知参

数,这样的估计量显然是不可取的。

思考题7.2

1. 评判估计量的常用标准有哪些,它们基于何种原理?

2. 样本方差 S^2 具有哪些重要性质?

3. 样本 $k(\geqslant 1)$ 阶中心矩 S_n^k 是否是总体 k 阶中心矩 σ_k 的无偏估计与相合估计?

4. 是否有方差最小的无偏估计存在?

基 本 练 习7.2

1. 从一批电子元件中随机抽取10件,测得其寿命数据如下(单位:小时):

1293 1380 1614 1497 1340 1643 1466 1627 1387 1711

试求电子元件寿命总体 X 的均值与方差的无偏估计值。

2. 从某总体抽得一个容量为50的样本值数据如下:

264

样本值 x_i	2	5	7	10
出现次数	16	12	8	14

试求总体 X 均值与方差的无偏估计值。

3. 设总体 X 的数学期望为 μ,方差为 σ^2,$X_1, X_2, \cdots X_n$ 和 $Y_1, Y_2, \cdots Y_m$ 分别是来自 X 的两个独立样本,试证明样本方差 $S^2 = \dfrac{1}{n+m-2} [\sum_{i=1}^{n} (X_i - \overline{X})^2 + \sum_{j=1}^{m} (Y_j - \overline{Y})^2]$ 是 σ^2 的无偏估计量。

4. 设 X_1, X_2, X_3 是来自总体 X 的样本,如果 X 的均值 $\mu = E(X)$ 与方差 $\sigma^2 = D(X)$ 都存在,试证明估计量

$$T_1 = \frac{2}{3} X_1 + \frac{1}{6} X_2 + \frac{1}{6} X_3, \; T_2 = \frac{1}{4} X_1 + \frac{1}{8} X_2 + \frac{5}{8} X_3, \; T_3 = \frac{1}{7} X_1 + \frac{3}{14} X_2 + \frac{9}{14} X_3$$

均是总体 X 的均值 $E(X)$ 的无偏估计量,并判断哪一个估计量更有效。

5. 设总体 $X \sim N(\mu, \sigma^2)$,$X_1, X_2, \cdots, X_n$ 是来自 X 的一个样本。(1)求 K,使 $\widehat{\sigma^2} = \dfrac{1}{K} \sum_{i=1}^{n-1} (X_{i+1} - X_i)^2$ 是 σ^2 的无偏估计量。(2)求 K,使 $\widehat{\sigma} = \dfrac{1}{K} \sum_{i=1}^{n} |X_i - \overline{X}|$ 是 σ 的无偏估计量。

6. 设总体 $X \sim \pi(\lambda)$,$\lambda > 0$,$X_1, X_2, \cdots X_n$ 是来自 X 的一个样本。(1)试证明对一切 $a(0 \leqslant a \leqslant 1)$,$a\overline{X} + (1-a)S^2$ 均为 λ 的无偏估计量;(2)试求 λ^2 的无偏估

计量。

7. 设总体 X 在 $(0,\theta)$ 上服从均匀分布,其中 $\theta(>0)$ 为未知参数,X_1,X_2,X_3 是来自该总体 X 的一个样本。(1)试证 $\widehat{\theta_1}=\dfrac{4}{3}\max\limits_{1\leqslant i\leqslant 3}\{X_i\}$,$\widehat{\theta_2}=4\min\limits_{1\leqslant i\leqslant 3}\{X_i\}$ 都是 θ 的无偏估计;(2)并比较两个估计中哪一个的方差更小,哪一个更有效。

§7.3　区　间　估　计

未知参数 θ 的点估计 $\hat{\theta}$,只是给出了 θ 的近似值,没有给出此近似值的精确程度。有时候,我们希望估计出一个包含未知参数 θ 真值的一个范围,并了解这个范围的可信程度。在数理统计中,这个范围通常以数值区间的形式给出,同时给出这个区间包含未知参数 θ 的真值的概率,这种形式的估计谓之区间估计,这样的区间即所谓置信区间。

一、区间估计的基本概念

区间估计的任务是求出未知参数 θ 的置信区间。下面给出置信区间的定义。

定义 7.3.1(置信区间)　设 $X_1,X_2,\cdots,X_n$ 是来自总体的一个样本,总体 X 的分布函数 $F(x,\theta)$ 中的 θ 为未知参数,对于给定的值 $\alpha(0<\alpha<1)$,若由样本确定两个统计量 $\underline{\theta}=\underline{\theta}(X_1,X_2,\cdots,X_n)$ 及 $\overline{\theta}=\overline{\theta}(X_1,X_2,\cdots,X_n)$,使其满足不等式:

$$P\{\underline{\theta}<\theta<\overline{\theta}\}\geqslant 1-\alpha \qquad (7.3.1)$$

则称 $1-\alpha$ 为置信水平(或置信度),随机区间 $(\underline{\theta},\overline{\theta})$ 为未知参数 θ 的置信水平为 $1-\alpha$ 的双侧置信区间,$\underline{\theta}$ 与 $\overline{\theta}$ 分别称为置信下限与置信上限。

实际上,当总体 X 为连续型时,对于给定的 α,我们可以按等式

$$P\{\underline{\theta}<\theta<\overline{\theta}\}=1-\alpha \qquad (7.3.2)$$

确定置信下限 $\underline{\theta}$ 与置信上限 $\overline{\theta}$。而当总体 X 为离散型时,对于给定的 α,我们只能寻求近似满足式(7.3.1)的置信下限 $\underline{\theta}$ 与置信上限 $\overline{\theta}$。

定义 7.3.1 表明,因为随机区间 $(\underline{\theta},\overline{\theta})$ 的置信下限 $\underline{\theta}$ 与置信上限 $\overline{\theta}$ 都是样本的函数,因而都是统计量,对于一个样本值 $x_1,x_2,\cdots,x_n$,由(7.3.1)或(7.3.2)可得到一个具体的双侧置信区间 $(\underline{\theta},\overline{\theta})$,其中 $\underline{\theta}=\underline{\theta}(x_1,x_2,\cdots,x_n)$ 及 $\overline{\theta}=\overline{\theta}(x_1,x_2,\cdots,x_n)$。根据不同的样本值就会得到不同的置信区间 $(\underline{\theta},\overline{\theta})$。而这样的区间可能包含 θ 的真值,也可能不包含 θ 的真值,可以确定的是,这样的区间包含 θ 的真值的概率为 $1-\alpha$。即若取 $\alpha=0.05$,置信度为 $1-0.05=0.95$,则意味着若重复抽出

100 个样本值,将得到 100 个具体的置信区间 $(\underline{\theta}, \overline{\theta})$,这 100 个具体区间中约有 $100 \times 0.95 = 95$ 个包含 θ 的真值,约有 5 个具体区间不包含 θ 的真值。

由定义 7.3.1 还可看出,未知参数 θ 的置信水平为 $1-\alpha$ 的双侧置信区间 $(\underline{\theta}, \overline{\theta})$ 并不是唯一的。置信区间的长度越短,则表明区间估计的精确度越高。因此,在实际中,在置信水平为 $1-\alpha$ 给定时,通常寻求长度尽可能短的置信区间。

按定义 7.3.1,求置信区间的一般步骤如下:

(1) 明确区间估计问题,即明确求什么参数的置信区间,置信水平是多少?

(2) 参照未知参数 θ 的点估计 $\hat{\theta}$,构造包含 θ 且不包含其它未知参数的样本的函数

$$T = T(X_1, X_2, \cdots, X_n; \theta)$$

并需确定此样本函数 T 服从已知的分布;

(3) 由此样本函数 T 的分布与其上 α 分位点确定 a, b 值,使概率

$$P\{a < T(X_1, X_2, \cdots, X_n; \theta) < b\} = 1-\alpha$$

(4) 利用不等式变形,从 $a < T(X_1, X_2, \cdots, X_n; \theta) < b$ 解出

$$\underline{\theta}(X_1, X_2, \cdots, X_n) < \theta < \overline{\theta}(X_1, X_2, \cdots, X_n)$$

即得所求置信区间 $(\underline{\theta}, \overline{\theta})$。

266

若 $x_1, x_2, \cdots, x_n$ 为样本 $X_1, X_2, \cdots, X_n$ 的观察值,则得未知参数 θ 的置信水平为 $1-\alpha$ 的一个具体的双侧置信区间:

$$(\underline{\theta}, \overline{\theta}) = (\underline{\theta}(x_1, x_2, \cdots, x_n), \overline{\theta}(x_1, x_2, \cdots, x_n))$$

二、单个正态总体均值与方差的区间估计

设总体 X 服从 $N(\mu, \sigma^2)$,$X_1, X_2, \cdots, X_n$ 是来自总体 X 的样本,按照上述的求置信区间的一般步骤,以下分别求出正态总体均值与方差的置信区间。

1. 当方差 σ^2 已知时,求 μ 的置信水平为 $1-\alpha$ 的置信区间

按照求置信区间的一般步骤得

(1) 明确区间估计问题:当方差 σ^2 已知时,求 μ 的置信水平为 $1-\alpha$ 的置信区间;

(2) 参照未知参数 μ 的无偏估计 $\overline{X}$,由式(6.3.24)得包含 μ 且不包含其它未知参数的样本的函数:

$$U = \frac{\overline{X} - \mu}{\sigma/\sqrt{n}} \sim N(0,1)$$

(3) 因为 U 服从正态分布,利用其对称性与其上 $\alpha/2$ 分位点 $z_{\alpha/2}$ 确定概率:

$$P\left\{ -z_{\alpha/2} < \frac{\overline{X} - \mu}{\sigma/\sqrt{n}} < z_{\alpha/2} \right\} = 1 - \alpha$$

（4）利用不等式变形，从 $-z_{\alpha/2} < \dfrac{\overline{X} - \mu}{\sigma/\sqrt{n}} < z_{\alpha/2}$ 解出

$$\overline{X} - \frac{\sigma}{\sqrt{n}} z_{\alpha/2} < \mu < \overline{X} + \frac{\sigma}{\sqrt{n}} z_{\alpha/2}$$

即得所求置信区间

$$(\underline{\mu}, \overline{\mu}) = \left(\overline{X} - \frac{\sigma}{\sqrt{n}} z_{\alpha/2}, \overline{X} + \frac{\sigma}{\sqrt{n}} z_{\alpha/2} \right) = \left(\overline{X} \pm \frac{\sigma}{\sqrt{n}} z_{\alpha/2} \right) \tag{7.3.3}$$

此置信区间的长度为
$$d_n = \frac{2\sigma}{\sqrt{n}} z_{\alpha/2} \tag{7.3.4}$$

例 7.3.1 某工厂生产一批滚球,其直径 X 服从正态分布 $N(\mu, 0.7^2)$,现从中抽取 6 个,测得直径数据(以毫米计)如下:

15.1　14.8　15.2　14.9　14.6　15.1

试求直径平均值的置信度为 0.95 的置信区间。

解:本题是在方差 $\sigma^2 = 0.7^2$ 已知时,求直径平均值 μ 的置信度为 0.95 的置信区间,故由式(7.3.3)得此具体区间为

267

$$(\underline{\mu}, \overline{\mu}) = \left(\bar{x} - \frac{\sigma}{\sqrt{n}} z_{\alpha/2}, \bar{x} + \frac{\sigma}{\sqrt{n}} z_{\alpha/2} \right)$$

再由实际数据计算得 $\bar{x} = 14.95$,而 $1 - \alpha = 0.95, \alpha = 0.05$,查表可知 $z_{0.05/2} = 1.96$,代入上式即得所求置信区间为

$$\left(14.95 \pm \frac{0.7}{\sqrt{6}} \times 1.96 \right) = (14.95 \pm 0.56) = (14.39, 15.51)$$

可见,滚球直径平均值估计在 14.95mm 与 15.51mm 之间,这个估计的可信程度为 95%。且在此区间内任取一值为作为 μ 的估计,则其误差值不会超过 $\dfrac{2 \times 0.7}{\sqrt{6}} \times 1.96 = 1.12$,这个误差估计的可信程度为 95%。

2. 方差 σ^2 未知时,求 μ 的置信水平为 $1 - \alpha$ 的置信区间

按照求置信区间的一般步骤得

（1）明确区间估计问题:当方差 σ^2 未知时,求 μ 的置信水平为 $1 - \alpha$ 的置信区间;

（2）参照未知参数 μ 的无偏估计 $\overline{X}$,构造包含 μ 且不包含其它未知参数的样本的函数:

$$T = \frac{\overline{X} - \mu}{S/\sqrt{n}} \sim t(n-1)$$

注意：这是式（6.3.26），此时不能再使用式（6.3.24），因为其中 σ 为未知，故用样本标准差 S 代替 σ，而 S 代替 σ 之后，统计量 T 服从 t 分布，而不是正态分布 $N(0,1)$。

（3）因为 T 服从 $t(n-1)$ 分布，利用其对称性与其上 $\alpha/2$ 分位点 $t_{\alpha/2}(n-1)$ 确定概率：

$$P\left\{ -t_{\alpha/2}(n-1) < \frac{\overline{X} - \mu}{S/\sqrt{n}} < t_{\alpha/2}(n-1) \right\} = 1 - \alpha$$

（4）利用不等式变形，从 $-t_{\alpha/2}(n-1) < \dfrac{\overline{X} - \mu}{S/\sqrt{n}} < t_{\alpha/2}(n-1)$ 解出

$$\overline{X} - \frac{S}{\sqrt{n}} t_{\alpha/2}(n-1) < \mu < \overline{X} + \frac{S}{\sqrt{n}} t_{\alpha/2}(n-1)$$

即得所求置信区间

$$(\underline{\mu}, \overline{\mu}) = \left(\overline{X} - \frac{S}{\sqrt{n}} t_{\alpha/2}(n-1), \overline{X} + \frac{S}{\sqrt{n}} t_{\alpha/2}(n-1) \right) =$$

$$\left(\overline{X} \pm \frac{S}{\sqrt{n}} t_{\alpha/2}(n-1) \right) \tag{7.3.5}$$

此置信区间的长度为
$$d_n = \frac{2S}{\sqrt{n}} t_{\alpha/2}(n-1) \tag{7.3.6}$$

例 7.3.2 已知某种白炽灯泡的寿命 X 服从正态分布 $N(\mu, \sigma^2)$，其中 μ, σ^2 均未知。在一批该种灯泡中随机抽出 12 只，测得其寿命值（以小时计）如下：

$$
\begin{array}{cccccc}
1067 & 919 & 1196 & 785 & 1126 & 936 \\
918 & 1156 & 920 & 948 & 993 & 922
\end{array}
$$

试求灯泡平均寿命的置信度为 0.95 的置信区间。

解：本题是求方差 σ^2 未知时，灯泡平均寿命 μ 的置信度为 0.95 的置信区间，故由式（7.3.5）得此具体区间为

$$\left(\overline{x} \pm \frac{s}{\sqrt{n}} t_{\alpha/2}(n-1) \right)$$

再由实际数据计算得 $\overline{x} = 990.5, s = 120.9$，而 $1 - \alpha = 0.95, \alpha = 0.05, n = 12$，查表得 $t_{0.05/2}(11) = 2.201$，代入上式即得所求置信区间为

$$\left(990.5 \pm \frac{120.9}{\sqrt{12}} \times 2.201\right) = (990.5 \pm 76.8) = (913.7, 1067.3)$$

3. σ^2 的置信水平为 $1 - \alpha$ 的置信区间

按照求置信区间的一般步骤得

（1）明确区间估计问题：求 σ^2 的置信水平为 $1 - \alpha$ 的置信区间；

（2）参照未知参数 σ^2 的无偏估计 S^2，由式(6.3.25)得包含 σ^2 且不包含其它未知参数的样本的函数：

$$\chi^2 = \frac{(n-1)S^2}{\sigma^2} \sim \chi^2(n-1)$$

（3）因为此 χ^2 服从 $\chi^2(n-1)$ 分布，利用其上 $\alpha/2$ 分位点 $\chi^2_{\alpha/2}(n-1)$ 与上 $1 - \alpha/2$ 分位点 $\chi^2_{1-\alpha/2}(n-1)$ 确定概率：

$$P\left\{\chi^2_{1-\alpha/2}(n-1) < \frac{(n-1)S^2}{\sigma^2} < \chi^2_{\alpha/2}(n-1)\right\} = 1 - \alpha$$

（4）利用不等式变形，从 $\chi^2_{1-\alpha/2}(n-1) < \dfrac{(n-1)S^2}{\sigma^2} < \chi^2_{\alpha/2}(n-1)$ 解出

$$\frac{(n-1)S^2}{\chi^2_{\alpha/2}(n-1)} \leqslant \sigma^2 \leqslant \frac{(n-1)S^2}{\chi^2_{1-\alpha/2}(n-1)}$$

即得所求置信区间

$$\left(\frac{(n-1)S^2}{\chi^2_{\alpha/2}(n-1)}, \frac{(n-1)S^2}{\chi^2_{1-\alpha/2}(n-1)}\right) \tag{7.3.7}$$

由式(7.3.5)，得到总体标准差 σ 的一个置信水平为 $1 - \alpha$ 的置信区间：

$$\left(\frac{\sqrt{n-1}S}{\sqrt{\chi^2_{\alpha/2}(n-1)}}, \frac{\sqrt{n-1}S}{\sqrt{\chi^2_{1-\alpha/2}(n-1)}}\right) \tag{7.3.8}$$

注意到，虽然 χ^2 分布的密度函数不对称，但在实际上常取对称的分位点，如取上式中的 $\chi^2_{1-\alpha/2}(n-1)$ 与 $\chi^2_{\alpha/2}(n-1)$ 来确定置信区间。

例 7.3.3　试求例 7.3.2 中 σ^2 与 σ 的置信水平为 0.90 的置信区间。

解：按式(7.3.7)得 σ^2 的置信水平为 0.90 的具体置信区间为

$$\left(\frac{(n-1)s^2}{\chi^2_{\alpha/2}(n-1)}, \frac{(n-1)s^2}{\chi^2_{1-\alpha/2}(n-1)}\right) = \left(\frac{11 \times 120.9^2}{\chi^2_{0.05}(11)}, \frac{11 \times 120.9^2}{\chi^2_{0.95}(11)}\right)$$

其中 $\alpha = 0.10$，查表得 $\chi^2_{0.05}(11) = 19.675, \chi^2_{0.95}(11) = 4.575$，故有

$$\left(\frac{11 \times 120.9^2}{19.675}, \frac{11 \times 120.9^2}{4.575}\right) = (8172, 35144)$$

269

是 σ^2 的置信水平为 0.90 的置信区间。计算得 σ 的置信水平为 0.90 的置信区间为

$$(\sqrt{8172}, \sqrt{35144}) = (90.4, 187.5)$$

三、两个正态总体均值差与方差比的区间估计

1. 两个正态总体均值差的置信水平为 $1-\alpha$ 的置信区间

设 $X_1, X_2, \cdots, X_{n_1}$ 是来自总体 X 的容量为 n_1 的样本,总体 $X \sim N(\mu_1, \sigma_1^2)$,$Y_1, Y_2, \cdots, Y_{n_2}$ 是来自总体 Y 的容量为 n_2 的样本,总体 $Y \sim N(\mu_2, \sigma_2^2)$,且这两个样本相互独立,样本均值分别为 $\overline{X}$ 与 $\overline{Y}$,样本方差分别为 S_1^2 与 S_2^2,求总体均值差 $\mu_1 - \mu_2$ 的置信水平为 $1-\alpha$ 的置信区间。以下介绍两种常见情况。

(1) 若 σ_1^2 与 σ_2^2 均已知,$\mu_1 - \mu_2$ 的置信区间

当 σ_1^2 与 σ_2^2 均已知,而 μ_1 与 μ_2 的无偏估计分别为 $\overline{X}$ 与 $\overline{Y}$,故 $\mu_1 - \mu_2$ 的无偏估计为 $\overline{X} - \overline{Y}$,且由 $\overline{X}$ 与 $\overline{Y}$ 的独立性以及 $\overline{X} \sim N\left(\mu_1, \dfrac{\sigma_1^2}{n_1}\right)$,$\overline{Y} \sim N\left(\mu_2, \dfrac{\sigma_2^2}{n_2}\right)$ 可得

$$\overline{X} - \overline{Y} \sim N\left(\mu_1 - \mu_2, \frac{\sigma_1^2}{n_1} + \frac{\sigma_2^2}{n_2}\right)$$

即得包含 $\mu_1 - \mu_2$,且不包含其它未知参数的样本的函数:

$$U = \frac{\overline{X} - \overline{Y} - (\mu_1 - \mu_2)}{\sqrt{\dfrac{\sigma_1^2}{n_1} + \dfrac{\sigma_2^2}{n_2}}} \sim N(0,1)$$

在给定置信水平 $1-\alpha$ 时,由标准正态分布的对称性与其上 α 分位点得概率:

$$P\{|U| < z_{\alpha/2}\} = 1 - \alpha$$

再通过不等式 $|U| < z_{\alpha/2}$ 变形,即得两总体均值差 $\mu_1 - \mu_2$ 的置信水平为 $1-\alpha$ 的置信区间:

$$\left(\overline{X} - \overline{Y} \pm z_{\alpha/2}\sqrt{\frac{\sigma_1^2}{n_1} + \frac{\sigma_2^2}{n_2}}\right) \tag{7.3.9}$$

例 7.3.4 设总体 $X \sim N(\mu_1, 2.4^2)$,总体 $Y \sim N(\mu_2, 3.1^2)$,现从两个总体中分别独立地抽出容量为 $n_1 = 16$ 和 $n_2 = 25$ 的样本,样本均值分别为 17.5 与 15.9,试求这两个总体均值差 $\mu_1 - \mu_2$ 的置信水平为 0.95 的置信区间。

解:由题设知:$n_1 = 16, n_2 = 25, \overline{x} = 17.5, \overline{y} = 15.9, \sigma_1^2 = 2.4^2, \sigma_2^2 = 3.1^2, 1 - \alpha = 0.95, \alpha = 0.05, z_{0.05/2} = z_{0.025} = 1.96$,由式(7.3.9)得这两个总体均值差 $\mu_1 - \mu_2$ 的置

信水平为 0.95 的置信区间为

$$\left(\overline{x} - \overline{y} \pm z_{\alpha/2} \sqrt{\frac{\sigma_1^2}{n_1} + \frac{\sigma_2^2}{n_2}}\right) = \left(17.5 - 15.9 \pm 1.96 \sqrt{\frac{2.4^2}{16} + \frac{3.1^2}{25}}\right) =$$

$$(1.6 \pm 1.7) = (-0.1, 3.3)$$

实际上,当 σ_1^2, σ_2^2 都未知,而样本容量 n_1, n_2 都很大时(约大于 50),则可用

$$\left(\overline{X} - \overline{Y} \pm z_{\alpha/2} \sqrt{\frac{S_1^2}{n_1 - 1} + \frac{S_2^2}{n_2 - 1}}\right) \tag{7.3.10}$$

作为 $\mu_1 - \mu_2$ 近似的置信水平为 $1 - \alpha$ 的置信区间。其中 S_1^2 与 S_2^2 分别为 σ_1^2 与 σ_2^2 的无偏估计。

(2)若 $\sigma_1^2 = \sigma_2^2 = \sigma^2$ 为未知,$\mu_1 - \mu_2$ 的置信区间

当 $\sigma_1^2 = \sigma_2^2 = \sigma^2$ 未知时,利用式(6.3.29)得包含 $\mu_1 - \mu_2$,且不包含其它未知参数的样本的函数:

$$T = \frac{\overline{X} - \overline{Y} - (\mu_1 - \mu_2)}{S_W \sqrt{\frac{1}{n_1} + \frac{1}{n_2}}} \sim t(n_1 + n_2 - 2)$$

其中联合方差　　　$S_W^2 = \frac{(n_1 - 1)S_1^2 + (n_2 - 1)S_2^2}{n_1 + n_2 - 2}, S_W = \sqrt{S_W^2}$

在给定置信水平 $1 - \alpha$ 时,由 t 分布的对称性与其上 α 分位数点得

$$P\{|T| < t_{\alpha/2}(n_1 + n_2 - 2)\} = 1 - \alpha$$

再由不等式 $|T| < t_{\alpha/2}(n_1 + n_2 - 2)$ 变形,即可得 $\mu_1 - \mu_2$ 的置信水平为 $1 - \alpha$ 的置信区间:

$$\left(\overline{X} - \overline{Y} \pm t_{\alpha/2}(n_1 + n_2 - 2)S_W \sqrt{\frac{1}{n_1} + \frac{1}{n_2}}\right) \tag{7.3.11}$$

例 7.3.5　为比较 I,II 两种型号步枪子弹的枪口速度,随机地取 I 型子弹 10 发,得到枪口速度的平均值为 $\overline{x} = 500(\text{m/s})$,标准差 $s_1 = 1.10(\text{m/s})$,随机地取 II 型子弹 20 发,得到枪口速度的平均值为 $\overline{y} = 496(\text{m/s})$,标准差 $s_2 = 1.20(\text{m/s})$。假设两总体都可认为近似服从正态分布。且由生产过程可认为方差相等,试求这两个总体均值差 $\mu_1 - \mu_2$ 的置信水平为 0.95 的置信区间。

解:由题设知:$n_1 = 10, n_2 = 20, \overline{x} = 500, \overline{y} = 496, s_1^2 = 1.1^2, s_2^2 = 1.2^2, 1 - \alpha = 0.95, \alpha = 0.05, t_{0.05/2}(10 + 20 - 2) = t_{0.025}(28) = 2.048$,计算联合方差

$$s_W^2 = \frac{9 \times 1.1^2 + 19 \times 1.2^2}{10 + 20 - 2} = 1.366, s_W = \sqrt{s_W^2} = \sqrt{1.366} = 1.1688$$

则由式(7.3.11)得这两个总体均值差 $\mu_1 - \mu_2$ 的置信水平为 0.95 的置信区间为

$$\left(\bar{x} - \bar{y} \pm t_{\alpha/2}(n_1 + n_2 - 2) s_W \sqrt{\frac{1}{n_1} + \frac{1}{n_2}} \right) =$$

$$\left(500 - 496 \pm 2.048 \times 1.1688 \times \sqrt{\frac{1}{10} + \frac{1}{20}} \right) = (4 \pm 0.93) = (3.07, 4.93)$$

本题中得到的置信区间的置信下限大于零,所以在实际中我们认为 μ_1 大于 μ_2。

2. 两个正态总体方差比 $\dfrac{\sigma_1^2}{\sigma_2^2}$ 的置信水平为 $1 - \alpha$ 的置信区间

利用式(6.3.30)可得包含 $\dfrac{\sigma_1^2}{\sigma_2^2}$,且不包含其它未知参数的样本的函数:

$$F = \frac{S_1^2 / S_2^2}{\sigma_1^2 / \sigma_2^2} \sim F(n_1 - 1, n_2 - 1)$$

在给定置信水平 $1 - \alpha$ 时,由 F 分布的上 α 分位数点得

$$P\{ F_{1-\alpha/2}(n_1 - 1, n_2 - 1) < F < F_{\alpha/2}(n_1 - 1, n_2 - 1) \} = 1 - \alpha$$

272

再由不等式 $F_{1-\alpha/2}(n_1 - 1, n_2 - 1) < F < F_{\alpha/2}(n_1 - 1, n_2 - 1)$ 变形,即得 $\dfrac{\sigma_1^2}{\sigma_2^2}$ 的置信水平为 $1 - \alpha$ 的置信区间:

$$\left(\frac{S_1^2 / S_2^2}{F_{\alpha/2}(n_1 - 1, n_2 - 1)}, \frac{S_1^2 / S_2^2}{F_{1-\alpha/2}(n_1 - 1, n_2 - 1)} \right) \qquad (7.3.12)$$

例 7.3.6 试求例 7.3.5 中方差比 $\dfrac{\sigma_1^2}{\sigma_2^2}$ 的置信水平为 0.90 的置信区间。

解:由题设知:$n_1 = 10, n_2 = 20, s_1^2 = 1.1^2, s_2^2 = 1.2^2, 1 - \alpha = 0.90, \alpha = 0.10, F_{0.05}(9, 19) = 2.42, F_{0.95}(9, 19) = \dfrac{1}{F_{0.05}(19, 9)} = \dfrac{1}{2.947} = 0.34$,则由式(7.3.12)得这两个总体均值差 $\dfrac{\sigma_1^2}{\sigma_2^2}$ 的置信水平为 0.90 的置信区间为

$$\left(\frac{s_1^2 / s_2^2}{F_{\alpha/2}(n_1 - 1, n_2 - 1)}, \frac{s_1^2 / s_2^2}{F_{1-\alpha/2}(n_1 - 1, n_2 - 1)} \right) =$$

$$\left(\frac{1.1^2 / 1.2^2}{2.42}, \frac{1.1^2 / 1.2^2}{1/2.947} \right) = (0.35, 2.48)$$

本题中由于 $\dfrac{\sigma_1^2}{\sigma_2^2}$ 的置信区间 $(0.35, 2.48)$ 包含 1 在内,在实际中,我们可认为 σ_1^2 与 σ_2^2 基本一致,没有显著差别,因此在例 7.3.5 中所作假定认为两总体"方差相等"是合理的。

表 7.3.1 列出了正态总体分布参数的双侧置信区间。

表 7.3.1 正态总体分布参数的双侧置信区间

总体	待估参数	其它参数	样本函数及其分布	双侧置信区间
单个正态总体	μ	σ^2 已知	$U = \dfrac{\overline{X} - \mu}{\sigma/\sqrt{n}} \sim N(0,1)$	$\left(\overline{X} \pm \dfrac{\sigma}{\sqrt{n}} z_{\alpha/2} \right)$
	μ	σ^2 未知	$T = \dfrac{\overline{X} - \mu}{S/\sqrt{n}} \sim t(n-1)$	$\left(\overline{X} \pm \dfrac{S}{\sqrt{n}} t_{\alpha/2}(n-1) \right)$
	σ^2	μ 未知	$\chi^2 = \dfrac{(n-1)S^2}{\sigma^2} \sim \chi^2(n-1)$	$\left(\dfrac{(n-1)S^2}{\chi^2_{\alpha/2}(n-1)}, \dfrac{(n-1)S^2}{\chi^2_{1-\alpha/2}(n-1)} \right)$
两个正态总体	$\mu_1 - \mu_2$	σ_1^2, σ_2^2 已知	$\dfrac{\overline{X} - \overline{Y} - (\mu_1 - \mu_2)}{\sqrt{\dfrac{\sigma_1^2}{n_1} + \dfrac{\sigma_2^2}{n_2}}} \sim N(0,1)$	$\overline{X} - \overline{Y} \pm z_{\alpha/2} \sqrt{\dfrac{\sigma_1^2}{n_1} + \dfrac{\sigma_2^2}{n_2}}$
	$\mu_1 - \mu_2$	$\sigma_1^2 = \sigma_2^2$ 未知	$\dfrac{\overline{X} - \overline{Y} - (\mu_1 - \mu_2)}{S_W \sqrt{\dfrac{1}{n_1} + \dfrac{1}{n_2}}} \sim t(n_1 + n_2 - 2)$ $S_W^2 = \dfrac{(n_1-1)S_1^2 + (n_2-1)S_2^2}{n_1 + n_2 - 2}$	$\left(\overline{X} - \overline{Y} \pm t_{\alpha/2}(n_1 + n_2 - 2) S_W \sqrt{\dfrac{1}{n_1} + \dfrac{1}{n_2}} \right)$
	$\dfrac{\sigma_1^2}{\sigma_2^2}$	μ_1, μ_2 未知	$\dfrac{S_1^2/S_2^2}{\sigma_1^2/\sigma_2^2} \sim F(n_1-1, n_2-1)$	$\left(\dfrac{S_1^2/S_2^2}{F_{\alpha/2}(n_1-1, n_2-1)}, \dfrac{S_1^2/S_2^2}{F_{1-\alpha/2}(n_1-1, n_2-1)} \right)$

思 考 题 7.3

1. 什么是区间估计,如何求未知参数的置信度为 $1-\alpha$ 的置信区间?
2. 如何求单个正态总体均值与方差的置信度为 $1-\alpha$ 的置信区间?
3. 如何求两个正态总体均值差与方差比的置信度为 $1-\alpha$ 的置信区间?

基 本 练 习 7.3

1. 从某面粉厂生产的袋装面粉中抽取 5 袋,测得重量(单位:kg)如下:

$$24.6 \quad 25.4 \quad 24.8 \quad 25.2 \quad 25.3$$

若假定袋装面粉的重量 X 服从正态分布 $N(\mu,0.3^2)$,试求未知参数 μ 的置信水平为 0.95 的置信区间。

2. 随机抽取某种清漆的 9 个样品,其干燥时间(单位:h)分别为:

6.0　5.7　5.8　6.5　7.0　6.3　5.6　6.1　5.0

设干燥时间总体 X 服从正态分布 $N(\mu,\sigma^2)$ 。针对以下两种条件,试求 μ 的置信度为 0.95 的置信区间。(1)若由以往经验知 $\sigma=0.6$ (小时);(2)若 σ 为未知。

3. 从自动车床加工的一批零件中随机抽取 10 个,测得其尺寸与规定尺寸的偏差(单位:微米)分别为:

2　1　-2　3　2　4　-2　5　3　4

记零件的尺寸偏差为 X ,假定 $X \sim N(\mu,\sigma^2)$,试求未知参数 μ 、σ^2 和 σ 的置信度为 0.95 的区间估计。

4. 设总体 $X \sim N(\mu,\sigma^2)$,已知 $\sum_{i=1}^{15} x_i = 18.7$, $\sum_{i=1}^{15} x_i^2 = 25.05$,试求 μ 和 σ 的置信度为 0.95 的区间估计。

5. 设一批零件的长度服从正态分布 $N(\mu,\sigma^2)$,其中 μ , σ^2 均未知,现从中随机抽取 16 个零件,测得样本均值 $\bar{x}=20$ (cm)与样本方差 $s=1$ (cm),试求 μ 与 σ^2 的置信度为 0.90 的置信区间。

274

6. 设自正态总体 $X \sim N(\mu_1,5^2)$ 中抽取一个容量为 $n_1=10$ 的样本,又自正态总体 $Y \sim N(\mu_2,6^2)$ 中抽取一个容量为 $n_2=12$ 的样本,由它们的样本观察值计算得到样本均值分别为 $\bar{x}=19.8$ 与 $\bar{y}=24.0$,假定两个样本是相互独立的,试求这两个总体均值差 $\mu_1-\mu_2$ 的置信水平为 0.95 的置信区间。

7. 设某地区成年男子身高 X 服从正态分布 $N(\mu_1,\sigma_1^2)$,成年女子身高 Y 服从正态分布 $N(\mu_2,\sigma_2^2)$ 。现从中随机抽取成年男女各 100 名,测量其身高。得到男子身高数据的平均值为 $\bar{x}=171$ (cm),样本标准差 $s_1=3.5$ (cm)。女子身高数据的平均值为 $\bar{y}=167$ (cm),样本标准差 $s_2=3.8$ (cm)。试求男、女身高平均值之差的置信度为 $1-\alpha=0.95$ 的置信区间。

8. 为了比较甲、乙两类试验田的收获量,随机抽取甲类试验田 8 块,乙类试验田 10 块,测得收获量(单位:kg)为:

| 甲类 | 12.6 | 10.2 | 11.7 | 12.3 | 11.1 | 10.5 | 10.6 | 12.2 | | |
| 乙类 | 8.6 | 7.9 | 9.3 | 10.7 | 11.2 | 11.4 | 9.8 | 9.5 | 10.1 | 8.5 |

假定这两类试验田的收获量都服从正态分布,且方差相同。试求两类试验田的收获量均值差的置信水平为 $1-\alpha=0.95$ 的置信区间。

9. 为研究由机器 A 和机器 B 生产的钢管内径,随机抽取机器 A 生产的钢管 16 根,测其内径,得样本方差 $s_1^2=0.34$ (mm^2),抽取机器 B 生产的钢管 13 根,测其内径,得样本方差 $s_2^2 = 0.29(\text{mm}^2)$。设两样本相互独立,且设机器 A 和机器 B 生产的钢管内径分别服从正态分布 $N(\mu_1,\sigma_1^2)$ 与 $N(\mu_2,\sigma_2^2)$,其中参数 μ_1,μ_2,σ_1^2 与 σ_2^2 均为未知。试求方差比 σ_1^2/σ_2^2 的置信水平为 $1-\alpha = 0.9$ 的置信区间。

§7.4　(0−1)分布参数的区间估计

在实际中,当样本容量 n 充分大时,我们用渐近分布来构造的近似置信区间称为大样本置信区间。

设样本 $X_1,X_2,\cdots,X_n$ 来自总体 X,无论总体 X 服从什么分布,则由中心极限定理可知,当样本容量 n 充分大时,其样本均值 $\overline{X}$ 总是近似服从正态分布,即近似有

$$\frac{\overline{X}-\mu}{\sigma/\sqrt{n}} \sim N(0,1) \tag{7.4.1}$$

若方差 σ^2 已知,则可以此构造关于均值的大样本置信区间:

$$\left(\overline{X} \pm \frac{\sigma}{\sqrt{n}}z_{\alpha/2}\right) \tag{7.4.2}$$

下面我们按式(7.4.2)求参数 p 的置信水平为 $1-\alpha$ 的置信区间。

一、单总体(0−1)分布未知参数 p 的渐近置信区间

若 $X_1,X_2,\cdots,X_n$ 是来自总体 X 的一个样本,总体 X 服从(0−1)分布,其概率分布为

$$P\{X=x;p\} = p^x(1-p)^{1-x}, x=0,1 \tag{7.4.3}$$

其中 p 为未知参数。因为(0−1)分布的均值与方差分别为

$$\mu = p, \sigma^2 = p(1-p)$$

则有样本均值与样本方差为 $E(\overline{X})=p$,$D(\overline{X})=\dfrac{\sigma^2}{n}=\dfrac{p(1-p)}{n}$,因样本容量 n 较大,由中心极限定理知

$$\frac{\overline{X}-p}{\sqrt{p(1-p)/n}} \tag{7.4.4}$$

近似地服从 $N(0,1)$ 分布,于是有

$$P\left\{-z_{\alpha/2} < \frac{\overline{X}-p}{\sqrt{p(1-p)/n}} < z_{\alpha/2}\right\} \approx 1-\alpha$$

注意不等式

$$- z_{\alpha/2} < \frac{n\,\overline{X} - np}{\sqrt{np(1-p)}} < z_{\alpha/2}$$

等价于

$$(n + z_{\alpha/2}^2)p^2 - (2n\,\overline{X} + z_{\alpha/2}^2)p + n\,\overline{X}^2 < 0$$

记

$$\widehat{p_1} = \frac{1}{2a}(-b - \sqrt{b^2 - 4ac}) \tag{7.4.5}$$

$$\widehat{p_2} = \frac{1}{2a}(-b + \sqrt{b^2 - 4ac}) \tag{7.4.6}$$

此处

$$a = n + z_{\alpha/2}^2 , b = -(2n\,\overline{X} + z_{\alpha/2}^2) , c = n\,\overline{X}^2 \tag{7.4.7}$$

即得 p 的近似的置信水平为 $1-\alpha$ 的置信区间是 $(\widehat{p_1}, \widehat{p_2})$

例 7.4.1 设取自一大批产品的 100 个样品中,得一级品 60 个,求这批产品的一级品率 p 的 95% 的置信区间。

解:记一级品率为 p,它是 $(0-1)$ 分布的参数,由题设知,$n = 100$,$\overline{x} = \frac{60}{100} = 0.60$

又给定 $1-\alpha = 0.95$,$\alpha = 0.05$,$z_{0.05/2} = 1.96$,$z_{0.05/2}^2 = 3.84$,代入式(7.4.5)和式式(7.4.6)计算得

$$\widehat{p_1} = 0.502 , \widehat{p_2} = 0.691$$

即在这批产品中,产品的一级品率约在 0.50 到 0.69 之间,这种估计可信程度约为 0.95。

对于 $(0-1)$ 分布参数 p 的近似区间估计,在实际中也采用下面一种简便计算方法。

因为 $(0-1)$ 分布总体的方差为 $\sigma^2 = p(1-p)$,若用 $\overline{X}$ 代替其中的 p,则当 n 足够大时,近似有

$$\frac{\overline{X} - p}{\sqrt{\overline{X}(1 - \overline{X})/n}} \sim N(0,1) \tag{7.4.8}$$

于是有

$$P\left\{ \left| \frac{\overline{X} - p}{\sqrt{\overline{X}(1 - \overline{X})/n}} \right| < z_{\alpha/2} \right\} \approx 1 - \alpha$$

由此得到 p 的近似的 $1-\alpha$ 置信区间为

$$\left(\overline{X} \pm z_{\alpha/2} \sqrt{\overline{X}(1 - \overline{X})/n} \right) \tag{7.4.9}$$

用这个公式求得例 7.4.1 中 p 的近似 0.95 置信区间为

$$(0.6 \pm 1.96 \times \sqrt{0.6 \times 0.4/100}) = (0.6 \pm 0.096) = (0.504, 0.696)$$

可见,两种方法计算结果差异不大,而后者计算简单得多,但要求样本容量 n 较大,一般应满足 $\widehat{np} = n\bar{X} > 5$。

二、两个 $(0-1)$ 分布总体的均值差 $p_1 - p_2$ 的渐近置信区间

设 $X_1, X_2, \cdots, X_{n_1}$ 是来自总体 X 的容量为 n_1 的样本,总体 $X \sim B(1, p_1)$,Y_1, $Y_2, \cdots, Y_{n_2}$ 是来自总体 Y 的容量为 n_2 的样本,总体 $Y \sim B(1, p_2)$,且这两个样本相互独立,样本均值分别为 $\bar{X}$ 与 $\bar{Y}$,它们的联合样本均值为

$$\widehat{p} = \frac{n_1 \bar{X} + n_2 \bar{Y}}{n_1 + n_2} \tag{7.4.10}$$

则可求得两个 $(0-1)$ 分布总体均值差 $p_1 - p_2$ 的置信水平为 $1 - \alpha$ 的渐近置信区间为

$$\left(\bar{X} - \bar{Y} \pm z_{\alpha/2} \sqrt{\widehat{p}(1 - \widehat{p})\left(\frac{1}{n_1} + \frac{1}{n_2}\right)} \right) \tag{7.4.11}$$

例 7.4.2 从甲、乙两个配件厂生产的同类型配件中,各抽出 100 个样品,其中甲厂生产 100 个配件中,有 60 个一级品,乙厂生产 100 个配件中,有 50 个一级品,试求两厂的一级品率之差的置信水平为 0.95 的近似置信区间。

解:由题设,令甲、乙配件厂生产产品的一级品率分别为 p_1 与 p_2,视为两个独立 $(0-1)$ 分布总体的参数,且样本均值分别为 $\bar{x} = \frac{60}{100} = 0.6, \bar{y} = \frac{50}{100} = 0.5$,则它们的联合样本均值为

$$\widehat{p} = \frac{n_1 \bar{X} + n_2 \bar{Y}}{n_1 + n_2} = \frac{100 \times 0.6 + 100 \times 0.5}{100 + 100} = 0.55$$

给定置信水平 $1 - \alpha = 0.95, \alpha = 0.05, z_{0.05/2} = 1.96$,故由式 (7.4.11) 得均值差 $p_1 - p_2$ 的置信水平为 0.95 的渐近信区间为

$$\left(0.6 - 0.5 \pm 1.96 \sqrt{0.55(1 - 0.55)\left(\frac{1}{100} + \frac{1}{100}\right)} \right) = (0.1 \pm 0.14) = (-0.04, 0.24)$$

可见,此置信区间包含零在内,可以认为两厂的一级品率相差不大。

思 考 题 7.4

1. 如何求 $(0-1)$ 分布未知参数 p 的渐近置信区间?

2. 如何理解式 (7.4.11)?

3. 能否依据中心极限定理求泊松分布参数的渐近置信区间?

基本练习7.4

1. 在经济学中,将食品支出占生活消费支出的比重称为恩格尔系数,通过这个系数可以反映人民生活水平的高低。现在某市郊区调查了 100 家农户,计算得恩格尔系数为 49.3% ,试求该市郊区农民家庭恩格尔系数的置信水平为 $1-\alpha = 0.95$ 的置信区间。

2. 从一批批量很大的某种产品中随机抽出 100 件产品,检查发现其中有 22 件次品,试求这批产品的次品率 p 的置信水平为 $1-\alpha = 0.95$ 的置信区间。

3. 从甲、乙两个车间生产的同类型产品中,分别抽出 100 与 120 个产品,其中甲厂生产 100 个产品中,有 60 个一级品,乙厂生产 120 个配件中,有 55 个一级品,试求两厂的一级品率之差的置信水平为 0.95 的近似置信区间。

§7.5 单侧置信区间

278

前面讨论的是未知参数 θ 的置信水平为 $1-\alpha$ 的双侧置信区间 $(\underline{\theta}, \overline{\theta})$。但对许多实际问题,只需要求单侧置信区间。例如对于设备、元件的使用寿命来说,平均寿命 μ 很长是我们所希望的,而平均寿命过短就有质量问题,对于这种情况,我们不用考虑寿命上限 $\overline{\mu}$,故在理论上可将置信上限取作 $+\infty$,只需关注平均寿命的下限 $\underline{\mu}$;又如对于产品的次品率 p ,其平均值小是我们所希望的,平均值过大则是我们关注的,对于这种情况,在理论上可将置信下限取作 0 ,而只需关注于置信上限 $\overline{p}$。这种估计方法叫做单侧区间估计。

定义 7.5.1(单侧置信区间) 设 $X_1, X_2, \cdots, X_n$ 是来自总体的一个样本,总体 X 的分布函数 $F(x, \theta)$ 中的 θ 为未知参数,对于给定的值 $\alpha(0 < \alpha < 1)$,如果有统计量 $\underline{\theta} = \underline{\theta}(X_1, X_2, \cdots, X_n)$ 满足不等式:

$$P\{\theta > \underline{\theta}\} \geq 1-\alpha \qquad (7.5.1)$$

则称 $1-\alpha$ 为置信水平(或置信度),随机区间 $(\underline{\theta}, +\infty)$ 为未知参数 θ 的置信水平为 $1-\alpha$ 的单侧置信区间,$\underline{\theta}$ 称为相应的单侧置信下限。

如果有统计量 $\overline{\theta} = \overline{\theta}(X_1, X_2, \cdots, X_n)$ 满足不等式:

$$P\{\theta < \overline{\theta}\} \geq 1-\alpha \qquad (7.5.2)$$

则称随机区间 $(-\infty, \overline{\theta})$ 为未知参数 θ 的置信水平为 $1-\alpha$ 的单侧置信区间,$\overline{\theta}$ 称为相应的单侧置信上限。

与求双侧置信区间一样,当总体 X 为连续型时,对于给定的 α,我们可以按等式

$$P\{\theta > \underline{\theta}\} = 1 - \alpha \tag{7.5.3}$$

或

$$P\{\theta < \overline{\theta}\} = 1 - \alpha \tag{7.5.4}$$

确定单侧置信下限 $\underline{\theta}$ 或单侧置信上限 $\overline{\theta}$。而当总体 X 为离散型时,对于给定的 α,我们只能寻求近似满足式(7.5.1)或式(7.5.2)的置信下限 $\underline{\theta}$ 或置信上限 $\overline{\theta}$。

下面仅给出正态总体方差未知情况下均值的单侧置信区间的求法,其余情况列表给出,请读者自行推导。

(1) 明确单侧区间估计问题:当方差 σ^2 未知时,求 μ 的置信水平为 $1 - \alpha$ 的单侧置信区间;

(2) 参照未知参数 μ 的无偏估计 $\overline{X}$,构造包含 μ 且不包含其它未知参数的样本的函数:

$$T = \frac{\overline{X} - \mu}{S/\sqrt{n}} \sim t(n-1)$$

(3) 因为 T 服从 $t(n-1)$ 分布,利用其上 α 分位点 $t_\alpha(n-1)$ 确定概率:

$$P\left\{\frac{\overline{X} - \mu}{S/\sqrt{n}} < t_\alpha(n-1)\right\} = 1 - \alpha \tag{7.5.5}$$

(4) 利用不等式 $\dfrac{\overline{X} - \mu}{S/\sqrt{n}} < t_\alpha(n-1)$ 变形,从中解出

$$\mu > \overline{X} - \frac{S}{\sqrt{n}} t_\alpha(n-1) = \underline{\mu} \tag{7.5.6}$$

即得单侧置信下限 $\underline{\mu}$ 和一个单侧置信区间:

$$(\underline{\mu}, +\infty) = \left(\overline{X} - \frac{S}{\sqrt{n}} t_\alpha(n-1), +\infty\right) \tag{7.5.7}$$

类似可由

$$P\left\{\frac{\overline{X} - \mu}{S/\sqrt{n}} > -t_\alpha(n-1)\right\} = 1 - \alpha \tag{7.5.8}$$

得单侧置信上限 $\overline{\mu}$ 和另一个单侧置信区间:

$$\mu < \overline{X} + \frac{S}{\sqrt{n}} t_\alpha(n-1) = \overline{\mu} \tag{7.3.9}$$

$$(-\infty, \overline{\mu}) = \left(-\infty, \overline{X} + \frac{S}{\sqrt{n}} t_\alpha(n-1)\right) \tag{7.5.10}$$

计算时应注意单侧置信区间式(7.3.7)与式(7.3.10)中分位点为 $t_\alpha(n-1)$,

而非双侧置信区间中的 $t_{\alpha/2}(n-1)$。

例 7.5.1 从某批灯泡中随机取 5 只作寿命试验,其寿命(以小时计)如下:

$$1050 \quad 1100 \quad 1120 \quad 1250 \quad 1280$$

设灯泡寿命服从正态分布,试求灯泡寿命平均值的置信度为 0.95 的单侧置信下限。

解: 由题设,总体 $N(\mu,\sigma^2)$ 的方差 σ^2 未知,计算得 $\bar{x}=1160$,$s^2=9950$,给定置信度 $1-\alpha=0.95$,$\alpha=0.05$,$t_{0.05}(4)=2.132$,则由式(7.3.7)得

$$(\underline{\mu},+\infty)=\left(\bar{x}-\frac{s}{\sqrt{n}}t_\alpha(n-1),+\infty\right)$$

其中 $\underline{\mu}=\bar{x}-\dfrac{s}{\sqrt{n}}t_\alpha(n-1)=1160-\dfrac{\sqrt{9950}}{\sqrt{5}}\times2.132=1065$

为所求 μ 的置信度为 0.95 的单侧置信下限。

正态总体的未知参数的单侧置信区间列表如下。

正态分布参数的单侧置信下、上限

总体	待估参数	其它参数	单侧置信下限	单侧置信上限
单个正态总体	μ	σ^2 已知	$\bar{X}-\dfrac{\sigma}{\sqrt{n}}z_\alpha$	$\bar{X}+\dfrac{\sigma}{\sqrt{n}}z_\alpha$
	μ	σ^2 未知	$\bar{X}-\dfrac{S}{\sqrt{n}}t_\alpha(n-1)$	$\bar{X}+\dfrac{S}{\sqrt{n}}t_\alpha(n-1)$
	σ^2	μ 未知	$\dfrac{(n-1)S^2}{\chi_\alpha^2(n-1)}$	$\dfrac{(n-1)S^2}{\chi_{1-\alpha}^2(n-1)}$
两个正态总体	$\mu_1-\mu_2$	σ_1^2,σ_2^2 已知	$\bar{X}-\bar{Y}-z_\alpha\sqrt{\dfrac{\sigma_1^2}{n_1}+\dfrac{\sigma_2^2}{n_2}}$	$\bar{X}-\bar{Y}+z_\alpha\sqrt{\dfrac{\sigma_1^2}{n_1}+\dfrac{\sigma_2^2}{n_2}}$
	$\mu_1-\mu_2$	$\sigma_1^2=\sigma_2^2$ 未知	$\bar{X}-\bar{Y}-t_\alpha(n_1+n_2-2)S_w\sqrt{\dfrac{1}{n_1}+\dfrac{1}{n_2}}$	$\bar{X}-\bar{Y}+t_\alpha(n_1+n_2-2)S_w\sqrt{\dfrac{1}{n_1}+\dfrac{1}{n_2}}$
	$\dfrac{\sigma_1^2}{\sigma_2^2}$	μ_1,μ_2 未知	$\dfrac{S_1^2/S_2^2}{F_\alpha(n_1-1,n_2-1)}$	$\dfrac{S_1^2/S_2^2}{F_{1-\alpha}(n_1-1,n_2-1)}$

思考题 7.5

1. 如何求正态总体的未知参数 θ 的置信水平为 $1-\alpha$ 的单侧置信区间,它与双侧置信区间有何不同?

2. 能否求出 $(0-1)$ 分布总体的未知参数 p 的置信水平为 $1-\alpha$ 的单侧置信区间?

基本练习 7.5

1. 为估计制造某种产品所需的单件平均工时(单位:h),记录制造 5 件产品的工时如下:

$$10.5 \quad 11 \quad 11.2 \quad 12.5 \quad 12.8$$

设制造单件产品所需工时 X 服从正态分布,给定置信水平 $1-\alpha=0.95$,试求单件平均工时的单侧置信上限。

2. 已知某地区农户人均生产蔬菜量 X(单位:kg)服从正态分布 $N(\mu,\sigma^2)$,其中参数 μ 与 σ^2 均为未知。现随机抽取 9 家农户,统计并计算人均蔬菜量数据如下:

$$75 \quad 143 \quad 156 \quad 340 \quad 400 \quad 287 \quad 256 \quad 244 \quad 249$$

试问该地区农户人均生产蔬菜量至少为多少? $(1-\alpha=0.95)$

3. 从某种型号的一批电子元件中随机抽出容量为 10 的一个样本做寿命试验,记录寿命数据如下(单位:h):

1075 1143 1056 1340 1400 1287 1256 1214 1115 1249

设该批电子元件的寿命 X 服从正态分布 $N(\mu,\sigma^2)$,试求这批电子元件的寿命 X 的标准差 σ 的置信水平为 0.95 的单侧置信上限。

4. 为比较 Ⅰ,Ⅱ 两种型号步枪子弹的枪口速度,随机抽取 Ⅰ 型子弹 10 发,得到枪口速度的平均值为 $\bar{x}=500(\mathrm{m/s})$,标准差 $s_1=1.1(\mathrm{m/s})$;随机抽取 Ⅱ 型子弹 20 发,得到枪口速度的平均值为 $\bar{y}=496(\mathrm{m/s})$,标准差 $s_2=1.2(\mathrm{m/s})$。假设两种型号子弹的枪口速度分别服从正态分布 $N(\mu_1,\sigma_1^2)$ 和 $N(\mu_2,\sigma_2^2)$,且相互独立,若由生产过程认为其方差相等($\sigma_1^2=\sigma_2^2$),试求两种型号子弹的枪口速度的均值差 $\mu_1-\mu_2$ 的置信水平为 0.95 的单侧置信下限。

281

本章基本要求

1. 理解点估计的概念,掌握矩估计法(一阶、二阶),了解极大似然估计法。
2. 了解估计量的评选标准(无偏性、有效性、一致性)。
3. 理解区间估计的概念。会求单个正态总体的均值与方差的置信区间,会求两个正态总体的均值差与方差比的置信区间。
4. 了解单侧置信限与单侧置信区间。

综 合 练 习 七

1. 设总体 X 的概率密度函数为:

$$f(x;\alpha) = \begin{cases} (\alpha+1)x^{\alpha} & 0 < x < 1 \\ 0 & \text{其它} \end{cases}$$

其中未知参数 $\alpha > -1$，$X_1, X_2, \cdots, X_n$ 是来自该总体的一个容量为 n 的样本。

(1)试求参数 α 的矩估计量与极大似然估计量；

(2)若现已得到一个样本观察值是：

$$0.1 \quad 0.2 \quad 0.9 \quad 0.8 \quad 0.7 \quad 0.7$$

试求参数 α 的矩估计值与极大似然估计值。

2. 设 $X_1, X_2, \cdots, X_n$ 是来自总体 X 的一个容量为 n 的样本，X 的概率密度函数为：

$$f(x;\theta) = \begin{cases} \theta c^{\theta} x^{-(\theta+1)} & x > c (c > 0) \\ 0 & \text{其它} \end{cases}$$

其中 c 已知，参数 $\theta(>1)$ 为未知。试求参数 θ 的矩估计量。

3. 设总体 $X \sim N(\mu, \sigma^2)$，其中参数 μ 与 σ^2 均为未知，若 $X_1, X_2, \cdots, X_n$ 是来自该总体的一个容量为 n 的样本，试求对任意常数 a，概率 $P\{X < a\}$ 的极大似然估计量。

282

4. 设总体 X 服从二项分布 $B(N, p)$，其中 N 是已知正整数，参数 $p(0 < p < 1)$ 未知，若 $X_1, X_2, \cdots, X_n$ 是来自该总体的一个容量为 n 的样本，试求参数 p 的极大似然估计量，且问其是否无偏估计？

5. 设总体 X 服从伽玛分布，其概率密度函数为：

$$f(x;\alpha,\beta) = \begin{cases} \dfrac{\beta^{-\alpha}}{\Gamma(\alpha)} x^{\alpha-1} e^{-\frac{x}{\beta}} & x > 0 \\ 0 & x \leq 0 \end{cases}$$

其中 α 是已知正实数，参数 $\beta(\beta > 0)$ 未知，若 $X_1, X_2, \cdots, X_n$ 是来自该总体的一个容量为 n 的样本，试求参数 β 的极大似然估计量，且问其是否无偏估计？

6. 设总体 X 服从均匀分布 $U(\mu-\rho, \mu+\rho)$，其中参数 μ 与 ρ 未知，若 $X_1, X_2, \cdots, X_n$ 是来自该总体的一个容量为 n 的样本，试求参数 μ 与 ρ 的矩估计量，且问它们是否为一致估计？

7. 设总体 X 服从正态分布 $N(\mu_1, 1)$，总体 Y 服从正态分布 $N(\mu_2, 2^2)$，若 $X_1, X_2, \cdots, X_n$ 是来自该总体的一个容量为 n_1 的样本，若 $Y_1, Y_2, \cdots, Y_n$ 是来自该总体的一个容量为 n_2 的样本，且两样本相互独立。(1)试求 $\mu = \mu_1 - \mu_2$ 的极大似然估计量 $\hat{\mu}$；(2)如果 $n = n_1 + n_2$ 固定，试问 n_1 与 n_2 如何配置，可使 $\hat{\mu}$ 的方差达到最小？

8. 设总体 X 的概率密度函数为：

$$f(x;\theta) = \begin{cases} 1 & \theta - \dfrac{1}{2} < x < \theta + \dfrac{1}{2} \\ & \qquad\qquad (-\infty < \theta < +\infty) \\ 0 & \text{其它} \end{cases}$$

$X_1, X_2, \cdots, X_n$ 是来自该总体的一个容量为 n 的样本。(1)试求参数 θ 的矩估计量与极大似然估计量;(2)证明 $\hat{\theta}_1 = \bar{X}$ 与 $\hat{\theta}_2 = \dfrac{1}{2}(\max_{1 \le i \le n}\{X_i\} + \min_{1 \le i \le n}\{X_i\})$ 都是 θ 的无偏估计量,问哪一个更有效?

9. 设总体 X 的概率密度函数为:

$$f(x;\theta_1,\theta_2) = \begin{cases} \dfrac{1}{\theta_2}e^{-\frac{x-\theta_1}{\theta_2}} & x > \theta_1 \\ 0 & \text{其它} \end{cases}$$

其中未知参数 $\theta_1, \theta_2 > 0$。若 $X_1, X_2, \cdots, X_n$ 是来自该总体的一个容量为 n 的样本,试求未知参数 θ_1 与 θ_2 的矩估计量与极大似然估计量。

10. 设总体 X 的概率密度函数为:

$$f(x;\theta) = \begin{cases} \dfrac{2x}{\theta^2} & 0 < x < \theta \\ 0 & \text{其它} \end{cases}$$

283

其中参数 $\theta > 0$ 未知。若 $X_1, X_2, \cdots, X_n$ 是来自该总体的一个容量为 n 的样本,(1)试求未知参数 θ 极大似然估计量 $\hat{\theta}$;(2)说明 $\hat{\theta}$ 不是 θ 的无偏估计? (3)试构造 θ 的一个无偏估计。

11. 设总体 $X \sim N(\mu, 3^2)$,其中参数 μ 为未知,若 $x_1, x_2, \cdots, x_n$ 是来自该总体的一个容量为 n 的样本值。(1)若样本容量 $n = 10$,样本均值 $\bar{x} = 150$,试求参数 μ 的置信水平为 0.95 的置信区间;(2)若欲使置信水平为 0.95 的置信区间的长度小于 1,则样本容量 n 最少取何值? (3)若样本容量为 $n = 100$,则区间 $(\bar{x} - 1, \bar{x} + 1)$ 作为 μ 的置信区间,其置信水平是多少?

12. 假设 $0.50, 1.25, 0.80, 2.00$ 是来自总体 X 的一个样本值。已知 $Y = \ln X$ 服从正态分布 $N(\mu, 1)$,(1)试求 X 的数学期望 $a = E(X)$;(2)试求 μ 的置信水平为 $1 - \alpha = 0.95$ 的置信区间;(3)利用上述结果求 a 的置信水平为 $1 - \alpha = 0.95$ 的置信区间。

13. 设一批晶体管的寿命 X 服从正态分布 $N(\mu, \sigma^2)$,从中随机抽取 100 只作寿命试验,测得其平均寿命为 $\bar{x} = 1000$ 小时,标准差 $s = 40$ 小时。(1)试求这批晶体管的平均寿命 μ 的置信水平为 $1 - \alpha = 0.95$ 的置信区间;(2)试求这批晶体管的平均寿命 μ 的置信水平为 $1 - \alpha = 0.95$ 的单侧置信区间。

14. 为估计一批钢索所能承受的平均张力,从中任取 10 根作试验,由试验值计算得样本平均张力 $\bar{x} = 6770(\text{kg/m}^2)$，样本标准差 $s = 220(\text{kg/m}^2)$。设张力服从正态分布 $N(\mu, \sigma^2)$，(1)试求这批钢索的平均张力 μ 的置信水平为 $1 - \alpha = 0.95$ 的置信区间；(2)试求这批钢索的平均张力 μ 的置信水平为 $1 - \alpha = 0.95$ 的单侧置信下限。

15. 从某种型号的一批电子管中随机抽出容量 $n = 10$ 的样本作寿命试验，由试验值计算得样本标准差 $s = 45$ 小时。设整批电子管的寿命服从正态分布 $N(\mu, \sigma^2)$，(1)试求这批电子管寿命标准差 σ 的置信水平为 $1 - \alpha = 0.95$ 的置信区间；(2)试求这批电子管寿命标准差 σ 的置信水平为 $1 - \alpha = 0.95$ 的单侧置信上限。

16. 随机地从 A 批导线中抽取4根，从 B 批导线中抽取5根，测得其电阻(单位:Ω)为:

A 批导线	0.143	0.142	0.143	0.137	
B 批导线	0.140	0.142	0.136	0.138	0.140

设两批导线电阻值分别服从正态分布 $N(\mu_1, \sigma^2)$ 与 $N(\mu_2, \sigma^2)$，且它们相互独立，其中参数 μ_1, μ_2 与 σ^2 均未知，试求均值差 $\mu_1 - \mu_2$ 的置信水平为 $1 - \alpha = 0.95$ 的置信区间。

17. 对某农作物两个品种 A，B 计算了8个地区亩产量，数据如下(单位:kg)

品种 A	86	87	56	93	84	93	75	79
品种 B	79	58	91	77	82	74	80	66

假定两个品种的亩产量分别服从正态分布 $N(\mu_1, \sigma_1^2)$ 与 $N(\mu_2, \sigma_2^2)$，其中参数均未知，且设方差 $\sigma_1^2 = \sigma_2^2$。试求两个品种平均亩产量之差的置信水平为 0.95 的置信区间。

18. 某自动车床加工同类型套筒，假设套筒的直径服从正态分布。现从两个不同班次的产品中各自抽检5个套筒，测定它们的直径，得如下数据:

品种 A	2066	2063	2068	2060	2067
品种 B	2058	2057	2063	2059	2060

试求两班次所加工的套筒直径的方差比 $\dfrac{\sigma_A^2}{\sigma_B^2}$ 的置信水平为 0.95 的置信区间。

19. 从两独立正态总体 X 与 Y 中分别抽出容量为 $n_1 = 16$ 与 $n_2 = 10$ 的两个样本，由观察值计算得 $\sum_{i=1}^{16}(x_i - \bar{x})^2 = 380$，$\sum_{i=1}^{10}(y_i - \bar{y})^2 = 180$。试求两独立正态总体的方差比 $\dfrac{\sigma_1^2}{\sigma_2^2}$ 的置信水平为 0.95 的置信区间。

20. 在一批货物中随机抽出100件，经检验发现其中有16件次品。试求这批货物的次品率的置信水平为 0.95 的置信区间。

21. 设总体 X 服从指数分布,其概率密度函数为:

$$f(x) = \begin{cases} \dfrac{1}{\theta} e^{-\frac{x}{\theta}} & x > 0 \\ 0 & x \leq 0 \end{cases}$$

其中 $\theta(\theta > 0)$ 为未知参数,$X_1, X_2, \cdots, X_n$ 是从该总体中随机抽出一个容量为 n 的样本。(1)试求样本的函数 $T = \dfrac{2n}{\theta}\overline{X}$ 的分布;(2)试求未知参数 θ 的置信水平为 $1 - \alpha$ 的单侧置信下限;(3)若某种元件的寿命(单位:h)服从上述指数分布,现从中抽取一个容量 $n = 16$ 的样本,测得样本均值为 $\overline{x} = 5010$,试求元件平均寿命的置信水平为 0.90 的单侧置信下限。

22. 科学上的重大发现往往是由年轻人作出的。下表列出了自 16 世纪中叶至 20 世纪早期的十二项重大发现的发现者和他们发现时的年龄:

重 大 发 现	发 现 者	发现时间	发现者
1. 地球绕太阳旋转	哥白尼(Copernicus)	1543	40
2. 望远镜、天文学的基本定律	伽利略(Galileo)	1600	34
3. 运动原理、重力、微积分	牛顿(Newton)	1665	23
4. 电的本质	富兰克林(Franklin)	1746	40
5. 燃烧是与氧气联系着的	拉瓦锡(Lavoisior)	1774	31
6. 地球是渐进过程演化成的	莱尔(Lyell)	1830	33
7. 自然选择控制演化的证据	达尔文(Darwin)	1858	49
8. 光的场方程	麦克斯韦尔(Maxwell)	1864	33
9. 放射性	居里(Curie)	1896	34
10. 量子论	普朗克(Plank)	1901	43
11. 狭义相对论	爱因斯坦(Einstain)	1905	26
12. 量子论的数学基础	薛定谔(Schroedinger)	1926	39

285

设数据来自正态分布总体,试求重大发现发现时的发现者的平均年龄 μ 的置信水平为 0.95 的单侧置信上限。

自测题七

1. 使用测量仪器对同一样品进行 12 次独立测量,数据结果如下(单位:mm):

| 230.50 | 232.48 | 232.15 | 232.52 | 232.53 | 232.30 |
| 232.48 | 232.05 | 232.45 | 232.60 | 232.47 | 232.30 |

设仪器无系统偏差,试用矩估计法估计测量的真值 μ 和方差 σ^2,它们是否为

无偏估计?

2. 设总体 X 的概率密度函数为:

$$f(x;\theta)=\begin{cases}\dfrac{x}{\theta^2}\mathrm{e}^{-\frac{x^2}{2\theta^2}} & x>0\\[2mm]0 & x\leqslant0\end{cases}$$

$X_1,X_2,\cdots,X_n$ 是来自该总体 X 的一个样本,试求参数 θ 的矩估计量和极大似然估计量。

3. 设总体 X 的概率密度函数为:

$$f(x;\theta)=\begin{cases}\mathrm{e}^{-(x-\theta)} & x\geqslant\theta\\0 & \text{其它}\end{cases}$$

$X_1,X_2,\cdots,X_n$ 是来自该总体 X 的一个样本,试求参数 θ 的矩估计量和极大似然估计量。

4. 设总体 X 具有分布律为:

X	1	2	3
p_k	θ^2	$2\theta(1-\theta)$	$(1-\theta)^2$

286

其中 $\theta(0<\theta<1)$ 是未知参数。已知取得了样本值 $x_1=1,x_2=2,x_3=1$。试求参数 θ 的矩估计值和极大似然估计值。

5. 为研究某种汽车轮胎的磨损特性,随机地选择 16 只轮胎,每只轮胎行使到磨坏为止,记录所行使的里程数(单位:km)如下:

41.25	40.187	43.175	41.01	39.265	41.872	42.654	41.287
38.97	40.20	42.55	41.095	40.68	43.5	39.775	40.40

设行使的里程数 $X\sim N(\mu,\sigma^2)$,其中 μ,σ^2 未知,(1)试求 μ,σ^2 与 σ 的置信水平为 0.95 的置信区间;(2)试求 μ,σ^2 与 σ 的置信水平为 0.95 的单侧置信下限。

6. 分别使用金球和铂球测定引力常数(单位:$10^{-11}\mathrm{m}^3\ \mathrm{kg}^{-1}\ \mathrm{s}^{-2}$),得数据如下:

用金球测定值	6.683	6.681	6.676	6.678	6.679	6.672
用铂球测定值	6.661	6.661	6.667	6.667	6.664	

设使用金球和铂球测定值总体分别服从正态分布 $N(\mu_1,\sigma_1^2)$ 与 $N(\mu_2,\sigma_2^2)$,(1)试求方差比 $\dfrac{\sigma_1^2}{\sigma_2^2}$ 的置信水平为 0.95 的置信区间;(2)设方差 $\sigma_1^2=\sigma_2^2$,试求两个测定值总体均值差 $\mu_1-\mu_2$ 的置信水平为 0.95 的置信区间。

第八章　假设检验

假设检验与统计估计,都是统计推断的重要内容。统计假设检验问题是指,当总体的分布函数已知,而其中部分参数未知时,或是当总体的分布函数完全未知时,对总体参数,总体某些分布特征,或对总体分布作出统计假设,以及如何验证这些统计假设的合理性的问题。本章主要介绍正态总体参数的假设检验方法与关于分布的假设检验方法。

§8.1　假设检验的基本概念

一般地,关于总体参数或总体分布的论断与推测、假定与设想统称为统计假设,简称为假设。按一定统计规律由样本推断所作假设是否成立的过程,即为统计假设的检验,称为假设检验。

下面通过例子来说明假设检验的基本思想与检验过程。

例 8.1.1　某糖厂用自动包装机将糖装箱,每箱的标准重量规定为 100kg。每天开工时,需要先检验一下包装机工作是否正常。根据以往的经验知道,用自动包装机装箱,每箱重量 X 服从正态分布 $N(\mu, \sigma^2)$,方差 $\sigma^2 = 1.15^2$。某日开工后,抽测了 9 箱,其重量(单位:kg)如下:

99　98.6　100.4　101.2　98.3　99.7　99.5　102.1　98.5

试问此包装机工作是否正常?

解:在本题中,我们关心的问题是:包装机工作是否正常。若包装机工作正常,则均值应为 100kg。因此可作如下两个对立的假设:

$$H_0: \mu = 100; \quad H_1: \mu \neq 100$$

一个自然的想法是,借助抽出的样本构成相应的统计量来作出判断,是应该接受假设 H_0(即拒绝 H_1),还是拒绝假设 H_0(即接受 H_1)。

由于本题要检验总体均值 μ,故利用样本均值 $\overline{X}$ 来作出判断。我们注意到,$\overline{X}$ 是 μ 的无偏估计,因而 $\overline{X}$ 的观察值大小在一定程度上反映了 μ 的大小。即当假设 H_0 为真时,样本值 $x_1, x_2, \cdots, x_n$ 确实来自总体 $N(100, 1.15^2)$,则样本均值 $\overline{x}$ 应与 $\mu_0 = 100$ 相差无多,即样本均值 $\overline{x}$ 应与 $\mu_0 = 100$ 的偏差 $|\overline{x} - 100|$ 一般不应太大,倘若 $|\overline{x} - 100|$ 过分大,则有理由怀疑假设 H_0 的正确性,因此应当作出拒绝假设 H_0 的

判断,否则应作出接受假设 H_0 的判断。显然,我们需要确定偏差 $|\bar{x}-100|$ 的一个上界,并以此来作为判断的准则。这就需要借助统计量 $\bar{X}$ 及其分布。在本题中,因为当假设 H_0 为真时,由式(6.3.24)知,关于样本均值 $\bar{X}$ 的函数为

$$\frac{\bar{X}-100}{1.15/\sqrt{9}} \sim N(0,1)$$

所以衡量偏差 $|\bar{x}-100|$ 的大小可归结为考察统计值 $\dfrac{|\bar{x}-100|}{1.15/\sqrt{9}}$ 的大小。我们可以选定一正数 k,作为判断的临界值,使当样本均值 $\bar{x}$ 满足下述不等式

$$\frac{|\bar{x}-100|}{1.15/\sqrt{9}} \geqslant k$$

时,我们就应拒绝假设 H_0,反之,若

$$\frac{|\bar{x}-100|}{1.15/\sqrt{9}} < k$$

则应接受假设 H_0。

为确定 k 值,我们注意到事件 $|$拒绝 $H_0|H_0$ 真$| = \left\{\dfrac{|\bar{X}-100|}{1.15/\sqrt{9}} \geqslant k\right\}$ 是一个小概

率事件,于是我们给定一个小概率值 $\alpha = 0.05$,使得 $P\left\{\dfrac{|\bar{X}-100|}{1.15/\sqrt{9}} \geqslant k\right\} = 0.05$,这样由标准正态分布的分位点可确定出临界值 $k = z_{0.05/2} = 1.96$,即

$$P\left\{\frac{|\bar{X}-100|}{1.15/\sqrt{9}} \geqslant z_{0.05/2} = 1.96\right\} = 0.05$$

因此本题可以作出如下判断。

由题设样本值计算得 $\bar{x} = 99.7$,而统计值 $\dfrac{|\bar{x}-100|}{1.15/\sqrt{9}} = \dfrac{|99.7-100|}{1.15/\sqrt{9}} = 0.7826 <$

1.96,所以偏差 $|\bar{x}-100|$ 的值不超过上界 $\dfrac{1.15}{\sqrt{9}} \times 1.96$,因此可认为 H_0 真,即均值应为100kg,认为自动包装机工作是正常的。

上例中所采用的判断准则是实际推断原理:即小概率事件在一次试验中几乎不可能发生,如果任做一次试验此事件就发生,则有理由怀疑该事件的发生不是小概率的。因为 α 取值很小,通常取 $\alpha = 0.01, 0.05$ 等,若 H_0 真,即当 $\mu = 100$ 时,显

然 $\left\{\dfrac{|\bar{X}-100|}{1.15/\sqrt{9}} \geqslant z_{0.05/2}\right\}$ 是一个小概率事件,由实际推断原理,可以认为在一次试验

中不等式 $\dfrac{|\bar{X}-100|}{1.15/\sqrt{9}} \geqslant z_{0.025}$ 几乎不会发生,现在一次观察中竟然出现了满足不等式

$\dfrac{|\overline{X}-100|}{1.15/\sqrt{9}} \geqslant z_{0.025}$ 的 $\overline{x}$，则有理由怀疑 $\left\{\dfrac{|\overline{X}-100|}{1.15/\sqrt{9}} \geqslant z_{0.05/2}\right\}$ 不是小概率的，即有理由怀疑假设 H_0 的正确性，因此应拒绝 H_0；若出现的 $\overline{x}$ 满足不等式 $\dfrac{|\overline{X}-100|}{1.15/\sqrt{9}} < z_{0.025}$，则没有理由怀疑假设 H_0 的正确性，因此应接受 H_0。

总结上述的假设检验的解题过程，可以看到假设检验过程的主要内容如下。

（1）提出统计假设

在假设检验中，通常根据实际问题建立两个假设：原假设 H_0 及备择假设 H_1。例如：

$$H_0: \mu = \mu_0 ; H_1: \mu \neq \mu_0 \tag{8.1.1}$$

$$H_0: \sigma^2 \leqslant \sigma_0^2 ; H_1: \sigma^2 > \sigma_0^2 \tag{8.1.2}$$

$$H_0: \mu \geqslant \mu_0 ; H_1: \mu < \mu_0 \tag{8.1.3}$$

$$H_0: \mu_1 = \mu_2 ; H_1: \mu_1 \neq \mu_2 \tag{8.1.4}$$

$$H_0: F(x) = F_0(x) ; H_1: F(x) \neq F_0(x) \tag{8.1.5}$$

上述式中前四个为参数假设，后一个为分布假设。形如式（8.1.1）、式（8.1.4）的假设检验称为双边检验；形如式（8.1.2）的假设检验称为右边检验，形如式（8.1.3）的假设检验称为左边检验，右边检验与左边检验统称为单边检验；形如式（8.1.5）的假设检验称为分布假设检验。如在例 8.1.1 中，是总体分布已知时，关于参数假设 $H_0: \mu = 100 ; H_1: \mu \neq 100$ 的双边检验。

（2）选择检验统计量，确定其服从分布

从例 8.1.1 看出，由样本对原假设 $\mu = \mu_0$ 作出判断是通过一个统计量 $U = \dfrac{\overline{X} - \mu_0}{\sigma/\sqrt{n}}$ 来进行的，该统计量称为检验统计量。因此，对一个原假设 H_0，必须建立一个相应的统计量 $T = T(X_1, X_2, \cdots, X_n)$，而且应明了当 H_0 为真时 T 的确切分布，如在例 8.1.1 中 H_0 成立时，$U = \dfrac{\overline{X} - \mu_0}{\sigma/\sqrt{n}} \sim N(0,1)$。

（3）选择显著性水平

检验的结果可能与真实情况不符合，这是因为抽取样本的随机性，依据样本的判断可能有误，可能犯下两种类型的错误：其一，当实际上 H_0 为真时，却做出了拒绝假设 H_0 的判断，这在统计中称为第Ⅰ类错误；其二，当实际上 H_0 不真时，却做出了接受假设 H_0 的判断，这在统计中称为第Ⅱ类错误。第Ⅰ类错误即"弃真"的错误，由于仅当小概率事件发生时才拒绝假设 H_0，所以它的概率记为

$$P\{\text{拒绝 } H_0 | H_0 \text{ 真}\} = P_{H_0}\{\text{拒绝 } H_0\} \tag{8.1.6}$$

因为我们无法排除犯这类错误可能性,只能希望将犯这类错误的概率控制在一定范围内,即给定一个较小的正数 $\alpha(0<\alpha<1)$ 作为其上限,即

$$P\{拒绝\ H_0\mid H_0\ 真\}=P_{H_0}\{拒绝\ H_0\}\leqslant\alpha \tag{8.1.7}$$

这个 α 称为显著性水平。在实际操作中,只考虑允许犯第 I 类错误的概率最大为 α,故在式(8.1.7)中取等号,即得

$$P\{拒绝\ H_0\mid H_0\ 真\}=P_{H_0}\{拒绝\ H_0\}=\alpha \tag{8.1.8}$$

如在例 8.1.1 中,选取显著性水平 $\alpha=0.05$,使满足等式:

$$P\left\{|U|=\frac{|\overline{X}-100|}{1.15/\sqrt{9}}\geqslant k\right\}=\alpha=0.05$$

第 II 类错误即"取伪"的错误,它的概率记为

$$P\{接受\ H_0\mid H_0\ 不真\}=P_{H_1}\{接受\ H_0\} \tag{8.1.9}$$

在确定检验法则时,当然应使犯两类错误的概率尽可能的小。但是,在样本容量 n 固定时,无法使两类错误的概率同时都变小,因此,在实际中通常只对犯第 I 类错误的概率给出控制,而不考虑犯第 II 类错误的概率,这种只基于显著性水平 α 的检验称为显著性检验。

(4)确定拒绝域

使原假设 H_0 被拒绝的那些样本观测值所属的区域称为拒绝域。在选定显著性水平 α 后,需要确定假设 H_0 的拒绝域 W,拒绝域的边界点称为临界点。如在例 8.1.1 中,$W=\{(x_1,x_2,\cdots,x_n)\mid|u|\geqslant z_{0.05/2}\}$ 为 H_0 的拒绝域,$z_{0.05/2}$ 为临界点。一般把 W 的补集 $\overline{W}=\{(x_1,x_2,\cdots,x_n)\mid|u|<z_{0.05/2}\}$ 称为假设 H_0 的接受域。

(5)作出统计判断

在确定了 H_0 的拒绝域后,就有了判断的准则,则可由样本值 $x_1,x_2,\cdots,x_n$,依此准则作出拒绝 H_0 或是接受 H_0 的判断。如在例 8.1.1 中的判断准则为

当样本值使 $|u|=\dfrac{|\overline{x}-100|}{1.15/\sqrt{9}}<1.96$ 时,则接受 H_0,拒绝 H_1;

当样本值使 $|u|=\dfrac{|\overline{x}-100|}{1.15/\sqrt{9}}\geqslant1.96$ 时,则拒绝 H_0,接受 H_1。

综上所述,参数的假设检验是一个科学的检验过程,其一般步骤为

①根据实际问题的要求,提出适当的原假设 H_0 和备择假设 H_1;

②选定显著性水平 α,确定样本容量 n;

③选择合适的统计量,明确在 H_0 为真时,检验统计量的分布;

④根据③中检验统计量的分布,按概率 $P\{拒绝\ H_0\mid H_0\ 真\}=P_{H_0}\{拒绝\ H_0\}=\alpha$ 确定 H_0 的拒绝域;

⑤由样本值计算检验统计量的观测值,根据此观测值是否落在拒绝域内作出拒绝或是接受的判断。

思考题8.1

1. 假设检验的基本思想是什么? 如何进行参数的假设检验?
2. 对于正态总体,当方差已知时,如何进行均值的假设检验?

基本练习8.1

1. 某自动机床生产一种铆钉,尺寸误差 $X \sim N(\mu, 1)$,该机床正常工作与否的标志是检验 $\mu = 0$ 是否成立。一日抽检了一个容量 $n = 10$ 的样本,测得样本均值 $\bar{x} = 1.01$,试问在给定显著性水平 $\alpha = 0.05$ 下,该日自动机床工作是否正常?

2. 假设检验过程的重要步骤是什么?

3. 设从正态总体 $X \sim N(\mu, 1)$ 中随机抽出一个容量 $n = 16$ 的样本,由观察值计算得 $\bar{x} = 5.2$,试求参数 μ 的置信水平为 $1 - \alpha = 0.95$ 的置信区间,并借此判断能否在显著性水平 $\alpha = 0.05$ 下接受假设 $H_0 : \mu = 5.5$。

§8.2　正态总体参数的假设检验

本节利用前面叙述的假设检验步骤,按单个正态总体与两个正态总体情况分别讨论参数的假设检验问题。

一、单个正态总体均值的检验

设 $X_1, X_2, \cdots, X_n$ 是来自正态总体 $X \sim N(\mu, \sigma^2)$ 的一个样本,样本均值为 $\bar{X}$,样本方差为 S^2。现对方差 σ^2 已知,与方差 σ^2 未知两种情况分别进行假设 $H_0 : \mu = \mu_0$ 的检验。

1. 方差 σ^2 已知时,关于总体均值 μ 的检验(U 检验)

按照 §8.1 节介绍的假设检验步骤和例 8.1.1,容易得到对于正态总体 $N(\mu, \sigma^2)$ 方差 σ^2 已知时,关于均值 μ 的假设检验步骤如下。

(1)根据实际问题提出假设:

$$H_0: \ \mu = \mu_0 ; H_1: \ \mu \neq \mu_0 \tag{8.2.1}$$

(2)选定显著性水平 α,确定样本容量 n;

(3)选择恰当的统计量: $U = \dfrac{\bar{X} - \mu}{\sigma / \sqrt{n}}$,在 $H_0 : \mu = \mu_0$ 真时,检验统计量

$$U = \frac{\overline{X} - \mu_0}{\sigma / \sqrt{n}} \sim N(0,1) \qquad (8.2.2)$$

(4)由(3)根据概率

$$P\{拒绝 H_0 | H_0 \ 真\} = P\{|U| \geqslant z_{\alpha/2}\} = \alpha \qquad (8.2.3)$$

查正态分布表可得 $z_{\alpha/2}$ 的值,从而确定 H_0 的拒绝域:

$$|u| = \left| \frac{\overline{x} - \mu_0}{\sigma / \sqrt{n}} \right| \geqslant z_{\alpha/2} \qquad (8.2.4)$$

(5)根据样本值计算 $\overline{x}$,及检验统计量的观测值 $|u| = \left| \dfrac{\overline{x} - \mu_0}{\sigma / \sqrt{n}} \right|$,作出以下判断:

$$若 |u| \geqslant z_{\alpha/2},则拒绝 H_0;若 |u| < z_{\alpha/2},则接受 H_0$$

而对于正态总体 $N(\mu, \sigma^2)$ 情况下,方差 σ^2 已知时,关于均值 μ 的右边检验问题,可作以下的检验。

(1)根据实际问题提出假设:

$$H_0 : \mu \leqslant \mu_0; H_1 : \mu > \mu_0 \qquad (8.2.5)$$

(2)选定显著性水平 α,确定样本容量 n;

(3)选择适应的统计量:$U = \dfrac{\overline{X} - \mu}{\sigma / \sqrt{n}}$,在 H_0 真时,检验统计量 $U = \dfrac{\overline{X} - \mu_0}{\sigma / \sqrt{n}} \sim N(0,1)$;

(4)由(3)按概率 $P\{拒绝 H_0 | H_0 \ 真\} = P\{U \geqslant z_\alpha\} = \alpha$,查正态分布表可得 z_α 的值,确定 H_0 的拒绝域:

$$u = \frac{\overline{x} - \mu_0}{\sigma / \sqrt{n}} \geqslant z_\alpha \qquad (8.2.6)$$

(5)根据样本值计算 $\overline{x}$,及检验统计量的观测值 $u = \dfrac{\overline{x} - \mu_0}{\sigma / \sqrt{n}}$,作出以下判断:

$$若 u \geqslant z_\alpha,则拒绝 H_0;若 u < z_\alpha,则接受 H_0$$

类似地,可得正态总体 $N(\mu, \sigma^2)$ 方差 σ^2 已知时,关于均值 μ 的左边检验问题:

$$H_0 : \mu \geqslant \mu_0; H_1 : \mu < \mu_0$$

的拒绝域为

$$u = \frac{\overline{x} - \mu_0}{\sigma / \sqrt{n}} \leqslant -z_\alpha \qquad (8.2.7)$$

由于在上述检验法则中,使用了服从标准正态分布的 U 统计量,故常称此类检验为 U 检验(或 Z 检验)。

例 8.2.1 已知某厂生产的灯泡寿命 X(单位:h)服从正态分布 $N(\mu, 200^2)$,根据经验,灯泡的平均寿命不超过 1500h,现抽取 25 只采用新工艺生产的灯泡,测试其寿命值,得到寿命平均值为 1575h,试问新工艺是否提高了灯泡的寿命(显著性水平 $\alpha = 0.05$)?

解: 这是对于正态总体 $N(\mu, \sigma^2)$ 方差 $\sigma^2 = 200^2$ 已知时,关于均值 μ 的右边检验问题。

(1)根据实际问题提出假设:

$$H_0 : \mu \leqslant 1500 ; H_1 : \mu > 1500$$

(2)选定显著性水平 $\alpha = 0.05$,确定样本容量 $n = 25$;

(3)选择恰当的统计量:$U = \dfrac{\overline{X} - \mu}{\sigma / \sqrt{n}}$,在 H_0 为真时,检验统计量

$$U = \frac{\overline{X} - 1500}{200 / \sqrt{25}} \sim N(0, 1)$$

(4)查正态分布表可得 $z_{0.05}$ 的值,确定 H_0 的拒绝域:

$$u = \frac{\overline{x} - 1500}{200 / \sqrt{25}} \geqslant z_{0.05} = 1.645$$

293

(5)根据样本值计算 $\overline{x} = 1575$,及检验统计量的观测值

$$u = \frac{\overline{x} - 1500}{200 / \sqrt{25}} = \frac{1575 - 1500}{200 / \sqrt{25}} = 1.875 > z_{0.05} = 1.645$$

所以应拒绝 H_0,即在显著性水平 $\alpha = 0.05$ 下可以认为采用新工艺提高了灯泡的寿命。

2. 方差 σ^2 未知时,关于总体均值 μ 的检验(t 检验)

对于正态总体 $N(\mu, \sigma^2)$ 方差 σ^2 未知时,关于均值 μ 的假设检验步骤如下。

(1)提出假设:$H_0 : \mu = \mu_0 ; H_1 : \mu \neq \mu_0$;

(2)选定显著性水平 α,确定样本容量 n;

(3)选择恰当的统计量:$T = \dfrac{\overline{X} - \mu}{S / \sqrt{n}}$,在 H_0 为真时,检验统计量

$$T = \frac{\overline{X} - \mu_0}{S / \sqrt{n}} \sim t(n-1);$$

注意: 此处由于总体方差 σ^2 是未知常数,故 $U = \dfrac{\overline{X} - \mu}{\sigma / \sqrt{n}}$ 不再是统计量。因此以

样本方差 S^2 代替总体方差 σ^2，构造新的 t 统计量 T，由第六章式(6.3.26)知它服从 t 分布。

(4)由(3)，及 t 分布的对称性与分位点，根据概率

$$P\{拒绝 H_0 | H_0 \ 真\} = P\{|T| \geqslant t_{\alpha/2}(n-1)\} = \alpha$$

查 t 分布表可得 $t_{\alpha/2}(n-1)$ 的值，从而确定 H_0 的拒绝域参见图8.2.1：

$$|t| = \left| \frac{\bar{x} - \mu_0}{s/\sqrt{n}} \right| \geqslant t_{\alpha/2}(n-1) \tag{8.2.8}$$

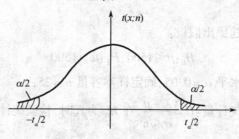

图 8.2.1

(5)根据样本值计算样本均值 $\bar{x}$ 与样本方差 s^2，及检验统计量的观测值 $|t| = \left| \frac{\bar{x} - \mu_0}{s/\sqrt{n}} \right|$，作出以下判断：

若 $|t| \geqslant t_{\alpha/2}(n-1)$，则拒绝 H_0；若 $|t| < t_{\alpha/2}(n-1)$，则接受 H_0

可类似作出方差 σ^2 未知时，关于均值 μ 的单边检验，其拒绝域列入正态总体均值假设检验表8.2.1中。

由于此检验准则中，使用了服从 t 分布的 T 统计量，故常称此类检验为 t 检验(或 T 检验)。

表 8.2.1　单个正态总体均值的检验法

检验法	条件	H_0	H_1	检验统计量及其分布	H_0 的拒绝域
U 检验	σ^2 已知	$\mu \leqslant \mu_0$	$\mu > \mu_0$	$U = \dfrac{\bar{X} - \mu_0}{\sigma/\sqrt{n}} \sim N(0,1)$	$u \geqslant z_\alpha$
		$\mu \geqslant \mu_0$	$\mu < \mu_0$		$u \leqslant -z_\alpha$
		$\mu = \mu_0$	$\mu \neq \mu_0$		$|u| \geqslant z_{\alpha/2}$
T 检验	σ^2 未知	$\mu \leqslant \mu_0$	$\mu > \mu_0$	$T = \dfrac{\bar{X} - \mu_0}{S/\sqrt{n}} \sim t(n-1)$	$t \geqslant t_\alpha(n-1)$
		$\mu \geqslant \mu_0$	$\mu < \mu_0$		$t \leqslant -t_\alpha(n-1)$
		$\mu = \mu_0$	$\mu \neq \mu_0$		$|t| \geqslant t_{\alpha/2}(n-1)$

例8.2.2　某工厂生产一批钢材，已知这种钢材强度 X 服从正态分布 $N(\mu, \sigma^2)$，今从中抽取6件，测得数据(单位：kg/cm^2)如下：

48.5　49.0　53.5　49.5　56.0　52.5

试问能否认为这批钢材的平均强度为 $52\mathrm{kg/cm^2}(\alpha = 0.05)$。

解:本题为正态总体方差未知时,均值 $\mu = 52$ 的假设检验。

(1)提出假设:$H_0:\mu = 52;H_1:\mu \neq 52$;

(2)选定显著性水平 $\alpha = 0.05$,确定样本容量 $n = 6$;

(3)选择恰当的统计量:$T = \dfrac{\overline{X} - \mu}{S/\sqrt{n}}$,在 H_0 真时,检验统计量

$$T = \frac{\overline{X} - 52}{S/\sqrt{6}} \sim t(6 - 1) = t(5)$$

(4)查 t 分布表可得 $t_{0.05/2}(5) = 2.571$,确定 H_0 的拒绝域:

$$|t| = \left| \frac{\overline{x} - 52}{s/\sqrt{6}} \right| \geqslant t_{0.05/2}(5) = 2.571$$

(5)根据样本值计算样本均值 $\overline{x} = 51.5$ 与样本方差 $s^2 = 8.9$,及检验统计量的观测值

$$|t| = \left| \frac{\overline{x} - 52}{s/\sqrt{6}} \right| = \left| \frac{51.5 - 52}{\sqrt{8.9}/\sqrt{6}} \right| = 0.41 < t_{0.025}(5) = 2.571$$

所以应则接受 H_0,认为这批钢材的平均强度为 $52\mathrm{kg/cm^2}$ 是合理的。

二、单个正态总体方差的检验

通常我们考虑的是均值 μ 未知时,方差 σ^2 的检验,当均值 μ 已知时方差 σ^2 的检验可类似做出。

1. 总体方差的双边检验

设 $X_1, X_2, \cdots, X_n$ 是来自正态总体 $X \sim N(\mu, \sigma^2)$ 的一个样本,我们考虑总体均值 μ 未知时,方差 σ^2 的检验:$H_0:\sigma^2 = \sigma_0^2$。检验步骤如下。

(1)提出假设:

$$H_0:\sigma^2 = \sigma_0^2;H_1:\sigma^2 \neq \sigma_0^2 \tag{8.2.9}$$

(2)选定显著性水平 α,确定样本容量 n;

(3)由第六章式(6.3.25),选择恰当的统计量:$\chi^2 = \dfrac{(n-1)S^2}{\sigma^2}$,在 H_0 真时,检验统计量

$$\chi^2 = \frac{(n-1)S^2}{\sigma_0^2} \sim \chi^2(n-1) \tag{8.2.10}$$

(4)由(3)按概率

$$P\{拒绝 H_0 | H_0 真\} =$$

$$P\left\{\frac{(n-1)S^2}{\sigma_0^2} \geqslant \chi_{\alpha/2}^2(n-1) \text{ 或 } \frac{(n-1)S^2}{\sigma_0^2} \leqslant \chi_{1-\alpha/2}^2(n-1)\right\} =$$

$$P\{\chi^2 \geqslant \chi_{\alpha/2}^2(n-1) \text{ 或 } \chi^2 \leqslant \chi_{1-\alpha/2}^2(n-1)\} = \alpha \qquad (8.2.11)$$

习惯上取对称的拒绝域,即取

$$P\{\chi^2 \geqslant \chi_{\alpha/2}^2(n-1)\} = \frac{\alpha}{2}, P\{\chi^2 \leqslant \chi_{1-\alpha/2}^2(n-1)\} = \frac{\alpha}{2} \qquad (8.2.12)$$

查 χ^2 分布表得 $\chi_{\alpha/2}^2(n-1)$ 与 $\chi_{1-\alpha/2}^2(n-1)$ 的值,即得 H_0 的拒绝域:

$$\chi^2 \geqslant \chi_{\alpha/2}^2(n-1) \text{ 或 } \chi^2 \leqslant \chi_{1-\alpha/2}^2(n-1) \qquad (8.2.13)$$

(5)根据样本值计算 s^2,及检验统计量的观测值 $\chi^2 = \dfrac{(n-1)s^2}{\sigma_0^2}$,由式(8.2.13)作出以下判断:

若 $\chi^2 \geqslant \chi_{\alpha/2}^2(n-1)$ 或 $\chi^2 \leqslant \chi_{1-\alpha/2}^2(n-1)$,则拒绝 H_0;

若 $\chi_{1-\alpha/2}^2(n-1) < \chi^2 < \chi_{\alpha/2}^2(n-1)$,则接受 H_0。

这种使用 χ^2 统计量的检验方法称为 χ^2 检验法。

例 8.2.3 已知某厂生产的电池寿命 X(单位:h)服从 $N(\mu, (\sqrt{5000})^2)$,随机抽取样本 26 个,观测后计算得样本方差 $s^2 = 7200\text{h}^2$,试问总体方差 $\sigma^2 = 5000\text{h}^2$ 能否成立($\alpha = 0.02$)?

296

解:本题为总体方差为 $\sigma^2 = \sigma_0^2 = 5000$ 的检验,检验过程如下。

(1)提出假设: $H_0: \sigma^2 = \sigma_0^2 = 5000; H_1: \sigma^2 \neq 5000$;

(2)选定显著性水平 $\alpha = 0.02$,确定样本容量 $n = 26$;

(3)选择统计量: $\chi^2 = \dfrac{(n-1)S^2}{\sigma^2}$,在 H_0 真时,检验统计量

$$\chi^2 = \frac{25S^2}{5000} \sim \chi^2(25)$$

(4)查 χ^2 分布表可得 $\chi_{0.01}^2(25) = 44.314$ 与 $\chi_{0.99}^2(25) = 11.524$,确定 H_0 的拒绝域为

$$\chi^2 \geqslant 44.314 \text{ 或 } \chi^2 \leqslant 11.524$$

(5)根据样本值计算样本方差 $s^2 = 7200$,及检验统计量的观测值:

$$\chi^2 = \frac{(n-1)s^2}{\sigma_0^2} = \frac{25 \times 7200}{5000} = 36 \in (11.524, 44.314)$$

所以应接受 H_0,认为总体方差 $\sigma^2 = 5000\text{h}^2$ 是显然成立的。

2. 总体方差的单边检验

设 $X_1, X_2, \cdots, X_n$ 是来自正态总体 $X \sim N(\mu, \sigma^2)$ 的一个样本,我们考虑总体均

值 μ 未知时,方差 σ^2 的右边检验步骤如下。

(1)提出假设:

$$H_0:\sigma^2\leqslant\sigma_0^2;H_1:\sigma^2>\sigma_0^2 \tag{8.2.14}$$

(2)选定显著性水平 α,确定样本容量 n;

(3)选择恰当的统计量:$\chi^2=\dfrac{(n-1)S^2}{\sigma^2}$,在 H_0 为真时,检验统计量

$$\chi^2=\dfrac{(n-1)S^2}{\sigma_0^2}\sim\chi^2(n-1)$$

(4)由(3)按概率 $P\left\{\dfrac{(n-1)S^2}{\sigma_0^2}\geqslant\chi_\alpha^2(n-1)\right\}=\alpha$,即

$$P\{\chi^2\geqslant\chi_\alpha^2(n-1)\}=\alpha \tag{8.2.15}$$

查 χ^2 分布表可得 $\chi_\alpha^2(n-1)$ 的值,得拒绝域:

$$\chi^2\geqslant\chi_\alpha^2(n-1) \tag{8.2.16}$$

(5)根据样本值计算 s^2 的值,及检验统计量的观测值 $\chi^2=\dfrac{(n-1)s^2}{\sigma_0^2}$,作出以下

判断:

若 $\chi^2\geqslant\chi_\alpha^2(n-1)$,则拒绝 H_0;

若 $\chi^2<\chi_\alpha^2(n-1)$,则接受 H_0。

类似地,可得方差 σ^2 的左边检验,见表8.2.2。

表8.2.2　单个正态总体方差的检验法

检验法	条件	H_0	H_1	检验统计量及其分布	H_0 的拒绝域
χ^2 检验	μ 未知	$\sigma^2\leqslant\sigma_0^2$	$\sigma^2>\sigma_0^2$	$\chi^2=\dfrac{(n-1)S^2}{\sigma^2}\sim\chi^2(n-1)$	$\chi^2\geqslant\chi_\alpha^2(n-1)$
		$\sigma^2\geqslant\sigma_0^2$	$\sigma^2<\sigma_0^2$		$\chi^2\leqslant\chi_{1-\alpha}^2(n-1)$
		$\sigma^2=\sigma_0^2$	$\sigma^2\neq\sigma_0^2$		$\chi^2\geqslant\chi_{\alpha/2}^2(n-1)$ 或 $\chi^2\leqslant\chi_{1-\alpha/2}^2(n-1)$

例8.2.4　某厂生产的一种导线,按要求其电阻值 X 的标准差不得超过0.005(单位:Ω)。今在生产的一批导线中随机抽取9根,测量其电阻值,并得其样本方差 $s^2=0.000049\Omega^2$。假定总体 X 服从正态分布,试问这种导线的电阻值的方差是否比生产要求偏大($\alpha=0.05$)?

解:本题是总体均值 μ 未知时,方差 σ^2 的右边检验。

(1)提出假设:$H_0:\sigma^2\leqslant0.005^2$,$H_1:\sigma^2>0.005^2$;

(2)选定显著性水平 $\alpha=0.05$,确定样本容量 $n=9$;

(3)选择恰当的统计量:$\chi^2 = \dfrac{(n-1)S^2}{\sigma^2}$,在 H_0 真时,检验统计量

$$\chi^2 = \frac{8S^2}{0.005^2} \sim \chi^2(8)$$

(4)查 χ^2 分布表可得 $\chi^2_{0.05}(8) = 15.507$ 的值,由式(8.2.16)得拒绝域:

$$\chi^2 \geqslant \chi^2_{0.05}(8) = 15.507$$

(5)根据样本值计算 $s^2 = 0.000049$,及检验统计量的观测值

$$\chi^2 = \frac{8 \times 0.000049}{0.005^2} = 15.68 > 15.507$$

所以应拒绝 H_0,即在显著性水平 $\alpha = 0.05$ 下,认为这种导线的电阻值的方差比生产要求偏大。

这种右边检验的情况比双边检验情况更有实际意义,常常在生产中对产品精度作抽样检查时,若抽样结果表明样本方差 S^2 比原来的总体方差 σ_0^2 大,就必须检验假设 $H_0 : \sigma^2 \leqslant \sigma_0^2$。如果 H_0 被否定,则产品质量可疑,则应停产检查原因。

三、两个正态总体均值差的检验

298

设 $X_1, X_2, \cdots, X_n$ 是来自正态总体 X 的一个样本,设 $Y_1, Y_2, \cdots, Y_n$ 是来自正态总体 Y 的一个样本,X 与 Y 相互独立,且 $X \sim N(\mu_1, \sigma_1^2)$,$Y \sim N(\mu_2, \sigma_2^2)$,样本均值分别为 $\overline{X}$ 与 $\overline{Y}$,样本方差分别为 S_1^2 与 S_2^2,设参数 $\mu_1, \mu_2, \sigma_1^2, \sigma_2^2$ 均为未知,其关于均值差 $\mu_1 - \mu_2$ 的假设检验,基于三种假设:

$$H_0 : \mu_1 - \mu_2 = \delta ; H_1 : \mu_1 - \mu_2 \neq \delta$$
$$H_0 : \mu_1 - \mu_2 \leqslant \delta ; H_1 : \mu_1 - \mu_2 > \delta$$
$$H_0 : \mu_1 - \mu_2 \geqslant \delta ; H_1 : \mu_1 - \mu_2 < \delta$$

特别地,取 $\delta = 0$,即假设 $H_0 : \mu_1 = \mu_2$;$H_1 : \mu_1 \neq \mu_2$,为检验两总体均值是否相等的问题。如果拒绝了假设 $H_0 : \mu_1 = \mu_2$,则认为两个总体的均值有"显著性差异"。

1. 两总体方差 σ_1^2, σ_2^2 已知时,关于均值差 $\mu_1 - \mu_2$ 的假设检验

当两总体方差 σ_1^2, σ_2^2 已知时,关于均值差 $\mu_1 - \mu_2$ 的双边假设的检验为 U 检验,步骤如下。

(1)根据实际问题提出假设:

$$H_0 : \mu_1 - \mu_2 = \delta ; H_1 : \mu_1 - \mu_2 \neq \delta$$

(2)选定显著性水平 α,确定样本容量 n_1 与 n_2;

(3)根据第六章式(6.3.28),在 H_0 为真时,统计量

$$U = \frac{\overline{X} - \overline{Y} - \delta}{\sqrt{\frac{\sigma_1^2}{n_1} + \frac{\alpha_2^2}{n_2}}} \sim N(0,1)$$

(4)由(3)根据概率

$$P\{ 拒绝 H_0 | H_0 真\} = P\{|U| \geqslant z_{\alpha/2}\} = \alpha$$

查正态分布表可得 $z_{\alpha/2}$ 的值,确定 H_0 的拒绝域为

$$|u| = \left| \frac{\overline{x} - \overline{y} - \delta}{\sqrt{\frac{\sigma_1^2}{n_1} + \frac{\alpha_2^2}{n_2}}} \right| \geqslant z_{\alpha/2} \tag{8.2.17}$$

(5)根据样本值计算 $\overline{x}, \overline{y}$ 的值,与检验统计量 U 的观测值 $|u|$,作出以下判断:

若 $|u| \geqslant z_{\alpha/2}$,则拒绝 H_0;若 $|u| < z_{\alpha/2}$,则接受 H_0

例 8.2.5 设在各有 50 名学生的两个班级中举行一次考试,得第一个班级平均成绩是 74 分,而第二个班级的平均成绩是 78 分,设两个班级的成绩分别服从正态分布 $N(\mu_1, 8^2)$ 与 $N(\mu_2, 7^2)$,试问在显著性水平 $\alpha = 0.05$ 下,两个班级的成绩有显著性差异吗?

解:设第一个班级的成绩为总体 X,第二个班级的成绩为总体 Y,且 $X \sim N(\mu_1, \sigma_1^2)$,$Y \sim N(\mu_2, \sigma_2^2)$,则本题为两总体方差 $\sigma_1^2 = 8^2, \sigma_2^2 = 7^2$ 已知时,关于均值差 $\mu_1 - \mu_2$ 的双边假设检验。

299

(1)提出假设:$H_0 : \mu_1 = \mu_2$;$H_1 : \mu_1 \neq \mu_2$

(2)选定显著性水平 $\alpha = 0.05$,$n_1 = n_2 = 50$

(3)在 H_0 真时 U 统计量 $U = \dfrac{\overline{X} - \overline{Y} - 0}{\sqrt{\dfrac{8^2}{50} + \dfrac{7^2}{50}}} \sim N(0,1)$

(4)查正态分布表可得 $z_{0.05/2} = 1.96$ 的值,确定 H_0 的拒绝域为

$$|u| = \left| \frac{\overline{x} - \overline{y}}{\sqrt{(8^2 + 7^2)/50}} \right| \geqslant 1.96$$

(5)根据样本值计算得 $\overline{x} = 74, \overline{y} = 78$,及检验统计量的观测值

$$|u| = \left| \frac{74 - 78}{\sqrt{(8^2 + 7^2)/50}} \right| = 2.66 > 1.96$$

所以应拒绝 H_0,即在显著性水平 $\alpha = 0.05$ 下,认为两个班级的成绩有显著性差异。

2. 两总体方差相等 $\sigma_1^2 = \sigma_2^2$,但却未知时,关于均值差 $\mu_1 - \mu_2$ 的假设检验

当两总体方差相等 $\sigma_1^2 = \sigma_2^2$,且为未知时,不能使用式 (6.3.28),此时采用式

(6.3.29)作为检验统计量,则此时关于均值差 $\mu_1-\mu_2$ 的假设检验如下。

(1)根据实际问题提出假设: $H_0:\mu_1-\mu_2=\delta$; $H_1:\mu_1-\mu_2\neq\delta$

(2)选定显著性水平 α ,确定样本容量 n_1 与 n_2 ;

(3)根据第六章式(6.3.29),在 H_0 为真时, t 统计量

$$T = \frac{\overline{X}-\overline{Y}-\delta}{S_W\sqrt{\dfrac{1}{n_1}+\dfrac{1}{n_2}}} \sim t(n_1+n_2-2)$$

其中联合方差 $S_W^2 = \dfrac{(n_1-1)S_1^2+(n_1-1)S_2^2}{n_1+n_2-2}, S_W=\sqrt{S_W^2}$

(4)由(3)根据概率

$$P\{拒绝\ H_0|H_0\ 真\} = P\{|T|\geq t_{\alpha/2}(n_1+n_2-2)\} = \alpha$$

查 t 分布表可得 $t_{\alpha/2}(n_1+n_2-2)$ 的值,确定 H_0 的拒绝域为

$$|t| = \left|\frac{\overline{x}-\overline{y}-\delta}{s_W\sqrt{\dfrac{1}{n_1}+\dfrac{1}{n_2}}}\right| \geq t_{\alpha/2}(n_1+n_2-2) \qquad (8.2.18)$$

(5)根据样本值计算 $\overline{x},\overline{y},s_1^2,s_2^2,s_W$ 的值,与检验统计量的观测值 $|t|$,作出以下判断:

若 $|t|\geq t_{\alpha/2}(n_1+n_2-2)$,则拒绝 H_0 ;若 $|t| < t_{\alpha/2}(n_1+n_2-2)$,则接受 H_0 。

例8.2.6 设某种物品的含脂率在处理前与处理后均服从正态分布,且假定其方差不变,现对这种物品在处理前与处理后分别抽出样品,得其含脂率如下:

处理前 0.19 0.18 0.21 0.30 0.41 0.12 0.27

处理后 0.15 0.13 0.07 0.24 0.19 0.06 0.08 0.12

试问在显著性水平 $\alpha=0.05$ 下,能否认为处理前后物品的含脂率无显著变化?

解 设物品在处理前的含脂率为 X ,物品在处理后的含脂率为 Y ,均服从正态分布,且考虑两总体 X 与 Y 的方差相等 $\sigma_1^2=\sigma_2^2$,但却未知时,则本题为检验两总体均值是否相等的问题,检验过程如下:

(1)根据实际问题提出假设: $H_0:\mu_1=\mu_2$; $H_1:\mu_1\neq\mu_2$

(2)选定显著性水平 $\alpha=0.05$,确定样本容量 $n_1=7$ 与 $n_2=8$

(3)在 H_0 为真时,检验统计量 $T = \dfrac{\overline{X}-\overline{Y}}{S_W\sqrt{\dfrac{1}{7}+\dfrac{1}{8}}} \sim t(13)$

(4)查 t 分布表可得 $t_{0.05/2}(13)=2.1604$,确定 H_0 的拒绝域为

$$|t| = \frac{|\bar{x} - \bar{y}|}{s_W \sqrt{\frac{1}{7} + \frac{1}{8}}} \geq t_{0.05/2}(13) = 2.1604$$

（5）根据样本值计算得 $\bar{x} = 0.24, \bar{y} = 0.13, s_1^2 = 0.009133, s_2^2 = 0.003886$

$$s_W^2 = \frac{6 \times 0.009133 + 7 \times 0.003886}{13} = 0.006308, s_W = \sqrt{0.006308} = 0.07942$$

与检验统计量的观测值

$$|t| = \left| \frac{0.24 - 0.13}{0.07942 \sqrt{\frac{1}{7} + \frac{1}{8}}} \right| = 2.676 > 2.1604$$

所以应拒绝 H_0，认为在显著性水平 $\alpha = 0.05$ 下，物品在处理前后的含脂率有显著变化。

关于两总体均值差 $\mu_1 - \mu_2$ 的单边检验见表 8.2.3。

表 8.2.3 两个正态总体均值的检验法

检验法	条件	H_0	H_1	检验统计量及其分布	H_0 的拒绝域
U 检验	σ^2 已知	$\delta \leq 0$	$\delta > 0$	$U = \dfrac{\bar{X} - \bar{Y} - \delta}{\sqrt{\dfrac{\sigma_1^2}{n_1} + \dfrac{\sigma_2^2}{n_2}}} \sim N(0,1)$	$u \geq z_\alpha$
		$\delta \geq 0$	$\delta < 0$		$u \leq -z_\alpha$
		$\delta = 0$	$\delta \neq 0$		$|u| \geq z_{\alpha/2}$
T 检验	$\sigma_1^2 = \sigma_2^2$ 未知	$\delta \leq 0$	$\delta > 0$	$T = \dfrac{\bar{X} - \bar{Y} - \delta}{S_W \sqrt{\dfrac{1}{n_1} + \dfrac{1}{n_2}}} \sim$	$t \geq t_\alpha(n_1 + n_2 - 2)$
		$\delta \geq 0$	$\delta < 0$		$t \leq -t_\alpha(n_1 + n_2 - 2)$
		$\delta = 0$	$\delta \neq 0$	$t(n_1 + n_2 - 2)$	$|t| \geq t_{\alpha/2}(n_1 + n_2 - 2)$

四、两个正态总体方差比的检验

设 $X_1, X_2, \cdots, X_n$ 是来自正态总体 X 的一个样本，$Y_1, Y_2, \cdots, Y_n$ 是来自正态总体 Y 的一个样本，X 与 Y 相互独立，且 $X \sim N(\mu_1, \sigma_1^2)$，$Y \sim N(\mu_2, \sigma_2^2)$，两个样本均值分别为 $\bar{X}$ 与 $\bar{Y}$，样本方差分别为 S_1^2 与 S_2^2，设参数 $\mu_1, \mu_2, \sigma_1^2, \sigma_2^2$ 均为未知，其关于方差比 σ_1^2 / σ_2^2 的假设检验，基于三种假设：

$$H_0: \sigma_1^2 = \sigma_2^2; H_1: \sigma_1^2 \neq \sigma_2^2$$

$$H_0: \sigma_1^2 \leq \sigma_2^2; H_1: \sigma_1^2 > \sigma_2^2$$

$$H_0: \sigma_1^2 \leq \sigma_2^2; H_1: \sigma_1^2 < \sigma_2^2$$

检验假设 $H_0:\sigma_1^2 = \sigma_2^2$,也称为方差齐性检验。若拒绝 H_0,则认为两总体方差有显著差异。方差齐性检验的过程如下:

(1)根据实际问题提出假设:$H_0:\sigma_1^2 = \sigma_2^2$;$H_1:\sigma_1^2 \neq \sigma_2^2$

(2)选定显著性水平 α,确定样本容量 n_1 与 n_2

(3)按照第六章式(6.3.30),在 H_0 真时 F 统计量

$$F = \frac{S_1^2}{S_2^2} \sim F(n_1 - 1, n_2 - 1)$$

(4)由(3)根据概率

$$P\{F \geq F_{\alpha/2}(n_1 - 1, n_2 - 1) \text{ 或 } F \leq F_{1-\alpha/2}(n_1 - 1, n_2 - 1)\} = \alpha$$

按习惯取对称的 F 分布的分位点 $F_{\alpha/2}(n_1 - 1, n_2 - 1)$ 与 $F_{1-\alpha/2}(n_1 - 1, n_1 - 1)$ 的值,即由概率

$$P\{F \geq F_{\alpha/2}(n_1 - 1, n_2 - 1)\} = \frac{\alpha}{2} = P\{F \leq F_{1-\alpha/2}(n_1 - 1, n_2 - 1)\}$$

确定 H_0 的拒绝域为

$$F \geq F_{\alpha/2}(n_1 - 1, n_2 - 1) \text{ 或 } F \leq F_{1-\alpha/2}(n_1 - 1, n_2 - 1) \qquad (8.2.19)$$

(5)根据样本值计算 s_1^2, s_2^2 的值,与检验统计量的观测值 $F = s_1^2/s_2^2$,作出以下判断:

若 $F \geq F_{\alpha/2}(n_1 - 1, n_2 - 1)$ 或 $F \leq F_{1-\alpha/2}(n_1 - 1, n_2 - 1)$,则拒绝 H_0;

若 $F_{1-\alpha/2}(n_1 - 1, n_2 - 1) < F < F_{\alpha/2}(n_1 - 1, n_2 - 1)$,则接受 H_0。

由于这个检验法应用的统计量服从 F 分布,所以常称为 F 检验法。

例 8.2.7 试在显著性水平 $\alpha = 0.05$ 下,检验例 8.2.6 中两总体 X 与 Y 的方差是否无显著差异?

解:本题是方差齐性检验问题,检验过程如下:

(1)根据实际问题提出假设:$H_0:\sigma_1^2 = \sigma_2^2$;$H_1:\sigma_1^2 \neq \sigma_2^2$

(2)选定显著性水平 $\alpha = 0.05$,确定样本容量 $n_1 = 7$ 与 $n_2 = 8$

(3)在 H_0 为真时,检验统计量 $F = \dfrac{S_1^2}{S_2^2} \sim F(6,7)$

(4)查 F 分布分位点 $F_{0.025}(6,7) = 5.12$ 与 $F_{0.975}(6,7) = \dfrac{1}{F_{0.025}(7,6)} = \dfrac{1}{5.70} = 0.1754$,从而确定 H_0 的拒绝域为 $F \geq 5.12$ 或 $F \leq 0.1754$

(5)根据样本值计算 $s_1^2 = 0.009133, s_2^2 = 0.003886$ 的值,与检验统计量的观测值

$$F = \frac{s_1^2}{s_2^2} = \frac{0.009133}{0.003886} = 2.35 \in (0.1754, 5.12)$$

所以应接受 H_0，即在显著性水平 $\alpha = 0.05$ 下，认为两总体 X 与 Y 的方差无显著差异，因此在例 8.2.6 中假定 $\sigma_1^2 = \sigma_2^2$ 是合理的。

一般地，对于两个正态总体 X 和 Y，如果它们的方差是未知的，而且需要比较它们的均值时，应首先用 F 检验法检验它们的方差是否一致，如果能接受方差相等这一假设，然后才能利用方差相等条件下的 t 检验法，比较它们的均值之间的差异。如在例 8.2.6 中，应先作方差齐性检验，即如例 8.2.7 中所作，在检验得知可以认为方差相等时，再作例 8.2.6 中的均值差异的检验。

关于方差比的单边检验方法见表 8.2.4。

表 8.2.4　单个正态总体方差的检验法

检验法	条件	H_0	H_1	检验统计量及其分布	H_0 的拒绝域
F 检验	μ 未知	$\sigma_1^2 \leqslant \sigma_2^2$	$\sigma_1^2 > \sigma_2^2$	$F = \dfrac{S_1^2}{S_2^2} \sim F(n_1-1, n_2-1)$	$F \geqslant F_\alpha(n_1-1, n_2-1)$
		$\sigma_1^2 \geqslant \sigma_2^2$	$\sigma_1^2 < \sigma_2^2$		$F \leqslant F_{1-\alpha}(n_1-1, n_2-1)$
		$\sigma_1^2 = \sigma_2^2$	$\sigma_1^2 \neq \sigma_2^2$		$F \geqslant F_{\alpha/2}(n_1-1, n_2-1)$ 或 $F \leqslant F_{1-\alpha/2}(n_1-1, n_2-1)$

思 考 题 8.2

1. 如何对单个正态总体的均值与方差作假设检验？
2. 如何对两个正态总体的均值差与方差比作假设检验？
3. 在大样本情况下，能否作出总体参数的近似假设检验？
4. 如何作出总体均值已知时，总体方差的假设检验？

基 本 练 习 8.2

1. 设某厂生产一种钢索，其断裂强度 $X(\text{kg/cm}^2)$ 服从正态分布 $N(\mu, 40^2)$。从中随机选取一个容量为 9 的样本，由观测值计算得平均值 $\bar{x} = 780(\text{kg/cm}^2)$。能否据此认为这批钢索的平均断裂强度为 $800(\text{kg/cm}^2)$（$\alpha = 0.05$）？

2. 设一批木材的小头直径 $X(\text{cm})$ 服从正态分布 $N(\mu, 2.6^2)$。现从这批木材中随机抽出 100 根，测出小头直径，计算得平均值为 $\bar{x} = 11.2(\text{cm})$。试问该批木材的平均小头直径能否认为是在 $12(\text{cm})$ 以上（$\alpha = 0.05$）？

3. 设某次考试的学生成绩 X 服从正态分布 $N(\mu, \sigma^2)$。现从中随机地抽取 25 位学生的成绩，计算得平均成绩 $\bar{x} = 67.5$ 分，样本标准差 $s = 15$ 分。试问在显著性

水平 $\alpha = 0.05$ 下,是否可以认为这次考试全体考生的平均成绩为 72 分?

4. 已知某物体用精确方法测得的温度真值是 1277°,现用某台仪器间接测量该物体,得到 5 个数据如下:

$$1250 \quad 1265 \quad 1245 \quad 1260 \quad 1275$$

假定测试温度 X 服从正态分布 $N(\mu, \sigma^2)$,试问这台仪器是否存在系统误差?

5. 下面列出的是某工厂随机选取的 20 只部件的装配时间(单位:min):

9.8 10.4 10.6 9.6 9.7 9.9 10.9 11.1 9.6 10.2

10.3 9.6 9.9 11.2 10.6 9.8 10.5 10.1 10.5 9.7

设部件的装配时间 X 服从正态分布 $N(\mu, \sigma^2)$,其中参数 μ 与 σ^2 均未知,是否可以认为平均装配时间显著大于 10 分钟($\alpha = 0.05$)?

6. 某纯净水生产厂用自动灌装机灌装纯净水,该自动灌装机正常灌装量 $X \sim N(18, 0.4^2)$,现测量了某天 9 个灌装样品的灌装量(单位:L),数据如下:

18.0 17.6 17.3 18.2 18.1 18.5 17.9 18.1 18.3

在显著性水平 $\alpha = 0.05$ 下,试问:

(1)该天灌装量是否正常? (2)灌装量精度是否在标准范围内?

304

7. 市质监局接到投诉后,对某金店进行质量调查。现从该店出售的标明 18K 的项链中随机抽取 9 件检测其含金量,检测合格的标准为:标准值 18K 且标准差不得超过 0.3K。检测结果如下:

17.3 16.6 17.9 18.2 17.4 16.3 18.5 17.2 18.1

假定项链的含金量 X 服从正态分布,试问检测结果能否认定该金店出售的产品存在质量问题($\alpha = 0.05$)?

8. 根据过去几年农产品产量的调查资料,某县小麦亩产量 X 服从均方差为 56.25 的正态分布。今年随机抽取了 10 块土地,测得其小麦亩产量数据(单位:斤)如下:

969 695 743 836 748 558 675 631 654 685

根据上述数据,能否认为该县小麦亩产量的方差没有发生变化?

9. 设有甲、乙两种零件,彼此可以代用,但乙种零件比甲种零件制造简单,造价低。现从甲、乙两种零件分别随机抽出 5 件,测得使用寿命(单位:h)为:

| 甲种零件 | 88 | 87 | 92 | 90 | 91 |
| 乙种零件 | 89 | 89 | 90 | 84 | 88 |

假设甲、乙两种零件的使用寿命均服从正态分布,且方差相等,试问这两种零件的使用寿命有无显著差异($\alpha = 0.05$)?

10. 在相同条件下对甲、乙两种品牌的洗涤剂分别进行去污实验,测得去污率

（％）结果如下：

甲种品牌	79.4	80.5	76.2	82.7	77.8	75.6
乙种品牌	73.4	77.5	79.3	75.1	74.7	

假定两种品牌的去污率均服从正态分布，且方差相等，试问这两种品牌的去污率有无显著差异（$\alpha = 0.05$）？

11. 某砖厂有两座砖窑。某日从甲窑中随机地抽取砖7块，从乙窑中随机地抽取砖6块，测得抗折强度（单位：kg）数据如下：

甲窑砖	20.51	25.56	20.78	37.27	36.26	25.97	24.62
乙窑砖	32.56	26.66	25.64	33.00	34.86	31.03	

设抗折强度服从正态分布，若给定显著性水平 $\alpha = 0.1$，试问两窑砖抗折强度的方差有无显著差异？

12. 测得两批电子元件的样品的电阻值（单位：Ω）数据为：

A批（x）	0.14	0.138	0.143	0.142	0.144	0.137
B批（y）	0.135	0.140	0.142	0.136	0.138	0.140

设这两批元件的电阻值总体分别服从正态分布 $N(\mu_1, \sigma_1^2)$ 与 $N(\mu_2, \sigma_2^2)$，其中 $\mu_1, \mu_2, \sigma_1^2, \sigma_2^2$ 均未知，且两样本相互独立。

305

（1）试在显著性水平 $\alpha = 0.05$ 下检验假设：$H_0: \sigma_1^2 = \sigma_2^2$；$H_1: \sigma_1^2 \neq \sigma_2^2$；

（2）在（1）基础上检验假设（$\alpha = 0.05$）：$H_0: \mu_1 = \mu_2$；$H_1: \mu_1 \neq \mu_2$。

13. 某中药厂从某中药材中提取某种有效成份。为了提高效率，改革提炼方法，现对同一质量的药材，用新、旧两种方法各做了 10 次试验，其得率分别为：

旧方法（x）	78.1	72.4	76.2	74.3	77.4	78.4	76.0	75.5	76.7	77.3
新方法（y）	79.1	81.0	77.3	79.1	80.0	79.1	79.1	77.3	80.2	82.1

设这两个样本分别来自正态总体 $N(\mu_1, \sigma_1^2)$ 与 $N(\mu_2, \sigma_2^2)$，其中 $\mu_1, \mu_2, \sigma_1^2, \sigma_2^2$ 均未知，且两样本相互独立。试问新方法的得率是否比旧方法的得率高（$\alpha = 0.01$）？（得率 =（药材中提取的有效成份的量）÷（进行提取的药材总量）×100%）

§8.3 χ^2 分布拟合检验法

前面介绍了正态总体参数的显著性检验问题，在这些检验问题中，总体的分布是已知的，在此前提之下，根据从总体中抽出的样本对关于总体的均值或方差的假设进行检验。然而在许多场合，事先并不知道总体分布的类型，此时需要根据样本对关于总体分布的种种假设进行检验。本节所介绍的 χ^2 分布拟合检验法就是分布假设检验的方法之一。

当总体 X 的分布类型未知时,关于总体分布的假设问题为:总体的分布函数 $F(x)$ 是否与已知的函数 $F_0(x)$ 有显著的差别。即需检验假设:

$$H_0:F(x)=F_0(x);H_1:F(x)\neq F_0(x) \tag{8.3.1}$$

其中备择假设 H_1 可以不用写出。

若总体 X 为离散型随机变量时,上述假设可用概率分布假设

$$H_0:总体\ X\ 的概率分布为\ P\{X=x_i\}=p_i \quad i=1,2,\cdots \tag{8.3.2}$$

若总体 X 为连续型随机变量时,上述假设可用概率密度假设

$$H_0:总体\ X\ 的概率密度为\ f(x)=f_0(x) \tag{8.3.3}$$

设 $X_1,X_2,\cdots,X_n$ 是来自总体 X 的一个容量为 n 的样本,$x_1,x_1,\cdots,x_n$ 是其样本观察值。为检验 H_0,首先我们假定 H_0 中的分布函数 $F_0(x)$,概率分布 $P\{X=x_i\}=p_i$ 或概率密度 $f_0(x)$ 中没有未知参数。则在假设 H_0 下,将总体 X 的全部可能取值的集合 Ω 划分成 k 个两两不相交的子集:$A_1,A_2,\cdots,A_k$;再用 n_i 表示样本观察值 $x_1,x_2,\cdots,x_n$ 中落在子集 $A_i(i=1,2,\cdots,k)$ 中的个数,可将其视为对总体进行 n 次独立观察中,事件 $\{X\in A_i\}$ 出现的实际频数或实际次数,故 $f_i=\dfrac{n_i}{n}$ 可视为事件 $\{X\in A_i\}$ 出现的频率。而将事件 $\{X\in A_i\}$ 出现的概率记为 $p_i=P\{X\in A_i\}$,于是可计算得事件 $\{X\in A_i\}$ 出现的理论频数为 $mp_i(i=1,2,\cdots,k)$。一般来说,由于试验次数较大,如果 H_0 为真时,事件 $\{X\in A_i\}$ 出现的实际频数 n_i 与理论频数 np_i 应相差不大,即相应的频率 f_i 与概率 p_i 很接近,因此 $(f_i-p_i)^2$ 相差不大,所以皮尔逊(K. Pearson)采用以下 χ^2 统计量:

$$\chi^2=\sum_{i=1}^{k}\frac{n}{p_i}\left(\frac{n_i}{n}-p_i\right)^2=\sum_{i=1}^{k}\frac{(n_i-np_i)^2}{np_i} \tag{8.3.4}$$

作为检验统计量来检验样本与假设 H_0 中的分布的吻合程度。

根据以上分析可知,若 H_0 为真时,则式(8.3.4)中 χ^2 统计量的统计值应该偏小。若式(8.3.4)统计值偏大,则表示实际频数 n_i 与理论频数 np_i 相差很大,因此我们有理由认为样本观察值 $x_1,x_1,\cdots,x_n$ 不是来自 H_0 假设分布,即应拒绝 H_0。

如果 H_0 中所假设的分布 $F_0(x)$ 含有未知参数时,通常是先利用样本求出 $F_0(x)$ 中未知参数的极大似然估计,并用其极大似然估计值代替 $F_0(x)$ 的参数,再根据此分布函数 $F_0(x)$ 求出概率 p_i 的估计值 $\hat{p_i}=\hat{P}\{X\in A_i\}$,并在式(8.3.4)用 $\hat{p_i}$ 代替 p_i,令 χ^2 统计量为

$$\chi^2=\sum_{i=1}^{k}\frac{(n_i-n\hat{p_i})^2}{n\hat{p_i}} \tag{8.3.5}$$

306

作为检验统计量。

下面的定理帮助我们得到检验的临界值。

定理 8.3.1 若样本容量 n 足够大($n \geq 50$),则当 H_0 真时,式(8.3.4)统计量近似服从 $\chi^2(k-1)$ 分布;式(8.3.5)统计量近似服从 $\chi^2(k-r-1)$ 分布,其中 r 是被估计的参数的个数。

根据上述分析,当 H_0 为真时,式(8.3.4)与式(8.3.5)χ^2 统计值不应太大,若过大则应拒绝 H_0。

所以,对于选定的显著性水平 α,由概率

$$P\{拒绝 H_0 | H_0 \, 真\} = P\{\chi^2 \geq \chi_\alpha^2(k-r-1)\} = \alpha \tag{8.3.6}$$

确定 H_0 的拒绝域为

$$\chi^2 \geq \chi_\alpha^2(k-r-1) \tag{8.3.7}$$

因此,若由样本值 $x_1, x_1, \cdots, x_n$ 计算出 χ^2 统计值,由 χ^2 分布表查出临界值 $\chi_\alpha^2(k-r-1)$ 时,可作出如下判断:

若 $\chi^2 \geq \chi_\alpha^2(k-r-1)$,则拒绝 H_0,认为总体 X 的分布与假设分布 $F_0(x)$ 有显著差异;

若 $\chi^2 < \chi_\alpha^2(k-r-1)$,则接受 H_0,认为总体 X 的分布与假设分布 $F_0(x)$ 无显著差异。

此检验法称为 χ^2 分布拟合检验法。注意在使用 χ^2 分布拟合检验法时,通常应取 $n \geq 50$,且每个 np_i 或 $\widehat{np_i}$ 也不应小于 5,若 np_i 或 $\widehat{np_i}$ 太小时,则应适当合并子集 A_i,使每个合并后的 np_i 或 $\widehat{np_i}$ 满足不小于 5 的要求。

例 8.3.1 设有 7 台自动机床在相同条件下,独立完成相同的工序。在一段时间内统计 7 台机床故障数的资料如下表:

机床代号	1	2	3	4	5	6	7
故障频数	2	10	11	8	13	19	7

试问故障的发生是否与机床本身质量有关($\alpha = 0.05$)?

解: 设随机变量 X 是出现故障的机床代号,所以 X 的一切可能值的集合为 $\{1, 2, 3, 4, 5, 6, 7\}$。这里要检验问题是:

$$H_0: 故障的发生与机床本身质量无关$$

而所谓故障的发生与机床本身质量无关,是指每次故障的发生都是由随机因素导致的,而各台机床处于相同条件下,所以故障的发生对每台机床是等可能的。若用 p_i 表示第 i 台机床发生故障的概率,那么上面的假设可以表示为

$$H_0: p_i = P\{X = i\} = \frac{1}{7}, \, H_1: p_i \, 不全为 \, \frac{1}{7} \quad i = 1, 2, \cdots, 7$$

这实际上是检验总体 X 是否服从均匀分布问题。由题设知，观察次数 $n = 70$，实际频数 $n_i(i = 1, 2, \cdots, 7)$ 如表 8.3.1 所列出，且假设 H_0 分布中无未知参数，即假设分布中被估计的未知参数个数 $r = 0$，为计算式 $(8.3.4)\chi^2$ 检验统计量，给出下述 χ^2 检验计算表。

表 8.3.1 χ^2 检验计算表

机床代号 X	实际频数 n_i	概率 p_i	理论频数 np_i	$n_i - np_i$	$(n_i - np_i)^2/np_i$
1	2	1/7	10	-8	6.4
2	10	1/7	10	0	0
3	11	1/7	10	1	0.1
4	8	1/7	10	-2	0.4
5	13	1/7	10	3	0.9
6	19	1/7	10	9	8.1
7	7	1/7	10	-3	0.9
$\sum$	70	1	70	0	16.8

从上表中计算得出 χ^2 的统计值为 16.8，χ^2 分布的自由度 $k - r - 1 = 7 - 0 - 1 = 6$，由给定的显著性水平 $\alpha = 0.05$，查 χ^2 分布表，得 $\chi^2_{0.05}(7 - 0 - 1) = \chi^2_{0.05}(6) = 12.592$，故有

$$\chi^2 = 16.8 > \chi^2_{0.05}(6) = 12.592$$

所以应拒绝 H_0，认为机床故障的发生并非与机床无关，即每台机床的故障发生不是等可能的，而是与机床本身质量有关。

例 8.3.2 在一次实验中，每隔一定时间观察一次由某种铀所放射的到达计数器上的 α 粒子数 X，共观察了 100 次，得结果如表 8.3.2 所示：

表 8.3.2 铀放射的 α 粒子数的实验记录

i	0	1	2	3	4	5	6	7	8	9	10	11	$\geqslant 12$
n_i	1	5	16	17	26	11	9	9	2	1	2	1	0

其中 n_i 是观察到有 i 个 α 粒子的次数。从理论上来考虑 X 应服从泊松分布，其概率分布为

$$P\{X = i\} = \frac{\lambda^i e^{-\lambda}}{i!} \quad i = 0, 1, \cdots \tag{8.3.8}$$

试问式 $(8.3.8)$ 是否符合实际 $(\alpha = 0.05)$？即在显著性水平 $\alpha = 0.05$ 下检验假设。

$$H_0: 总体 X 服从泊松分布, P\{X = i\} = \frac{\lambda^i e^{-\lambda}}{i!} \quad i = 0, 1, \cdots$$

解：因为在 H_0 中的概率分布 $P\{X = i\} = \frac{\lambda^i e^{-\lambda}}{i!}$ 含有未知参数 λ，所以应先用 λ

的极大似然估计值 $\hat{\lambda} = \hat{x}$ 来取代,而由样本值计算得

$$\hat{\lambda} = \bar{x} = \frac{1}{100}(0 \times 1 + 1 \times 5 + 2 \times 16 + \cdots + 10 \times 2 + 11 \times 1 + 0) = 4.2$$

故若 H_0 成立,即总体 X 具有概率分布 $\hat{P}\{X = i\} = \dfrac{4.2^i e^{-4.2}}{i!}$ $i = 0, 1, \cdots$,将 X 的全部可能取值的集合 $\Omega = \{0, 1, \cdots\}$ 分成如下表所示的两两不相交的子集 $A_0, A_1, \cdots,$ A_{12},并按题设统计 $n_0, n_1, \cdots, n_{12}$,计算概率

$$\hat{p}_i = \hat{P}\{X = i\} = \frac{4.2^i}{i!}e^{-4.2} \quad i = 0, 1, \cdots, 11$$

$$\hat{p}_{12} = \hat{P}\{X \geq 12\} = \sum_{i=12}^{\infty} \frac{4.2^i}{i!}e^{-4.2} = 0.002$$

且注意到 $np_0 = 1.5 < 5$,而 $np_0 + np_1 = 7.8 > 5$,故将子集 A_0, A_1 合并计算,同理将子集 $A_8, \cdots, A_{12}$ 合并计算,列入表 8.3.3 中。

表 8.3.3 $\quad$ 的 χ^2 检验计算表

A_i	n_i	$\hat{p}_i$	$n\hat{p}_i$	$n_i - \widehat{np}_i$	$(n_i - n\hat{p}_i)^2/n\hat{p}_i$
A_0	1	0.015	1.5 ⎫ 7.8	−1.8	0.415
A_1	5	0.063	6.3 ⎭		
A_2	16	0.132	13.2	2.8	0.594
A_3	17	0.185	18.5	−1.5	0.122
A_4	26	0.194	19.4	6.6	2.245
A_5	11	0.163	16.3	−5.3	1.723
A_6	9	0.114	11.4	−2.4	0.505
A_7	9	0.069	6.9	2.1	0.639
A_8	2	0.036	3.6 ⎫		
A_9	1	0.017	1.7		
A_{10}	2	0.007	0.7 ⎬ 6.5	0.5	0.038
A_{11}	1	0.003	0.3		
A_{12}	0	0.002	0.2 ⎭		
$\sum$	100	1	100	1	6.281

从上表中计算得出 χ^2 的统计值为 6.281,假设 H_0 分布中被估计的未知参数个数 $r = 1$,故 χ^2 分布的自由度 $k - r - 1 = 8 - 1 - 1 = 6$,查 χ^2 分布表,由给定的显著性水平 $\alpha = 0.05$,得 $\chi^2_{0.05}(8 - 1 - 1) = 12.592$,故有

$$\chi^2 = 6.281 < \chi^2_{0.05}(6) = 12.592$$

应接受 H_0,即在显著性水平 $\alpha = 0.05$ 下,认为样本来自泊松分布总体 $\pi(4.2)$,认

为总体概率分布为式(8.3.8)是符合实际的。

例8.3.3 表8.3.4给出某地120名12岁男孩身高的资料。

表8.3.4　某地120名12岁男孩身高资料(单位:cm)

128.1	144.4	150.3	146.2	140.6	139.7
134.1	124.3	147.9	143.0	143.1	142.7
126.0	125.6	127.7	154.4	142.7	141.2
133.4	131.0	125.4	130.3	146.3	146.8
142.7	137.6	136.9	122.7	131.8	147.7
135.8	134.8	139.1	139.0	132.3	134.7
138.4	136.6	136.2	141.6	141.0	138.4
145.1	141.4	139.9	140.6	140.2	131.0
150.4	142.7	144.3	136.4	134.5	132.3
152.7	148.1	139.6	138.9	136.1	135.9
140.3	137.3	134.6	145.2	128.2	135.9
140.2	136.6	139.5	135.7	139.8	129.1
141.4	139.7	136.2	138.4	138.1	132.9
142.9	144.7	138.8	138.3	135.3	140.6
142.2	152.1	142.4	142.7	136.2	135.0
154.3	147.9	141.3	143.8	138.1	139.7
127.4	146.0	155.8	141.2	146.4	139.4
140.8	127.7	150.7	160.3	148.5	147.5
138.9	123.1	126.0	150.0	143.7	156.9
133.1	142.8	136.8	133.1	144.5	142.4

用X表示12岁男孩的身高,要求利用χ^2分布拟合检验法,在显著性水平$\alpha = 0.05$下来检验假设$H_2:X$服从正态分布。

解：由题设,需检验关于12岁男孩的身高总体X是否服从正态分布问题。即检验假设：

$$H_0:X \text{ 服从正态分布 } N(\mu,\sigma^2)$$

或检验假设：

$$H_0:X \text{ 的概率密度为 } f(x) = \frac{1}{\sqrt{2\pi}\sigma}e^{-\frac{(x-\mu)^2}{2\sigma^2}}$$

可见分布中含有两个未知参数μ和σ^2,应首先用它们的极大似然估计值$\hat{\mu} = \bar{x}$与$\hat{\sigma}^2 = s_n^2$来替代：

$$\widehat{\mu} = \frac{1}{120}\sum_{i=1}^{120} x_i = 139.5, \widehat{\sigma^2} = \frac{1}{120}\sum_{i=1}^{120}(x_i - \bar{x})^2 = 53.86, \widehat{\sigma} = 7.34$$

X 的全部可能取值的集合为 $\Omega = (-\infty, +\infty)$。从题设抽样数据中,可得最小值是 122.7,最大值是 160.3。故选用 8 个实数 126,130,134,138,142,146,150,154,将实数区域 $\Omega = (-\infty, +\infty)$ 分成如下表所示的 9 个两两不相交的子区间 A_1, $A_2, \cdots, A_9$,并按题设统计 $n_1, n_2, \cdots, n_9$。

A_i	A_1	A_2	A_3	A_4	A_5
子区间	$(-\infty, 126]$	$(126, 130]$	$(130, 134]$	$(134, 138]$	$(138, 142]$
实际频数 n_i	7	6	10	22	33
A_i	A_6	A_7	A_8	A_9	
子区间	$(142, 146]$	$(146, 150]$	$(150, 154]$	$(154, +\infty]$	
实际频数 n_i	21	11	5	5	

按估计分布 $N(139.5, 7.34^2)$ 计算总体 X 落入每个区间的概率 $\widehat{p_i}(i=1,2,3,\cdots,9)$:

$$\widehat{p_1} = P\{X \leqslant 126\} = \Phi\left(\frac{126 - 139.5}{7.34}\right) = \Phi(-1.84) = 0.0329$$

$$\widehat{p_2} = P\{126 < X \leqslant 130\} = \Phi\left(\frac{130 - 139.5}{7.34}\right) - \Phi\left(\frac{126 - 139.5}{7.34}\right) =$$

$$\Phi(-1.29) - \Phi(-1.84) = 0.0985 - 0.0329 = 0.0656$$

其余概率值 $\widehat{p_i}(3 \leqslant i \leqslant 9)$ 作类似计算,列入表 8.3.5 并计算 χ^2 的统计值:

表 8.3.5　χ^2 检验计算值

子区间	n_i	$\widehat{p_i}$	$n\widehat{p_i}$	$n_i - n\widehat{p_i}$	$(n_i - n\widehat{p_i})^2/n\widehat{p_i}$
A_1	7	0.0329	3.948 }	1.182	0.118
A_2	6	0.0656	7.872 }		
A_3	10	0.1281	15.372	-5.372	1.877
A_4	22	0.1941	23.292	-1.292	0.072
A_5	33	0.2124	25.488	7.512	2.214
A_6	21	0.1802	21.624	-0.624	0.018
A_7	11	0.1103	13.236	-2.236	0.378
A_8	5	0.0525	6.3 }	0.832	0.076
A_9	5	0.0239	2.868 }		
Σ	120	1	120	0	4.753

从表中计算得出 χ^2 的统计值为 4.753,假设 H_0 分布 $N(\mu, \sigma^2)$ 中被估计的未知参数个数 $r=2$,故 χ^2 分布的自由度 $k-r-1=7-2-1=4$,由给定的显著性水平

$\alpha = 0.05$,查 χ^2 分布表,得 $\chi^2_{0.05}(7-2-1) = 9.488$,故有

$$\chi^2 = 4.753 < \chi^2_{0.05}(4) = 9.488$$

应接受 H_0,即在显著性水平 $\alpha = 0.05$ 下,认为样本来自正态分布总体 $N = (139.7, 34^2)$。

需要注意的是,在实际中,通常是根据直方图或经验方法得出数据的分布类型,然后再作 χ^2 分布拟合检验。如在第六章例 6.2.2 中观察频率直方图的形状,可以猜测总体 X 服从正态分布,此时可以用如上方法检验加以确认,读者可试之。

思 考 题 8.3

1. 什么是 χ^2 分布拟合检验?按怎样的检验步骤进行 χ^2 分布拟合检验?

2. 如何提出关于分布类型的假设?

基 本 练 习 8.3

1. 某学校图书馆每周开馆 5 天,各天借出书籍册数统计如下:

星期某天(x)	一	二	三	四	五
借出书籍数(n_i)	163	108	120	114	155

试问在显著性水平 $\alpha = 0.05$ 下,这些资料能否可以说明该图书馆借出的书籍册数依赖于一周内某个个别的日子。

2. 某电话交换台在一小时内(60min)每分钟接到电话用户的呼唤次数记录如下:

呼唤次数(x)	0	1	2	3	4	5	6	≥7
实际频数(n_i)	8	16	17	10	6	2	1	0

试问上述统计资料能否说明,每分钟接到的电话呼唤次数服从泊松分布($\alpha = 0.05$)?

3. 从一批灯泡中抽取 300 只作寿命试验(单位:h),结果如下:

灯泡寿命(x)	$x < 100$	$100 \leqslant x < 200$	$200 \leqslant x < 300$	$x \geqslant 300$
灯泡数(n_i)	121	78	43	58

在显著性水平 $\alpha = 0.05$ 下,试检验 H_0:灯泡寿命 X 服从指数分布 $Z(0.005)$,其概率密度为

$$f(x) = \begin{cases} 0.005e^{-0.005x} & x > 0 \\ 0 & x \leqslant 0 \end{cases}$$

4. 从某车间生产的轴承中随机抽出 84 个,测得它们的直径(单位:mm)为:

137	145	135	147	142	146	140	136	140	141	146	141
142	144	140	126	144	143	144	140	141	158	145	150
148	140	150	147	144	149	149	155	150	154	132	141
148	138	142	146	158	142	140	147	146	144	134	137
142	149	142	149	146	138	141	147	149	143	143	146
131	141	149	140	144	153	143	143	143	139	152	142
137	148	142	154	135	132	148	148	150	145	137	152

试在显著性水平 $\alpha = 0.1$ 下检验这些数据是否来自正态总体。

5. 袋中装有 8 只球,其中红球数未知。在其中任取 3 只,记录红球的只数 X,然后放回,再任取 3 只,记录红球的只数 X,然后放回。如此重复进行了 112 次,其结果如下:

红球只数 x	0	1	2	3
次数	1	31	55	25

试取 $\alpha = 0.05$,检验假设

$$H_0 : X \text{ 服从超几何分布} : P\{X = i\} = \frac{C_5^i C_3^{3-i}}{C_8^3}, i = 0, 1, 2, 3$$

即检验假设 H_0:红球的只数为 5。

313

6. 下表给出了随机选取的某大学 200 个一年级学生一次数学考试的成绩:
(1)画出数据的直方图;(2)试取 $\alpha = 0.1$ 检验数据来自正态总体 $N(60, 15^2)$。

分数 x	$20 \leqslant x \leqslant 30$	$30 < x \leqslant 40$	$40 < x \leqslant 50$	$50 < x \leqslant 60$
学生数 n_i	5	15	30	51
分数 x	$60 < x \leqslant 70$	$70 < x \leqslant 80$	$80 < x \leqslant 90$	$90 < x \leqslant 100$
学生数 n_i	60	23	10	6

§8.4 独立性检验

为考察一个二维总体 (X, Y) 中 X 与 Y 之间是否相互独立的问题。可将这两个指标 X 与 Y 的取值范围分别划分成 r 个和 q 个两两互不相交的子集 $A_1, A_2, \cdots, A_r$ 和 $B_1, B_2, \cdots, B_q$。再从该二维总体 (X, Y) 中抽取一个容量为 n 的样本 (X_1, Y_1),$(X_2, Y_2), \cdots, (X_n, Y_n)$,其样本观测值为 $(x_1, y_1), (x_2, y_2), \cdots, (x_n, y_n)$。用 n_{ij} 表示样本观察值 $(x_1, y_1), (x_2, y_2), \cdots, (x_n, y_n)$ 中 $x_1, x_2, \cdots, x_n$ 落在子集 A_i 内,且 y_1,$y_2, \cdots, y_n$ 落在子集 B_j 内的数对个数 $(i = 1, 2, \cdots, r; j = 1, 2, \cdots, q)$,它可视为事件 $\{X$

$\in A_i, Y \in B_j$} 在 n 次独立观察中出现的实际频数(实际次数)。又记

$$n_i. \triangleq \sum_{j=1}^{q} n_{ij}, n_{.j} \triangleq \sum_{i=1}^{r} n_{ij} \qquad (8.4.1)$$

显然有

$$n = \sum_{i=1}^{r} \sum_{j=1}^{q} n_{ij} \qquad (8.4.2)$$

我们将这些实际频数 $n_{ij}, n_i., n_{.j}$ 列成一个 r 行 q 列的二维列联表(见表 8.4.1)。

表 8.4.1 $r \times q$ 列联表

	B_1	B_2	$\cdots$	B_q	$n_i.$
A_1	n_{11}	n_{12}		n_{1q}	$n_1.$
A_2	n_{21}	n_{22}		n_{2q}	$n_2.$
$\vdots$					$\vdots$
A_r	n_{r1}	n_{r2}		n_{rq}	$n_r.$
$n_{.j}$	$n_{.1}$	$n_{.2}$	$\cdots$	$n_{.q}$	n

这种 $r \times q$ 列联表即可用以判断两个指标 X 和 Y 是否相互独立的问题。其基本思想是:对于统计假设

H_0:二维总体(X, Y)的两个指标 X 和 Y 是相互独立的

若记事件{$X \in A_i, Y \in B_j$}出现的理论概率为

$$p_{ij} \triangleq P\{X \in A_i, Y \in B_j\} \quad i = 1, 2, \cdots, r; j = 1, 2, \cdots, q \qquad (8.4.3)$$

事件{$X \in A_i$}与事件{$Y \in B_j$}出现的理论概率分别为

$$p_i. \triangleq P\{X \in A_i\} \qquad i = 1, 2, \cdots, r$$
$$p_{.j} \triangleq P\{Y \in B_j\} \qquad j = 1, 2, \cdots, q$$

显然有
$$p_i. = \sum_{j=1}^{q} p_{ij}, p_{.j} = \sum_{i=1}^{r} p_{ij} \qquad (8.4.4)$$

且
$$\sum_{i=1}^{r} p_i. = \sum_{j=1}^{q} p_{.j} = 1 \qquad (8.4.5)$$

因为在假设 H_0 成立的条件下,即 X 和 Y 是相互独立的,由概率论中随机变量独立性定义可知应有

$$p_{ij} = p_i. \cdot p_{.j} \quad i = 1, 2, \cdots, r; j = 1, 2, \cdots, q$$

所以关于列联表中的独立性检验就是检验假设:

$$H_0: p_{ij} = p_i. \cdot p_{.j} \quad i = 1, 2, \cdots, r; j = 1, 2, \cdots, q \qquad (8.4.6)$$

314

表 8.4.2　二维离散分布表

	B_1	B_2	$\cdots$	B_q	$p_i.$
A_1	p_{11}	p_{12}	$\cdots$	p_{1q}	$p_1.$
A_2	p_{21}	p_{22}	$\cdots$	p_{2q}	$p_2.$
$\vdots$					$\vdots$
A_r	p_{r1}	p_{r2}	$\cdots$	p_{rq}	$p_r.$
$n_{\cdot j}$	$p_{\cdot 1}$	$p_{\cdot 2}$	$\cdots$	$p_{\cdot q}$	1

如此检验就成为 §8.3 节中参数 $p_i.$ 和 $p_{\cdot j}$ 未知时的分布拟合检验。但假设 H_0 中 $r+q$ 个参数 $p_i.$ 和 $p_{\cdot j}$ 是未知的值,由式(8.4.5)可知,其中仅有 $(r-1)+(q-1)=r+q-2$ 个独立的未知参数,在实际中通常是用这些未知参数的极大似然估计值来替代。因此实际检验假设为

$$H_0 : \widehat{p}_{ij} = \widehat{p}_i . \widehat{p}_{\cdot j} \quad (i=1,2,\cdots,r;j=1,2,\cdots,q) \tag{8.4.7}$$

于是可采用形如 §8.3 节中式(8.3.5)的 χ^2 检验统计量

$$\chi^2 = \sum_{i=1}^{r} \sum_{j=1}^{q} \frac{(n_{ij} - n\widehat{p}_{ij})^2}{n\widehat{p}_{ij}} \tag{8.4.8}$$

来检验式(8.4.7)中假设 H_0。

在原假设 H_0 下,上式近似服从自由度为 $rq-(r+q-2)-1=(r-1)(q-1)$ 的 χ^2 分布。其中 $\widehat{p}_{ij}$ 是在 H_0 成立的条件下的 p_{ij} 的极大似然估计值,其表达式为

$$\widehat{p}_{ij} = \widehat{p}_i . \widehat{p}_{\cdot j} = \frac{n_i.}{n} \cdot \frac{n_{\cdot j}}{n} \quad i=1,2,\cdots,r;j=1,2,\cdots,q \tag{8.4.9}$$

故可利用 $r \times q$ 列联表计算 χ^2 的统计值:

$$\chi^2 = \sum_{i=1}^{r} \sum_{j=1}^{q} \frac{(n_{ij} - n_i. n_{\cdot j}/n)^2}{n_i. n_{\cdot j}/n} \tag{8.4.10}$$

对于给定的显著性水平 α,由 χ^2 分布表查得 $\chi_\alpha^2((r-1)(q-1))$,得到 H_0 的拒绝域为

$$\chi^2 \geqslant \chi_\alpha^2((r-1)(q-1)) \tag{8.4.11}$$

进而给出以下判断准则:

若 $\chi^2 \geqslant \chi_\alpha^2((r-1)(q-1))$,则拒绝 H_0,认为两个指标 X 和 Y 不是相互独立的,即是有关联的;

若 $\chi^2 < \chi_\alpha^2((r-1)(q-1))$,则接受 H_0,认为两个指标 X 和 Y 是相互独立的,即是无关联的。

二维列联表使用极为广泛,常常用于医学、生物、体育、教育等社会科学中,如判断吸烟量与吸烟者年龄有无连带关系,两种药品与治愈人数比例有无关联,回答某问题的对错与回答者年龄有无关联,某中学男女生体育达标率有无显著差异等

问题,都可以用上述方法进行检验判断。

特别地,若 $r=2$,且 $q=2$,构成 2×2 列联表,也称为四格表(见表 8.4.3)。

表 8.4.3　2×2 列联表

	B_1	B_2	$n_i.$
A_1	n_{11}	n_{12}	$n_1.$
A_2	n_{21}	n_{22}	$n_2.$
$n._j$	$n._1$	$n._2$	n

四格列联表简单直观,最为常见,此时(8.4.10)中检验统计量化为

$$\chi^2 = \frac{n(n_{11}n_{22}-n_{12}n_{21})^2}{n_1. n_2. n._1 n._2} \qquad (8.4.12)$$

此时,若给定显著性水平 α,查表查出 $\chi_\alpha^2(1)$,得到 H_0 的拒绝域为

$$\chi^2 = \frac{n(n_{11}n_{22}-n_{12}n_{21})^2}{n_1. n_2. n._1 n._2} \geq \chi_\alpha^2(1) \qquad (8.4.13)$$

进而给出以下判断准则:

若 $\chi^2 \geq \chi_\alpha^2(1)$,则拒绝 H_0,认为两个指标 X 和 Y 不是相互独立的,即是有关联的;

若 $\chi^2 < \chi_\alpha^2(1)$,则接受 H_0,认为两个指标 X 和 Y 是相互独立的,即是无关联的。

316　　**例 8.4.1**　调查 339 名 50 岁以上吸烟习惯与患慢性气管炎病的关系,统计数据如下表。试问吸烟者与不吸烟者慢性气管炎患病率是否有所不同($\alpha = 0.01$)。

	患慢性气管炎病	未患慢性气管炎病	合计
吸烟	43	162	205
不吸烟	13	121	134
合计	56	283	339

解:本题中对每个对象考察两个指标:X(吸烟与否)与 Y(有无患慢性气管炎)是否有关,每个指标各有两个水平,A_1(吸烟),A_2(不吸烟),B_1(患慢性气管炎病),B_2(未患慢性气管炎病),分别表示了表中四种情况。需检验假设

H_0:X 和 Y 是相互独立的,即患慢性气管炎病与吸烟与否无关

由式(8.4.12)计算得

$$\chi^2 = \frac{n(n_{11}n_{22}-n_{12}n_{21})^2}{n_1. n_2. n._1 n._2} = \frac{339 \times (43 \times 121 - 162 \times 13)^2}{56 \times 283 \times 205 \times 134} = 7.4688$$

给定显著性水平 $\alpha = 0.01$,查 χ^2 分布表得 $\chi_{0.01}^2(1) = 6.636$,因

$$\chi^2 = 7.4688 > \chi_{0.01}^2(1) = 6.635$$

故应拒绝 H_0,认为患慢性气管炎病与吸烟有显著关联性。

例 8.4.2 为研究儿童智力发展与营养的关系,某研究机构调查了 1436 名儿童,统计得到如下表的数据,试在显著性水平 $\alpha = 0.05$ 下判断儿童智力发展与营养有无关系。

	智商 <80	智商 80~89	智商 90~99	智商 ≥100	合计
营养良好	367	342	266	329	1304
营养不良	56	40	20	16	132
合计	423	382	286	345	1436

解: 本题这是 2×4 列联表,对每个对象考察两个指标:X(营养状况)与 Y(智商)是否有关,X 指标有两个水平:A_1(营养良好),A_2(营养不良),Y 指标有四个水平:B_1(智商 <80),B_2(智商 80~89),B_3(智商 90~99)B_4(智商 ≥100),分别表示了表中八种情况。需检验假设

H_0:X 和 Y 是相互独立的,即营养状况与智商无关

由题设 2×4 列联表,计算得理论频数 $n\widehat{p}_{ij} = n_{i\cdot} \cdot n_{\cdot j}/n (i=1,2;j=1,2,3,4)$ 表如下:

	<80	80~89	90~99	≥100	合计
营养良好	384.117	346.8858	259.7103	313.2869	1304
营养不良	38.883	35.1142	26.2897	31.7131	132
合计	423	382	286	345	1436

再由式(8.4.8)计算得

$$\chi^2 = \sum_{i=1}^{r} \sum_{j=1}^{q} \frac{(n_{ij} - n\widehat{p}_{ij})^2}{n\widehat{p}_{ij}} = \frac{(367 - 384.117)^2}{384.117} +$$

$$\frac{(342 - 346.8858)^2}{346.8858} + \cdots + \frac{(16 - 31.71309)^2}{31.71309} = 19.2773$$

或列表计算 χ^2 的值:

n_{ij}	$n_{i\cdot}$	$n_{\cdot j}$	$n\widehat{p}_{ij} = n_{i\cdot} \cdot n_{\cdot j}/n$	$(n_{ij} - n\widehat{p}_{ij})^2/n\widehat{p}_{ij}$
367	1304	423	384.117	0.7628
342	1304	382	346.8858	0.0688
266	1304	286	259.7103	0.1523
329	1304	345	313.2869	0.7881
56	132	423	38.8830	7.5352
40	132	382	35.1142	0.6798
20	132	286	26.2897	1.5048
16	132	345	31.7131	7.7855
1436				19.2773

给定显著性水平 $\alpha = 0.05$,查 χ^2 分布表得 $\chi^2_{0.05}((2-1)(4-1)) = \chi^2_{0.05}(3) = 7.815$,因

$$\chi^2 = 19.2773 > \chi^2_{0.05}(3) = 7.815$$

故应拒绝 H_0,认为儿童的营养状况与智商有显著关联性。

思 考 题 8.4

1. 利用 χ^2 检验法如何检验两随机变量之间的独立性?
2. 式(8.4.12)如何得出?

基 本 练 习 8.4

1. 为研究某农作物幼苗抗病性与种子灭菌处理之间的关系,进行对比试验结果如下:

处理	幼苗发病株数	幼苗未发病株数	总计
灭菌	26	50	76
未灭菌	184	200	384
总计	210	250	460

试在显著性水平 $\alpha = 0.05$ 下,检验该农作物幼苗发病是否与种子灭菌处理有关。

2. 在 3 种不同的大气湿度下,调查小麦条锈病情况如下:

处理	发病株数	健康株数	总计
A	26	174	200
B	41	159	200
C	54	146	200
总计	121	479	600

试问大气湿度对小麦条锈病发病率是否有显著影响($\alpha = 0.05$)?

3. 某单位对吸烟量与年龄关系的调查结果如下:

类别	60 岁以上(B_1)	60 岁以下(B_2)	总计
20 支以上/日(A_1)	50	15	65
20 支以下/日(A_2)	10	25	35
总计	60	40	100

试问年龄大小是否对吸烟量有显著影响($\alpha = 0.01$)?

4. 从某校四个年级的学生中随机抽出 155 人,征求对一项教学改革的意见,分三种情况统计结果如下:

年级	赞成	不赞成	无所谓	总计
一年级	30	10	12	52
二年级	24	6	14	44
三年级	20	2	8	30
四年级	18	4	7	29
总计	92	22	41	155

试问不同年级的学生对这项教学改革的态度有无显著影响($\alpha = 0.05$)?

本章基本要求

1. 理解假设检验的基本思想,掌握假设检验的基本步骤,了解假设检验可能产生的两类错误。

2. 了解单个和两个正态总体的均值与方差的假设检验。

3. 掌握总体分布假设的χ^2检验法。

4. 了解独立性检验法。

综合练习八

1. 已知某炼铁厂的铁水含碳量 X 在正常情况下服从正态分布 $N(4.55, 0.108^2)$,现在测试了 5 炉铁水,其含碳量分别为:

$$4.28 \quad 4.4 \quad 4.42 \quad 4.35 \quad 4.37$$

如果方差没有改变,试问总体均值有无变化($\alpha = 0.05$)?

2. 某批矿砂的 5 个样品中镍含量经测定为(%):

$$3.25 \quad 3.27 \quad 3.24 \quad 3.26 \quad 3.24$$

设测定值总体服从正态分布 $N(\mu, \sigma^2)$,其中参数 μ 与 σ^2 均未知,试问在显著性水平 $\alpha = 0.01$ 下能否接受假设 H_0:这批矿砂的镍含量为 3.25?

3. 某厂计划投资 1 万元广告费以提高某种商品的销售量。一位商店经理认为此项计划可使每周平均销售量达到 450 件。实行此计划一个月后,调查了 17 家商店,计算得平均每家每周销售量为 418 件,标准差为 84 件。已知销售量 X 服从正态分布 $N(\mu, \sigma^2)$,试问在显著性水平 $\alpha = 0.05$ 下,可否认为此项计划达到了该商店经理的预计效果?

4. 某超市为了增加销售额,对营销方式、管理人员进行了一系列调整。调整

后随机抽查了9天的日销售额(单位:万元),结果如下:

56.4   54.2   50.6   53.7   55.9   48.3   57.4   58.7   55.3

根据统计,调整前的日平均销售额为51.2万元。假定日销售额 X 服从正态分布,试问调整措施的效果是否显著($\alpha = 0.05$)?

5. 某工厂用自动包装机包装葡萄糖,规定标准重量为每袋净重500g。现在随机地抽取10袋,测得各袋净重(单位:g)为:

495   510   505   498   503   492   502   505   497   506

设每袋净重 X 服从正态分布 $N(\mu, \sigma^2)$,如果(1)已知每袋葡萄糖的净重标准差 $\sigma = 5$;(2)未知 σ,试问包装机工作是否正常($\alpha = 0.05$)?

6. 已知某厂生产一批某种型号的汽车蓄电池,由以往的经验知其寿命 X(单位:年)近似服从正态分布 $N(\mu, 0.8^2)$。现从中任意取出13个蓄电池,计算得样本均方差为 $s = 0.92$,取显著性水平 $\alpha = 0.1$,试问这批蓄电池寿命的方差是否有明显改变?

7. 从甲、乙两处煤矿中各取若干个原煤样品,测得含灰率(%)为:

| 煤矿甲 | 24.3 | 20.8 | 23.7 | 21.3 | 17.4 |
| 煤矿乙 | 18.2 | 16.9 | 20.2 | 16.7 | |

设两矿原煤含灰率均服从正态分布,且方差相等。给定显著性水平 $\alpha = 0.05$,试问两矿原煤的平均含灰率有无显著差异?

8. 将甲、乙两种稻种分别种在10块试验田中,每块田中甲、乙稻种各种一半,收获的水稻产量(单位:kg)数据如下表:

| 稻种甲 | 140 | 137 | 136 | 140 | 145 | 148 | 140 | 135 | 144 | 141 |
| 稻种乙 | 135 | 118 | 115 | 140 | 128 | 131 | 130 | 115 | 131 | 125 |

假定两种水稻产量均服从正态分布,给定显著性水平 $\alpha = 0.05$,试问两种水稻产量的方差有无显著差异?

9. 今有两台机床加工同一种零件,分别抽出6个及9个零件测其口径,数据记为 $x_1, x_2, \cdots, x_6$ 与 $y_1, y_2, \cdots, y_9$,计算得

$$\sum_{i=1}^{6} x_i = 204.6, \sum_{i=1}^{6} x_i^2 = 6978.93, \sum_{i=1}^{9} y_i = 370.8, \sum_{i=1}^{9} y_i^2 = 15280.173$$

假定零件口径服从正态分布,给定显著性水平 $\alpha = 0.05$,试问可否认为这两台机床加工的零件口径的方差无显著性差异?

10. 下表给出了文学家马克·吐温(Mark Twain)的八篇小品文以及斯诺特克拉斯(Snodgrass)的10篇小品文中由3个字母组成的单字的比例。

| Mark Twain | 0.225 | 0.262 | 0.217 | 0.240 | 0.230 | 0.229 | 0.235 | 0.217 | | |
| Snodgrass | 0.209 | 0.205 | 0.196 | 0.210 | 0.202 | 0.207 | 0.224 | 0.223 | 0.220 | 0.201 |

设两组数据分别来自正态总体,且两总体方差相等,但参数未知,两样本相互

独立。试问两位作家所写的小品文中包含 3 个字母组成的单字的比例是否有显著的差异($\alpha = 0.05$)？

11. 从某香烟厂生产两种香烟中独立地随机抽取容量大小相同的烟叶标本，测其尼古丁含量(单位:mg)，实验室分别作了 6 次测定，数据记录如下：

香烟甲	25	28	23	26	29	22
香烟乙	28	23	30	25	21	27

假定尼古丁含量来自正态总体，且两总体方差相等，但参数未知，给定显著性水平 $\alpha = 0.05$，试问两种香烟的尼古丁含量有无显著差异？

12. 为比较两批棉纱的断裂强度(单位:kg)，从中各取一些样品测试，结果如下：

第一批棉纱样品：$n_1 = 200, \bar{x} = 0.532, s_1 = 0.218$

第二批棉纱样品：$n_1 = 100, \bar{y} = 0.576, s_2 = 0.176$

试问在显著性水平 $\alpha = 0.05$ 下两批棉纱的断裂强度有无显著差异？若取显著性水平 $\alpha = 0.10$ 时又如何？

13. 某铁矿有 10 个样品，每一样品用两种方法各化验一次，测得含铁量(%)为：

方法 A	28.22	33.95	38.25	42.52	37.62	37.84	36.12	35.11	34.45	32.83
方法 B	28.27	33.99	38.20	42.42	37.64	37.85	36.21	35.20	34.40	32.86

(1)设两组数据都来自正态总体，试检验两总体方差是否相等($\alpha = 0.05$)；

(2)试检验假设 H_0：这两种方法无显著差异，数据的差异只是来自服从正态分布的随机波动($\alpha = 0.05$)。

14. 某灯泡厂在使用一种新工艺前后，各取 10 个灯泡进行寿命试验(单位:h)，计算得到采用新工艺前灯泡寿命的平均值 $\bar{x} = 2460$，标准差 $s_1 = 59.03$；采用新工艺后灯泡寿命的平均值 $\bar{y} = 2550$，标准差 $s_2 = 50.60$。已知灯泡寿命服从正态分布，能否认为采用新工艺后灯泡的平均寿命有显著提高($\alpha = 0.05$)？

15. 用旧工艺生产的机械零件尺寸方差较大，抽查了 25 个零件，得样本方差 $s_1^2 = 6.37$。再改用新工艺生产，也抽查了 25 个零件，得样本方差 $s_2^2 = 3.19$。设两种工艺生产的机械零件尺寸都服从正态分布，试问新工艺生产零件尺寸的精度是否比旧工艺生产零件尺寸的精度有显著提高($\alpha = 0.05$)？

16. 某药品广告宣称该药品对某种疾病的治愈率为 90%。一家医院将该药品临床使用 120 例，治愈 85 例。试问在显著性水平 $\alpha = 0.01$ 下，该药品广告是否真实？

17. 某工厂近 5 年来发生了 63 次事故，按星期几分类如下：

星期几	一	二	三	四	五	六
次数 n_i	9	10	11	8	13	12

试问事故的发生是否与星期内某天显著相关($\alpha = 0.05$)?

18. 在常数 $\pi = 3.14159265358979932384626\cdots$ 的前 800 位小数中,数字 0,1,2,$\cdots$,9 出现的次数记录为:

数字	0	1	2	3	4	5	6	7	8	9
频数	74	92	83	79	80	73	77	75	76	91

试问 0,1,2,$\cdots$,9 中每个数字的出现是否是等可能的($\alpha = 0.05$)?

19. 检查产品质量时,每次抽取 10 个产品来检查,共抽取了 100 次,记录每 10 个产品中的次品数如下表:

次品数	0	1	2	3	4	5	6	7	8	9	10
频数	34	43	17	4	1	1	0	0	0	0	0

试问生产过程中出现次品的概率能否看作是不变的,即次品数 X 是否服从二项分布($\alpha = 0.05$)?

20. 将一正四面体的四个面分别涂成红、黄、蓝、白 4 种不同的颜色。现做如下的抛掷试验:在桌上任意地抛掷该正四面体,直到白色的一面与桌面相接触为止,记录下抛掷的次数。做如此的试验 200 次,其结果如下:

抛掷次数	1	2	3	4	≥5
频数	56	48	32	28	36

试问该四面体是否均匀($\alpha = 0.05$)?

21. 有一放射性物质,今在 2608 个等长的时间间隔内进行观察(每个间隔为 7.5s),记录下每个时间间隔内落于计数器中的质点个数。用 N_m 表示所计质点数为 m 的时间间隔总数,得下表:

质点数	0	1	2	3	4	5	6	7	8	9	10	≥0
频数	57	203	383	525	532	408	273	139	45	27	16	0

试检验在一个时间间隔内落于计数器中的质点个数是否服从泊松分布($\alpha = 0.05$)。

22. 从某车床生产滚球中随机抽出 50 个产品,分别测得它们的直径(单位:mm)为:

15.0　15.8　15.2　15.1　15.9　14.7　17.8　15.5　15.6　15.3
15.1　15.3　15.0　15.6　15.7　14.8　14.5　14.2　14.9　14.9
15.2　15.0　15.3　15.6　15.1　14.9　14.2　14.6　15.8　15.2

322

15.9	15.2	15.0	14.9	14.8	14.5	15.1	15.5	15.5	15.1
15.1	15.0	15.3	14.7	14.5	15.5	15.0	14.7	14.6	14.2

试检验滚球的直径是否服从正态分布($\alpha = 0.05$)。

23. 统计甲、乙、丙三支篮球队投篮情况如下表：

人数	投中次数	未投中次数	合计
甲队	38	57	95
乙队	36	44	80
丙队	45	45	90
合计	119	146	265

试问三队的投篮命中率有无显著差别($\alpha = 0.05$)？

自测题八

1. 从正态总体 $N(\mu, \sigma^2)$ 中抽取一个容量 $n = 80$ 的样本，由观察值 $x_1, x_2, \cdots,$ x_n 计算得 $\bar{x} = 2.5$，且 $\sum_{i=1}^{100} (x_i - \bar{x})^2 = 224$。试在显著性水平 $\alpha = 0.05$ 下检验假设

(1) $H_0 : \mu = 3$；$H_1 : \mu \neq 3$；(2) $H_0 : \sigma^2 = 2.5$；$H_1 : \sigma^2 \neq 2.5$

2. 某种物品在处理前后分别抽取样本分析含脂率，得到数据如下：

处理前	0.19	0.18	0.21	0.30	0.66	0.42	0.08	0.12	0.30	0.27
处理后	0.15	0.13	0.00	0.07	0.24	0.24	0.19	0.08	0.04	0.12	0.20

假定处理前后含脂率都服从正态分布，且保持方差不变，试问处理前后含脂率的平均值有无显著性变化($\alpha = 0.05$)？

3. 将一颗骰子投掷了 100 次，记录 $1, 2, \cdots, 6$ 中每个点出现的次数如下表：

出现点数	1	2	3	4	5	6
频数	13	14	20	17	15	21

给定显著性水平 $\alpha = 0.05$，试问此骰子是否是均匀的？

4. 用手枪对 100 个靶各打 10 发子弹，只记录命中或未命中，射击结果如下表：

命中数	0	1	2	3	4	5	6	7	8	9	10
频数	0	2	4	10	22	26	18	12	4	2	0

试用 χ^2 检验法检验命中数是否服从二项分布($\alpha = 0.05$)？

5. 检查了一本书的 100 页，记录各页中的印刷错误的个数，结果如下表：

错误个数	0	1	2	3	4	5	6	≥7
频数	36	40	19	2	0	2	1	0

试问能否认为一页中印刷错误的个数服从泊松分布($\alpha = 0.05$)？

6. 有甲、乙两个排球队,在一场比赛中统计拦网成功次数如下表:

人数	成功	不成功	合计
甲队	64	36	100
乙队	50	50	100
合计	114	86	200

给定显著性水平 $\alpha = 0.05$,试问两队的拦网成功率有无显著差异？

第九章 回归分析与方差分析

回归分析与方差分析都是数理统计中具有广泛应用的统计分析方法。回归分析是研究变量之间相关关系的统计分析方法,方差分析则是研究多个变量之间的差异性与交互作用的统计分析方法。本章将介绍一元线性回归,可化为一元线性回归的曲线回归和多元线性回归概念,以及单因素方差分析与多因素方差分析方法。

§9.1 线 性 回 归

在客观世界中存在着各种各样的自然现象,如果我们用变量来描述这些自然现象的变化,会发现在这些变量之间的关系可用两种关系来表达。其一为确定性关系,即变量均为非随机变量,且它们之间的关系可用函数来确定,例如力学中表示力和加速度与质量之间的关系可用函数 $F = ma$ 来确定;其二为非确定性关系,也称相关关系,此时变量中有随机变量,它们之间存在一定的依赖关系,但不能用函数作出精确描述,例如儿子的身高与父亲的身高有依赖关系,但不能用精确的数值描述。又如某产品在一个地区的销售量与该地区的人口总数有关,但也不能用精确的数值去描述这种关联性。

经统计发现,虽然变量之间的相关关系不能用函数作出精确描述,但是它们在统计平均意义下却有一定的定量关系表达式,即所谓回归函数表达式,寻求这种回归函数表达式,并利用它作出相应的预测与控制就是回归分析的主要任务。因此回归分析主要包括以下三方面的内容:

(1)根据对客观现象的观测数据,给出描述变量之间的相关关系的回归函数的估计方法;

(2)判别所建立的回归函数估计是否有效,并对影响随机变量的诸变量作出显著性影响的判别;

(3)利用建立的回归分析模型进行控制与预测。

一、一元线性回归模型

若随机变量 X 与 Y 之间存在某种相关关系,且变量 X 是试验中可控制,或者是可以精确观察到的量,如时间、年龄、温度和电压等等,我们可以事先指定 X 的 n 个取值 $x_1,x_2,\cdots,x_n$,因此不应把 X 看作随机变量,而应视为普通变量,故将 X 记作 x,常称为可控变量。本章只讨论可控变量 x 与随机变量 Y 之间的相关关系。

对于自变量 x 的每个确定的值,因变量 Y 的取值是不确定的,因为它是一个随机变量,服从一个确定的分布。若 Y 是连续型随机变量,其概率密度为 $f(y|x)$,即 x 已知条件下的条件概率密度,如果 Y 的数学期望存在,则一般来说这个数学期望是与 x 有关的,记为

$$\mu(x) = E(Y\mid x) = \int_{-\infty}^{+\infty} yf(y\mid x)\,\mathrm{d}y \tag{9.1.1}$$

将函数 $\mu(x)$ 称为 Y 关于 x 的回归函数,而方程

$$\widetilde{Y} = \mu(x) \tag{9.1.2}$$

称为 Y 关于 x 的回归方程,x 称为回归变量,或者回归因子(回归因素),回归方程的图形称为 Y 关于 x 的回归曲线。

特别地,若随机变量 Y 与可控变量 x 有如下关系:

$$\begin{cases} Y = a + bx + e \\ e \sim N(0,\sigma^2) \end{cases} \tag{9.1.3}$$

其中 a、b、σ^2 为与 x 无关的常数,e 为随机误差,则称 Y 与 x 之间存在线性相关关系,称式(9.1.3)为一元正态线性回归模型,简称一元线性模型。其回归方程

$$\widetilde{Y} = \mu(x) = a + bx \tag{9.1.4}$$

为回归直线方程,a 称为回归常数,b 称为回归系数,通常将 a,b 统称为回归系数。

可见,回归直线方程式(9.1.4)反映了随机变量 Y 的数学期望 $\mu(x)$ 随可控变量 x 变化的规律。因为 a、b 是不依赖于 x 的未知参数,所以回归函数 $\mu(x)$ 也是未知的,一元线性回归分析的主要任务是,根据试验数据对 a、b、σ^2 作出估计,从而估计回归函数,讨论有关的点估计与区间估计,假设检验,点预测,区间预测以及控制等问题。

对于 x 取定一组不完全相同的值 $x_1,x_2,\cdots,x_n$ 时,设 $Y_1,Y_2,\cdots,Y_n$ 分别是在 $x_1,x_2,\cdots,x_n$ 处对 Y 独立观察的结果,得到的相应的观察值 $y_1,y_2,\cdots,y_n$,按照式(9.1.3),可得

$$\begin{cases} y_i = a + bx_i + e_i \quad i = 1,2,\cdots,n \\ e_1,e_2,\cdots,e_n \ \text{i.i.d.} \ N(0,\sigma^2) \end{cases} \tag{9.1.5}$$

其中 a,b,σ^2 为与 x_i 无关的未知参数,i.i.d. 表示独立且同分布。由于随机误差 $e_1,e_2,\cdots,e_n$ 相互独立且同正态分布 $N(0,\sigma^2)$,则 $Y_1,Y_2,\cdots,Y_n$ 也相互独立,且有

$$Y_i \sim N(a+bx_i,\sigma^2) \quad i = 1,2,\cdots,n$$

我们把$(x_1,Y_1),(x_2,Y_2),\cdots,(x_n,Y_n)$叫做一个样本,把$(x_1,y_1)(x_2,y_2),\cdots,(x_n,y_n)$叫做一个样本值。问题是如何根据样本值$(x_1,y_1),(x_2,y_2),\cdots,(x_n,y_n)$来估计回归函数$\mu(x)$。为此,首先应推测$\mu(x)$的形式,即是线性的还是非线性的。在实际问题中,除了依据专业知识凭借经验给出$\mu(x)$的形式之外,一般是依据散点图初步猜测出$\mu(x)$的形式,再进行估计和检验。即首先将样本值$(x_1,y_1),(x_2,y_2),\cdots,(x_n,y_n)$作为$n$个点的坐标,然后在平面直角坐标系中绘出这$n$个点,所得的图像即称为散点图。如果散点图中$n$个点分布在一条直线附近,则直观上可以认为$Y$与$x$之间存在线性相关关系,符合一元线性模型式(9.1.3)及式(9.1.5)。

例9.1.1　测得某种物质在不同温度下吸附另一种物质的重量如下表所列:

$x_i/℃$	1.5	1.8	2.4	3.0	3.5	3.9	4.4	4.8	5.0
y_i/mg	4.8	5.7	7.0	8.3	10.9	12.4	13.1	13.6	15.3

试根据表中数据画出温度x与吸附量Y的散点图,对回归方程$\tilde{Y}=\mu(x)$作出推断。

解: 将数据$(1.5,4.8),(1.8,5.7),(2.4,7.0),(3.0,8.3),(3.5,10.9),(3.9,12.4),(4.4,13.1),(4.8,13.6),(5.0,15.3)$作为9个点的坐标,在平面直角坐标系中描出这9个点,得散点图如图9.1.1所示:

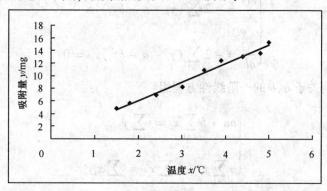

图9.1.1

可见散点图中9个点分布在一条直线附近,直观观察可得经验回归方程$\tilde{Y}=1.2+2.6x$,故可以认为温度x与吸附量Y之间存在线性相关关系,符合一元线性模型式(9.1.3)及式(9.1.5)。

二、未知参数的估计

利用样本值$(x_1,y_1),(x_2,y_2),\cdots,(x_n,y_n)$去估计回归函数$\tilde{Y}=\mu(x)$的方法有很多种,其中最常用的是最小二乘法,即选择估计函数$\hat{y}=\hat{\mu}(x)$,使得残差$y_i-\hat{y}_i(i=1,2,\cdots,n)$的平方和

$$Q = \sum_{i=1}^{n} (y_i - \hat{y_i})^2 = \sum_{i=1}^{n} (y_i - \hat{\mu}(x_i))^2 \qquad (9.1.6)$$

达到最小的方法,"最小"是使上式的值最小,"二乘"意指上式是二乘方(平方)的和。

1. 回归系数的最小二乘估计

设有样本值(x_1, y_1), (x_2, y_2), $\cdots$, (x_n, y_n), 根据最小二乘法求线性回归函数 $\tilde{Y} = a + bx$ 的估计 $\hat{y} = \hat{a} + \hat{b}x$, 也就是求回归系数 a、b 的估计, 使残差 $y_i - \hat{y_i}(i = 1, 2, \cdots, n)$ 的平方和

$$Q(a,b) = \sum_{i=1}^{n} [y_i - (a + bx_i)]^2 \qquad (9.1.7)$$

达到最小。即选择 $\hat{a}, \hat{b}$, 使得

$$Q(\hat{a}, \hat{b}) = \min Q(a,b) \qquad (9.1.8)$$

其中 $\hat{a}, \hat{b}$ 分别称为 a 与 b 的最小二乘估计。

为了求 $\hat{a}, \hat{b}$, 对 $Q(a,b)$ 分别求一阶偏导数并令其为零, 得

$$\begin{cases} \dfrac{\partial Q}{\partial a} = -2\sum_{i=1}^{n} (y_i - a - bx_i) = 0 \\ \dfrac{\partial Q}{\partial b} = -2\sum_{i=1}^{n} (y_i - a - bx_i)x_i = 0 \end{cases}$$

经整理后得到关于 a, b 的一阶线性方程组:

$$\begin{cases} na + b\sum_{i=1}^{n} x_i = \sum_{i=1}^{n} y_i \\ a\sum_{i=1}^{n} x_i + b\sum_{i=1}^{n} x_i^2 = \sum_{i=1}^{n} x_i y_i \end{cases} \qquad (9.1.9)$$

上述关于 a, b 的方程组式(9.1.9)称为正规方程组。

若记 $\bar{x} = \dfrac{1}{n}\sum_{i=1}^{n} x_i, \overline{x^2} = \dfrac{1}{n}\sum_{i=1}^{n} x_i^2, \bar{y} = \dfrac{1}{n}\sum_{i=1}^{n} y_i, \overline{xy} = \dfrac{1}{n}\sum_{i=1}^{n} x_i y_i$, 则式(9.1.9)可写为

$$\begin{cases} a + b\bar{x} = \bar{y} \\ a\bar{x} + b\overline{x^2} = \overline{xy} \end{cases} \qquad (9.1.10)$$

由于 $x_1, x_2, \cdots, x_n$ 是不完全相等的 n 个常数, 所以正规方程组的系数行列式

$$\begin{vmatrix} 1 & \bar{x} \\ \bar{x} & \overline{x^2} \end{vmatrix} = \overline{x^2} - \bar{x}^2 = \dfrac{1}{n}\sum_{i=1}^{n} (x_i - \bar{x})^2 \neq 0$$

故正规方程组有唯一解,解之即得使 $Q(a,b)$ 取得最小的 $\hat{a},\hat{b}$:

$$\begin{cases} \hat{a} = \bar{y} - \hat{b}\bar{x} \\ \hat{b} = \dfrac{\overline{xy} - \bar{x}\cdot\bar{y}}{\overline{x^2} - \bar{x}^2} = \dfrac{\sum\limits_{i=1}^{n} x_i y_i - n\bar{x}\cdot\bar{y}}{\sum\limits_{i=1}^{n}(x_i-\bar{x})^2} = \dfrac{\sum\limits_{i=1}^{n}(x_i-\bar{x})(y_i-\bar{y})}{\sum\limits_{i=1}^{n}(x_i-\bar{x})^2} \end{cases} \quad (9.1.11)$$

为了方便计算,我们引进几个常用记号:

$$\begin{cases} l_{xx} = \sum\limits_{i=1}^{n}(x_i-\bar{x})^2 = \sum\limits_{i=1}^{n}(x_i-\bar{x})x_i = \sum\limits_{i=1}^{n}x_i^2 - n\bar{x}^2 \\[2mm] l_{xy} = \sum\limits_{i=1}^{n}(x_i-\bar{x})(y_i-\bar{y}) = \sum\limits_{i=1}^{n}(x_i-\bar{x})y_i = \sum\limits_{i=1}^{n}x_i y_i - n\bar{x}\cdot\bar{y} \\[2mm] l_{yy} = \sum\limits_{i=1}^{n}(y_i-\bar{y})^2 = \sum\limits_{i=1}^{n}(y_i-\bar{y})y_i = \sum\limits_{i=1}^{n}y_i^2 - n\bar{y}^2 \end{cases}$$

$$(9.1.12)$$

使用这些记号,a、b 的最小二乘估计可以改写为

$$\begin{cases} \hat{a} = \bar{y} - \hat{b}\bar{x} \\ \hat{b} = \dfrac{l_{xy}}{l_{xx}} \end{cases} \quad (9.1.13)$$

把所得的最小二乘估计 $\hat{a},\hat{b}$ 代入回归直线方程 $\tilde{Y} = \mu(x) = a + bx$ 中,并把 $\tilde{Y}$ 换成估计值 $\hat{y}$,得到

$$\hat{y} = \hat{\mu}(x) = \hat{a} + \hat{b}x \quad (9.1.14)$$

称此方程为 Y 关于 x 的经验回归直线方程,简称为回归直线方程或线性回归方程,其图像称为经验回归直线。

把 $x = x_i$,代入经验回归方程,确定一个回归值

$$\hat{y}_i = \hat{a} + \hat{b}x_i = \bar{y} + \hat{b}(x_i - \bar{x}) \qquad i = 1,2,\cdots,n$$

它是 $\tilde{y}_i = a + bx_i$ 的估计值。回归值 $\hat{y}_i$ 与实际观察值 y_i 之差 $y_i - \hat{y}_i$ 描述了点 (x_i,y_i) 与经验回归直线 $\hat{y} = \hat{a} + \hat{b}x$ 的偏离程度。在实际应用中,经验回归方程 $\hat{y} = \hat{a} + \hat{b}x$ 是表示 Y 对 x 的依赖关系的经验公式,用它来估计回归函数 $\tilde{Y} = a + bx$。

例 9.1.2 在例 9.1.1 中,假定吸附量 Y 与温度 x 具有线性关系:

$$Y = a + bx + e \quad e \sim N(0,\sigma^2)$$

试求 Y 对 x 的线性回归方程。

解:在本题中,样本容量 $n = 9$,由观测数据计算列表如下:

编号	x_i	y_i	x_i^2	y_i^2	$x_i y_i$
1	1.5	4.8	2.25	23.04	7.2
2	1.8	5.7	3.24	32.49	10.26
3	2.4	7	5.76	49	16.8
4	3	8.3	9	68.89	24.9
5	3.5	10.9	12.25	118.81	38.15
6	3.9	12.4	15.21	153.76	48.36
7	4.4	13.1	19.36	171.61	57.64
8	4.8	13.6	23.04	184.96	65.28
9	5	15.3	25	234.09	76.5
和	30.3	91.1	115.11	1036.65	345.09
平均	3.3667	10.1222	12.79	115.1833	38.3433

故得 $\bar{x} = \dfrac{1}{9}\sum_{i=1}^{9} x_i = \dfrac{30.3}{9} = 3.3667, \bar{y} = \dfrac{1}{9}\sum_{i=1}^{9} y_i = \dfrac{91.1}{9} = 10.1222$

330

$\overline{x^2} = \dfrac{1}{9}\sum_{i=1}^{9} x_i^2 = \dfrac{115.11}{9} = 12.79, \overline{xy} = \dfrac{1}{9}\sum_{i=1}^{9} x_i y_i = \dfrac{345.09}{9} = 38.3433$

$$l_{xx} = \sum_{i=1}^{9}(x_i - \bar{x})^2 = \sum_{i=1}^{9} x_i^2 - 9\bar{x}^2 = 115.11 - 9 \times 3.3667^2 = 13.098$$

$$l_{xy} = \sum_{i=1}^{9}(x_i - \bar{x})(y_i - \bar{y}) = \sum_{i=1}^{9} x_i y_i - 9\bar{x} \cdot \bar{y} =$$
$$345.09 - 9 \times 3.3667 \times 10.1222 = 38.3843$$

再由最小二乘估计值公式(9.1.13),得

$$\hat{b} = \frac{l_{xy}}{l_{xx}} = \frac{38.3843}{13.098} = 2.9305$$

$$\hat{a} = \bar{y} - \hat{b}\bar{x} = 10.1222 - 2.9305 \times 3.3667 = 0.2561$$

故所求 Y 对 x 的一元线性回归方程 $\hat{y} = \hat{a} + \hat{b}x$ 为

$$\hat{y} = 0.2561 + 2.9305x$$

根据这个方程可以看到,在一定范围内温度 x 每升高 1℃,吸附量 Y 大约增加 2.9305mg。

2. 最小二乘估计量 $\hat{a}$ 和 $\hat{b}$ 的性质

在式(9.1.11)中,将回归系数 a 和 b 的最小二乘估计 $\hat{a}$ 和 $\hat{b}$ 中的 y_i 换成 Y_i,$\bar{y}$ 换成 $\bar{Y}$,则得到 a 和 b 的最小二乘估计量:

$$\begin{cases} \widehat{a} = \overline{Y} - \widehat{b}\overline{x} \\ \widehat{b} = \dfrac{\sum\limits_{i=1}^{n} (x_i - \overline{x})(Y_i - \overline{Y})}{\sum\limits_{i=1}^{n} (x_i - \overline{x})^2} = \dfrac{l_{xY}}{l_{xx}} = \dfrac{1}{l_{xx}} \sum\limits_{i=1}^{n} (x_i - \overline{x}) Y_i \end{cases} \qquad (9.1.15)$$

由线性模型 $Y_i = a + bx_i + e_i \quad e_i \sim N(0, \sigma^2)$ 可得下述定理。

定理 9.1.1 设 $\widehat{a}$ 和 $\widehat{b}$ 分别是线性模型(9.1.3)中回归系数 a 和 b 的最小二乘估计量,则有

1° $\widehat{a}, \widehat{b}$ 分别是 a 和 b 的无偏估计量,即有

$$E(\widehat{a}) = a, E(\widehat{b}) = b \qquad (9.1.16)$$

2° $$D(\widehat{a}) = \left(\frac{1}{n} + \frac{\overline{x}^2}{l_{xx}}\right)\sigma^2, D(\widehat{b}) = \frac{\sigma^2}{l_{xx}} \qquad (9.1.17)$$

3° $$\widehat{a} \sim N\left(a, \left(\frac{1}{n} + \frac{\overline{x}^2}{l_{xx}}\right)\sigma^2\right), \widehat{b} \sim N\left(b, \frac{\sigma^2}{l_{xx}}\right) \qquad (9.1.18)$$

4° $$\widehat{Y} = \widehat{a} + \widehat{b}x \sim N\left(a + bx, \left(\frac{1}{n} + \frac{(x - \overline{x})^2}{l_{xx}}\right)\sigma^2\right) \qquad (9.1.19)$$

5° 回归系数 a, b 的最小二乘估计 $\widehat{a}, \widehat{b}$ 与其极大似然估计分别相同。

证:1° 因为 $e_i \sim N(0, \sigma^2)$,故 $E(e_i) = 0 (1 \leqslant i \leqslant n)$,且 $E(\overline{e}) = E\left(\frac{1}{n} \sum\limits_{i=1}^{n} e_i\right) = 0$

$$E(Y_i) = E(a + bx_i + e_i) = a + bx_i + E(e_i) = a + bx_i (1 \leqslant i \leqslant n)$$
$$E(\overline{Y}) = E(a + b\overline{x} + \overline{e}) = a + b\overline{x} + E(\overline{e}) = a + b\overline{x}$$

$$E(\widehat{b}) = E\left[\frac{\sum (x_i - \overline{x})(Y_i - \overline{Y})}{l_{xx}}\right] = \frac{\sum\limits_{i=1}^{n} (x_i - \overline{x}) E(Y_i - \overline{Y})}{l_{xx}} =$$

$$\frac{\sum\limits_{i=1}^{n} (x_i - \overline{x}) E[(a + bx_i + e_i) - (a + b\overline{x} + \overline{e})]}{\sum\limits_{i=1}^{n} (x_i - \overline{x})^2} =$$

$$\frac{\sum\limits_{i=1}^{n} (x_i - \overline{x})(x_i - \overline{x}) b}{\sum\limits_{i=1}^{n} (x_i - \overline{x})^2} = b$$

即 $E(\widehat{b}) = b, \widehat{b}$ 为 b 的无偏估计量。而

$$E(\widehat{a}) = E(\overline{Y} - \widehat{b}\overline{x}) = E(\overline{Y}) - E(\widehat{b}\overline{x}) = E(\overline{Y}) - E(\widehat{b})\overline{x} = a + b\overline{x} - b\overline{x} = a$$

即 $E(\hat{a}) = a, \hat{a}$ 为 a 的无偏估计量。

2° 因为 $Y_i = a + bx_i + e_i \; e_i \sim N(0, \sigma^2)$，故 $Y_i = a + bx_i + e_i \sim N(a + bx_i, \sigma^2)$，即有

$$D(Y_i) = D(a + bx_i + e_i) = \sigma^2 \; i = 1, 2, \cdots, n, \text{且由 } Y_1, Y_2, \cdots, Y_n \text{ 的独立性得}$$

$$D(\hat{b}) = D\left(\frac{1}{l_{xx}} \sum_{i=1}^{n} (x_i - \bar{x}) Y_i\right) = \frac{1}{l_{xx}^2} \sum_{i=1}^{n} (x_i - \bar{x})^2 D(Y_i) = \frac{\sigma^2}{l_{xx}}$$

$$D(\hat{a}) = D(\bar{Y} - \hat{b}\bar{x}) = D(\bar{Y}) + D(\hat{b}\bar{x}) - 2\bar{x}\mathrm{Cov}(\bar{Y}, \hat{b}) =$$

$$\frac{D(Y)}{n} + D(\hat{b})\bar{x}^2 = \frac{\sigma^2}{n} + \frac{\sigma^2}{l_{xx}}\bar{x}^2 = \left(\frac{1}{n} + \frac{\bar{x}^2}{l_{xx}}\right)\sigma^2$$

其中 $\mathrm{Cov}(\bar{Y}, \hat{b}) = \mathrm{Cov}\left(\frac{1}{n} \sum_{i=1}^{n} Y_i, \frac{1}{l_{xx}} \sum_{i=1}^{n} (x_i - \bar{x}) Y_i\right) =$

$$\frac{1}{nl_{xx}} \sum_{i=1}^{n} (x_i - \bar{x})\mathrm{Cov}(Y_i, Y_i) = \frac{1}{nl_{xx}} \sum_{i=1}^{n} (x_i - \bar{x})\sigma^2 = 0$$

3° 因为 $\hat{a}, \hat{b}$ 均为 $Y_1, Y_2, \cdots, Y_n$ 的线性组合，而 $Y_1, Y_2, \cdots, Y_n$ 相互独立且服从正态分布，故由概率论知 $\hat{a}, \hat{b}$ 亦服从正态分布，再由 1° 与 2°，即得式(9.1.18)。

4° 因为 $\hat{Y} = \hat{a} + \hat{b}x$ 的数学期望为

$$E(\hat{Y}) = E(\hat{a} + \hat{b}x) = E(\hat{a}) + E(\hat{b})x = a + bx = E(Y)$$

即 $\hat{Y} = \hat{a} + \hat{b}x$ 是 $Y = a + bx + e$ 的无偏估计。又 $\hat{a}$ 与 $\hat{b}$ 的协方差为

$$\mathrm{Cov}(\hat{a}, \hat{b}) = \mathrm{Cov}(\bar{Y} - \hat{b}\bar{x}, \hat{b}) = \mathrm{Cov}(\bar{Y}, \hat{b}) - \mathrm{Cov}(\bar{x}\hat{b}, \hat{b}) =$$

$$\mathrm{Cov}\left(\frac{1}{n} \sum_{i=1}^{n} Y_i, \frac{1}{l_{xx}} \sum_{i=1}^{n} (x_i - \bar{x}) Y_i\right) - \bar{x}\mathrm{Cov}(\hat{b}, \hat{b}) =$$

$$\frac{1}{nl_{xx}} \sum_{i=1}^{n} (x_i - \bar{x})\mathrm{Cov}(Y_i, Y_i) - \bar{x}\mathrm{Cov}(\hat{b}, \hat{b}) =$$

$$\frac{1}{nl_{xx}} \sum_{i=1}^{n} (x_i - \bar{x})\sigma^2 - \bar{x}D(\hat{b}) = -\bar{x}\frac{\sigma^2}{l_{xx}}$$

于是得 $\hat{Y} = \hat{a} + \hat{b}x$ 的方差为

$$D(\hat{Y}) = D(\hat{a} + \hat{b}x) = D(\hat{a}) + D(\hat{b}x) + 2\mathrm{Cov}(\hat{a}, \hat{b}x) =$$

$$D(\hat{a}) + x^2 D(\hat{b}) + 2x\mathrm{Cov}(\hat{a}, \hat{b}) =$$

$$\left(\frac{1}{n} + \frac{\bar{x}^2}{l_{xx}}\right)\sigma^2 + x^2 \frac{\sigma^2}{l_{xx}} - 2x\frac{\bar{x}\sigma^2}{l_{xx}} = \left(\frac{1}{n} + \frac{(x - \bar{x})^2}{l_{xx}}\right)\sigma^2$$

且 $\quad \hat{Y} = \bar{Y} + \hat{b}(x - \bar{x}) = \frac{1}{n} \sum_{i=1}^{n} Y_i + \left[\frac{1}{l_{xx}} \sum_{i=1}^{n} (x_i - \bar{x}) Y_i\right](x - \bar{x}) =$

$$\sum_{i=1}^{n} \left[\frac{1}{n} + \frac{(x - \bar{x})(x_i - \bar{x})}{l_{xx}} \right] Y_i$$

是独立正态随机变量 $Y_1, Y_2, \cdots, Y_n$ 的线性组合,故由概率论知 $\hat{Y}$ 服从正态分布,所以有

$$\hat{Y} \sim N\left(a + bx, \left(\frac{1}{n} + \frac{(x - \bar{x})^2}{l_{xx}} \right) \sigma^2 \right)$$

5° 若样本 $Y_1, Y_2, \cdots, Y_n$ 的一个观察值为 $y_1, y_2, \cdots, y_n$,且因 $Y_i = a + bx_i + e_i \sim N(a + bx_i, \sigma^2)$,则 $Y_1, Y_2, \cdots, Y_n$ 的联合概率密度,即似然函数为

$$L(a, b, \sigma^2) = \prod_{i=1}^{n} \frac{1}{\sqrt{2\pi}\sigma} \exp\left\{ - \frac{(y_i - a - bx_i)^2}{2\sigma^2} \right\} =$$

$$(2\pi\sigma^2)^{-\frac{n}{2}} \exp\left\{ - \frac{1}{2\sigma^2} \sum_{i=1}^{n} (y_i - a - bx_i)^2 \right\}$$

可见求 a, b 的极大似然估计 $\hat{a}$ 与 $\hat{b}$ 应使似然函数达到最大,即

$$L(\hat{a}, \hat{b}, \sigma^2) = \max L(a, b, \sigma^2)$$

而上式等价于求 a, b 的最小二乘估计 $\hat{a}$ 与 $\hat{b}$,使误差平方和达到最小:

$$Q(\hat{a}, \hat{b}) = \min Q(a, b) = \min \sum_{i=1}^{n} \left[y_i - (a + bx_i) \right]^2$$

此即说明 a, b 的最小二乘估计 $\hat{a}$ 与 $\hat{b}$ 即为其极大似然估计。

3. 误差的方差 σ^2 的估计

设有样本值 $(x_1, y_1), (x_2, y_2), \cdots, (x_n, y_n)$,当 a, b 的极大似然估计量 $\hat{a}, \hat{b}$ 已经如上求得,则可求 σ^2 的极大似然函数估计。实际上由似然函数

$$L(a, b, \sigma^2) = \prod_{i=1}^{n} \frac{1}{\sqrt{2\pi}\sigma} \exp\left\{ - \frac{1}{2\sigma^2} (y_i - a - bx_i)^2 \right\}$$

取对数得 $\quad \ln L(a, b, \sigma^2) = - \frac{n}{2} \ln(2\pi) - \frac{n}{2} \ln(\sigma^2) - \frac{1}{2\sigma^2} \sum_{i=1}^{n} (y_i - a - bx_i)^2$

再对 σ^2 求偏导数,令其为零,并将 a, b 的极大似然估计量 $\hat{a}, \hat{b}$ 代入即得

$$\frac{\partial \ln L}{\partial \sigma^2} = - \frac{n}{2\sigma^2} + \frac{1}{2\sigma^4} \sum_{i=1}^{n} (y_i - \hat{a} - \hat{b}x_i)^2 = 0$$

立即得到 σ^2 的极大似然估计值为

$$\hat{\sigma}_L^2 = \frac{1}{n} \sum_{i=1}^{n} (y_i - \hat{a} - \hat{b}x_i)^2 = \frac{Q(\hat{a}, \hat{b})}{n} \qquad (9.1.20)$$

注意: 残差平方和 $Q(\hat{a},\hat{b}) = \sum_{i=1}^{n} [y_i - (\hat{a} + \hat{b}x_i)]^2$ 可改写为

$$Q(\hat{a},\hat{b}) = \sum_{i=1}^{n} [y_i - (\hat{a} + \hat{b}x_i)]^2 = \sum_{i=1}^{n} [y_i - \bar{y} - \hat{b}(x_i - \bar{x})]^2 =$$

$$\sum_{i=1}^{n} (y_i - \bar{y})^2 - 2\hat{b}\sum_{i=1}^{n} (x_i - \bar{x})(y_i - \bar{y}) + \hat{b}^2\sum_{i=1}^{n} (x_i - \bar{x})^2 =$$

$$l_{yy} - 2\hat{b}l_{xy} + \hat{b}^2 l_{xx} = l_{yy} - 2\frac{l_{xy}}{l_{xx}}l_{xy} + \left(\frac{l_{xy}}{l_{xx}}\right)^2 l_{xx} =$$

$$l_{yy} - \hat{b}l_{xy} = l_{yy} - \hat{b}^2 l_{xx}$$

即得
$$\hat{\sigma_L^2} = \frac{Q(\hat{a},\hat{b})}{n} = \frac{1}{n}(l_{yy} - \hat{b}l_{xy})$$

由此可得 σ_L^2 是 σ^2 的有偏估计,但可以证明:在一元正态线性回归模型中,有

$$\hat{\sigma}^2 = \frac{Q(\hat{a},\hat{b})}{n-2} = \frac{l_{yy} - \hat{b}l_{xy}}{n-2} = \frac{l_{yy} - \hat{b}^2 l_{xx}}{n-2} \tag{9.1.21}$$

为 σ^2 的无偏估计,即有

$$E(\hat{\sigma}^2) = E\left(\frac{Q(\hat{a},\hat{b})}{n-2}\right) = \sigma^2$$

334

例 9.1.3 在例 9.1.2 中,已求出吸附量 Y 与温度 x 具有线性回归方程,试求例 9.1.1 中方差 σ^2 的无偏估计。

解: 由例 9.1.2 中计算结果得

$$l_{yy} = \sum_{i=1}^{9} y_i^2 - 9\bar{y}^2 = 1036.65 - 9 \times 115.1833^2 = 114.5196$$

$$Q(\hat{a},\hat{b}) = l_{yy} - \hat{b}l_{xy} = 114.5196 - 2.9305 \times 38.3843 = 2.0344$$

故得 σ^2 的无偏估计值为 $\hat{\sigma}^2 = \dfrac{Q(\hat{a},\hat{b})}{n-2} = \dfrac{2.0344}{7} = 0.2906$。

三、线性回归效果的显著性检验

通过前面的讨论,可以看出:对于任何一组观测数据$(x_i, y_i)(i = 1, 2, \cdots, n)$,不论随机变量 Y 与变量 x 是否存在线性相关关系,都可以用最小二乘法求出线性回归方程。当 Y 与 x 没有线性相关关系时,求出的线性回归方程是没有实际意义的。因此,对于给定的观测数据,我们需要判断 Y 与 x 之间是否真的存在线性相关关系。

在线性回归模型 $Y = a + bx + e$ 中,$\mu(x) = a + bx$ 是 x 的函数,如果 x 的变化与

Y 无关,则说明 $\mu(x)$ 与 x 无关,即有 $b=0$;反之,如果 $b=0$,$\mu(x)=a$ 为常数,与 x 无关,则 Y 与 x 不存在相关关系。所以,判断 Y 与 x 之间是否存在线性相关关系,就相当于以下假设检验问题:

$$H_0:b=0;H_1:b\neq 0 \tag{9.1.22}$$

1. t 检验法

将 $Y_1,Y_2,\cdots,Y_n$ 的偏差平方和

$$S_{总} = \sum_{i=1}^{n}(Y_i-\overline{Y})^2 \tag{9.1.23}$$

加以分解,把 x 对 Y 的线性影响与随机波动引起的偏差分开。

$$S_{总} = \sum_{i=1}^{n}(Y_i-\overline{Y})^2 = \sum_{i=1}^{n}[(Y_i-\widehat{Y}_i)+(\widehat{Y}_i-\overline{Y})]^2 =$$

$$\sum_{i=1}^{n}(Y_i-\widehat{Y}_i)^2 + 2\sum_{i=1}^{n}(Y_i-\widehat{Y}_i)(\widehat{Y}_i-\overline{Y}) + \sum_{i=1}^{n}(\widehat{Y}_i-\overline{Y})^2$$

由于 $\widehat{a}$ 和 $\widehat{b}$ 是正规方程组的解,故其中交叉项为

$$\sum_{i=1}^{n}(Y_i-\widehat{Y}_i)(\widehat{Y}_i-\overline{Y}) = \sum_{i=1}^{n}(Y_i-\widehat{Y}_i)(\widehat{a}+\widehat{b}x_i-\overline{Y}) =$$

$$(\widehat{a}-\overline{Y})\sum_{i=1}^{n}(Y_i-\widehat{Y}_i) + \widehat{b}\sum_{i=1}^{n}(Y_i-\widehat{Y}_i)x_i =$$

$$-\widehat{b}\overline{x}\sum_{i=1}^{n}(Y_i-\widehat{Y}_i) + \widehat{b}\sum_{i=1}^{n}(Y_i-\widehat{Y}_i)x_i = 0$$

记 $S_{剩} = \sum_{i=1}^{n}(Y_i-\widehat{Y}_i)^2$ 为剩余平方和;$S_{回} = \sum_{i=1}^{n}(\widehat{Y}_i-\overline{Y})^2$ 为 $\widehat{Y}_i$ 与 $\overline{Y}$ 的偏差平方和,也称为回归平方和。

于是

$$S_{总} = S_{剩} + S_{回} \tag{9.1.24}$$

注意到

$$\frac{1}{n}\sum_{i=1}^{n}\widehat{Y}_i = \frac{1}{n}\sum_{i=1}^{n}(\widehat{a}+\widehat{b}x_i) = \widehat{a}+\widehat{b}\overline{x} = \overline{Y}$$

$$S_{回} = \sum_{i=1}^{n}(\widehat{Y}_i-\overline{Y})^2 = \sum_{i=1}^{n}(\widehat{a}+\widehat{b}x_i-\widehat{a}-\widehat{b}\overline{x})^2 =$$

$$\widehat{b}^2\sum_{i=1}^{n}(x_i-\overline{x})^2 = \widehat{b}^2 l_{xx} = \widehat{b}l_{xY}$$

可见 $S_{回}$ 是 $\widehat{Y}_1,\widehat{Y}_2,\cdots,\widehat{Y}_n$ 的偏差平方和,反映了 $\widehat{Y}_1,\widehat{Y}_2,\cdots,\widehat{Y}_n$ 的分散程度,这种分散

程度与 $x_1, x_2, \cdots, x_n$ 的分散程度,也与回归直线的斜率 $\hat{b}$ 有关。$S_{剩}$ 则是总偏差中已分离出 x 对 Y 的线性影响之外的其余因素所产生的误差,它反映了观测值偏离回归直线的程度。即在 $Y = a + bx + e$ 的假定下,$S_{剩}$ 完全是由随机误差项 e 引起的,它的大小反映了试验误差和其它因素对试验的影响。

为构建检验统计量,可以证明有关回归平方和 $S_{回}$ 与剩余平方和 $S_{剩}$ 的性质。

定理9.1.2 设一元线性回归模型为

$$Y_i = a + bx_i + e_i \quad e_i \sim N(0, \sigma^2) i = 1, 2, \cdots, n$$

且 $e_1, e_2, \cdots, e_n$ 相互独立,记 $S_{总}$,$S_{回}$ 与 $S_{剩}$ 如上所述,则有

(1)当 $b = 0$ 时,$\dfrac{S_{回}}{\sigma^2} \sim \chi^2(1)$;

(2)$\dfrac{S_{剩}}{\sigma^2} \sim \chi^2(n-2)$;

(3)$S_{回}$ 与 $S_{剩}$ 相互独立。

证略。

由式(9.1.18),回归系数 b 的估计 $\hat{b} \sim N\left(b, \dfrac{\sigma^2}{l_{xx}}\right)$,故有

$$\frac{\hat{b} - b}{\sigma / \sqrt{l_{xx}}} \sim N(0, 1)$$

根据上述定理9.1.2结论可知,$\dfrac{S_{剩}}{\sigma^2} \sim \chi^2(n-2)$,由 t 分布定义可得

$$\frac{\dfrac{\hat{b} - b}{\sigma / \sqrt{l_{xx}}}}{\sqrt{S_{剩} / \sigma^2(n-2)}} = \frac{\hat{b} - b}{\hat{\sigma}} \sqrt{l_{xx}} \sim t(n-2)$$

其中 $\hat{\sigma}^2 = \dfrac{S_{剩}}{n-2}$ 为 σ^2 的无偏估计。而

$$S_{剩} = S_{总} - S_{回} = \sum_{i=1}^{n} (Y_i - \bar{Y})^2 - \hat{b} l_{xY} = l_{YY} - \hat{b} l_{xY} = \frac{l_{YY} l_{xx} - l_{xY}^2}{l_{xx}}$$

故当 $H_0 : b = 0$ 为真时,检验统计量

$$T = \frac{\hat{b}}{\hat{\sigma}} \sqrt{l_{xx}} \sim t(n-2) \tag{9.1.25}$$

于是给定显著性水平 α 时,由概率

$$P\{拒绝 H_0 | H_0 真\} = P\{|T| \geqslant t_{\alpha/2}(n-2)\} = \alpha$$

即

$$P\left\{ |T| = \frac{|\hat{b}|}{\hat{\sigma}}\sqrt{l_{xx}} \geqslant t_{\alpha/2}(n-2) \right\} = \alpha$$

得到 $H_0 : b = 0$ 的拒绝域为

$$|T| = \frac{|\hat{b}|}{\hat{\sigma}}\sqrt{l_{xx}} \geqslant t_{\alpha/2}(n-2) \qquad (9.1.26)$$

根据样本值 $(x_1, y_1), (x_2, y_2), \cdots, (x_n, y_n)$,计算统计量 T 的统计值

$$t = \frac{\hat{b}}{\hat{\sigma}}\sqrt{l_{xx}} = \frac{\hat{b}\sqrt{l_{xx}}}{\sqrt{\dfrac{S_{剩}}{n-2}}} = \frac{\hat{b}\sqrt{l_{xx}}}{\sqrt{\dfrac{l_{yy} - \hat{b}^2 l_{xx}}{n-2}}}$$

若 $|t| \geqslant t_{\alpha/2}(n-2)$,则拒绝 H_0;

若 $|t| < t_{\alpha/2}(n-2)$,则接受 H_0。

例 9.1.4 用 t 检验法检验例 9.1.1 的线性回归效果是否显著(取 $\alpha = 0.05$)。

解: 在例 9.1.2 与例 9.1.3 中已计算得

$$l_{xx} = 13.0980, l_{yy} = 114.5196, \hat{b} = 2.9305, \hat{\sigma}^2 = 0.2906$$

计算检验统计量 T 的统计值

$$t = \frac{\hat{b}\sqrt{l_{xx}}}{\sqrt{\dfrac{1}{n-2}(l_{yy} - \hat{b}^2 l_{xx})}} = \frac{\hat{b}\sqrt{l_{xx}}}{\hat{\sigma}} =$$

$$\frac{2.9305\sqrt{13.0980}}{\sqrt{0.2906}} = \frac{10.6058}{0.5391} = 19.6732$$

查表得 $\qquad t_{\alpha/2}(n-2) = t_{0.025}(7) = 2.3646$

故有 $\qquad |t| = 19.6732 > 2.3646 = t_{0.025}(7)$

应该拒绝 H_0,即认为例 9.1.1 的线性回归效果显著。

2. 相关系数检验法

相关系数检验法也是检验回归方程是否显著的一种常用方法。

当 $H_0 : b = 0$ 为真时,变量 x 与 Y 之间具有线性相关关系,这种线性相关的密切程度常用相关系数来描述。实际上,通常以样本相关系数来表示,即若有样本值 $(x_1, y_1), (x_2, y_2), \cdots, (x_n, y_n)$,则 x 与 Y 的样本相关系数记为

$$r = \frac{\dfrac{1}{n}\sum_{i=1}^{n}(x_i - \bar{x})(y_i - \bar{y})}{\sqrt{\dfrac{1}{n}\sum_{i=1}^{n}(x_i - \bar{x})^2}\sqrt{\dfrac{1}{n}\sum_{i=1}^{n}(y_i - \bar{y})^2}} = \frac{l_{xy}}{\sqrt{l_{xx}l_{yy}}} \qquad (9.1.27)$$

理论上可以证明,当 x_i, y_i 为任何数值时,都有 $|r| \leqslant 1$。

从式(9.1.27)可知,相关系数的符号也决定于偏差乘积之和 $l_{xy} = \sum\limits_{i=1}^{n}(x_i - \bar{x})(y_i - \bar{y})$,从而与回归系数 b 的符号一致。结合散点图与式(9.1.27)易知:

(1)当 $r = 0$ 时,$l_{xy} = 0$,因此 $b = 0$。这说明 Y 的变化与 x 无关,此时 x 与 Y 毫无线性相关关系;

(2)$r = \pm 1$ 时,所有的样本点都在一条直线即回归直线上,此时称 x 与 Y 完全线性相关。当 $r = +1$ 时称完全正相关,而当 $r = -1$ 时,称为完全负相关;

(3)$0 < |r| < 1$,这是绝大多数的情形,此时 x 与 Y 之间存在着一定的线性相关关系。当 $r > 0$ 时,$b > 0$,此时称 x 与 Y 正相关;当 $r < 0$ 时,$b < 0$,此时称 x 与 Y 负相关。当 r 的绝对值比较小时,散点偏离回归直线,较为分散;而当 r 的绝对值比较大(接近于1)时,散点就靠近回归直线。$|r|$ 越大,散点就越靠近回归直线,说明 x 与 Y 之间的线性相关关系越显著。因此,$|r|$ 的大小反映了 x 与 Y 之间线性相关的密切程度,可以用来检验 $H_0 : b = 0$。

注意由定理9.1.2,可得统计量

$$F = \frac{S_{回}/1}{S_{剩}/(n-2)} = \frac{(n-2)\dfrac{l_{xY}^2}{l_{xx}}}{\dfrac{l_{YY}l_{xx}-l_{xY}^2}{l_{xx}}} = \frac{(n-2)\dfrac{l_{xY}^2}{l_{xx}l_{YY}}}{1-\dfrac{l_{xY}^2}{l_{xx}l_{YY}}} = \frac{(n-2)r^2}{1-r^2} \sim F(1, n-2)$$

338

所以解得
$$|r| = \sqrt{\frac{F}{F+n-2}}$$

于是对于给定的显著性水平 α,可由 F 的临界值 $F_\alpha(1, n-2)$ 得到 $|r|$ 的临界值

$$r_\alpha(n-2) = \sqrt{\frac{F_\alpha(1, n-2)}{F_\alpha(1, n-2)+n-2}} \tag{9.1.28}$$

因为 F 的第一自由度恒为 1,F 的临界值仅与第二自由度 $n-2$ 有关,所以 $|r|$ 的临界值 $r_\alpha(n-2)$ 仅依赖于自由度 $n-2$。相关系数临界值表给出了显著性水平 $\alpha = 0.10, 0.05, 0.01, 0.001$ 下 $|r|$ 的临界值 $r_\alpha(n-2)$。于是得 $H_0 : b = 0$ 的拒绝域为

$$|r| \geqslant r_\alpha(n-2) \tag{9.1.29}$$

所以相关系数检验法的具体检验过程是:

(1)根据观测值计算样本相关系数 r 的值;

(2)对给定的显著水平 α,查检验相关系数临界值表得 $r_\alpha(n-2)$;

(3)若 $|r| \geqslant r_\alpha(n-2)$,则认为 x 与 Y 之间线性相关关系显著;

若 $|r| < r_\alpha(n-2)$,则认为 x 与 Y 之间不存在线性相关关系。

例9.1.5 (续例9.1.4)利用相关系数检验法检验 x 与 Y 的线性相关关系是

否显著($\alpha = 0.05$)。

解:因为在例9.1.2 和例9.1.3 中求得

$$l_{xx} = 13.0980, \quad l_{yy} = 114.5196, \quad l_{xy} = 38.3843$$

则

$$r = \frac{l_{xy}}{\sqrt{l_{xx} l_{yy}}} = \frac{38.3843}{\sqrt{13.0980 \times 114.5196}} = \frac{38.3843}{\sqrt{1499.978}} = \frac{38.3843}{38.7296} = 0.991$$

又因为 $n - 2 = 9 - 2 = 7$,查相关系数临界值表得 $r_{0.05}(7) = 0.6664$,而

$$|r| = 0.991 > 0.6664 = r_{0.05}(7)$$

故在显著性水平 $\alpha = 0.05$ 下,认为 x 与 Y 之间的线性关系显著,这与例9.1.4 中判断结果一致。

注意:在实际中,如果经过检验认为回归效果不显著,则不显著的原因可能有如下几种情况之一:

(1)影响 Y 的取值除 x 外,还有其它不可忽略的因素;

(2)Y 与 x 的关系不是线性相关的,但却存在着其它相关关系,例如可能是非线性相关关系;

(3)Y 与 x 的确不存在任何关系。

因此,需要进一步查明原因,视具体情况作具体分析。

四、未知参数的区间估计

由定理9.1.1 与定理9.1.2 的结论可知,在一元线性回归模型中,最小二乘估计 $\hat{a}$ 与 $\hat{b}$ 服从正态分布,而 $(n-2)\,\hat{\sigma}^2/\sigma^2$ 服从 χ^2 分布:

$$\hat{a} \sim N\left(a, \left(\frac{1}{n} + \frac{\bar{x}^2}{l_{xx}}\right)\sigma^2\right), \hat{b} \sim N\left(b, \frac{\sigma^2}{l_{xx}}\right), \frac{(n-2)\hat{\sigma}^2}{\sigma^2} \sim \chi^2(n-2)$$

按照§7.3 节置信区间求法,容易得出关于未知参数 a, b, σ^2 的置信度 $1-\alpha$ 的置信区间。

$1°$ 回归系数 a 的置信度为 $1-\alpha$ 置信区间为

$$\left(\hat{a} \pm \hat{\sigma} t_{\alpha/2}(n-2)\sqrt{\frac{1}{n} + \frac{\bar{x}^2}{l_{xx}}}\right) \tag{9.1.30}$$

$2°$ 回归系数 b 的置信度为 $1-\alpha$ 置信区间为

$$\left(\hat{b} \pm \hat{\sigma} t_{\alpha/2}(n-2)/\sqrt{l_{xx}}\right) \tag{9.1.31}$$

$3°$ 方差 σ^2 的置信度为 $1-\alpha$ 置信区间为

$$\left(\frac{(n-2)\hat{\sigma}^2}{\chi_{\alpha/2}^2(n-2)}, \frac{(n-2)\hat{\sigma}^2}{\chi_{1-\alpha/2}^2(n-2)}\right) = \left(\frac{S_{剩}}{\chi_{\alpha/2}^2(n-2)}, \frac{S_{剩}}{\chi_{1-\alpha/2}^2(n-2)}\right) \tag{9.1.32}$$

例9.1.6 试求例9.1.1 中回归系数 a, b 与 σ^2 的区间估计($\alpha = 0.05$)。

解: 由例9.1.2中已计算出

$$l_{xx} = 13.0980, \quad l_{yy} = 114.5196, \quad l_{xy} = 38.3843$$

$$\hat{b} = 2.9305, \hat{a} = 0.2561$$

$\hat{\sigma}^2$ 的观测值为

$$\hat{\sigma}^2 = \frac{1}{n-2}(l_{yy} - \hat{b}l_{xy}) = \frac{1}{7}(114.5196 - 2.9305 \times 38.3843) = 0.2906$$

$$\hat{\sigma} = 0.5391, t_{0.05/2}(7) = 2.3646, \chi^2_{0.025}(7) = 16.013, \chi^2_{0.975}(7) = 1.69$$

(1) a 的置信度为 $1 - \alpha = 0.95$ 的置信区间为

$$\left(\hat{a} \pm \hat{\sigma}t_{\alpha/2}(n-2)\sqrt{\frac{1}{n} + \frac{\bar{x}^2}{l_{xx}}}\right) = \left(0.2561 \pm 0.5391 \times 2.3646 \times \sqrt{\frac{1}{9} + \frac{3.3667^2}{13.098}}\right) =$$

$$(0.2561 \pm 1.2597) = (-1.0036, 1.5158)$$

(2) b 的置信度为 $1 - \alpha = 0.95$ 的置信区间为

$$(\hat{b} \pm \hat{\sigma}t_{\alpha/2}(n-2)/\sqrt{l_{xx}}) = (2.9305 \pm 0.5391 \times 2.3646/\sqrt{13.098}) =$$

$$(2.9305 \pm 0.3522) = (2.5783, 3.2827)$$

(3) 方差 σ^2 的置信度为 $1 - \alpha = 0.95$ 置信区间为

$$\left(\frac{(n-2)\hat{\sigma}^2}{\chi^2_{\alpha/2}(n-2)}, \frac{(n-2)\hat{\sigma}^2}{\chi^2_{1-\alpha/2}(n-2)}\right) = \left(\frac{7 \times 0.2906}{16.013}, \frac{7 \times 0.2906}{1.69}\right) = (0.127, 1.2037)$$

五、预测与控制

1. 点预测与区间预测

如果随机变量 Y 与可控变量 x 之间显著呈现线性相关关系,则由样本值 $(x_1, y_1), (x_2, y_2), \cdots, (x_n, y_n)$,依据上述方法所得的经验回归函数

$$\hat{y} = \hat{a} + \hat{b}x, \hat{b} = l_{xy}/l_{xx}, \hat{a} = \bar{y} - \hat{b}\bar{x}$$

可以很好地描述 Y 与 x 之间的依赖关系。也就是说,若已知可控变量 $x = x_0$ 时,可用回归值 $\hat{Y}_0 = \hat{a} + \hat{b}x_0$ 作为 Y 在 x_0 处的新观察值 $Y_0 = a + bx_0 + e_0$ 的估计值,这个值称为 Y_0 的点预测。如果要进一步了解这种估计的精确性与可信度,则需作出 Y_0 的区间估计,即区间预测。

因为 Y_0 是在 $x = x_0$ 处对 Y 的观察结果,满足式(9.1.3),即有

$$Y_0 = a + bx_0 + e_0 \quad e_0 \sim N(0, \sigma^2)$$

于是有 $Y_0 \sim N(a + bx_0, \sigma^2)$。注意 Y_0 是将要做的一次独立试验的结果,它与已经得到的试验结果 $Y_1, Y_2, \cdots, Y_n$ 是相互独立的,而回归系数 b 的估计 $\hat{b}$ 是 Y_1,

$Y_2, \cdots, Y_n$ 的线性组合，因此 $\widehat{Y}_0 = \overline{Y} + \widehat{b}(x_0 - \overline{x})$ 也是 $Y_1, Y_2, \cdots, Y_n$ 的线性组合，所以 Y_0 与 $\widehat{Y}_0$ 是相互独立的，再由 式(9.1.19)知，$\widehat{Y}_0 - Y_0$ 服从正态分布：

$$\widehat{Y}_0 - Y_0 \sim N\left(0, \left[1 + \frac{1}{n} + \frac{(x_0 - \overline{x})^2}{l_{xx}}\right]\sigma^2\right)$$

即

$$\frac{\widehat{Y}_0 - Y_0}{\sigma \sqrt{1 + \dfrac{1}{n} + \dfrac{(x_0 - \overline{x})^2}{l_{xx}}}} \sim N(0,1) \tag{9.1.33}$$

且 $(n-2)\widehat{\sigma}^2/\sigma^2 \sim \chi^2(n-2)$，于是根据 t 分布定义可得

$$\frac{\dfrac{\widehat{Y}_0 - Y_0}{\sigma \sqrt{1 + \dfrac{1}{n} + \dfrac{(x_0 - \overline{x})^2}{l_{xx}}}}}{\sqrt{\dfrac{(n-2)\widehat{\sigma}^2}{\sigma^2(n-2)}}} = \frac{\widehat{Y}_0 - Y_0}{\widehat{\sigma} \sqrt{1 + \dfrac{1}{n} + \dfrac{(x_0 - \overline{x})^2}{l_{xx}}}} \sim t(n-2) \tag{9.1.34}$$

对于给定的置信水平 $1 - \alpha$，有

$$P\left\{\frac{|\widehat{Y}_0 - Y_0|}{\widehat{\sigma} \sqrt{1 + \dfrac{1}{n} + \dfrac{(x_0 - \overline{x})^2}{l_{xx}}}} < t_{\alpha/2}(n-2)\right\} = 1 - \alpha$$

得到 Y_0 的置信水平为 $1 - \alpha$ 的置信区间：

$$\left(\widehat{Y}_0 \pm \widehat{\sigma} t_{\alpha/2}(n-2) \sqrt{1 + \frac{1}{n} + \frac{(x_0 - \overline{x})^2}{l_{xx}}}\right) = (\widehat{Y}_0 \pm \delta(x_0))$$

即

$$\left(\widehat{a} + \widehat{b}x_0 \pm \widehat{\sigma} t_{\alpha/2}(n-2) \sqrt{1 + \frac{1}{n} + \frac{(x_0 - \overline{x})^2}{l_{xx}}}\right) = (\widehat{a} + \widehat{b}x_0 \pm \delta(x_0))$$

$$\tag{9.1.35}$$

上式也称为 Y_0 的置信水平为 $1 - \alpha$ 的预测区间，其中

$$\delta(x_0) = \widehat{\sigma} t_{\alpha/2}(n-2) \sqrt{1 + \frac{1}{n} + \frac{(x_0 - \overline{x})^2}{l_{xx}}}$$

于是在 x_0 处，Y_0 的置信下限、置信上限分别为

$$y_1(x_0) = \widehat{a} + \widehat{b}x_0 - \delta(x_0) = \widehat{Y}_0 - \delta(x_0)$$

$$y_2(x_0) = \widehat{a} + \widehat{b}x_0 + \delta(x_0) = \widehat{Y}_0 + \delta(x_0)$$

将样本值 $(x_1, y_1), (x_2, y_2), \cdots, (y_n, y_n)$ 代入到 Y_0 的置信下限与置信上限中，将 x_0 换成可控变量 x，则可得到两条曲线 $y_1(x) = \widehat{a} + \widehat{b}x - \delta(x)$ 与 $y_2(x) = \widehat{a} + \widehat{b}x -$

$\delta(x)$，如图 9.1.2 所示。

对于给定的样本值及置信水平来说，当 x_0 越靠近 $\bar{x}$，预测区间的长度 $2\delta(x_0)$ 就越短，预测就越精确；当 x_0 偏离 $\bar{x}$ 越远，预测区间的长度 $2\delta(x_0)$ 愈大，预测的精度要差一些。一般地，当 n 很大时，而且 x 离 $\bar{x}$ 不太远的条件下，有近似式

$$\delta(x) \approx z_{\alpha/2}\widehat{\sigma}$$

这时上述两条曲线可用两条直线近似表示，即

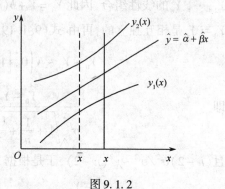

图 9.1.2

$$Y_1(x) = \widehat{a} + \widehat{b}x - z_{\alpha/2}\widehat{\sigma}$$

$$Y_2(x) = \widehat{a} + \widehat{b}x + z_{\alpha/2}\widehat{\sigma}$$

因此对于 Y 的相应于 x 的置信水平为 $1-\alpha$ 的预测区间近似为

$$(\widehat{a} + \widehat{b}x - z_{\alpha/2}\widehat{\sigma}, \widehat{a} + \widehat{b}x + z_{\alpha/2}\widehat{\sigma}) \tag{9.1.36}$$

2. 控制

控制是预测的反问题，即如果要求 Y 的观察值落在某个指定区间 (y_1', y_2') 内，则 x 的取值应当控制在什么范围内的问题。确定控制区间 (x_1, x_2)，使得当 x 在此区间取值时，相应 Y 的取值以置信水平 $1-\alpha$ 落在 (y_1', y_2') 内，这就是所谓的控制问题。对于 n 很大，且 x 偏离 $\bar{x}$ 较近时，利用式 (9.1.36)，令

$$y_1' = \widehat{a} + \widehat{b}x - z_{\alpha/2}\widehat{\sigma}, \quad y_2' = \widehat{a} + \widehat{b}x + z_{\alpha/2}\widehat{\sigma}$$

从中分别求解得到控制 x 的上、下限 x_1 与 x_2，如图 9.1.3 所示。当回归系数 $\widehat{b} > 0$ 时，控制区间为 (x_1, x_2)，当回归系数 $\widehat{b} < 0$ 时，控制区间为 (x_2, x_1)，要实现控制，区间 (y_1', y_2') 的长度必须满足

$$y_2' - y_1' > 2z_{\alpha/2}\widehat{\sigma}$$

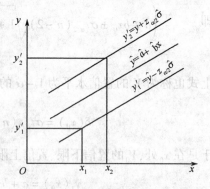

图 9.1.3

例 9.1.7 在某种产品表面进行腐蚀刻线试验，得到腐蚀深度 Y 与腐蚀时间 x 对应的一组数据如下：

x/s	5	10	15	20	30	40	50	60	70	90	120
$Y/\mu m$	6	10	10	13	16	17	19	23	25	29	46

（1）试预测腐蚀时间为 75 s 时，腐蚀深度的范围（$1-\alpha = 0.95$）；

(2)对于置信水平 $1-\alpha=0.95$,若要求腐蚀深度在 $10\sim20\mu m$ 之间,试问腐蚀时间应如何控制?

解:(1)先求出回归直线方程 $\widehat{y}=\widehat{a}+\widehat{b}x$。利用题设数据计算得

编号	x_i	y_i	x_i^2	y_i^2	x_iy_i
1	5	6	25	36	30
2	10	10	100	100	100
3	15	10	225	100	150
4	20	13	400	169	260
5	30	16	900	256	480
6	40	17	1600	289	680
7	50	19	2500	361	950
8	60	23	3600	529	1380
9	70	25	4900	625	1750
10	90	29	8100	841	2610
11	120	46	14400	2116	5520
和	510	214	36750	5422	13910
平均	46.3636	19.4546	3340.909	492.9091	1264.545

故得
$$\overline{x}=\frac{1}{11}\sum_{i=1}^{11}x_i=46.3636,\overline{y}=\frac{1}{11}\sum_{i=1}^{11}y_i=19.4546$$

$$\overline{x^2}=\frac{1}{11}\sum_{i=1}^{11}x_i^2=3340.909,\overline{xy}=\frac{1}{11}\sum_{i=1}^{11}x_iy_i=1264.545$$

$$l_{xx}=\sum_{i=1}^{11}(x_i-\overline{x})^2=\sum_{i=1}^{11}x_i^2-11\overline{x}^2=36750-11\times46.3646^2=13104.58$$

$$l_{xy}=\sum_{i=1}^{9}(x_i-\overline{x})(y_i-\overline{y})=\sum_{i=1}^{11}x_iy_i-11\overline{x}\cdot\overline{y}=$$
$$13910-11\times46.3636\times19.4546=3988.162$$

再由最小二乘估计值公式(9.1.13),得

$$\widehat{b}=\frac{l_{xy}}{l_{xx}}=\frac{3988.162}{13104.58}=0.3043$$

$$\widehat{a}=\overline{y}-\widehat{b}\overline{x}=19.4546-0.3043\times46.3636=5.3462$$

故所求 Y 对 x 的一元线性回归方程 $\widehat{y}=\widehat{a}+\widehat{b}x$ 为

$$\widehat{y}=5.3462+0.3043x$$

把 $x_0=75$ 代入一元线性回归方程,得

$$\widehat{y}_0=5.3462+0.3043\times75=28.17$$

343

为 $x_0 = 75$ 处 Y_0 的点预测值。

给定 $1 - \alpha = 0.95$，查 $t_{0.05/2}(11 - 2) = t_{0.025}(9) = 2.2622$，再计算

$$l_{yy} = \sum_{i=1}^{11} y_i^2 - 11 \bar{y}^2 = 5422 - 11 \times 492.9091^2 = 1258.704$$

$$Q(\hat{a}, \hat{b}) = l_{yy} - \hat{b} l_{xy} = 1258.704 - 0.3043 \times 3988.162 = 45.1063$$

$$\hat{\sigma}^2 = \frac{Q(\hat{a}, \hat{b})}{n - 2} = \frac{45.1063}{11 - 2} = 5.0118 \quad \hat{\sigma} = 2.2387$$

$$\delta(x_0) = \hat{\sigma} t_{\alpha/2}(n - 2) \sqrt{1 + \frac{1}{n} + \frac{(x_0 - \bar{x})^2}{l_{xx}}} =$$

$$2.2387 \times 2.2622 \times \sqrt{1 + \frac{1}{11} + \frac{(75 - 46.3636)^2}{13104.58}} = 5.44$$

所以当腐蚀时间为 75s 时,腐蚀深度的预测区间为

$$(\hat{y}_0 \pm \delta(x_0)) = (28.17 \pm 5.44) = (22.73, 33.61)$$

(2)当要求腐蚀深度在 $10\mu m \sim 20\mu m$ 之间时,令

$$10 = 5.3462 + 0.3043 x_1 - 1.96 \times 2.2387$$

$$20 = 5.3462 + 0.3043 x_1 + 1.96 \times 2.2387$$

其中 $z_{0.05/2} = 1.96$,解得 $x_1 = 29.71$, $x_2 = 33.74$,即 x 应控制在区间$(29.71, 33.74)$内。

六、可化为一元线性回归的非线性模型

在实际中,我们常常会遇到随机变量 Y 与可控变量 x 之间为非线性相关关系的回归问题,对这类回归问题的解决要比线性回归问题复杂。但在某些情况下,可以通过适当的变量代换,将变量之间的非线性相关关系化为线性回归形式加以解决。

下面介绍一些常见的可转化为一元线性回归模型的类型。

(1) 双曲线模型：$Y = a + \dfrac{b}{x} + e, e \sim N(0, \sigma^2)$

其中 a, b, σ^2 是与 x 无关的未知参数。

我们注意到,若令变量 $t = \dfrac{1}{x}$,则上述模型转化为 Y 关于 t 的一元线性回归模型：

$$Y = a + bt + e, e \sim N(0, \sigma^2)$$

（2）指数模型：$Y = \alpha e^{\beta x} \cdot \varepsilon, \ln\varepsilon \sim N(0, \sigma^2)$

其中，α, β, σ^2 是与 x 无关的未知参数。

我们注意到，若将 $Y = \alpha e^{\beta x} \cdot \varepsilon$ 两边取对数，得

$$\ln Y = \ln\alpha + \beta x + \ln\varepsilon$$

此时令 $Z = \ln Y, a = \ln\alpha, b = \beta, e = \ln\varepsilon$，即转化为 Z 关于 x 的一元线性回归模型：

$$Z = a + bx + e, e \sim N(0, \sigma^2)$$

（3）幂函数模型：$Y = \alpha x^{\beta} \cdot \varepsilon, \ln\varepsilon \sim N(0, \sigma^2)$

其中，α, β, σ^2 是与 x 无关的未知参数。

我们注意到，若将 $Y = \alpha x^{\beta} \cdot \varepsilon$ 两边取对数，得

$$\ln Y = \ln\alpha + \beta\ln x + \ln\varepsilon$$

此时令 $Z = \ln Y, a = \ln\alpha, b = \beta, t = \ln x, e = \ln\varepsilon$，即转化为 Z 关于 t 的一元线性回归模型：

$$Z = a + bt + e, e \sim N(0, \sigma^2)$$

（4）一般模型： $\quad g(Y) = a + bh(x) + e, e \sim N(0, \sigma^2)$

其中，a, b, σ^2 是与 x 无关的未知参数。

345

我们注意到，若令变量 $Z = g(Y), t = h(x)$，则上述模型转化为 Z 关于 t 的一元线性回归模型：

$$Z = a + bt + e, e \sim N(0, \sigma^2)$$

对于这些非线性模型，我们通过上述变量替换，将变量之间的关系化为线性回归模型，再求出其未知参数的估计，得到回归方程，最后将原自变量与因变量代回，即得到 Y 关于 x 的回归方程，它的图形是一条曲线，故也称为曲线回归方程。

例 9.1.8 为了检验 X 射线的杀菌作用，用 200kV 的 X 射线照射杀菌，每次照射 6min，照射次数为 x，照射后所剩细菌数为 Y，下表是实验记录，试给出 Y 关于 x 的曲线回归方程。

x	1	2	3	4	5	6	7	8	9	10
Y	783	621	433	431	287	251	175	154	129	103
x	11	12	13	14	15	16	17	18	19	20
y	72	50	43	31	28	20	16	12	9	7

解：先作散点图如图 9.1.4 所示。

看起来 Y 关于 x 呈指数关系，于是采用指数模型：

$$Y = \alpha e^{\beta x} \cdot \varepsilon, \ln\varepsilon \sim N(0, \sigma^2)$$

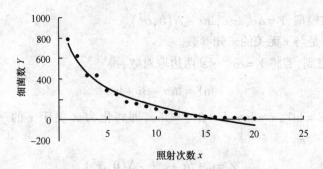

图 9.1.4　照射次数 x 与所剩细菌数 Y 的散点图

其中, α,β,σ^2 是与 x 无关的未知参数。

令 $Z = \ln Y, a = \ln\alpha, b = \beta, e = \ln\varepsilon$,即转化为 Z 关于 x 的一元线性回归模型:

$$Z = a + bx + e, e \sim N(0, \sigma^2)$$

原始数据经变换后如下表所列。

x	1	2	3	4	5	6	7	8	9	10
$\ln Y$	6.66	6.43	6.07	6.07	5.66	5.53	5.16	5.04	4.86	4.63
x	11	12	13	14	15	16	17	18	19	20
$\ln Y$	4.28	3.91	3.76	3.43	3.33	3.00	2.77	2.48	2.20	1.95

经计算得未知参数 a,b 的最小二乘估计值为

$$\hat{a} = 6.96, \hat{b} = -0.25$$

于是得到 $Z = \ln Y$ 关于 x 的一元线性回归方程:

$$\hat{Z} = \ln\hat{Y} = 6.96 - 0.25x$$

再由 $\alpha = e^{\hat{a}} = e^{6.96} = 1053.63, \beta = \hat{b} = -0.25$,因此得 Y 关于 x 曲线回归方程为

$$\hat{Y} = 1053.63 e^{-0.25x}$$

注意:本题数据也可考虑拟合其它非线性模型,如形如

$$Y = a + b\ln x + e, e \sim N(0, \sigma^2)$$

$$\sqrt{Y} = a + b\sqrt{x} + e, e \sim N(0, \sigma^2)$$

等模型,而模型的好坏一般可依据以下两个标准进行评价:

（Ⅰ）　决定系数 $R^2 = 1 - \dfrac{\sum\limits_{i=1}^{n}(y_i - \hat{a} - \hat{b}x_i)^2}{\sum\limits_{i=1}^{n}(y_i - \bar{y})^2}$,越大越好;

（Ⅱ）　剩余标准差 $\hat{\sigma} = \sqrt{\dfrac{Q(\hat{a},\hat{b})}{n-2}} = \sqrt{\dfrac{\sum\limits_{i=1}^{n}(y_i - \hat{a} - \hat{b}x_i)^2}{n-2}}$,越小越好。

可以计算出三个模型的残差平方和,决定系数与剩余标准差,加以比较得知,本题数据拟合指数模型最好,即拟合曲线 $\widehat{Y} = 1053.63\mathrm{e}^{-0.25x}$ 最好。

七、多元线性回归

在许多实际问题中,往往要考虑一个随机变量 Y 与多个可控变量 $x_1, x_2, \cdots, x_p(p>1)$ 之间的相关关系。例如某种商品的销售额不仅与商品的价格有关,也与商品的宣传,商品的质量,消费者的收入状况等诸多因素有关,不能单一地只考虑商品的销售额与商品的价格之间的相关关系,应当综合考虑多个因素对因变量的影响程度,这就是多元回归分析的主要任务。

设随机变量 Y 与可控变量 $x_1, x_2, \cdots, x_p$ 满足线性关系,即

$$Y = b_0 + b_1 x_1 + b_2 x_2 + \cdots + b_p x_p + e \quad e \sim N(0, \sigma^2) \tag{9.1.37}$$

其中,$b_0, b_1, b_2, \cdots, b_p, \sigma^2$ 都是与 $x_1, x_2, \cdots, x_p$ 无关的未知参数,回归函数为

$$\mu(x_1, x_2, \cdots, x_p) = b_0 + b_1 x_1 + \cdots + b_p x_p$$

设 $(x_{i1}, x_{i2}, \cdots, x_{ip}, y_i)(i = 1, 2, \cdots, n)$ 为一样本,如一元线性回归情况,采用最小二乘法去估计未知参数,即确定 $b_0, b_1, b_2, \cdots, b_p$ 使残差平方和

347

$$Q = \sum_{i=1}^{n} (y_i - b_0 - b_1 x_{i1} - b_2 x_{i2} \cdots - b_p x_{ip})^2 \tag{9.1.38}$$

达到最小。为此分别求 Q 关于 $b_0, b_1, b_2, \cdots, b_p$ 的偏导数,并令它们等于零,得

$$\frac{\partial Q}{\partial b_0} = -2 \sum_{i=1}^{n} (y_i - b_0 - b_1 x_{i1} - b_2 x_{i2} \cdots - b_p x_{ip}) = 0$$

$$\frac{\partial Q}{\partial b_j} = -2 \sum_{i=1}^{n} (y_i - b_0 - b_1 x_{i1} - b_2 x_{i2} \cdots - b_p x_{ip}) x_{ij} = 0, (1 \leqslant j \leqslant p)$$

整理即得正规方程组:

$$\begin{cases} b_0 n + b_1 \sum_{i=1}^{n} x_{i1} + b_2 \sum_{i=1}^{n} x_{i2} + \cdots + b_p \sum_{i=1}^{n} x_{ip} = \sum_{i=1}^{n} y_i \\ b_0 \sum_{i=1}^{n} x_{i1} + b_1 \sum_{i=1}^{n} x_{i1}^2 + b_2 \sum_{i=1}^{n} x_{i1} x_{i2} + \cdots + b_p \sum_{i=1}^{n} x_{i1} x_{ip} = \sum_{i=1}^{n} x_{i1} y_i \\ \vdots \quad \vdots \quad \vdots \\ b_0 \sum_{i=1}^{n} x_{ip} + b_1 \sum_{i=1}^{n} x_{ip} x_{i1} + b_2 \sum_{i=1}^{n} x_{ip} x_{i2} + \cdots + b_p \sum_{i=1}^{n} x_{ip}^2 = \sum_{i=1}^{n} x_{ip} y_i \end{cases} \tag{9.1.39}$$

为了求解正规方程组的方便,我们引入矩阵

$$X = \begin{pmatrix} 1 & x_{11} & x_{12} & \cdots & x_{1p} \\ 1 & x_{21} & x_{22} & \cdots & x_{2p} \\ \vdots & \vdots & \vdots & & \vdots \\ 1 & x_{n1} & x_{n2} & \cdots & x_{np} \end{pmatrix} \quad y = \begin{pmatrix} y_1 \\ y_2 \\ \vdots \\ y_n \end{pmatrix} \quad B = \begin{pmatrix} b_0 \\ b_1 \\ b_2 \\ \vdots \\ b_p \end{pmatrix}$$

则式(9.1.39)可写成

$$X'XB = X'y \tag{9.1.40}$$

这就是正规方程组的矩阵形式。若矩阵 $X'X$ 可逆,则在式(9.1.40)两边左乘逆矩阵$(X'X)^{-1}$得

$$\widehat{B} = (X'X)^{-1}X'y \tag{9.1.41}$$

此解 $\widehat{B}' = (\widehat{b_0}, \widehat{b_1}, \widehat{b_2}, \cdots b_p)'$ 即为未知参数向量 $B' = (b_0, b_1, b_2, \cdots, b_p)$ 的最小二乘估计。因此我们可取 $\widehat{Y} \triangleq \widehat{b_0} + \widehat{b_1}x_1 + \widehat{b_2}x_2 + \cdots + \widehat{b_p}x_p$ 作为回归函数 $\mu(x_1, x_2, \cdots, x_p) = b_0 + b_1x_1 + \cdots + b_px_p$ 的估计。方程

$$\widehat{Y} = \widehat{b_0} + \widehat{b_1}x_1 + \widehat{b_2}x_2 + \cdots + \widehat{b_p}x_p \tag{9.1.42}$$

称为 p 元经验线性回归方程,简称回归方程。

对于多元线性回归,与一元线性回归情况一样,仍需检验因变量 Y 与可控变量 $x_1, x_2, \cdots, x_p$ 之间是否存在显著的线性关系,即检验假设

$$H_0: b_1 = b_2 = \cdots = b_p = 0; H_1: b_1, b_2, \cdots, b_p \text{ 不全为 } 0 \tag{9.1.43}$$

若在显著性水平下拒绝 H_0,我们就认为线性回归效果显著。

为了进行上述检验,我们将 p 元经验线性回归方程 $\widehat{Y} = \widehat{a_0} + \widehat{b_1}x_1 + \widehat{b_2}x_2 + \cdots + \widehat{b_p}x_p$ 的系数估计 $\widehat{b_j}(j = 0, 1, 2, \cdots, p)$ 中的 y_i 与 $\bar{y}$ 分别换成 Y_i 与 $\bar{Y}$,则得回归系数 $b_0, b_1, b_2, \cdots, b_p$ 的最小二乘估计量 $\widehat{b_j}(j = 0, 1, 2, \cdots, p)$。

类似一元线性回归情况,将 $Y_1, Y_2, \cdots, Y_n$ 的偏差平方和记为

$$S_{总} = \sum_{i=1}^{n}(Y_i - \bar{Y})^2$$

它可以分解为剩余平方和 $S_{剩} = \sum_{i=1}^{n}(Y_i - \widehat{Y_i})^2$ 与回归平方和(偏差平方和)$S_{回} = \sum_{i=1}^{n}(\widehat{Y_i} - \bar{Y_i})^2$ 之和。即

$$S_{总} = S_{剩} + S_{回}$$

其中,$\widehat{Y} = \widehat{b_0} + \widehat{b_1}x_1 + \widehat{b_2}x_2 + \cdots + \widehat{b_p}x_p, \bar{Y} = \widehat{b_0} + \widehat{b_1}\bar{x_1} + \widehat{b_2}\bar{x_2} + \cdots + \widehat{b_p}\bar{x_p}$。且可证明:对

于 n 元正态线性回归模型有下述结论：

（1）当 H_0 真时，$\dfrac{S_\text{回}}{\sigma^2} \sim \chi^2(p)$；

（2）$\dfrac{S_\text{剩}}{\sigma^2} \sim \chi^2(n-p-1)$；

（3）$S_\text{回}$ 与 $S_\text{剩}$ 相互独立。

于是可得误差方差 σ^2 的无偏估计值为

$$\widehat{\sigma^2} = \frac{s_\text{剩}}{n-p-1} = \frac{1}{n-p-1}\sum_{i=1}^{n}(y_i - \widehat{b}_0 - \widehat{b}_1 x_{i1} - \cdots - \widehat{b}_p x_{ip})^2$$

注意：$s_\text{剩}$ 可写成如下形式：

$$\sum_{i=1}^{n}(y_i - \widehat{b}_0 - \widehat{b}_1 x_{i1} - \cdots - \widehat{b}_p x_{ip})^2 = (y - X\widehat{B})'(y - XB) = y'y - \widehat{B}'X'y$$

故有 $\widehat{\sigma^2} = (y'y - \widehat{B}'X'y)/(n-p-1)$。

且有假设 H_0 的检验统计量

$$F = \frac{S_\text{回}/p}{S_\text{剩}/(n-p-1)} \sim F(p, n-p-1)$$

对于给定的显著性水平 α，假设 H_0 的拒绝域为

$$F = \frac{s_\text{回}/p}{s_\text{剩}/(n-p-1)} \geq F_\alpha(p, n-p-1)$$

由此可以给出以下判断准则：

若统计值 $F = \dfrac{s_\text{回}/p}{s_\text{剩}/(n-p-1)} \geq F_\alpha(p, n-p-1)$，则拒绝 H_0，认为多元回归效果显著；

若统计值 $F = \dfrac{s_\text{回}/p}{s_\text{剩}/(n-p-1)} < F_\alpha(p, n-p-1)$，则接受 H_0，认为多元回归效果不显著。

例 9.1.9　在某种汽油中加入两种化学添加剂，观察它们对汽车消耗一升汽油的所行里程数的影响，共进行 9 次试验，得到里程数 Y 与两种化学添加剂的剂量 x_1 与 x_2 的数据如下表所列。

x_1	0	1	0	1	2	0	2	3	1
x_2	0	0	1	1	0	2	2	1	3
y	15.8	16.0	15.9	16.2	16.5	16.3	16.8	17.4	17.2

试求里程数 Y 关于 x_1 与 x_2 的线性回归方程，并求出误差方差 σ^2 的估计值，并在显著性水平 $\alpha = 0.05$ 下，检验二元回归效果是否显著。

解:设里程数 Y 关于两种化学添加剂的剂量 x_1 与 x_2 的线性模型为

$$Y = b_0 + b_1 x_1 + b_2 x_2 + e \quad e \sim N(0, \sigma^2)$$

其中，b_0, b_1, b_2, σ^2 为与 x_1, x_2 无关的未知参数。

令

$$X' = \begin{pmatrix} 1 & 1 & 1 & 1 & 1 & 1 & 1 & 1 & 1 \\ 0 & 1 & 0 & 1 & 2 & 0 & 2 & 3 & 1 \\ 0 & 0 & 1 & 1 & 0 & 2 & 2 & 1 & 3 \end{pmatrix}, \quad B = \begin{pmatrix} b_0 \\ b_1 \\ b_2 \end{pmatrix}$$

$y' = (15.8 \quad 16 \quad 15.9 \quad 16.2 \quad 16.5 \quad 16.3 \quad 16.8 \quad 17.4 \quad 17.2)$ 利用数学软件 matlab 或 Excel 进行计算得

$$X'X = \begin{pmatrix} 9 & 10 & 10 \\ 10 & 20 & 11 \\ 10 & 11 & 20 \end{pmatrix}, (X'X)^{-1} = \begin{pmatrix} 9 & 10 & 10 \\ 10 & 20 & 11 \\ 10 & 11 & 20 \end{pmatrix} = \begin{pmatrix} 0.3924 & -0.1266 & -0.1266 \\ -0.1266 & 0.1125 & 0.0014 \\ -0.1266 & 0.0014 & 0.1125 \end{pmatrix}$$

$$B = \begin{pmatrix} b_0 \\ b_1 \\ b_2 \end{pmatrix} = (X'X)^{-1}X'y = \begin{pmatrix} 0.3924 & -0.1266 & -0.1266 \\ -0.1266 & 0.1125 & 0.0014 \\ -0.1266 & 0.0014 & 0.1125 \end{pmatrix} \begin{pmatrix} 148.1 \\ 168.2 \\ 167.3 \end{pmatrix} = \begin{pmatrix} 15.6468 \\ 0.4139 \\ 0.3139 \end{pmatrix}$$

故里程数 Y 关于两种化学添加剂的剂量 x_1 与 x_2 的经验线性回归方程为

$$\widehat{Y} = 15.6468 + 0.4139 x_1 + 0.3139 x_2$$

即有

$$\widehat{y}_i = 15.6468 + 0.4139 x_{i1} + 0.3139 x_{i2} \quad i = 1, 2, \cdots, 9$$

且 $S_{剩} = \sum_{i=1}^{n} (y_i - \widehat{y}_i)^2 = 0.2322$，误差方差 σ^2 的无偏估计值为

$$\widehat{\sigma}^2 = \frac{1}{9-2-1} \sum_{i=1}^{9} (y_i - \widehat{y}_i)^2 = \frac{1}{6} \times 0.2322 = 0.0387$$

又回归平方和(偏差平方和) $S_{回} = \sum_{i=1}^{n} (\widehat{y}_i - \overline{y})^2 = 2.6022$，于是有

$$F = \frac{2.6022/2}{0.2322/(9-2-1)} = 33.62 \geqslant F_{0.05}(2, 9-2-1) = 3.46$$

因此说明二元回归效果十分显著。

当然，多元线性回归分析远比一元线性回归分析复杂。我们除了考虑对于给定点 $(x_{01}, x_{02}, \cdots, x_{0p})$，对应的因变量 Y 的预测值与预测区间问题。还会面临自变量的选择问题:即在实际问题中，若将与 Y 有关的诸多因素全都取为自变量作回归分析，会发现不仅回归方程很庞大，计算量加大，而且估计的精度可能降低。因此需要剔除那些对 Y 影响较小的回归自变量，这就是回归自变量的选择问题。有关这些多元线性回归分析的问题的解答，请读者参阅有关回归分析的专业书籍。

现在,由于计算机计算能力的飞速提高,读者可以借助大型统计软件,如 SAS, SPSS 等工具,容易建立适应的多元线性回归模型,并作出相应的检验、预测与控制。

思 考 题 9.1

1. 一元线性回归分析包括哪些重要内容?

2. 如何求一元线性回归模型中未知参数 a, b, σ^2 的最小二乘估计?

3. 若回归函数为 $\mu(x) = a_0 + a_1 x + a_2 x^2$,如何求未知参数 a_0, a_1, a_2 的最小二乘估计?

4. 如何利用经验线性回归方程作出预测与控制?

基 本 练 习 9.1

1. 关于某设备的使用年限 x 和支出费用 Y 有如下数据:

x_i	2	3	4	5	6
y_i	2.2	3.8	5.5	6.5	7.0

假设 Y 对 x 呈线性关系,试求线性回归方程与误差方差 σ^2 的无偏估计。

2. 为研究重量 x(单位:g)对弹簧长度 Y(单位:cm)的影响,对不同重量的 6 根弹簧进行测量,得到如下数据:

x_i	5	10	15	20	25	30
y_i	7.25	8.12	8.95	9.9	10.9	11.8

(1)试求弹簧长度 Y 关于重量 x 的线性回归方程;(2)试求误差方差 σ^2 的无偏估计和样本相关系数 r;(3)利用 t 分布判断线性回归的显著性($\alpha = 0.01$);(4)对 $x = 16$ 处的 Y 值作出区间预测。

3. 在钢铁碳含量 x 对电阻值 Y 的效应研究中,得到以下数据:

钢铁碳含量 $x(\%)$	0.10	0.30	0.40	0.55	0.70	0.80	0.95
电阻值 $y/\mu\Omega$(20℃)	15	18	19	21	22.6	23.8	26

假定 x 与 Y 的模型为 $Y = a + bx + e, e \sim N(0, \sigma^2)$,误差方差 σ^2 与 x 无关。(1)试求线性回归方程 $\hat{y} = \hat{a} + \hat{b}x$;(2)检验假设 $H_0: b = 0; H_1: b \neq 0$($\alpha = 0.05$);(3)若回归效果显著,试求 b 的置信水平为 0.95 的预测区间;(4)试求 $x = 0.50$ 处 Y 的置信水平为 0.95 的预测区间。

4. 为了解某种药物的剂量 x 对血浆凝血酶原时间 Y 的影响,通过试验获得以下数据:

药物剂量 x/mg	1.25	1.5625	1.875	2.0	2.5
凝血酶原时间 y/s	1.51	1.54	2.1	2.2	2.98

假定 x 与 Y 的模型为 $Y = a + bx + e, e \sim N(0, \sigma^2)$,误差方差 σ^2 与 x 无关。(1)试求线性回归方程 $\hat{y} = \hat{a} + \hat{b}x$;(2)检验假设 $H_0: b = 0; H_1: b \neq 0 (\alpha = 0.05)$;(3)试求 $x = 2.1$ 处 Y 的置信水平为 0.95 的预测区间。

5. 测得某地区女孩平均年龄(岁)与平均身高(厘米)的数据如下表:

年龄 x	12	13	14	15	16	17	18	19	20
身高 Y	130	148	157	162	165	166.5	167	167.5	168

试求女孩的身高与年龄的曲线回归方程与误差方差的估计。

§9.2　单因素试验的方差分析

方差分析是工农业生产和科学研究中分析处理数据的一种重要的数理统计方法。在实际中,我们常常要考虑一些可控因素(简称因素)对某种特定事物的影响问题,即需了解这些因素对这种特定事物有无影响,影响有多大,因素的状态改变会对该事物产生怎样的影响等问题。例如,在化工生产中,原料成分、原料剂量、催化剂、反应温度、压力、溶液浓度、反应时间、机器设备及操作人员的水平等因素都会对化工产品的质量和数量产生影响,需要分析各因素处在什么状态时,才能保证化工产品的优质和高产。因此我们需要对各个因素不同状态的组合进行科学试验,并用统计方法分析试验结果,选择出对化工产品的质量和数量最有利的因素之间的搭配组合。通常把考察的指标称为试验指标,如化工产品的质量或数量,影响试验指标的条件称为因素,如原料成分、原料剂量、催化剂与反应温度等,因素所在的状态称为水平,如原料成分的比例,原料剂量的多少等。这样说来,方差分析实际上就是从诸多影响试验指标的因素中寻找出有显著影响因素的一种统计方法。

如果在一个试验中只有一个可控因素在改变,而其它因素保持不变,则称此试验为单因素试验;如果在一个试验中多于一个可控因素在改变,则称此试验为多因素试验。

一、单因素试验的方差分析模型

在单因素试验中,我们用 X 表示试验指标,用 A 表示试验中的因素,用 A_1, $A_2, \cdots, A_r$ 表示因素 A 有 r 个不同的水平。下面看一个单因素试验示例。

例 9.2.1 某生产队为了比较 4 种不同的肥料对某农作物产量的影响。选取 16 块大小相同,且肥沃程度均匀的土地,平均分为 4 组,每组 4 块土地上施以同一种肥料,采用相同的耕作方式,获得产量结果如下表所列。

肥料种类(A_i)	产量(x_{ij})				平均产量($\bar{x}_i.$)
A_1	98	96	91	66	87.75
A_2	60	69	50	35	53.5
A_3	79	64	81	70	73.5
A_4	90	70	79	88	81.75

　　我们希望通过上表给出的数据(试验结果)来推断:肥料对该作物的产量是否有显著影响? 若影响显著,那么施哪一种肥料最好。

　　在此例中,考虑的试验指标是某农作物产量 X,它是一个随机变量。这里只考虑一个因素,即肥料 A,具有 4 个水平:A_1,A_2,A_3,A_4,表示 4 种不同的肥料。从上表右边所列出的 4 组平均产量的差异,可以看出 4 种不同肥料对农作物产量是有影响的。因此不能把不同种类肥料所得的产量视为从同一总体中所抽得的样本,因此可以假定 4 个施不同种类肥料的农作物产量为 4 个不同的总体(即将每个水平对应于一个总体),分别记为 X_1,X_2,X_3,X_4,且假定每个总体 X_i 都服从正态分布且方差相同,即

$$X_i \sim N(\mu_i, \sigma^2) \quad (i = 1, 2, 3, 4)$$

于是表中数据可看成来自 4 个独立总体的样本值 $x_{ij}(j = 1, 2, 3, 4; i = 1, 2, 3, 4)$,而判断肥料对农作物产量有显著影响的问题,可以归结为依据表中数据判断 4 个总体的均值是否相同的问题,即检验假设:

$$H_0: \mu_1 = \mu_2 = \mu_3 = \mu_4; \quad H_1: \mu_1, \mu_2, \mu_3, \mu_4 \text{ 不全相等}$$

　　显然,若经检验接受 H_0,则认为 4 个水平对应的总体是完全相同的,表示所有的数据来自同一个总体,产量数据的差异只是随机误差造成的,而不是由于 4 种不同种类的肥料差异引起的,此时表明肥料种类对该农作物的产量无显著影响;若拒绝 H_0,则认为 4 个总体是显著不同的,因此数据的差异不能认同为只是随机误差造成的,而可能是由于 4 种不同种类的肥料差异引起的产量的显著性差异,说明肥料种类对农作物的产量有着显著影响。

　　上例展示了单因素重复试验的方差分析方法的基本思想。

　　特别地,如果因素 A 只有两个水平,则本问题即为比较两个正态总体在方差相等时的均值是否相等的检验问题,这个问题的解决请查阅本书 §8.2 节内容。下面讨论单因素多水平($r \geqslant 3$)的重复试验的方差分析的一般方法。

　　一般地,设因素 A 有 r 个水平 $A_1, A_2, \cdots, A_r$,在每个水平 A_i 下,总体 X_i 服从正态分布 $N(\mu_i, \sigma^2)(i = 1, 2, \cdots, r)$,各总体 $X_1, X_2, \cdots, X_r$ 相互独立且方差相等,$\mu_i(1 \leqslant i \leqslant r)$ 与 σ^2 均未知。现从总体 X_i 中随机抽取容量为 n_i 的样本 $X_{i1}, X_{i2}, \cdots, X_{in_i}(i = 1, 2, \cdots, r)$,则得试验结果见表 9.2.1。

表 9.2.1　单因素多水平重复试验结果表

水平	试验结果			
A_1	X_{11}	X_{12}	$\cdots$	X_{1n_1}
A_2	X_{21}	X_{22}	$\cdots$	X_{2n_2}
$\vdots$	$\vdots$	$\vdots$		$\vdots$
A_r	X_{r1}	X_{r2}	$\cdots$	X_{rn_r}

设样本 $X_{i1}, X_{i2}, \cdots, X_{in_i}(i=1,2,\cdots,r)$ 的观察值为 $x_{i1}, x_{i2}, \cdots, x_{in_i}(i=1,2,\cdots, r)$，则得试验数据表(见表9.2.2)。

表 9.2.2　单因素多水平重复试验数据表

水平	试验结果			
A_1	x_{11}	x_{12}	$\cdots$	x_{1n_1}
A_2	x_{21}	x_{22}	$\cdots$	x_{2n_2}
$\vdots$	$\vdots$	$\vdots$		$\vdots$
A_r	x_{r1}	x_{r2}	$\cdots$	x_{rn_r}

因此单因素多水平重复试验的方差分析统计模型表示为

$$X_{ij} \sim N(\mu_i, \sigma^2)，其中 \mu_i, \sigma^2 \text{ 未知}$$

各 X_{ij} 相互独立　$(j=1,2,\cdots,n_i; i=1,2,\cdots,r)$　　　(9.2.1)

在上述假设条件下检验假设：

$$H_0: \mu_1 = \mu_2 = \cdots = \mu_r; H_1: \mu_1, \mu_2, \cdots, \mu_r \text{ 不全相等}　　　(9.2.2)$$

显然，若经检验接受 H_0，则认为 r 个总体是完全相同的，表示所有的数据来自同一个总体，数据的差异只是随机误差造成的，而不是由于水平的差异，即总体之间的差异引起的；若拒绝 H_0，则认为 r 个总体是显著不同的，因此数据的差异不能认同为只是随机误差造成的，而可能是由于水平的差异，即总体的差异引起的试验指标的显著性差异，说明水平的差异对试验指标有显著性的影响。

下面利用离差平方和的分解来构造假设 H_0 的检验统计量。

二、平方和的分解

从例 9.2.1 可看出，施以不同种类的肥料对农作物的产量是有差异的，就是对同种类的肥料，其农作物的产量也是有差异的。这种差异可能是两方面问题引起的，其一是不同种类的肥料引起的，即因素水平引起的差异，其二为随机影响产生的差异。在数理统计中我们常用误差来描述这些差异程度，可以将总误差分解为水平误差与随机误差两部分。

一般地，按照表9.2.1，令总试验次数为 n，对单因素每一水平 A_i 下做 $n_i(1 \leqslant i$

$\leqslant r)$ 次独立试验,则有

$$n = \sum_{i=1}^{n} n_i \tag{9.2.3}$$

r 个水平对应的 r 个样本的总平均值为

$$\overline{X} = \frac{1}{n} \sum_{i=1}^{r} \sum_{j=1}^{n_i} X_{ij} \tag{9.2.4}$$

每个水平 A_i 下对应的总体 X_i 的样本 $X_{i1}, X_{i2}, \cdots, X_{in_i} (i = 1, 2, \cdots, r)$ 的平均值为

$$\overline{X}_{i.} = \frac{1}{n_i} \sum_{j=1}^{n_i} X_{ij} \quad i = 1, 2, \cdots, r \tag{9.2.5}$$

常称为组内平均值。

全体数据 $X_{ij}(j = 1, 2, \cdots, n_i; i = 1, 2, \cdots, r)$ 与总平均值 $\overline{X}$ 的总离差平方和记为

$$S_T = \sum_{i=1}^{r} \sum_{j=1}^{n_i} (X_{ij} - \overline{X})^2 \tag{9.2.6}$$

总离差平方和描述了随机变量 X_{ij} 与总平均值 $\overline{X}$ 之间的差异程度。由于

$$S_T = \sum_{i=1}^{r} \sum_{j=1}^{n_i} [(X_{ij} - \overline{X}_{i.}) + (\overline{X}_{i.} - \overline{X})]^2 =$$

$$\sum_{i=1}^{r} \sum_{j=1}^{n_i} (X_{ij} - \overline{X}_{i.})^2 + \sum_{i=1}^{r} \sum_{j=1}^{n_i} (\overline{X}_{i.} - \overline{X})^2 +$$

$$2 \sum_{i=1}^{r} \sum_{j=1}^{n_i} (X_{ij} - \overline{X}_{i.})(\overline{X}_{i.} - \overline{X})$$

355

注意:其中交叉项

$$\sum_{i=1}^{r} \sum_{j=1}^{n_i} (X_{ij} - \overline{X}_{i.})(\overline{X}_{i.} - \overline{X}) = \sum_{i=1}^{r} (\overline{X}_{i.} - \overline{X}) \sum_{j=1}^{n_i} (X_{ij} - \overline{X}_{i.}) = 0$$

记　　$S_E = \sum_{i=1}^{r} \sum_{j=1}^{n_i} (X_{ij} - \overline{X}_{i.})^2, S_A = \sum_{i=1}^{r} \sum_{j=1}^{n_i} (\overline{X}_{i.} - \overline{X})^2 = \sum_{i=1}^{r} n_i (\overline{X}_{i.} - \overline{X})^2$

称 S_E 为组内平方和或误差平方和,它的每一项 $(X_{ij} - \overline{X}_{i.})^2$ 描述了第 i 组内样本观察值与样本均值之间的差异,因此 S_E 反映的是随机影响;称 S_A 为组间平方和或因素 A 的效应平方和,它描述了因素 A 的不同水平下的效应的差异程度,即反映了不同水平对试验指标的影响程度。于是总离差平方和 S_T 可分解为随机影响引起的误差平方和 S_E 与由水平差异引起的效应平方和 S_A 两部分:

$$S_T = S_E + S_A \tag{9.2.7}$$

显然,如果 S_A 较小,与 S_E 差不多时,则说明因素 A 的不同水平下引起的差异较小,即表明数据的差异基本上由随机误差形成,故应该接受假设 H_0;反之,若 S_A 较

大,比 S_E 大得多时,则说明总离差平方和主要是因不同水平的差异所引起的,即表明不同水平的差异很显著,即应拒绝假设 H_0。由此我们可以利用 S_A 与 S_E 的比值来构造关于假设 H_0 的检验统计量。

三、平方和的统计特性与 H_0 的显著性检验

由单因素多水平重复试验的方差分析统计模型与第六章定理 6.3.5 可知:

$$X_{ij} \sim N(\mu_i, \sigma^2), \frac{1}{\sigma^2} \sum_{j=1}^{n_i} (X_{ij} - \bar{X}_{i.})^2 \sim \chi^2(n_i - 1)(i = 1, 2, \cdots, r)$$

再由 χ^2 分布的可加性得

$$\frac{S_E}{\sigma^2} = \frac{1}{\sigma^2} \sum_{i=1}^{r} \sum_{j=1}^{n_i} (X_{ij} - \bar{X}_{i.})^2 \sim \chi^2 \left(\sum_{i=1}^{r} (n_i - 1) \right) = \chi^2(n - r) \quad (9.2.8)$$

如果 H_0 为真,即 $\mu_1 = \mu_2 = \cdots = \mu_r \overset{令}{=} \mu$,则全体数据 $X_{ij}(j = 1, 2, \cdots, n_i; i = 1, 2, \cdots, r)$ 可以看作来自相同的正态总体 $N(\mu, \sigma^2)$,且因 $X_{ij}(j = 1, 2, \cdots, n_i; i = 1, 2, \cdots, r)$ 是相互独立的,故由定理 6.3.5 可知:

$$\frac{S_T}{\sigma^2} = \frac{1}{\sigma^2} \sum_{i=1}^{r} \sum_{j=1}^{n_i} (X_{ij} - \bar{X})^2 \sim \chi^2(n - 1) \quad (9.2.9)$$

且可以证明,在 H_0 成立的条件下有

$$\frac{S_A}{\sigma^2} = \frac{1}{\sigma^2} \sum_{i=1}^{r} n_i (\bar{X}_{i.} - \bar{X})^2 \sim \chi^2(r - 1) \quad (9.2.10)$$

且 S_A 与 S_E 是相互独立的。

因此若令

$$\bar{S}_E = \frac{S_E}{n - r}, \quad \bar{S}_A = \frac{S_A}{r - 1} \quad (9.2.11)$$

通常称 $\bar{S}_A, \bar{S}_E$ 为相应的效应离差均方和,简称为均方。则由 F 统计量定义知,在 H_0 真时有

$$F = \frac{\bar{S}_A/\sigma^2}{\bar{S}_E/\sigma^2} = \frac{S_A/(r-1)}{S_E/(n-r)} \sim F(r-1, n-r) \quad (9.2.12)$$

于是利用上述结果,我们可以构造 H_0 的拒绝域。对于给定的显著性水平 α,由 F 分布表查得临界值 $F_\alpha(r-1, n-r)$,得 $H_0: \mu_1 = \mu_2 = \cdots = \mu_r$ 的拒绝域为

$$F = \frac{\bar{S}_A}{\bar{S}_E} = \frac{S_A/(r-1)}{S_E/(n-r)} \geq F_\alpha(r-1, n-r) \quad (9.2.13)$$

由样本值 $x_{ij}(j=1,2,\cdots,n_i;i=1,2,\cdots,r)$ 计算方差分析表中各项,得 F 的统计值:

将上述结果汇总得单因素试验的方差分析表9.2.3。

表 9.2.3　单因素试验的方差分析表

方差来源	平方和	自由度	均方	F 比
因素	$S_A = \sum\limits_{i=1}^{r} n_i(\overline{X}_{i\cdot} - \overline{X})^2$	$r-1$	$\overline{S}_A = S_A/(r-1)$	$F = \dfrac{\overline{S}_A}{\overline{S}_E}$
误差	$S_E = \sum\limits_{i=1}^{r} \sum\limits_{j=1}^{n_i}(X_{ij} - \overline{X}_{i\cdot})^2$	$n-r$	$\overline{S}_E = S_E/(n-r)$	
总和	$S_T = \sum\limits_{i=1}^{r} \sum\limits_{j=1}^{n_i}(X_{ij} - \overline{X})^2$	$n-1$		

若 F 比值满足 $F \geqslant F_\alpha(r-1, n-r)$,则拒绝 H_0,认为因素 A 对试验指标有显著影响;若 $F < F_\alpha(r-1, n-r)$,则接受 H_0,认为因素 A 对试验指标无显著影响。

例 9.2.2　(续例 9.2.1)试在显著性水平 $\alpha = 0.01$ 下,检验肥料对该作物的产量是否有显著影响?

解:由例 9.2.1 中试验数据表可计算得下表。

357

肥料种类 (A_i)	产量(x_{ij})				试验次数	求和	平均	样本方差
A_1	98	96	91	66	4	351	87.75	218.92
A_2	60	69	50	35	4	214	53.5	212.33
A_3	79	64	81	70	4	294	73.5	63
A_4	90	70	79	88	4	327	81.75	84.25

再计算平方和列入方差分析表:

方差来源	平方和	自由度	均方	F 比
因素	2678.25	3	892.75	
误差	1735.5	12	144.625	6.1729
总和	4413.75	15		

给定显著性水平 $\alpha = 0.01$,再查得临界值 $F_{0.01}(3,12) = 5.95$,由此可知,因为

$$F = 6.1729 \geqslant F_{0.01}(3,12) = 5.95$$

所以应拒绝 $H_0: \mu_1 = \mu_2 = \mu_3 = \mu_4$,认为肥料种类对该作物的产量有显著影响。

利用软件 Excel 容易得出上述方差分析表中的结果。

对于施哪一种肥料最好的问题,可以借助未知参数 $\mu_i(1 \leqslant i \leqslant 4)$ 的估计来回答。

四、未知参数 $\mu_i(1 \leqslant i \leqslant r)$ 与 σ^2 的估计

因为不管 H_0 是否成立,均有式(9.2.8)成立,即

$$\frac{S_E}{\sigma^2} \sim \chi^2(n-r)$$

所以由χ^2分布性质得$E(S_E/\sigma^2) = n-r$，即S_E的数学期望为$E(S_E) = (n-r)\sigma^2$，于是可得σ^2的无偏估计$\widehat{\sigma}^2$为

$$\widehat{\sigma}^2 = \frac{S_E}{n-r} = \bar{S}_E \qquad (9.2.14)$$

又由单因素多水平重复试验的方差分析的数学模型式(9.2.1)假定可知

$$X_{ij} \sim N(\mu_i, \sigma^2) \quad j = 1,2,\cdots,n_i; i = 1,2,\cdots,r, 且相互独立$$

则有

$$\bar{X} \sim N(\mu, \sigma^2/n) \quad \mu = E(X)$$

$$\bar{X}_{i\cdot} \sim N(\mu, \sigma^2/n_i) \quad \mu_i = E(X_i) i = 1,2,\cdots,r$$

于是μ和$\mu_i(1 \le i \le r)$的无偏估计为

$$\widehat{\mu} = \bar{X} = \frac{1}{n}\sum_{i=1}^{r}\sum_{j=1}^{n_i}X_{ij}, \quad \widehat{\mu}_i = \bar{X}_{i\cdot} = \frac{1}{n_i}\sum_{j=1}^{n_i}X_{ij} \qquad (9.2.15)$$

利用§7.3节求正态总体未知参数的区间估计方法，我们容易求得总体均值$\mu_i(1 \le i \le r)$与均值差$\mu_i - \mu_k(i \ne k)$的区间估计。

实际上，因为由第六章定理6.3.5知，样本均值$\bar{X}_{i\cdot}$与S_E相互独立，且统计量

$$\frac{\bar{X}_{i\cdot} - \mu_i}{\sigma/\sqrt{n_i}} \sim N(0,1)$$

而由式(9.2.8)$\dfrac{S_E}{\sigma^2} \sim \chi^2(n-r)$，与$t$分布定义可知：

$$\frac{\dfrac{\bar{X}_{i\cdot} - \mu_i}{\sigma/\sqrt{n_i}}}{\sqrt{\dfrac{S_E}{\sigma^2}\Big/(n-r)}} = \frac{\bar{X}_{i\cdot} - \mu_i}{\widehat{\sigma}/\sqrt{n_i}} \sim t(n-r)$$

给定置信水平$1-\alpha$，查表得临界值$t_{\alpha/2}(n-r)$，使

$$P\left\{\left|\frac{\bar{X}_{i\cdot} - \mu_i}{\widehat{\sigma}/\sqrt{n_i}}\right| \ge t_{\alpha/2}(n-r)\right\} = 1-\alpha$$

因而得$\mu_i(1 \le i \le r)$的置信水平为$1-\alpha$的置信区间：

$$\left(\bar{X}_{i\cdot} - \frac{\widehat{\sigma}}{\sqrt{n_i}}t_{\alpha/2}(n-r), \bar{X}_{i\cdot} + \frac{\widehat{\sigma}}{\sqrt{n_i}}t_{\alpha/2}(n-r)\right) \qquad (9.2.16)$$

又若拒绝 H_0,即接受 $H_1:\mu_1,\mu_2,\cdots,\mu_r$ 不全相等时,有时需要作出两个总体 $X_i \sim N(\mu_i,\sigma^2)$ 与 $X_k \sim N(\mu_k,\sigma^2)$ $(i\neq k)$ 的均值差 $\mu_i-\mu_k$ 的置信水平为 $1-\alpha$ 的置信区间。

因为 $\overline{X}_{i\cdot} \sim N(\mu_i,\sigma^2/n_i)$,$\overline{X}_{k\cdot} \sim N(\mu_k,\sigma^2/n_k)$ $(i\neq k)$,且相互独立,故知

$$\frac{\overline{X}_{i\cdot}-\overline{X}_{k\cdot}-(\mu_i-\mu_k)}{\sigma\sqrt{\dfrac{1}{n_i}+\dfrac{1}{n_k}}} \sim N(0,1)\ (i\neq k)$$

又由式$(9.2.8)\dfrac{S_E}{\sigma^2}\sim\chi^2(n-r)$,且 S_E 与 $\overline{X}_{i\cdot}-\overline{X}_{k\cdot}$ 相互独立,于是由 t 分布定义可知:

$$\frac{\dfrac{\overline{X}_{i\cdot}-\overline{X}_{k\cdot}-(\mu_i-\mu_k)}{\sigma\sqrt{\dfrac{1}{n_i}+\dfrac{1}{n_k}}}}{\sqrt{\dfrac{S_E}{\sigma^2}\big/(n-r)}}=\frac{\overline{X}_{i\cdot}-\overline{X}_{k\cdot}-(\mu_i-\mu_k)}{\hat\sigma\sqrt{\dfrac{1}{n_i}+\dfrac{1}{n_k}}}\sim t(n-r)$$

给定置信水平 $1-\alpha$,查表得临界值 $t_{\alpha/2}(n-r)$,使得

$$P\left\{\left|\frac{\overline{X}_{i\cdot}-\overline{X}_{k\cdot}-(\mu_i-\mu_k)}{\hat\sigma\sqrt{\dfrac{1}{n_i}+\dfrac{1}{n_k}}}\right|\geq t_{\alpha/2}(n-r)\right\}=1-\alpha$$

因而得 $\mu_i-\mu_k(i\neq k)$ 的置信水平为 $1-\alpha$ 的置信区间:

$$\left(\overline{X}_{i\cdot}-\overline{X}_{k\cdot}\pm\hat\sigma t_{\alpha/2}(n-r)\sqrt{\frac{1}{n_i}+\frac{1}{n_k}}\right) \tag{9.2.17}$$

例9.2.3 (续例9.2.1)试求例9.2.1 中方差分析模型中未知参数 μ,σ^2 与 $\mu_i(1\leq i\leq r)$ 的点估计;给定置信水平 $1-\alpha=0.95$,试求 $\mu_i-\mu_k(i\neq k)$ 的区间估计。

解:由试验数据计算得 $\hat\mu=\dfrac{1186}{16}=74.125$,$\widehat{\sigma^2}=\overline{S}_E=144.625$,$\hat\sigma=\sqrt{\overline{S}_E}=12.03$

$$\hat\mu_1=\frac{351}{4}=87.75,\hat\mu_2=\frac{214}{4}=53.5,\hat\mu_3=\frac{294}{4}=73.5,\hat\mu_4=\frac{327}{4}=81.75$$

可见,在例9.2.2 中作出检验,拒绝了 $H_0:\mu_1=\mu_2=\mu_3=\mu_4$ 因此认为均值有显著差异,即肥料对该作物的产量有显著影响,从上述均值的无偏估计值可看出,$\hat\mu_1$ 最大,可以认为第一种肥料对农作物产量增加的影响更为显著。

由式$(9.2.17)$,得均值差 $\mu_i-\mu_k(i\neq k)$ 的置信水平为 $1-\alpha=0.95$ 的置信区间:

$$\left(\overline{x}_{i.} - \overline{x}_{k.} \pm \widehat{\sigma} t_{0.05/2}(12)\sqrt{\frac{1}{4}+\frac{1}{4}}\right) = (\overline{x}_{i.} - \overline{x}_{k.} \pm 12.03 \times 2.1788/\sqrt{2}) =$$

$$(\overline{x}_{i.} - \overline{x}_{k.} \pm 18.53)$$

于是得 $\mu_1-\mu_2$，$\mu_1-\mu_3$，$\mu_1-\mu_4$，$\mu_2-\mu_3$，$\mu_2-\mu_4$，$\mu_3-\mu_4$ 的置信水平为 0.95 的置信区间分别为

$$(\overline{x}_{1.} - \overline{x}_{2.} \pm 18.53) = (87.75-53.5 \pm 18.53) = (15.72, 52.78)$$

$$(\overline{x}_{1.} - \overline{x}_{3.} \pm 18.53) = (87.75-73.5 \pm 18.53) = (-4.28, 32.78)$$

$$(\overline{x}_{1.} - \overline{x}_{4.} \pm 18.53) = (87.75-81.75 \pm 18.53) = (-12.53, 24.53)$$

$$(\overline{x}_{2.} - \overline{x}_{3.} \pm 18.53) = (53.5-73.5 \pm 18.53) = (-38.53, -1.47)$$

$$(\overline{x}_{2.} - \overline{x}_{4.} \pm 18.53) = (53.5-81.75 \pm 18.53) = (-46.78, -9.72)$$

$$(\overline{x}_{3.} - \overline{x}_{4.} \pm 18.53) = (73.5-81.75 \pm 18.53) = (-26.78, 10.28)$$

例9.2.4 设有三台机器,用来生产规格相同的铝合金薄板,从每台机器生产的薄板中任取 5 张,测量其薄板的厚度(单位:cm),得测量结果如下:

水平	测量结果				
机器1(A_1)	0.236	0.238	0.248	0.245	0.243
机器2(A_2)	0.257	0.253	0.255	0.254	0.261
机器3(A_3)	0.258	0.264	0.259	0.267	0.262

360

设三台机器生产的铝合金薄板厚度总体均服从正态分布,且各总体的方差相同,但参数均未知。又设各样本相互独立,试在给定显著性水平 $\alpha = 0.05$ 下,检验三台机器生产的铝合金薄板厚度有无显著差异。

解:本题是单因素(机器)三水平的方差分析问题。分别用 X_1,X_2,X_3 表示三台机器生产的铝合金薄板厚度,$\mu_1 = E(X_1)$，$\mu_2 = E(X_2)$，$\mu_3 = E(X_3)$,且 $D(X_i) = \sigma^2$,依题设可得:

$$X_i \sim N(\mu_i, \sigma^2) \ i=1,2,3,且相互独立$$

问题是,在给定显著性水平 $\alpha = 0.05$ 下,检验假设:

$$H_0: \mu_1 = \mu_2 = \mu_3; H_1: \mu_1, \mu_2, \mu_3 \ 不全相等$$

由所给数据计算得下表。

水平	观测数	求和	样本均值	样本方差
机器1	5	1.21	0.242	0.0000245
机器2	5	1.28	0.256	0.00001
机器3	5	1.31	0.262	0.0000135
和	15	3.8	0.253	0.000048

再给出方差分析表：

方差来源	平方和	自由度	均方	F 比
因素	0.001053	2	0.000527	32.9167
误差	0.000192	12	0.000016	
总计	0.001245	14		

因为临界值 $F_{0.05}(2,12)=3.89<F=32.9167$，故在显著性水平 $\alpha=0.05$ 下拒绝 H_0，认为三台机器生产的铝合金薄板厚度有显著差异。总体均值与方差的点估计分别为

$$\hat{\mu}_1=0.242,\hat{\mu}_2=0.256,\hat{\mu}_3=0.262,\hat{\sigma}^2=0.000016$$

可见机器 3 生产的铝合金薄板厚度值最大。

思 考 题 9.2

1. 单因素方差分析解决哪一类统计问题，其数学模型如何表示？

2. 如何作出"$H_0:\mu_1=\mu_2=\cdots=\mu_r;H_1:\mu_1,\mu_2,\cdots,\mu_r$ 不全相等"的假设检验？

3. 如何求出单因素方差分析的数学模型中未知参数的点估计与区间估计？

基 本 练 习 9.2

361

1. 为研究三名运动员百米赛跑中步长的变化情况，分别测量了他们在百米赛跑中 30m,50m,70m,90m 等不同距离段上的步长（单位:cm），获得资料如下：

距离 \ 人员	30	50	70	90
运动员甲	233	238	238	238
运动员乙	236	243	255	263
运动员丙	213	219	211	212

设三名运动员百米赛跑中步长均服从正态分布，且方差相同，但参数均未知。又设各样本相互独立，试问三名运动员百米赛跑中的平均步长在这四个距离段上有无显著差异（$\alpha=0.05$）？

2. 某电池厂有 5 个班组生产 3 号电池，现在每个班组的产品中各取 5 只，测定其寿命（单位:h），结果如下：

班组	电池寿命				
1 组	24.7	24.3	21.6	19.3	30.3
2 组	30.8	19.0	18.8	29.7	25.1
3 组	17.9	30.4	34.9	34.1	15.9
4 组	23.1	33.0	23.0	26.4	18.1
5 组	25.2	37.5	31.6	26.8	27.5

试问各组所生产的电池的平均寿命是否有显著差异($\alpha = 0.05$)？

3. 为迎接运动会承制运动员服装,某体育俱乐部统一购进一批同种原料织成的布料。经五种不同的染整工艺处理后进行缩水试验,测得缩水率的百分数如下表,

染整工艺	布样缩水率			
A_1	4.3	7.8	3.2	6.5
A_2	6.1	7.3	4.2	4.2
A_3	6.5	8.3	8.6	8.2
A_4	9.3	8.7	7.2	10.1
A_5	9.5	8.8	11.4	7.8

试考察哪一种染整工艺对缩水率影响比较显著($\alpha = 0.05$)。

4. 某食品公司生产的果酱原用罐装,销售部门建议增加玻璃瓶和塑料瓶两种新包装,公司采纳建议后,随即挑选几家食品店进行试销,欲通过市场试验后决定一个合理的包装策略。一个月后,将每周的销售量数据整理如下表:

周次 包 装	第1周	第2周	第3周	第4周
罐装	30	40	18	24
玻璃瓶装	42	48	38	36
塑料瓶装	18	26	40	36

试在显著性水平 $\alpha = 0.05$ 下检验这三种包装的果酱销售量有无显著差异。

5. 某苗圃对一批采自同一种子园的油松种子制定了4种不同处理方法(其中一种为对照),将处理后的种子进行育苗试验,两年后观察苗高,各处理方法均调查5株苗木,测得苗高如下:

处理方法	油松苗高/cm				
A_1	98	92	89	90	91
A_2	60	69	50	55	54
A_3	79	64	81	77	78
A_4	90	70	82	72	74

设不同处理方法下油松苗高均服从正态分布,且方差相同,但参数均未知,各样本相互独立,(1)试在显著性水平 $\alpha = 0.05$ 下,检验不同处理方法对油松苗高有无显著影响;(2)试求出方差分析模型中未知参数的点估计及各均值的置信度为0.95的置信区间;(3)试求均值差的置信度为0.95的置信区间。

§9.3　双因素试验的方差分析

如果在一个试验中有两个可控因素在改变,而其它因素保持不变,则称此试验为双因素试验。在双因素试验中,不仅要考虑两个因素各自对试验指标的结果是否产生影响,有时还应考虑两个因素之间,水平的搭配对试验指标的结果是否产生影响,这种影响即称为交互作用。因此,在双因素试验的方差分析中,我们除了考察两个因素的各个水平的改变对试验指标的影响是否显著外,有时还应考虑两个因素的各个水平相互之间如何搭配才能使试验指标的结果更为理想。

一、双因素试验的方差分析模型

在双因素试验中,我们用 X 表示试验指标,用 A,B 表示试验中的两个不同因素,设因素 A 有 r 个不同的水平 $A_1,A_2,\cdots,A_r$,因素 B 有 s 个不同的水平 $B_1,B_2,\cdots,B_s$。因素 A 与因素 B 的各个水平相互之间的搭配组合共有 $r\times s$ 个,对每一个组合 (A_i,B_j),我们所考察的试验指标为 $X_{ij}(i=1,2,\cdots,r;j=1,2,\cdots,s)$。通常假定所有的 X_{ij} 相互独立,且都服从正态分布,其数学期望为 $\mu_{ij}=E(X_{ij})$,具有相同的方差 $\sigma^2=D(X_{ij})$,即双因素试验的统计模型表示为

$$X_{ij}\sim N(\mu_{ij},\sigma^2)$$

且各 X_{ij} 相互独立, $i=1,2,\cdots,r;j=1,2,\cdots,s$　　　　（9.3.1）

其中参数 $\mu_{ij}(1\leqslant i\leqslant r,1\leqslant j\leqslant s)$, σ^2 均为未知。

为讨论方便起见,我们将上述模型改写成如下形式:

$$X_{ij}=\mu_{ij}+e_{ij},e_{ij}\sim N(0,\sigma^2)$$

且各 e_{ij} 相互独立, $i=1,2,\cdots,r;j=1,2,\cdots,s$　　　　（9.3.2）

引入记号:

$$\mu \triangleq \frac{1}{rs}\sum_{i=1}^{r}\sum_{j=1}^{s}\mu_{ij} \tag{9.3.3}$$

$$\mu_{i\cdot} \triangleq \frac{1}{s}\sum_{j=1}^{s}\mu_{ij},\alpha_i \triangleq \mu_{i\cdot}-\mu,i=1,2,\cdots,r \tag{9.3.4}$$

$$\mu_{\cdot j} \triangleq \frac{1}{s}\sum_{i=1}^{r}\mu_{ij},\beta_j \triangleq \mu_{\cdot j}-\mu,j=1,2,\cdots,s \tag{9.3.5}$$

可以验证 α_i 与 β_j 满足下述条件:

$$\sum_{i=1}^{r}\alpha_i = 0, \quad \sum_{j=1}^{s}\beta_j = 0 \tag{9.3.6}$$

这里参数 μ 是 $r \times s$ 个总体的均值的总平均,参数 α_i 表示因素 A 的第 i 个水平 A_i 对试验指标的影响的大小,常称 α_i 为水平 A_i 的效应,参数 β_j 表示因素 B 的第 j 个水平 B_j 对试验指标影响的大小,常称 β_j 为水平 B_j 的效应。这样 μ_{ij} 可表示为

$$\mu_{ij} = \mu + (\mu_{i\cdot} - \mu) + (\mu_{\cdot j} - \mu) + (\mu_{ij} - \mu_{i\cdot} - \mu_{\cdot j} + \mu) = \mu + \alpha_i + \beta_j + \gamma_{ij}$$

$$(9.3.7)$$

其中 $\gamma_{ij} = \mu_{ij} - \mu_{i\cdot} - \mu_{\cdot j} + \mu$ 称为水平 A_i 与水平 B_j 的交互效应,这是由搭配组合 (A_i, B_j) 联合作用引起的,且可验证 γ_{ij} 满足下述条件:

$$\sum_{i=1}^{r} \gamma_{ij} = 0 \quad j = 1, 2, \cdots, s$$

$$\sum_{j=1}^{s} \gamma_{ij} = 0 \quad i = 1, 2, \cdots, r$$

因此,要验证因素 A、因素 B 以及因素 A, B 之间的交互作用对试验指标的影响是否显著的问题,归结为检验它们在各自所有水平上的效应是否都为 0 的问题,即应检验下述假设:

(1) $H_{01}: \alpha_1 = \alpha_2 = \cdots = \alpha_r = 0$;$H_{11}: \alpha_1, \alpha_2, \cdots, \alpha_r$ 不全等于 0　　　　(9.3.8)

(2) $H_{02}: \beta_1 = \beta_2 = \cdots = \beta_r = 0$;$H_{11}: \beta_1, \beta_2, \cdots, \beta_r$ 不全等于 0　　　　(9.3.9)

(3) $H_{03}: \gamma_{11} = \gamma_{12} = \cdots = \gamma_{rs} = 0$;$H_{11}: \gamma_{11}, \gamma_{12}, \cdots, \gamma_{rs}$ 不全等于 0　　(9.3.10)

364

根据式(9.3.7)可知,如果接受 H_{01},则认为单独改变因素 A 的水平,对 μ_{ij} 的值没有显著影响,若拒绝 H_{01},则表明因素 A 对试验指标有显著影响;同样,如果接受 H_{02},则认为单独改变因素 B 的水平,对 μ_{ij} 的值没有显著影响,若拒绝 H_{02},则表明因素 B 对试验指标有显著影响;若接受 H_{03},则认为因素 A 的水平与因素 B 的水平的任何搭配组合 (A_i, B_j),对 μ_{ij} 的值没有显著影响,若拒绝 H_{03},则表明至少有一个搭配组合 (A_i, B_j) 对试验指标有显著影响,即交互作用显著。

下面介绍双因素无重复试验和等重复试验两种情况的方差分析模型与检验问题。

二、双因素无重复试验的方差分析

在一些双因素多水平试验中,如果我们事先已经知道所考虑的两个因素之间不存在交互作用,或者知道两个因素之间的交互作用对试验指标的结果影响甚微,此时,可以只考察两个因素各自对试验指标的结果是否产生影响,而不考察两个因素之间的交互作用,因此我们可以做无重复的双因素多水平试验,即在因素 A 与因素 B 的水平的每一个组合 (A_i, B_j) 上,各做一次试验,这样的试验即为双因素无重复试验。

设在双因素无重复试验中,因素 A 有 r 个不同的水平 $A_1, A_2, \cdots, A_r$,因素 B 有 s

个不同的水平 $B_1, B_2, \cdots, B_s$。每一个组合 (A_i, B_j) 对应的总体为 X_{ij}，共有 $r \times s$ 个，因为在每一个组合 (A_i, B_j) 下，只进行一次独立试验，故 x_{ij} 表示总体 X_{ij}（$i = 1, 2, \cdots, r$；$j = 1, 2, \cdots, s$）的容量为 1 的样本观测值，其相应的样本仍记为 X_{ij}，这样试验结果由表 9.3.1 给出。

表 9.3.1　双因素无重复试验结果表

A＼B	B_1	B_2	$\cdots$	B_s
A_1	X_{11}	X_{12}	$\cdots$	X_{1s}
A_2	X_{21}	X_{22}	$\cdots$	X_{2s}
$\vdots$	$\vdots$	$\vdots$	$\vdots$	$\vdots$
A_r	X_{r1}	X_{r2}	$\cdots$	X_{rs}

相应的试验数据见表 9.3.2。

表 9.3.2　双因素无重复试验数据表

A＼B	B_1	B_2	$\cdots$	B_s
A_1	x_{11}	x_{12}	$\cdots$	x_{1s}
A_2	x_{21}	x_{22}	$\cdots$	x_{2s}
$\vdots$	$\vdots$	$\vdots$	$\vdots$	$\vdots$
A_r	x_{r1}	x_{r2}	$\cdots$	x_{rs}

365

　　由式 (9.3.2) 和式 (9.3.7)，这里不考虑两个因素之间的交互作用，故取交互效应 $\gamma_{ij} = 0$，则双因素无重复试验的方差分析模型可写成：

$$X_{ij} = \mu + \alpha_i + \beta_j + e_{ij} \quad i = 1, 2, \cdots, r; j = 1, 2, \cdots, s$$

$$\sum_{i=1}^{r} \alpha_i = 0, \sum_{j=1}^{s} \beta_j = 0, \text{并且各 } e_{ij} \text{ 相互独立，且有}$$

$$e_{ij} \sim N(0, \sigma^2) \quad i = 1, 2, \cdots, r; j = 1, 2, \cdots, s \tag{9.3.11}$$

其中 μ, α_i, β_j 及 σ_2 都是未知参数。

　　与单因素试验的方差分析一样，我们利用离差平方和分解的方法，来构造式 (9.3.8) 中 H_{01} 和式 (9.3.9) 中 H_{02} 的拒绝域。

　　令 $r \times s$ 个样本 X_{ij} 的总平均值为

$$\overline{X} = \frac{1}{rs} \sum_{i=1}^{r} \sum_{j=1}^{s} X_{ij} \tag{9.3.12}$$

关于因素 A 的水平 A_i 的 s 个样本 $X_{i1}, X_{i2}, \cdots, X_{is}$（$i = 1, 2, \cdots, r$）的平均值为

$$\overline{X}_{i\cdot} = \frac{1}{s} \sum_{j=1}^{s} X_{ij} \quad i = 1, 2, \cdots, r \tag{9.3.13}$$

关于因素 B 的水平 B_j 的 r 个样本 X_{1j}, X_{2j},$\cdots$, X_{rj} $(j=1,2,\cdots,s)$ 的平均值为

$$\overline{X}_{\cdot j} = \frac{1}{r}\sum_{i=1}^{r} X_{ij} \quad j = 1,2,\cdots,s \tag{9.3.14}$$

全体数据 $X_{ij}(i=1,2,\cdots,r;\ j=1,2,\cdots,s)$ 与总平均值 $\overline{X}$ 的总离差平方和记为

$$S_T = \sum_{i=1}^{r}\sum_{j=1}^{s}(X_{ij}-\overline{X})^2 \tag{9.3.15}$$

总离差平方和描述了随机变量 X_{ij} 与总平均值 $\overline{X}$ 之间的差异程度。由于

$$S_T = \sum_{i=1}^{r}\sum_{j=1}^{s}\left[(X_{ij}-\overline{X}_{i\cdot}-\overline{X}_{\cdot j}+\overline{X})+(\overline{X}_{i\cdot}-\overline{X})+(\overline{X}_{\cdot j}-\overline{X})\right]^2 =$$

$$\sum_{i=1}^{r}\sum_{j=1}^{s}(X_{ij}-\overline{X}_{i\cdot}-\overline{X}_{\cdot j}+\overline{X})^2 + \sum_{i=1}^{r}\sum_{j=1}^{s}(\overline{X}_{i\cdot}-\overline{X})^2 + \sum_{i=1}^{r}\sum_{j=1}^{s}(\overline{X}_{\cdot j}-\overline{X})^2 +$$

$$2\sum_{i=1}^{r}\sum_{j=1}^{s}(X_{ij}-\overline{X}_{i\cdot}-\overline{X}_{\cdot j}+\overline{X})(\overline{X}_{i\cdot}-\overline{X}) +$$

$$2\sum_{i=1}^{r}\sum_{j=1}^{s}(X_{ij}-\overline{X}_{i\cdot}-\overline{X}_{\cdot j}+\overline{X})(\overline{X}_{\cdot j}-\overline{X}) + 2\sum_{i=1}^{r}\sum_{j=1}^{s}(\overline{X}_{i\cdot}-\overline{X})(\overline{X}_{\cdot j}-\overline{X})$$

366

注意: S_T 中后三项交叉项均为零。记

$$S_A = \sum_{i=1}^{r}\sum_{j=1}^{s}(\overline{X}_{i\cdot}-\overline{X})^2 = s\sum_{i=1}^{r}(\overline{X}_{i\cdot}-\overline{X})^2 \tag{9.3.16}$$

$$S_B = \sum_{i=1}^{r}\sum_{j=1}^{s}(\overline{X}_{\cdot j}-\overline{X})^2 = r\sum_{j=1}^{s}(\overline{X}_{\cdot j}-\overline{X})^2 \tag{9.3.17}$$

称 S_A 为因素 A 的效应平方和,它反映了因素 A 的的水平改变对试验指标的影响, S_B 为因素 B 的效应平方和,它反映了因素 B 的水平改变对试验指标的影响。

$$S_E = \sum_{i=1}^{r}\sum_{j=1}^{s}(X_{ij}-\overline{X}_{i\cdot}-\overline{X}_{\cdot j}+\overline{X})^2 \tag{9.3.18}$$

称为误差平方和。

因此总离差平方和 S_T 可分解为 S_A、S_B 与 S_E 之和:

$$S_T = S_A + S_B + S_E \tag{9.3.19}$$

可以证明,在模型假定下,S_T、S_A、S_B 与 S_E 的自由度依次为 $rs-1$、$r-1$、$s-1$ 与 $rs-1-(r-1+s-1)=(r-1)(s-1)$,且有

$$E(S_E) = (r-1)(s-1)\sigma^2$$

令

$$\overline{S}_A = \frac{S_A}{r-1}, \quad \overline{S}_B = \frac{S_B}{s-1}, \quad \overline{S}_E = \frac{S_E}{(r-1)(s-1)} \tag{9.3.20}$$

则称 $\overline{S}_A, \overline{S}_B, \overline{S}_E$ 为相应的效应离差均方和,简称为均方。则由 F 统计量定义知,当 H_{01} 真时有

$$F_A = \frac{\overline{S}_A}{\overline{S}_E} = \frac{S_A/(r-1)}{S_E/(r-1)(s-1)} \sim F(r-1,(r-1)(s-1)) \tag{9.3.21}$$

于是利用上述结果,我们可以构造 H_{01} 的拒绝域。对于给定的显著性水平 α,由 F 分布表查得临界值 $F_\alpha(r-1,(r-1)(s-1))$,得 $H_{01}: \alpha_1 = \alpha_2 = \cdots = \alpha_r = 0$ 的拒绝域为

$$F_A \geqslant F_\alpha(r-1,(r-1)(s-1)) \tag{9.2.22}$$

若统计值使 $F_A \geqslant F_\alpha(r-1,(r-1)(s-1))$,则应拒绝 H_{01},认为因素 A 对试验指标的影响显著。

同理,当 H_{02} 真时有

$$F_B = \frac{\overline{S}_B}{\overline{S}_E} = \frac{S_B/(s-1)}{S_E/(r-1)(s-1)} \sim F(s-1,(r-1)(s-1)) \tag{9.3.23}$$

利用上述结果,我们可以构造 H_{02} 的拒绝域。对于给定的显著性水平 α,由 F 分布表查得临界值 $F_\alpha(s-1,(r-1)(s-1))$,得 $H_{02}: \beta_1 = \beta_2 = \cdots = \beta_s = 0$ 的拒绝域为

$$F_B \geqslant F_\alpha(s-1,(r-1)(s-1)) \tag{9.3.24}$$

367

若统计值使 $F_B \geqslant F_\alpha(s-1,(r-1)(s-1))$,则应拒绝 H_{02},认为因素 B 对试验指标的影响显著。

上述结果可汇总成下列的方差分析表9.3.3。

表9.3.3　双因素无重复试验的方差分析表

方差来源	平方和	自由度	均方	F 比
因素 A	S_A	$r-1$	$\overline{S}_A$	$F_A = \overline{S}_A / \overline{S}_E$
因素 B	S_B	$s-1$	$\overline{S}_B$	$F_B = \overline{S}_B / \overline{S}_E$
误差	S_E	$(r-1)(s-1)$	$\overline{S}_E$	
总和	S_T	$rs-1$		

若要估计未知参数,直接由式(9.3.11)可知

$$\hat{\mu} = \overline{X} \tag{9.3.25}$$

是 μ 的无偏估计,σ^2 的无偏估计为

$$\hat{\sigma}^2 = \frac{S_E}{(r-1)(s-1)} \tag{9.3.26}$$

它们都与 α_i, β_j 的值无关。

当拒绝 H_{01} 时,α_i 的无偏估计为

$$\hat{\alpha_i} = \overline{X}_i. - \overline{X} \quad i = 1, 2, \cdots, r$$

当拒绝 H_{02} 时,β_j 的无偏估计为

$$\hat{\beta_j} = \overline{X}._j - \overline{X} \quad j = 1, 2, \cdots, s$$

例 9.3.1 一火箭使用了 4 种燃料(因素 A)、3 种推进器(因素 B)作射程试验,对每种燃料与每种推进器的组合做一次试验,得火箭射程(单位:n mile)(1n mile = 1852m)如下表所列:

A \ B	B_1	B_2	B_3
A_1	58.2	56.2	65.3
A_2	49.1	54.1	51.6
A_3	60.1	70.9	39.2
A_4	75.8	58.2	48.7

试在显著性水平 $\alpha = 0.05$ 下检验燃料之间,推进器之间各有无显著差异。

解: 由上述数据计算得:

	观测数	求和	平均	方差
A_1	3	179.7	59.9	22.87
A_2	3	154.8	51.6	6.25
A_3	3	170.2	56.73	259.72
A_4	3	182.7	60.9	189.07
B_1	4	243.2	60.8	123.05
B_2	4	239.4	59.85	57.07
B_3	4	204.8	51.2	116.41

计算得对应的方差分析表:

方差来源	平方和	自由度	均方	F 值
因素 A	157.59	3	52.53	0.43
因素 B	223.85	2	111.92	0.92
误差	731.98	6	122	
总和	1113.42	11		

因 $F_{0.05}(3,6) = 4.76 > 0.43$ 及 $F_{0.05}(2,6) = 5.14 > 0.92$,应接受假设 H_{01} 与 H_{02}。因此,在显著性水平 $\alpha = 0.05$ 下,我们认为各种燃料的差异或各种推进器的差异对火箭射程的影响都不显著。

注意此例中的误差平方和 $S_E = 122$，显然大于其它两个均方的值，所以 F 比值会较小。但一般而言，反映随机影响部分的 S_E 通常不是很大，而现在竟然出现较大的值，可以猜测为是没有考虑两种因素搭配作用（交互作用）的缘故。也就是说，在本例中，很有可能存在某种燃料与某种推进器搭配时，火箭射程达到最大。在此例数据表中的数据表明，A_4 与 B_1 的搭配，其效果很可能是最好的，而 A_3 与 B_3 的搭配效果很可能是最差的。但上述试验只对每种搭配作了一次试验，不能由此分辨出交互作用，所以在很多情况下，我们常常需要考虑双因素重复试验的方差分析。

三、双因素等重复试验的方差分析

为了考虑两因素之间的交互作用的影响，因此对两个因素的各种水平的搭配组合 (A_i, B_j) 重复地都进行 $t\,(t \geqslant 2)$ 次独立试验，称为双因素等重复试验。

设在双因素等重复试验中，因素 A 有 r 个不同的水平 $A_1, A_2, \cdots, A_r$，因素 B 有 s 个不同的水平 $B_1, B_2, \cdots, B_s$。对每一个组合 (A_i, B_j) 进行 $t\,(t \geqslant 2)$ 次重复独立试验，设对应于每一个组合 (A_i, B_j) 的总体 X_{ij} 的容量为 t 的样本为 $X_{ij1}, \cdots, X_{ijt}$，则试验结果由表 9.3.4 给出。

表 9.3.4　双因素等重复试验结果表

$A \diagdown B$	B_1	B_2	$\cdots$	B_s
A_1	$X_{111}, \cdots, X_{11t}$	$X_{121}, \cdots, X_{12t}$	$\cdots$	$X_{1s1}, \cdots, X_{1st}$
A_2	$X_{211}, \cdots, X_{21t}$	$X_{221}, \cdots, X_{22t}$	$\cdots$	$X_{2s1}, \cdots, X_{2st}$
$\vdots$	$\vdots$	$\vdots$		$\vdots$
A_r	$X_{r11}, \cdots, X_{r1t}$	$X_{r21}, \cdots, X_{r2t}$	$\cdots$	$X_{rs1}, \cdots, X_{rst}$

设样本 $X_{ij1}, \cdots, X_{ijt}$ 的观察值为 $x_{ij1}, \cdots, x_{ijt}\,(i = 1, 2, \cdots, r; j = 1, 2, \cdots, s)$，则得试验数据如表 9.3.5。

表 9.3.5　双因素等重复试验数据表

$A \diagdown B$	B_1	B_2	$\cdots$	B_s
A_1	$x_{111}, \cdots, x_{11t}$	$x_{121}, \cdots, x_{12t}$	$\cdots$	$x_{1s1}, \cdots, x_{1st}$
A_2	$x_{211}, \cdots, x_{21t}$	$x_{221}, \cdots, x_{22t}$	$\cdots$	$x_{2s1}, \cdots, x_{2st}$
$\vdots$	$\vdots$	$\vdots$		$\vdots$
A_r	$x_{r11}, \cdots, x_{r1t}$	$x_{r21}, \cdots, x_{r2t}$	$\cdots$	$x_{rs1}, \cdots, x_{rst}$

由式（9.3.2）和式（9.3.7），则双因素等重复试验的方差分析模型可写成

$$X_{ij} = \mu + \alpha_i + \beta_j + \gamma_{ij} + e_{ij} \quad i = 1, 2, \cdots, r; j = 1, 2, \cdots, s$$

$$\sum_{i=1}^{r} \alpha_i = 0, \sum_{j=1}^{s} \beta_j = 0, \text{并且各 } e_{ij} \text{ 相互独立,且有}$$

$$e_{ij} \sim N(0,\sigma^2) \quad i = 1,2,\cdots,r; j = 1,2,\cdots,s \tag{9.3.27}$$

$$\sum_{i=1}^{r} \gamma_{ij} = 0 \quad j = 1,2,\cdots,s, \sum_{j=1}^{s} \gamma_{ij} = 0 \quad i = 1,2,\cdots,r$$

其中 $\mu, \alpha_i, \beta_j, \gamma_{ij}$ 及 σ^2 都是未知参数。

与上述双因素无重复试验的方差分析一样,我们利用总离差平方和分解的方法,来构造式(9.3.8)中 H_{01},式(9.3.9)中 H_{02} 与式(9.3.10)中 H_{03} 的拒绝域。

令 $r \times s$ 个样本 $X_{ij1}, \cdots, X_{ijt}$ $(i = 1,2,\cdots,r; j = 1,2,\cdots,s)$ 的总平均值为

$$\bar{X} = \frac{1}{rst} \sum_{i=1}^{r} \sum_{j=1}^{s} \sum_{k=1}^{t} X_{ijk} \tag{9.3.28}$$

关于因素 A 的水平 A_i 的 s 个样本 $X_{i11}, \cdots, X_{i1t}; X_{i21}, \cdots, X_{i2t}; \cdots; X_{is1}, \cdots, X_{ist}(i = 1,2,\cdots,r)$ 的平均值为

$$\bar{X}_{i\cdot\cdot} = \frac{1}{st} \sum_{j=1}^{s} \sum_{k=1}^{t} X_{ijk} \quad i = 1,2,\cdots,r \tag{9.3.29}$$

关于因素 B 的水平 B_j 的 r 个样本 $X_{1j1}, \cdots, X_{1jt}; X_{2j1}, \cdots, X_{2jt}; \cdots; X_{rj1}, \cdots, X_{rjt}$ $(j = 1,2,\cdots,s)$ 的平均值为

$$\bar{X}_{\cdot j\cdot} = \frac{1}{rt} \sum_{i=1}^{r} \sum_{k=1}^{t} X_{ijk} \quad i = 1,2,\cdots,s \tag{9.3.30}$$

组合 (A_i, B_j) 下的样本均值

$$\bar{X}_{ij\cdot} = \frac{1}{t} \sum_{k=1}^{t} X_{ijk} \quad i = 1,2,\cdots,r; j = 1,2,\cdots,s \tag{9.3.31}$$

全体数据 X_{ijk} $(i = 1,2,\cdots,r; j = 1,2,\cdots s; t = 1,2,\cdots,t)$ 与总平均值 $\bar{X}$ 的总离差平方和记为

$$S_T = \sum_{i=1}^{r} \sum_{j=1}^{s} \sum_{k=1}^{t} (X_{ijk} - \bar{X})^2 \tag{9.3.32}$$

总离差平方和描述了随机变量 X_{ijk} 与总平均值 $\bar{X}$ 之间的差异程度。由于

$$S_T = \sum_{i=1}^{r} \sum_{j=1}^{s} \sum_{k=1}^{t} [(X_{ijk} - \bar{X}_{ij\cdot}) + (\bar{X}_{i\cdot\cdot} - \bar{X}) + (\bar{X}_{\cdot j\cdot} - \bar{X}) +$$
$$(\bar{X}_{ij\cdot} - \bar{X}_{i\cdot\cdot} - \bar{X}_{\cdot j\cdot} + \bar{X})]^2 =$$

$$\sum_{i=1}^{r} \sum_{j=1}^{s} \sum_{k=1}^{t} (X_{ijk} - \bar{X}_{ij\cdot})^2 + st \sum_{i=1}^{r} (\bar{X}_{i\cdot\cdot} - \bar{X})^2 + rt \sum_{j=1}^{s} (\bar{X}_{\cdot j\cdot} - \bar{X})^2 +$$

$$\sum_{i=1}^{r} \sum_{j=1}^{s} (\overline{X}_{ij.} - \overline{X}_{i..} - \overline{X}_{.j.} + \overline{X})^2$$

注意：S_T式中的交叉项均为零。记

$$S_A = \sum_{i=1}^{r} \sum_{j=1}^{s} \sum_{k=1}^{t} (\overline{X}_{i..} - \overline{X})^2 = st \sum_{i=1}^{r} (\overline{X}_{i..} - \overline{X})^2 \tag{9.3.33}$$

$$S_B = \sum_{i=1}^{r} \sum_{j=1}^{s} \sum_{k=1}^{t} (\overline{X}_{.j.} - \overline{X})^2 = rt \sum_{j=1}^{s} (\overline{X}_{.j.} - \overline{X})^2 \tag{9.3.34}$$

$$S_{AB} = t \sum_{i=1}^{r} \sum_{j=1}^{s} (\overline{X}_{ij.} - \overline{X}_{i..} \overline{X}_{.j.} + \overline{X})^2 \tag{9.3.35}$$

称 S_A 为因素 A 的效应平方和，它反映了因素 A 的水平改变对试验指标的影响，S_B 为因素 B 的效应平方和，它反映了因素 B 的水平改变对试验指标的影响。称 S_{AB} 为因素 A 与因素 B 的交互效应平方和，反映了因素 A 与因素 B 的水平搭配组合改变对试验指标的影响。

$$S_E = \sum_{i=1}^{r} \sum_{j=1}^{s} \sum_{k=1}^{t} (X_{ijk} - \overline{X}_{ij.})^2 \tag{9.3.36}$$

称为误差平方和。

因此总离差平方和 S_T 可分解为 S_A, S_B, S_{AB} 与 S_E 之和：

$$S_T = S_A + S_B + S_{AB} + S_E \tag{9.3.37}$$

可以证明，在模型假定下，S_T, S_A, S_B, S_{AB} 与 S_E 的自由度依次为 $rst-1, r-1, s-1, (r-1)(s-1)$ 与 $rs(t-1)$，且有

$$E(S_E) = rs(t-1) \ \sigma^2$$

令

$$\overline{S}_A = \frac{S_A}{r-1}, \quad \overline{S}_B = \frac{S_B}{s-1}, \quad \overline{S}_{AB} = \frac{S_{AB}}{(r-1)(s-1)}, \quad \overline{S}_E = \frac{S_E}{rs(t-1)} \tag{9.3.38}$$

则称 $\overline{S}_A, \overline{S}_B, \overline{S}_{AB}, \overline{S}_E$ 为相应的效应离差均方和，简称为均方。则由 F 分布定义知，当 H_{01} 真时有：

$$F_A = \frac{\overline{S}_A}{\overline{S}_E} = \frac{S_A/(r-1)}{S_E/rs(t-1)} \sim F(r-1, rs(t-1)) \tag{9.3.39}$$

于是利用上述结果，我们可以构造 H_{01} 的拒绝域。对于给定的显著性水平 α，由 F 分布表查得临界值 $F_\alpha(r-1, rs(t-1))$，得 H_{01}：$\alpha_1 = \alpha_2 = \cdots = \alpha_r = 0$ 的拒绝域为

$$F_A \geqslant F_\alpha(r-1, rs(t-1)) \tag{9.3.40}$$

若统计值使 $F_A \geqslant F_\alpha(r-1, rs(t-1))$，则应拒绝 H_{01}，认为因素 A 对试验指标的影响显著。

同理,当 H_{02} 真时有

$$F_B = \frac{\overline{S}_B}{\overline{S}_E} = \frac{S_B/(s-1)}{S_E/rs(t-1)} \sim F(s-1, rs(t-1)) \tag{9.3.41}$$

利用上述结果,我们可以构造 H_{02} 的拒绝域。对于给定的显著性水平 α,由 F 分布表查得临界值 $F_\alpha(s-1, rs(t-1))$,得 H_{02}: $\beta_1 = \beta_2 = \cdots = \beta_s = 0$ 的拒绝域为

$$F_B \geqslant F_\alpha(s-1, rs(t-1)) \tag{9.3.42}$$

若统计值使 $F_B \geqslant F_\alpha(s-1, rs(t-1))$,则应拒绝 H_{02},认为因素 B 对试验指标的影响显著。

当 H_{03} 真时有

$$F_{AB} = \frac{\overline{S}_{AB}}{\overline{S}_E} = \frac{S_{AB}/(r-1)(s-1)}{S_E/rs(t-1)} \sim F((r-1)(s-1), rs(t-1)) \tag{9.3.43}$$

利用上述结果,我们可以构造 H_{03} 的拒绝域。对于给定的显著性水平 α,由 F 分布表查得临界值 $F_\alpha((r-1)(s-1), rs(t-1))$,得 H_{03}: $\gamma_{11} = \gamma_{12} = \cdots = \gamma_{rs} = 0$ 的拒绝域为

$$F_{AB} \geqslant F_\alpha((r-1)(s-1), rs(t-1)) \tag{9.3.44}$$

若统计值使 $F_{AB} \geqslant F_\alpha((r-1)(s-1), rs(t-1))$,则应拒绝 H_{03},认为因素 A 与因素 B 的交互效应对试验指标的影响显著。

上述结果按实际数据计算可汇总成表 9.3.6 的方差分析表。

表 9.3.6　双因素等重复试验的方差分析表

方差来源	平方和	自由度	均方	F 比
因素 A	S_A	$r-1$	$\overline{S}_A$	$F_A = \overline{S}_A / \overline{S}_E$
因素 B	S_B	$s-1$	$\overline{S}_B$	$F_B = \overline{S}_B / \overline{S}_E$
交互作用	S_{AB}	$(r-1)(s-1)$	$\overline{S}_{AB}$	$F_{AB} = \overline{S}_{AB} / \overline{S}_E$
误差	S_E	$rs(t-1)$	$\overline{S}_E$	
总和	S_T	$rst-1$		

若要估计未知参数。直接由式(9.3.11)可知

$$\hat{\mu} = \overline{X} \tag{9.3.45}$$

是 μ 的无偏估计,σ^2 的无偏估计为

$$\hat{\sigma^2} = \frac{S_E}{rs(t-1)} \tag{9.3.46}$$

它们都与 $\alpha_i, \beta_j, \gamma_{ij}$ 的值无关。

当拒绝 H_{01} 时，α_i 的无偏估计为

$$\widehat{\alpha_i} = \overline{X}_{i\cdot\cdot} - \overline{X} \quad i = 1, 2, \cdots, r$$

当拒绝 H_{02} 时，β_j 的无偏估计为

$$\widehat{\beta_j} = \overline{X}_{\cdot j\cdot} - \overline{X} \quad j = 1, 2, \cdots, s$$

当拒绝 H_{03} 时，γ_{ij} 的无偏估计为

$$\widehat{\gamma_{ij}} = \overline{X}_{ij\cdot} - \overline{X}_{i\cdot\cdot} - \overline{X}_{\cdot j\cdot} + \overline{X} \quad i = 1, 2, \cdots, r; j = 1, 2, \cdots, s$$

例 9.3.2　设在例 9.3.1 中，对于燃料与推进器的每一种搭配，各发射火箭两次，得火箭射程结果如下：

A＼B	B_1		B_2		B_3	
A_1	58.2	52.6	56.2	41.2	65.3	60.8
A_2	49.1	42.8	54.1	50.5	51.6	48.4
A_3	60.1	58.3	70.9	73.2	39.2	40.7
A_4	75.8	71.5	58.2	51.0	48.7	41.7

试在显著性水平 $a = 0.05$ 下，检验燃料种类与推进器种类对火箭射程有无显著影响？

解：由上述数据利用 Excel 计算得：

A_1	B_1	B_2	B_3	总计
观测数	2	2	2	6
求和	110.8	97.4	126.1	334.3
平均	55.4	48.7	63.05	55.71667
方差	15.68	112.5	10.125	68.90567

A_2	B_1	B_2	B_3	总计
观测数	2	2	2	6
求和	91.9	104.6	100	296.5
平均	45.95	52.3	50	49.41667
方差	19.845	6.48	5.12	14.55767

A_3	B_1	B_2	B_3	总计
观测数	2	2	2	6
求和	118.4	144.1	79.9	342.4
平均	59.2	72.05	39.95	57.06667
方差	1.62	2.645	1.125	209.8907

A_4	B_1	B_2	B_3	总计
观测数	2	2	2	6
求和	147.3	109.2	90.4	346.9
平均	73.65	54.6	45.2	57.81667
方差	9.245	25.92	24.5	180.0217

总和	B_1	B_2	B_3
观测数	8	8	8
求和	468.4	455.3	396.4
平均	58.55	56.9125	49.55
方差	120.0886	113.4241	89.70571

再计算得方差分析表如下。

方差来源	平方和	自由度	均方	F 比
因素 A	263.3513	3	87.78375	4.49
因素 B	367.7008	2	183.8504	9.40
交互作用	1764.373	6	294.0621	15.03
误差	234.805	12	19.56708	
总计	2630.23	23		

374

给定显著性水平 $\alpha = 0.05$,因为 $F_{0.05}(3,12) = 3.49 < 4.49$, $F_{0.05}(2,12) = 3.89 < 9.4$, $F_{0.05}(6,12) = 3.00 < 15.03$,所以在显著性水平 0.05 下,我们应拒绝 H_{01}, H_{02} 和 H_{03}。因此可认为因素 A,因素 B,因素 A 与因素 B 之间的交互作用对火箭射程都有显著的影响。值得注意的是,即使取 $\alpha = 0.001$, $F_{0.001}(6,12) = 8.38$ 这个数仍小于数值 $F_{AB} = 14.9$,所以交互作用是非常显著的。从上表也可以看出,A_4 与 B_1 或是 A_3 与 B_2 的搭配下火箭射程远大于其它水平搭配的结果。

从上例可见,双因素等重复试验的方差分析表的计算很繁琐,但读者可以借助 Excel 或其它统计软件进行计算。

思考题9.3

1. 双因素的无重复实验与等重复实验方差分析解决哪一类统计问题,其数学模型如何表示?

2. 如何作出 H_{01}, H_{02}, H_{03} 的假设检验?

3. 如何求出双因素方差分析的数学模型中未知参数的点估计?

基 本 练 习 9.3

1. 车间里有 5 名工人和 3 台不同型号的车床,生产同一品种的产品。现在让每位工人轮流在 3 台车床上操作,记录日产量结果如下:

车床型号	工 人				
	甲	乙	丙	丁	戊
A_1	64	73	63	81	78
A_2	75	66	61	73	80
A_3	78	67	80	69	71

试问工人不同和车床不同在产品的日产量上有无显著差别($\alpha = 0.05$)?

2. 在 4 台不同的纺织器上,采用 3 种不同的加压水平。现从每台纺织器与每种加压水平生产的产品中各取一个试样,测量其纱支强度,结果如下表:

加压水平	纺织器			
	B_1	B_2	B_3	B_4
A_1	1577	1690	1800	1642
A_2	1535	1640	1783	1621
A_3	1592	1650	1810	1663

试问不同的加压水平与不同的纺织器对于产品的纱支强度有无显著差异($\alpha = 0.05$)?

3. 在用火焰离子吸收分光度法测定电解液中微量杂质铜时,分别取乙炔流量 1.0,1.5,2.0,2.5 升/分和空气流量 8,9,10,11,12 升/分的各种搭配进行试验,获得铜 324.7nm 吸收值的读数如下表:

乙炔流量	空气流量/(升/分)				
	8	9	10	11	12
1.0 升/分	81.1	81.5	80.3	80.0	77.0
1.5 升/分	81.4	81.8	79.4	79.1	75.9
2.0 升/分	75.0	76.1	75.4	75.4	70.8
2.5 升/分	60.4	67.9	68.7	69.8	68.7

在显著性水平 $\alpha = 0.05$ 下,试问乙炔的不同流量对铜吸收值读数的影响是否有显著差异? 空气的不同流量对铜吸收值读数的影响是否有显著差异?

4. 酿造厂有化验员 3 名,担任发酵粉的颗粒检验,现从这 3 位化验员每天检验的发酵粉中各抽样一次,连续 10 天,每天检验样品中所含颗粒的百分率,结果如下表:

发酵粉的颗粒百分率		化验天次									
		B_1	B_2	B_3	B_4	B_5	B_6	B_7	B_8	B_9	B_{10}
化	A_1	10.1	4.7	3.1	3.0	7.8	8.2	7.8	6.0	4.9	3.4
验	A_2	10.0	4.9	3.1	3.2	7.8	8.2	7.7	6.2	5.1	3.4
员	A_3	10.2	4.8	3.0	3.0	7.8	8.4	7.8	6.1	5.0	3.3

试在显著性水平 $\alpha=0.05$ 下,分析这 3 位化验员的化验技术之间与每日所抽样本之间有无显著差异。

5. 让 3 位操作工分别在 4 台机器上进行操作,每一位操作工在一台机器上操作 3 天,下表记录了他们操作的日产量数据:

日产量		操作工								
		B_1			B_2			B_3		
机	A_1	15	15	17	19	19	16	16	18	21
器	A_2	17	17	17	15	15	15	19	22	22
	A_3	15	17	16	18	17	16	18	18	18
	A_4	18	20	22	15	16	17	17	17	17

试在显著性水平 $\alpha=0.05$ 下检验:(1)机器性能之间有无显著差异? (2)操作工的技术之间有无显著差异? (3)操作工与机器的搭配有无显著效果?

本章基本要求

1. 理解回归分析的基本概念,掌握一元线性回归方程的未知参数的估计,掌握线性相关性的显著性检验,会利用经验回归方程进行预测与控制;

2. 了解单因素试验的方差分析的数学模型,掌握单因素试验的方差分析方法;

3. 了解双因素试验的方差分析的数学模型,掌握双因素无重复试验与等重复试验的方差分析方法。

综合练习九

1. 某职工医院用光电比色计检验尿汞时,得尿汞含量 x(单位:mg/L)与消光系数读数 Y 的结果如下表:

尿汞含量 x	2	4	6	8	10
消光系数读数 y	64	138	205	285	360

试确定 Y 与 x 的回归直线方程,并检验其线性关系是否成立($\alpha = 0.05$)?

2. 合成纤维的强度 Y (单位:kg/mm)与其拉伸倍数 x 有关,测得试验数据如下表:

倍数 x	2.0	2.5	2.7	3.5	4.0	4.5	5.2	6.3	7.1	8.0	9.0	10.0
强度 y	1.3	2.5	2.5	2.7	3.5	4.2	5.0	6.4	6.3	7.0	8.0	8.1

(1)试求 Y 与 x 的回归直线方程;(2)检验其线性关系是否显著($\alpha = 0.05$)?
(3)试求 $x_0 = 6$ 时 Y_0 的置信水平为 0.95 的置信区间。

3. 为考察硝酸钠($NaNO_3$)的可溶性程度,在不同的温度 x (单位:℃)下观察它在 100mL 的水中溶解的硝酸钠的重量 Y (单位:g),得数据结果如下表:

温度 x	0	4	10	15	21	29	36	51	68
重量 y	66.7	71.0	76.3	80.6	85.7	92.9	99.4	113.6	125.1

从经验与理论得知,Y 与 x 具有线性模型:

$$Y = a + bx + e \quad e \sim N(0, \sigma^2)$$

试求未知参数 a, b 与 σ^2 的估计。

4. 今收集到给定时期内,某种商品的价格 x (单位:元)与需求量 Y (单位:kg)的一组观察数据:

价格 x	2	3	4	5	6	8	10	12	14	16
需求量 y	15	20	25	30	35	45	60	80	80	110

试确定 Y 对 x 的回归直线方程,及误差方差的估计。

377

5. 树的平均高度 Y (单位:m)与树的胸径 x (单位:cm)有密切联系,根据下表中数据试求出 Y 对 x 的线性回归方程,并进行回归显著性检验($\alpha = 0.05$)。

树胸径 x	15	20	25	30	35	40	45	50
树高度 y	13.9	17.1	20	22.4	24	25.6	27	28.3

6. 现测得电化电刷的接触电压降与所通过的电流强度数据如下表:

电流强度 x	2.5	5.0	7.5	10.0	12.5	15.0	17.5	20.0	22.5
接触电压降 y	0.65	1.25	1.70	2.08	2.4	2.54	2.66	2.82	3.00

试求变量 x 与 y 之间的关系式,并在显著性水平 $\alpha = 0.01$ 下检验回归效果是否显著。

7. 为了研究某作物品种每亩穗数 x_1 (单位:万)和每穗粒数 x_2 (单位:粒)与结实率 Y (%)的关系,由试验获得数据如下表:

穗数 x_1	16.6	15.9	18.8	19.9	23.5	14.4	16.4	17.3	18.4	19.3	19.9
粒数 x_2	146.5	163.5	140	122.4	140	174.3	145.9	147.5	139.1	126.8	125.2
结实率 y	81.3	77.2	78.0	82.6	66.2	77.9	80.4	77.7	79.7	80.6	83.3

试建立 Y 对 x_1 与 x_2 的线性回归方程。

8. 有 3 位教师对同一个班的作文试卷评分,分数记录如下表:

教师	分数												
甲	73	89	82	43	80	73	65	62	47	95	60	77	
乙	88	78	48	91	54	85	74	50	78	77	65	76	96	80
丙	68	80	55	93	72	87	42	61	68	53	79	15	71

给定显著性水平 $\alpha = 0.05$,试分析由 3 位教师给出的平均分数有无显著差异?

9. 从 4 名工人生产的产品中各取 5 件,测量其长度(单位:cm)如下:

工人	产品长度				
甲	16.7	16.8	17.3	16.6	16.9
乙	16.8	16.5	17.5	16.9	17.4
丙	16.0	16.8	16.4	16.5	16.3
丁	16.9	16.1	16.8	17.2	16.5

试问这 4 名工人生产的产品的长度是否有显著差异($\alpha = 0.05$)?

10. 下表给出了小白鼠在接种三种不同菌型伤寒杆菌后的存活日数,试问三种菌型的平均存活日数是否有显著差异($\alpha = 0.05$)?

菌型	接种后的存活日数									
I 型	2	4	3	2	4	7	2	5	4	
II 型	5	6	8	5	10	7	12	6	6	
III 型	7	11	6	6	7	9	5	10	6	3	10

11. 某农科所对大豆进行品种对比试验,参加对比试验的品种有 6 个,将这些品种在不同类型的 4 个田块上,以每小区面积为 0.1 亩随机布设种植,所得每小区产量结果如下表:

大豆产量		田块			
		B_1	B_2	B_3	B_4
品种	A_1	58	54	50	49
	A_2	42	38	41	36
	A_3	32	36	29	35
	A_4	46	45	43	46
	A_5	35	31	34	34
	A_6	44	42	36	38

若大豆产量服从正态分布,不同田块不同品种产量方差相同。试在显著性水平 $\alpha = 0.05$ 下判断不同田块和不同品种的大豆产量有无显著差异。

12. 由 3 种造纸机使用 4 种不同的涂料制造铜版纸,对每种不同情况进行两

次重复测量,结果如下表:

测量结果		机器		
		B_1	B_2	B_3
涂料	A_1	42.5	42.1	43.6
		42.6	42.3	43.8
	A_2	42.0	41.7	43.6
		42.2	41.5	43.2
	A_3	43.9	43.1	44.1
		43.6	43.0	44.2
	A_4	42.2	41.5	42.9
		42.5	41.6	43.0

试检验造纸机的差异与涂料的差异对铜版纸质量的影响是否显著,以及造纸机与涂料搭配产生的交互作用的影响是否显著($\alpha = 0.05$)。

自 测 题 九

1. 考察温度 x 对某产品产量 Y 的影响,测得下列 10 组数据:

温度 x(℃)	20	25	30	35	40	45	50	55	60	65
产量 y(kg)	13.2	15.1	16.4	17.1	17.9	18.7	19.6	21.2	22.5	24.3

试求(1)Y 对 x 的一元线性回归方程;(2)检验回归效果是否显著($\alpha = 0.05$);(3)预测 $x = 42$℃时该产品产量的估计值与预测区间(置信水平为 0.95)。

2. 某灯泡厂用 4 种配料方案制成的灯丝生产了 4 批灯泡,在每批灯泡中随机地抽取若干个测得其使用寿命(单位:h)如下表:

使用寿命		灯 泡							
		1	2	3	4	5	6	7	8
灯丝	甲	1600	1610	1650	1680	1700	1720	1800	
	乙	1580	1640	1700	1750	1400			
	丙	1460	1550	1600	1620	1640	1740	1660	1820
	丁	1510	1520	1530	1570	1680	1600		

在显著性水平 $\alpha = 0.05$ 下,试问用这 4 种灯丝生产的灯泡的使用寿命有无显著差异?

3. 为减少某种钢材淬火后的弯曲变形,对四种不同材质分别用五种不同的淬火温度进行了试验,测得其淬火后试件的延伸率数据如下表:

试件延伸率		淬火温度				
		800	820	840	860	880
材质	A_1	4.4	5.3	5.8	6.6	8.4
	A_2	5.2	5.0	5.5	6.9	8.3
	A_3	4.3	5.1	4.8	6.6	8.5
	A_4	4.9	4.7	4.9	7.3	7.9

(1)写出对数据作方差分析的数学模型;(2)对数据作方差分析($\alpha=0.05$)。

4. 某化工生产过程中为了提高得率,选用 3 种不同浓度,4 种不同温度做试验,在每一种浓度与温度的组合下各做了两次试验,其得率数据如下表:

得率		温 度			
		B_1	B_2	B_3	B_4
浓度	A_1	14	11	13	10
		10	11	9	12
	A_2	9	10	7	6
		7	8	11	10
	A_3	5	13	12	14
		11	14	13	10

试在显著性水平 $\alpha=0.05$ 下检验不同浓度,不同温度以及它们之间交互作用对此生产过程的得率有无显著影响。

附表一　几种常用的概率分布

分布	参数	分布律或概率密度	数学期望	方差
0-1 分布	$0<p<1$	$P\{X=k\}=p^k(1-p)^{1-k}$ $k=0,1$	p	$p(1-p)$
二项 分布	$n\geqslant 1$ $0<p<1$	$P\{X=k\}=\binom{n}{k}p^k(1-p)^{n-k}$ $k=0,1,\cdots,n$	np	$np(1-p)$
负二项 分布	$r\geqslant 1$ $0<p<1$	$P\{X=k\}=\binom{k-1}{r-1}p^r(1-p)^{k-r}$ $k=r,r+1,\cdots$	$\dfrac{r}{p}$	$\dfrac{r(1-p)}{p^2}$
几何 分布	$0<p<1$	$P\{X=k\}=p(1-p)^{k-1}$ $k=1,2,\cdots$	$\dfrac{1}{p}$	$\dfrac{1-p}{p^2}$
超几何 分布	N,M,n $(n\leqslant M)$	$P\{X=k\}=\dfrac{\binom{M}{k}\binom{N-M}{n-k}}{\binom{N}{n}}$ $k=0,1,\cdots,n$	$\dfrac{nM}{N}$	$\dfrac{nM}{N}\left(1-\dfrac{M}{N}\right)\left(\dfrac{N-n}{N-1}\right)$
泊松 分布	$\lambda>0$	$P\{X=k\}=\dfrac{\lambda^k e^{-\lambda}}{k!}$ $k=0,1,\cdots$	λ	λ
均匀 分布	$a<b$	$f(x)=\begin{cases}\dfrac{1}{b-a} & a<x<b \\ 0, & \text{其它}\end{cases}$	$\dfrac{a+b}{2}$	$\dfrac{(b-a)^2}{12}$
正态 分布	μ $\sigma>0$	$f(x)=\dfrac{1}{\sqrt{2\pi}\sigma}e^{-\frac{(x-\mu)^2}{2\sigma^2}}$	μ	σ^2
Γ 分布	$\alpha>0$ $\beta>0$	$f(x)=\begin{cases}\dfrac{1}{\beta^\alpha\Gamma(\alpha)}x^{\alpha-1}e^{-x/\beta} & x>0 \\ 0 & \text{其它}\end{cases}$	$\alpha\beta$	$\alpha\beta^2$
指数 分布	$\theta>0$	$f(x)=\begin{cases}\dfrac{1}{\theta}e^{-x/\theta} & x>0 \\ 0 & \text{其它}\end{cases}$	θ	θ^2

(续)

分布	参数	分布律或概率密度	数学期望	方差
χ^2 分布	$n \geq 1$	$f(x) = \begin{cases} \dfrac{1}{2^{n/2}\,\Gamma(n/2)} x^{n/2-1} \mathrm{e}^{-x/2}, & x < 0 \\ 0 & \text{其它} \end{cases}$	n	$2n$
威布尔分布	$\eta > 0$ $\beta > 0$	$f(x) = \begin{cases} \dfrac{\beta}{\eta}\left(\dfrac{x}{\eta}\right)^{\beta-1} \mathrm{e}^{-\left(\frac{x}{\eta}\right)^{\beta}} & x > 0 \\ 0 & \text{其它} \end{cases}$	$\eta\Gamma\left(\dfrac{1}{\beta}+1\right)$	$\eta^2\left\{\Gamma\left(\dfrac{2}{\beta}+1\right)\right.$ $\left.-\left[\Gamma\left(\dfrac{1}{\beta}+1\right)\right]^2\right\}$
瑞利分布	$\delta > 0$	$f(x) = \begin{cases} \dfrac{x}{\delta^2} \mathrm{e}^{x^2/(2\delta^2)} & x > 0 \\ 0 & \text{其它} \end{cases}$	$\sqrt{\dfrac{\pi}{2}}\,\delta$	$\dfrac{4-\pi}{2}\delta^2$
柯西分布	M $\lambda > 0$	$f(x) = \dfrac{1}{\pi} \dfrac{1}{\lambda^2 + (x-\mu)^2}$	不存在	不存在
β 分布	$\alpha > 0$ $\beta > 0$	$f(x) = \begin{cases} \dfrac{\Gamma(\alpha+\beta)}{\Gamma(\alpha)\,\Gamma(\beta)} x^{\alpha-1}(1-x)^{\beta-1} & 0 < x < 1 \\ 0 & \text{其它} \end{cases}$	$\dfrac{\alpha}{\alpha+\beta}$	$\dfrac{\alpha\beta}{(\alpha+\beta)^2(\alpha+\beta+1)}$

382

附表二　标准正态分布表

$$\Phi(x) = \int_{-\infty}^{x} \frac{1}{\sqrt{2\pi}} e^{-u^2/2} du = P(X \leq x)$$

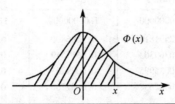

x	0	1	2	3	4	5	6	7	8	9
0.0	0.5000	0.5040	0.5080	0.512	0.5160	0.5199	0.5239	0.5279	0.5319	0.5359
0.1	0.5398	0.5438	0.5478	0.5517	0.5557	0.5596	0.5636	0.5675	0.5714	0.5753
0.2	0.5793	0.5832	0.5871	0.5910	0.5948	0.5987	0.6026	0.6064	0.6103	0.6141
0.3	0.6179	0.6217	0.6255	0.6293	0.6331	0.6368	0.6406	0.6443	0.6480	0.6517
0.4	0.6554	0.6591	0.6628	0.6664	0.6700	0.6736	0.6772	0.6808	0.6844	0.6879
0.5	0.6915	0.6950	0.6985	0.7019	0.7054	0.7088	0.7123	0.7157	0.7190	0.7224
0.6	0.7257	0.7291	0.7324	0.7357	0.7389	0.7422	0.7454	0.7486	0.7517	0.7549
0.7	0.7580	0.7611	0.7642	0.7673	0.7703	0.7734	0.7764	0.7794	0.7823	0.7852
0.8	0.7881	0.7910	0.7939	0.7967	0.7995	0.8023	0.8051	0.8078	0.8106	0.8133
0.9	0.8159	0.8186	0.8212	0.8238	0.8264	0.8289	0.8315	0.8340	0.8365	0.8389
1.0	0.8413	0.8438	0.8461	0.8485	0.8508	0.8531	0.8554	0.8577	0.8599	0.8621
1.1	0.8643	0.8665	0.8686	0.8708	0.8729	0.8749	0.8770	0.8790	0.8810	0.8830
1.2	0.8849	0.8869	0.8888	0.8907	0.8925	0.8944	0.8962	0.8980	0.8997	0.9015
1.3	0.9032	0.9049	0.9066	0.9082	0.9099	0.9115	0.9131	0.9147	0.9162	0.9177
1.4	0.9192	0.9207	0.9222	0.9236	0.9251	0.9265	0.9278	0.9292	0.9306	0.9319
1.5	0.9332	0.9345	0.9357	0.9370	0.9382	0.9394	0.9406	0.9418	0.9430	0.9441
1.6	0.9452	0.9463	0.9474	0.9484	0.9495	0.9505	0.9515	0.9525	0.9535	0.9545
1.7	0.9554	0.9564	0.9573	0.9582	0.9591	0.9599	0.9608	0.9616	0.9625	0.9633
1.8	0.9641	0.9648	0.9656	0.9664	0.9671	0.9678	0.9686	0.9693	0.9700	0.9706
1.9	0.9713	0.9719	0.9726	0.9732	0.9738	0.9744	0.9750	0.9756	0.9762	0.9767
2.0	0.9772	0.9778	0.9783	0.9788	0.9793	0.9798	0.9803	0.9808	0.9812	0.9817
2.1	0.9821	0.9826	0.9830	0.9834	0.9838	0.9842	0.9846	0.9850	0.9854	0.9857
2.2	0.9861	0.9864	0.9868	0.9871	0.9874	0.9878	0.9881	0.9884	0.9887	0.9890
2.3	0.9893	0.9896	0.9898	0.9901	0.9904	0.9906	0.9909	0.9911	0.9913	0.9916
2.4	0.9918	0.9920	0.9922	0.9925	0.9927	0.9929	0.9931	0.9932	0.9934	0.9936
2.5	0.9938	0.9940	0.9941	0.9943	0.9945	0.9946	0.9948	0.9949	0.9951	0.9952
2.6	0.9953	0.9955	0.9956	0.9957	0.9959	0.9960	0.9961	0.9962	0.9963	0.9964
2.7	0.9965	0.9966	0.9967	0.9968	0.9969	0.9970	0.9971	0.9972	0.9973	0.9974
2.8	0.9974	0.9975	0.9976	0.9977	0.9977	0.9978	0.9979	0.9979	0.9980	0.9981
2.9	0.9981	0.9982	0.9982	0.9983	0.9984	0.9984	0.9985	0.9985	0.9986	0.9986
3.0	0.9987	0.9990	0.9993	0.9995	0.9997	0.9998	0.9998	0.9999	0.9999	1.0000

注：上表中最后一行分别为 $x=3.0,3.1,3.2,\cdots,3.9$ 时 $\Phi(x)$ 的值，例如 $\Phi(3.2)=0.9993$

附表三 泊松分布表

$$1 - F(x-1) = \sum_{r=x}^{r=\infty} \frac{e^{-\lambda}\lambda^r}{r!}$$

x	$\lambda = 0.2$	$\lambda = 0.3$	$\lambda = 0.4$	$\lambda = 0.5$	$\lambda = 0.6$
0	1.0000000	1.0000000	1.00000000	1.0000000	1.0000000
1	0.1812692	0.2591818	0.3296800	0.393469	0.451188
2	0.0175231	0.0369363	0.0615519	0.090204	0.121901
3	0.0011485	0.0035995	0.0079263	0.014388	0.023115
4	0.0000568	0.0002658	0.0007763	0.001752	0.003358
5	0.0000023	0.0000158	0.0000612	0.000172	0.000394
6	0.0000001	0.0000008	0.0000040	0.000014	0.000039
7			0.0000002	0.000001	0.000003

x	$\lambda = 0.7$	$\lambda = 0.8$	$\lambda = 0.9$	$\lambda = 1.0$	$\lambda = 1.2$
0	1.0000000	1.0000000	1.0000000	1.0000000	1.0000000
1	0.503415	0.550671	0.593430	0.632121	0.698806
2	0.155805	0.191208	0.227518	0.264241	0.337373
3	0.034142	0.047423	0.062857	0.080301	0.120513
4	0.005753	0.009080	0.013459	0.018988	0.033769
5	0.000786	0.001411	0.002344	0.003660	0.007746
6	0.000090	0.000184	0.000343	0.000594	0.001500
7	0.000009	0.000021	0.000043	0.000083	0.000251
8	0.000001	0.000002	0.000005	0.000010	0.000037
9			0.000001	0.000001	0.000005
10					0.000001

x	$\lambda = 1.4$	$\lambda = 1.6$	$\lambda = 1.8$	$\lambda = 2.0$	$\lambda = 2.2$
0	1.000000	1.000000	1.000000	1.000000	1.000000
1	0.753403	0.798103	0.834701	0.864665	0.889197
2	0.408167	0.475069	0.537163	0.593994	0.645430
3	0.166502	0.216642	0.269379	0.323324	0.377286
4	0.053725	0.078813	0.108708	0.142877	0.180648
5	0.014253	0.023682	0.036407	0.052653	0.072496
6	0.003201	0.006040	0.010378	0.016564	0.024910
7	0.000622	0.001336	0.002569	0.004534	0.007461
8	0.000107	0.000260	0.000562	0.001097	0.001978
9	0.000016	0.000045	0.000110	0.000237	0.000470
10	0.000002	0.000007	0.000019	0.000046	0.000101
11		0.000001	0.000003	0.000008	0.000020

（续）

x	$\lambda=2.5$	$\lambda=3.0$	$\lambda=3.5$	$\lambda=4.0$	$\lambda=4.5$	$\lambda=5.0$
0	1.000000	1.000000	1.000000	1.000000	1.000000	1.000000
1	0.917915	0.950213	0.969803	0.981684	0.988891	0.993262
2	0.712703	0.800852	0.864112	0.908422	0.938901	0.959572
3	0.456187	0.576810	0.679153	0.761897	0.826422	0.875348
4	0.242424	0.352768	0.463367	0.566530	0.657704	0.734974
5	0.108822	0.184737	0.274555	0.371163	0.467896	0.559507
6	0.042021	0.083918	0.142386	0.214870	0.297070	0.384039
7	0.014187	0.035309	0.065288	0.110674	0.168949	0.237817
8	0.004247	0.011905	0.026739	0.051134	0.086586	0.133372
9	0.001140	0.003803	0.009874	0.021363	0.040257	0.068094
10	0.000277	0.001102	0.003315	0.008132	0.017093	0.031828
11	0.000062	0.000292	0.001019	0.002840	0.006669	0.013695
12	0.000013	0.000071	0.000289	0.000915	0.002404	0.005453
13	0.000002	0.000016	0.000076	0.000274	0.000805	0.002019
14		0.000003	0.000019	0.000076	0.000252	0.000698
15		0.000001	0.000004	0.000020	0.000074	0.000226
16			0.000001	0.000005	0.000020	0.000069
17				0.000001	0.000005	0.000020
18					0.000001	0.000005
19						0.000001

附表四　二项分布表

$$b(n,k,p) = \sum_{i=k}^{n} \binom{n}{i} p^{i}(1-p)^{n-i}$$

n	k	0.01	0.02	0.04	0.06	0.08	0.1	0.2	0.3	0.4	0.5	k	n
5	5			0.00000	0.00000	0.00000	0.00001	0.00032	0.00243	0.01024	0.03125	5	5
	4	0.00000	0.00000	00001	00006	00019	00046	00672	03078	08704	18750	4	
	3	00001	00008	00060	00197	00453	00856	05792	16308	31744	50000	3	
	2	00098	00384	01476	03187	05436	08146	26272	47178	66304	81250	2	
	1	04901	09608	18463	26610	34092	40951	67232	83193	92224	96875	1	
10	10								0.00001	0.00010	0.00098	10	10
	9							0.00000	00014	00168	01074	9	
	8						0.00000	00008	00159	01229	05169	8	
	7				0.00000	0.00000	00001	00086	01059	05476	17188	7	
	6			0.00000	0.00001	00004	00015	00637	04735	16624	37695	6	
	5		0.00000	00002	00015	00059	00163	03279	15027	36690	62305	5	
	4	0.00000	00003	00044	00203	00580	01280	12087	35039	61772	82813	4	
	3	00011	00086	00621	01884	04008	07019	32220	61722	83271	94531	3	
	2	00427	01618	05815	11759	18788	26390	62419	85069	95364	98926	2	
	1	09562	18293	33517	46138	56561	65132	89263	97175	99395	99902	1	
15	15									0.00000	0.00003	15	15
	14								0.00000	00003	00049	14	
	13								00001	00028	00369	13	
	12							0.00000	00009	00193	01758	12	
	11							00001	00067	00935	05923	11	
	10							0.00011	0.00365	0.03383	0.15088	10	
	9					0.00000	00079	01524	09505	30362	9		
	8				0.00000	00003	00424	05001	21310	50000	8		
	7			0.00000	00001	00031	01806	13114	39019	69638	7		
	6		0.00000	00001	00015	00070	00225	06105	27838	59678	84912	6	
	5	0.00000	00001	00022	00140	00497	01212	16423	48451	78272	94077	5	
	4	00001	00018	00245	01036	02731	05556	35184	70313	90950	98242	4	
	3	00042	00304	02029	05713	11297	18406	60198	87317	97289	99631	3	
	2	00963	03534	11911	22624	34027	45096	83287	96473	99483	99951	2	
	1	13994	26143	45791	60471	71370	79411	96482	99525	99953	99997	1	
20	20										0.00000	20	20
	19									0.00000	00002	19	
	18									00001	00020	18	
	17								0.00000	00005	00129	17	
	16								00001	00032	00591	16	
	15								00004	00161	02069	15	
	14							0.00000	00026	00647	05766	14	
	13							00002	00128	02103	13159	13	
	12							00010	00514	05653	25172	12	
	11						0.00000	00056	01714	12752	41190	11	
	10					0.00000	00001	00250	04796	24466	58810	10	
	9				0.00000	00001	00006	00998	11333	40440	74828	9	
	8			0.00000	00001	00009	00042	03214	22773	58411	86841	8	
	7			00001	00011	00064	00239	08669	39199	74999	94234	7	
	6		0.00000	00010	00087	00380	01125	19579	58363	87440	97931	6	
	5	0.00000	00004	00096	00563	01834	04317	37035	76249	94905	99409	5	
	4	00004	00060	00741	02897	07062	13295	58855	89291	98404	99871	4	
	3	00100	00707	04386	11497	21205	32307	79392	96452	99639	99980	3	
	2	01686	05990	18966	33955	48314	60825	93082	99236	99948	99988	2	
	1	18209	33239	55800	70989	81131	87842	98847	99920	99996	1.00000	1	

附表五 χ^2 分布表

$$P\{\chi^2(n) > \chi^2_\alpha(n)\} = \alpha$$

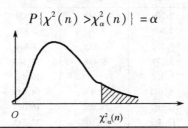

n \ α	0.995	0.99	0.975	0.95	0.90	0.75
1	—	—	0.001	0.004	0.016	0.102
2	0.010	0.020	0.051	0.103	0.211	0.575
3	0.072	0.115	0.216	0.352	0.584	1.213
4	0.207	0.297	0.484	0.711	1.064	1.923
5	0.412	0.554	0.831	1.145	1.610	2.675
6	0.676	0.872	1.237	1.635	2.204	3.455
7	0.989	1.239	1.690	2.167	2.833	4.255
8	1.344	1.646	2.180	2.733	3.490	5.071
9	1.735	2.088	2.700	3.325	4.168	5.899
10	2.156	2.558	3.247	3.940	4.865	6.737
11	2.603	3.053	3.816	4.575	5.578	7.584
12	3.074	3.571	4.404	5.226	6.304	8.438
13	3.565	4.107	5.009	5.892	7.042	9.299
14	4.075	4.660	5.629	6.571	7.790	10.165
15	4.601	5.229	6.262	7.261	8.547	11.037
16	5.142	5.812	6.908	7.962	9.312	11.912
17	5.697	6.408	7.564	8.572	10.085	12.792
18	6.265	7.015	8.231	9.390	10.865	13.675
19	6.844	7.633	8.907	10.117	11.651	14.562
20	7.434	8.260	9.591	10.851	12.443	15.452
21	8.034	8.897	10.283	11.591	13.240	16.344
22	8.643	9.542	10.982	12.338	14.042	17.240
23	9.260	10.196	11.689	13.091	14.848	18.137
24	9.886	10.856	12.401	13.848	15.659	19.037
25	10.520	11.524	13.120	14.611	16.473	19.939
26	11.160	12.198	13.844	15.379	17.292	20.843
27	11.808	12.879	14.573	16.151	18.114	21.749
28	12.461	13.565	15.308	16.928	18.939	22.657
29	13.121	14.257	16.047	17.708	19.768	23.567
30	13.787	14.954	16.791	18.493	20.599	24.478
31	14.458	15.655	17.539	19.281	21.434	25.390
32	15.134	16.362	18.291	20.072	22.271	26.304
33	15.815	17.074	19.047	20.867	23.110	27.219
34	16.501	17.789	19.806	21.664	23.952	28.136
35	17.192	18.509	20.569	22.465	24.797	29.054
36	17.887	19.233	21.336	23.269	25.643	29.973
37	18.586	19.960	22.106	24.075	26.492	30.893
38	19.289	20.691	22.878	24.884	27.343	31.815
39	19.996	21.426	23.654	25.695	28.196	32.737
40	20.707	22.164	24.433	26.509	29.051	33.660
41	21.421	22.906	25.215	27.326	29.907	34.585
42	22.138	23.650	25.999	28.144	30.765	35.510
43	22.859	24.398	26.785	28.965	31.625	36.436
44	23.584	25.148	27.575	29.787	32.487	37.363
45	24.311	25.901	28.366	30.612	33.350	38.291

（续）

n \ α	0.25	0.10	0.05	0.025	0.01	0.005
1	1.323	2.706	3.841	5.024	6.635	7.879
2	2.773	4.605	5.991	7.378	9.210	10.597
3	4.108	6.251	7.815	9.348	11.345	12.838
4	5.385	7.779	9.488	11.143	13.277	14.860
5	6.626	9.236	11.071	12.833	15.086	16.750
6	7.841	10.645	12.592	14.449	16.812	18.548
7	9.037	12.017	14.067	16.013	18.475	20.278
8	10.219	13.362	15.507	17.535	20.090	21.955
9	11.389	14.684	16.919	19.023	21.666	23.589
10	12.549	15.987	18.307	20.483	23.209	25.188
11	13.701	17.275	19.675	21.920	24.725	26.757
12	14.845	18.549	21.026	23.337	26.217	28.299
13	15.984	19.812	22.362	24.736	27.688	29.819
14	17.117	21.064	23.635	26.119	29.141	31.319
15	18.245	22.307	24.996	27.488	30.578	32.801
16	19.369	23.542	26.296	28.845	32.000	34.267
17	20.489	24.769	27.587	30.191	33.409	35.718
18	21.605	25.989	28.869	31.526	34.805	37.156
19	22.718	27.204	30.144	32.852	36.191	38.582
20	23.828	28.412	31.410	34.170	37.566	39.997
21	24.935	29.615	32.671	35.479	38.932	41.401
22	26.039	30.813	33.924	36.781	40.289	42.796
23	27.141	32.007	35.172	38.076	41.638	44.181
24	28.241	33.196	36.415	39.364	42.980	45.559
25	29.339	34.382	37.652	40.646	44.314	46.928
26	30.435	35.563	38.885	41.923	45.642	43.290
27	31.528	36.741	40.113	43.194	46.963	49.645
28	32.620	37.916	41.337	44.461	48.278	50.993
29	33.711	39.087	42.557	40.722	49.588	52.336
30	34.800	40.256	43.773	46.979	50.892	53.672
31	35.887	41.422	44.985	48.232	51.191	55.003
32	36.973	41.585	46.194	49.480	53.486	56.328
33	38.058	43.745	47.400	50.725	54.776	57.648
34	39.141	44.903	48.602	51.966	56.061	58.964
35	40.223	46.059	49.802	53.203	57.342	60.275
36	41.304	47.212	50.998	54.437	58.619	61.581
37	42.383	48.363	52.192	55.668	59.892	62.883
38	43.462	49.513	53.384	56.896	61.612	64.181
39	44.539	50.660	54.572	58.120	62.428	65.476
40	45.616	51.805	55.758	59.342	63.691	66.766
41	46.692	52.949	56.942	60.561	64.950	68.053
42	47.766	54.090	58.142	61.777	66.206	69.336
43	48.840	55.230	59.304	62.990	67.459	70.616
44	49.913	56.369	60.481	64.201	68.710	71.893
45	50.985	57.505	61.656	65.410	69.957	73.166

附表六 t 分布表

$$P\{t(n) > t_\alpha(n)\} = \alpha$$

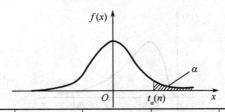

n \ α	0.25	0.10	0.05	0.025	0.01	0.005
1	1.0000	3.0777	6.3138	12.7062	31.8205	63.6567
2	0.8165	1.8856	2.9200	4.3027	6.9646	9.9248
3	0.7649	1.6377	2.3534	3.1824	4.5407	5.8409
4	0.7407	1.5332	2.1318	2.7764	3.7469	4.6041
5	0.7267	1.4759	2.0150	2.5706	3.3649	4.0321
6	0.7176	1.4398	1.9432	2.4469	3.1427	3.7074
7	0.7111	1.4149	1.8946	2.3646	2.9980	3.4995
8	0.7064	1.3968	1.8595	2.3060	2.8965	3.3554
9	0.7027	1.3830	1.8331	2.2622	2.8214	3.2498
10	0.6998	1.3722	1.8125	2.2281	2.7638	3.1693
11	0.6974	1.3634	1.7959	2.2010	2.7181	3.1058
12	0.6955	1.3562	1.7823	2.1788	2.6810	3.0545
13	0.6938	1.3502	1.7709	2.1604	2.6503	3.0123
14	0.6924	1.3450	1.7613	2.1448	2.6245	2.9768
15	0.6912	1.3406	1.7531	2.1314	2.6025	2.9467
16	0.6901	1.3368	1.7459	2.1199	2.5835	2.9208
17	0.6892	1.3334	1.7396	2.1098	2.5669	2.8982
18	0.6884	1.3304	1.7341	2.1009	2.5524	2.8784
19	0.6876	1.3277	1.7291	2.0930	2.5395	2.8609
20	0.6870	1.3253	1.7247	2.0860	2.5280	2.8453
21	0.6864	1.3232	1.7207	2.0796	2.5176	2.8314
22	0.6858	1.3212	1.7171	2.0739	2.5083	2.8188
23	0.6853	1.3195	1.7139	2.0687	2.4999	2.8073
24	0.6848	1.3178	1.7109	2.0639	2.4922	2.7969
25	0.6844	1.3163	1.7081	2.0595	2.4851	2.7874
26	0.6840	1.3150	1.7056	2.0555	2.4786	2.7787
27	0.6837	1.3137	1.7033	2.0518	2.4727	2.7707
28	0.6834	1.3125	1.7011	2.0484	2.4671	2.7633
29	0.6830	1.3114	1.6991	2.0452	2.4620	2.7564
30	0.6828	1.3104	1.6973	2.0423	2.4573	2.7500
31	0.6825	1.3095	1.6955	2.0395	2.4528	2.7440
32	0.6822	1.3086	1.6939	2.0369	2.4487	2.7385
33	0.6820	1.3077	1.6924	2.0345	2.4448	2.7333
34	0.6818	1.3070	1.6909	2.0322	2.4411	2.7284
35	0.6816	1.3062	1.6896	2.0301	2.4377	2.7238
36	0.6814	1.3055	1.6883	2.0281	2.4345	2.7195
37	0.6812	1.3049	1.6871	2.0262	2.4314	2.7154
38	0.6810	1.3042	1.6860	2.0244	2.4286	2.7116
39	0.6808	1.3036	1.6849	2.0227	2.4258	2.7079
40	0.6807	1.3031	1.6839	2.0211	2.4233	2.7045
41	0.6805	1.3025	1.6829	2.0195	2.4208	2.7012
42	0.6804	1.3020	1.6820	2.0181	2.4185	2.6981
43	0.6802	1.3016	1.6811	2.0167	2.4163	2.6951
44	0.6801	1.3011	1.6802	2.0154	2.4141	2.6923
45	0.6800	1.3006	1.6794	2.0141	2.4121	2.6896

附表七　F 分布表

$$P\{F(n_1,n_2)>F_\alpha(n_1,n_2)\}=\alpha$$

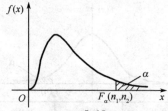

$$\alpha=0.10$$

n_2 $\backslash$ n_1	1	2	3	4	5	6	7	8	9
1	39.86	49.50	53.59	55.83	57.24	58.20	58.91	59.44	59.86
2	8.53	9.00	9.16	9.24	9.29	9.33	9.35	9.37	9.38
3	5.54	5.46	5.39	5.34	5.31	5.28	5.27	5.25	5.24
4	4.54	4.32	4.19	4.11	4.05	4.01	3.98	3.95	3.94
5	4.06	3.78	3.62	3.52	3.45	3.40	3.37	3.34	3.32
6	3.78	3.46	3.29	3.18	3.11	3.05	3.01	2.98	2.96
7	3.59	3.26	3.07	2.96	2.88	2.83	2.78	2.75	2.72
8	3.46	3.11	2.92	2.81	2.73	2.67	2.62	2.59	2.56
9	3.36	3.01	2.81	2.69	2.61	2.55	2.51	2.47	2.44
10	3.29	2.92	2.73	2.61	2.52	2.46	2.41	2.38	2.35
11	3.23	2.86	2.66	2.54	2.45	2.39	2.34	2.30	2.27
12	3.18	2.81	2.61	2.48	2.39	2.33	2.28	2.24	2.21
13	3.14	2.76	2.56	2.43	2.35	2.28	2.23	2.20	2.16
14	3.10	2.73	2.52	2.39	2.31	2.24	2.19	2.15	2.12
15	3.07	2.70	2.49	2.36	2.27	2.21	2.16	2.12	2.09
16	3.05	2.67	2.46	2.33	2.24	2.18	2.13	2.09	2.06
17	3.03	2.64	2.44	2.31	2.22	2.15	2.10	2.06	2.03
18	3.01	2.62	2.42	2.29	2.20	2.13	2.08	2.04	2.00
19	2.99	2.61	2.40	2.27	2.18	2.11	2.06	2.02	1.98
20	2.97	2.59	2.38	2.25	2.16	2.09	2.04	2.00	1.96
21	2.96	2.57	2.36	2.23	2.14	2.08	2.02	1.98	1.95
22	2.95	2.56	2.35	2.22	2.13	2.06	2.01	1.97	1.93
23	2.94	2.55	2.34	2.21	2.11	2.05	1.99	1.95	1.92
24	2.93	2.54	2.33	2.19	2.10	2.04	1.98	1.94	1.91
25	2.92	2.53	2.32	2.18	2.09	2.02	1.97	1.93	1.89
26	2.91	2.52	2.31	2.17	2.08	2.01	1.96	1.92	1.88
27	2.90	2.51	2.30	2.17	2.07	2.00	1.95	1.91	1.87
28	2.89	2.50	2.29	2.16	2.06	2.00	1.94	1.90	1.87
29	2.89	2.50	2.28	2.15	2.06	1.99	1.93	1.89	1.86
30	2.88	2.49	2.28	2.14	2.05	1.98	1.93	1.88	1.85
40	2.84	2.44	2.23	2.09	2.00	1.93	1.87	1.83	1.79
60	2.79	2.39	2.18	2.04	1.95	1.87	1.82	1.77	1.74
120	2.75	2.35	2.13	1.99	1.90	1.82	1.77	1.72	1.68
∞	2.71	2.30	2.08	1.94	1.85	1.77	1.72	1.67	1.63

（续）

n_2＼n_1	10	12	15	20	24	30	40	60	120	∞
1	60.19	60.71	61.22	61.74	62.00	62.26	62.53	62.79	63.06	63.33
2	9.39	9.41	9.42	9.44	9.45	9.46	9.47	9.47	9.48	9.49
3	5.23	5.22	5.20	5.18	5.18	5.17	5.16	5.15	5.14	5.13
4	3.92	3.90	3.87	3.84	3.83	3.82	3.80	3.79	3.78	3.76
5	3.30	3.27	3.24	3.21	3.19	3.17	3.16	3.14	3.12	3.10
6	2.94	2.90	2.87	2.84	2.82	2.80	2.78	2.76	2.74	2.72
7	2.70	2.67	2.63	2.59	2.58	2.56	2.54	2.51	2.49	2.47
8	2.54	2.50	2.46	2.42	2.40	2.38	2.36	2.34	2.32	2.29
9	2.42	2.38	2.34	2.30	2.28	2.25	2.23	2.21	2.18	2.16
10	2.32	2.28	2.24	2.20	2.18	2.16	2.13	2.11	2.08	2.06
11	2.25	2.21	2.17	2.12	2.10	2.08	2.05	2.03	2.00	1.97
12	2.19	2.15	2.10	2.06	2.04	2.01	1.99	1.96	1.93	1.90
13	2.14	2.10	2.05	2.01	1.98	1.96	1.93	1.90	1.88	1.85
14	2.10	2.05	2.01	1.96	1.94	1.91	1.89	1.86	1.83	1.80
15	2.06	2.02	1.97	1.92	1.90	1.87	1.85	1.82	1.79	1.76
16	2.03	1.99	1.94	1.89	1.87	1.84	1.81	1.78	1.75	1.72
17	2.00	1.96	1.91	1.86	1.84	1.81	1.78	1.75	1.72	1.69
18	1.98	1.93	1.89	1.84	1.81	1.78	1.75	1.72	1.69	1.66
19	1.96	1.91	1.86	1.81	1.79	1.76	1.73	1.70	1.67	1.63
20	1.94	1.89	1.84	1.79	1.77	1.74	1.71	1.68	1.64	1.61
21	1.92	1.87	1.83	1.78	1.75	1.72	1.69	1.66	1.62	1.59
22	1.90	1.86	1.81	1.76	1.73	1.70	1.67	1.64	1.60	1.57
23	1.89	1.84	1.80	1.74	1.72	1.69	1.66	1.62	1.59	1.55
24	1.88	1.83	1.78	1.73	1.70	1.67	1.64	1.61	1.57	1.53
25	1.87	1.82	1.77	1.72	1.69	1.66	1.63	1.59	1.56	1.52
26	1.86	1.81	1.76	1.71	1.68	1.65	1.61	1.58	1.54	1.50
27	1.85	1.80	1.75	1.70	1.67	1.64	1.60	1.57	1.53	1.49
28	1.84	1.79	1.74	1.69	1.66	1.63	1.59	1.56	1.52	1.48
29	1.83	1.78	1.73	1.68	1.65	1.62	1.58	1.55	1.51	1.47
30	1.82	1.77	1.72	1.67	1.64	1.61	1.57	1.54	1.50	1.46
40	1.76	1.71	1.66	1.61	1.57	1.54	1.51	1.47	1.42	1.38
60	1.71	1.66	1.60	1.54	1.51	1.48	1.44	1.40	1.35	1.29
120	1.65	1.60	1.55	1.48	1.45	1.41	1.37	1.32	1.26	1.19
∞	1.60	1.55	1.49	1.42	1.38	1.34	1.30	1.24	1.17	1.00

391

$\alpha = 0.05$ （续）

n_2 \ n_1	1	2	3	4	5	6	7	8	9
1	161.4	199.5	215.7	224.6	230.2	234.0	236.8	238.9	240.5
2	18.51	19.00	19.16	19.25	19.30	19.33	19.35	19.37	19.38
3	10.13	9.55	9.28	9.12	9.01	8.94	8.89	8.85	8.81
4	7.71	6.94	6.59	6.39	6.26	6.16	6.09	6.04	6.00
5	6.61	5.79	5.41	5.19	5.05	4.95	4.88	4.82	4.77
6	5.99	5.14	4.76	4.53	4.39	4.28	4.21	4.15	4.10
7	5.59	4.74	4.35	4.12	3.97	3.87	3.79	3.73	3.68
8	5.32	4.46	4.07	3.84	3.69	3.58	3.50	3.44	3.39
9	5.12	4.26	3.86	3.63	3.48	3.37	3.29	3.23	3.18
10	4.96	4.10	3.71	3.48	3.33	3.22	3.14	3.07	3.02
11	4.84	3.98	3.59	3.36	3.20	3.09	3.01	2.95	2.90
12	4.75	3.89	3.49	3.26	3.11	3.00	2.91	2.85	2.80
13	4.67	3.81	3.41	3.18	3.03	2.92	2.83	2.77	2.71
14	4.60	3.74	3.34	3.11	2.96	2.85	2.76	2.70	2.65
15	4.54	3.68	3.29	3.06	2.90	2.79	2.71	2.64	2.59
16	4.49	3.63	3.24	3.01	2.85	2.74	2.66	2.59	2.54
17	4.45	3.59	3.20	2.96	2.81	2.70	2.61	2.55	2.49
18	4.41	3.55	3.16	2.93	2.77	2.66	2.58	2.51	2.46
19	4.38	3.52	3.13	2.90	2.74	2.63	2.54	2.48	2.42
20	4.35	3.49	3.10	2.87	2.71	2.60	2.51	2.45	2.39
21	4.32	3.47	3.07	2.84	2.68	2.57	2.49	2.42	2.37
22	4.30	3.44	3.05	2.82	2.66	2.55	2.46	2.40	2.34
23	4.28	3.42	3.03	2.80	2.64	2.53	2.44	2.37	2.32
24	4.26	3.40	3.01	2.78	2.62	2.51	2.42	2.36	2.30
25	4.24	3.39	2.99	2.76	2.60	2.49	2.40	2.34	2.28
26	4.23	3.37	2.98	2.74	2.59	2.47	2.39	2.32	2.27
27	4.21	3.35	2.96	2.73	2.57	2.46	2.37	2.31	2.25
28	4.20	3.34	2.95	2.71	2.56	2.45	2.36	2.29	2.24
29	4.18	3.33	2.93	2.70	2.55	2.43	2.35	2.28	2.22
30	4.17	3.32	2.92	2.69	2.53	2.42	2.33	2.27	2.21
40	4.08	3.23	2.84	2.61	2.45	2.34	2.25	2.18	2.12
60	4.00	3.15	2.76	2.53	2.37	2.25	2.17	2.10	2.04
120	3.92	3.07	2.68	2.45	2.29	2.17	2.09	2.02	1.96
∞	3.84	3.00	2.60	2.37	2.21	2.10	2.01	1.94	1.88

（续）

n_2 \ n_1	10	12	15	20	24	30	40	60	120	∞
1	241.9	243.9	245.9	248.0	249.1	250.1	251.1	252.2	253.3	254.3
2	19.40	19.41	19.43	19.45	19.45	19.46	19.47	19.48	19.49	19.50
3	8.79	8.74	8.70	8.66	8.64	8.62	8.59	8.57	8.55	8.53
4	5.96	5.91	5.86	5.80	5.77	5.75	5.72	5.69	5.66	5.63
5	4.74	4.68	4.62	4.56	4.53	4.50	4.46	4.43	4.40	4.36
6	4.06	4.00	3.94	3.87	3.84	3.81	3.77	3.74	3.70	3.67
7	3.64	3.57	3.51	3.44	3.41	3.38	3.34	3.30	3.27	3.23
8	3.35	3.28	3.22	3.15	3.12	3.08	3.04	3.01	2.97	2.93
9	3.14	3.07	3.01	2.94	2.90	2.86	2.83	2.79	2.75	2.71
10	2.98	2.91	2.85	2.77	2.74	2.70	2.66	2.62	2.58	2.54
11	2.85	2.79	2.72	2.65	2.61	2.57	2.53	2.49	2.45	2.40
12	2.75	2.69	2.62	2.54	2.51	2.47	2.43	2.38	2.34	2.30
13	2.67	2.60	2.53	2.46	2.42	2.38	2.34	2.30	2.25	2.21
14	2.60	2.53	2.46	2.39	2.35	2.31	2.27	2.22	2.18	2.13
15	2.54	2.48	2.40	2.33	2.29	2.25	2.20	2.16	2.11	2.07
16	2.49	2.42	2.35	2.28	2.24	2.19	2.15	2.11	2.06	2.01
17	2.45	2.38	2.31	2.23	2.19	2.15	2.10	2.06	2.01	1.96
18	2.41	2.34	2.27	2.19	2.15	2.11	2.06	2.02	1.97	1.92
19	2.38	2.31	2.23	2.16	2.11	2.07	2.03	1.98	1.93	1.88
20	2.35	2.28	2.20	2.12	2.08	2.04	1.99	1.95	1.90	1.84
21	2.32	2.25	2.18	2.10	2.05	2.01	1.96	1.92	1.87	1.81
22	2.30	2.23	2.15	2.07	2.03	1.98	1.94	1.89	1.84	1.78
23	2.27	2.20	2.13	2.05	2.01	1.96	1.91	1.86	1.81	1.76
24	2.25	2.18	2.11	2.03	1.98	1.94	1.89	1.84	1.79	1.73
25	2.24	2.16	2.09	2.01	1.96	1.92	1.87	1.82	1.77	1.71
26	2.22	2.15	2.07	1.99	1.95	1.90	1.85	1.80	1.75	1.69
27	2.20	2.13	2.06	1.97	1.93	1.88	1.84	1.79	1.73	1.67
28	2.19	2.12	2.04	1.96	1.91	1.87	1.82	1.77	1.71	1.65
29	2.18	2.10	2.03	1.94	1.90	1.85	1.81	1.75	1.70	1.64
30	2.16	2.09	2.01	1.93	1.89	1.84	1.79	1.74	1.68	1.62
40	2.08	2.00	1.92	1.84	1.79	1.74	1.69	1.64	1.58	1.51
60	1.99	1.92	1.84	1.75	1.70	1.65	1.59	1.53	1.47	1.39
120	1.91	1.83	1.75	1.66	1.61	1.55	1.50	1.43	1.35	1.25
∞	1.83	1.75	1.67	1.57	1.52	1.46	1.39	1.32	1.22	1.00

$\alpha = 0.025$ （续）

$n_2 \backslash n_1$	1	2	3	4	5	6	7	8	9
1	647.8	799.5	864.2	899.6	921.8	937.1	948.2	956.7	963.3
2	38.51	39.00	39.17	39.25	39.30	39.33	39.36	39.37	39.39
3	17.44	16.04	15.44	15.10	14.88	14.73	14.62	14.54	14.47
4	12.22	10.65	9.98	9.60	9.36	9.20	9.07	8.98	8.90
5	10.01	8.43	7.76	7.39	7.15	6.98	6.85	6.76	6.68
6	8.81	7.26	6.60	6.23	5.99	5.82	5.70	5.60	5.52
7	8.07	6.54	5.89	5.52	5.29	5.12	4.99	4.90	4.82
8	7.57	6.06	5.42	5.05	4.82	4.65	4.53	4.43	4.36
9	7.21	5.71	5.08	4.72	4.48	4.32	4.20	4.10	4.03
10	6.94	5.46	4.83	4.47	4.24	4.07	3.95	3.85	3.78
11	6.72	5.25	4.63	4.28	4.04	3.88	3.76	3.66	3.59
12	6.55	5.10	4.47	4.12	3.89	3.73	3.61	3.51	3.44
13	6.41	4.97	4.35	4.00	3.77	3.60	3.48	3.39	3.31
14	6.30	4.86	4.24	3.89	3.66	3.50	3.38	3.29	3.21
15	6.20	4.77	4.15	3.80	3.58	3.41	3.29	3.20	3.12
16	6.12	4.69	4.08	3.73	3.50	3.34	3.22	3.12	3.05
17	6.04	4.62	4.01	3.66	3.44	3.28	3.16	3.06	2.98
18	5.98	4.56	3.95	3.61	3.38	3.22	3.10	3.01	2.93
19	5.92	4.51	3.90	3.56	3.33	3.17	3.05	2.96	2.88
20	5.87	4.46	3.86	3.51	3.29	3.13	3.01	2.91	2.84
21	5.83	4.42	3.82	3.48	3.25	3.09	2.97	2.87	2.80
22	5.79	4.38	3.78	3.44	3.22	3.05	2.93	2.84	2.76
23	5.75	4.35	3.75	3.41	3.18	3.02	2.90	2.81	2.73
24	5.72	4.32	3.72	3.38	3.15	2.99	2.87	2.78	2.70
25	5.69	4.29	3.69	3.35	3.13	2.97	2.85	2.75	2.68
26	5.66	4.27	3.67	3.33	3.10	2.94	2.82	2.73	2.65
27	5.63	4.24	3.65	3.31	3.08	2.92	2.80	2.71	2.63
28	5.61	4.22	3.63	3.29	3.06	2.90	2.78	2.69	2.61
29	5.59	4.20	3.61	3.27	3.04	2.88	2.76	2.67	2.59
30	5.57	4.18	3.59	3.25	3.03	2.87	2.75	2.65	2.57
40	5.42	4.05	3.46	3.13	2.90	2.74	2.62	2.53	2.45
60	5.29	3.93	3.34	3.01	2.79	2.63	2.51	2.41	2.33
120	5.15	3.80	3.23	2.89	2.67	2.52	2.39	2.30	2.22
∞	5.02	3.69	3.12	2.79	2.57	2.41	2.29	2.19	2.11

（续）

$n_2 \backslash n_1$	10	12	15	20	24	30	40	60	120	∞
1	968.6	976.7	984.9	933.1	997.2	1001	1006	1010	1014	1018
2	39.40	39.41	39.43	39.45	39.46	39.46	39.47	39.48	39.49	39.50
3	14.42	14.34	14.25	14.17	14.12	14.08	14.04	13.99	13.95	13.90
4	8.84	8.75	8.66	8.56	8.51	8.46	8.41	8.36	8.31	8.26
5	6.62	6.52	6.43	6.33	6.28	6.23	6.18	6.12	6.07	6.02
6	5.46	5.37	5.27	5.17	5.12	5.07	5.01	4.96	4.90	4.85
7	4.76	4.67	4.57	4.47	4.42	4.36	4.31	4.25	4.20	4.14
8	4.30	4.20	4.10	4.00	3.95	3.89	3.84	3.78	3.73	3.67
9	3.96	3.87	3.77	3.67	3.61	3.56	3.51	3.45	3.39	3.33
10	3.72	3.62	3.52	3.42	3.37	3.31	3.26	3.20	3.14	3.08
11	3.53	3.43	3.33	3.23	3.17	3.12	3.06	3.00	2.94	2.88
12	3.37	3.28	3.18	3.07	3.02	2.96	2.91	2.85	2.79	2.72
13	3.25	3.15	3.05	2.95	2.89	2.84	2.78	2.72	2.66	2.60
14	3.15	3.05	2.95	2.84	2.79	2.73	2.67	2.61	2.55	2.49
15	3.06	2.96	2.86	2.76	2.70	2.64	2.59	2.52	2.46	2.40
16	2.99	2.89	2.79	2.68	2.63	2.57	2.51	2.45	2.38	2.32
17	2.92	2.82	2.72	2.62	2.56	2.50	2.44	2.38	2.32	2.25
18	2.87	2.77	2.67	2.56	2.50	2.44	2.38	2.32	2.26	2.19
19	2.82	2.72	2.62	2.51	2.45	2.39	2.33	2.27	2.20	2.13
20	2.77	2.68	2.57	2.46	2.41	2.35	2.29	2.22	2.16	2.09
21	2.73	2.64	2.53	2.42	2.37	2.31	2.25	2.18	2.11	2.04
22	2.70	2.60	2.50	2.39	2.33	2.27	2.21	2.14	2.08	2.00
23	2.67	2.57	2.47	2.36	2.30	2.24	2.18	2.11	2.04	1.97
24	2.64	2.54	2.44	2.33	2.27	2.21	2.15	2.08	2.01	1.94
25	2.61	2.51	2.41	2.30	2.24	2.18	2.12	2.05	1.98	1.91
26	2.59	2.49	2.39	2.28	2.22	2.16	2.09	2.03	1.95	1.88
27	2.57	2.47	2.36	2.25	2.19	2.13	2.07	2.00	1.93	1.85
28	2.55	2.45	2.34	2.23	2.17	2.11	2.05	1.98	1.91	1.83
29	2.53	2.43	2.32	2.21	2.15	2.09	2.03	1.96	1.89	1.81
30	2.51	2.41	2.31	2.20	2.14	2.07	2.01	1.94	1.87	1.79
40	2.39	2.29	2.18	2.07	2.01	1.94	1.88	1.80	1.72	1.64
60	2.27	2.17	2.06	1.94	1.88	1.82	1.74	1.67	1.58	1.48
120	2.16	2.05	1.94	1.82	1.76	1.69	1.61	1.53	1.43	1.31
∞	2.05	1.94	1.83	1.71	1.64	1.57	1.48	1.39	1.27	1.00

395

$\alpha = 0.01$ （续）

n_2 \ n_1	1	2	3	4	5	6	7	8	9
1	4052	4999.5	5403	5625	5764	5859	5928	5982	6022
2	98.50	99.00	99.17	99.25	99.30	99.33	99.36	99.37	99.39
3	34.12	30.82	29.46	28.71	28.24	27.91	27.67	27.49	27.35
4	21.20	18.00	16.69	15.98	15.52	15.21	14.98	14.80	14.66
5	16.26	13.27	12.06	11.39	10.97	10.67	10.46	10.29	10.16
6	13.75	10.92	9.78	9.15	8.75	8.47	8.26	8.10	7.98
7	12.25	9.55	8.45	7.85	7.46	7.19	6.99	6.84	6.72
8	11.26	8.65	7.59	7.01	6.63	6.37	6.18	6.03	5.91
9	10.56	8.02	6.99	6.42	6.06	5.80	5.61	5.47	5.35
10	10.04	7.56	6.55	5.99	5.64	5.39	5.20	5.06	4.94
11	9.65	7.21	6.22	5.67	5.32	5.07	4.89	4.74	4.63
12	9.33	6.93	5.95	5.41	5.06	4.82	4.64	4.50	4.39
13	9.07	6.70	5.74	5.21	4.86	4.62	4.44	4.30	4.19
14	8.86	6.51	5.56	5.04	4.69	4.46	4.28	4.14	4.03
15	8.68	6.36	5.42	4.89	4.56	4.32	4.14	4.00	3.89
16	8.53	6.23	5.29	4.77	4.44	4.20	4.03	3.89	3.78
17	8.40	6.11	5.18	4.67	4.34	4.10	3.93	3.79	3.68
18	8.29	6.01	5.09	4.58	4.25	4.01	3.84	3.71	3.60
19	8.18	5.93	5.01	4.50	4.17	3.94	3.77	3.63	3.52
20	8.10	5.85	4.94	4.43	4.10	3.87	3.70	3.56	3.46
21	8.02	5.78	4.87	4.37	4.04	3.81	3.64	3.51	3.40
22	7.95	5.72	4.82	4.31	3.99	3.76	6.59	3.45	3.35
23	7.88	5.66	4.78	4.26	3.94	3.71	3.54	3.41	3.30
24	7.82	5.61	4.72	4.22	3.90	3.67	3.50	3.36	3.26
25	7.77	5.57	4.68	4.18	3.85	3.63	3.46	3.32	3.22
26	7.72	5.53	4.64	4.14	3.82	3.59	3.42	3.29	3.18
27	7.68	5.49	4.60	4.11	3.78	3.56	3.39	3.26	3.15
28	7.64	5.45	4.57	4.07	3.75	3.53	3.36	3.23	3.12
29	7.60	5.42	4.54	4.04	3.73	3.50	3.33	3.20	3.09
30	7.56	5.39	4.51	4.02	3.70	3.47	3.30	3.17	3.07
40	7.31	5.18	4.31	3.83	3.51	3.29	3.12	2.99	2.89
60	7.08	4.98	4.13	3.65	3.34	3.12	2.95	2.82	2.72
120	6.85	4.79	3.95	3.48	3.17	2.96	2.79	2.66	2.56
∞	6.63	4.61	3.78	3.32	3.02	2.80	2.64	2.51	2.41

396

（续）

n_2 \ n_1	10	12	15	20	24	30	40	60	120	∞
1	6056	6106	6157	6209	6235	6261	6287	6313	6339	6366
2	99.40	99.42	99.43	99.45	99.46	99.47	99.47	99.48	99.49	99.50
3	27.23	27.05	26.87	26.69	26.60	26.50	26.41	26.32	26.22	26.13
4	14.55	14.37	14.20	14.02	13.93	13.84	13.75	13.65	13.56	13.46
5	10.05	9.89	9.72	9.55	9.47	9.38	9.29	9.20	9.11	9.02
6	7.87	7.72	7.56	7.40	7.31	7.23	7.14	7.06	6.97	6.88
7	6.62	6.47	6.31	6.16	6.07	5.99	5.91	5.82	5.74	5.65
8	5.81	5.67	5.52	5.36	5.28	5.20	5.12	5.03	4.95	4.86
9	5.26	5.11	4.96	4.81	4.73	4.65	4.57	4.48	4.40	4.31
10	4.85	4.71	4.56	4.41	4.33	4.25	4.17	4.08	4.00	3.91
11	4.54	4.40	4.25	4.10	4.02	3.94	3.86	3.78	3.69	3.60
12	4.30	4.16	4.01	3.86	3.78	3.70	3.62	3.54	3.45	3.36
13	4.10	3.96	3.82	3.66	3.59	3.51	3.43	3.34	3.25	3.17
14	3.94	3.80	3.66	3.51	3.43	3.35	3.27	3.18	3.09	3.00
15	3.80	3.67	3.52	3.37	3.29	3.21	3.13	3.05	2.96	2.87
16	3.69	3.55	3.41	3.26	3.18	3.10	3.02	2.93	2.84	2.75
17	3.59	3.46	3.31	3.16	3.08	3.00	2.92	2.83	2.75	2.65
18	3.51	3.37	3.23	3.08	3.00	2.92	2.84	2.75	2.66	2.57
19	3.43	3.30	3.15	3.00	2.92	2.84	2.76	2.67	2.58	2.49
20	3.37	3.23	3.09	2.94	2.86	2.78	2.69	2.61	2.52	2.42
21	3.31	3.17	3.03	2.88	2.80	2.72	2.64	2.55	2.46	2.36
22	3.26	3.12	2.98	2.83	2.75	2.67	2.58	2.50	2.40	2.31
23	3.21	3.07	2.93	2.78	2.70	2.62	2.54	2.45	2.35	2.26
24	3.17	3.03	2.89	2.74	2.66	2.58	2.49	2.40	2.31	2.21
25	3.13	2.99	2.85	2.70	2.62	2.54	2.45	2.36	2.27	2.17
26	3.09	2.96	2.81	2.66	2.58	2.50	2.42	2.33	2.23	2.13
27	3.06	2.93	2.78	2.63	2.55	2.47	2.38	2.29	2.20	2.10
28	3.03	2.90	2.75	2.60	2.52	2.44	2.35	2.26	2.17	2.06
29	3.00	2.87	2.73	2.57	2.49	2.41	2.33	2.23	2.14	2.03
30	2.98	2.84	2.70	2.55	2.47	2.39	2.30	2.21	2.11	2.01
40	2.80	2.66	2.52	2.37	2.29	2.20	2.11	2.02	1.92	1.80
60	2.63	2.50	2.35	2.20	2.12	2.03	1.94	1.84	1.73	1.60
120	2.47	2.34	2.19	2.03	1.95	1.86	1.76	1.66	1.53	1.38
∞	2.32	2.18	2.04	1.88	1.79	1.70	1.59	1.47	1.32	1.00

397

$$\alpha = 0.005$$ (续)

n_2 \ n_1	1	2	3	4	5	6	7	8	9
1	16211	20000	21615	22500	23056	23437	23715	23925	24091
2	198.5	199.0	199.2	199.2	199.3	199.3	199.4	199.4	199.4
3	55.55	49.80	47.47	46.19	45.39	44.84	44.43	44.13	43.88
4	31.33	26.28	24.26	23.15	22.46	21.97	21.62	21.35	21.14
5	22.78	18.81	16.53	15.56	14.96	14.51	14.20	13.96	13.77
6	18.63	14.54	12.92	12.08	11.46	11.07	10.79	10.57	10.39
7	16.24	12.40	10.88	10.05	9.52	9.16	8.89	8.68	8.51
8	14.69	11.04	9.60	8.81	8.30	7.95	7.69	7.50	7.34
9	13.61	10.11	8.72	7.96	7.47	7.13	6.88	6.69	6.54
10	12.83	9.43	8.08	7.34	6.87	6.54	6.30	6.12	5.97
11	12.23	8.91	7.60	6.88	6.42	6.10	5.86	5.68	5.54
12	11.75	8.51	7.23	6.52	6.07	5.76	5.52	5.35	5.20
13	11.37	8.19	6.93	6.23	5.79	5.48	5.25	5.08	4.94
14	11.06	7.92	6.68	6.00	5.56	5.26	5.03	4.86	4.72
15	10.80	7.70	6.48	5.80	5.37	5.07	4.85	4.67	4.54
16	10.58	7.51	6.30	5.64	5.21	4.91	4.69	4.52	4.38
17	10.38	7.35	6.16	5.50	5.07	4.78	4.56	4.39	4.25
18	10.22	7.21	6.03	5.37	4.96	4.66	4.44	4.28	4.14
19	10.07	7.09	5.92	5.27	4.85	4.56	4.34	4.18	4.04
20	9.94	6.99	5.82	5.17	4.76	4.47	4.26	4.09	3.96
21	9.83	6.89	5.73	5.09	4.68	4.39	4.18	4.01	3.88
22	9.73	6.81	5.65	5.02	4.61	4.32	4.11	3.94	3.81
23	9.63	6.73	5.58	4.95	4.54	4.26	4.05	3.88	3.75
24	9.55	6.66	5.52	4.89	4.49	4.20	3.99	3.83	3.69
25	9.48	6.60	5.46	4.84	4.43	4.15	3.94	3.78	3.64
26	9.41	6.54	5.41	4.79	4.38	4.10	3.89	3.73	3.60
27	9.34	6.49	5.36	4.74	4.34	4.06	3.85	3.69	3.56
28	9.28	6.44	5.32	4.70	4.30	4.02	3.81	3.65	3.52
29	9.23	6.40	5.28	4.66	4.26	3.98	3.77	3.61	3.48
30	9.18	6.35	5.24	4.62	4.23	3.95	3.74	3.58	3.45
40	8.83	6.07	4.98	4.37	3.99	3.71	3.51	3.35	3.22
60	8.49	5.79	4.73	4.14	3.76	3.49	3.29	3.13	3.01
120	8.18	5.54	4.50	3.92	3.55	3.28	3.09	2.93	2.81
∞	7.88	5.30	4.28	3.72	3.35	3.09	2.90	2.74	2.62

（续）

n_2 \ n_1	10	12	15	20	24	30	40	60	120	∞
1	24224	24426	24630	24836	24940	25044	25148	25253	25359	25465
2	199.4	199.4	199.4	199.4	199.5	199.5	199.5	199.5	199.5	199.5
3	43.69	43.39	43.08	42.78	42.62	42.47	42.31	42.15	41.99	41.83
4	20.97	20.70	20.44	20.17	20.03	19.89	19.75	19.61	19.47	19.32
5	13.62	13.38	13.15	12.90	12.78	12.66	12.53	12.40	12.27	12.14
6	10.25	10.03	9.81	9.59	9.47	9.36	9.24	9.12	9.00	8.88
7	8.38	8.18	7.97	7.75	7.65	7.53	7.42	7.31	7.19	7.08
8	7.21	7.01	6.81	6.61	6.50	6.40	6.29	6.18	6.06	5.95
9	6.42	6.23	6.03	5.83	5.73	5.62	5.52	5.41	5.30	5.19
10	5.85	5.66	5.47	5.27	5.17	5.07	4.97	4.86	4.75	4.64
11	5.42	5.24	5.05	4.86	4.76	4.65	4.55	4.44	4.34	4.23
12	5.09	4.91	4.72	4.53	4.43	4.33	4.23	4.12	4.01	3.90
13	4.82	4.64	4.46	4.27	4.17	4.07	3.97	3.87	3.76	3.65
14	4.60	4.43	4.25	4.06	3.96	3.86	3.76	3.66	3.55	3.44
15	4.42	4.25	4.07	3.88	3.79	3.69	3.58	3.48	3.37	3.26
16	4.27	4.10	3.92	3.73	3.64	3.54	3.44	3.33	3.22	3.11
17	4.14	3.97	3.79	3.61	3.51	3.41	3.31	3.21	3.10	2.98
18	4.03	3.86	3.68	3.50	3.40	3.30	3.20	3.10	2.99	2.87
19	3.93	3.76	3.59	3.40	3.31	3.21	3.11	3.00	2.89	2.78
20	3.85	3.68	3.50	3.32	3.22	3.12	3.02	2.92	2.81	2.69
21	3.77	3.60	3.43	3.24	3.15	3.05	2.95	2.84	2.73	2.61
22	3.70	3.54	3.36	3.18	3.08	2.98	2.88	2.77	2.66	2.55
23	3.64	3.47	3.30	3.12	3.02	2.92	2.82	2.71	2.60	2.48
24	3.59	3.42	3.25	3.06	2.97	2.87	2.77	2.66	2.55	2.43
25	3.54	3.37	3.20	3.01	2.92	2.82	2.72	2.61	2.50	2.38
26	3.49	3.33	3.15	2.97	2.87	2.77	2.67	2.56	2.45	2.33
27	3.45	3.28	3.11	2.93	2.83	2.73	2.63	2.52	2.41	2.29
28	3.41	3.25	3.07	2.89	2.79	2.69	2.59	2.48	2.37	2.25
29	3.38	3.21	3.04	2.86	2.76	2.66	2.56	2.45	2.33	2.21
30	3.34	3.18	3.01	2.82	2.73	2.63	2.52	2.42	2.30	2.18
40	3.12	2.95	2.78	2.60	2.50	2.40	2.30	2.18	2.06	1.93
60	2.90	2.74	2.57	2.39	2.29	2.19	2.08	1.96	1.83	1.69
120	2.71	2.54	2.37	2.19	2.09	1.98	1.87	1.75	1.61	1.43
∞	2.52	2.36	2.19	3.00	1.90	1.79	1.67	1.53	1.36	1.00

399

附表八 检验相关系数的临界值表

$$P\{|r| > r_\alpha(n-2)\} = \alpha$$

n−2 α	0.10	0.05	0.02	0.01	0.001	f
1	0.98769	0.99692	0.999507	0.999877	0.9999988	1
2	0.90000	0.95000	0.9800	0.99000	0.99900	2
3	0.8054	0.8783	0.93433	0.95873	0.99116	3
4	0.7293	0.8114	0.8822	0.91720	0.97406	4
5	0.6694	0.7545	0.8329	0.8745	0.95074	5
6	0.6215	0.7067	0.7887	0.8343	0.92493	6
7	0.5822	0.6664	0.7498	0.7977	0.8982	7
8	0.5494	0.6319	0.7155	0.7646	0.8721	8
9	0.5214	0.6021	0.6851	0.7348	0.8471	9
10	0.4973	0.5760	0.6581	0.7079	0.8233	10
11	0.4762	0.5529	0.6339	0.6835	0.8010	11
12	0.4575	0.5324	0.6120	0.6614	0.7800	12
13	0.4409	0.5139	0.5923	0.6411	0.7603	13
14	0.4259	0.4973	0.5742	0.6226	0.7420	14
15	0.4124	0.4821	0.5577	0.6055	0.7246	15
16	0.4000	0.4683	0.5425	0.5897	0.7084	16
17	0.3887	0.4555	0.5285	0.5751	0.6932	17
18	0.3783	0.4438	0.5155	0.5614	0.6787	18
19	0.3687	0.4329	0.5034	0.5487	0.6652	19
20	0.3598	0.4227	0.4921	0.5368	0.6524	20
25	0.3233	0.3809	0.4451	0.4869	0.5974	25
30	0.2960	0.3494	0.4093	0.4487	0.5541	30
35	0.2746	0.3246	0.3810	0.4182	0.5189	35
40	0.2573	0.3044	0.3578	0.3932	0.4896	40
45	0.2428	0.2875	0.3384	0.3721	0.4648	45
50	0.2306	0.2732	0.3218	0.3541	0.4433	50
60	0.2108	0.2500	0.2948	0.3248	0.4078	60
70	0.1954	0.2319	0.2737	0.3017	0.3799	70
80	0.1829	0.2172	0.2565	0.2830	0.3568	80
90	0.1726	0.2050	0.2422	0.2673	0.3375	90
100	0.1638	0.1946	0.2301	0.2540	0.3211	100

400

部分习题参考答案

基本练习 1.1

1. (1)否　(2)是　(3)是　(4)是

2. (1) $S = \left\{ \dfrac{0}{30}, \dfrac{1}{30}, \dfrac{2}{30}, \cdots, \dfrac{30 \times 100}{30} \right\}$

   (2) $S = \{3,4,5,\cdots,18\}$

   (3) $S = \{10,11,12,\cdots\}$

   (4)记正品为"1",次品为"0",则样本空间

   $S = \{00,0100,100,1010,0101 \quad 0110 \quad 0111,1110,1011 \quad 1111,1100,1101\}$

   (5)设点的坐标为 (x,y),则

   $S = \{(x,y) \mid x^2 + y^2 \leqslant 1\}$

   (6)设各段长为 x,y,z 则 $S = \{(x,y,z) \mid x + y + z = 1, x>0, y>0, z>0\}$

3. (1)$A\bar{B}\bar{C}$　(2)$AB\bar{C}$　(3)$A\cup B\cup C$　(4)ABC　(5)$\overline{ABC}$

   (6)$\bar{A}B\bar{C} \cup A\bar{B}\bar{C} \cup \bar{A}\bar{B}C \cup ABC$ 或 $\overline{AB \cup BC \cup AC}$

   (7)$\bar{A}\cup\bar{B}\cup\bar{C}$ 或 $\overline{ABC}$,或 $\overline{A}\bar{B}\bar{C} \cup \bar{A}\bar{B}C \cup \bar{A}B\bar{C} \cup A\bar{B}\bar{C} \cup A\bar{B}C \cup AB\bar{C} \cup \bar{A}BC$

   (8)$\bar{A}B\bar{C} \cup A\bar{B}\bar{C} \cup \bar{A}\bar{B}C \cup ABC$

4. (1) $\bar{A}B = \{x \mid \frac{1}{4} \leqslant x \leqslant \frac{1}{2}$ 或 $1 < x < \frac{3}{2}\}$

   (2) $\bar{A} \cup B = \{x \mid 0 \leqslant x \leqslant 2\} = S$

   (3) $\overline{\bar{A}\bar{B}} = A \cup B = B = \{x \mid \frac{1}{4} \leqslant x < \frac{3}{2}\}$

   (4) $AB = A = \{x \mid \frac{1}{2} < x \leqslant 1\}$

5. (1)$A \subset B$　(2)$B \subset A$　(3)$B \cup C \subset A$

8. S

9. $B = \bar{C}$

10. 否,参见例子: $A = \{1,2,3,4,5,6\}, B = \{1,2,3\}, C = \{4,5,6\}$

基本练习 1.2

1. 发芽频率为 $\dfrac{5}{5}, \dfrac{8}{10}, \dfrac{44}{50}, \dfrac{91}{100}, \dfrac{272}{300}, \dfrac{542}{600}$,可取中间数 0.905 为稳定中心,亦可

401

取平均数 $\frac{1}{6}[1+0.8+0.88+0.91+0.907+0.903]=0.9$ 确定

2. $P(A\cup B\cup C)=\frac{7}{8}$

3. $P(AB)=a+b-c,P(A\bar{B})=P(A)-P(AB)=c-b$

$P(\bar{A}\bar{B})=P(\bar{B})-P(A\bar{B})=1-c=1-P(A\cup B)$

5. 因为 $AB=\phi,P(AB)=0$，故 $P(A-B)=P(A)-P(AB)=P(A)$

6. $P(\overline{AB})=0.7$

7. $P(A)=0.5,P(B)=0.65,P(A\cup B)=0.85$，故 $P(AB)=0.3$

8. $P(B)=1-P(A)=1-p$

基本练习1.3

1. $\dfrac{5A_9^3-4A_8^2}{A_{10}^4}=\dfrac{41}{90}=0.4556$

2. $\dfrac{2\times 2}{A_{11}^7}=0.0000024$

3. (1) $\dfrac{C_3^2 C_7^2}{C_{10}^4}=\dfrac{63}{210}=0.3$

    (2) $\dfrac{C_7^4}{C_{10}^4}=\dfrac{35}{210}=0.1667$

4. $\dfrac{A_{10}^7}{10^7}=0.06048$

5. $1-\dfrac{1}{2!}+\dfrac{1}{3!}=\dfrac{2}{3}$

6. (1) $\dfrac{(N-1)!}{N!}=\dfrac{1}{N}$

    (2) $\dfrac{1\cdot(N-1)^{k-1}}{N^k}=\dfrac{(N-1)^{k-1}}{N^k}$

7. 设 $A=\{$出正面次数多于出反面次数$\}$，$B=\{$出反面次数多于出正面次数$\}$，$C=\{$出正面次数等于出反面次数$\}$，则有关系：

$P(A)+P(B)+P(C)=1,P(A)=P(B)$

而 $P(C)=\dfrac{C_{2n}^n}{2^{2n}}$，故 $P(A)=\dfrac{1}{2}\left(1-\dfrac{C_{2n}^n}{2^{2n}}\right)$

8. $1-\dfrac{364^{500}}{365^{500}}=0.7463$

9. 让其中一人先坐好，另一人有 $n-1$ 个座位可坐，故所求概率为 $\dfrac{2}{n-1}(n\geqslant 3)$

10. (1)0.23 (2)$\dfrac{27}{50} = 0.54$

11. 这种抄法可以看作对 N 个车牌号进行 n 次有放回抽样,故所求概率为 $\dfrac{k^n - (k-1)^n}{N^n}$

12. $\dfrac{C_{10}^4 C_{30}^1 + C_{10}^5}{C_{40}^5} = \dfrac{91}{9139} = 0.00996$

13. 设 $A_i = \{$第 i 张考签没被抽到$\}$ $(i = 1,2,3)$

$$P(A_1 \cup A_2 \cup A_3) = 3 \times \dfrac{8}{27} - 3 \times \dfrac{1}{27} = \dfrac{7}{9}$$

14. $P(A) = \dfrac{10! \ 2^{10}}{20!} = \dfrac{1}{19!!}$ $\quad$ $P(B) = \dfrac{20!! \ 18!!}{20!} = \dfrac{18!!}{19!!}$

15. $\dfrac{1}{2} + \dfrac{1}{\pi}$

17. $a < \dfrac{10}{9}$

基本练习 1.4

1. (1)$\dfrac{5}{36}$ (2)$\dfrac{1}{9}$

2. (1)0.24 (2)0.424

3. $P(A) = \dfrac{23}{30} = 0.76667$

4. $\dfrac{2}{3} \times 0.97 + \dfrac{1}{3} \times 0.98 = 0.97333$

5. (1) 0.012 (2)0.5

6. 设 $A_i = \{$第 i 次接通电话$\}$ $(i = 1,2,3)$

(1) $P(A_1 \cup \bar{A}_1 A_2 \cup \bar{A}_1 \bar{A}_2 A_3) = \dfrac{3}{10} = 0.3$ (2) 0.6

7. (1)$\dfrac{28}{45}$ (2)$\dfrac{1}{45}$ (3)$\dfrac{16}{45}$ (4)$\dfrac{2}{10} \times \dfrac{1}{9} + \dfrac{8}{10} \times \dfrac{2}{9} = \dfrac{1}{5}$

8. 设 $A_i = \{$取到一批产品中的第 i 等品$\}$ $(i = 1,2,3)$

$$P(A_1 \mid \bar{A}_3) = \dfrac{0.6}{1 - 0.1} = \dfrac{2}{3}$$

9. 设 A、B 分别表示取到 A、B 厂的产品的事件,C 为取到次品的事件,则

$$P(A \mid C) = \frac{P(AC)}{P(C)} = \frac{0.006}{0.014} = \frac{3}{7}$$

10. $\dfrac{C_{20}^1}{C_{50}^1} \cdot \dfrac{C_{19}^1}{C_{49}^1} + \dfrac{C_{30}^1}{C_{50}^1} \cdot \dfrac{C_{20}^1}{C_{49}^1} = \dfrac{2}{5}$

11. 设 $A_i = \{$考生的报名表是第 i 个地区的$\}(i = 1,2,3)$

　　$B_j = \{$第 j 次取到的报名表是女生的$\}(j = 1,2)$

　　$(1)\ p = P(B) = \sum_{i=1}^{3} P(A_i) P(B \mid A_i) = \dfrac{29}{90}$

　　$(2)\ q = P(B_1 \mid \bar{B}_2) = \dfrac{P(B_1 \bar{B}_2)}{P(\bar{B}_2)} = \dfrac{\sum\limits_{i=1}^{3} P(A_i) P \mid B_1 \bar{B}_2 \mid A_i)}{\sum\limits_{i=1}^{3} P(A_i) P(\bar{B}_2 \mid A_i)} = \dfrac{20}{61}$

12. $(1)\ \dfrac{1}{2}$　$(2)\ \dfrac{2}{9}$

基本练习1.5

1. $0.9^3 \times 0.7 = 0.5103$

2. 设 $A_i = \{$第 i 次 A 发生$\}$,且 $P(A_i) = p(0 < p < 1)$

　　$P(n$ 次独立试验中 A 至少发生 1 次$) = 1 - (1 - p)^n$

3. 0.1024

4. 设 $A = \{$目标被炸毁$\}$,$B_0 = \{$无机到达目的地,即长机被击落$\}$,$B_1 = \{$长机
独立到达$\}$,$B_2 = \{$长机与任一僚机到达$\}$,$B_3 = \{$长机与二僚机均到达$\}$,

　　$P(A) = \sum_{j=0}^{3} P(B_i) P(A \mid B_i)$,注意其中 $P(A \mid B_2) = 0.3 + 0.3 - 0.3^2 = $

　　0.51　$P(A \mid B_3) = 0.3 \times 3 - 0.3^2 \times 3 + 0.3^3 = 0.657$,故$P(A) = 0.47654$

6. $P(\bar{B} \mid A) = P(\bar{B}) = 0.5$

7. $(1)\ R_1 = 2p^2 + p^3 - 2p^4 - p^5 + p^6$

　　$(2)\ R_2 = p \cdot p^2 (2 - p)^2 + (1 - p) \cdot p^2 (2 - p^2) = $

　　　　$2p^2 + 2p^3 - 5p^4 + 2p^5$

8. 由 $P(A \cup B \cup C) = 3P(A) - 3P^2(A) = \dfrac{9}{16}$ 得 $P(A) = \dfrac{1}{4}$

9. $P(A) = P(B) = \dfrac{2}{3}$

10. $1 - (1 - \dfrac{1}{2})^3 = \dfrac{7}{8}$

11. 设 $A_i = \{$能从第 i 个图书馆借到此书$\}$ $(i=1,2,3)$

$$P(A_1 \cup A_2 \cup A_3) = \frac{37}{64}$$

12. 设 $A_i = \{$第 i 次射击击中野兔$\}$ $(i=1,2,3)$

$$P(A_1 \cup \bar{A}_1 A_2 \cup \bar{A}_1 \bar{A}_2 A_3) = \frac{95}{144} = 0.6597$$

13. 设 A_1, A_2, A_3 分别表示物品损坏 2%, 10%, 90% 的事件, B 为取到三件好品的事件, 可由 $P(A_1 \mid B) = 0.87314$, $P(A_2 \mid B) = 0.1268$, $P(A_3 \mid B) = 0.00006$, 可以认为这批物品的损坏率 2%。

基本练习 2.1

1. (1) 令 $X = 3$ 次射击中击中的次数, 可能取值为 0,1,2,3

    (2) 令 $X = $ 直到首次击中停止时总射击次数, 可能的取值为 $1,2,3,\cdots$

    (3) 令 $X = 5$ 个产品中的正品数, 可能取值为 $0,1,2,\cdots,5$

    (4) 令 $X = $ 取出的一件产品所属等级, 可能的取值为 1,2,3,4

    (5) 令 $X = $ 两颗骰子点数之和, 可能的取值为 $2,3,\cdots,12$

2. $F_3(x)$ 与 $F_4(x)$ 可作为 X 的分布函数。

3. $F_2(x)$ 不能作为 X 的分布函数。

4. $P\{X = i\} = \dfrac{1}{6}$ $i = 1,2,3,4,5,6$

$$F(x) = \begin{cases} 0 & x < 1 \\[4pt] \dfrac{1}{6} & 1 \leqslant x < 2 \\[6pt] \dfrac{2}{6} & 2 \leqslant x < 3 \\[6pt] \dfrac{3}{6} & 3 \leqslant x < 4 \\[6pt] \dfrac{4}{6} & 4 \leqslant x < 5 \\[6pt] \dfrac{5}{6} & 5 \leqslant x < 6 \\[6pt] 1 & x \geqslant 6 \end{cases}$$

405

基本练习 2.2

1.

X	0	1	2
p_k	0.1	0.6	0.3

$$F(x) = \begin{cases} 0 & x < 0 \\ 0.1 & 0 \le x < 1 \\ 0.7 & 1 \le x < 2 \\ 1 & x \ge 2 \end{cases}$$

2. (1) $P\{X = k\} = 0.8 \cdot 0.2^{k-1} \quad k = 1, 2, \cdots$

$$F(x) = \sum_{k \le x} 0.8 \cdot 0.2^{k-1}$$

(2) $P\{2 < X \le 4\} = P\{X = 3\} + P\{X = 4\} = 0.8 \cdot 0.2^2 + 0.8 \cdot 0.2^3 = 0.0384$

$P\{X > 3\} = 1 - 0.8 - 0.8 \cdot 0.2 - 0.8 \cdot 0.2^2 = 0.008$

3. (1) $C_{1000}^3 \cdot 0.005^3 \cdot 0.995^{997} \approx \dfrac{5^3}{3!} e^{-5} = 0.14037$

(2) $\displaystyle\sum_{k=3}^{1000} C_{1000}^k \cdot 0.005^k \cdot 0.995^{1000-k} \approx \sum_{k=3}^{\infty} \dfrac{5^k}{k!} e^{-5} = 0.875348$

4. ≥ 9

5.

X	-1	1	3
p_k	0.4	0.4	0.2

6.

X	2	3	4	5	6	7	8	9	10	11	12
p_k	$\dfrac{1}{36}$	$\dfrac{2}{36}$	$\dfrac{3}{36}$	$\dfrac{4}{36}$	$\dfrac{5}{36}$	$\dfrac{6}{36}$	$\dfrac{5}{36}$	$\dfrac{4}{36}$	$\dfrac{3}{36}$	$\dfrac{2}{36}$	$\dfrac{1}{36}$

7.

X	0	1	2	3
p_k	$\dfrac{1}{8}$	$\dfrac{3}{8}$	$\dfrac{3}{8}$	$\dfrac{1}{8}$

8. $P\{X = 0\} = C_3^0 0.9^3 = 0.729$, $P\{X = 1\} = C_3^1 \cdot 0.1 \cdot 0.9^2 = 0.243$, $P\{X = 2\} = C_3^2 \cdot 0.1^2 \cdot 0.9 = 0.027$

$P\{X = 3\} = C_3^3 \cdot 0.1^3 = 0.001$

$$F(x) = \begin{cases} 0 & x < 0 \\ 0.729 & 0 \le x < 1 \\ 0.972 & 1 \le x < 2 \\ 0.999 & 2 \le x < 3 \\ 1 & x \ge 3 \end{cases}$$

9. 设 $X = 5$ 次中国徽出现次数，$A = \{5$ 次中至少有一次掷不出国徽$\}$

$$P\{X = k\} = C_5^k\left(\frac{1}{2}\right)^5 \quad k = 0,1,2,3,4,5$$

由 $P\{X = k|A\} = \dfrac{P\{X = k\}}{P(A)}(k = 0,1,2,3,4,5)$ 可得 Y 的分布律

Y	0	$\frac{1}{4}$	$\frac{2}{3}$	$\frac{3}{2}$	4
p_k	$\frac{1}{31}$	$\frac{5}{31}$	$\frac{10}{31}$	$\frac{10}{31}$	$\frac{5}{31}$

10. 设 $X =$ 恰好发现一例患色盲者所需检查的人数，

$$P\{X = k\} = 0.0025 \cdot 0.9975^{k-1} \quad k = 1,2,\cdots$$

(1) $P\{X \geqslant 25\} = \displaystyle\sum_{k=25}^{\infty} 0.0025 \cdot 0.9975^{k-1} = 0.9975^{24} \approx 0.94169$

(2) 由 $P\{X \leqslant n\} \geqslant 0.9$ 得 $n \geqslant \dfrac{\ln 0.10}{\ln 0.9975} = 919.8827 \approx 920$

11. (1) $P\{X = k\} = \dfrac{C_{20}^k C_{980}^{6-k}}{C_{1000}^6} \quad k = 0,1,2,\cdots,6$

(2) $P\{X \geqslant 2\} = 0.005437$

(3) $P\{X = 3\} = 0.00015$

407

12. (1) $P\{X = k\} = C_{10-k}^5 0.5^{10-k} \quad k = 0,1,2,\cdots,5$

(2) $P\{X \leqslant 1\} = 0.4922$

13. (1) $P\{X = k\} = C_8^k p^k (1-p)^{8-k} \quad k = 0,1,2,\cdots,8$

(2) $P\{X = 5\} = C_8^5 p^5 (1-p)^3$

(3) $P\{$向右连走 5 步，再向上走 3 步$|X = 5\} = \dfrac{1}{C_8^5} = \dfrac{1}{56}$

14. 0.00086

15. (1) $P\{X = k\} = q^{k-4}p \quad k = 4,5,6,\cdots$

(2) $P\{X \geqslant 6\} = q^2$

基本练习 2.3

1. (1) $a = \dfrac{\lambda}{2},F(x) = \begin{cases} \dfrac{1}{2}e^{\lambda x} & x < 0 \\ 1 - \dfrac{1}{2}e^{-\lambda x} & x \geqslant 0 \end{cases}$

$(2)\,b = 1 \qquad F(x) = \begin{cases} 0 & x < 0 \\ \dfrac{x^2}{2} & 0 \leqslant x < 1 \\ \dfrac{3}{2} - \dfrac{1}{x} & 1 \leqslant x < 2 \\ 1 & x \geqslant 2 \end{cases}$

2. 0.8

3. $a = -1200$,为一级品概率:0.4346

4. (1)0.0376;0.0222;0.0228

   $(2)P\{\mu - k\sigma < X < \mu + k\sigma\} = \Phi(k) - \Phi(-k) = 2\Phi(k) - 1$

   $k = 1, 0.6826$; $k = 2, 0.9544$; $k = 3, 0.9974$

5. (1)走第二条路　　(2)走第一条路

6. (1)0.3707　　(2)≥182cm

7. $f_2(x)$

408

8. (1) $f(x) = \begin{cases} \dfrac{1}{0.0001} & -0.00005 \leqslant x \leqslant 0.00005 \\ 0 & \text{其它} \end{cases}$

   $F(x) = \begin{cases} 0 & x < -0.00005 \\ \dfrac{x + 0.00005}{0.0001} & -0.00005 \leqslant x \leqslant 0.00005 \\ 1 & x \geqslant 0.00005 \end{cases}$

   (2) $P\{0.00003 \leqslant X \leqslant 0.00006\} = 0.2$

9. 先求 $P\{X > 3\} = \dfrac{2}{3}; \dfrac{20}{27}$

10. 先求 $P\{X > 1000\} = 0.8187; 0.9133$

11. 先由 $P\{X > 96\} = 0.0228$,求出 $\sigma = 12; 0.6826$

12. (1)0.064146　　(2)0.008983

13. (1)$P\{|X| > 19.6\} = 0.05$　　(2)0.881737,近似值 0.8705348

14. 由 $P\{X \leqslant 90\} = 0.9641, P\{X < 60\} = 0.1151$ 得 $\mu = 72, \sigma = 10$

   再由 $P\{X \leqslant a\} = 0.75$　得　$a = 78.75 \approx 79$ 分

15. $(1)f(t) = \begin{cases} \lambda e^{-\lambda t} & t > 0 \\ 0 & t \leqslant 0 \end{cases}$

   $(2)P\{T > 16 | T > 8\} = e^{-8\lambda}$

基本练习 2.4

1. (1)

Y	$-\dfrac{\pi}{3}$	0	$\dfrac{\pi}{3}$
p_k	0.2	0.3	0.5

(2)

Z	0	1
p_k	0.7	0.3

2. $(1)\,f_Y(y) = \begin{cases} \dfrac{2}{y^2}\mathrm{e}^{-\frac{2}{y}} & y > 0 \\ 0 & y \leqslant 0 \end{cases}$

$(2)\,f_Z(z) = \begin{cases} 2z & 0 < z < 1 \\ 0 & \text{其它} \end{cases} \quad P\left\{ -\dfrac{1}{2} < Z < \dfrac{1}{2} \right\} = \dfrac{1}{4}$

3. $f_Y(y) = \begin{cases} \dfrac{1}{2\sqrt{y+1}} & -1 < y < 0 \\ 0 & \text{其它} \end{cases}$

4.

Y	-1	1
p_k	$\dfrac{1}{2}$	$\dfrac{1}{2}$

5. $(1)\,f_{Y_1}(y) = \begin{cases} \dfrac{2\sqrt[3]{2}}{3\pi(y\sqrt[3]{y} + \sqrt[3]{4y^2})} & y > 0 \\ 0 & y \leqslant 0 \end{cases}$

$(2)\,f_{Y_2}(y) = \dfrac{2\ln 2}{\pi(2^{-y} + 2^y)} \quad -\infty < y < +\infty$

6. $f(x) = \begin{cases} \dfrac{1}{\pi\sqrt{R^2 - x^2}} & -R < x < R \\ 0 & \text{其它} \end{cases}$

$F(x) = \begin{cases} 0 & x < -R \\ 1 - \dfrac{1}{\pi}\arccos\dfrac{x}{R} & -R \leqslant x < R \\ 1 & x \geqslant R \end{cases}$

7. $f(x) = \begin{cases} \dfrac{2(h-x)}{h^2} & 0 < x < h \\ 0 & \text{其它} \end{cases}$

$$F(x) = \begin{cases} 0 & x < 0 \\ 1 - \left(\dfrac{h-x}{h}\right)^2 & 0 \leqslant x \leqslant h \\ 1 & x \geqslant h \end{cases}$$

8. (1) $A = \dfrac{1}{2}$

(2) $f_Y(y) = \begin{cases} \dfrac{1}{2}\dfrac{1}{\sqrt{1-y^2}}\cos(\arcsin y) & -1 < y < 1 \\ 0 & \text{其它} \end{cases}$

(3) 0.5

基本练习3.1

1. (1)

X＼Y	0	1	$p_i.$
0	$\dfrac{9}{64}$	$\dfrac{15}{64}$	$\dfrac{24}{64}$
1	$\dfrac{15}{64}$	$\dfrac{25}{64}$	$\dfrac{40}{64}$
$p.j$	$\dfrac{24}{64}$	$\dfrac{40}{60}$	1

(2)

X＼Y	0	1	$p_i.$
0	$\dfrac{6}{56}$	$\dfrac{15}{56}$	$\dfrac{21}{56}$
1	$\dfrac{15}{56}$	$\dfrac{20}{56}$	$\dfrac{35}{56}$
$p.j$	$\dfrac{21}{56}$	$\dfrac{35}{56}$	1

2. (1) $F(x,y) = \begin{cases} 0 & x < 0 \text{ 或 } y < 0 \\ \dfrac{1}{2}(x^2 y + xy^2) & 0 \leqslant x < 1, 0 \leqslant y < 1 \\ \dfrac{1}{2}(x^2 + x) & 0 \leqslant x < 1, y \geqslant 1 \\ \dfrac{1}{2}(y^2 + y) & x \geqslant 1, 0 \leqslant y < 1 \\ 1 & x \geqslant 1, y \geqslant 1 \end{cases}$

$f_X(x) = \begin{cases} x + \dfrac{1}{2} & 0 < x < 1 \\ 0 & \text{其它} \end{cases}$, $\quad f_Y(y) = \begin{cases} y + \dfrac{1}{2} & 0 < y < 1 \\ 0 & \text{其它} \end{cases}$

(2) $F(x,y) = \begin{cases} 0 & x < 0 \text{ 或 } y < 0 \\ 2xy & 0 \leqslant x < 1, 0 \leqslant y < 1, x+y < 1 \\ 1 - (1-x)^2 - (1-y)^2 & 0 \leqslant x < 1, 0 \leqslant y < 1, x+y \geqslant 1 \\ 1 - (1-y)^2 & x \geqslant 1, 0 \leqslant y < 1 \\ 1 - (1-x)^2 & y \geqslant 1, 0 \leqslant x < 1 \\ 1 & x \geqslant 1, y \geqslant 1 \end{cases}$

$$f_X(x) = \begin{cases} 2(1-x) & 0 < x < 1 \\ 0 & \text{其它} \end{cases} \quad f_Y(y) = \begin{cases} 2(1-y) & 0 < y < 1 \\ 0 & \text{其它} \end{cases}$$

$$(3) F(x,y) = \begin{cases} 0 & x < 0 \text{ 或 } y < 0 \\ x^2 y^2 & 0 \leqslant x < 1, 0 \leqslant y < 1 \\ x^2 & 0 \leqslant x < 1, y > 1 \\ y^2 & x \geqslant 1, 0 \leqslant y < 1 \\ 1 & x \geqslant 1, y \geqslant 1 \end{cases}$$

$$f_X(x) = \begin{cases} 2x & 0 < x < 1 \\ 0 & \text{其它} \end{cases} \quad f_Y(y) = \begin{cases} 2y & 0 < y < 1 \\ 0 & \text{其它} \end{cases}$$

3. (1) $C = 24$

(2) $f_X(x) = \begin{cases} 12x^2(1-x) & 0 < x < 1 \\ 0 & \text{其它} \end{cases}$

$f_Y(y) = \begin{cases} 12y(1-y)^2 & 0 < y < 1 \\ 0 & \text{其它} \end{cases}$

(3) $P\left\{ \dfrac{1}{4} < X < \dfrac{1}{2}, Y < \dfrac{1}{2} \right\} = \dfrac{67}{256}$

4. (1) $f(x,y) = \dfrac{6}{\pi^2(4+x^2)(9+y^2)} \quad -\infty < x < +\infty \quad -\infty < y < +\infty$

$f_X(x) = \dfrac{2}{\pi(4+x^2)} \quad -\infty < x < +\infty$

$f_Y(y) = \dfrac{3}{\pi(9+y^2)} \quad -\infty < y < +\infty$

(2) $P\{0 \leqslant X < 2, Y < 3\} = 0.1875$

411

5. (1) $C = 12$

(2) $F(x,y) = \begin{cases} (1-e^{-3x})(1-e^{-4y}) & x > 0, y > 0 \\ 0 & \text{其它} \end{cases}$

$f_X(x) = \begin{cases} 3e^{-3x} & x > 0 \\ 0 & x \leqslant 0 \end{cases} \quad f_Y(y) = \begin{cases} 4e^{-4y} & y > 0 \\ 0 & y \leqslant 0 \end{cases}$

(3) $P\{0 < X \leqslant 1, 0 < Y \leqslant 2\} = (1-e^{-3})(1-e^{-8})$

6. $f_X(x) = \dfrac{1}{\sqrt{2\pi}} e^{-\frac{x^2}{2}}, f_Y(y) = \dfrac{1}{\sqrt{2\pi}} e^{-\frac{y^2}{2}}$

$P\{X \leqslant Y\} = 0.5$

7. 否，不满足 $F(x_2, y_2) - F(x_2, y_1) - F(x_1, y_2) + F(x_1, y_1) \geqslant 0 (x_1 < x_2, y_1 < y_2)$ 如取 $x_1 = y_1 = -1, x_2 = y_2 = 1$

8.

X \ Y	1	2	3
1	0	$\dfrac{1}{6}$	$\dfrac{1}{12}$
2	$\dfrac{1}{6}$	$\dfrac{1}{6}$	$\dfrac{1}{6}$
3	$\dfrac{1}{12}$	$\dfrac{1}{6}$	0

9.

X \ Y	0	1	2	$p_{i\cdot}$
0	$\dfrac{4}{36}$	$\dfrac{4}{36}$	$\dfrac{1}{36}$	$\dfrac{9}{36}$
1	$\dfrac{8}{36}$	$\dfrac{8}{36}$	$\dfrac{2}{36}$	$\dfrac{18}{36}$
2	$\dfrac{4}{36}$	$\dfrac{4}{36}$	$\dfrac{1}{36}$	$\dfrac{9}{36}$
$p_{\cdot j}$	$\dfrac{16}{36}$	$\dfrac{16}{36}$	$\dfrac{4}{36}$	1

10. $P\{X=n\} = \dfrac{\lambda^n}{n!}\mathrm{e}^{-\lambda} \qquad n = 0,1,2,\cdots$

$P\{Y=m\} = \dfrac{(\lambda p)^m}{m!}\mathrm{e}^{-\lambda p} \qquad m = 0,1,2,\cdots$

11. $P\{X=i,Y=j\} = \dfrac{5!}{i!\,j!\,(5-i-j)!}\left(\dfrac{3}{10}\right)^i\left(\dfrac{5}{10}\right)^j\left(\dfrac{2}{10}\right)^{5-i-j} \qquad i,j = 0,1,2,3,4,$

$5; i+j \leqslant 5$

$P\{X=i\} = C_5^i\left(\dfrac{3}{10}\right)^i\left(\dfrac{7}{10}\right)^{5-i} \qquad i = 0,1,2,3,4,5$

$P\{Y=j\} = C_5^j\left(\dfrac{5}{10}\right)^j\left(\dfrac{5}{10}\right)^{5-j} \qquad j = 0,1,2,3,4,5$

12. 是,只需验证 $f(x,y) \geqslant 0$,且 $\displaystyle\int_{-\infty}^{+\infty}\int_{-\infty}^{+\infty} f(x,y)\,\mathrm{d}x\mathrm{d}y = 1$

13. $(1) C = \dfrac{3}{\pi R^3}$

$(2) P\{X^2 + Y^2 \leqslant 1\} = \dfrac{1}{2}$

14. $(1) C = 1$

$(2) f_X(x) = \begin{cases} \mathrm{e}^{-x} & x > 0 \\ 0 & x \leqslant 0 \end{cases}$, $f_Y(y) = \begin{cases} \dfrac{1}{(1+y)^2} & y > 0 \\ 0 & y \leqslant 0 \end{cases}$

15. 由 $-\dfrac{1}{6}(4x^2 + 2xy + y^2 - 8x - 2y + 4) = -\dfrac{1}{2}\left[\dfrac{4}{3}(x-1)^2 + \dfrac{2}{3}(x-1)y + \dfrac{1}{3}\right.$

$\left. y^2 \right]$ 与正态分布密度比较得 $\mu_1 = 1, \mu_2 = 0, \sigma_1^2 = 1, \sigma_2^2 = 4, \rho = -\dfrac{1}{2}$

16. $(1) f(x,y) = \dfrac{1}{\sqrt{3}\pi} \mathrm{e}^{-\frac{2}{3}[(x-3)^2 - (x-3)y + y^2]}$ $-\infty < x, y < +\infty$

$\quad f_X(x) = \dfrac{1}{\sqrt{2\pi}} \mathrm{e}^{-\frac{(x-3)^2}{2}}$ $-\infty < x < +\infty$

$\quad f_Y(y) = \dfrac{1}{\sqrt{2\pi}} \mathrm{e}^{-\frac{y^2}{2}}$ $-\infty < y < +\infty$

$(2) f(x,y) = \dfrac{4}{\sqrt{3}\pi} \mathrm{e}^{-\frac{8}{3}[(x-1)^2 - (x-1)(y-1) + (y-1)^2]}$ $-\infty < x, y < +\infty$

$\quad f_X(x) = \dfrac{2}{\sqrt{2\pi}} \mathrm{e}^{-2(x-1)^2}$ $-\infty < x < +\infty$

$\quad f_Y(y) = \dfrac{2}{\sqrt{2\pi}} \mathrm{e}^{-2(y-1)^2}$ $-\infty < y < +\infty$

$(3) f(x,y) = \dfrac{1}{\pi} \mathrm{e}^{-\frac{1}{2}[(x-1)^2 + 4(y-2)^2]}$ $-\infty < x, y < +\infty$

$\quad f_X(x) = \dfrac{1}{\sqrt{2\pi}} \mathrm{e}^{-\frac{1}{2}(x-1)^2}$ $-\infty < x < +\infty$

$\quad f_Y(y) = \dfrac{2}{\sqrt{2\pi}} \mathrm{e}^{-2(y-2)^2}$ $-\infty < y < +\infty$

基本练习 3.2

1. $P\{Y=0|X=0\} = \dfrac{6}{13}, P\{Y=1|X=0\} = \dfrac{4}{13}$

$\quad P\{Y=2|X=0\} = \dfrac{3}{13}; P\{Y=0|X=1\} = \dfrac{6}{11}$

$\quad P\{Y=1|X=1\} = \dfrac{3}{11}, P\{Y=2|X=1\} = \dfrac{2}{11}$

$\quad P\{X=0|Y=0\} = \dfrac{1}{2}, P\{X=1|Y=0\} = \dfrac{1}{2}$

$\quad P\{X=0|Y=1\} = \dfrac{4}{7}, P\{X=1|Y=1\} = \dfrac{3}{7}$

$$P\{X=0|Y=2\} = \frac{3}{5}, P\{X=1|Y=2\} = \frac{2}{5}$$

2. $f_{Y|X}(y|x) = \begin{cases} \dfrac{1}{2x} & 0<x<1, |y|<x \\ 0 & \text{其它} \end{cases}$

$f_{X|Y}(x|y) = \begin{cases} \dfrac{1}{1-|y|} & |y|<x<1 \\ 0 & \text{其它} \end{cases}$

$$P\{Y>\frac{1}{2}|X>\frac{1}{2}\} = \frac{1}{6}$$

3. $A=6$

$f_{X|Y}(x|y) = \begin{cases} 2e^{-2x} & x>0 \\ 0 & x\leqslant 0 \end{cases}$, $f_{Y|X}(y|x) = \begin{cases} 3e^{-3y} & y>0 \\ 0 & y\leqslant 0 \end{cases}$

4. $f_{X|Y}(x|y) = \dfrac{1}{\sqrt{2\pi}\sqrt{1-\rho^2}} e^{-\frac{1}{2(1-\rho^2)}[x-\rho y]^2}$

$f_{Y|X}(y|x) = \dfrac{1}{\sqrt{2\pi}\sqrt{1-\rho^2}} e^{-\frac{1}{2(1-\rho^2)}[\rho x-y]^2}$

414

5. $(1) f_{Y|X}(y|x) = \begin{cases} \dfrac{2y}{1-x^2} & 0<x<y<1 \\ 0 & \text{其它} \end{cases}$

$(2) P\{X>\frac{1}{2}\} = \dfrac{17}{64}$

6. $f_{Y|X}(y|x) = \begin{cases} \dfrac{2y}{x^2} & 0<y<x<1 \\ 0 & \text{其它} \end{cases}$

$f_{X|Y}(x|y) = \begin{cases} \dfrac{2(1-x)}{(1-y)^2} & 0<y<x<1 \\ 0 & \text{其它} \end{cases}$

7. $f_{X|Y}(x|y) = \begin{cases} \dfrac{1}{y}e^{-\frac{x}{y}} & x>0, y>0 \\ 0 & \text{其它} \end{cases}$

8. $f_Y(y) = \dfrac{1}{\sqrt{2\pi(\sigma^2+T^2)}}\exp\left\{-\dfrac{1}{2}\dfrac{(y-m)^2}{\sigma^2+T^2}\right\}$

基本练习3.3

1. (1)独立　　(2)不独立

	Y	y_1	y_2	y_3
2.	x_1	$\dfrac{1}{24}$	$\dfrac{1}{8}$	$\dfrac{1}{12}$
	x_2	$\dfrac{1}{8}$	$\dfrac{3}{8}$	$\dfrac{1}{4}$

3. (1)

Y X	0	1
-1	$\dfrac{1}{4}$	0
0	0	$\dfrac{1}{2}$
1	$\dfrac{1}{4}$	0

(2) X 与 Y 不独立

4. (1) 独立　　(2) 不独立

5. $1-e^{-0.5}$

6. $\dfrac{1}{48}$

7. 0.1448

8. $\dfrac{1013}{1152}$

基本练习 3.4

1. (1) $f_Z(z) = \begin{cases} 0 & z<0 \text{ 或 } z \geq 2 \\ z & 0 \leq z < 1 \\ 2-z & 1 \leq z < 2 \end{cases}$

(2) $f_M(z) = \begin{cases} 2z & 0 < z < 1 \\ 0 & \text{其它} \end{cases}$

(3) $f_N(z) = \begin{cases} 2(1-z) & 0 < z < 1 \\ 0 & \text{其它} \end{cases}$

2. $Z = X + Y \sim \pi(\lambda_1 + \lambda_2)$

3. $f_Z(z) = \begin{cases} \dfrac{9}{8}z^2 & 0 < z < 1 \\ \dfrac{3}{8}(4-z^2) & 1 \leq z < 2 \\ 0 & \text{其它} \end{cases}$

4. $(1)f_Z(z) = \begin{cases} 0 & z < 0 \\ 1 - e^{-3z} & 0 \leqslant z < 1 \\ (e^3 - 1)e^{-3z} & z \geqslant 1 \end{cases}$

$(2)f_M(z) = \begin{cases} 0 & z < 0 \\ 1 - e^{-3z} + 3ze^{-3z} & 0 \leqslant z < 1 \\ 3e^{-3z} & z \geqslant 1 \end{cases}$

$(3)f_N(z) = \begin{cases} 4e^{-3z} - 3ze^{-3z} & 0 < z < 1 \\ 0 & 其它 \end{cases}$

5. $f(z) = \begin{cases} ze^{-z} & z > 0 \\ 0 & z \leqslant 0 \end{cases}$

6.

$Z_1 = X + Y$	0	1	2	3
p_k	0.07	0.37	0.37	0.19

$Z_2 = X - Y$	0	1	2	3
p_k	0.15	0.47	0.29	0.09

$Z_3 = XY$	-2	-1	0	1	2
p_k	0.09	0.07	0.50	0.15	0.19

$Z_4 = \dfrac{Y}{X}$	-1	$-\dfrac{1}{2}$	0	$\dfrac{1}{2}$	1
p_k	0.07	0.09	0.50	0.19	0.15

$Z_5 = X^Y$	$\dfrac{1}{2}$	1	2
p_k	0.09	0.72	0.19

因 $P\{Z_1 = 0, Z_2 = 0\} \neq P\{Z_1 = 0\}P\{Z_2 = 0\}$,故 Z_1 与 Z_2 不独立

7.

X \ Y	0	1
0	$q^3 + p^3$	pq
1	pq	pq

8. $f_2(z) = \dfrac{1}{2}e^{-|z|}$ $\qquad -\infty < z < +\infty$

$F_Z(z) = \begin{cases} \dfrac{e^z}{2} & z < 0 \\ 1 - \dfrac{1}{2}e^{-z} & z \geqslant 0 \end{cases}$

9. $f_Z(z) = \begin{cases} \dfrac{1}{2} + \dfrac{z}{4} & -2 \leq z < 0 \\ \dfrac{1}{2} - \dfrac{z}{4} & 0 \leq z < 2 \\ 0 & 其它 \end{cases}$

10. $f_Z(z) = \begin{cases} z^2 & 0 \leq z < 1 \\ 2z - z^2 & 1 \leq z < 2 \\ 0 & 其它 \end{cases}$

$f_M(z) = \begin{cases} 3z^2 & 0 < z < 1 \\ 0 & 其它 \end{cases}$

$f_N(z) = \begin{cases} 1 + 2z - 3z^2 & 0 < z < 1 \\ 0 & 其它 \end{cases}$

基本练习 3.5

1. $f_X(x) = \begin{cases} x + \dfrac{1}{2} & 0 < x < 1 \\ 0 & 其它 \end{cases}$, $f_Y(y) = \begin{cases} y + \dfrac{1}{2} & 0 < y < 1 \\ 0 & 其它 \end{cases}$,

$f_Z(z) = \begin{cases} \mathrm{e}^{-z} & z > 0 \\ 0 & z \leq 0 \end{cases}$, $f_{XY}(x, y) = \begin{cases} x + y & 0 < x, y < 1 \\ 0 & 其它 \end{cases}$,

$f_{XZ}(x, z) = \begin{cases} \left(x + \dfrac{1}{2}\right)\mathrm{e}^{-z} & z > 0 \\ 0 & z \leq 0 \end{cases}$, $f_{YZ}(y, z) = \begin{cases} \left(y + \dfrac{1}{2}\right)\mathrm{e}^{-z} & z > 0 \\ 0 & z \leq 0 \end{cases}$

X, Y, Z 不相互独立,但 (X, Y) 与 Z 相互独立

2. $f_M(z) = \begin{cases} \dfrac{nz^{n-1}}{\alpha^n} & 0 < z < \alpha \\ 0 & 其它 \end{cases}$, $f_N(z) = \begin{cases} \dfrac{n}{\alpha}\left(1 - \dfrac{z}{\alpha}\right)^{n-1} & 0 < z < \alpha \\ 0 & 其它 \end{cases}$

3. 只有很小的概率 $0.1587^4 = 0.00063$

4. $f_X(x) = \begin{cases} 5\left(1 - \mathrm{e}^{-\frac{x^2}{8}}\right)^4 \cdot \dfrac{x}{4}\mathrm{e}^{-\frac{x^2}{8}} & x > 0 \\ 0 & x \leq 0 \end{cases}$

$p\{X > 4\} = 1 - F_X(4) = 1 - \left(1 - \mathrm{e}^{-2}\right)^5 = 0.516676$

基本练习 4.1

1. 1

2. 乙车床性能好

3. (1) $\dfrac{5}{3}$　(2) $\dfrac{10}{9}$

4. $E(X) = \dfrac{q}{p}, E(X^2) = \dfrac{(1+q)q}{p^2}$

5. $E(e^x) = 2e, E\left(\dfrac{1}{X}\right) = 2 - 2\ln2$

6.
X	0	1	2
P_k	$\dfrac{4}{5}$	$\dfrac{8}{45}$	$\dfrac{1}{45}$

　, $E(X) = \dfrac{2}{9}$

7. 14

8. $\dfrac{4}{3}$

9.
X	0	1	2	3
P_k	0.504	0.398	0.092	0.006

　, $E(X) = 0.6$

418

10. (1) $a = \sqrt[3]{4}$　　(2) $E\left(\dfrac{1}{X^2}\right) = \dfrac{3}{4}$

11. 设 $X_i = \begin{cases} 1 & \text{第 } i \text{ 个盒子中有球} \\ 0 & \text{否} \end{cases}$　　$i = 1, 2, \cdots, M$

$$E(X) = \sum_{i=1}^{M} E(X_i) = M\left[1 - \left(1 - \dfrac{1}{M}\right)^n\right]$$

12. $Y = \begin{cases} 5 - X & 0 \leqslant X < 5 \\ 25 - X & 5 \leqslant X < 25 \\ 55 - X & 25 \leqslant X < 55 \\ 60 - X + 5 & 55 \leqslant X < 60 \end{cases}$　$E(Y) = \dfrac{35}{3} \approx 11.67(\text{分})$

13. $\dfrac{\pi}{24}(a^2 + ab^2 + a^2b + b^3) = \dfrac{\pi}{24}(a + b)(a^2 + b^2)$

14. $E(L) = 25\Phi(12 - \mu) - 21\Phi(10 - \mu) - 5$，当 $\mu \approx 10.913$ 时 $E(L)$ 最大。

15. 设 $X =$ 一周共 5 个工作日中机器发生故障的天数，则 $X \sim B(5, 0.2)$

利润 $L(X) = \begin{cases} 10 & X = 0 \\ 5 & X = 1 \\ 0 & X = 2 \\ -2 & X \geqslant 3 \end{cases}$, $E(L) = 5.2092(\text{万元})$

16. $X \sim B\left(3, \dfrac{2}{5}\right), F(x) = \sum_{0 \leqslant k \leqslant x} C_3^k \left(\dfrac{2}{5}\right)^k \left(\dfrac{3}{5}\right)^{5-k}, E(X) = \dfrac{6}{5}$

17. 利润 $L(X) = \begin{cases} 600X - 100a & 10 \leq X \leq a \\ 300X + 200a & a < X \leq 30 \end{cases}$

其中 a 为每周进货数量, $E(L) = 5250 + 350a - 7.5a^2$

当 $E(L) \geq 9280$ 时, 进货量 a 应在 $21 \sim 26$ (单位), 最小为 21 单位。

基本练习 4.2

1. (1) $E(X) = \dfrac{3}{2}, D(X) = \dfrac{3}{4}$

   (2) $E(X) = 0, D(X) = \dfrac{\pi^2}{4} - 2$

2. $D(X) = \dfrac{1-p}{p^2}$

3. $p \geq 0.8889$ 当 $X \sim N(7300, 700^2)$ 时, $p = 0.9974$

4. (1) 719   (2) $2(\pi - 14)$ (3) $9604\pi + 98 = 98(98\pi + 1)$

5. $E(X) = 1, \sqrt{D(X)} = \dfrac{1}{\sqrt{2}}$

6. $D(Y) = D(X_1) + 4D(X_2) + 9D(X_3) = 46$

7. $D(|X - Y|) = 1 - \dfrac{2}{\pi}$

8. $E(X) = 2$

9. $E(XY) = E(X)E(Y) = 4, D(XY) = E(X^2)E(Y^2) - 4^2 = \dfrac{5}{2}$

10. $Z \sim N(5, 3^2)$

419

基本练习 4.3

1. $\mathrm{Cov}(X, Y) = -\dfrac{1}{36}, \rho_{XY} = -\dfrac{1}{11}$

4. (1) 11   (2) 51

5. $E(X) = 3, E(Y) = \dfrac{8}{3}, D(X) = 2, D(Y) = \dfrac{20}{9}, \rho_{XY} = \dfrac{3\sqrt{10}}{160}$

6. $\mathrm{Cov}(X, Y) = -\dfrac{(\pi - 4)^2}{16}, \rho_{XY} = -\dfrac{(\pi - 4)^2}{\pi^2 + 8\pi - 32}$

7. $\mathrm{Cov}(X, Y) = 0, X$ 与 Y 不相关, 但 X 与 Y 不独立 $(Y = X^2)$

8. (1) $E(Z) = \dfrac{1}{3}, D(Z) = 3$

   (2) $\rho_{XZ} = 0$

(3) X 与 Z 相互独立性等价于 $\rho_{XZ}=0$

9. (1) $\rho_{XY}=0$ (2) $f(x,y)\neq f_X(x)f_Y(y)$, X 与 Y 不独立

10. (1) $E(X)=0$, $D(X)=2$

(2) $\mathrm{Cov}(X,|X|)=0$, X 与 $|X|$ 不相关

(3) $P\{X<a\}P\{|X|<a\}\neq P\{X<a,|X|<a\}$, X 与 $|X|$ 不独立

11.

U \ V	0	1
0	$\frac{1}{4}$	0
1	$\frac{1}{4}$	$\frac{1}{2}$

$\rho_{UV}=\dfrac{1}{\sqrt{3}}$

基本练习 4.4

1. $C=\begin{pmatrix} p(1-p) & p(1-p) \\ p(1-p) & p(1-p) \end{pmatrix}$

2. X 与 Y 相互独立, $\mathrm{Cov}(X,Y)=0$

$C=\begin{pmatrix} \dfrac{(b-a)^2}{12} & 0 \\ 0 & \dfrac{(d-c)^2}{12} \end{pmatrix}$

3. $\rho_{XY}=\dfrac{1}{6}$

4. $E(X^k)=k!$, $E(X^kY^l)=\dfrac{k!\,l!}{2^l}$, $E[X-E(X)]^3=2$

5. $E(X^3+Y^3)=\dfrac{1}{3}$

6. $C=\begin{pmatrix} 250 & -26 & 48 \\ -26 & 305 & -76 \\ 48 & -76 & 26 \end{pmatrix}$

7. $\mathrm{Cov}(\xi,\eta)=5$, $\rho_{\xi\eta}=\dfrac{5\sqrt{13}}{26}$

基本练习 5.2

1. (1) $\geqslant 250$ 次   (2) $\geqslant 68$ 次

2. 0.047

3. 0.0128

4. (1) 0.1802   (2) < 443

5. ≥ 14

6. (1) $X \sim B(100, 0.2)$

   (2) $P\{14 \leqslant X \leqslant 30\} \approx 0.927$

7. Y_n 近似服从正态分布 $N\left(\alpha_2, \dfrac{\alpha_4 - \alpha_2^2}{n}\right)$

8. $n \geqslant 16$

9. 座位数 $n \geqslant 90$

10. 设 X = 良种数, 则 $X \sim B\left(6000, \dfrac{1}{6}\right)$, 不超过的界限为 a, 由 P

   $\left\{\left|\dfrac{X}{6000} - \dfrac{1}{6}\right| < a\right\} = 0.99$ 得 $a = 0.0124$

   良种粒数 X 的范围: $925 \leqslant X \leqslant 1075$

基本练习 6.1

2. $f(x_1, x_2, \cdots, x_n) = \dfrac{1}{(2\pi\sigma^2)^{n/2}} e^{-\frac{1}{2\sigma^2}\sum\limits_{i=1}^{n}(x_i - \mu)^2} \quad -\infty < x_i < +\infty$

3. $f(x_1, x_2, \cdots, x_n) = \begin{cases} \dfrac{1}{(b-a)^n} & a < x_i < b \\ 0 & \text{其它} \end{cases}$

4. (1) 0.7077;   (2) 0.5785

5. (1) 我们研究的对象为土壤中的营养成分的重量, 此为总体 X, 随机采取的 8 个土壤样品的重量构成一个容量为 8 的样本 $X_1, X_2, \cdots, X_8$, 样本值为所给数据: $x_1 = 230$, $x_2 = 243$, $x_3 = 185$, $x_4 = 240$, $x_5 = 228$, $x_6 = 196$, $x_7 = 246$, $x_8 = 200$;

   (2) $\bar{x} = 221$, $s^2 = 566$, $s = 23.7908$;

   (3) $D_n = 61$, $m_n = 229$, $C_r = 0.1077$。

6. $\bar{x} = 170.2$, $s^2 = 65.6162$

基本练习6.2

1. (1) $F_{10}(x) = \begin{cases} 0 & x < -2.8 \\ 0.1 & -2.8 \leqslant x < -2.1 \\ 0.2 & -2.1 \leqslant x < -1.8 \\ 0.3 & -1.8 \leqslant x < 0.9 \\ 0.4 & 0.9 \leqslant x < 1.1 \\ 0.5 & 1.1 \leqslant x < 1.5 \\ 0.6 & 1.5 \leqslant x < 1.8 \\ 0.7 & 1.8 \leqslant x < 2.1 \\ 0.8 & 2.1 \leqslant x < 2.4 \\ 0.9 & 2.4 \leqslant x < 2.8 \\ 1 & x \geqslant 2.8 \end{cases}$

(2) 0.4

2. $F_{50}(x) = \begin{cases} 0 & x < 1 \\ 10/50 & 1 \leqslant x < 4 \\ 25/50 & 4 \leqslant x < 6 \\ 1 & x \geqslant 6 \end{cases}$

3. (1) 由原数据按间距3统计可得频数分布表：

x_i	335～338	338～341	341～344	344～347	347～350	350～353
频数 n_i	17	34	30	9	5	5

$$F_{100}(x) = \begin{cases} 0 & x < 335 \\ 0.17 & 335 \leqslant x < 338 \\ 0.51 & 338 \leqslant x < 341 \\ 0.81 & 341 \leqslant x < 344 \\ 0.90 & 344 \leqslant x < 347 \\ 0.95 & 347 \leqslant x < 350 \\ 1 & x \geqslant 350 \end{cases}$$

(2) 由上述频数分布表, 利用 Excel 画出频数直方图：

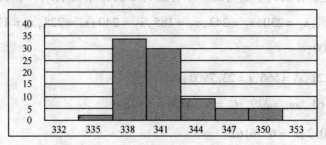

近似服从正态分布,需进一步考证。

4. $F_{20}(x) = \begin{cases} 0 & x < 4 \\ 2/20 & 4 \leqslant x < 6 \\ 6/20 & 6 \leqslant x < 7 \\ 15/20 & 7 \leqslant x < 9 \\ 18/20 & 9 \leqslant x < 10 \\ 1 & x \geqslant 10 \end{cases}$, $F(6.5) \approx 0.3$

基本练习 6.3

1. $E(\overline{X}) = \dfrac{\theta+1}{\theta+2}$, $D(\overline{X}) = \dfrac{\theta+1}{n(\theta+3)(\theta+2)^2}$

2. 0.9836

3. (1) 0.0124;(2) 0.0164

4. 至少要检查 190 个灯泡。

5. (1) $a = 2.5 (> 0)$, $b = -2.5$;(2) 0.383

6. $C = 1/3$, $CY \sim \chi^2(2)$

7. (1) 0.8904; (2) 0.9

8. 0.97

9. (1) $t(n_2)$;(2) $F(n_1, n_2)$

基本练习 7.1

1. $\bar{x} = 13.395$, $s_8^2 = 0.00645$, $s_8 = 0.08031$

2. $\hat{\theta} = 2\overline{X} - 1$

3. 参数 θ 的矩估计值 $\hat{\theta} = 0.25$;参数 θ 的极大似然估计值 $\hat{\theta} = \dfrac{7 - \sqrt{13}}{12}$

4. (1)参数 a 的矩估计量 $\hat{a} = 2\overline{X}$;(2) $\hat{a}$ 的方差 $D(\hat{a}) = \dfrac{a^2}{5n}$

5. (1) $\hat{\lambda} = \overline{X}$;(2) $\hat{P}\{X = 0\} = e^{-\bar{x}}$

6. (1) $\hat{\theta} = \dfrac{2}{n} \sum_{i=1}^{n} |X_i|$ 或 $\hat{\theta} = \sqrt{3\overline{X^2}}$;(2) $\hat{\theta} = \dfrac{X_{(n)} - X_{(1)}}{2}$。

7. (1) $\hat{\theta} = \dfrac{3}{2} - \overline{X}$;(2) $\hat{\theta} = \dfrac{K}{n}$。

8. $\hat{\theta} = \overline{X} + 1.645 S_n$

9. $\hat{\beta} = \dfrac{nk}{\sum_{i=1}^{n} X_i} = \dfrac{k}{\overline{X}}$

10. $\widehat{\theta}_1 = X_{(1)}, \widehat{\theta}_2 = \dfrac{n}{\displaystyle\sum_{i=1}^{n} \ln X_i - n\ln X_{(1)}}$

基本练习 7.2

1. $\bar{x} = 1495.8, s^2 = 21189.07$

2. $\bar{x} = 5.76, s^2 = 10.1453$

4. $D(T_2) < D(T_3) < D(T_1)$, 估计量 T_2 更有效。

5. $(1) K = 2(n-1) ; (2) K = \sqrt{\dfrac{2n(n-1)}{\pi}}$

6. $(2) \widehat{\lambda}^2 = \overline{X^2} - S^2$

7. $(2) D(\widehat{\theta}_1) < D(\widehat{\theta}_2), \widehat{\theta}_1$ 比 $\widehat{\theta}_2$ 更有效。

基本练习 7.3

1. $(24.8, 25.32)$

2. $(1)(5.668, 6.332) ; (2)(5.5388, 6.4612)$

3. $(1)(0.2805, 3.7195) ; (2)(2.7335, 19.2593) ; (3)(1.6533, 4.3885)$

4. $(1)(1.0506, 1.4418) ; (2)(0.2679, 0.5556)$

5. $(1)(19.5617, 20.4383) ; (2)(0.6001, 2.0658)$

6. $(-8.7966, 0.3966)$

7. $(3.4834, 4.5166)$ 或 $(2.9858, 5.0142)$

8. $(0.6228, 2.7772)$

9. $(0.4475, 2.9076)$

基本练习 7.4

1. $(\widehat{p_1}, \widehat{p_2}) = (0.3945, 0.5876)$ 或 $(0.3929, 0.5877)$

2. $(\widehat{p_1}, \widehat{p_2}) = (0.15, 0.3107)$ 或 $(0.1388, 0.3012)$

3. $(0.0091, 0.2743)$

基本练习 7.5

1. $\overline{\mu} = 12.5511$

2. $\overline{\mu} = 176.1965$

3. $\overline{\sigma} = 188.3162$

4. 3.23

基本练习 8.1

1. 拒绝 $H_0:\mu=0$,即认为 $\mu\neq0$,该日自动机床工作显著不正常。

3. 接受假设 $H_0:\mu=5.5$

基本练习 8.2

1. 接受 $H_0:\mu=800$,可以认为这批钢索的平均断裂强度为 $800(\text{kg/cm}^2)$。

2. 拒绝 $H_0:\mu\geqslant12$,不能认为该批木材的平均小头直径是在 $12(\text{cm})$ 以上。

3. 接受 $H_0:\mu=72$,可以认为这次考试全体考生的平均成绩为 72 分。

4. 拒绝 $H_0:\mu=1277$,认为这台仪器显著存在系统误差。

5. 接受 $H_1:\mu>10$,认为平均装配时间显著大于 10 分钟。

6. (1)接受 $H_0:\mu=18$,可以认为该天平均灌装量是 18L,为正常的;

 (2)接受 $H_0:\sigma^2\leqslant0.4^2$,可以认为该天灌装量精度是在标准范围内。

7. 虽然金店出售的项链的平均含金量为 18K,但其精度不在标准范围之内,因此可以认定在显著性水平 $\alpha=0.05$ 下,该金店出售的产品存在质量问题。

8. 拒绝 $H_0:\sigma^2=56.25^2$,可以认为该县小麦亩产量的方差发生了显著变化。

9. 接受 $H_0:\mu_1=\mu_2$,可以认为这两种零件的使用寿命无显著差异。

10. 接受 $H_0:\mu_1=\mu_2$,可以认为这两种品牌的去污率无显著差异。

11. 接受 $H_0:\sigma_1^2=\sigma_2^2$,可以认为两窑砖抗折强度的方差无显著差异。

12. (1)接受 $H_0:\sigma_1^2=\sigma_2^2$,可以认为两总体方差无显著差异;

 (2)接受 $H_0:\mu_1=\mu_2$,可以认为这两批电子元件的电阻值无显著差异。

13. 接受 $H_0:\mu_1\leqslant\mu_2$,可以认为新方法的得率比旧方法的得率高。

基本练习 8.3

1. 拒绝 H_0,认为该图书馆每天借出的书籍册数依赖于一周内某个个别的日子。

2. 接受 H_0,可以认为每分钟接到电话呼唤次数 X 服从泊松分布。

3. 接受 H_0,可以认为灯泡寿命 X 服从指数分布 $Z(0.005)$。

4. 接受 H_0,可以认为轴承的直径 X 服从正态分布 $N(143.7738,5.9705^2)$。

5. 接受 H_0,认为袋中的红球数为 5 只。

6. (2)接受 H_0,可以认为数据来自正态总体 $N(60,15^2)$。

基本练习 8.4

1. 拒绝 H_0,认为农作物幼苗发病与种子灭菌处理显著相关。

2. 拒绝 H_0,认为大气湿度与小麦条锈病发病率显著相关。

3. 拒绝 H_0,即认为年龄大小与吸烟量显著有关。

4. 接受 H_0,认为不同年级的学生对这项教学改革的态度无显著影响。

基本练习 9.1

1. $\widehat{y}=0.08+1.23x;\widehat{\sigma}^2=0.217$

2. (1)$\widehat{y}=6.2825+0.1831x$;(2)$\widehat{\sigma}^2=0.0022$;$r=0.9996$

   (3)拒绝 H_0,即可以认为线性回归效果显著;(4)(9.0705,9.3537)

3. (1)$\widehat{y}=14.099+12.5468x$;(2)拒绝 H_0,即可以认为线性回归效果显著;

   (3)(11.6474,13.4462);(4)(19.6701,21.0747)

4. (1)$\widehat{y}=-0.2112+1.2393x$;(2)拒绝 H_0,即可以认为线性回归效果显著;

   (3)(1.7777,3.0049)

5. $\widehat{Y}=e^{(5.5088-\frac{6.9}{x})};\widehat{\sigma}^2=0.0122$

基本练习 9.2

1. 拒绝 H_0,认为三名运动员百米赛跑中的平均步长在这四个距离段上有显著差异。

2. 接受 H_0,认为各组所生产的电池的平均寿命没有显著差异。

3. 拒绝 H_0,认为不同的染整工艺对平均缩水率影响比较显著,由各个平均缩水率可见,第一、二种染整工艺与后三种染整工艺对平均缩水率影响差别较大。

4. 接受 H_0,认为这三种包装的果酱销售量没有显著差异。

5. (1)拒绝 H_0,认为不同处理方法对油松苗高有显著影响;

   (2)$\widehat{\mu}_1=92$,$\widehat{\mu}_2=57.6$,$\widehat{\mu}_3=75.8$,$\widehat{\mu}_4=77.6$,$\widehat{\mu}=75.25$,$\widehat{\sigma}^2=195.0395$

μ_1,μ_2,μ_3,μ_4的置信度为 0.95 的置信区间分别为:

(79.7598,105.2402);(44.3598,70.8402);(62.5598,89.0402);(64.3598,90.8402)

(3)均值差 $\mu_i-\mu_k(i\neq k)$ 的置信水平为 $1-\alpha$ 的置信区间为:

$(\bar{x}_1-\bar{x}_2\pm18.7244)=(92-57.6\pm18.7244)=(15.6756,53.1244)$

$(\bar{x}_1-\bar{x}_3\pm18.7244)=(92-75.8\pm18.7244)=(-2.5244,34.9244)$

$(\bar{x}_1-\bar{x}_4\pm18.7244)=(92-77.6\pm18.7244)=(-4.3244,33.1244)$

$(\bar{x}_2-\bar{x}_3\pm18.7244)=(57.6-75.8\pm18.7244)=(-36.7244,0.5244)$

$(\bar{x}_2-\bar{x}_4\pm18.7244)=(57.6-77.6\pm18.7244)=(-38.7244,-1.2756)$

$(\bar{x}_3-\bar{x}_4\pm18.7244)=(75.8-77.6\pm18.7244)=(-20.5244,16.9244)$

基本练习 9.3

1. 接受假设 H_{01} 与 H_{02}，认为工人不同和车床不同在产品的日产量上都没有显著差别。

2. 拒绝假设 H_{01} 与 H_{02}，认为不同的加压水平与不同的纺织器都对产品的纱支强度的影响有显著差异。

3. 拒绝假设 H_{01}，认为乙炔的不同流量对铜吸收值读数的影响有显著差异；而接受 H_{02}，认为空气的不同流量对铜吸收值读数的影响没有显著差异。

4. 接受假设 H_{01}，认为这 3 位化验员的化验技术之间没有显著差异；而拒绝 H_{02}，认为每日所抽样本之间有显著差异。

5. (1)接受 H_{01}，认为机器性能之间没有无显著差异；(2)拒绝 H_{02}，认为操作工的技术之间存在显著差异；(3)拒绝 H_{03}，说明交互作用是非常显著的，即操作工与机器的不同搭配有显著的差异，从上表也可以看出，A_4 与 B_1 或是 A_2 与 B_3 的搭配时平均日产量数据较高。

综合练习一

1. (1)$\dfrac{1}{12}$　(2)$\dfrac{1}{20}$

2. $\dfrac{252}{2431}$

3. (1)$\dfrac{\dbinom{400}{100}\dbinom{1000}{100}}{\dbinom{1400}{200}}$

(2)$1-\dfrac{\dbinom{400}{200}+\dbinom{400}{1}\dbinom{1000}{199}}{\dbinom{1400}{200}}$

4. $\dfrac{13}{21}$

5. $\dfrac{1}{1960}$

6. 0.14579

7. $\dfrac{(\lambda p)^m}{m!}e^{-\lambda p}, m=0,1,2,\cdots$

8. $\geqslant 44$

427

9. (1)0.321　(2)0.436

10. (1)$\dfrac{1}{70}$　(2)猜对概率仅为万分之三,故可认为他确有区分能力

11. (1)0.16777　(2)0.49668,0.1808,至少可应配2名

12. (1)0.3　(2)0.07　(3)0.73　(4)0.14　(5)0.9　(6)0.1　(7)0.83

13. $A = \{迟到\}$　$B_1 = \{乘火车来\}$　$P(A) = 0.15$ $P(B_1|A) = 0.5$

14. $B_i = \{一批产品中有 i 件次品\}(i = 0,1,2,3,4), A = \{任取 10 件恰有一次品\}$

$$P(A|B_i) = \frac{C_i^1 C_{50-i}^9}{C_{50}^{10}}(i = 1,2,3,4), P(A) = 0.1955$$

$$\sum_{i=1}^{2} P(B_i|A) = 0.5898$$

综合练习二

1.

X	3	4	5
p_k	$\dfrac{1}{10}$	$\dfrac{3}{10}$	$\dfrac{6}{10}$

2.

X	0	1	2
p_k	$\dfrac{22}{35}$	$\dfrac{12}{35}$	$\dfrac{1}{35}$

3. (1) $P\{X = k\} = pq^{k-1}$　$k = 1,2,\cdots$

(2) $P\{Y = k\} = \binom{k-r}{r-1} p^r (1-p)^{k-r}$　$k = r, r+1, \cdots$

(3) $P\{X = k\} = 0.6(0.4)^{k-1}$　$k = 1,2,\cdots, p = \sum_{k=1}^{\infty} P\{X = 2k\} = \dfrac{2}{7}$

4. (1)0.0729　(2)0.00856　(3)0.99954　(4)0.91854

5. (1)0.163　(2)0.353

6. 0.0025,0.06197

7. (1)0.029771　(2)0.002840

8. $\geqslant 7$

9. (1) $\alpha = 0.94^n$　(2) $\beta = \binom{n}{2} 0.94^{n-2} \cdot 0.06^2$　(3) $\gamma = 1 - 0.06n \cdot$

$0.94^{n-1} - 0.94^n$

10. 当单个发动机不出故障的概率大于2/3时,4发动机飞机更为保险;
当单个发动机不出故障的概率小于2/3时,2发动机飞机更为保险。

11. 需配备 2 台台秤较为合理

12. $P\{X=k\} = (1-p^2)^{k-1}p^2 \quad k=1,2,\cdots \quad 1-(1-p^2)^5$

13. $P\{X=k\} = \left(\dfrac{4}{5}\right)^k\left(\dfrac{1}{5}\right) \quad k=0,1,2,\cdots \quad \left(\dfrac{4}{5}\right)^5 = 0.32768$

14. $(1)\,P\{X=k\} = \dfrac{\dbinom{M}{k}\dbinom{N-M}{n-k}}{\dbinom{N}{n}} \quad k=0,1,\cdots,r = \min\{n,M\}$

$(2)\,P\{X=k\} = \dfrac{\dbinom{10}{k}\dbinom{90}{5-k}}{\dbinom{100}{5}} \quad k=0,1,\cdots,5$

15. $(1)\,P\{X<2\} = \ln2,\ P\{0<X\leqslant3\} = 1,\ P\{2<X<2.5\} = 0.223$

$(2)\,f_X(x) = \begin{cases} \dfrac{1}{x} & 1<x<e \\ 0 & 其它 \end{cases}$

16. $(1)\,F(x) = \begin{cases} 0 & x<-1 \\ \dfrac{1}{\pi}\left(\arcsin x + x\sqrt{1-x^2}\right) + \dfrac{1}{2} & -1\leqslant x<1 \\ 1 & x\geqslant1 \end{cases}$

429

$(2)\,F(x) = \begin{cases} 0 & x<0 \\ \dfrac{x^3}{3} & 0\leqslant x<1 \\ \dfrac{1}{3} - \dfrac{2}{3}(1-x)^3 & 1\leqslant x<2 \\ 1 & x\geqslant2 \end{cases}$

17. 0.954733

18. 0.51668

19. $(1)\,P\{X\leqslant105\} = 0.3372,\ P\{100<X<120\} = 0.5934$

$(2)\,x\geqslant129.74$

20. $\sigma\leqslant31.25$

21.

$Y=X^2$	0	1	4	9
p_k	0.2	0.55	0.2	0.05

$Z=e^{2X+1}$	e^{-3}	e^{-1}	e	e^3	e^7
p_k	0.2	0.25	0.2	0.3	0.05

$$F_Y(y)=\begin{cases} 0 & y<0 \\ 0.2 & 0\leqslant y<1 \\ 0.75 & 1\leqslant y<4, \\ 0.95 & 4\leqslant y<9 \\ 1 & y\geqslant 9 \end{cases} \quad F_Z(z)=\begin{cases} 0 & z<e^{-3} \\ 0.2 & e^{-3}\leqslant z<e^{-1} \\ 0.45 & e^{-1}\leqslant z<e \\ 0.65 & e\leqslant z<e^3 \\ 0.95 & e^3\leqslant z<e^7 \\ 1 & z\geqslant e^7 \end{cases}$$

22. (1) $f_Y(y)=\begin{cases}\dfrac{1}{y} & 1<y<e \\ 0 & 其它\end{cases}$, $F_Y(y)=\begin{cases} 0 & y<1 \\ \ln y & 1\leqslant y<e \\ 1 & y\geqslant e \end{cases}$

430

(2) $f_Z(z)=\begin{cases}\dfrac{1}{2}e^{-\frac{z}{2}} & z>0 \\ 0 & z\leqslant 0\end{cases}$, $F_Z(z)=\begin{cases} 1-e^{-\frac{z}{2}} & z>0 \\ 0 & z\leqslant 0 \end{cases}$

23. (1) $f_Y(y)=\begin{cases}\dfrac{1}{\sqrt{2\pi}y}e^{-\frac{(\ln y)^2}{2}} & y>0 \\ 0 & y\leqslant 0\end{cases}$

(2) $f_Y(y)=\begin{cases}\dfrac{1}{2\sqrt{\pi(y-1)}}e^{-\frac{y-1}{4}} & y>1 \\ 0 & y\leqslant 1\end{cases}$

(3) $f_Y(y)=\begin{cases}\sqrt{\dfrac{2}{\pi}}e^{-\frac{y^2}{2}} & y>0 \\ 0 & y\leqslant 0\end{cases}$

24. $f_Y(y)=\begin{cases}\dfrac{2}{\pi\sqrt{1-y^2}} & 0<y<1 \\ 0 & 其它\end{cases}$

25. $f_W(y) = \begin{cases} \dfrac{1}{4}\dfrac{1}{\sqrt{2y}} & 162 < y < 242 \\ 0 & \text{其它} \end{cases}$

综合练习三

1.

X\Y	1	3
0	0	$\dfrac{1}{8}$
1	$\dfrac{3}{8}$	0
2	$\dfrac{3}{8}$	0
3	0	$\dfrac{1}{8}$

2.

d(n)\F(n)	0	1	2
1	$\dfrac{1}{10}$	0	0
2	0	$\dfrac{4}{10}$	0
3	0	$\dfrac{2}{10}$	0
4	0	$\dfrac{1}{10}$	$\dfrac{2}{10}$

3. (1) $\dfrac{1}{8}$ (2) $\dfrac{3}{8}, \dfrac{27}{32}$ (3) $\dfrac{2}{3}$

4. $f_X(x) = \begin{cases} e^{-x} & x > 0 \\ 0 & \text{其它} \end{cases}$, $f_Y(y) = \begin{cases} ye^{-y} & y > 0 \\ 0 & \text{其它} \end{cases}$

$f_{X|Y}(x|y) = \begin{cases} \dfrac{1}{y} & 0 < x < y \\ 0 & \text{其它} \end{cases}$, $P\{X > 2 | Y < 4\} = \dfrac{e^{-2} - 3e^{-4}}{1 - 5e^{-4}}$

5. (1) $C = 10$

(2) $f_X(x) = \begin{cases} 5x^4 & 0 < x < 1 \\ 0 & \text{其它} \end{cases}$, $f_Y(y) = \begin{cases} \dfrac{10}{3}y(1 - y^3) & 0 < y < 1 \\ 0 & \text{其它} \end{cases}$

(3) $f_{X|Y}(x|y) = \begin{cases} \dfrac{3x^2}{1 - y^3} & 0 < y < x < 1 \\ 0 & \text{其它} \end{cases}$

6. (1)

X	51	52	53	54	55
p_k	0.18	0.15	0.35	0.12	0.20

Y	51	52	53	54	55
p_k	0.28	0.28	0.22	0.09	0.13

431

(2)

k	51	52	53	54	55
$P\{Y=k\mid X=51\}$	$\dfrac{6}{18}$	$\dfrac{5}{18}$	$\dfrac{5}{18}$	$\dfrac{1}{18}$	$\dfrac{1}{18}$

7. X 与 Y 相互独立

8. $(1) f_Z(z) = \begin{cases} \dfrac{1}{2} & 0 < z < 1 \\ \dfrac{1}{2z^2} & z \geqslant 1 \\ 0 & \text{其它} \end{cases}$

$(2) f_M(z) = \begin{cases} \dfrac{2000}{z^2}\left(1 - \dfrac{1000}{z}\right) & z > 1000 \\ 0 & z \leqslant 1000 \end{cases}$

$f_N(z) = \begin{cases} \dfrac{2 \times 10^6}{z^3} & z > 1000 \\ 0 & z \leqslant 1000 \end{cases}$

9. $(1) f_X(x) = \begin{cases} 2x^2 + \dfrac{2x}{3} & 0 < x < 1 \\ 0 & \text{其它} \end{cases}$, $f_Y(y) = \begin{cases} \dfrac{1}{3} + \dfrac{y}{6} & 0 < y < 2 \\ 0 & \text{其它} \end{cases}$

$(2) f_{X|Y}(x|y) = \begin{cases} \dfrac{6x^2 + 2xy}{2 + y} & 0 < x < 1, 0 < y < 2 \\ 0 & \text{其它} \end{cases}$

$f_{Y|X}(y|x) = \begin{cases} \dfrac{3x + y}{6x + 2} & 0 < x < 1, 0 < y < 2 \\ 0 & \text{其它} \end{cases}$

$(3) P\{X + Y > 1\} = \dfrac{65}{72}$, $P\left\{Y < \dfrac{1}{2} \mid X < \dfrac{1}{2}\right\} = \dfrac{5}{32}$

12. 0.0166, $f_Z(z) = \begin{cases} 2(1 - z) & 0 < z < 1 \\ 0 & \text{其它} \end{cases}$

13. $(1) f_M(z) = \begin{cases} \dfrac{1}{\sqrt{2\pi}} e^{-\frac{z^2}{2}}\left(1 - e^{-\frac{z^2}{2}}\right) + \Phi(z)z e^{-\frac{z^2}{2}} & z > 0 \\ 0 & z \leqslant 0 \end{cases}$

$$f_N(z) = \begin{cases} (1 - \varPhi(z))ze^{-\frac{z^2}{2}} + \dfrac{1}{\sqrt{2\pi}}e^{-z^2} & z > 0 \\ \\ \dfrac{1}{\sqrt{2\pi}}e^{-\frac{z^2}{2}} & z \leqslant 0 \end{cases}$$

$(2) P\{|M| < 1\} = 0.331, P\{|N| < 1\} = 0.74504$

综合练习四

1. （1）

X	2	3	4	9
p_k	$\dfrac{1}{8}$	$\dfrac{5}{8}$	$\dfrac{1}{8}$	$\dfrac{1}{8}$

$E(X) = 3.75, D(X) = 12.1875$

（2）

X	2	3	4	9
p_k	$\dfrac{2}{30}$	$\dfrac{15}{30}$	$\dfrac{4}{30}$	$\dfrac{9}{30}$

$E(X) = 4.867 \qquad D(X) = 4.1875$

2. $E(X) = 1.0556 \qquad D(X) = 0.77703$

3. $E(X) = \dfrac{25}{16} = 1.5625 \quad D(X) = 0.55859$

4. $E(X) = 1500(分)$

5. $E(X) = -0.2, E(X^2) = 2.8, D(X) = 2.76, E(X^3 - 1) = -1.8$

6. $E(2X) = 4, \quad E(e^{-2X}) = \dfrac{1}{9}$

7. $(1) E(X) = 0, E(Y) = 2, D(X) = 0.6, D(Y) = 0.8, \mathrm{Cov}(X, Y) = 0.2, \rho_{XY} = 0.2887$

$(2) E(Z) = -\dfrac{1}{15}, \mu(Z) = -0.25548 \quad (3) E(Z) = 5, \mu(Z) = -1.59261$

8. $E(2X + 3Y) = \dfrac{17}{5}, E(XY) = \dfrac{1}{2}, E(X^2 + Y^2) = \dfrac{16}{15},$

$D(X) = \dfrac{2}{75}, D(Y) = \dfrac{1}{25}, \mathrm{Cov}(X, Y) = 0.02, \rho_{XY} = 0.6124$

9. $300e^{-\frac{1}{4}} - 200 = 33.64$

10. $E(X) = 1, D(X) = 1$

11. $\dfrac{n + 1}{2}$

14. $E(X + Y + Z) = 1, D(X + Y + Z) = 3$

15. 39(袋)

16. $\alpha = -91, \rho = -0.5, (X, Y) \sim N(26, -12, 14^2, 13^2, -0.5)$

综合练习五

1. 0.0062   2. 0.0787   3. 0.2119   4. $p \approx 0$

5. (1)0.8944   (2)0.1379   7. 0.0051

综合练习六

1. (1)$\bar{x} = 19.22, s^2 = 0.0189$;(2)样本中位数与众数相等,均为19.3;

$$(3) F_{50}(x) = \begin{cases} 0 & x < 18.4 \\ 5/50 & 18.4 \leqslant x < 18.9 \\ 15/50 & 18.9 \leqslant x < 19.3 \\ 35/20 & 19.3 \leqslant x < 19.6 \\ 1 & x \geqslant 19.6 \end{cases}$$

2. (1)我们研究的对象为加工某种零件的工时定额,此为总体 X,随机采取的 12 人次的加工工时构成一个容量为 $n = 12$ 的样本 $X_1, X_2, \cdots, X_{12}$,其样本值为所给数据:$x_1 = 9.0, x_2 = 7.8, x_3 = 8.2, x_4 = 10.5, x_5 = 7.5, x_6 = 8.8, x_7 = 10.0, x_8 = 9.4, x_9 = 8.5, x_{10} = 9.5, x_{11} = 8.4, x_{12} = 9.8$;(2)$\bar{x} = 8.95, s^2 = 0.8409, s = 0.917$

(3)由原数据按从小到大排列得顺序统计值:

7.5　7.8　8.2　8.4　8.5　8.8　9.0　9.4　9.5　9.8　10.0　10.5

$D_n = 3, m_n = 8.9, C_r = 0.1025$

3. (1)$\bar{x} = 4813, s = 1607$

(2)由原数据按从小到大排列得顺序统计值顺序统计值:

2760　3050　3050　4580　4580　4580　5120　6200　6850　7360

$$F_{10}(x) = \begin{cases} 0 & x < 2760 \\ 0.1 & 2760 \leqslant x < 3050 \\ 0.3 & 3050 \leqslant x < 4580 \\ 0.6 & 4580 \leqslant x < 5120 \\ 0.7 & 5120 \leqslant x < 6200 \\ 0.8 & 6200 \leqslant x < 6850 \\ 0.9 & 6850 \leqslant x < 7360 \\ 1 & x \geqslant 7360 \end{cases} \qquad (3)0.4$$

4. (1) $P\{X_1 = x_1, \cdots, X_n = x_n\} = \dfrac{\lambda^{\sum\limits_{i=1}^{n} x_i}}{\prod\limits_{i=1}^{n} x_i!} e^{-n\lambda}$;(2)$E(\bar{X}) = \lambda, D(\bar{X}) = \dfrac{\lambda}{n}$

5. (1) $f(x_1, \cdots, x_n) = \begin{cases} 6^n \prod_{i=1}^{n} x_i(1-x_i) & 0 < x_i < 1 \\ 0 & \text{其它} \end{cases}$;

(2) $E(\overline{X}) = 0.5, D(\overline{X}) = \dfrac{0.05}{n}$

6. 0.1336

7. 0.1

8. (1) 0.8904; (2) 应取 $n \approx 96$

9. $E(Y) = \dfrac{(n_1-1)E(S_1^2) + (n_2-1)E(S_2^2)}{n_1+n_2-2}, D(Y) = \dfrac{2\sigma^4}{n_1+n_2-2}$

10. 最小值 $n = 27$

11. (1) $f_{\min}(x) = \begin{cases} n(0.5+\theta-x)^{n-1} & \theta-0.5 < x < \theta+0.5 \\ 0 & \text{其它} \end{cases}, E(X_{(1)}) = 0.5 -$

$\theta + \dfrac{1}{n+1}$

(2) $f_{\max}(x) = \begin{cases} n(x-\theta+0.5)^{n-1} & \theta-0.5 < x < \theta+0.5 \\ 0 & \text{其它} \end{cases}, E(X_{(n)}) = \theta + 0.5$

$- \dfrac{1}{n+1}$

435

12. $t(n-1)$

13. $t(m+n-2)$

14. (1) $\chi^2(2n-2)$;　　(2) $F(1, 2n-2)$

15. (1) $f_F(x) = \begin{cases} \dfrac{1}{\pi \sqrt{x}(1+x)} & x > 0 \\ 0 & x \leqslant 0 \end{cases}$;　　(2) 0.9

综合练习七

1. (1) α 的矩估计量为: $\hat{\alpha} = \dfrac{2\overline{X}-1}{1-\overline{X}}$; α 的极大似然估计量为: $\hat{\alpha} = -\dfrac{n}{\sum\limits_{i=1}^{n} \ln X_i}$

-1;

(2) α 的矩估计值为: 0.3079; α 的极大似然估计值为: 0.2112

2. $\hat{\theta} = \dfrac{\overline{X}}{\overline{X}-c}$

3. $\hat{P}\{X < a\} = \Phi\left(\dfrac{a-\hat{\mu}}{\hat{\sigma}}\right) = \Phi\left(\dfrac{a-\overline{X}}{S_n}\right)$

4. $\hat{p} = \dfrac{1}{nN}\sum_{i=1}^{n}X_i = \dfrac{\overline{X}}{N}$,是参数 p 的无偏估计。

5. $\hat{\beta} = \dfrac{\overline{X}}{\alpha}$,是参数 β 的无偏估计。

6. $\hat{\mu} = \overline{X} = \dfrac{1}{n}\sum_{i=1}^{n}X_i$, $\hat{\rho} = \sqrt{3}S_n = \sqrt{\dfrac{3}{n}\sum_{i=1}^{n}(X_i-\overline{X})^2}$,是参数 μ 与 ρ 的为一致估计。

7. $(1)\hat{\mu} = \overline{X} - \overline{Y}$; (2) 应取 $n_1 = \dfrac{n}{3}$, $n_2 = \dfrac{2n}{3}$ 时,$\hat{\mu}$ 的方差 $D(\hat{\mu})$ 达到最小。

8. (1) 矩估计量 $\hat{\theta}_1 = \overline{X}$; 极大似然估计量 $\hat{\theta}_2 = \dfrac{1}{2}(X_{(n)}+X_{(1)}) = \dfrac{1}{2}(\max_{1\leqslant i\leqslant n}\{X_i\} + \min_{1\leqslant i\leqslant n}\{X_i\})$;

(2) 若 $n\leqslant 7$, $\hat{\theta}_1$ 比 $\hat{\theta}_2$ 更有效;$n\geqslant 8$, $\hat{\theta}_2$ 比 $\hat{\theta}_1$ 更有效。

9. 矩估计量 $\hat{\theta}_1 = \overline{X} - \sqrt{\overline{X^2} - \overline{X}^2} = \overline{X} - S_n > 0$, $\hat{\theta}_2 = S_n = \sqrt{\dfrac{1}{n}\sum_{i=1}^{n}(X_i-\overline{X})^2} > 0$;

极大似然估计量 $\hat{\theta}_1 = X_{(1)} = \min_{1\leqslant i\leqslant n}\{X_i\}$, $\hat{\theta}_2 = \overline{X} - X_{(1)}$

436

10. $(1)\hat{\theta} = X_{(n)} = \max_{1\leqslant i\leqslant n}\{X_i\}$; $(3)\hat{\theta}_0 = \dfrac{2n+1}{2n}X_{(n)}$ 是 θ 的无偏估计。

11. $(1)(148.1406,151.8594)$;$(2)n\geqslant 139$;$(3)1-\alpha = 0.999$。

12. $(1)E(X) = e^{\mu+\frac{1}{2}}$;$(2)(-0.98,0.98)$;$(3)(e^{-0.48},e^{+1.48})$

13. $(1)(992.16,1007.84)$;$(2)(993.42,+\infty)$;$(-\infty,1006.58)$

14. $(1)(6612.62,6927.38)$;$(2)\hat{\mu} = 6642.47$

15. $(1)(30.95,82.16)$;$(2)\overline{\sigma} = 74.04$

16. $(0.002,0.0061)$

17. $(-9.1874,14.6874)$

18. $(0.2103,19.3811)$

19. $(0.336,3.952)$

20. 方法一:$(\hat{p}_1,\hat{p}_2) = (0.101,0.2442)$;方法二:$(0.0881,0.2319)$

21. $(1)\ T = \dfrac{2n}{\theta}\overline{X} = \sum_{i=1}^{n}Y_i \sim \chi^2(2n)$;$(2)\underline{\theta} = \dfrac{2n}{\chi_\alpha^2(2n)}\overline{X}$;$(3)\underline{\theta} = 3470.5806$

22. $\overline{\mu} = 39.1647$,即约为 39 岁零 2 个月。

综合练习八

1. 拒绝 H_0,认为铁水的平均含碳量有显著变化。

2. 接受 H_0，认为这批矿砂的镍含量为 3.25。

3. 接受 H_0，认为此项计划达到了该商店经理的预计效果。

4. 拒绝 H_0，认为调整措施的效果显著。

5. (1) 接受 H_0，当 $\sigma = 5$ 时，可以认为包装机工作正常；

   (2) 接受 H_0，当 σ 未知时，也可以认为包装机工作正常。

6. 接受 H_0，认为这批蓄电池寿命的方差没有明显改变。

7. 接受 H_0，认为两矿原煤的平均含灰率无显著差异。

8. 拒绝 H_0，认为两种水稻产量的方差有显著差异。

9. 接受 H_0，认为两台机床加工的零件口径的方差无显著差异。

10. 拒绝 H_0，认为两位作家所写的小品文中包含 3 个字母组成的单字的比例有显著的差异。

11. 接受 H_0，认为两种香烟的尼古丁含量无显著差异。

12. (1) 当显著性水平 $\alpha = 0.05$ 时，接受 H_0，认为两批棉纱的断裂强度无显著差异；

    (2) 当显著性水平 $\alpha = 0.10$ 时，拒绝 H_0，认为两批棉纱的断裂强度有显著差异。

13. (1) 接受 H_0，认为两总体方差无显著差异；

    (2) 在(1)基础上，即在 $\sigma_1^2 = \sigma_2^2$ 时，接受 H_0，认为这两种方法无显著差异，数据的差异只是来自服从正态分布的随机波动。

437

14. (1) 先做方差齐性检验，接受 H_0，认为两总体方差无显著差异；

    (2) 在(1)结果下，即在 $\sigma_1^2 = \sigma_2^2$ 时，拒绝 H_0，认为采用新工艺后灯泡的平均寿命有显著提高。

15. 拒绝 H_0，认为新工艺生产零件尺寸的精度比旧工艺生产零件尺寸的精度有显著提高。

16. 拒绝 H_0，可以认为该药品对某种疾病的治愈率达不到 90%，即该药品广告不真实。

17. 接受 H_0，认为事故的发生并不依赖于一周内某个个别的日子。

18. 接受 H_0，认为常数 π 的前 800 位小数中所取数字 $0,1,2,\cdots,9$ 中每个数字的出现是等可能的。

19. 接受 H_0，认为生产过程中出现次品的概率 p 可看作是不变的，即次品数 X 服从二项分布 $B(10, 0.098)$。

20. 拒绝 H_0，认为该四面体不是均匀的。

21. 接受 H_0，认为在一个时间间隔内落于计数器中的质点个数服从泊松分布 $\pi(3.8673)$。

22. 接受 H_0，可以认为滚球的直径 X 服从正态分布 $N(15.138, 0.5771^2)$。

23. 拒绝 H_0,认为发生桑毛虫皮炎与工种显著有关。

24. 拒绝 H_0,认为篮球队别与篮球投中率是显著相关的。

综合练习九

1. $\hat{y} = -11.3 + 36.95x$;拒绝 H_0,即可以认为线性回归效果显著。

2. (1) $\hat{y} = 0.1342 + 0.8625x$;(2)拒绝 H_0,即可以认为线性回归效果显著;
(3) $x_0 = 6$ 时,Y_0 的置信区间为 $(4.2995, 6.3189)$。

3. $\hat{a} = 67.5088, \hat{b} = 0.8706, \hat{\sigma}^2 = 0.9498$

4. $\hat{y} = -1.4288 + 6.4286x; \hat{\sigma}^2 = 27.6738$

5. $\hat{y} = 9.2323 + 0.4017x$;拒绝 H_0,即可以认为线性回归效果显著。

6. $\dfrac{1}{y} = 0.1629 + 3.3733 \dfrac{1}{x}$;拒绝 H_0,即可以认为线性回归效果显著。

7. $\hat{Y} = 175.4368 - 2.4652x_1 - 0.3633x_2$

8. 接受 H_0,认为教师给出的平均分数没有显著差异。

9. 接受 H_0,认为工人生产的产品的长度没有显著差异。

10. 拒绝 H_0,认为三种菌型的平均存活日数有显著差异。

438

11. 拒绝假设 H_{01},表明品种的差异对大豆产量有显著影响;而接受假设 H_{02},
因此可以认为田块的差异对大豆产量没有显著影响。

12. (1)拒绝 H_{01},可以认为涂料之间的差异对铜版纸质量有显著影响;(2)拒
绝 H_{02},可以认为造纸机的差异对铜版纸质量有显著影响;(3)拒绝 H_{03},说
明交互作用是比较显著的,即造纸机与涂料搭配产生的交互作用的影响
是比较显著的。

自测题一

1. $\dfrac{3}{4}, \dfrac{7}{24}$ 2. $n \geqslant 7$ 3. $\dfrac{2}{3}$ 4. 0.81633 5. 0.59526

自测题二

1. 0.375, 0.3125 2. 0.036089 4. 0.2154 5. 0.68256 6. (1)0.0456
(2)0.92665

自测题三

2. (1)0.2588 (2)相互独立 3. $N\left(0, \dfrac{5}{4}\right), N\left(0, \dfrac{1}{4}\right)$

4. (1) $f_Z(z) = \begin{cases} \dfrac{1}{2}(1 - e^{-z}) & 0 \leqslant z < 2 \\[3mm] \dfrac{1}{2}(e^2 - 1)e^{-z} & z \geqslant 2 \\[3mm] 0 & \text{其它} \end{cases}$

$f_M(z) = \begin{cases} 0 & z < 0 \\[3mm] \dfrac{1}{2}(1 - e^{-z}) + \dfrac{1}{2}e^{-z} & 0 \leqslant z < 2 \\[3mm] e^{-z} & z \geqslant 2 \end{cases}$

$f_N(z) = \begin{cases} \dfrac{3}{2}e^{-z} - \dfrac{1}{2}ze^{-z} & 0 < z < 2 \\[3mm] 0 & \text{其它} \end{cases}$

5. (1) $f_M(z) = \dfrac{1}{\pi(1 + z^2)}\left[\dfrac{1}{2} + \dfrac{1}{\pi}\arctan z\right]^4$

$f_N(z) = \dfrac{5}{\pi(1 + z^2)}\left[\dfrac{1}{2} - \dfrac{1}{\pi}\arctan z\right]^4$

(2) 0.4290474   0.00007015

自测题四

1. 1.5,7.5 0.25,6.25, $-1.25, -1$

2. $1, \dfrac{1}{6}, \dfrac{23}{144}$ 3. $\dfrac{29}{240}$ 4. $\dfrac{ac}{|ac|}p$

自测题五

1. 0.1423   2. 0.0228   3. $\geqslant 3$ 4. 0.3256

自测题六

1. (1) $\bar{x} = 1131.25, s^2 = 8641.071, s = 92.9574$

(2) $D_n = 250, m_n = 1100, C_r = 0.0822$

(3) $F_8(x) = \begin{cases} 0 & x < 1050 \\ 2/8 & 1050 \leqslant x < 1080 \\ 3/8 & 1080 \leqslant x < 1100 \\ 5/8 & 1100 \leqslant x < 1120; \quad 0.375 \\ 6/8 & 1120 \leqslant x < 1250 \\ 7/8 & 1250 \leqslant x < 1300 \\ 1 & x \geqslant 1300 \end{cases}$

439

2. $(1) E(\overline{X}) = \dfrac{2}{3}$;$(2) D(\overline{X}) = \dfrac{1}{15}$;

$(3) P\{\displaystyle\sum_{i=1}^{10} X_i = k\} = C_{10}^k \left(\dfrac{2}{3}\right)^k \left(\dfrac{1}{3}\right)^{10-k}$ $k = 0,1,2,\cdots,10$

3. $(1) f_{\overline{X}}(x) = \dfrac{1}{0.4\sqrt{2\pi}} e^{-\frac{(x-10)^2}{2\times 0.4^2}}$ $-\infty < x < +\infty$;$(2) 0.383$;$(3) 0.9876$

4. $(1) E(\overline{X}) = 20, D(\overline{X}) = 2, E(S^2) = 40$;$(2) 0.975$

5. 0.975

自测题七

1. 矩估计 $\hat{\mu} = 232.2358$,$\hat{\sigma}_n^2 = s_n^2 = 0.2986$;无偏估计 $\hat{\mu} = 232.2358$,$\hat{\sigma}^2 = s^2 = 0.3257$

2. θ 的矩估计量 $\hat{\theta} = \sqrt{\dfrac{2}{\pi}}\,\overline{X}$;极大似然估计量 $\hat{\theta} = \sqrt{\hat{\theta^2}} = \sqrt{\dfrac{1}{2n}\displaystyle\sum_{i=1}^{n} X_i^2} = \sqrt{\dfrac{1}{2}\overline{X^2}}$

3. θ 的矩估计量 $\hat{\theta} = \overline{X} - 1$;极大似然估计量 $\hat{\theta} = X_{(1)}$

4. θ 的矩估计值 $\hat{\theta} = \dfrac{3-\bar{x}}{2} = \dfrac{5}{6}$;极大似然估计值 $\theta = \dfrac{5}{6}$

5. $(1) (40.3993, 41.8345)$,$(0.9898, 4.3449)$,$(0.9845, 2.0844)$;
   $(2) \overline{\mu} = 40.5266, \sigma^2 = 1.0885, \sigma = 1.0433$

6. $(1) (0.1781, 12.3169)$;$(2) (0.014151, 0.014139)$

自测题八

1. (1) 拒绝 H_0,即不能认为总体均值 $\mu = 3$;

   (2) 接受 H_0,认为总体方差没有明显改变。

2. 拒绝 H_0,认为处理前后含脂率有显著性变化。

3. 接受 H_0,认为此骰子是否是均匀的。

4. 接受 H_0,认为射击过程中命中率 p 可看作是不变的,即命中数 X 服从二项分布 $B(10, 0.5)$。

5. 接受 H_0,可以认为一页中印刷错误的个数服从泊松分布 $\pi(1)$。

6. 拒绝 H_0,即认为队别与拦网成功率显著有关。

自测题九

1. $(1) \hat{y} = 9.1225 + 0.223x$;$(2)$ 拒绝 H_0,即可以认为线性回归效果很显著;

440

（3）$\hat{y}_0 = 18.4885$；$(17.3701, 19.6069)$

2. 接受 H_0，认为这 4 种灯丝生产的灯泡的使用寿命没有显著差异。

3. （1）$X_{ij} = \mu + \alpha_i + \beta_j + \gamma_{ij} + e_{ij}$　$i = 1, 2, 3, 4, j = 1, 2, \cdots, 5$

$$\sum_{i=1}^{4} \alpha_i = 0, \sum_{j=1}^{5} \beta_j = 0, 并且各 e_{ij} 相互独立，且有$$

$$e_{ij} \quad N(0, \sigma^2) \quad i = 1, 2, 3, 4, j = 1, 2, \cdots, 5$$

其中 μ, α_i, β_j 及 σ^2 都是未知参数。依题设应在给定显著性水平 $\alpha = 0.05$ 下，检验假设

1）$H_{01}: \alpha_1 = \alpha_2 = \alpha_3 = \alpha_4 = 0$；$H_{11}: \alpha_1, \alpha_2, \alpha_3, \alpha_4$ 不全相等于 0；

2）$H_{02}: \beta_1 = \beta_2 = \cdots = \beta_5 = 0$；$H_{12}: \beta_1, \beta_2, \cdots, \beta_5$ 不全相等于 0。

（2）接受假设 H_{01}，表明钢材材质的差异对试件的延伸率没有显著影响；而应拒绝假设 H_{02}，因此可以认为温度的差异对试件的延伸率有显著影响。

4. （1）拒绝 H_{01}，表明浓度的差异对此化工生产的得率有显著的影响；（2）接受 H_{02}，可以认为温度的差异对此化工生产的得率没有显著的影响；（3）接受 H_{03}，说明交互作用并不显著，即不同浓度与不同温度的组合作用对此化工生产的得率没有显著的影响。

参考文献

[1] 盛骤,等.概率论与数理统计.北京:高等教育出版社,1989.

[2] 赵后今.概率论与数理统计.天津:天津科技翻译出版公司,1994.

[3] 陈裕光.概率论.北京:气象出版社,1990.

[4] 丁正育.简明概率统计教程.杭州:浙江大学出版社,1984.

[5] 周概容.概率论与数理统计.北京:高等教育出版社,1984.

[6] 陈家鼎,等.概率统计讲义.北京:高等教育出版社,1982.

[7] 王祖裕.概率统计基本概念160题.北京:国防工业出版社,1990.

[8] 朱秀娟,等.概率统计问答150题.长沙:湖南科学技术出版社,1982.

[9] 关家骧,瞿永然.概率统计习题解答.长沙:湖南科学技术出版社,1980.

[10] P. L. Meyer.概率引论及统计应用.中山大学数力系译.北京:高等教育出版社,1986.

[11] 王梓坤.概率论基础及其应用.北京:科学出版社,1976.

[12] G. P. Wadsworth.应用概率.林少宫等译.北京:高等教育出版社,1982.

[13] 数理统计与管理.1994,3,5,1995,3.

[14] 工科数学,1995年第1期.

[15] B Ramdas Bhat. Modern Probility Theory. 1981.

[16] 章昕.概率统计习题集.北京:科学技术文献出版社,2000.

[17] 毛纲源.概率论与数理统计解题方法技巧归纳.武汉:华中理工大学出版社,1999.

[18] 武继玉.应用概率统计.北京:航空工业出版社,1994.

[19] 王梓坤.概率论基础及其应用.北京:科学出版社,1976.

[20] 陈希孺.数理统计引论.北京:科学出版社,1981.

[21] 李英杰.概率论与数理统计.北京:兵器工业出版社,1991.

[22] 盛骤,谢式干,潘承毅.概率论与数理统计(第二版).北京:高等教育出版社,1998.

[23] 茆诗松,王静龙.数理统计.上海:华东师范大学出版社,1990.

[24] 中山大学数学力学系编写小组.概率论及数理统计.北京:高等教育出版社,1980.

[25] 复旦大学.数理统计.北京:人民教育出版社,1981.

[26] 廖玉麟.概率论与数理统计.上海:复旦大学出版社,1995.

[27] 马逢时.应用概率统计.天津:天津大学出版社,1984.

[28] 王式安.数理统计方法及应用模型.北京:科学技术出版社,1992.

[29] 张尚志,刘锦萼.概率统计中的反例.长沙:湖南科学技术出版社,1988.

[30] 葛余博.概率论与数理统计.北京:清华大学出版社,2005.

[31] 杨荣等.概率论与数理统计.北京:清华大学出版社,2005.

[32] Gramer. H. Mathematical Methods of statisties. 1946.

[33] Wilks S S. Mathematical statistics. 1962.

[34] Rohatgi V K. An introduction to probability theory and mathematical statistics. 1976.

[35] Anderson. T W introduction to multivariate statistical Analysis. 1985.